环境工程微生物学

Huanjing Gongcheng Weishengwuxue

第四版

周群英　王士芬　编著

高等教育出版社·北京

内容提要

《环境工程微生物学》(第四版)是在教育部普通高等教育"十一五"国家级规划教材的基础上精心修改、补充完善而成。

全书共分三篇,第一篇为微生物学基础,介绍微生物的个体、群体特征及特征识别;生理生化特性;生长特征、遗传变异等分子生物学和分子遗传学基本原理;重点关注对环境工程极有意义的古菌、极端环境微生物;介绍现代分子生物学、分子遗传学技术在环境保护与环境工程中的应用。 第二篇为微生物生态与环境生态工程中的微生物作用,介绍在环境与工程中各种生物处理方法的微生物机理,重点介绍关系水体富营养化的硝化、反硝化、除磷机理新概念和新工艺选择;应用微生物学的基础知识分析和解决工程中发现的问题;介绍固定化微生物、微生物絮凝剂、沉淀剂及微生物能源的开发与应用。 第三篇为环境工程微生物学实验,其内容反映基础性、可操作性、综合性和实用性。

全书体现理论与实践相结合,及时反映和应用前沿边缘学科的新技术,内容丰富、图文并茂,是高等院校环境科学、环境工程和给水排水等专业的教材,也可作为其他微生物学专业学生及科研人员的参考书。

图书在版编目(CIP)数据

环境工程微生物学/周群英,王士芬编著.--4版.--北京:高等教育出版社,2015.11(2021.12重印)
ISBN 978-7-04-043920-5

Ⅰ.①环… Ⅱ.①周…②王… Ⅲ.①环境微生物学-高等学校-教材 Ⅳ.①X172

中国版本图书馆 CIP 数据核字(2015)第 224325 号

策划编辑	陈 文	责任编辑	陈 文	封面设计	于文燕	版式设计 马敬茹
插图绘制	杜晓丹	责任校对	刘春萍	责任印制	赵义民	

出版发行	高等教育出版社		网　址	http://www.hep.edu.cn
社　　址	北京市西城区德外大街4号			http://www.hep.com.cn
邮政编码	100120		网上订购	http://www.landraco.com
印　　刷	北京中科印刷有限公司			http://www.landraco.com.cn
开　　本	850mm×1168mm 1/16			
印　　张	27.5		版　次	1988年3月第1版
字　　数	620千字			2015年11月第4版
购书热线	010-58581118		印　次	2021年12月第11次印刷
咨询电话	400-810-0598		定　价	46.90元

本书如有缺页、倒页、脱页等质量问题,请到所购图书销售部门联系调换
版权所有 侵权必究
物 料 号 43920-00

与本书配套的数字课程资源使用说明

与本书配套的数字课程资源发布在高等教育出版社易课程网站,请登录网站后开始课程学习。

一、网站登录

1. 访问 http://abook.hep.com.cn/1233125,点击"注册"。在注册页面输入用户名、密码及常用的邮箱进行注册。已注册的用户直接输入用户名和密码登陆即可进入"我的课程"界面。

2. 课程充值:登录后点击右上方"充值"图标,正确输入教材封底标签上的明码和密码,点击"确定"完成课程充值。

3. 在"我的课程"列表中选择已充值的数字课程,点击"进入课程"即可开始课程学习。

账号自登录之日起一年内有效,过期作废。
使用本账号如有任何问题,请发邮件至:zhangshan@hep.com.cn

二、资源使用

与本书配套的数字课程资源是按照章的形式显示的,每章配有电子教案、教学视频、彩图、思考题等资源。具体说明如下:

1. 电子教案:教师上课使用的与课程和教材紧密配套的教学 PPT,可供教师使用,也可供学生课前预习或课后复习使用。

2. 教学视频:一些重难点部分的教学视频可以在数字课程中找到,使学生从课堂实况讲解中获得感悟,也可供教师参考。

3. 彩图:为丰富教材资源,数字课程中还配套有与教材中知识点内容紧密结合的彩色图片,使学生能够巩固学习成果。

4. 思考题:思考题包括名词解释及论述题,可帮助学生掌握和复习课程内容,提高教学效果。

第四版前言

《环境工程微生物学》(第三版)自2008年出版以来,经过了6年的教学实践,又得到一次历练,通过广大师生的使用,使其在环境工程微生物学课程的教学中发挥一定作用。

虽然本教材是源于几十年的科研与教学实践的总结、浓缩和提炼,又在教学中经受了多年的教学考验,使其逐渐成熟与完善。但是,由于近十几年国内外在环境科学和环境工程方面的科学研究有很大进展,新的概念和新的科学技术不断涌现。为使本教材更好地适应蓬勃发展的环境学科教学的需要,本着与时俱进的精神,编者对第三版教材进行了修订。

《环境工程微生物学》(第四版)采用"纸质教材+数字课程"的形式,其框架、章节与第三版基本相同。修订的重点是对各章节内容进行更新和完善。

具体修改内容有:

1. 绪论更新,增加插图。

2. 第一篇中各章都适当修改和更新。在第二章第二节细菌域中增加了丝状细菌的插图,个体形态的识别与比较;以及厌氧氨氧化细菌细胞结构和厌氧氨氧化体的介绍;第四节放线菌增加了菌落形态插图等。第三章增加了若干原生动物插图。第四章全面修改,增加了发光细菌插图和内容介绍。

3. 第二篇修改重点在第八章和第十章,第八章侧重在机理,第十章侧重在应用,两章内容是密切联系,前呼后应的。介绍了近十几年来国内外研究氮循环中微生物作用的新进展,微生物的作用原理及应用的新技术。对硝化和反硝化与氧的关系的研究,打破了过去的传统概念:氨只能在好氧条件下进行硝化作用,硝酸和亚硝酸只能在厌氧条件下进行反硝化作用。从而设计出适应该理论的各种处理工艺。如划分区域控制溶解氧的A/O、A^2/O的处理工艺,以及利用时空变化控制溶解氧的SBR和MSBR的处理工艺。目前,新概念和新技术已经深入到活性污泥内部结构及其生态的研究。研究发现,在实际运行时,微环境中存在好氧氨氧化和厌氧氨氧化、有厌氧反硝化和好氧反硝化、同步硝化反硝化、同步反硝化除磷等等的现象,还发现了新的微生物资源——厌氧氨氧化菌。从此,拓宽了科研人员的思路,促进了科学研究,并研制了与之相适应的新的处理工艺。

4. 第三篇实验部分内容进行了适当的调整、补充,增加了设计实验。

5. 各章内容力争文字简练,图文并茂。

《环境工程微生物学》(第四版)是同济大学"十二五"规划教材,由周群英教授和王士芬副教授合编。

本教材长期得到全国各高等工科院校师生的青睐、支持与使用,在此表示衷心感谢!感谢高等教育出版社的扶持和指导。感谢评审教授的支持和辛劳!

由于作者水平有限,教材有不足和错误之处,敬请读者指正,提出宝贵意见,不胜感激!

编著者
2014 年夏

第三版前言

《环境工程微生物学》(第二版)出版至今已7年,这期间环境科学和环境工程学领域有了很大的发展,环境工程微生物学的科学研究领域也在不断扩展,研究内容更丰富,涉及更广、更深层次的理论问题。为使本教材达到"普通高等教育'十一五'国家级规划教材"的要求,为适应现代教学和科学技术发展的需要,及时反映环境科学和工程研究的新进展,反映近期环境治理的新动向等,以便学生用微生物学原理分析和解决环境科学和工程研究中的机理问题,并为学生后续学习和科研工作打下良好、扎实的基础。为此,适时修改本教材,补充新的研究成果,是第三版的目的。

经过几年的教学实践,对第二版课程的内容、结构与编排顺序做了基本肯定。故第三版基本按第二版的框架修改、编写。《环境工程微生物学》第三版共分三篇。第一篇为微生物的基础知识,第二篇为微生物生态与环境生态工程中的微生物作用,第三篇为实验。具体修改如下:

1. 本教材的总体思路是:按微生物由非细胞结构的病毒到有细胞结构的原核微生物、真核微生物,由低等到高等的顺序发展,也涉及与根际和根面微生物共栖的水生植物。

2. 第一篇微生物学基础部分的编写根据是:近十几年来,微生物分类学家们努力工作,对微生物的分类由微生物个体属性(如个体形态、细胞结构)和生态习性的观察描述发展到目前的分子水平的研究,更主要的是找到了科学的、客观的分类法,在表型特征基础上用 DNA 和 16S rRNA 序列分析法对细菌属和种的分类地位做出决定性的判断。将所有的微生物分门别类,编写成了《伯杰氏系统细菌学手册》(第二版)。本教材的细菌部分基本按照《伯杰氏系统细菌学手册》(第二版)的顺序编写。第一篇在内容上更加丰富多彩,精选和增加了一些微生物图示。

3. 第一篇第一章第一节增加类病毒和朊病毒;第四节增加病毒的测定;增加第六节病毒的危害、对策与应用。

4. 第二章第一节古菌部分全面充实内容,并增加环境保护和环境工程领域研究古菌的意义。第二节细菌域部分增加微生物图,第三节蓝细菌部分全面改写,内容丰富。第四节放线菌部分充实了内容和图。第五节其他原核微生物部分增加了立克次氏体、支原体、衣原体和螺旋体的图。

5. 第三章增加微生物图。

6. 第四章的章节没有变,更新了内容。

7. 第五章将第二版的附录六至附录八的内容放到本章课文内,使课文内容更加直观、充实。

8. 鉴于分子遗传学和分子生物学的迅速发展,它的应用越来越广泛,不断深入到环境科学和环境工程中。故在第六章中对 DNA、mRNA、rRNA、tRNA 和 PCR 技术等做了更详细的介绍;增加遗传密码和突变体的检测与筛选的方法;介绍分子遗传学的综合技术在环境微生物鉴定和种群动态分析中的应用。

9. 在第二篇微生物生态与环境生态工程中的微生物作用部分中,各章节做了适当调整、修改和补充。在第十章增加一节:人工湿地中微生物与水生植物净化污(废)水的作用。第十一章的好氧堆肥部分,增加堆肥中试的参数和大型堆肥生产厂运行体会和观点,充实和丰富了教材内容。第十二章增加第四节微生物能源的开发与应用。

10. 第三篇实验部分增加一个实验(实验九):应用 API 20E 细菌鉴定系统鉴定肠杆菌科和其他革兰氏阴性杆菌。

环境工程微生物学是一门边缘学科,是环境科学、环境工程、市政工程和环境监测等专业本科生的专业基础课。由于微生物学涉及学科较多,知识面较广,因此要求课程内容要有一定的广度和深度。但限于教学课时有限,篇幅不能太多,故本教材着力于为学生提供基本知识、基本理论和基本操作技能。本教材旨在打基础,抛砖引玉。学生有了扎实的基础知识和理论,可以在今后的工作或后续深造中应用和扩展。环境工程微生物学内容体现了理论和实践的结合,体现了科学的延续性和可持续发展。

《环境工程微生物学》是根据 1967 年和 1971 年的《水处理微生物学》演进、发展而来,再由《环境工程微生物学》的第一版发展到第三版,整整经历了 40 年的历程。因此,今天的第三版是汇集了环境工程微生物学教师 40 年辛勤教学和科学研究工作所积累的经验体会写成的。

《环境工程微生物学》编写的动力来源于教学实践和需要;来源于教学与科学研究的积累;来源于人类和环境的可持续发展需要和时代赋予的使命。《环境工程微生物学》的第一版教材由胡家骏教授和周群英教授合编,第二版由周群英教授和高廷耀教授合编。第三版由周群英教授和王士芬副教授合编。长期以来受到中国工程院院士、清华大学环境科学与工程系顾夏声教授的关怀和支持,在此表示衷心感谢!感谢全国各高等工科院校师生对本教材的青睐与支持。感谢高等教育出版社的领导和编辑对本教材给予 20 年的关心、扶持和指导。

由于编者水平有限,教材难免存在不足之处,希望读者继续给予关心和支持,提出宝贵意见,编者将不胜感激!

编著者
2007 年春

第二版前言

《环境工程微生物学》第一版自1988年问世至今已有11年,出版了五万多册,广为各兄弟院校采用。随着科学事业的不断发展,在微生物学领域里,由于分子生物学、分子遗传学的发展,其应用技术渗透到各个分支学科,促进各分支学科发展,环境工程微生物学也不例外。特别是我国的高等教育在此世纪交替之际,正酝酿着一场在教学内容、课程体系以至教学手段、方式,培养目标的重大变革,本次教材的修订理应在此方面有所反映。为顺应我国的高科技和工农业生产等的可持续发展需要,为培养合格的环保事业人才,适时修改、更新《环境工程微生物学》的内容,就显得十分必要。

作者总结了这11年的教学和科研实践,广泛听取教师和学生的意见,广泛阅读参考资料,对教材在如下几方面修改和更新:

1. 在教材内容编排上,按微生物由低等到高等的顺序编排。
2. 微生物的分类地位及微生物名称进行了必要的更改。
3. 明确提出古菌的概念和它在环境工程领域中的应用价值及作用。
4. 补充微生物遗传学中的新内容和新概念,如PCR技术的应用等。
5. 微生物新的应用技术,如生物表面活性剂和微生物酶学在环境工程中的应用。
6. 增加污(废)水一般生物处理及脱氮除磷、固体废物和大气微生物处理中的微生物学理论和机制。
7. 补充水体富营养化的成因和控制,以及土壤生物修复及其技术等。

本教材内容丰富,有理论,有实践知识,图文并茂。因为教材受教学时数限制,内容不能太多;但又要方便学生阅读,又不能太精简。希望本教材能较好解决这个矛盾。

全文共分三篇。第一篇为微生物的基础知识。第二篇为微生物生态及环境生态工程中的微生物作用。第三篇为实验。《环境工程微生物学》可供环境科学和环境工程、市政工程、环境监测等专业的教学使用,还可供其他相关学科选用。在教学时可根据本单位教学学时数和实际需要,有目的地进行取舍。

《环境工程微生物学》的第一版教材由胡家骏和周群英两位教授合编,感谢胡家骏教授11年来对《环境工程微生物学》的扶持。现在虽然胡教授年事高,不参加编写工作,但仍得到胡教授关心和支持。第二版由周群英教授和高廷耀教授合编。本版教材继续请清华大学环境工程系顾夏声教授和武汉大学生命科学学院沈萍教授评审。在此表示衷心感谢!

由于作者水平有限,教材不免有不足,甚至有错误之处。敬请读者继续给予支持和关心,提出宝贵意见。

编著者

1999年夏

第一版前言

环境工程微生物学是根据国家教育委员会关于工科本科基础课程最新制定的教学基本要求编写的,主要讲环境工程中的污(废)水及有机固体废物生物处理和水体、土壤及大气污染与自净过程中牵涉的、学生必须掌握的微生物学知识,以及饮用水卫生细菌学及其检验。内容包括细菌、放线菌、蓝绿细菌、酵母菌、霉菌、原生动物、微型后生动物及藻类等的形态、大小、细胞结构与功能;微生物生理(营养与呼吸);微生物与环境因素的关系;微生物的生长繁殖、遗传与变异;以及微生物生态等基础知识。此外,本书还讲述微生物在环境工程中的应用及对有害微生物的检验与控制,最后讲授实验技术。

本教材反映了在环境工程、给水排水、环境监测等专业的水处理微生物学教授20年的教学经验,在多年环境工程微生物学研究[包括污(废)水生物处理、区域性水污染控制、城市有机固体废物生物处理及大气污染与监测中的微生物学研究]的基础上,于1983年对原来的水处理微生物学讲义做了大幅度的修改与充实,先后供给环境工程、给水排水及环境监测3个专业4届本科生、硕士研究生、函授生,化学专业及暖通专业硕士研究生的教学使用,取得了良好的教学效果。环境科学技术是多学科交叉的边缘性科学,作为专业基础课的环境工程微生物学也相应地成为多学科性的边缘学科。本教材在这次修改中,为了适应环境科学技术发展的需要,广泛参考了国内、外文献,充实和更新了部分内容,章节的编排也做了较大的变动,使其更加系统化和更有利于教学。教材内容比较丰富、全面、详细,有一定广度和深度,并注意了保证基本理论、基本知识及基本操作技能的掌握与训练,能够满足初学者和已具有一定微生物学知识的读者的要求,适宜作为环境工程、给水排水、环境监测及环境科学等专业的教材,也可供其他大专院校微生物专业师生和从事环境保护的科技人员参考。

参加本教材编写工作的有同济大学环境工程教研室教授胡家骏和环境生物工程教研室讲师周群英。胡家骏除全面负责外,还主要负责第八章和第九章。周群英主要负责绪论、一至七章及实验部分。在编写过程中,听取了部分教师和学生意见,得到他们的热情关心和支持,同时还得到兄弟院校的老师的热情帮助和支持。1986年5月,在清华大学召开了本教材的评审会。承蒙清华大学环境工程系顾夏声教授主审,北京建工学院土木系李献文教授、太原工学院土木系吴国庆副教授、清华大学环境工程系俞毓馨、徐本源、武汉工业大学建工系万品珍及天津大学土木系田淑媛等同志参加评审。在此向以上各位同志所给予的肯定和热情帮助表示衷心的感谢!

由于我们水平有限,经验不足,不免有不完善和错误之处,希望读者提出宝贵意见。

编著者
1987年

目　　录

绪论 ··· 1
　第一节　环境问题与微生物的作用 ·· 1
　第二节　环境工程微生物学的研究对象和任务 ·· 3
　　一、环境工程微生物学的研究对象 ·· 3
　　二、环境工程微生物学的研究任务 ·· 4
　第三节　微生物的概述 ·· 5
　　一、微生物的分类和命名 ·· 5
　　二、病毒和类病毒 ·· 7
　　三、原核微生物与真核微生物 ·· 7
　　四、微生物的特点 ·· 8
　思考题 ··· 8

第一篇　微生物学基础

第一章　非细胞结构的超微生物——病毒 ·· 11
　第一节　病毒的一般特征及其分类 ·· 11
　　一、病毒的特点 ·· 11
　　二、病毒的分类 ·· 11
　　三、类病毒和朊病毒 ··· 12
　第二节　病毒的形态和结构 ·· 12
　　一、病毒的形态和大小 ·· 12
　　二、病毒的化学组成及结构 ·· 12
　第三节　病毒的繁殖 ·· 14
　　一、病毒的繁殖过程 ··· 14
　　二、噬菌体的溶原性 ··· 16
　第四节　病毒的测定与培养 ·· 16
　　一、病毒的测定 ·· 16
　　二、病毒的培养特征 ··· 17
　　三、病毒的培养基 ·· 17
　　四、病毒的培养 ·· 18
　第五节　病毒对物理、化学因素的抵抗力及污水处理过程对
　　　　　病毒的去除效果 ··· 19
　　一、病毒对物理因素的抵抗力 ·· 19
　　二、病毒对化学因素的抵抗力 ·· 21
　　三、病毒对抗生素的抵抗力 ·· 21
　　四、病毒的存活时间和污水处理过程对病毒的去除效果 ··· 22

第六节　病毒的危害、对策与应用 …… 23
一、病毒的危害与对策 …… 23
二、病毒的应用 …… 23
思考题 …… 24

第二章　原核微生物 …… 25
第一节　古菌域 …… 25
一、古菌的特点 …… 25
二、古菌的分类 …… 26
三、古菌研究对环境工程的意义 …… 33
第二节　细菌域 …… 33
一、细菌的个体形态与大小 …… 33
二、细菌的细胞结构 …… 36
三、细菌的培养特征 …… 44
四、细菌的物理化学特性 …… 46
五、细菌的物理化学性质与污(废)水生物处理的关系 …… 49
第三节　蓝细菌 …… 49
一、蓝细菌的形态与大小 …… 49
二、蓝细菌的细胞结构及其功能 …… 51
三、蓝细菌的繁殖 …… 51
四、蓝细菌的生境 …… 51
五、蓝细菌的代谢 …… 51
六、蓝细菌的分类 …… 51
七、蓝细菌与人类及环境的关系 …… 53
第四节　放线菌 …… 54
一、放线菌的形态、大小和结构 …… 54
二、放线菌的菌落形态 …… 56
三、放线菌的繁殖 …… 56
四、放线菌的分类 …… 58
第五节　其他原核微生物 …… 59
一、立克次氏体 …… 59
二、支原体 …… 59
三、衣原体 …… 60
四、螺旋体 …… 60
思考题 …… 60

第三章　真核微生物 …… 62
第一节　原生动物 …… 62
一、原生动物的一般特征 …… 62
二、原生动物的分类及各纲简介 …… 63
三、原生动物的胞囊 …… 70
第二节　微型后生动物 …… 70
一、轮虫 …… 70
二、线虫 …… 72

三、寡毛类动物 …………………………………………………………………… 72
　　四、甲壳动物 ……………………………………………………………………… 73
　　五、苔藓虫、拟水螅 ……………………………………………………………… 73
第三节　藻类 …………………………………………………………………………… 74
　　一、藻类的一般特征 ……………………………………………………………… 74
　　二、藻类的分类及各门特征简介 ………………………………………………… 75
　　三、藻类的分布及用途 …………………………………………………………… 80
第四节　真菌 …………………………………………………………………………… 81
　　一、酵母菌 ………………………………………………………………………… 81
　　二、霉菌 …………………………………………………………………………… 83
　　三、伞菌 …………………………………………………………………………… 87
思考题 …………………………………………………………………………………… 87

第四章　微生物的生理 …………………………………………………………………… 89
第一节　微生物的酶 …………………………………………………………………… 89
　　一、酶的组成 ……………………………………………………………………… 89
　　二、酶蛋白的结构 ………………………………………………………………… 92
　　三、酶的活性中心 ………………………………………………………………… 93
　　四、酶的分类与命名 ……………………………………………………………… 95
　　五、酶的催化特性 ………………………………………………………………… 97
　　六、影响酶促反应速率(或酶活力)的因素 ……………………………………… 100
第二节　微生物的营养 ………………………………………………………………… 105
　　一、微生物细胞的化学组成 ……………………………………………………… 105
　　二、微生物的营养物及营养类型 ………………………………………………… 106
　　三、碳氮磷比 ……………………………………………………………………… 111
　　四、微生物的培养基 ……………………………………………………………… 111
　　五、营养物进入微生物细胞的方式 ……………………………………………… 113
第三节　微生物的能量代谢 …………………………………………………………… 118
　　一、微生物的生物氧化和产能 …………………………………………………… 119
　　二、生物氧化类型与产能代谢 …………………………………………………… 120
　　三、3种生物氧化类型比较(以葡萄糖为例) …………………………………… 129
　　四、其他代谢途径 ………………………………………………………………… 130
　　五、微生物发光机制与其应用 …………………………………………………… 131
第四节　微生物的合成代谢 …………………………………………………………… 132
　　一、产甲烷菌的合成代谢 ………………………………………………………… 132
　　二、化能自养微生物的合成代谢 ………………………………………………… 134
　　三、光合作用 ……………………………………………………………………… 135
　　四、异养微生物的合成代谢 ……………………………………………………… 141
思考题 …………………………………………………………………………………… 141

第五章　微生物的生长繁殖与生存因子 ………………………………………………… 143
第一节　微生物的生长繁殖 …………………………………………………………… 143
　　一、微生物生长繁殖的概念 ……………………………………………………… 143
　　二、研究微生物生长的方法 ……………………………………………………… 144

三、细菌生长曲线在污(废)水生物处理中的应用 …… 149
　　四、微生物生长量的测定方法 …… 150
第二节　微生物的生存因子 …… 152
　　一、温度 …… 152
　　二、pH …… 155
　　三、氧化还原电位 …… 157
　　四、溶解氧 …… 157
　　五、太阳辐射 …… 161
　　六、活度与渗透压 …… 161
　　七、表面张力 …… 163
第三节　影响微生物生长繁殖的不利因素 …… 163
　　一、紫外辐射和电离辐射对微生物的影响 …… 163
　　二、超声波对微生物的影响 …… 167
　　三、重金属对微生物的影响 …… 167
　　四、极端温度对微生物的影响 …… 168
　　五、极端 pH 对微生物的影响 …… 169
　　六、干燥对微生物的影响 …… 169
　　七、一些有机物对微生物的影响 …… 170
　　八、抗生素对微生物的影响 …… 171
第四节　微生物与其他生物之间的关系 …… 172
　　一、竞争关系 …… 173
　　二、原始合作关系 …… 173
　　三、共生关系 …… 173
　　四、偏害关系 …… 174
　　五、捕食关系 …… 174
　　六、寄生关系 …… 174
第五节　菌种的退化、复壮与保藏 …… 175
　　一、菌种的退化和复壮 …… 175
　　二、菌种的保藏 …… 176
思考题 …… 177

第六章　微生物的遗传和变异 …… 178
第一节　微生物的遗传 …… 179
　　一、遗传和变异的物质基础——DNA …… 179
　　二、DNA 的结构与复制 …… 180
　　三、DNA 的变性和复性 …… 183
　　四、RNA …… 185
　　五、遗传密码 …… 186
　　六、微生物生长与蛋白质合成 …… 187
　　七、微生物的细胞分裂 …… 191
第二节　微生物的变异 …… 191
　　一、变异的实质——基因突变 …… 191
　　二、突变的类型 …… 192

第三节 基因重组 ... 195
一、杂交 ... 195
二、转化 ... 195
三、转导 ... 195

第四节 突变体的检测与筛选 ... 196
一、突变体的检测 ... 196
二、突变体的筛选 ... 197

第五节 分子遗传学新技术在环境工程中的应用 ... 198
一、遗传工程在环境工程中的应用 ... 198
二、基因工程技术在环境工程中的应用 ... 199
三、PCR 技术在环境工程中的应用 ... 201
四、分子遗传学的综合技术用于环境微生物鉴定和种群动态分析 ... 205

思考题 ... 206

第二篇 微生物生态与环境生态工程中的微生物作用

第七章 微生物的生态 ... 211

第一节 生态系统概述 ... 211
一、生态系统和生物圈 ... 211
二、生态平衡 ... 213
三、生态系统的分类 ... 213

第二节 土壤微生物生态 ... 214
一、土壤的生态条件 ... 214
二、微生物在土壤中的种类、数量与分布 ... 214
三、土壤自净和污染土壤的微生物生态 ... 215
四、土壤污染与土壤生物修复 ... 216

第三节 空气微生物生态 ... 220
一、空气的生态条件 ... 220
二、空气微生物的种类、数量、来源与分布 ... 220
三、空气微生物的卫生标准及生物洁净技术 ... 220
四、空气微生物的检测 ... 222
五、军团菌 ... 225

第四节 水体微生物生态 ... 225
一、水体中微生物的来源 ... 226
二、水体的微生物群落 ... 226
三、水体自净和污染水体的微生物生态 ... 228
四、水体富营养化 ... 233

思考题 ... 236

第八章 微生物在环境物质循环中的作用 ... 237

第一节 氧循环 ... 237

第二节 碳循环 ... 237
一、纤维素的转化 ... 239

二、半纤维素的转化 ·· 240
　　三、果胶质的转化 ·· 241
　　四、淀粉的转化 ·· 241
　　五、脂肪的转化 ·· 243
　　六、木质素的转化 ·· 244
　　七、烃类物质的转化 ·· 244
第三节　氮循环 ·· 246
　　一、蛋白质水解与氨基酸转化 ·· 247
　　二、尿素的氨化 ·· 249
　　三、硝化作用 ·· 249
　　四、反硝化作用 ·· 250
　　五、固氮作用 ·· 257
　　六、其他含氮物质的转化 ·· 258
第四节　硫循环 ·· 259
　　一、含硫有机物的转化 ·· 260
　　二、无机硫的转化 ·· 260
第五节　磷循环 ·· 263
　　一、含磷有机物的转化 ·· 263
　　二、无机磷化合物的转化 ·· 263
第六节　铁循环 ·· 264
第七节　锰循环 ·· 266
第八节　汞循环 ·· 267
思考题 ·· 268

第九章　水环境污染控制与治理的生态工程及微生物学原理 ··················· 269
第一节　污（废）水生物处理中的生态系统 ·· 269
　　一、好氧活性污泥法 ·· 269
　　二、好氧生物膜法 ·· 276
第二节　活性污泥丝状膨胀的成因及控制对策 ·· 279
　　一、活性污泥丝状膨胀的成因 ·· 279
　　二、控制活性污泥丝状膨胀的对策 ·· 283
第三节　厌氧环境中活性污泥和生物膜的微生物群落 ···································· 284
　　一、厌氧消化——甲烷发酵 ·· 284
　　二、光合细菌处理高浓度有机废水 ·· 289
　　三、含硫酸盐废水的厌氧微生物处理 ·· 289
思考题 ·· 291

第十章　污（废）水深度处理和微污染源水预处理中的微生物学原理 ············ 292
第一节　污（废）水深度处理——脱氮、除磷与微生物学原理 ·························· 292
　　一、污（废）水脱氮、除磷的目的和意义 ·· 292
　　二、天然水体中氮、磷的来源 ·· 292
　　三、微生物脱氮原理、脱氮微生物及脱氮工艺 ····································· 293
　　四、微生物除磷原理、除磷微生物及其工艺 ·· 304

第二节　微污染水源水预处理中的微生物学原理 ………………………………………… 308
　　　　一、微污染水源水预处理的目的和意义 …………………………………………… 308
　　　　二、水源水污染源和污染物 ………………………………………………………… 308
　　　　三、微污染水源水微生物预处理及微生物群落 …………………………………… 308
　　第三节　人工湿地中微生物与水生植物净化污(废)水的作用 ………………………… 310
　　　　一、人工湿地生态系统 ……………………………………………………………… 310
　　　　二、人工湿地净化污(废)水的基本原理 …………………………………………… 311
　　　　三、人工湿地各组成的功能 ………………………………………………………… 312
　　　　四、人工湿地生态系统处理污(废)水的效果 ……………………………………… 314
　　第四节　饮用水的消毒及其微生物学效应 ……………………………………………… 314
　　　　一、水消毒的重要性 ………………………………………………………………… 314
　　　　二、水的消毒方法 …………………………………………………………………… 315
　　思考题 ……………………………………………………………………………………… 317

第十一章　有机固体废物与废气的微生物处理及其微生物群落 …………………………… 318
　　第一节　有机固体废物的微生物处理及其微生物群落 ………………………………… 318
　　　　一、堆肥法 …………………………………………………………………………… 318
　　　　二、垃圾和脱水污泥的卫生填埋及其渗滤液处置 ………………………………… 323
　　第二节　废气的生物处理 ………………………………………………………………… 323
　　　　一、废气的处理方法 ………………………………………………………………… 324
　　　　二、几种典型废气的微生物处理方法 ……………………………………………… 325
　　思考题 ……………………………………………………………………………………… 328

第十二章　微生物学新技术在环境工程中的应用 …………………………………………… 329
　　第一节　固定化酶和固定化微生物在环境工程中的应用 ……………………………… 329
　　　　一、酶制剂剂型 ……………………………………………………………………… 329
　　　　二、酶的提取 ………………………………………………………………………… 330
　　　　三、酶的纯化步骤 …………………………………………………………………… 331
　　　　四、固定化酶和固定化微生物的固定化方法 ……………………………………… 332
　　　　五、固定化酶和固定化微生物在环境工程中的应用及前景 ……………………… 334
　　第二节　微生物细胞外多聚物的开发与应用 …………………………………………… 336
　　　　一、生物表面活性剂和生物乳化剂的开发与应用 ………………………………… 336
　　　　二、微生物自身絮凝和沉淀作用 …………………………………………………… 337
　　　　三、微生物絮凝剂和沉淀剂的开发与应用 ………………………………………… 337
　　　　四、微生物絮凝剂和沉淀剂的作用原理 …………………………………………… 338
　　第三节　优势菌种与微生物制剂的开发与应用 ………………………………………… 338
　　　　一、优势菌种 ………………………………………………………………………… 339
　　　　二、优势菌种的筛选步骤与菌剂制备 ……………………………………………… 339
　　　　三、微生物制剂的应用 ……………………………………………………………… 339
　　　　四、微生物制剂的用法 ……………………………………………………………… 340
　　第四节　微生物产生的能源 ……………………………………………………………… 340
　　　　一、微生物产生的能源种类 ………………………………………………………… 340
　　　　二、产生氢气的微生物 ……………………………………………………………… 340
　　　　三、微生物产氢燃料电池 …………………………………………………………… 342

思考题 ... 343

第三篇 环境工程微生物学实验

第十三章 环境工程微生物学实验 ... 347
实验注意事项 ... 347
一、实验须知 ... 347
二、实验规则 ... 347

实验一 细菌、放线菌和蓝细菌个体形态的观察及富营养化水体中微生物的观察与分析 ... 348
一、实验目的 ... 348
二、显微镜的结构、光学原理及其操作方法 ... 348
三、显微镜的保养 ... 351
四、细菌、放线菌及蓝细菌的个体形态观察 ... 351

实验二 酵母菌、霉菌、藻类的个体形态观察及活性污泥中生物相的观察与分析 ... 351
一、实验目的 ... 351
二、实验器材 ... 352
三、实验内容和操作方法 ... 352

实验三 微生物细胞的计数和测量 ... 353
一、实验目的 ... 353
二、实验器材 ... 353
三、微生物细胞的直接计数 ... 353
四、微生物细胞大小的测量 ... 354

实验四 细菌的简单染色和革兰氏染色 ... 355
一、实验目的 ... 356
二、染色原理 ... 356
三、实验器材 ... 356
四、实验内容和操作步骤 ... 356

实验五 细菌淀粉酶和过氧化氢酶的定性测定 ... 358
一、实验目的 ... 358
二、实验原理 ... 358
三、实验器材 ... 358
四、实验内容和操作方法 ... 359

实验六 培养基的配制和灭菌 ... 360
一、实验目的 ... 360
二、实验原理 ... 360
三、实验器材 ... 360
四、实验内容及操作步骤 ... 360

实验七 细菌的纯种分离、培养和接种技术 ... 365
一、实验目的 ... 365
二、实验器材 ... 365

三、细菌纯种分离的操作方法 ……………………………………………………… 365
　　四、几种接种技术 ………………………………………………………………… 368
实验八　纯培养菌种的菌体、菌落形态的观察 …………………………………………… 370
　　一、实验目的 ……………………………………………………………………… 370
　　二、实验器材 ……………………………………………………………………… 370
　　三、实验内容与方法 ……………………………………………………………… 371
实验九　总大肠菌群的检验 ………………………………………………………………… 372
　　一、实验目的 ……………………………………………………………………… 372
　　二、实验原理和方法 ……………………………………………………………… 372
　　三、实验器材 ……………………………………………………………………… 373
　　四、实验前准备工作 ……………………………………………………………… 373
　　五、测定方法与步骤 ……………………………………………………………… 375
实验十　细菌菌落总数的测定 ……………………………………………………………… 378
　　一、实验目的 ……………………………………………………………………… 378
　　二、实验原理 ……………………………………………………………………… 378
　　三、实验器材 ……………………………………………………………………… 378
　　四、实验内容与操作步骤 ………………………………………………………… 378
　　五、菌落计数及报告方法 ………………………………………………………… 379
实验十一　耐热大肠菌群的测定 …………………………………………………………… 380
　　一、实验目的 ……………………………………………………………………… 380
　　二、实验原理 ……………………………………………………………………… 380
　　三、测试方法 ……………………………………………………………………… 380
实验十二　水体(生活污水)中的生物检测与水体水质评述 …………………………… 383
　　一、实验目的 ……………………………………………………………………… 383
　　二、方案与步骤 …………………………………………………………………… 383
　　三、综合分析和评述 ……………………………………………………………… 385
实验十三　应用 API 20E 细菌鉴定系统鉴定肠杆菌科和
　　　　　　其他革兰氏阴性杆菌 …………………………………………………… 385
　　一、实验目的 ……………………………………………………………………… 385
　　二、实验原理 ……………………………………………………………………… 386
　　三、实验器材 ……………………………………………………………………… 386
　　四、操作步骤 ……………………………………………………………………… 386
　　五、实验结果 ……………………………………………………………………… 389
　　六、注意事项 ……………………………………………………………………… 390
实验十四　噬菌体的分离与纯化 …………………………………………………………… 391
　　一、实验目的 ……………………………………………………………………… 391
　　二、实验原理 ……………………………………………………………………… 391
　　三、实验器材 ……………………………………………………………………… 391
　　四、操作步骤 ……………………………………………………………………… 392
实验十五　噬菌体效价的测定 ……………………………………………………………… 393
　　一、实验目的 ……………………………………………………………………… 393
　　二、实验原理 ……………………………………………………………………… 393

三、实验器材 393
　　四、操作步骤 393
　　五、实验结果 395

实验十六　空气中微生物的测定 396
　　一、实验目的 396
　　二、实验器材 396
　　三、操作步骤 396

实验十七　富营养化湖泊中藻量的测定（叶绿素 a 法） 398
　　一、实验目的 398
　　二、实验原理 398
　　三、实验器材 398
　　四、方法和步骤 398
　　五、实验结果 399

附录 400

附录一　教学用染色液的配制 400
　　一、普通染色法常用染液 400
　　二、革兰氏（Gram）染液 400
　　三、芽孢染色液 401
　　四、荚膜染色液 401
　　五、鞭毛染色液（方法之一） 401
　　六、鞭毛染色液（方法之二） 401
　　七、乳酸石炭酸棉蓝染色液（观察霉菌形态用） 402
　　八、聚 β-羟基丁酸染色液 402
　　九、异染颗粒染色液 402

附录二　几种常用染色方法 403
　　一、简单染色法 403
　　二、革兰氏染色法 403
　　三、芽孢染色法 403
　　四、荚膜染色法（墨汁背景染色法） 403
　　五、鞭毛染色法 403
　　六、聚 β-羟基丁酸（类脂粒、脂肪球）染色 404
　　七、异染颗粒染色 404

附录三　教学用培养基 404
　　一、肉膏蛋白胨琼脂培养基 404
　　二、LB 培养基 404
　　三、查氏（蔗糖琼脂）培养基 404
　　四、马铃薯培养基 404
　　五、高氏 1 号培养基（淀粉琼脂培养基） 405
　　六、麦芽汁培养基 405
　　七、明胶培养基 405
　　八、蛋白胨培养基 405

九、肉膏胨淀粉琼脂培养基 ………………………………………………………… 405
　　十、亚硝化细菌培养基 ……………………………………………………………… 405
　　十一、硝化细菌培养基 ……………………………………………………………… 406
　　十二、反硝化(硝酸盐还原)细菌培养基 …………………………………………… 406
　　十三、反硫化(硫酸盐还原)细菌培养基 …………………………………………… 406
　　十四、浮游球衣菌培养基 …………………………………………………………… 406
　　十五、培养红串红球菌 NOC-1 的适宜培养基 …………………………………… 407
　　十六、红螺菌科细菌分离培养基 …………………………………………………… 407
　　十七、无氮培养基(培养自身固氮细菌用) ………………………………………… 407
　　十八、油脂培养基 …………………………………………………………………… 407
　　十九、CMC 培养基(培养纤维分解菌用) ………………………………………… 407
　　二十、分离、扩增噬菌体试验用培养基 …………………………………………… 408
　　二十一、发光细菌培养基 …………………………………………………………… 408
　附录四　关于加压蒸汽灭菌法的注意事项 ……………………………………………… 408
　　一、常用灭菌压力、温度与时间 …………………………………………………… 408
　　二、空气排除程度与温度的关系 …………………………………………………… 409
　　三、灭菌温度和时间的设置 ………………………………………………………… 409
　附录五　显微镜的保养 …………………………………………………………………… 410
　附录六　大肠菌群检索表(MPN 法) …………………………………………………… 410

主要参考书目 ………………………………………………………………………… 413

绪　　论

第一节　环境问题与微生物的作用

自18世纪60年代西方工业革命以来,危害环境的污染物质不断产生,致使世界各国的环境污染问题日趋严重,环境质量急剧恶化,公害问题相继发生。例如,美国洛杉矶的光化学烟雾、英国伦敦烟雾、日本四日市的哮喘病、日本熊本由于汞引起的水俣病及神通川骨痛病等,均对人类健康造成极大伤害。

20世纪80年代后,随着我国经济的快速发展,产生的废水、废气和固体废物对环境产生了严重的污染。我国一些地区,如黄浦江、苏州河、太湖、巢湖、淮河、海河、滇池、嫩江、松花江等,都受到不同程度的污染,有的甚至很严重。城市的空气质量也日益恶化,产生雾霾的天数增多,每年的冬、春季人类受到禽流感病毒的威胁。垃圾填埋不仅占用大量土地,其渗滤液还会污染土壤及地下水。图绪-1为污染物在环境中的迁移与分布。

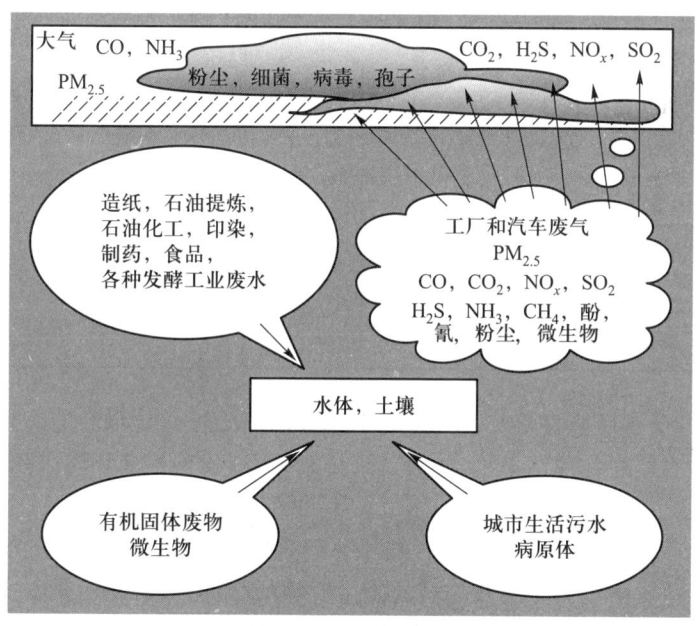

图绪-1　污染物在环境中的迁移与分布

全球性污染范围更加扩大,酸雨、臭氧层耗损、全球变暖、生物多样性锐减、土地荒漠化、海洋污染、危险物越境转移、大气污染物越境转移等环境问题,引起全球性的关注。

早在20世纪50年代,一些发达国家就开始治理环境,经过一二十年的努力治理,有些河流已见成效。如泰晤士河河水变清,有鱼类生存。20世纪70年代,围绕环境危机和石油危机全球展开一场关于"停止增长还是继续发展"的争论。联合国世界环境与发展委员会(WCED)主席、挪威前首相布伦特兰夫人受联合国委托,于1987年发表长篇报告《我们共同的未来》,首次提出可持续发展的观点:既满足当代人的需求,又不对后代人满足其自身需求的能力构成危害的发展。自此以后,可持续发展的新思想广为各国接收和重视。

我国于20世纪60年代末开始认识到环境污染的危害,首先在一些大城市(如上海、北京、天津等)开始不同程度地处理废水。继而也广泛开展环境保护、环境污染的治理工作。因此,各地出现可喜的景象。例如,上海的城市规划、工业产业的调整与合理布局;自2000年起对苏州河加大治理力度,经过几年的整治,河水已开始变清,出现水生生物,现在苏州河两岸已成了人们的居住、休闲场所。虽然,环境保护意识已深入人心,但全国乃至全球的环境保护工作,仍然任重道远,尚需持之以恒。

我国对环境保护越来越重视。对治理环境的投资力度逐年增加,对环境的质量要求越来越高,提出"十二五"环境保护主要指标如表绪-1:

表绪-1 "十二五"环境保护主要指标

序号	指标	2010年	2015年	2015年比2010年增长
1	化学需氧量排放总量/(万t)	2 551.7	2 347.6	−8%
2	氨氮排放总量/(万t)	264.4	238.0	−10%
3	二氧化硫排放总量/(万t)	2 267.8	2 086.4	−8%
4	氮氧化物排放总量/(万t)	2 273.6	2 046.2	−10%
5	地表水国控断面劣V类水质的比例/%	17.7	<15	−2.7%
6	七大水系国控断面水质好于Ⅲ类的比例/%	55	>60	5%
	地级以上城市空气质量达到二级标准以上的比例/%	72	≥80	8%

由此可见,摆在环境科学与环境工程工作者面前的任务是艰巨的。我们需要用先进的科学技术治理好各种污染物,使其达到排放标准,改善生活环境,提高人类的生活质量。

微生物在环境保护和环境治理中,在保持生态平衡等方面与其他生物一样,起着举足轻重的作用。由于微生物具有容易发生变异的特点,随着新污染物的产生和数量的增多,微生物的种类可随之相应增多,呈现出更加丰富的多样性。这使得微生物有别于其他生物,在环境污染中的作用更是独树一帜。但是,由于其变异,使得某些致病菌或病毒产生抗药和耐药性,影响疾病治愈,给人类健康造成了极大麻烦。

随着微生物学中各个分支学科相互渗透,尤其是分子生物学、分子遗传学的发展,促进了微生物分类学的完善,也促进微生物应用技术的进步,推动了生物工程的发展,酶学和基因工程在各个领域得到应用和长足的发展。在环境工程中也是如此。例如,利用固定化酶、固定化微生物细胞处理工业废水;筛选优势菌,筛选处理特种废水的菌种。在探索利用基因工程技术构建超级菌方面,已有分解石油烃类的超级菌的实例。

自20世纪70年代以后,许多在极端环境生活的微生物引起人们的极大兴趣和关注。在极端环境生活的微生物有:专性厌氧的产甲烷菌、极端嗜热菌、极端嗜酸菌、极端嗜碱菌和极端嗜盐菌等古菌。它们是一类可供研究生命起源的好材料。一些科学家追溯地球的历史,认为最早的地球岩层极热,处于无氧环境,推论那时只有极端嗜热菌、厌氧菌才能生长,从而认为当今古菌中的极端嗜热菌可能源于古时的嗜热菌。最早地球是无氧环境,由于蓝细菌的生存与作用,使地球变成有氧环境,才有好氧生物存在。

环境工程中遇到的废水不少是极端环境条件下产生的。例如,稠油废水、焦化废水和化肥废水的温度一般为 70~80℃;味精废水的温度极低(2~4℃),pH 极低(2~3),盐度也高;还有酸性废水,碱性废水和高盐有机废水等。实际上,环境工程面临此类废水越来越多,处理难度也越来越大。因此,开发极端环境微生物资源处理废水有着广阔的前景,但任重道远。

第二节 环境工程微生物学的研究对象和任务

一、环境工程微生物学的研究对象

环境工程微生物学主要研究微生物的形态、细胞结构及其功能,微生物的营养、呼吸、物质代谢、生长、繁殖、遗传与变异等的基础知识;栖息在水体、土壤、空气、城市生活污水、工业废水和城市有机固体废物生物处理,以及废气生物处理中的微生物及其生态;饮用水卫生细菌学;自然环境中物质循环与转化;水体和土壤的自净作用,污染水体治理与修复、污染土壤的治理与修复等环境工程净化的原理。

自然界有丰富的微生物资源,其种类繁多,在自然界物质循环和转化中起着巨大的生物降解作用,是整个生物圈维持生态平衡不可缺少的、重要的组成部分。

对人类而言,很多微生物是有益的,并长期被人类广泛应用。早在我国商代就有酿酒手工业,在不完全灭菌的条件下,培养出优良品种,用于酿酒;微生物还被广泛用于制作酱、醋和发面。在近代,将微生物应用于发酵工业生产乙醇、丙酮、各种有机酸、氨基酸(主要有谷氨酸和赖氨酸)、抗生素;微生物的酶制剂应用于纺织退浆、制革脱毛、医药、印染等。微生物还被应用于石油发酵如微生物脱蜡和脱硫;用作农肥(如固氮菌肥、钾细菌肥料等);用于植物害虫生物防治(如苏云金杆菌,利用动物病毒防治棉花的棉铃虫等杀虫剂);用于矿业,如探油、回收重金属和稀有金属等。

随着当代工业生产的发展,含各种新污染物的工业废水源源不断地排入水体和土壤,诱导水体和土壤中的微生物质粒的产生和质粒的转移,环境中多因素的长期诱导,导致微生物发生变异,使微生物的种群和群落变得更加多样性,并诱变出更多能分解新产生有机污染物的微生物品种,使微生物资源变得更加丰富多彩,为人类提供了更广阔的用途。当今,城市生活污水、医院污水和各种有机工业废水(如屠宰、食品、乳品、印染、制药、煤气、焦化、化肥、造纸、采油工业的稠油废水、石油提炼、石油化工、化纤、农药等)都在用生物方法处理,甚至有毒废水、城市有机固体废物和工业产品废物(如,废电池等)也可用微生物方法处理。日本研究人员从富含锰离子的温泉水(35~43℃)中分离到与进行光合作用的丝状藻共生的锰氧化菌,将其用于处理二氧化锰废电池,可使日本每年约 $2×10^9$ 个的二氧化锰废电池得到循环使用,变废为宝。20 世纪 80 年代起,有人提取微生物代谢产物和菌体表面分泌物,用作水处理的助凝剂或混凝剂,以提高水处理的效果。

病原微生物会对人体健康、生活造成不利影响。细菌、病毒、霉菌、变形虫等的某些种能引起人的各种疾病。例如,肝炎、沙眼、肠道病、伤风、感冒、非典型肺炎(SARS)、军团菌病(空调病)、人禽流感、艾滋病等。黄曲霉产生的黄曲霉毒素(Aflatoxin)、岛青霉(Penicillium islandicum)产生的岛青霉素和黄变米毒素可使大米变黄和致癌,橘青霉(Penicillium citrinum)和黄绿青霉(Penicillium citreoviride)等能产生致癌的黄变米毒素。还有的微生物能引起作物病害及动物疾病,某些细菌和霉菌能使食品和农副产品腐败和腐烂。各种发酵工业的有效生产菌因感染噬菌体而倒罐,造成重大的经济损失。有些细菌尽管不是有害菌,但它们生命活动所产生的代谢产物会与环境中的化学物质起作用而产生不良后果。例如,硫细菌和铁细菌能引起混凝土管道和金属管道腐蚀,蓝细菌、绿藻、金藻和甲藻中的某些种能引起湖泊"水华"和海洋的"赤潮",其中某些种还分泌毒素。

二、环境工程微生物学的研究任务

环境工程微生物学的研究方向和具体的任务就是充分利用有益微生物资源为人类造福,防止、控制和消除微生物的有害活动,化害为利。在医疗方面,利用天花病毒、霍乱弧菌等致病菌灭活后制备免疫疫苗,利用肺炎链球菌或其荚膜制备预防肺炎的免疫疫苗,利用乙肝病毒(或其基因)制备乙肝疫苗,以增强人体免疫力。但更多的是消灭病原微生物,利用有益微生物来处理环境中的各种有害物质。

环境工程中处理污染物的方法很多,其中生物处理法占重要位置。它与物理、化学法相比,具有经济、高效的优点,更重要的是可基本达到无害化。微生物是对污染物进行生物处理、净化环境的工作主体,只有全面了解和掌握微生物的基本特性,才能培养好微生物,取得较好的净化效果。

随着人类物质文明和健康的需要,人们对环境的要求越来越高,为了达到提高空气质量和水环境质量的要求,环境工程除用常规的处理设备和构筑物处理污(废)水外,还与天然的湿地组合处理;后来又发展到用人工湿地处理污(废)水,或用处理设备、构筑物与人工湿地组合对污(废)水进行深度处理。作为专业基础课的环境工程微生物学要顺应发展趋势,拓宽研究内容,深入研究人工湿地的生态系统及其处理废水的机制,研究与微生物共栖的植物根面、根系与根际的环境生态问题,以及微生物与水生植物的关系。

环境工程微生物学是在环境科学和环境工程事业蓬勃发展的基础上应运而生的一门微生物学的分支学科。它是环境科学、环境工程和市政工程等专业的专业基础课,它可为学生普及相关的微生物基础知识,培养学生微生物实验的操作技能。

第三节 微生物的概述

微生物是肉眼看不见的、必须在电子显微镜或光学显微镜下才能看见的所有微小生物的统称。按是否存在细胞结构,可分非细胞结构微生物(如病毒、类病毒)及具细胞结构微生物;按是否存在细胞核膜、细胞器及有丝分裂等,划分为原核微生物和真核微生物两大类。

20世纪70年代人们开始在分子生物学水平上研究生物的进化和系统发育。沃斯(C.R.Woese)以16S rRNA序列的相关性,将一类有别于细菌的、在特殊环境生长的古细菌(为原核生物,现称古菌)单独列出,与细菌和真核生物并列于系统发育树中。在本章中将介绍两个分类系统,以方便大家学习。

一、微生物的分类和命名

(一) 微生物的分类

为了识别和研究微生物,将各种微生物按其客观存在的生物属性(如个体形态及大小、染色反应、菌落特征、细胞结构、生理生化反应、与氧的关系、血清学反应等)及它们的亲缘关系,有次序地分门别类排列成一个系统,从大到小,按域(Domain)、界(Kingdom)、门(Phylum)、纲(Class)、目(Order)、科(Family)、属(Genus)、种(Species)等分类。把主要的、基本属性类似的微生物分列为域,在域内从类似的微生物中找出它们的差别,再列为界。以此类推,一直分到种。"种"是分类的最小单位。种内微生物之间的差别很小,有时为了区分小差别可用株表示,但"株"不是分类单位。在两个分类单位之间可加亚门、亚纲、亚目、亚科、亚属、亚种及变种等次要分类单位。最后对每一属或种给予严格的科学的名称。

各类群微生物有各自的分类系统,如细菌分类系统、酵母分类系统、霉菌分类系统等。有3个比较全面的分类系统,一个是前苏联克拉西里尼科夫(Н.А.Краснльнико)所著《细菌和放线菌的鉴定》(1949)中的分类。第二个是法国的普雷沃(A.R.Prevot)所著《细菌分类学》(1961)中的分类。第三个是美国细菌学家协会所属伯杰氏鉴定手册董事会组织各国有关学者写成的《伯杰细菌鉴定手册》(Bergey's Manual of Determinative Bacteriology)中的分类。该手册于1923年出第一版,至今出到第九版,1957年的第七版和1974年的第八版被广泛应用。《伯杰细菌鉴定手册》在第七版以前,主要以表型特征为鉴定依据。在第八版中以G+C含量(%)作为种的基本特征,少数种以分子杂交测定进行研究。1984年更名为《伯杰氏系统细菌学手册》(Bergey's Manual of Systematic Bacteriology),共分四卷:第一卷:医学和工业方面重要的革兰氏阳性菌(1984年出版);第二卷:放线菌以外的革兰氏阳性细菌(1986年出版);第三卷:古菌、蓝细菌及其他革兰氏阴性细菌(1989年出版);第四卷:放线菌(1989年出版)。《伯杰氏系统细菌学手册》新版本在表型特征基础上用DNA和16S rRNA的资料对细菌属和种的分类地位做出决定性的判断。把细菌分类从人为分类体系转变为自然分类体系。这更符合客观实际。由于近年来细菌分类学取得很大的进展,2001年出版的《伯杰氏系统细菌学手册》(第二版)共分5卷,将原核生物分为古菌域和细菌域。

人类对自然界生物的认识是逐步进化的过程,对其分类由不完全到完全,直至1969年魏特克(Whittaker)提出生物5界分类系统,后来被Margulis修改成为普遍接受的5界分类系统:原核生物界(包括细菌、放线菌、蓝细菌)、原生生物界(显微藻类及原生动物)、真菌界(包括酵母菌和霉菌)和动物界和植物界。我国王大耜、陈世骧等提出6界:病毒界、原核生物界、真核原生生物界、真菌界、动物界和植物界。

长久以来,细菌分类学以形态学特征、表型特征、生理特征、生态特征、血清学反应和噬菌体反应等为分类依据,现在不仅限于上述方法,还采用DNA中的G+C(%),DNA杂交、DNA-rRNA杂交、16S rRNA碱基顺序分析和比较,对微生物尤其是细菌的属和种进行分类,将原来一直放在细菌范畴的古菌识别出来,对古菌在分类学中的地位有比较明确的认识,将古菌、细菌和真核生物并列,见图绪-2。

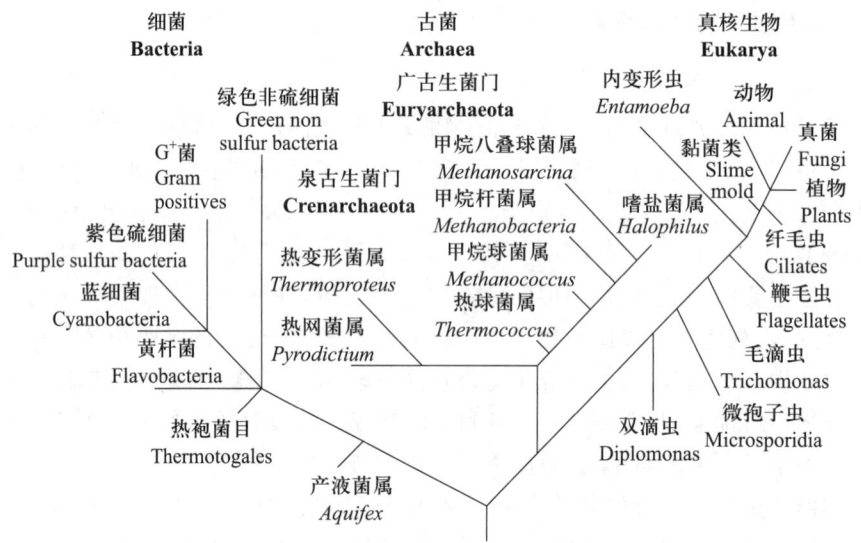

图绪-2 Carl Woese按16S rRNA碱基顺序比较建立的细菌、古菌和真核生物的系统发育综合图

摘自:Broch T D.Biology of Microorganism.1997。

(二) 环境与环境工程中的微生物范畴

环境与环境工程涉及面广,在其领域内的微生物众多,包罗万象。表绪-2为环境与环境工程中涉及的微生物与水生植物。

表绪-2　环境与环境工程中涉及的微生物与水生植物

```
              ┌ 非细胞结构生物——病毒界(Vira)
              │
              │                    ┌ 古菌域(Archaea)
              │      ┌ 原核细胞生物 ┤
              │      │             │              ┌ 细菌(Bacteria)
              │      │             │              │ 蓝细菌(Cyanobacteria)
              │      │             │              │ 放线菌(Actinobacteria)
              │      │             └ 细菌域(Bacteria) ┤ 立克次氏体(Rickettsiales)
生物 ┤        │                                    │ 支原体(Mycoplasmatales)
              │                                    │ 衣原体(Chlamydiae)
              │                                    └ 螺旋体(Spirochaetes)
              │ 具细胞
              │ 结构生物                          ┌ 醉母菌(Yeast)
              │                    ┌ 真菌(Fungi) ┤ 霉菌(Mold)
              │                    │              └ 伞菌(Agaricus)
              │                    │ 藻类(Algae)
              └ 真核细胞生物——   ┤              ┌ 原生动物(Protozoa)
                真核生物域(Eukarya) │ 动物       ┤ 微型后生动物(Metozoa)
                                    │              ┌ 浮水植物(Free-floating plants)
                                    └ 水生植物 ┤ 挺水植物(Emergent plants)
                                                   └ 沉水植物(Submerged plants)
```

（三）微生物的命名

微生物的命名是采用生物学中的二名法,即用两个拉丁词命名一个微生物的种。这个种的名称是由一个属名和一个种名组成,属名和种名都用斜体字表达,属名在前,用拉丁文名词表示,第一个字母大写;种名在后,用拉丁文的形容词表示,第一个字母小写。如大肠埃希氏杆菌的名称是 *Escherichia coli*。为了避免同物异名或同名异物,在微生物名称之后缀有命名人的姓。例如,大肠埃希氏杆菌的名称是 *Escherichia coli* Castellani and Chalmers("大肠埃希氏杆菌"简称"大肠杆菌"),浮游球衣菌的名称是 *Sphaerotilus natans* Kützing 等。如果只将细菌鉴定到属,没鉴定到种,则该细菌的名称只有属名,没有种名。例如,芽孢杆菌属的名称是 *Bacillus*,梭状芽孢杆菌属的名称是 *Clostridium*。也可在属名后面加 sp.(单数)或 spp.(复数),sp 和 spp 是种(species)的缩写。例如,*Bacillus* sp.(spp.)。

二、病毒和类病毒

病毒没有细胞结构,是明显区别于原核微生物和真核微生物的一类特殊的超微生物。类病毒是比病毒更小的超微小生物。

三、原核微生物与真核微生物

（一）原核微生物

原核微生物的核很原始,发育不完全,只是 DNA 链高度折叠形成的一个核区,没有核膜,核质裸露,与细胞质没有明显的界线,一般称为拟核或似核。原核微生物没有细胞器,只有由细胞质膜内陷形成的不规则的泡沫结构体系(如间体和光合作用层片及其他内褶),也不进行有丝分裂。原核微生物包括古菌(即古细菌)、细菌、蓝细菌、放线菌、立克次氏体、支原体、衣原体和螺旋体等。

（二）真核微生物

真核微生物有发育完好的细胞核，核内有核仁和染色质。因有核膜将细胞核和细胞质分开，使两者有明显的界线，有高度分化的细胞器（如线粒体、中心体、高尔基体、内质网、溶酶体和叶绿体等），进行有丝分裂。真核微生物包括除蓝细菌以外的藻类、酵母菌、霉菌、伞菌、原生动物和微型后生动物等。

四、微生物的特点

各类微生物虽然在形态、细胞结构等方面有很多不同点，但也有许多共同点，具体介绍如下：

（一）个体极小

微生物的个体极小，有微米（μm）级的，要通过光学显微镜才能看见。大多数病毒小于 0.2 μm，是纳米（nm）级的，在光学显微镜可视范围外，要通过电子显微镜才可看见。

（二）分布广、种类繁多

微生物极小、很轻，附着于尘土随风飞扬，漂洋过海，栖息在世界各处，分布极广。同一种微生物可分布于世界各地，在江、河、湖、海、土壤、空气、高山、温泉水、人和动物体内外、酷热的沙漠、寒冷的雪地、南极、北极、冰川、污水、淤泥、固体废物等处处都有。自然界物质丰富，品种多样，为微生物提供丰富食物。微生物的营养类型和代谢途径呈多样性，从无机营养到有机营养，能充分利用自然资源。其呼吸类型也呈多样性，在有氧环境、缺氧环境，甚至是无氧环境均有能生活的种类。环境的多样性（如极端高温、低温、高盐度和极端 pH）造就了微生物的种类繁多和数量庞大。

（三）繁殖快

大多数微生物以裂殖方式繁殖后代，在适宜的环境条件下，十几分钟至二十几分钟就可繁殖一代，如大肠杆菌等。就算繁殖慢的也只需几天，如产甲烷菌等。这使得它们在物种竞争上取得优势，是生存竞争的保证。

（四）易变异

多数微生物为单细胞，结构简单，整个细胞直接与环境接触，易受环境因素影响，引起遗传物质 DNA 的改变而发生变异，或变异为优良菌种，或使菌种退化。病毒更是容易发生变异（如禽流感病毒），人们对它的认识及对它的应变能力，远跟不上它的变异速度。以致患病的人和动物得不到及时治愈而死亡。

思考题

1. 何谓原核微生物？它包括哪些微生物？
2. 何谓真核微生物？它包括哪些微生物？
3. 微生物是如何分类的？
4. 微生物是如何命名的？举例说明。
5. 写出大肠埃希氏杆菌和枯草杆菌的拉丁名全称。
6. 微生物有哪些特点？

第一篇 微生物学基础

第一章
非细胞结构的超微生物——病毒

第一节 病毒的一般特征及其分类

病毒(virus)是没有细胞结构、专性寄生在活的敏感宿主体内的超微小微生物。它们只具简单的独特结构,可通过细菌过滤器。

一、病毒的特点

多数病毒的大小在 $0.2\ \mu m$ 以下,在光学显微镜可视范围以外,必须在电子显微镜下方可看见。病毒没有合成蛋白质的机构——核糖体,合成细胞物质和繁殖所需的酶系统极不完备,不具独立的代谢能力,必须专性寄生在活的敏感宿主细胞内,依靠宿主细胞合成病毒的化学组成和繁殖新个体。病毒在活的敏感细胞内是具有生命的超微小微生物,然而,在宿主体外却呈现不具生命特征的大分子物质,但仍保留感染宿主的潜在能力,一旦重新进入活的宿主细胞内又具有生命特征,重新感染新的宿主。

病毒比细菌等其他微生物更容易变异。它们具有强抗药性和耐药性。

由于病毒与其他微生物差别很大,具有自身独有的特点,所以,把它单独列为一界——病毒界。

二、病毒的分类

1971 年以后,国际病毒分类委员会(International Committee on the Taxonomy of Viruses,ICTV)建立了统一的病毒分类系统。在 2005 年 7 月第八次发布:将病毒分为 3 个目,73 个科,11 个亚科,289 个属,1950 个种。

病毒是根据病毒的宿主、所致疾病、病毒粒子的大小、病毒的结构和组成、核酸的类型、复制的模式及有无被膜等进行分类。

根据专性宿主分类,可分为动物病毒、植物病毒、细菌病毒(噬菌体)、放线菌病毒(噬放线菌体)、藻类病毒(噬藻体)和真菌病毒(噬真菌体)等。

动物病毒寄生在人体和动物体内引起人和动物疾病。如人的流行性感冒、水痘、麻疹、腮腺炎、乙型脑炎、脊髓灰质炎、甲型肝炎、乙型肝炎和非典型性肺炎(SARS)等;高致病性的禽流感(H5N1、H9N2、H7N9 等病毒引起的)、口蹄疫等疾病。

植物病毒寄生在植物体内引起植物疾病。如烟草花叶病、番茄丛矮病、马铃薯退化病、水稻萎缩病和小麦黑穗病等。

噬菌体寄生在细菌体内生长繁殖,引起细菌裂解。1917 年 d'Herelle 在人的粪便中发现大肠杆菌噬菌体(coliphage),它们广泛分布在废水和被粪便污染的水体中。寄生在蓝细菌体内的噬菌体有以下几种:LPP1,LPP2(宿主均是鞘丝蓝细菌、席蓝细菌和织线蓝细菌)、MS-L(宿主是聚球蓝细菌和微囊蓝细菌),N-1(宿主是念珠蓝细菌)和 AS-1(宿主是组囊蓝细菌和聚球蓝细菌)。

按核酸分类,可分为 DNA 病毒[除细小病毒组的成员是单链 DNA(ssDNA)外,其余所有病毒都是双链 DNA(dsDNA)]和 RNA 病毒[除呼肠孤病毒组的成员是双链 RNA(dsRNA)外,其余的病毒都是单链 RNA(ssRNA)]。单链 DNA 和单链 RNA 又有正链和负链之分。对单链 DNA 而言,若 ssDNA 核苷酸序列与其 mRNA 序列相同,为正极性,称正链 DNA(+DNA);若 ssDNA 序列与其 mRNA 序列互补,为负极性,称负链 DNA(-DNA)。对单链 RNA 而言,若 ssRNA 可作为 mRNA 直接进行翻译的,则定它为正极性,称为正链 RNA(+RNA);若 ssRNA 核苷酸与其 mRNA 序列互补,定它为负极性,称为负链 RNA(-RNA)。

三、类病毒和朊病毒

类病毒是比病毒更小的致病感染因子。就目前所知,类病毒可引起马铃薯纺锤形块茎病、柑橘裂皮病和菊矮化病。它们是环状单链 RNA,约有 250~370 个核苷酸长度,可通过机械途径、花粉和胚珠在植物间传播,在宿主内复制。正常情况下它们通过分子内碱基配对以棒状闭合环状分子形式存在。

朊病毒是一种引起牛、羊疾病的感染因子(蛋白样感染颗粒)。只发现它有相对分子质量为 $33×10^3 ~ 35×10^3$ 的疏水膜蛋白 PrP(prion protein,朊病毒蛋白),没有检测到核酸存在。朊病毒可导致退化性神经系统紊乱的疾病,如羊瘙痒症。另外,朊病毒还可引起人和动物的神经性疾病,如牛海绵状脑病(BSE,疯牛病)。

第二节 病毒的形态和结构

一、病毒的形态和大小

病毒的形态依种类不同而不同。动物病毒的形态有球形、卵圆形、砖形等。植物病毒的形态有杆状、丝状和球状等。噬菌体的形态有蝌蚪状和丝状(图 1-1)。

病毒的大小以纳米(nm)计,直径通常为 10~300 nm,有的达 400 nm。动物病毒以痘病毒(poxvirus)最大,为砖形,其高度为 100 nm,宽度为 200 nm,长度为 300 nm;口蹄疫病毒(foot-and-mouth disease virus)最小,直径为 22 nm。植物病毒中马铃薯 Y 病毒(potato virus Y)最大,长度为 750 nm,直径为 12 nm;南瓜花叶病毒(squash mosaic virus)最小,直径为 22nm。大肠杆菌噬菌体 T_2、T_4、T_6 头部长度为 90 nm,直径为 60 nm,尾部长度为 100 nm,直径为 20 nm。大肠杆菌噬菌体 f_2 直径为 25 nm。丝状的大肠杆菌噬菌体 M_{13},长度为 600~800 nm。

二、病毒的化学组成及结构

(一)病毒的化学组成

病毒的化学组成有蛋白质和核酸,个体大的病毒(如痘病毒)除含蛋白质和核酸外,还含类脂和多糖。

（二）病毒的结构

病毒没有细胞结构,却有其自身特有的结构。整个病毒体分两部分:蛋白质衣壳和核酸内芯,两者构成核衣壳。完整的具有感染力的病毒体叫病毒粒子。病毒粒子有两种:一种是不具被膜(亦称囊膜)的裸露病毒粒子,另一种是在核衣壳外面由被膜包围所构成的病毒粒子(图1-2)。

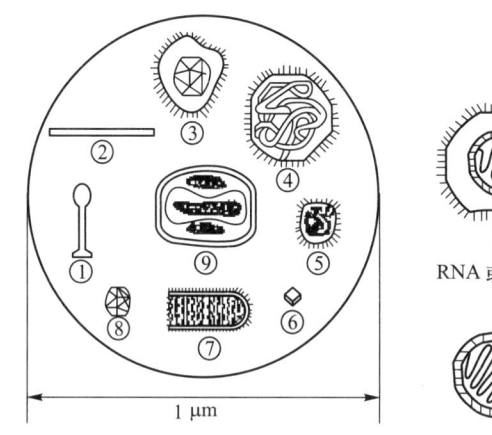

图1-1 几种病毒的形态与相对大小
注:大圆表示葡萄球菌细胞的相对大小
① 葡萄球菌噬菌体;② 烟草花叶病毒;
③ 疱疹病毒;④ 腮腺炎病毒;⑤ 流感病毒;
⑥ 脊髓灰质炎病毒;⑦ 狂犬病毒;
⑧ 腺病毒;⑨ 痘病毒

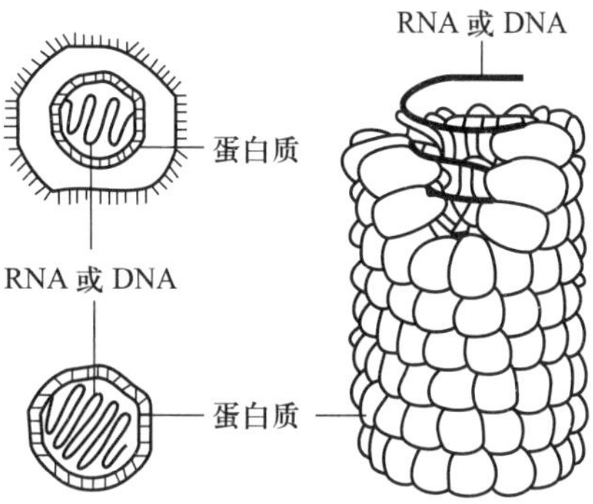

图1-2 病毒的结构

寄生在植物体内的类病毒和拟病毒结构更简单,只具RNA,不具蛋白质。

1. 蛋白质衣壳

蛋白质衣壳是由一定数量的衣壳粒(由一种或几种多肽链折叠而成的蛋白质亚单位),按一定的排列组合构成的病毒外壳,称蛋白质衣壳。

由于衣壳粒的排列组合不同,使病毒有3种对称性构型。第一种是立体对称型,主要为20面体(图1-3A),如腺病毒、疱疹病毒、脊髓灰质炎病毒、呼肠孤病毒、SARS病毒(图1-4)和禽流感病毒(图1-5)等。第二种为螺旋对称型,如烟草花叶病毒、狂

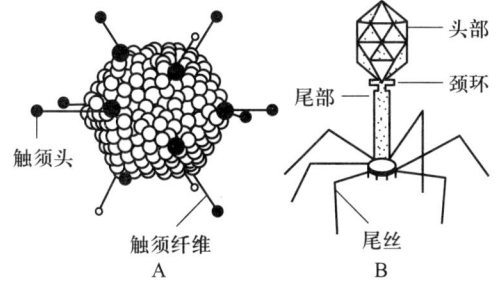

图1-3 病毒的对称构型
A—立体对称型(20面体,腺病毒);B—复合对称型(T系噬菌体)

犬病毒、流感病毒和正黏病毒。第三种为复合对称型，如大肠杆菌 T 系噬菌体，它的头部呈立体对称型（20 面体），尾部为螺旋对称型（图 1-3B）。

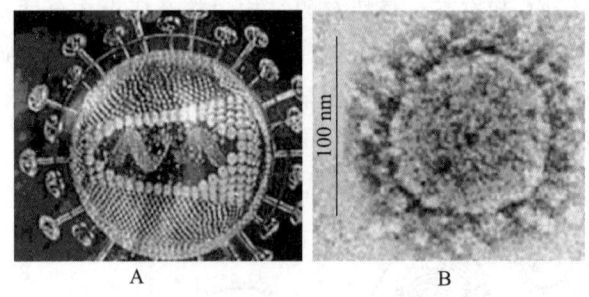

图 1-4　SARS 病毒（冠状病毒）
A—SARS 病毒的结构图；B—电子显微镜下的 SARS 病毒

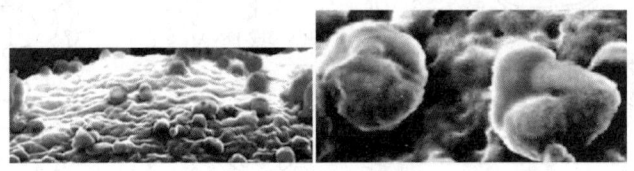

图 1-5　H5N1 型禽流感病毒

蛋白质的功能是保护病毒使其免受环境因素的影响，决定病毒感染的特异性，使病毒与敏感细胞表面特定部位有特异亲和力，病毒可牢固地附着在敏感细胞上。病毒蛋白质还有致病性、毒力和抗原性。

2. 核酸内芯

核酸内芯有两种：即核糖核酸（RNA）和脱氧核糖核酸（DNA）。一个病毒粒子并不同时含有 RNA 和 DNA，而只含其中一种，或是 RNA，或是 DNA。动物病毒有的含 DNA，有的含 RNA。植物病毒大多数含 RNA，少数含 DNA。噬菌体大多数含 DNA，少数含 RNA。

病毒核酸的功能是决定病毒遗传、变异和对敏感宿主细胞的感染力。

3. 被膜（囊膜）

痘病毒、腮腺炎病毒及其他病毒具有被膜，病毒的被膜来自宿主细胞的核膜或质膜，正常宿主的细胞为病毒的脂质和糖类提供原料，被膜蛋白由自身的病毒基因编码而成。它们除含有蛋白质和核酸外，还含有类脂，其中 50%~60% 为磷脂，其余为胆固醇。痘病毒含糖脂和糖蛋白。病毒不具完备的酶系统，但在病毒的壳体中含有核酸多聚酶。

第三节　病毒的繁殖

一、病毒的繁殖过程

动物病毒、植物病毒和噬菌体在吸附、入侵方式上有所不同，复制基本相似。下面以大肠杆菌 T 系偶数噬菌体为例进行介绍。大肠杆菌 T 系偶数噬菌体的繁殖过程包括吸附、侵入、复制与聚集、释放 4 个步骤(图 1-6)。

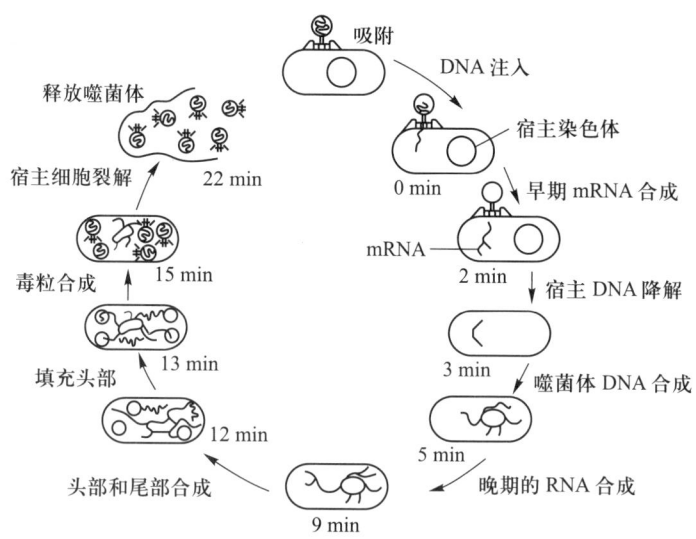

图 1-6　噬菌体吸附、侵入宿主内复制(合成)与聚集以及释放全过程

(一) 吸附

大肠杆菌 T 系噬菌体以它的尾部末端吸附到敏感细胞表面上某一特定的化学成分(如细胞壁的脂多糖、蛋白质和磷壁质),或是鞭毛,或是纤毛。

(二) 侵入

侵入方式以 T 系噬菌体最为复杂,它的尾部借尾丝的帮助固着在敏感细胞的细胞壁上,尾部的酶水解细胞壁的肽聚糖形成小孔,尾鞘消耗 ATP 获得能量而收缩,将尾髓压入宿主细胞内(不具尾髓的丝状大肠杆菌噬菌体 M_{13} 也能将 DNA 注入宿主细胞内,速度较慢),尾髓将头部的 DNA 注入宿主细胞内,蛋白质外壳留在宿主细胞外,此时,宿主细胞壁上的小孔被修复。在非正常情况下,大量噬菌体会在短期内同时吸附一个宿主细胞引起细胞产生许多小孔而裂解,这叫细胞外裂解。噬菌体不能繁殖,这与噬菌体在宿主细胞内增殖所引起的裂解不同。

(三) 复制与聚集

噬菌体侵入宿主细胞后,立即引起宿主的代谢改变,抑制宿主细胞内的 DNA、RNA 和蛋白质合成,宿主的核酸不能按自身的遗传特性复制和合成蛋白质,而由噬菌体核酸所携带的遗传信息控制,借用宿主细胞的合成机构(如核糖体、mRNA、tRNA、ATP 及酶等)复制核酸,进而合成噬菌体的蛋白质,核酸和蛋白质聚集合成新的噬菌体,这过程叫装配。大肠杆菌噬菌体 T_4 的装配过程如下:先合成含 DNA 的头部,然后合成尾部的尾鞘、尾髓和尾丝,并逐个加上去就装配成一个完整的新的大肠杆菌噬菌体 T_4(图 1-7A①、②)。

(四) 宿主细胞裂解和成熟噬菌体粒子的释放

噬菌体粒子成熟后,噬菌体的水解酶水解宿主细胞壁而使宿主细胞裂解,噬菌体被释放出来(图 1-7A③)重新感染新的宿主细胞,一个宿主细胞可释放 10~1 000 个噬菌体粒子。

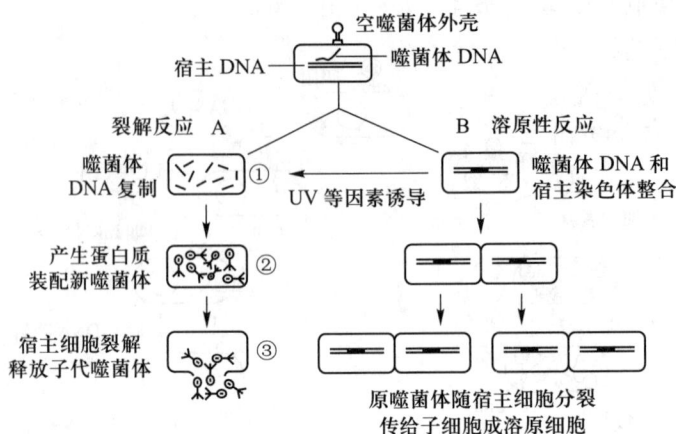

图 1-7 细菌受噬菌体感染后的两种反应
A—裂解反应；B—溶原性反应

二、噬菌体的溶原性

噬菌体有毒(烈)性噬菌体和温和噬菌体两种类型。侵入宿主细胞后，随即引起宿主细胞裂解(图 1-7A)的噬菌体称作毒性噬菌体。毒性噬菌体被看成正常表现的噬菌体。温和噬菌体则是当它侵入宿主细胞后，其核酸附着并整合在宿主染色体上，和宿主的核酸同步复制，宿主细胞不裂解而继续生长(图 1-7B)，这种不引起宿主细胞裂解的噬菌体称作温和噬菌体。含有温和噬菌体核酸的宿主细胞被称作溶原细胞。在溶原细胞内的温和噬菌体核酸，称为原噬菌体(或前噬菌体)。原噬菌体随宿主细胞分裂传给子代细胞，子代细胞也称为溶原细胞。溶原性(lysogeny)是遗传特性，溶原性细菌的子代也是溶原性的。在溶原性细菌内的原噬菌体没有感染力，它一旦脱离溶原性细菌的染色体后即可恢复复制能力，并引起宿主细胞裂解而释放出成熟的毒性噬菌体，这是溶原性发生变异所致。溶原性的变异可以是自发的，也可以诱发产生。

溶原性噬菌体的命名是在敏感菌株的名称后面加一个括号，在括号内写上溶原性噬菌体 λ，如大肠杆菌溶原性噬菌体的全称为 *Escherichia coli* $K_{12}(\lambda)$，*Escherichia* 是大肠杆菌的属名，*coli* 是大肠杆菌的种名，K_{12}是大肠杆菌的株名，括号内的 λ 为溶原性噬菌体。

第四节　病毒的测定与培养

一、病毒的测定

样品中的病毒数量可用颗粒计数法、间接计数法或感染效价法进行测定。

(一) 颗粒计数法

颗粒计数法可直接用电子显微镜计数。它通常被用于已知形态病毒的浓缩样品的计数。其测定方法是将病毒样品与已知浓度的乳胶小颗粒均匀混合,然后将混合液均匀喷洒在已包被的样品方格网上,分别计乳胶颗粒和病毒颗粒数目。病毒的浓度可由样品中两种颗粒的比例和乳胶颗粒浓度计算得出。

(二) 间接计数法

用血细胞凝集试验(hemagglutination assay)计数是分别将红细胞与一系列10倍稀释的病毒样品混合,再观察结果。以能引起血细胞凝集的最高稀释倍数(或稀释倍数的倒数)为病毒的效价。

(三) 感染效价法

感染效价法与以下的病毒培养方法基本相同。

二、病毒的培养特征

(一) 病毒在液体培养基中的培养特征

将噬菌体的敏感细菌接种在液体培养基中,经培养后敏感细菌均匀分布在培养基中而使培养基浑浊。然后接种噬菌体,敏感细菌被噬菌体感染后发生菌体裂解,原来浑浊的细菌悬液变成透明的裂解溶液(图1-8A,B)。

(二) 病毒在固体培养基上的培养特征

将噬菌体的敏感细菌接种在琼脂固体培养基上生长,形成许多个菌落,当接种稀释适度的噬菌体悬液后引起点性感染,在感染点上进行反复的感染过程,宿主细菌菌落就被裂解成一个个空斑,这些空斑就叫噬菌斑(图1-8C,D)

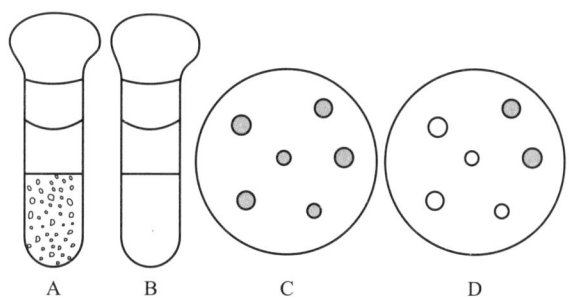

图1-8 噬菌体在液体培养基和固体培养基上的培养特征
A—被噬菌体感染之前培养液浑浊;B—被噬菌体感染之后培养液变清;
C—未感染噬菌体的细菌菌落;D—4个菌落被噬菌体感染成噬菌空斑

三、病毒的培养基

病毒是专性寄生在活的敏感宿主细胞内才能生长繁殖的超微生物。因此,病毒的培养基要求苛刻,专一性强。其敏感细胞要具备如下条件:① 必须是活的敏感动物或是活的敏感动物组织细胞;② 能提供病毒附着的受体;③ 敏感细胞内没有破坏特异性病毒的限制性核酸内切酶,病毒进入细胞可生长繁殖。

不同种类的病毒其培养基是不同的。

脊椎动物病毒的培养基有：① 人胚组织细胞（如人胚肾、肌肉、皮肤、肝、肺和肠等器官的细胞）；② 人组织细胞（如扁桃体、胎盘、羊膜和绒毛膜等）；③ 人肿瘤细胞（如Hela 细胞、Hep-2 细胞和上皮癌细胞等）；④ 动物组织细胞（如猴肾和心脏、兔肾和猪肾细胞等）；⑤ 鸡、鸭胚细胞（如肌皮和全胚细胞）；⑥ 敏感动物（如猴、兔、羊、马、小白鼠和豚鼠等），脑炎病毒最宜选用幼龄小白鼠作敏感动物。

植物病毒的培养基：与植物病毒相应的敏感植株和敏感的植物组织。

噬菌体的培养基：与噬菌体相应的敏感细菌，如大肠杆菌噬菌体用大肠杆菌培养。

四、病毒的培养

（一）动物病毒的培养

动物病毒的培养方法有动物接种、鸡胚接种和组织培养技术。现在很少用动物接种，仅柯萨奇 A 病毒组（肠病毒）的分离仍用此法。鸡胚常用于分离流感病毒，鸡胚的羊膜腔和尿囊腔用作常规注射部位，如痘病毒被注射入绒毛尿囊膜上，以呈现在尿囊膜表面的痘斑或痘疱进行计数。现在，组织培养技术已广泛应用，下面略作介绍。

1. 动物病毒的空斑试验

（1）单层细胞的制备和培养：用无菌小刀将动物组织切成 0.5~1 mm³ 的小块，用平衡盐溶液（Hank's 或 Earle's）洗涤数次，加体积分数 5% 胰酶消化 10~15 min（有的消化时间长至 30 min，甚至十几小时），将细胞间的"间质蛋白"水解，使细胞分散，将胰酶冲洗掉，吹散细胞并计数。加入含牛血清的生长液后分装，在 37 ℃ 培养箱培养 2~3 d 即长成单层细胞，以备培养病毒用。还可经传代后再培养病毒。

（2）病毒样品的采集与制备：病毒存在于动、植物病灶的组织、体液、分泌物、粪便、下水污泥、活性污泥、污水、河水、湖水和海水等处。病毒样品有三种状态，它们的采集和制备有所不同。固体病毒样品采得后，加液体培养基制成悬液，以 10 000 r/min 离心 10 min，去杂质，取其上清液备用。液体病毒样品则直接以 10 000 r/min 离心 10 min，去杂质，取其上清液备用。空气病毒样品采用真空泵抽取至长有宿主菌的平板上，或是将长有宿主菌的平板打开盖，在空气中暴露 30~60 min。若样品中病毒浓度高则要适当稀释，若样品中的病毒浓度低则要浓缩。

（3）动物病毒的接种与观察：将病毒悬液置于单层细胞的表面，经适当时间孵育，使病毒最大限度地吸附在宿主细胞上。再将软琼脂或羧甲基纤维素注入铺在单层细胞表面，再经一定时间培养，结果在单层细胞上呈现出空斑。以出现的空斑数判断病毒数 η_{PFU}。

所谓空斑是指原代或传代单层细胞被病毒感染后，一个个细胞被病毒蚀空成空斑（亦称蚀斑）。一个空斑表示一个病毒。所以，通过病毒空斑单位（plaque forming unit, PFU）的计数可知单位体积中含有的病毒数：

$$\eta_{PFU} = \frac{n \text{瓶内空斑平均数} \times \text{病毒稀释度}}{\text{每瓶的病毒接种量(mL)}}$$

（4）具体培养方法：用 Hank's 液洗涤经培养 24~48 h 的单层细胞（400×10^4 个/mL），然后接种病毒样品（小瓶接种 0.5 mL，大瓶接种 1 mL），在 37 ℃ 恒温箱中吸附 1 h，在吸附期的中间摇动一次，然后加营养琼脂培养基覆盖（大瓶加 10 mL，小瓶加 5 mL),置 37 ℃恒温箱培养 24 h 后,加质量分数为 0.2%的中性红继续培养至空斑出现为止,取出计数,按上式计算 η_{PFU}。

2. 系列稀释终点

将病毒稀释成一系列稀释液,并接种到含宿主细胞的培养管中(3 管~5 管法),或接种到敏感的动物体内,经适当的温度培养后,借助显微镜观察细胞形态的改变(细胞病理效应 CPE),并观察培养管的变化,由浑浊转变至清。还可观察感染动物出现死亡、瘫痪或其他病变。统计每个系列稀释液阳性样品的百分率和病毒的稀释度并作图,可得到病毒的滴度或终点。

病毒的滴度可以用能产生培养管中 50%的 CPE(细胞病理效应)的最高病毒稀释度(即最少的病毒量),即 $TCLD_{50}$(组织培养感染剂量)表示(图 1-9);对于敏感动物则用 ID_{50}(使 50%的敏感动物发生变化的感染剂量)或 LD_{50}(引起 50%敏感动物死亡的致死剂量)表示。

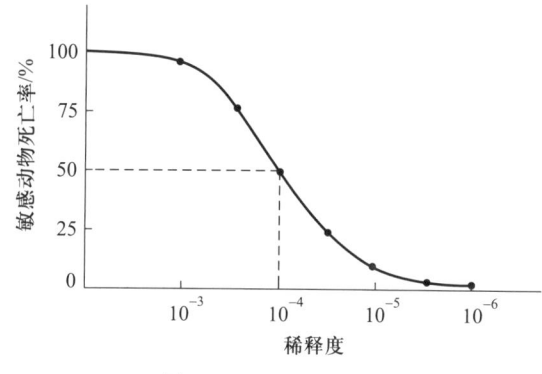

图 1-9　$TCLD_{50}$的测定

(二) 噬菌体的分离培养

噬菌体可用双层琼脂法培养。实验的前一天在灭菌的培养皿内倒入 10 mL 适合某种宿主菌生长的琼脂培养基,待凝固成平板后置于一定温度的恒温箱内烘干平板上的水分,取 2~3 滴宿主菌(10^8 个细菌每毫升)于软琼脂培养基(溶化并冷至 45 ℃)中,再加入 0.1 mL 噬菌体样品,摇匀后全部倒入,使铺满整个琼脂平板上,凝固后,于一定温度的恒温箱中倒置培养一定时间后,取出计噬菌斑数。

第五节　病毒对物理、化学因素的抵抗力及污水处理过程对病毒的去除效果

一、病毒对物理因素的抵抗力

对病毒影响最大的物理因素是温度、光和干燥度。

(一) 温度

大多数宿主细胞外的病毒,在 55~65 ℃环境中不到 1 h 便被灭活。而脊髓灰质炎

病毒中有抗热变异株,可在75℃下生存。并且抗热的病毒在衣壳破裂后有感染性的RNA释放出来。一般情况下,高温使病毒的核酸和蛋白质衣壳均受损伤,但高温对病毒蛋白质的灭活比对病毒核酸的灭活要快。蛋白质的变性作用阻碍了病毒吸附到宿主细胞上,削弱了病毒的感染力。但是,环境中的蛋白质和金属阳离子(如 Mg^{2+})可保护病毒免受热的破坏,黏土、矿物和土壤也可保护病毒免受热的破坏作用。

低温不会灭活病毒,通常病毒的保存温度为-75℃。天花病毒在鸡胚膜中冰冻15年仍存活,经冷冻真空干燥后可保存数月至数年。

(二) 光及其他辐射

1. 紫外辐射

日光中的紫外辐射和人工制造的紫外辐射均具有灭活病毒的作用。其灭活的部位是病毒的核酸,使核酸中的嘧啶环受到影响,形成胸腺嘧啶二聚体(即在相邻的胸腺嘧啶残基之间形成共价键)。尿嘧啶残基的水合作用也会损伤病毒(图1-10)。紫外辐射的致死作用会随培养基的浊度和颜色的增加而降低。

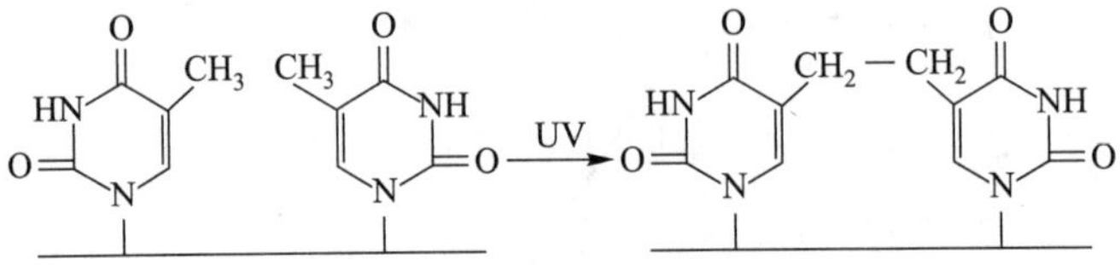

A. UV促使胸腺嘧啶形成胸腺嘧啶二聚体

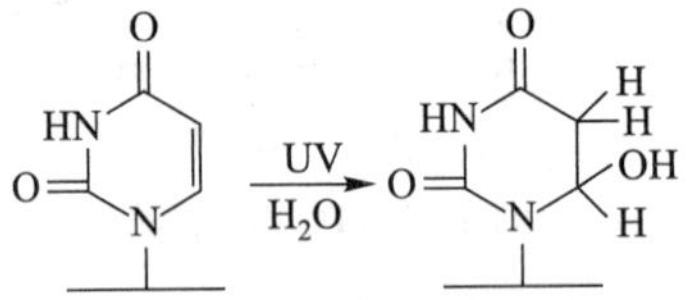

B. 尿嘧啶水合反应

图1-10 紫外辐射对核酸的损伤

2. 可见光

在天然水体和氧化塘中,日光对肠道病毒有灭活作用。在低浊度(约1.7 NTU)的水中,当平均光强为2.7 J/(cm^2·min),平均温度为26℃时,80%的脊髓灰质炎1型病毒在3h内被灭活。在氧气和染料存在的条件下,大多数肠道病毒被可见光杀死,即"光灭活作用"。这是由于染料附着在核酸上,催化光氧化过程,引起病毒灭活。

3. 离子辐射

X射线、γ射线也有灭活病毒的作用。

(三) 干燥

在医院的环境中,到处都可能存在病毒,如载玻片、陶瓷砖、乙烯地板和不锈钢器具、衣服和尘粒等表面可长期存留病毒。大环境中的气溶胶、灰尘、土壤及干污泥中也存在病毒。

干燥是控制环境中病毒的重要因素。如当相对湿度(RH)为7%时,在载玻片上的腺病毒2型和脊髓灰质炎病毒2型至少存活8周,柯萨奇病毒B_3存活2周;当RH在35%时,肠病毒可在衣物的表面存活达20周;在土壤中,水分含量低于10%时,病毒会迅速灭活;在污泥中,当固体含量大于65%时,病毒量降低。在此情况下病毒被灭活是由于病毒RNA释放出来,而随后裂解所致。气溶胶化的病毒,如无被膜的细小核糖核酸病毒类和腺病毒类适宜在相对湿度较高时存活。而有被膜的病毒如黏液病毒类、副黏液病毒类、森林($Semliki$)病毒等则适宜在相对湿度较低时存活。

二、病毒对化学因素的抵抗力

病毒的灭活有体内灭活和体外灭活之分。

体内灭活的化学物质有抗体和干扰素。抗体是病毒侵入有机体后,有机体产生的一种特异蛋白质,用以抵抗入侵的外来病毒。入侵的病毒是抗原,而产生的特异蛋白是抗体。

干扰素是宿主为抵抗入侵的病毒而产生的一种糖蛋白,它进而诱导宿主产生一种抗病毒蛋白将病毒灭活,干扰素起间接作用。

体外灭活的化学物质有酚、低渗缓冲溶液、甲醛、亚硝酸、氨、醚类、十二烷基硫酸钠、氯仿、去氧胆酸钠、氯(或次氯酸、二氧化氯、漂白粉)、溴、碘、臭氧、乙醇、强酸、强碱及其他氧化剂等。

强酸、强碱除本身可直接灭活病毒外,还可导致pH变化对病毒产生影响。病毒一般对酸性环境不敏感,对高pH敏感,因为高pH会破坏蛋白质衣壳和核酸。当pH达到11以上会严重破坏病毒。氯(或次氯酸、二氧化氯、漂白粉)和臭氧灭活病毒的效果极好,它们对病毒蛋白质和核酸均有作用,病毒对氯的耐受力比肠道致病菌强,甲型肝炎病毒用氯消毒需浓缩3倍,游离氯浓度要维持在1 mg/L。

(一) 破坏病毒蛋白质的化学物质

酚可破坏病毒蛋白质的衣壳,常用于分离有感染性的核酸。低离子浓度的环境能使病毒蛋白质的衣壳发生细微变化,阻止病毒附着在宿主细胞上。柯萨奇病毒AB在低离子浓度的环境中,可引起多肽VP_4丢失,30~40 min内其感染性降低99%。然而,脊髓灰质炎病毒1型和柯萨奇病毒B在低离子浓度的环境不被灭活。

(二) 破坏核酸的化学物质

甲醛是有效的消毒剂,常用甲醛消毒器皿和空气。甲醛只破坏病毒的核酸,不改变病毒的抗原特性。亚硝酸与病毒核酸反应导致嘌呤和嘧啶碱基的脱氨基作用。氨可引起病毒颗粒内RNA的裂解。

(三) 影响病毒脂质被膜的化学物质

含脂质被膜的病毒对醚、十二烷基硫酸钠、氯仿、去氧胆酸钠等脂溶剂敏感而被破坏(如流感病毒)。无被膜的病毒对上述物质不敏感。所以,可用上述物质鉴别有无被膜的病毒。凡对醚类等脂溶剂敏感的病毒为有被膜的病毒;对脂溶剂不敏感的病毒为不具被膜的病毒。

三、病毒对抗生素的抵抗力

链霉菌、青霉菌、藻类等会分泌一些抗生物质。各种链霉菌产生的抗生素对大多数病毒无灭活作用,只有鹦鹉-淋巴肉芽肿病毒例外。藻类产生的抗生物质如丙烯酸和多酚对病毒有灭活作用。枯草杆菌、大肠杆菌和铜绿假单胞菌均显示抗病毒的活性,病毒的蛋白质衣壳可被用作细菌的生长底物。

四、病毒的存活时间和污水处理过程对病毒的去除效果

(一) 病毒在环境中的存活时间

自然环境中存在如上述各种物理、化学和生物等影响病毒存活的因子。所以,病毒在各种环境中的存活时间有所不同。

1. 水体中病毒的存活时间

在水体中,病毒的存活时间除与病毒的类型有关外,温度是影响病毒存活的主要因素。在 3~5 ℃时,肠道病毒滴度下降 99.9% 所需要的时间为 40~90 d;22~25 ℃时,需要 2.5~9 d;37 ℃时,只需 5 d。在淡水如湖水和河水中,肠道病毒在 3~6 ℃时传染性效价损失 10^3 所需时间是 7~67 d;在 18~27 ℃时,只需 3~10 d。在水体淤泥中,病毒吸附在固体颗粒上或被有机物包裹在颗粒中间,因为受到保护其存活时间会长些。

2. 在土壤中病毒的存活时间

土壤由黏土、沙砾、腐殖质、矿物质、可溶性有机物及许多微生物等组成,有一定的团粒结构和孔隙,在土壤中可形成许多毛细管,是很好的过滤层。有净化污染物的功能。在污水和固体废物的处理处置过程中,会夹带许多病原菌和病毒到土壤中。这些致病因子被渗透到地下水中,污染地下水;或被截留在土壤中,污染土壤。土壤截留病毒的能力受土壤的类型、渗滤液的流速、土壤孔隙的饱和度、pH、渗滤液中阳离子的价数(阳离子吸附病毒的能力:3 价>2 价>1 价)和数量、可溶性有机物和病毒种类等的影响。雨水可使病毒在土壤中转移和重新分布,吸附状态的病毒保持感染力。虽然病毒在土壤中的存活时间受很多因素影响,但受土壤温度和湿度的影响最大,低温时的存活时间比高温时长。干燥易使病毒灭活,其灭活原因是病毒成分的解离和核酸的降解。病毒在土地处理场中可存活 6 个月以上。

3. 空气中病毒的存活

生活污水喷灌和生活污水生物处理都可使病毒气溶胶化,气溶胶进一步与空气中的尘埃结合,随风飘浮于空气中。空气中病毒的存活时间受相对湿度、太阳光中的紫外辐射、温度和风速等的影响。相对湿度越大病毒存活时间越长;相对湿度越小,病毒存活时间越短。

(二) 污水处理过程中对病毒的去除效果

污水处理分一级、二级和三级处理。一级处理是物理过程,以过筛、除渣、初级沉淀除去沙砾、碎纸、塑料袋及纤维状固体废物为目的,所以去除病毒的效果很差,约去除 30%。二级处理是生物处理方法,通过生物吸附、生物降解和絮凝沉降作用过程,以去除有机物、脱氮和除磷为目的,同时对污水中病毒的去除率较高,去除病毒率在 90%~99%。病毒被吸附在活性污泥中,由液相转向固相,虽然活性污泥中黄杆菌、气杆菌、克雷伯氏菌、枯草杆菌、大肠杆菌、铜绿假单胞菌有抗病毒活性,但对病毒的灭活率不高。三级处理是深度处理,它包括絮凝、沉淀、过滤和消毒(加氯或臭氧)过程,进一步去除有机物、脱氮和除磷。三级处理可使病毒的滴度常用对数值下降 4~6。

第六节 病毒的危害、对策与应用

一、病毒的危害与对策

病毒客观存在于生态系统中,由于它寄生在生物体内,破坏生物机体,引起人类及与人类密切相关的动、植物疾病,甚至死亡。如水痘(禽痘)、天花、麻疹、肝炎、腮腺炎、沙眼、流感和艾滋病等。2002年引起全球关注的非典型肺炎(SARS)的传播与蔓延及2005年和2013年的禽流感分别由H1N5病毒和H7N9病毒引起的。病毒不但危害人类健康,还破坏工业、农业和林业生产。如发酵工业的乳制品、酶制剂、氨基酸、有机溶剂、抗生素、微生物农药和菌肥等生产发生噬菌体污染,导致发酵异常、倒罐,使生产遭到严重损失。

病毒可以通过空气、水、飞沫、气溶胶和粪便等途径传播,人与人、人与动物直接接触也可传染病毒病。长期以来,人类一直在寻找预防和治理病毒病的方法和途径。清洁环境、喷洒药物消毒器物和环境,可以减少疾病的传播。19世纪,琴纳(Jenner)用牛痘疤物质接种人体,希望利用牛痘帮助人体抵抗天花,后来制备成天花疫苗。巴斯德(Pasteur)发现狂犬病病毒,并制备狂犬病疫苗,以预防狂犬病。自此之后,科学家们将病毒灭活或减毒,制备成各种流行疾病的疫苗作抗原,注射入人体内产生抗体,从而增强人体的免疫力,使人得以免患病毒病。由于注射了疫苗,使得许多流行疾病得到了控制。如天花自1977年起宣布绝迹。

二、病毒的应用

病毒除用以制备疫苗,预防人的疾病外,还可利用昆虫病毒和噬菌体预防、治疗和控制动、植物疾病。利用昆虫病毒防治农作物和林业虫害,已成为国内外生物防治的一个重要发展方向。HaSNPV是棉铃虫特异性病原病毒,20世纪70年代由武汉病毒所分离,在1993年被登记注册为我国的第一个昆虫病毒杀虫剂,用于棉铃虫的防治,在国际上具有较大的影响。用于生物防治的昆虫病毒还有赤松毛虫质型多角体病毒(CPV),棉铃虫和油桐尺蠖核型多角体病毒(NPV)及菜粉蝶颗粒体病毒(GV)等病毒杀虫剂,都取得了较好的防治效果。昆虫病毒之所以可被用来防治害虫的主要原因是:昆虫病毒具有高度特异性的宿主范围,一种昆虫病毒只对一种或几种特定的昆虫有致命性,不会对人类和其他生物造成危害。与化学杀虫剂相比,昆虫病毒杀虫剂具有不会污染环境、不会产生抗药性等优点。

噬菌体应用的领域有医疗、发酵工业、水产养殖、禽畜养殖、农林业和环境保护等。具体的应用有:① 用于细菌鉴定和分型。② 分子生物学领域的重要实验工具和最理想的材料。③ 用于预防和治疗传染性疾病,主要是用于细菌感染的治疗,用各种噬菌体的混合制剂局部外用或口服治疗因耐抗生素等而久治不愈的患者。如用绿脓杆菌噬菌体PY051治疗手术后的绿脓杆菌感染,用福氏志贺氏菌痢疾噬菌体治疗大肠杆菌感染的菌痢患者,用金黄色葡萄球菌噬菌体EW治疗因金黄色葡萄球菌感染的呼吸道疾病。④ 用于筛选抗癌物质和检测致癌物质。⑤ 测定辐射剂量。⑥ 检测人、动物和植物病原菌。

噬菌体也被用于环境保护,由于噬菌体与其他病毒相比,具有易分离和测定、花费少等优点,环境病毒学已使用噬菌体作为模式病毒。噬菌体与动物病毒之间存在相似性和相关性,有人建议用噬菌体作为细菌和病毒污染的指示生物,故已被用于评价水和废水的处理效率。蓝细菌病毒广泛存在于自然水体,在世界各地的氧化塘、河流或鱼塘中已分离出蓝细菌病毒。由于蓝细菌可引起海洋、河流等水体周期性赤潮和水华,还产生毒素,毒死大量鱼、虾,造成经济损失惨重。因而有人提出将蓝细菌的噬菌体用于生物防治,从而控制蓝细菌的分布和种群动态;还有人试图利用浮游球衣菌噬菌体,控制浮游球衣菌引起的活性污泥丝状膨胀。

思 考 题

1. 病毒是一类怎样的微生物?它有什么特点?
2. 简述病毒的分类和依据。
3. 病毒具有怎样的化学组成和结构?
4. 叙述大肠杆菌 T 系噬菌体的繁殖过程。
5. 什么叫毒性噬菌体?什么叫温和噬菌体?
6. 什么叫溶原细胞(菌)?什么叫原噬菌体?
7. 解释 Escherichia coli $K_{12}(\lambda)$ 中各词的含义。
8. 病毒在固体培养基上有怎样的培养特征?
9. 噬菌体在液体培养基和固体培养基中各有怎样的培养特征?
10. 什么叫噬菌斑?什么叫 PFU?
11. 破坏病毒的物理因素有哪些?它们是如何破坏病毒的?
12. 紫外线如何破坏病毒?
13. 灭活宿主体外病毒的化学物质有哪些?它们是如何破坏病毒的?
14. 破坏病毒的蛋白质衣壳、核酸和脂质被膜的化学物质有哪些?
15. 你怎样判断病毒有无被膜?
16. 病毒在水体和土壤中的存活时间主要受哪些因素影响?
17. 病毒有哪些危害?如何控制病毒病?
18. 噬菌体有哪些方面的应用?如何应用?

第二章 原核微生物

第一节 古菌域

生物分类学家综合生物的细胞结构、化学组成,尤其对 DNA、RNA 及它们特殊的生活环境进行了深入细致的研究和比较,在原核微生物的分类方面有很大的进展。1977 年卡尔·沃斯(Carl Woese)根据 rRNA 序列的不同提出:将所有生物划分为 3 大域,即古菌域(Archaea)、细菌域(Eubacteria)和真核生物域(Eucarya 或 Eukarya)。古菌和细菌同属于原核微生物。

一、古菌的特点

(一) 古菌的形态

古菌的细胞形态有球形、杆状、螺旋形、耳垂形、盘状、不规则形状等多种形态,有的很薄、扁平,有的由精准的方角和垂直的边构成直角几何形态,有的以单个细胞存在,有的呈丝状体或团聚体。其直径大小一般为 0.1~15 μm,丝状体长度为 200 μm。

(二) 古菌的细胞结构

古菌的细胞结构与细菌不同,古菌的细胞壁的细胞外膜如图 2-1 所示。

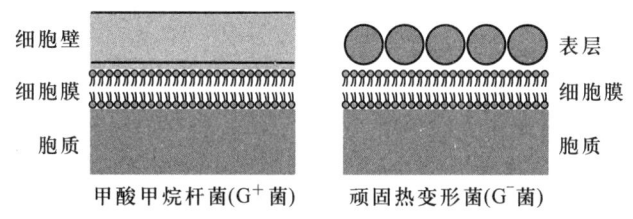

图 2-1 古菌的细胞外膜

大多数古菌的细胞壁不含二氨基庚二酸(D-氨基酸)和胞壁酸,不受溶菌酶和内酰胺抗生素(如青霉素)的作用。革兰氏阳性古菌的细胞壁含有各种复杂多聚体。如产甲烷菌的细胞壁含假肽聚糖(pseudomurein);甲烷八叠球菌和盐球菌不含假肽聚糖,而含复杂聚多糖。革兰氏阴性古菌没有外膜,含蛋白质或糖蛋白亚基的表层,其厚度为 20~40 nm;甲烷叶菌属、盐杆菌属和极端嗜热的硫化叶菌属、热变形菌属和热网菌属的细胞壁有糖蛋白;甲烷球菌属、甲烷微菌属、产甲烷菌属和极端嗜热的脱硫球菌属有蛋白质壁,蛋白质呈酸性。

古菌的细胞膜所含脂质与细菌的很不同,细菌的脂类是甘油脂肪酸酯,由—O—C=O键将甘油和脂肪酸连接,而古菌的脂质是非皂化性甘油二醚的磷脂和糖脂的衍生物。由乙醚键将分支碳氢链与甘油相连接,即 isopranyl 甘油醚。如植烷醇甘油二乙醚、二联植烷醇甘油四乙醚、双五环 C_{40} 二植醇四乙醚。古菌的细胞膜有极性脂质,也有非极性脂质,占膜脂的 7%～30%,其化学成分为鲨烯的衍生物,如 C_{30} 类异戊二烯鲨烯和四氢鲨烯。单层膜含碳量越多的越刚硬。热原体属和硫化叶菌属的单层膜都含四乙醚。古菌的细胞膜有两种:双层膜和单层膜,见图 2-2。

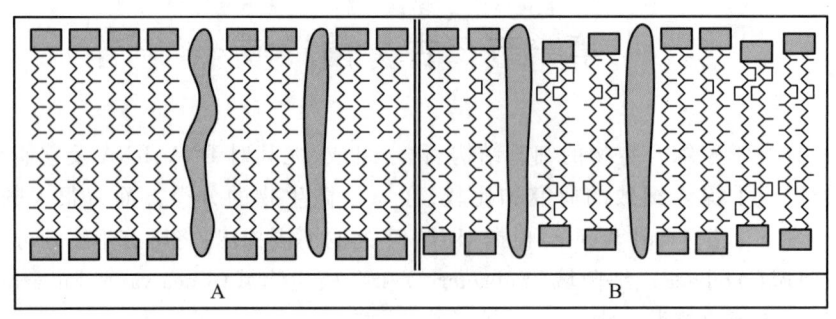

图 2-2　古菌的细胞膜

A—由蛋白质和双层 C_{20} 二乙醚组成的双层膜;B—由蛋白质和 C_{40} 四乙醚组成坚硬的单层膜

(三) 古菌的代谢

古菌在代谢过程中有许多特殊的辅酶,如绝对厌氧的产甲烷菌有辅酶 M(2-巯基乙烷磺酸)、F_{420}、F_{430}、四氢甲烷蝶呤(H_4MPT)、甲烷呋喃(MFR)等。古菌因有 5 个类群,所以,它们的代谢呈多样性。古菌中有异养型、自养型和不完全光合作用 3 种类型。

(四) 古菌的呼吸类型

古菌多数为严格厌氧、兼性厌氧,还有专性好氧。而 Woese 认为古菌没有严格的好氧型,没有完全的光合型。

(五) 古菌的繁殖方式与繁殖速度

古菌的繁殖方式有二分裂、芽殖。其繁殖速度较慢,进化速度也比细菌慢。

(六) 古菌的生活习性

大多数古菌生活在极端环境,如盐分高的湖泊水中,极热、极酸和绝对厌氧的环境,有的在极冷的环境生存,在南极,它们的数量占南极海岸表面水域原核生物总量的 34% 以上。它们的代谢途径特殊,有的古菌有热稳定性酶和其他特殊酶。热网菌属(*Pyrodictium*)的古菌能够在高达 113 ℃ 的温度下生长。这是迄今为止发现得最高生物生长温度。产甲烷菌生长在富含有机物的厌氧环境中,如生长在沼泽、温泉、淡水、海水沉积物中;生长在反刍动物瘤胃和肠道中;生长在粪便、污水处理厂剩余污泥的厌氧消化罐、有机固体废物厌氧堆肥或填埋中。古菌代表着生命的极限。

二、古菌的分类

按照古菌的生活习性和生理特性,古菌可分为 3 大类型:① 产甲烷菌(methanogens);② 嗜热嗜酸菌(thermoacidophiles);③ 极端嗜盐菌(extremely halophilus)。在

1984年出版的《伯杰氏系统细菌学手册》第一版(第三卷)中,将古菌放在第25组,分为5大群。群1:产甲烷古菌(methanogenic archaeobacteria);群2:古生硫酸盐还原菌(还原硫酸盐的古细菌)(archaeobacterial sulfatereducers);群3:极端嗜盐古菌(extremely halophilic archaeobacteria);群4:无细胞壁的古菌(cell wall-less archaeobacteria);群5:极端嗜热的代谢硫的古菌(extremely themophilic S^0-meta bolizers)。图2-3为根据16S rRNA碱基顺序比较而建立的古菌详细发育树。

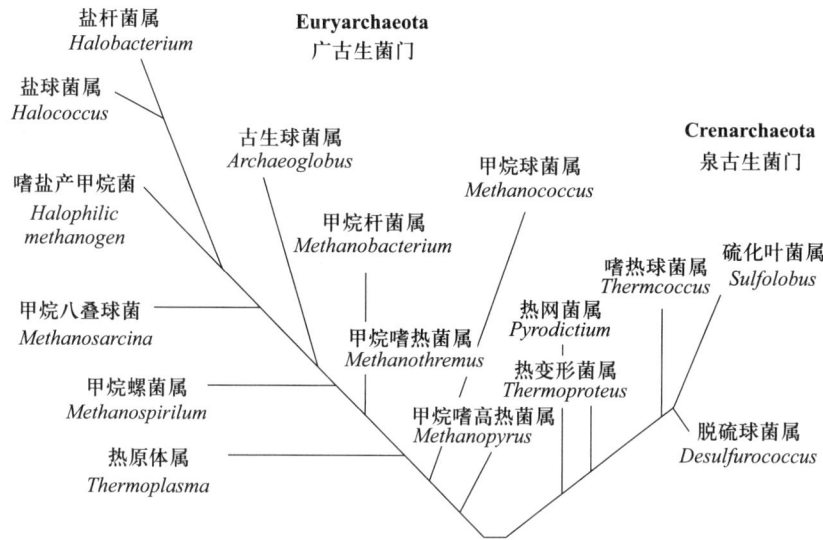

图2-3 根据16S rRNA碱基顺序比较而建立的古菌详细系统发育树
摘自:Woese C R.Microbiological Reviews.1987,51:221-227。

从2001年起着手出版的《伯杰系统细菌学手册》第二版中,将原核生物分为古菌域和细菌域。古菌域分类为泉古生菌门(AⅠ门)和广古生菌门(AⅡ门)。

(一) 泉古生菌门

大多数泉古生菌(Phylum Crenarchaeota)极端嗜热、嗜酸,代谢硫。硫在厌氧呼吸中作为电子受体和无机营养的电子源。它们多生长在含硫地热水或土壤中(如美国的黄石国家公园的富硫温泉),其下有1纲3目、5科、22属,其代表属特征见表2-1。

表2-1 泉古生菌门代表属特征

名称	温度/℃			pH	革兰氏染色	与O_2关系	电子受体	营养源	细胞壁
	最低	最适	最高						
热网菌属(*Pyrodictium*)	82	105	110	嗜酸		厌氧	S^0	S^0、H_2	脂蛋白多糖
硫化叶菌属(*Sulfolobus*)	70	70~80	80	2~3	G^-	好氧	O_2	糖、谷氨酸	

续表

名称	温度/℃ 最低	温度/℃ 最适	温度/℃ 最高	pH	革兰氏染色	与O_2关系	电子受体	营养源	细胞壁
热变形菌属 (*Thermoproteus*)	70		97	2.5~6.5		厌氧	Fe^{2+}、S^0	葡萄糖、氨基酸、乙醇、有机酸、S^0、H_2、CO、CO_2为唯一碳源	糖蛋白

注：热网菌属有无机营养和有机营养型，S^0和H_2是无机营养型古菌的电子源。

（二）广古生菌门

广古生菌门(Phylum Euryarchaeota)下有7纲（甲烷杆菌纲、甲烷球菌纲、盐杆菌纲、热原体纲、热球菌纲、古生球菌纲、甲烷嗜高热菌纲）、9目、15科、48属。其代表属特征见表2-2。

表2-2 广古生菌门代表菌特征

名称	温度/℃ 最低	温度/℃ 最适	温度/℃ 最高	pH	NaCl含量/% 低	NaCl含量/% 中	NaCl含量/% 高	革兰氏染色	与O_2关系	营养源
产甲烷菌									严格厌氧	CO,CO_2,H_2,甲酸,甲醇,乙酸,乙醇
坎氏甲烷嗜高热菌	84	98	110							
盐杆菌属 (*Halobacterium*)					8	17~23	36		好氧	蛋白质,氨基酸
热原体属 (*Thermoplasma*)		55~59		1~2				G^-	好氧	煤矿废物堆 FS-SO_4
嗜酸菌属	47	60	65		0	0.7	3.5	G^-	好氧	热温泉
极端嗜热 S^0代谢菌		88~100							厌氧	
古生球菌目：长在海底热流火山口，有产甲烷辅酶F_{420}和甲烷蝶呤										
还原硫酸盐古生菌		83						G^-		H_2,乳酸,葡萄糖

1. 产甲烷菌

产甲烷菌(*Methanogenus*)是古菌中最早被人认识和应用的，人们对产甲烷菌的认识约有一百五十多年的历史。人们之所以对产甲烷菌有极大的兴趣是因为产甲烷菌在自然界或粪便或污水处理剩余污泥的厌氧消化、有机固体废物厌氧堆肥或填埋中,可与水解菌和产酸菌等协同作用,将有机物降解成的 H_2、CO_2 和乙酸,并甲烷化,产生有经济价值的清洁燃料,即生物能源:甲烷(CH_4)。

产甲烷菌是专性厌氧菌,1974 年《伯杰细菌鉴定手册》(第八版)中将产甲烷菌归属为 1 科、3 属、9 种。1979 年 Balch(贝尔奇)依据 16S rRNA 碱基顺序间同源性 SAB (association coefficient)的大小,将产甲烷菌分为 3 目、4 科、7 属、13 种。1989 年《伯杰氏系统细菌学手册》(第一版)第三卷中将产甲烷菌分类为 3 目、6 科、13 属、43 种。截至 1992 年已发展为 3 目、7 科、19 属、70 种。《伯杰氏系统细菌学手册》(第二版)将产甲烷菌分为 3 纲(甲烷杆菌纲、甲烷球菌纲、甲烷嗜高热菌纲)、5 目(甲烷杆菌目、甲烷球菌目、甲烷微菌目、甲烷八叠球菌目、甲烷嗜高热菌目)10 科、26 属、78 种。可见,对产甲烷菌的研究越来越受重视,也更加深入。随着不断也深入研究,很可能会发掘越来越多的属和种。以上罗列这么多,目的是帮助读者对原核生物的分类有较清楚的了解。本教材只介绍研究较多,且与我们关系较密切的产甲烷菌。产甲烷菌的形态及其代表属的部分特征分别见图 2-4 和表 2-3。

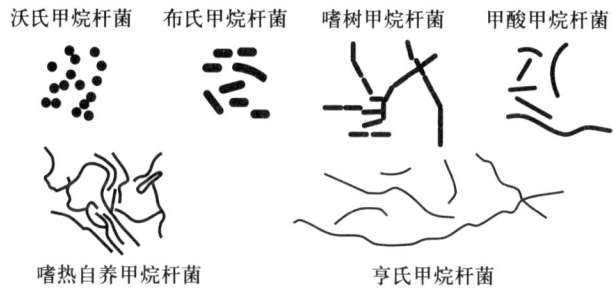

图 2-4 产甲烷菌的形态

表 2-3 产甲烷菌代表属的部分特征

属	形态学	(G+C)含量/%	细胞壁组成	革兰氏染色	运动性	用于产甲烷的底物
甲烷杆菌目 甲烷杆菌属 甲烷嗜热菌属	长杆状或丝状 直或轻微弯曲杆状	32~61 33	假胞壁质 有一外蛋白 s 层的假胞壁质	G^+ 或可变 G^+	− +	H_2+CO_2,甲酸 H_2+CO_2
甲烷球菌目 甲烷球菌属	不规则球形	29~34	蛋白质	G^-	−	H_2+CO_2,甲酸
甲烷微菌目 甲烷微菌属 产甲烷菌属 甲烷螺菌属 甲烷八叠球菌属	短的弯曲杆状 不规则球形 弯曲杆状或螺旋体 不规则球形,片状	45~49 52~61 45~50 36~43	蛋白质 蛋白质或糖蛋白 蛋白质 异聚多糖或蛋白质	G^- G^- G^- G^+ 或可变	+ − + −	H_2+CO_2,甲酸 H_2+CO_2,甲酸 H_2+CO_2,甲酸 H_2+CO_2,甲酸 甲醇,甲胺,乙酸

注:"−"表示不运动;"+"表示运动。

(1) 产甲烷菌的细胞结构:有细胞封套(包括细胞壁、表面层、鞘和荚膜)、细胞质膜、原生质和核质。产甲烷菌有革兰氏阳性(G^+)菌和革兰氏阴性(G^-)菌,两者的细胞壁结构和化学组分有所不同。这也是与细菌域细菌(注:以后凡提到细菌即指细菌域的细菌)的区别点。

细胞封套有4种:① 大多数 G^+ 产甲烷菌的细胞壁在结构上与细菌域的 G^+ 细菌相似,细胞壁有1层和3层的,1层的厚度多为 10~20 nm,如甲烷杆菌属和甲烷短杆菌属。而巴氏甲烷八叠球菌则有1层厚 200 nm 的细胞壁。它的化学成分与细菌域 G^+ 细菌的不同,不含胞壁质(即不含二氨基庚二酸或胞壁酸)而是假胞壁质或是未硫酸化异多糖。3层(即内层、中层和外层)的细胞壁厚度为 20~30 nm,外层在细胞分裂横隔形成时消失,如瘤胃甲烷短杆菌。② G^+ 的嗜热高温甲烷菌的细胞壁外有一层六角形的蛋白质亚基即S层覆盖。③ G^- 产甲烷菌不具有球囊多聚物或外膜。只有一层六角形或四角形的,由蛋白质亚基或糖蛋白亚基组成的S层。④ 甲烷螺菌的细胞质膜外只有一层厚度为 10 nm 的、由蛋白纤维组成的鞘包裹。

(2) 产甲烷菌的培养方法:产甲烷菌是专性厌氧菌,它的分离和培养等操作均需要在特殊的环境,用特殊的技术和设备进行。方法有多种:要求不高的可在液面加石蜡或加液状石蜡;而液体深层培养法和抽真空的培养法则在封闭培养管中放入焦性没食子酸和碳酸钾除去氧的 Berker 培养方法;还有 Hungate 的厌氧滚管法、Hungate 的厌氧液体培养法、Balch 的厌氧液体培养增压法等。

1950年,美国科学家 Hungate 发明了厌氧培养技术,开启了人类对于厌氧世界的认识。1975年,英国 Electrotek 制造了全球第一台厌氧工作站,把厌氧培养工作引入全程厌氧状态水平,提高了厌氧培养的质量与厌氧菌研究结果的可靠性。但在操作时,为确保工作站内无氧状态,需反复抽真空充氮气,操作繁琐、费时、耗气量大,操作人员有不适感。2008年 Electrotek 根据反馈意见进行了改进,制造了目前最好的厌氧工作站,如图 2-5A。其工作原理是采用钯催化剂,将密闭箱体内的 O_2 与厌氧混合气体中的 H_2 催化生成水,使箱内达到厌氧状态。由于用箱内机械强制对流技术和高性能钯催化模块,操作双手进出与样品转移时无需抽真空充氮气。其内腔温度、湿度、厌氧状态、生物废气处理等均全自动完成。该工作站既能进行厌氧操作,又能用于厌氧培养,可做许多工作。如分装厌氧培养基;倒制平板;离心厌氧微生物收集菌体;对氧敏感的酶和辅酶的分离纯化;进行电泳、厌氧性生物化学反应和遗传学研究等。完成操作后,将培养物直接置于工作站内的培养室培养。根据各实验目的还可选用厌氧培养罐和厌氧培养管培养厌氧菌,如图 2-5B,C。

2. 极端嗜盐菌

极端嗜盐菌和细菌不同,它们对 NaCl 有特殊的适应性和需要。它们栖息在高盐环境,如晒盐场、天然盐湖或高盐腌渍食物中。通常,极端嗜盐菌的需盐下限为 1.5 mol/L(约 88 g/L 的 NaCl),大多数种最适生长的环境中 NaCl 浓度为 2~4 mol/L(相当于 117~234 g/L),有些种可以在极低盐度下生长,而有的极端嗜盐菌能在 NaCl 浓度为 5.5 mol/L(约 322 g/L,实为饱和状态)的环境中生长。极端嗜盐菌可被分五大群。在《伯杰细菌鉴定手册》(第九版)中,根据 16S rRNA 划为8属、19种,见表 2-4。

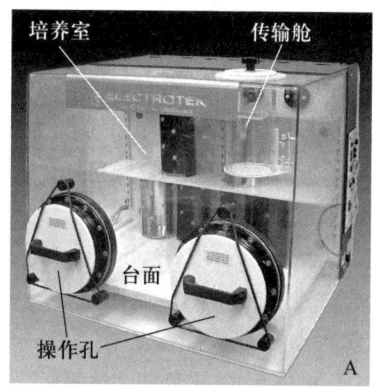
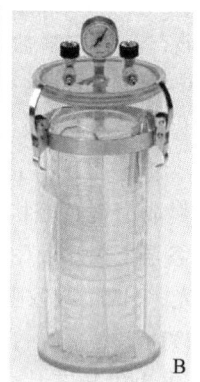
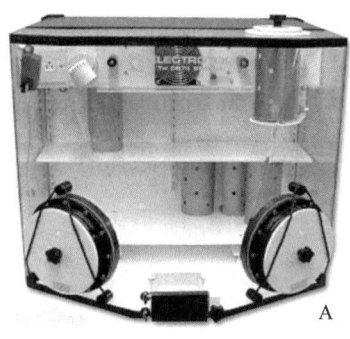

图 2-5 厌氧工作站、厌氧培养罐和厌氧培养管
A—厌氧培养箱；B—厌氧培养罐；C—厌氧培养管

表 2-4 一些极端嗜盐菌的分类

属	形态	(G+C)含量/%
嗜盐杆菌属（*Halobacterium*）	杆状	66~71
盐红菌属（*Halorubrum*）	杆状、多形态杆状	68
盐棒杆菌属（*Halobaculum*）	杆状	—
富盐菌属（*Haloferax*）	平圆盘或杯形	63~66
盐盒菌属（*Haloarcula*）	不规则圆盘状或三角形，长方形	65
嗜盐球菌属（*Halococcus*）	球形	60~66
嗜盐碱杆菌属（*Natronobacterium*）	杆状	65
嗜盐碱球菌属（*Natronococcus*）	球状	64

注：本表摘自 Brock T D.Biology of Microorganisms.1997;745。

极端嗜盐菌的细胞呈链状、杆状或球状；革兰氏阴性或阳性，好氧或兼性厌氧，化能有机营养型；嗜中性或嗜碱性，嗜中温或轻度嗜热，生长温度可高到 55 ℃；RNA 聚合酶属 $\alpha\beta'\beta'$ 型。

极端嗜盐菌的细胞壁不含二氨基庚二酸和胞壁酸，其成分主要含脂蛋白，其荚膜含 20% 类脂，并靠钠、氯和镁离子维持细胞结构和硬度，其生长环境中 NaCl 的浓度，至少达 1.5 mol/L。嗜盐球菌属虽然要求在高盐环境中生长,但它在较低的盐浓度中仍能维持正常的细胞形态。极端嗜盐菌均含类胡萝卜素,防止强光对菌体的损伤;还含菌红素,菌体呈红、紫、橘红和黄色;专性好氧菌含有气泡,依靠气泡调节浮力,由深水处上浮到水面吸氧;化能异养,呼吸代谢,从不发酵;生长温度范围为 30~55 ℃,生长最适温度 37 ℃;生长 pH 为 5.5~8.0,最适生长 pH 为 7.2~7.4。有些菌株在氧分压很低的条件下,在细胞质膜上形成由视黄醛构成的一种特殊紫色素蛋白——菌紫质(视紫红质)。菌紫质有 4 个,功能各异,第一个用于运输质子;第二个可作光感受器,可利用光合成 ATP;第三个吸收红光;第四个吸收蓝光。利用光能转运氯离子进入细胞,使细胞内 KCl 质量浓度维持在约 232~290 g/L。菌紫质参与形成能量转换系统——紫膜。紫膜为细胞质膜的一部分,可成为生物芯片,用于制作生物计算机的材料。还有人研究嗜盐菌的细胞膜结构和功能,试图制成离体物,在体外合成 ATP 的太阳能电池。

3. 热原体目

热原体目有 2 科 2 属,即热原体属(*Thermoplasma*)和嗜酸菌属(*Picrophilus*)。其各属特征如表 2-5 所示。热原体属的细胞无细胞壁,含大量二甘油四乙醚、脂多糖、糖蛋白;嗜热嗜酸,呈球状,能运动;59 ℃时呈不规则丝状。嗜酸菌属的细胞也无细胞壁,质膜外有 S 层,其形态呈不规则球形。其中嗜酸嗜热菌,要求 pH 极低,最适 pH 为 0.7,最高 pH 为 3.5,生长温度为 47~65 ℃,最适生长温度为 60 ℃。

表 2-5 热原体目各属特征

名称	温度/℃			pH	NaCl 含量 %			革兰氏染色	与 O_2 关系	营养源
	最低	最适	最高		低	中	高			
热原体属	47	55~59	65	1~2			3.5	G$^-$	好氧	煤矿废物堆 FeS-SO_4^{2-}
嗜酸菌属		60			0	0.7		G$^-$	好氧	热温泉

4. 古生硫酸盐还原菌

古生硫酸盐还原菌呈不规则类球形,G$^-$菌,由糖蛋白亚单位组成细胞壁;极端嗜热,最适生长温度为 83 ℃,长在海底热流火山口,为厌氧菌;有产甲烷辅酶 F_{420} 和甲烷蝶呤;其电子供体为 H_2、乳酸、葡萄糖;可还原 SO_4^{2-}、$S_2O_3^{2-}$ 和硫代硫酸盐为硫化物。

5. 嗜热嗜酸菌

嗜热嗜酸菌包括古生硫酸盐还原菌(archaeobacterial sulfate reducers)和极端嗜热古菌(hyperthermophilic archaea)。古生硫酸盐还原菌包括酸双面菌属(*Acidianus*)、生金球菌属(*Metallosphaera*)、硫还原叶菌属(*Desulfurolobus*)和硫化叶菌属(*Sulfolobus*)。极端嗜热古菌包括热棒菌属(*Pyrobaculum*)、热变形菌属(*Thermoproteus*)和热丝菌属(*Thermofilum*)。这类菌的特点是专性嗜热,好氧、兼性厌氧或严格厌氧,革兰氏阴性,杆状、丝状或球状,最适生长温度为 70~105 ℃,嗜酸性和嗜中性,自养或异养生长,大多数种是硫代谢菌。如嗜热嗜酸的勤奋生金球菌(*Metallosphaera sedual*)为不规则的球形(图 2-6),既能氧化亚铁也能氧化元素硫(S^0),而且氧化 Fe^{2+} 能力特别强。生长温度范围为 56~76 ℃,最适温度为 66~70 ℃,生长 pH 范围为 1.0~2.5,最适 pH 为 1.5~1.7。该菌栖息在热海酸性高温温泉,有望用于硫化铁矿微生物浸出工艺。

三、古菌研究对环境工程的意义

喜在极端恶劣环境中生活的微生物叫极端微生物(亦叫嗜极微生物)。极端微生物主要包括嗜酸菌、嗜盐菌、嗜碱菌、嗜热菌、嗜冷菌及嗜压菌等。由于它们具有特殊的基因结构、特殊的生命过程及产物,对

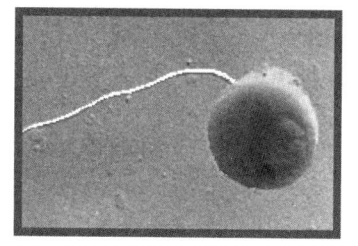

图 2-6 勤奋生金球菌
(*Metallosphaera sedual*)

人类解决一些重大的问题(如生命起源及演化等)有很大的帮助。极端微生物对极端环境具有很强的适应性和需要性,对极端微生物基因组的研究有助于从分子水平研究极限条件下微生物的适应性,加深对生命本质的认识。目前,已有开发极端嗜碱微生物的碱性酶用于生产洗衣粉;从嗜高温菌体内提取的 Taq DNA 酶应用于 PCR(聚合酶链反应)技术中,使体外扩增 DNA 成为可能。我国对极端微生物的研究起步较晚,但进展较快。

环境工程所涉及的领域广,有极端的自然环境(南极、北极、盐湖、死海等)和有极端性质的废水。例如,高盐分废水(化工、发酵工业废水等)、酸性废水(如味精废水 pH 为 2~3、合成制药废水 pH 为 4)、碱性废水(如造纸废水 pH 为 14)、极毒重金属废水、低温废水、超高温废水等,还有极高浓度的有机废水(化工、发酵工业废水、制药废水等的 COD_{Cr} 高达 $1×10^4 \sim 10×10^4$ mg/L)。以上废水几乎涵盖了自然极端环境的所有恶劣条件。目前,在处理这些废水时,都要事先将极端废水调整到合适的范围后再进行微生物处理。例如,废水的盐分高、有机物浓度过高,需要用大量的水稀释;水温过高需要先冷却;水温过低则要加温;过酸则要加碱调节到中性;过碱则用酸调节到中性等。这些过程可能造成工艺复杂,运行费用高和资源浪费。但是,若缺少这些过程,往往不能获得满意的处理效果。

由于长期应用的需求,人们在粪便和高浓度有机废水的厌氧消化处理中,对产甲烷菌研究较多,了解也较多。但对其他极端环境的古菌研究相对较少。因此,应加强对它们的研究,并将它们应用于废水的处理中去。这对环境保护及环境工程都是极其有利的,可使上述的废水处理不但可以顺利进行,而且在降低投资成本、节省运行费用、节约能源、提高处理效率等方面发挥积极的作用。

第二节 细 菌 域

细菌域共分为 23 门、31 纲、71 目、14 亚目、201 科、781 属。

一、细菌的个体形态与大小

(一)细菌的形态

1. 球菌

球菌(图 2-7A)有单球菌,如①脲微球菌(*Micrococcus ureae*);双球菌,如图 2-7A

②奈瑟氏球菌属(Neisseria);排列不规则的球菌,如图2-7A③金黄色葡萄球菌(Stephylococcus aureus);4个垒叠在一起的球菌,如图2-7A④四联微球菌(Micrococcus tetragenus)、四联球菌属(Tetragenococcus)、酱油四球菌(Tetracoccus soyae);8个垒叠成立方体的球菌,如图2-7A⑤甲烷八叠球菌(Sarcina methanica);链状的球菌,如图2-7A⑥乳酸链球菌(Streptococcus lactis)、嗜热链球菌(Streptococcus thermophilus)。

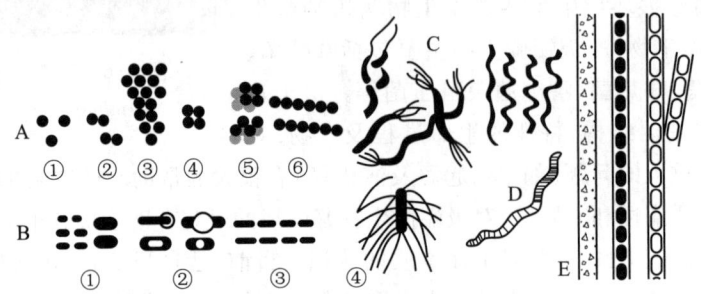

图2-7 细菌的各种形态模式图
A—球菌;B—杆菌;C—螺旋菌;D—螺旋体;E—丝状菌

2. 杆菌

杆菌有单杆菌、双杆菌和链杆菌。单杆菌中有长杆菌和短杆菌(或近似球形),见图2-7B①;有产芽孢杆菌,如枯草芽孢杆菌(Bacillus subtilis);有梭状的芽孢杆菌,如溶纤维芽孢梭菌(Clostridium cellulosolvens),见图2-7B②;还有链杆菌,见图2-7B③。

3. 螺旋菌

螺旋菌(图2-7C,D)呈螺旋卷曲状,厌氧污泥中有紫硫螺旋菌(Thiospirillum violaceum)、红螺菌属(Rhodospirillum)和绿菌属(Chlorobium)。螺纹不满一圈的叫弧菌,如脱硫弧菌(Vibrio desulfuricans);呈逗号形的,如逗号弧菌(Vibrio comma),霍乱弧菌(Vibriocholerae)等;弧菌可互相连接成螺旋形。

4. 丝状菌

丝状菌分布在水生境、潮湿土壤和活性污泥中。有铁细菌,如浮游球衣菌(Sphaerotilus natans)、泉发菌属即原铁细菌属(Crenothrix)、纤发菌属(Leptothrix)及微丝菌属(Microthrix),见图2-7E和图2-8;丝状硫细菌,如贝日阿托氏菌属(Beggiatoa)、辫硫菌属(Thioploca)、透明颤菌属(Vitreoscilla)、发硫菌属(Thiothrix)、亮发菌属(Luecothrix)及等多种丝状菌,见图2-9和图2-10。丝状体是丝状菌分类的特征。

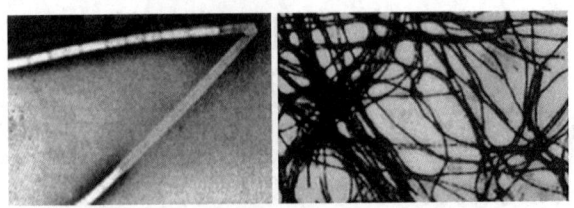

图2-8 浮游球衣菌(Sphaerotilus natans)和微丝菌属(Microthrix)

几种丝状硫细菌的识别:

贝日阿托氏菌(Beggiatoa)和辫硫菌属(Thioploca):两者都是微量好氧菌,可将H_2S

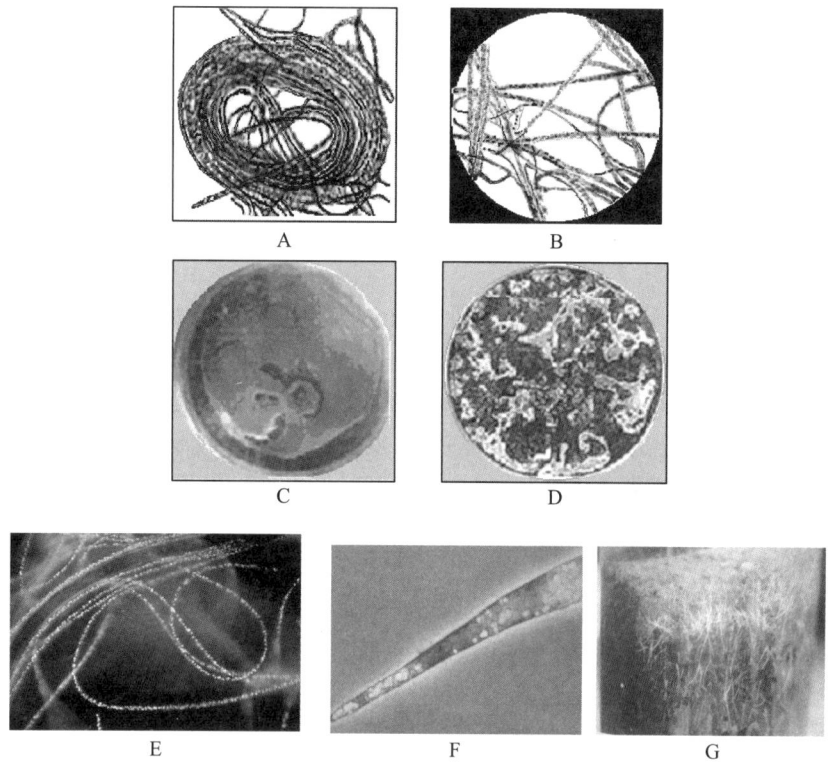

图 2-9 贝日阿托氏菌（*Beggiatoa*）

A—生长在平板中的贝日阿托氏菌；B—生长在活性污泥中的贝日阿托氏菌；
C，D—在静止培养的活性污泥表面长满贝日阿托氏菌；E—在液体培养基中的贝日阿托氏菌；F—辫硫菌
（*Thioploca*）体内硫粒及其锥形尾端；G—在含硫化氢的厌氧淤泥和含硝酸盐有氧水面之间辫硫菌呈束状生长

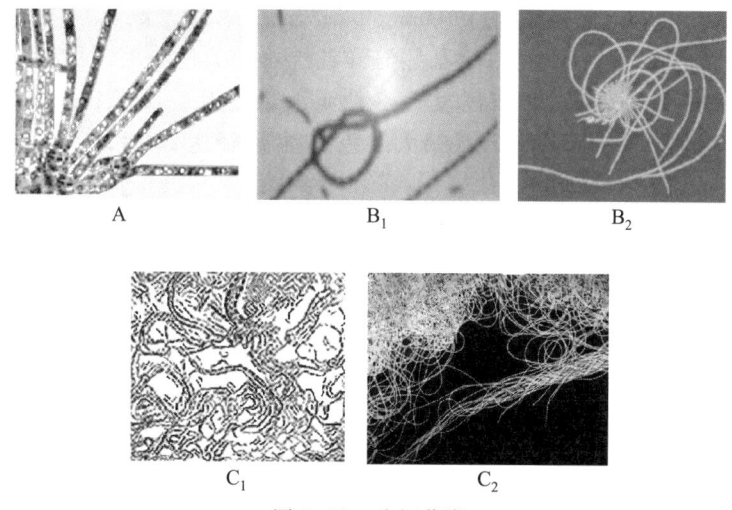

图 2-10 硫细菌类

A—发硫菌（*Thiothrix*）；B_1，B_2—亮发菌（*Luecothrix*）；C_1—透明颤菌（*Vitreoscilla*）；
C_2—丝状滑移细菌（迈克尔·斯瑞巴克和伊丽娜·希波娃拍摄）

氧化为 S^0，并在体内积累硫粒，两者都滑行运动。最大区别是菌体尾端不同，贝日阿

托氏菌尾端与菌体一致,上下均匀,瓣硫菌属菌体尾端呈现锥形(图 2-9F)。

发硫菌属(*Thiothrix*)和亮发菌属(*Luecothrix*):两者外形相像,菌丝体不滑动,从顶端释放微生子,可急颤式滑动运动,以其固着器附着在固体基质上,形成丝状体后,多个短的丝状体共同附着在基质上像一朵花球(图 2-10A,B_1,B_2)。两者不同点:发硫菌属(*Thiothrix*)微量好氧,可将 H_2S 氧化为 S^0,在体内积累硫粒;亮发菌属(*Luecothrix*)严格好氧,在高溶解氧下生长良好,体内不积累硫粒,即使在 H_2S 含量高的环境中也不积累硫粒。

长期以来,由于丝状细菌在一定条件下引起活性污泥丝状膨胀而备受关注,人们多把它们作为消极因素对待,研究如何抑制它们。近些年科学家也在研究利用它们的特性,为废水处理做出贡献。例如,利用浮游球衣菌体外衣鞘的黏附性、带电性对 Pb^{2+}、Cu^{2+}、Zn^{2+}、Cd^{2+} 等进行吸附性能研究,以期用于含重金属废水处理;利用透明颤菌(图 2-8C_1)在低溶解氧条件下生长良好的特性,对其体内的透明颤菌血红蛋白的生理功能进行研究,以期将其机制应用到发酵工业,在低氧条件下正常发酵,降低能耗,节约运行成本。

在正常的生长条件下,细菌的形态是相对稳定的。培养基的化学组成、浓度、培养温度、pH 和培养时间等的变化,会引起细菌的形态改变,或死亡,或细胞破裂,或出现畸形。有些细菌则是多形态的,有周期性的生活史,如黏细菌可形成无细胞壁的营养细胞和子实体。

(二) 细菌的大小

细菌的大小以微米(μm)计。多数球菌的大小(直径)为 $0.5\sim 2.0$ μm。杆菌的大小用其长与宽度乘积表示,它们的大小(长×宽)为 $(0.5\sim 1.0)\mu m\times(1\sim 5)\mu m$。螺旋菌的大小用其宽度与弯度长度乘积表示,它们的大小为 $(0.25\sim 1.7)\mu m\times(2\sim 60)\mu m$。近几年发现海洋水系中有超微细菌(ultramicrobacteria)或称纳米细菌。它们的体积不到 0.08 μm^3,可通过 0.2 μm 的滤膜,是某些海洋或土壤中的优势菌,每克或每毫升含有 $10^{12}\sim 10^{13}$ 个细胞。另外,在非洲还发现一种叫纳米比亚硫珍珠状菌(*Thiomargarita namibiensis*)的细菌,它是目前发现的最大细菌,它的直径达 $100\sim 300$ μm,个别情况会出现 750 μm 的细胞。

细菌的大小在个体发育过程中有变化。刚分裂的新细菌小,随发育逐渐变大,老龄细菌又变小。例如,培养 4 h 的枯草杆菌比培养 24 h 的长 $5\sim 7$ 倍。细菌的宽度变化小,细菌大小的变化与代谢产物的积累和渗透压增加有关。

二、细菌的细胞结构

细菌为单细胞结构。所有的细菌均有如下结构:细胞壁、细胞质膜、细胞质及其内含物、拟核。部分细菌有特殊结构:芽孢、鞭毛、荚膜、黏液层、衣鞘及光合作用层片等,见图 2-11。

在污水处理过程中发现一类属于浮霉菌门(Planctomyceles)的厌氧氨氧化菌的细胞结构与绝大多数细菌不同,它的细胞结构有细胞壁、细胞质膜、细胞质内膜、外室细胞质和核糖细胞质。较特殊的是其细胞内分隔为 3 部分:厌氧氨氧化体、核糖细胞质和外室细胞质。拟核和核糖体存在于核糖细胞质中,见图 2-12。其细胞壁表面有火

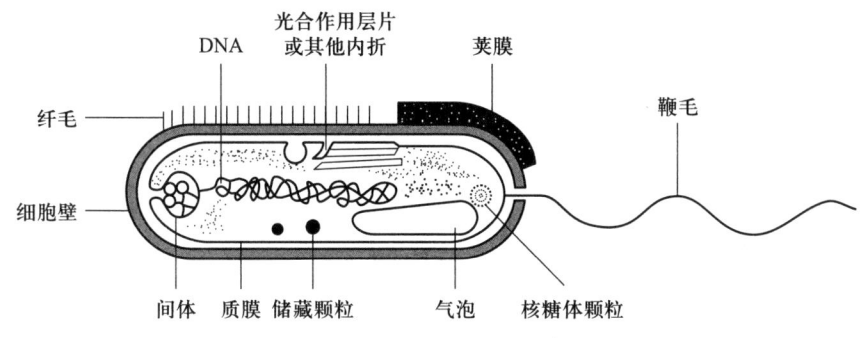

图 2-11 细菌细胞结构模式图

山口状结构,没有荚膜,有的有菌毛。

(一) 细胞壁(cell wall)

细胞壁是包围在细菌体表最外层的、坚韧而有弹性的薄膜。它约占菌体质量的 10%~25%。

1. 细胞壁的化学组成与结构

细菌分为革兰氏阳性菌(G^+菌)和革兰氏阴性菌(G^-菌)两大类,两者的化学组成和结构不同。革兰氏阳性菌的细胞壁厚,其厚度为 20~80 nm,结构较简单,含肽聚糖(其成分有:D-氨基酸、L-氨基酸、胞壁酸和二氨基庚二酸)、磷壁酸(质)、少量蛋白质和脂肪。革兰氏阴性菌的细胞壁较薄,厚度为 10 nm。其结构较复杂,分外壁层和内壁层。外壁层又分 3 层:最外层是脂多糖,中间是磷脂层,内层为脂蛋白。内壁层含肽聚糖,不含磷壁酸。

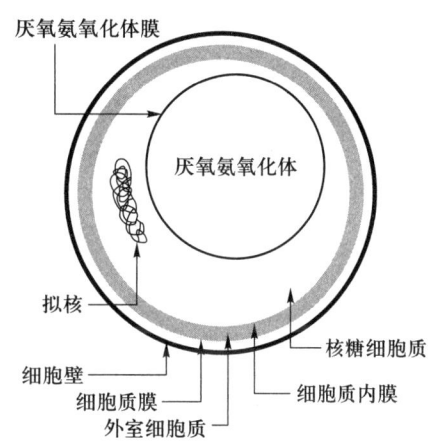

图 2-12 厌氧氨氧化菌的细胞结构分布模式图
摘自:Jetten et al.2009.

革兰氏阳性菌和革兰氏阴性菌细胞壁的化学组成和结构见表 2-6 和图 2-13。由表可知,革兰氏阳性菌含大量的肽聚糖,独含磷壁酸,不含脂多糖。革兰氏阴性菌含极少肽聚糖,独含脂多糖,不含磷壁酸。两者的不同还表现在各种成分的含量不同,尤其是脂肪的含量相差非常明显,革兰氏阳性菌脂肪含量为 1%~4%,革兰氏阴性菌脂肪含量为 11%~22%。

表 2-6 革兰氏阳性菌和革兰氏阴性菌细胞壁的化学组成

细菌	壁厚度/nm	肽聚糖含量/%	磷壁酸	脂多糖	蛋白质含量/%	脂肪含量/%
革兰氏阳性菌	20~80	40~90	+	−	约 20	1~4
革兰氏阴性菌	10	10	−	+	约 60	11~22

2. 细菌细胞壁的生理功能

细菌细胞壁的生理功能有:① 保护原生质体免受渗透压引起破裂;② 维持细菌

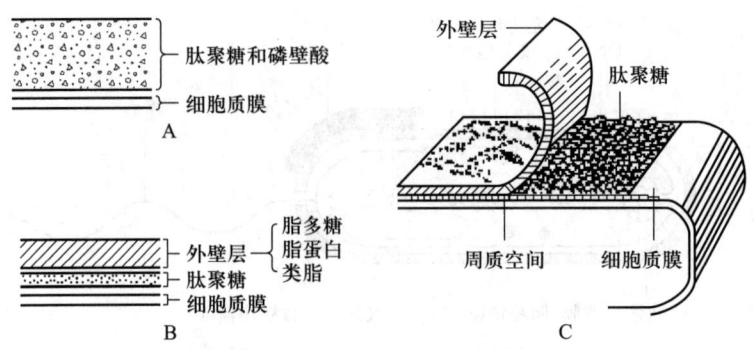

图 2-13 细菌细胞壁的结构图

A—革兰氏阳性菌的细胞壁组成；B—革兰氏阴性菌的细胞壁组成；C—革兰氏阴性菌细胞壁的图解

的细胞形态(可用溶菌酶处理不同形态的细菌细胞壁后,菌体均呈现圆形得到证明)；③ 细胞壁是多孔结构的分子筛,阻挡某些分子进入和保留蛋白质在周质(细菌的细胞壁和细胞质之间的区域)；④ 细胞壁为鞭毛提供支点,使鞭毛运动。

（二） 周质空间（periplasm space）

周质空间是革兰氏阴性细菌细胞壁和细胞膜之间很薄的间隔空隙(见图 2-14)，其厚度约 12~15 nm。在周质空间中的物质称作外周胞质(periplasm),呈胶状,其中存在着许多种周质蛋白:

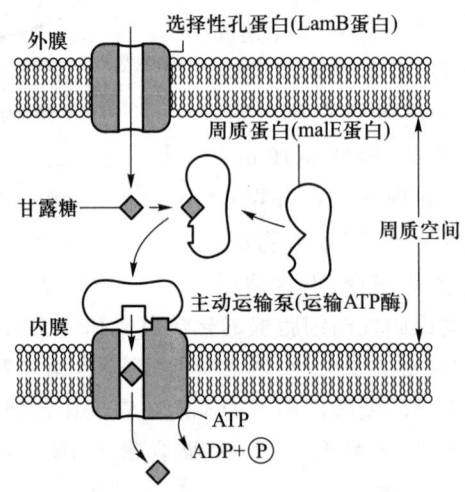

图 2-14 细菌细胞周质空间及其营养物转运的示意图

1. 水解酶类

包括蛋白酶、核酸酶、酸性磷酸酶、碱性磷酸酶、羧肽酶和 L-天冬酰胺酶等。

2. 合成酶类

包括肽聚糖合成酶、SurA、Skp 蛋白,对肽聚糖、鞭毛形成和细胞壁物质的组装起重要作用。

3. 结合蛋白

结合蛋白是转运系统的重要组成部分,具有运送营养物质的作用,与底物结合后形成转运复合物,再与膜内转运蛋白相互作用,依靠后者的 ATP 酶水解 ATP 释放的能量将底物转运入细胞内。

4. 受体蛋白

受体蛋白与细胞的趋化性相关,其上的麦芽糖结合蛋白、半乳糖结合蛋白、葡萄糖结合蛋白参与底物跨膜运输,它们结合底物后与膜上另外的受体蛋白相互作用,介导细胞对底物的趋化性。

据报道,革兰氏阳性细菌也有周质空间。

(三) 原生质体(protoplasm)

原生质体包括细胞质膜(原生质膜)、细胞质及内含物、拟核。

1. 细胞质膜(protoplasmic membrane)

(1) 细胞质膜及其化学组成:细胞质膜是紧贴在细胞壁的内侧并包围细胞质的一层柔软而富有弹性的薄膜,是半渗透膜。它的质量占菌体的10%,含有60%~70%的蛋白质,30%~40%的脂质和约2%的多糖。蛋白质与膜的透性及酶的活性有关。脂质是磷脂,由磷酸、甘油、脂肪酸和胆碱组成。

(2) 细胞质膜的结构:细胞质膜由上、下两层致密的着色层和中间一个不着色的区域组成,如图2-15。不着色层是由具有正、负电荷,有极性的磷脂双分子层组成,是两性分子,亲水基朝着膜的内、外表面的水相,疏水基(由脂肪酰基团组成)在不着色区域。蛋白质主要结合在膜的表面,有的位于均匀的双层磷脂中,疏水基占优势。有的蛋白质由外侧伸入膜的中部,有的穿透两层磷脂分子,膜表面的蛋白质还带有多糖。有些蛋白质在膜内的位置不固定,能转动和扩散,使细胞质膜成为一个流动镶嵌的功能区域。细胞质膜可内陷成层状、管状或囊状的膜内折系统,位于细胞质的表面或深部,常见的有中间体。

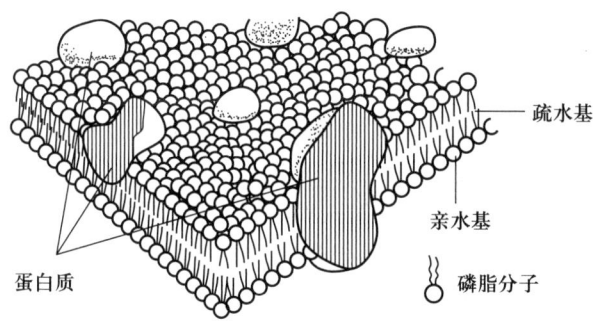

图 2-15 细菌的细胞质膜结构模式图

(3) 细胞质膜的生理功能:① 维持渗透压的梯度和溶质的转移。细胞质膜是半渗透膜,具有选择性的渗透作用,能阻止大分子通过,并选择性地逆浓度梯度吸收某些小分子进入细胞。由于膜有极性,膜上有各种与渗透有关的酶,还可使两种结构相类似的糖类进入细胞的比例不同,吸收某些分子,排出某些分子。② 细胞质膜上有合成细胞壁和形成横隔膜组分的酶,故在膜的外表面合成细胞壁。③ 膜内陷形成的中间体(相当于高等植物的线粒体)含有细胞色素,参与呼吸作用。中间体与染色体的分离与细胞分裂有关,还为 DNA 提供附着点。④ 细胞质膜上有琥珀酸脱氢酶、NAD 脱氢酶、细胞色素氧化酶、电子传递系统、氧化磷酸化酶及腺苷三磷酸酶(ATPase)等,在细胞质膜上进行物质代谢和能量代谢。⑤为鞭毛提供附着点,细胞质膜上有鞭毛基粒,鞭毛由此长出。

2. 细胞质及内含物

细胞质是在细胞质膜以内,除核物质以外的无色透明、黏稠的复杂胶体,亦称原生质,由蛋白质、核酸、多糖、脂质、无机盐和水组成。幼龄菌的细胞质稠密、均匀,富含核糖核酸(RNA),占固体物的15%~20%,嗜碱性强,易被碱性染料和中性染料着染。成熟细胞的细胞质可形成各种贮藏颗粒。老龄菌细胞因缺乏营养,核糖核酸被细菌用作氮源和磷源而降低含量,使细胞着色不均匀,故可通过染色均匀与否判断细菌的生长阶段。

细胞质内含物如下:

(1) 核糖体(ribosome):原核微生物的核糖体是分散在细胞质中的亚微颗粒,是合成蛋白质的部位。核糖体的沉降常数为70S(由大50S和小30S组成),直径为20 nm。它由核糖核酸(rRNA)和蛋白质组成,其中rRNA占60%,蛋白质占40%。细菌的核糖体可分解出3种相对分子质量不同的rRNA:16S rRNA,23S rRNA和5S rRNA。在生长旺盛的细胞中,每个核糖体和初生态的多肽链连接形成多聚核糖体。核糖核酸是核糖体合成蛋白质的关键结构。16S rRNA结构稳定、保守,含最多信息,具有恒定的生理功能,起转录作用。在16S rRNA分子中,既含有高度保守的序列区域,又有中度保守和高度变化的序列区域。因而,它适用于进化距离不同的各类生物亲缘关系的研究。核糖体的蛋白质成分只起维持核糖体的形态和稳定功能的作用。

(2) 内含颗粒(inclusion granule):细菌生长到成熟阶段,因营养过剩(通常是缺氮,碳源和能源过剩)形成一些储藏颗粒,如多聚磷酸盐颗粒(异染粒)、聚β-羟基丁酸、硫粒、淀粉粒、糖原等。

① 多聚磷酸盐颗粒(polyphosphate granule)是由多聚偏磷酸、核糖核酸、蛋白质、脂质及Mg^{2+}组成,通过酯键连接形成的线状多聚体,又称迂回体(volutin granules),是磷酸盐的储存体,或者说是能量仓库。正在生长的细胞中多聚磷酸盐颗粒含量较多,在老龄细胞中,多聚磷酸盐颗粒被用作碳源、能源和磷源而减少。聚磷菌中富含多聚磷酸盐颗粒。因多聚磷酸盐颗粒有异染效应,即用甲苯胺或美蓝(亚甲蓝)染成紫红色或深浅不同的蓝色。故亦称其为异染粒(metachromatic granules)。

② 聚β-羟基丁酸(poly-β-hydroxybutyric acid,PHB)是一种聚酯类,被一单层蛋白质膜包围。其为脂溶性物质,不溶于水,易被脂溶性染料苏丹黑(Sudan black)着染,在光学显微镜下清晰可见。当缺乏营养时,被用作碳源和能源。

③ 硫粒(sulfur granule)。贝日阿托氏菌属(*Beggiatoa*)、发硫菌属(*Thiothrix*)、紫硫螺旋菌属(*Thiospirillum violaceum*)及绿菌属(*Chlorobium*)利用H_2S作能源,氧化H_2S为硫粒,积累在菌体内。当缺乏营养时,氧化体内硫粒为SO_4^{2-},从中取得能量。硫粒具有很强的折光性,在光学显微镜下极易看到。

④ 糖原(glycogen)和淀粉粒(starch granule)均能用碘液染色,前者染成红褐色,后者染成深蓝色,糖原和淀粉粒可用作碳源和能源。

⑤ 气泡（gas vacuole）。紫色光合细菌和蓝细菌含有气泡，借以调节浮力。专性好氧的嗜盐细菌体内含气泡量多，在含盐量高的水中，嗜盐细菌借助气泡浮到水表面吸收氧气。

特大的纳米比亚硫珍珠状菌（*Thiomargarita namibiensis*）体内有巨大的气泡，它可占据细胞总体积的98%。在暴风雨期间，上层海水的硝酸盐穿透到底层含H_2S的厌氧淤泥中，此时纳米比亚硫珍珠状菌的气泡吸收和贮存硝酸盐，其浓度可达800 mmol/L，纳米比亚硫珍珠状菌就可利用硝酸盐作为最终电子受体，H_2S作为电子供体和能源而生存。

⑥ 藻青素颗粒（cyanophycin granule）为蓝细菌所特有。由等量的精氨酸和天冬氨酸组成多肽，它是蓝细菌多余氮的贮存体。

⑦ 羧酶体（carboxysome）亦称羧化体。在蓝细菌、硝化细菌和硫杆菌体内含有羧酶体。它是1,5-二磷酸核酮糖羧化酶的贮存体，可能是固定CO_2的场所，呈多角形，直径约100 nm。

⑧ 磁小体（magnetosome）和磁铁矿颗粒（Fe_3O_4）的直径为40~100 nm，由膜包裹。许多磁小体在细胞中排列成链状，见图2-16。它含有硫复铁矿（Fe_3S_4）和黄铁矿（FeS_2）。某些细菌如趋磁细菌（magnetotactic bacteria）等利用磁小体在地球磁场中定位。趋磁细菌的磁小体可作生物磁性纳米材料，用以开展趋磁细菌规模化培养技术、磁小体的制备与应用技术、功能基因组学等分子生物学研究；揭示磁小体合成的分子机理，进行趋磁细菌菌株的遗传改良及磁小体的制备和应用研究。

⑨ 厌氧氨氧化体（anammoxosome）（如图2-17）是厌氧氨氧化菌特有的，是利用NO_2^-将NH_4^+氧化为N_2的部位，它占菌体的50%~80%，由双层膜包围，膜上有阶梯烷脂，其功能是限制有毒的中间产物（肼，N_2H_4）渗漏，以免受其毒害。

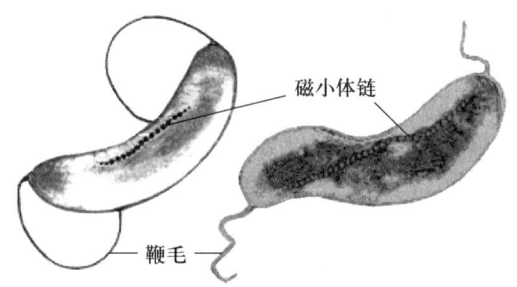

图2-16 趋磁性水螺菌（向磁磁螺菌，*Aquaspirillum magnetotacticum*）

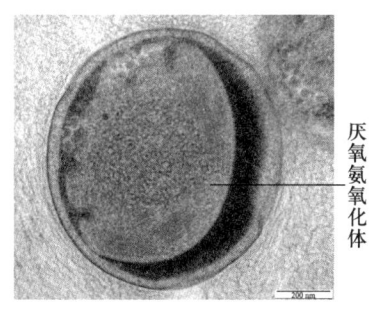

图2-17 厌氧氨氧化菌（*Kuenenia stuttgartiensis*）的透射电镜图像

摘自：van Niftrik La, 2008。

通常，一种细菌含一种或两种内含颗粒，如巨大芽孢杆菌只含聚β-羟基丁酸，贝日阿托氏菌含聚β-羟基丁酸和硫粒，发硫菌含硫粒，大肠杆菌和产气气杆菌含糖原。

3. 拟核（nucleoid）

细菌的核因没有核膜和核仁，故称为原始核（primitive form nucleus）或拟核，亦称细菌染色体。它由脱氧核糖核酸（DNA）纤维组成，即由一条环状双链的DNA分子高度折叠缠绕形成。以大肠杆菌为例,大肠杆菌体长 1~2 μm,其 DNA 长度为 1 100 μm,等于菌体的 1 000 倍。由于高度紧密折叠,拟核只占菌体的很小一部分。它在电子显微镜下呈现的是一个透明的、不易着色的纤维状区域,用特异性的富尔根(Fulgen)染色法着染拟核后,在光学显微镜下可见,呈球状、棒状、哑铃状。

拟核携带着细菌全部遗传信息,它的功能是决定遗传性状和传递遗传性状,是重要的遗传物质。

(四)荚膜、黏液层、菌胶团和衣鞘

1. 荚膜(capsule)

荚膜是一些细菌在其细胞表面分泌的一种黏性物质,把细胞壁完全包围封住,这层黏性物质就叫荚膜(图 2-18)。荚膜能相对稳定地附着在细胞壁表面,使细菌与外界环境有明显的边缘。高碳氮比和强通气条件的培养基有利于好氧细菌的荚膜形成。细菌荚膜一般很厚;有的细菌荚膜很薄,在 200 μm 以下,称微荚膜。荚膜是细菌的分类特征之一。

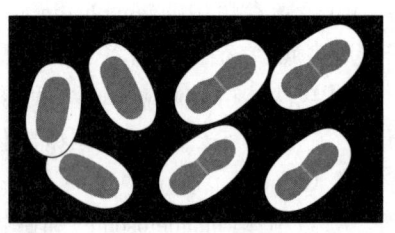

图 2-18 细菌的荚膜

(1)荚膜的化学组成:荚膜的含水率为 90%~98%。有些细菌的荚膜含多糖(单体为 D-葡萄糖、D-葡萄糖醛酸、D-半乳糖、L-鼠李糖、L-岩藻糖等);炭疽杆菌的荚膜含多肽(单体为 D-谷氨酸);巨大芽孢杆菌的荚膜由多糖组成网状结构,其间隙镶嵌以 D-谷氨酸组成的多肽;有的细菌荚膜含脂质或脂质蛋白复合体。荚膜很难着色,可用负染色法(亦称衬托法)染色。先用染料染菌体,然后用墨汁将背景涂黑,即可衬托出菌体和背景之间的透明区,这个透明区就是荚膜,它在光学显微镜下清晰可见。

(2)荚膜的功能:① 具有荚膜的 S 型肺炎链球菌毒力强,有助于肺炎链球菌侵染人体;② 荚膜保护致病菌免受宿主吞噬细胞的吞噬,保护细菌免受干燥的影响;③ 当缺乏营养时,荚膜可被用作碳源和能源,有的荚膜还可作氮源;④ 废水生物处理中的细菌荚膜有生物吸附作用,将废水中的有机物、无机物及胶体吸附在细菌体表面上。

2. 黏液层(slime layer)

有些细菌不产荚膜,其细胞表面仍可分泌黏性的多糖,疏松地附着在细菌细胞壁表面上,与外界没有明显边缘,这叫黏液层。在废水生物处理过程中有生物吸附作用,在曝气池中因曝气搅动和水的冲击力容易把细菌黏液冲刷入水中,以致增加水中有机物,它可被其他微生物利用。

3. 菌胶团(zoogloea)

有些细菌由于其遗传特性决定,细菌之间按一定的排列方式互相黏集在一起,被一个公共荚膜包围形成一定形状的细菌集团,叫做菌胶团。菌胶团的形态(图 2-19)有球形、椭圆形、蘑菇状、分枝状、垂丝状及其他不规则形。上述各种菌胶团在活性污泥中均有,典型的有动胶菌属(Zoogloea),它有两个种:生枝动胶菌(Z.ramigera)和垂(悬)丝动胶菌(Z.filipendula)。

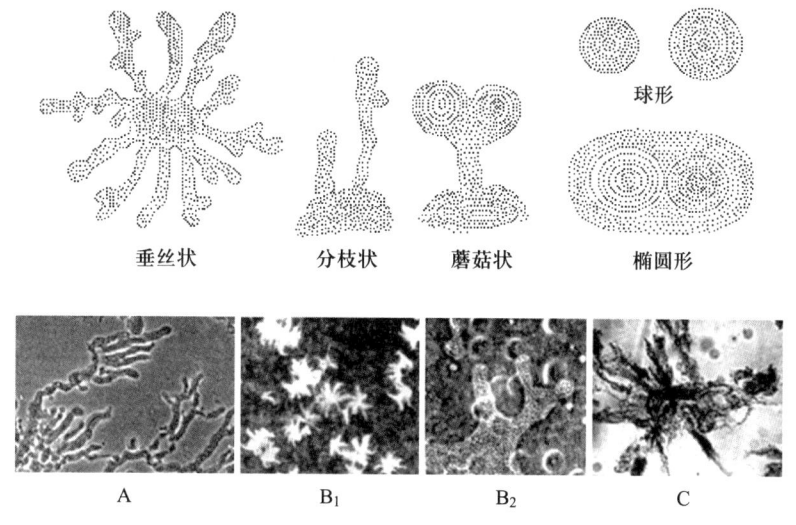

图 2-19 菌胶团的几种形态

A—活性污泥中的指状菌胶团;B_1—在低倍显微镜下的生枝动胶菌(Z.ramigera)纯培养絮状物;
B_2—在光学相差×833下的生枝动胶菌(Z.ramigera)细胞;C—在印染废水活性污泥中的菌胶团
B_1,B_2 摘自:布坎南 R E,等.伯杰细菌鉴定手册.8 版.1984。

4. 衣鞘(sheath)

水生境中的丝状菌多数有衣鞘,如球衣菌属、纤发菌属、发硫菌属、亮发菌属和泉发菌属等丝状体表面的黏液层或荚膜硬质化,形成一个透明坚韧的空壳,即为衣鞘。

荚膜、黏液层和衣鞘对染料的亲和力极低,很难着色,都用负染色法染色。

(五) 芽孢(spore)

某些细菌生活史中的某个阶段或某些细菌遇到外界不良环境时,在其细胞内形成一个内生孢子叫芽孢。所有的芽孢都可抵抗外界不良环境。芽孢是细菌的分类鉴定依据之一。芽孢着生的位置依细菌种的不同而不同,如枯草芽孢杆菌的芽孢位于细胞的中间,其大小接近其菌体的直径;梭状芽孢杆菌的芽孢位于菌体中间,其直径大于菌体使菌体成梭状;破伤风杆菌的芽孢位于菌体的一端,使菌体成鼓槌状。好氧的芽孢杆菌属(Bacillus)和厌氧的梭状芽孢杆菌属(Clostridium)的所有细菌都具有芽孢;球菌中只有芽孢八叠球菌属(Sporosarcina)产芽孢;弧菌中只有芽孢弧菌属(Sporovibrio)产芽孢。

芽孢的特点:

(1) 芽孢的含水率低:38%~40%。

(2) 芽孢壁厚而致密:分3层,外层是芽孢外壳,为蛋白质性质;中层为皮层,由肽聚糖构成,含大量 2,6-吡啶二羧酸;内层为孢子壁,由肽聚糖构成,包围芽孢、细胞质和核质。芽孢萌发后孢子壁变为营养细胞的细胞壁。

(3) 芽孢中的 2,6-吡啶二羧酸(dipicolinic acid,DPA)含量高:为芽孢干重的 5%~15%。吡啶二羧酸以钙盐形式存在,故钙含量高。在营养细胞和不产芽孢的细菌体内未发现 2,6-吡啶二羧酸。芽孢形成过程中 2,6-吡啶二羧酸随即合成,芽孢就具有耐热性,芽孢萌发形成营养细胞时,2,6-吡啶二羧酸消失,耐热性也丧失。

(4) 芽孢含有耐热性酶。

以上4个特点使芽孢对不良环境(如高温、低温、干燥、光线和化学药物)有很强的抵抗力。细菌的营养细胞在70~80 ℃时10 min就死亡,而芽孢在120~140 ℃还能生存几小时;营养细胞在体积分数5%的苯酚溶液中很快死亡,而芽孢却能存活15 d。芽孢的大多数酶处于不活动状态,代谢活力极低,所以,芽孢是抵抗外界不良环境的休眠体。

芽孢不易着色,但可用孔雀绿染色。

(六) 鞭毛(flagella)

由细胞质膜上的鞭毛基粒长出,穿过细胞壁伸向体外的一条纤细的波浪状的丝状物叫鞭毛。鞭毛的直径为0.001~0.02 μm,长度为2~50 μm。具有鞭毛的细菌都能运动,不具鞭毛的细菌一般不能运动。但贝日阿托氏菌、透明颤菌、发硫菌、亮发菌的微生子(或叫段殖体)及黏细菌则例外,它们虽然没有鞭毛却仍可运动,这种运动叫滑动或颤动。不同细菌的鞭毛着生的部位不同,见图2-20。有单根鞭毛,有一束鞭毛,都为端生,端生的还有正端生和亚极端生;还有周生鞭毛。鞭毛着生部位、数目、排列是细菌分类的依据之一。鞭毛靠细胞质膜上的ATP酶水解ATP时释放的能量而运动。用鞭毛染色液染菌体,使染料沉积在鞭毛上而使之变粗,在光学显微镜下可见。

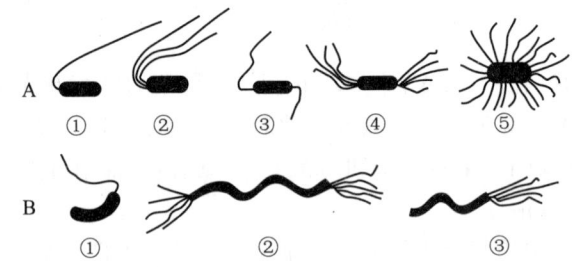

图2-20 细菌鞭毛的着生位置

A—杆菌:① 极端生;② 亚极端生 ;③ 两极端生;④ 两束极端生;⑤ 周生

B—弧菌:① 单根极端生;② 两束极端生 ;③ 单束极端生

三、细菌的培养特征

细菌的培养特征有多种:① 细菌在固体培养基上的培养特征;② 细菌在明胶培养基中的培养特征;③ 细菌在半固体培养基中的培养特征;④ 细菌在液体培养基中的培养特征。以上培养特征均可用以鉴定细菌,或判断细菌的呼吸类型和运动性。

(一) 细菌在固体培养基上的培养特征

细菌在固体培养基上的培养特征就是菌落特征。所谓菌落是由一个细菌繁殖起来的,由无数细菌组成具有一定形态特征的细菌集团。

用稀释平板法和平板画线法,将呈单个细胞的细菌接种在固体培养基上,在一定的温度条件下培养,细菌就可在固体培养基上迅速生长繁殖,形成一个由无数细菌组成的群体,即菌落。不同种的细菌菌落特征是不同的(图2-21),包括其形态、大小、光泽、颜色、质地柔软程度和透明度等。菌落的特征是分类鉴定的依据之一。从3方面看菌落表面的特征:① 表面特征:光滑还是粗糙,干燥还是湿润等。② 边缘特征:圆形、边缘整齐、呈锯齿状、边缘伸出卷曲呈毛发状、边缘呈花瓣状等。③ 纵剖面特征:平坦、扁平、隆起、凸起、草帽状、脐状、乳头状等。例如,肺炎链球菌具有荚膜,表面光滑、湿润、黏稠,称为光滑型菌落;枯草芽孢杆菌不具有荚膜,它的菌落表面干燥、皱褶、平坦,称为粗糙型菌落;蕈状芽孢杆菌的细胞是链状的,其菌落表面粗糙,边缘有毛状凸起并卷曲。浮游球衣菌在质量浓度1 g/L的水解酪素固体培养基上长成平坦、透明、边缘呈卷曲毛发状的菌落;贝日阿托氏菌在含醋酸钠、硫化钠及过氧化氢的培养基上长成平坦、半透明、圆盘或椭圆状的菌落。在培养基上其菌体(毛发体)呈盘旋状活跃滑行。

菌苔是细菌在斜面培养基(或平板培养基)接种线上长成的一片密集的细菌群落,不同属种细菌的菌苔形态是不同的(图2-22)。

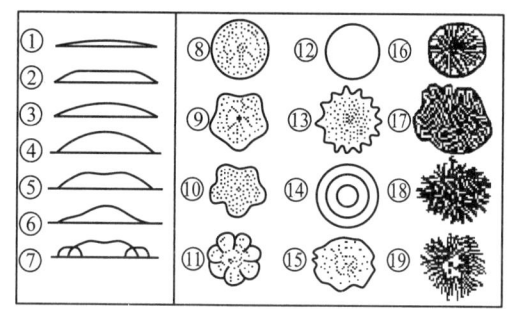

图2-21 几种细菌菌落的特征
① 扁平;② 隆起;③ 低凸起;④ 高凸起;⑤ 脐状;
⑥ 草帽状;⑦ 乳头状;⑧ 圆形,边缘整齐;⑨ 不规则,
边缘波浪;⑩ 不规则,颗粒状,叶状;⑪ 规则,
放射状,边缘花瓣形;⑫ 规则,边缘整齐,表面光滑;
⑬ 规则,边缘齿状;⑭ 规则,有同心环,边缘完整;
⑮ 不规则,似毛毯状;⑯ 规则,似菌丝状;
⑰ 不规则,卷发状,边缘波状;⑱ 不规则,丝状;
⑲ 不规则,根状

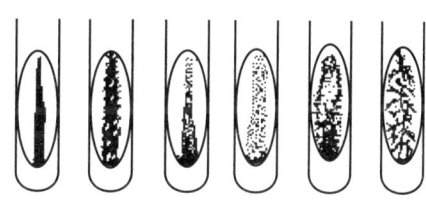

图2-22 斜面培养基上的菌苔特征

(二) 细菌在明胶培养基中的培养特征

用穿刺接种法将某种细菌接种在明胶培养基中培养,能产生明胶水解酶水解明胶,不同的细菌将明胶水解成不同形态的溶菌区(图2-23),依据这些不同形态的溶菌区或溶菌与否可将细菌进行分类。

(三) 细菌在半固体培养基中的培养特征

用穿刺接种技术将细菌接种在含质量浓度3~5 g/L琼脂的半固体培养基中培养,细菌可呈现出各种生长状态(图2-24)。根据细菌的生长状态判断细菌的呼吸类型、有无鞭毛和能否运动。

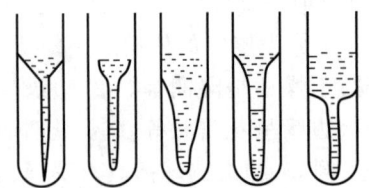

图 2-23 细菌在明胶培养基中的生长特征

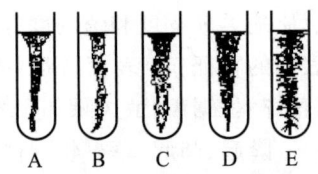

图 2-24 细菌在半固体培养基中的生长特征
A—丝状;B—念珠状;C—乳头状;D—绒毛状;E—树状

可依据如下生长状况判断细菌的呼吸类型:如果细菌在培养基的表面及穿刺线的上部生长者为好氧菌;沿着穿刺线自上而下生长者为兼性厌氧菌或兼性好氧菌;如果只在穿刺线的下部生长者为厌氧菌。

根据如下生长状况判断细菌是否运动:如果只沿着穿刺线生长者为没有鞭毛、不能运动的细菌;如果不但沿着穿刺线生长而且穿透培养基扩散生长者为有鞭毛、能运动的细菌。

(四)细菌在液体培养基中的培养特征

在液体培养基中,细菌整个个体与培养基接触,可以自由扩散生长。它的生长状态随细菌属种的特征而异(图 2-25)。例如,枯草芽孢杆菌在肉汤培养基的表面长成无光泽、皱褶而黏稠的膜,培养基很少浑浊或不浑浊。有的细菌使培养基浑浊,菌体均匀分布于培养基中。有的细菌互相凝聚成大颗粒沉在管底部,培养基很清。细菌在液体培养基中的培养特征是分类依据之一。

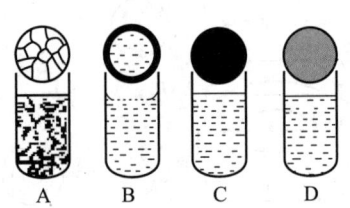

图 2-25 细菌在肉汤培养基中的生长特征
A—絮状;B—环状;C—菌膜;D—薄膜状

四、细菌的物理化学特性

(一)细菌表面电荷和等电点

细菌体含有 50% 以上的蛋白质。蛋白质由 20 种氨基酸按一定的排列顺序由肽键连接组成。氨基酸是两性电解质,在碱性溶液中表现出带负电荷,在酸性溶液中表现出带正电荷。在某一特定 pH 溶液中,氨基酸所带的正电荷和负电荷相等时的 pH,称为该氨基酸的等电点。

$$NH_3^+-\underset{\underset{H}{|}}{\overset{\overset{R}{|}}{C}}-COO^- + NaOH \longrightarrow NH_2-\underset{\underset{H}{|}}{\overset{\overset{R}{|}}{C}}-COO^- + Na^+ + H_2O$$

$$NH_3^+-\underset{\underset{H}{|}}{\overset{\overset{R}{|}}{C}}-COO^- + HCl \longrightarrow NH_3^+-\underset{\underset{H}{|}}{\overset{\overset{R}{|}}{C}}-COOH + Cl^-$$

由氨基酸构成的蛋白质也是两性电解质,也呈现一定的等电点。细菌细胞壁表面含表面蛋白,所以,细菌也具有两性电解质的性质,它们同样有各自的等电点。根据细菌在不同 pH 溶液中对一定染料的着染性,细菌对阴、阳离子的亲和性,细菌在不同

pH 的电场中的泳动方向,都可用相应的方法测得细菌的等电点。已知细菌的等电点为 pH 为 2~5。革兰氏阳性菌的等电点为 pH 为 2~3,革兰氏阴性菌的等电点为 pH 为 4~5,pH 为 3~4 的为革兰氏染色不稳定性菌。细菌培养液的 pH 若比细菌的等电点高,细菌的游离氨基电离受抑制,游离羧基电离,细菌则带负电。如果培养液的 pH 比细菌的等电点低,细菌的游离羧基电离受抑制,游离氨基电离,细菌则带正电荷。在一般的培养、染色、血清试验等过程中,细菌多处于偏碱性(pH 为 7~7.5)、中性(pH 为 7)和偏酸性(6<pH<7),都高于细菌的等电点。所以,此时细菌的表面总是带负电荷。此外,细菌细胞壁的磷壁酸含有大量酸性较强的磷酸基,更加导致细菌表面带负电荷。

在废水生物处理过程中,废水的 pH 多数为偏酸性、中性和偏碱性,均在细菌的等电点之上,因此,在其中的细菌都表现带负电性。

(二) 细菌的染色原理及染色方法

1. 细菌的染色原理

细菌菌体无色透明,在显微镜下由于菌体与其背景反差小,不易看清菌体的形态和结构。用染色液染菌体,以增加菌体与背景的反差,在显微镜下则可清楚看见菌体的形态。

使细菌着色的染料有碱性染料和酸性染料。碱性染料包括结晶紫、龙胆紫、碱性品红(复红)、番红、美蓝(亚甲蓝)、甲基紫、中性红和孔雀绿等;酸性染料包括酸性品红、刚果红和曙红等。由于细菌在通常培养情况下总是带负电荷,故用带正电荷的碱性染料染色。少数菌[如分枝杆菌属(*Mycobacterium*)和诺卡氏菌属(*Nocardia*)中的某些菌]用酸性染料(石炭酸品红)染色,称为抗酸性染色。

细菌与染料的亲和力与染色液的 pH 有关,如用亚甲蓝则需在溶液中加碱剂(苛性苏打),增加染料的碱性基,减少菌体碱性基解离,增加菌体酸性基解离,从而使其更易与碱性染料结合。若是用酸性染料曙红,则需加醋酸或石炭酸溶液。

2. 染色方法

染色方法有两大类:简单染色法和复合染色法。简单染色法是用一种染料染菌体,目的是为了增加菌体与背景的反差,便于观察。复合染色法是用两种染料染色,以区别不同细菌的革兰氏染色反应或抗酸性染色反应,或将菌体和某一结构染成不同颜色,以便观察。

3. 革兰氏染色法

1884 年丹麦细菌学家 C.Gram 创造了革兰氏染色法(Gram stain procedure)。该法可将一类细菌染上色,而另一类细菌染不上色,以便将两大类细菌分开,作为分类鉴定重要的第一步。因为该法被用以鉴别细菌,故称之为鉴别染色法。其染色步骤如下:

(1)在无菌操作条件下,用接种环挑取少量细菌于干净的载玻片上涂布均匀,固定。

(2)用草酸铵结晶紫染色 1 min,水洗去掉浮色。

(3)用碘-碘化钾溶液媒染 1 min,倾去多余溶液。

(4)用中性脱色剂(如乙醇或丙酮)脱色,革兰氏阳性菌不被褪色而呈紫色,革兰氏阴性菌被褪色而呈无色。

(5)用番红染液复染 1 min,革兰氏阳性菌仍呈紫色,革兰氏阴性菌则呈现红色。

革兰氏阳性菌和革兰氏阴性菌即被区别开。

4. 革兰氏染色的机制

革兰氏染色的机制与细菌等电点和细胞壁化学组分相关。

(1) 革兰氏染色与细菌等电点有关系：已知革兰氏阳性菌的等电点为 pH2~3，革兰氏阴性菌的等电点为 pH 4~5。可见，革兰氏阳性菌的等电点比革兰氏阴性菌的等电点低，说明革兰氏阳性菌带的负电荷比革兰氏阴性菌多。它与草酸铵结晶紫的结合力大，用碘-碘化钾媒染后，两者的等电点均得到降低，但革兰氏阳性菌的等电点降低得多，故与草酸铵结晶紫结合得更牢固，对乙醇脱色的抵抗力更强。草酸铵结晶紫、碘-碘化钾复合物不被乙醇提取，菌体呈紫色。而革兰氏阴性菌与草酸铵结晶紫的结合力弱，草酸铵结晶紫、碘-碘化钾复合物很容易被乙醇提取而使菌体呈无色。

(2) 革兰氏染色与细胞壁有关系：通过电子显微镜对细胞壁的观察及对细胞壁化学组分分析，得知革兰氏阳性菌的脂质的含量很低，肽聚糖的含量高。革兰氏阴性菌相反，它的脂质含量高，肽聚糖含量很低。因此，用乙醇脱色时，革兰氏阴性菌的脂质被乙醇溶解，增加细菌细胞壁的孔径及其通透性，乙醇很易进入细胞内将草酸铵结晶紫、碘-碘化钾复合物提取出来，使菌体呈现无色。革兰氏阳性菌由于脂质含量极低，而肽聚糖含量高，乙醇既是脱色剂又是脱水剂，使肽聚糖脱水缩小细胞壁的孔径，降低细胞壁的通透性，阻止乙醇分子进入细胞，草酸铵结晶紫和碘-碘化钾复合物被截留在细胞内而不被脱色，仍呈现紫色。

值得注意的是，在革兰氏染色中，有时候因细菌细胞结构受到破坏而使革兰氏染色结果改变。本应是革兰氏阳性反应而变成革兰氏阴性反应，细胞壁和细胞质都呈现革兰氏阴性反应。

(三) 细菌悬液的稳定性

细菌在液体培养基中的存在状态有稳定的和不稳定的两种。稳定的称 S 型，即其菌落为光滑型。S 型菌悬液很稳定，整个菌体为亲水基，均匀分布于培养基中，一般情况不发生凝聚，只在电解质浓度高时才发生凝聚。另一种是不稳定性的，其菌落为粗糙型，称 R 型。它具有强电解质，菌悬液很不稳定，容易发生凝聚而沉淀在瓶底，培养基很清。细菌的这种分布状态取决于细菌表面的解离层，以及细菌表面的亲水基和疏水基的比例及平衡。

细菌悬液的稳定性和不稳定性在水处理工艺中有极为重要的意义。尤其是在污(废)水生物处理中，二次沉淀池(以下简称二沉池)的沉淀效果与细菌悬液在水中稳定性的程度关系密切。二沉池中的细菌悬液呈不稳定性时，可取得好的沉淀效果。因此，应使活性污泥中粗糙型(R 型)细菌的数量占优势，或者投加强电解质(表面不活性剂)，改变活性污泥的表面张力，从而改善活性污泥的沉淀效果。

(四) 细菌悬液的浑浊度

细菌细胞呈半透明状态，光线照射菌体时，一部分光线透过菌体，一部分光线被折射。所以，细菌悬液呈现浑浊现象。可用目力比浊、光电比色计、比浊计等测其浑浊度，可略知其数目(包括活菌和死菌)。

(五) 细菌的多相胶体性质

细菌细胞质中含有多种蛋白质，它们的成分和功能各不相同，所以细胞质是多相胶体,某一相吸收一组物质进行生化反应,另一相又吸收另一组物质进行另一种生化反应,在一个细菌体内可同时进行多种生化反应。

(六) 细菌的比表面积

单个细菌体积虽微小,而单位体积的细菌群体的总比表面积则巨大,这有利于细菌吸附和吸收营养物,有利于排泄代谢产物,使细菌生长繁殖快。

(七) 细菌的相对密度和质量

细菌的相对密度为 1.07~1.19,细菌的相对密度与菌体所含的物质有关。蛋白质的相对密度为 1.5,糖类的相对密度为 1.4~1.6,核酸的相对密度为 2,无机盐的相对密度为 2.5,脂质的相对密度小于 1,整个菌体的密度略大于水的密度。

将群体细菌的质量除以细菌的数目即得每个细菌的质量,单个细菌的质量约为 $1\times10^{-9} \sim 1\times10^{-10}$ mg。

五、细菌的物理化学性质与污(废)水生物处理的关系

污(废)水生物处理的工作主体是活性污泥中的细菌,细菌的物理化学性质直接关系到污(废)水的处理效果。例如,细胞质的多相胶体性质决定细菌在曝气池中吸收污(废)水中的有机污染物的种类、数量和速度;细菌表面解离层的 S 型或 R 型决定其悬液的稳定性,即决定其在沉淀池中的沉淀效果;比表面积的大小决定其吸附、吸收污染物的能力及与其他微生物的竞争能力;细菌的带电性与它吸附、吸收污(废)水有机污染物的能力,与填料载体的结合力有关,还与絮凝、沉淀性能有关;细菌的密度和质量与其沉淀效果有关。

细菌的物理化学特性是由其遗传性决定的,当处理效果差时,人们通常采用絮凝剂和沉淀剂,适当调整 pH,改善活性污泥的沉淀性能,增强处理效果。

第三节 蓝 细 菌

蓝细菌(cyanobacteria)是古老的生物,使地球由无氧环境转为有氧环境正是由于蓝细菌出现并产氧所致。人们从前寒武纪地壳中发现大量由蓝细菌(如螺旋蓝细菌属)生长形成的化石化的叠层岩(约35亿年)中得到证实。蓝细菌对于研究生物进化有重要意义。空气中约有体积分数为78%的 N_2,但它不能被绝大多数的生物直接利用。由于有固氮蓝细菌及根瘤菌、固氮菌的固氮作用,将大气的 N_2 固定,转化为有机氮,它们每年可固定全球的氮 1.7×10^8 t,有效地利用了 N_2,固氮蓝细菌有力地推动大自然的氮循环。

一、蓝细菌的形态与大小

蓝细菌的形态有的为单细胞,呈杆状和球状。蓝细菌的直径为 1~10 μm,长度不等。有许多是由多个细胞黏集成的聚合体,呈丝状。例如,螺旋蓝细菌属的个体为螺旋状的丝状体,其菌丝直径约 1~12 μm,长 50~500 μm;色球蓝细菌属为单细胞个体或群体,群体种类在细胞壁外分泌果胶类物质构成胶质鞘膜,彼此融合形成大的胶团

（球形或块状）。图 2-26～图 2-28 为蓝细菌门第Ⅰ，Ⅱ，Ⅲ，Ⅳ亚组的部分代表属。

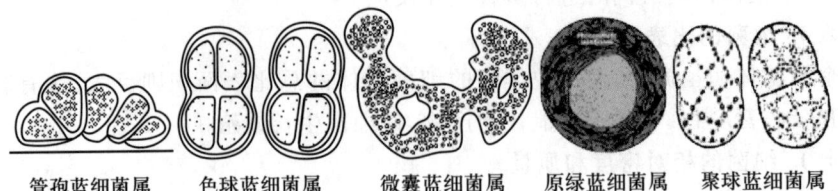

图 2-26　蓝细菌门第Ⅰ亚组的部分代表属

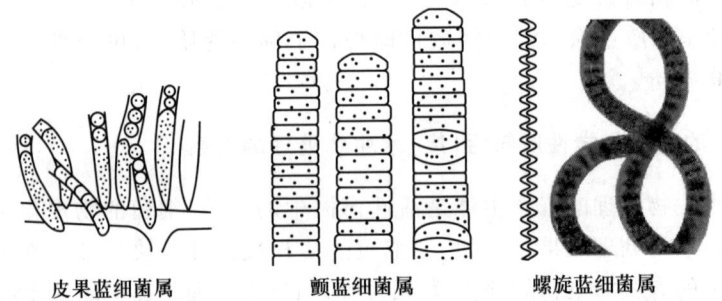

图 2-27　蓝细菌门第Ⅱ和第Ⅲ亚组的部分代表属

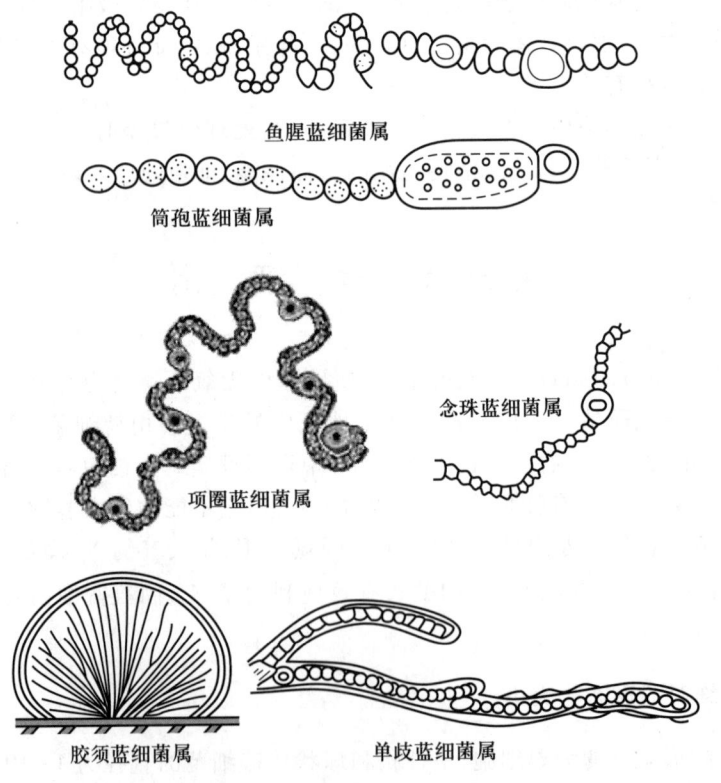

图 2-28　蓝细菌门第Ⅳ亚组的代表属

二、蓝细菌的细胞结构及其功能

蓝细菌的细胞属原核细胞,有革兰氏阴性菌的细胞壁、质膜,在细胞内有拟核或核质、核糖体、羧酶体、类囊体、藻胆蛋白体、藻蓝素(或藻红素)、糖原颗粒、脂质颗粒及气泡。在呈丝状体的蓝细菌中,有些丝状体无分枝,能产生专化的静息细胞(休眠体,resting cell)或异形胞(heterocyst),静息细胞比营养细胞大,它萌发释放运动的细胞群,异形胞有折射性的末端颗粒和厚的外壁(有别于营养细胞),它是固氮的部位,可固定大气中的氮。另一些蓝细菌的丝状体有分枝,如单歧蓝细菌属。蓝细菌因有气泡调节浮力,可以垂直上下游动。

三、蓝细菌的繁殖

单细胞类型蓝细菌的繁殖是通过二分裂、出芽、断裂、多重分裂或从无柄的个体释放一系列顶生细胞(外生细胞)进行繁殖。由丝状体构成的类型通过反复的中间细胞分裂而生长,或通过丝状体无规则地断裂,或通过末端释放能运动的细胞断链(运动的细胞群,hormogon)进行繁殖。

四、蓝细菌的生境

蓝细菌对极端环境有极强的耐受力。因此,分布很广,在淡水、海水、潮湿土壤、树皮、干燥的沙漠、岩石缝隙里均能生长。耐高温的嗜热菌种可在 75 ℃、中性至碱性热泉水中生长。

五、蓝细菌的代谢

蓝细菌是光合细菌中细胞最大的一类,与其他光合细菌(包括紫色硫细菌和绿色硫细菌)不同,它有叶绿素 a[吸收光波波长为 680~685 nm(原绿蓝细菌属例外,除含叶绿素 a,还含叶绿素 b)],脂环族类胡萝卜素(吸收光波波长为 450~550 nm),藻胆素(吸收光波波长为 550~650 nm)及藻胆蛋白体[含异藻蓝(青)素、藻蓝(青)素及藻红素,吸收光波波长为 560~630 nm]。蓝细菌呈现蓝、绿、红或棕色,它的颜色随光照条件改变而改变。

蓝细菌的光合作用是依靠叶绿素 a、藻胆素和藻蓝素吸收光,将能量传递给光合系统,通过卡尔文循环固定二氧化碳,同时吸收水和无机盐合成有机物供自身营养,并放出氧气。部分蓝细菌可以通过氧化葡萄糖和其他糖类,在黑暗条件下以化能异养方式缓慢生长。颤蓝细菌属在厌氧条件下,氧化 H_2S 进行不产氧的光合作用。螺旋蓝细菌属适合在碱性湖泊中生长,它除进行光合作用释放大量 O_2 外,还可释放 H_2。

六、蓝细菌的分类

蓝细菌在植物学和藻类学中被分类为蓝藻门。由于它的细胞结构简单,只具原始核,没有核膜和核仁;只具叶绿素,没有叶绿体。故蓝细菌属于原核生物。

现在根据菌落、细胞形态、繁殖方式、超微结构、遗传特征、生理生化特征及其生境，以及 5S rRNA 和 16S rRNA 进行分类，在《伯杰氏系统细菌学手册》第二版中列在 B X 门，将蓝细菌门分类为 1 纲 5 亚组 4 亚群 1 科 56 属。蓝细菌 5 个亚组的特征见表 2-7，各属详见表 2-8。

表 2-7 蓝细菌 5 个亚组的特征

亚组	一般形状	繁殖与生长	异形胞	(C+G)含量/%	其他特点	部分代表属
I	单细胞杆菌或球菌；非丝状聚合体	二分裂，出芽	−	31~71	几乎不运动	管孢蓝细菌属、色球蓝细菌属、微囊蓝细菌属、黏杆蓝细菌属、黏球蓝细菌属、原绿蓝细菌属
II	单细胞杆菌或球菌，可聚集成聚合体	多分裂形成小孢子	−	40~46	仅某些小孢子运动	宽球蓝细菌属、皮果蓝细菌属、拟色球蓝细菌属
III	丝状，不分枝的仅有营养细胞的丝状体	在单个平面上二分裂，断裂	−	34~67	通常可运动	鞘丝蓝细菌属、颤蓝细菌属、原绿丝蓝细菌属、假鱼腥蓝细菌属
IV	丝状，不分枝可以包含特异细胞的丝状体	在单个平面上二分裂，断裂形成连锁体	+	38~47	通常可运动，可产生静息孢子	鱼腥蓝细菌属、筒孢蓝细菌属、水华束丝蓝细菌属、念珠蓝细菌属、眉蓝细菌属、胶须蓝细菌属、单歧蓝细菌属
V	丝状体，有分枝或由多于一排的细胞组成	在多个平面上二分裂，形成连锁体	+	42~44	可产生静息孢子，在蓝细菌中有最大的形态复杂度和分化	飞氏蓝细菌属、真枝蓝细菌属、吉特勒氏蓝细菌属

表 2-8 蓝细菌门的各属

亚组 I	亚组 II	亚组 III	亚组 IV	亚组 V
管孢蓝细菌属 (*Chamaesiphon*) 色球蓝细菌属 (*Chroococcus*) 蓝细菌属 (*Cyanobacterium*) 蓝菌属 (*Cyanobium*) 蓝丝菌属 (*Cyanothece*) 纤维蓝细菌属 (*Dactylococcopsis*) 黏杆菌属 (*Gloeobacter*) 黏球蓝细菌属 (*Gloeocapsa*) 黏杆蓝细菌属 (*Gloeothece*) 微囊蓝细菌属 (*Microcystis*) 原绿球菌属 (*Prochlorococcus*) 原绿蓝细菌属 (*Prochloron*) 聚球蓝细菌属 (*Synechococcus*) 集胞蓝细菌属 (*Synechocystis*)	**第一亚群** 蓝囊胞菌属 (*Cyanocystis*) 皮果蓝细菌属 (*Dermocarpella*) 斯塔尼尔氏菌属 (*Stanieria*) 异球蓝细菌属 (*Xenococcus*) **第二亚群** 拟色球蓝细菌属 (*Chroococcidiopsis*) 黏八叠球菌属 (*Myxosarcina*) 宽球蓝细菌属 (*Pleurocapsa*)	节螺蓝细菌属 (*Arthrospira*) 博氏蓝细菌属 (*Borzia*) 发毛针蓝细菌属 (*Crinalium*) 吉特勒氏线状蓝细菌属 (*Geitlerinema*) 纤发鞘丝蓝细菌属 (*Leptolyngbya*) 湖生蓝细菌属 (*Limnothrix*) 鞘丝蓝细菌属 (*Lyngbya*) 微鞘蓝细菌属 (*Microcoleus*) 颤蓝细菌属 (*Oscillatoria*) 浮霉丝状蓝细菌属 (*Planktothrix*) 原绿丝蓝细菌属 (*Prochlorothrix*) 假鱼腥蓝细菌属 (*Pseudoanabaena*) 螺旋蓝细菌属 (*Spirulina*) 斯塔尼尔氏蓝细菌属 (*Starria*) 束蓝细菌属 (*Symploca*) 束毛蓝细菌属 (*Trichodesmium*) 浅灰蓝细菌属 (*Tychonema*)	**第一亚群** 鱼腥蓝细菌属 (*Anabaena*) 项圈蓝细菌属 (*Anabaenopsis*) 水华束丝蓝细菌属 (*Aphanizomenon*) 蓝螺菌属 (*Cyanospira*) 拟筒孢蓝细菌属 (*Cylindrospermopsis*) 筒孢蓝细菌属 (*Cylindrospermum*) 节球蓝细菌属 (*Nodularia*) 念珠蓝细菌属 (*Nostoc*) 伪枝蓝细菌属 (*Scytonema*) **第二亚群** 眉蓝细菌属 (*Calothrix*) 胶须蓝细菌属 (*Rivularia*) 单歧蓝细菌属 (*Tolypothrix*)	**第一科** 拟绿胶蓝细菌属 (*Chlorogloeopsis*) 飞(费)氏蓝细菌属 (*Fischerella*) 吉特勒氏蓝细菌属 (*Geitleria*) (*Iyengariella*) 拟念珠蓝细菌属 (*Nostochopsis*) 真枝蓝细菌属 (*Stigonema*)

七、蓝细菌与人类及环境的关系

20 世纪 40 年代初,法国药物学家克莱(Creach)发现非洲乍得湖畔的佳尼姆族人捞取湖面上一种深绿色的微小植物食用,他取样品回巴黎,交给巴黎藻类学家坦格乐(Dangeard)鉴定,定名为螺旋藻(即螺旋蓝细菌)。20 世纪 60 年代又有人发现墨西哥人从河流中捞取大量螺旋蓝细菌做成饼食用。此后,引起各国重视,法国、日本、德国、美国等国家相继投入巨资研发螺旋蓝细菌,生产保健品。经研究得知,螺旋蓝细菌属体内含有丰富的蛋白质(含量达 60%~70%),维生素 A、B_1、B_2、B_6、B_{12}、E、PP、K、泛酸、叶酸、β-胡萝卜素和 γ-亚麻酸等。是对人体很有医用和营养价值的天然食品。目前,国内外用钝顶螺旋蓝细菌属(*Spirulina platensis*)和极大螺旋蓝细菌属(*Spirulina maximun*)为菌种生产营养保健品。

蓝细菌对污水处理、水体自净可起到积极作用,它可有效地去除氮和磷。在氮、磷丰富的水体中蓝细菌生长旺盛,可作水体富营养化的指示生物。

如前所述,固氮蓝细菌在海洋、河流、湖泊及陆地固定 N_2 成为化合态氮,组成其自身细胞,并为初级生产者水生植物和陆生植物提供氮素营养,由此构成了地球氮循环极为重要的一部分。然而,有某些属(如微囊蓝细菌属、鱼腥蓝细菌属和水华束丝蓝细菌属)在富营养化的海湾和湖泊中由于大量繁殖,引起海湾的赤潮和湖泊的水华;有些属能分泌毒素,严重者引起水生动物大量死亡。

第四节 放 线 菌

放线菌因在固体培养基上呈辐射状生长而得名。大多数放线菌为腐生菌。它们在土壤中的分布和数量仅次于细菌,在自然界物质循环中起积极作用,促进土壤形成团粒结构,改良土壤。诺卡氏菌属(*Nocardia*)除有产生抗生素的种外,有的种还产生蛋白酶,可用于生产酶制剂。链霉菌属(*Streptomyces*)中很多种产生抗生素,可用作医药、农药。有些放线菌为共生菌,并且是绝对共生,例如,弗兰克氏菌属的某些菌株与多种非豆科植物(宿主植物如欧洲赤杨、香蕨木、杨梅、沙棘和胡颓子)共生形成根瘤固氮。少数放线菌是寄生菌,其菌属内的各种是人类致病菌。有些种引起动物和人类肺结核病。

放线菌在有机固体废物的填埋和堆肥发酵中也起积极作用。例如,高温性放线菌可降解大量有机物,使之矿化。此外,还有放线菌用于石油脱蜡、烃类发酵、脱硫、脱磷。诺卡氏菌属对氰化物、腈类化合物的分解能力强,适合用于丙烯腈废水生物处理。然而,在废水活性污泥法处理中,诺卡氏菌属的某些种可引起活性污泥丝状膨胀和起泡沫的现象,影响废水处理效果。

一、放线菌的形态、大小和结构

放线菌的菌体由纤细的、长短不一的菌丝组成,菌丝分枝,为单细胞。在菌丝生长过程中,核物质不断复制分裂,然而细胞不形成横隔膜,也不分裂,而是由无数分枝的菌丝组成很细密的菌丝体。菌丝体可分 3 类:① 营养(基内)菌丝。它潜入固体培养基内摄取营养,菌丝宽度为 0.2~0.8 μm,通常不超过 1.4 μm,长度为 50~600 μm,有无色的,有产色素的(黄、橙、红、紫、蓝、绿、褐、黑)。色素有水溶性的和脂溶性的。② 气生菌丝。营养菌丝长出培养基外,伸向空间的菌丝为气生菌丝。气生菌丝比营养菌丝粗,直径为 1~1.4 μm,呈弯曲状、直线状或螺旋状,有的产色素。③ 孢子丝。放线菌生长发育到一定阶段,在气生菌丝的上部分化出孢子丝。孢子丝的形状和在气生菌丝上的排列方式,随菌种的不同而异,是分类鉴定的依据之一。孢子丝的形状如图 2-29 所示。

孢子丝发育到一定阶段,其顶端形成分生孢子,它可产生各种色素,粉白、灰、黄、橙、红、蓝、绿等颜色。分生孢子的颜色是分类的依据之一。

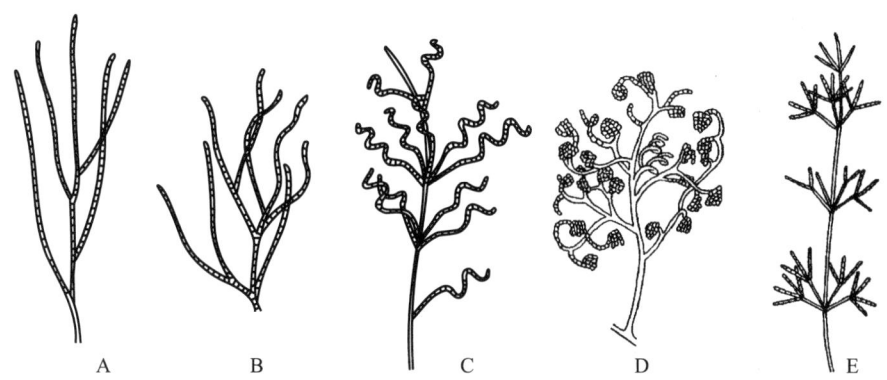

图 2-29　几种放线菌孢子丝的形态
A—直形;B—波浪形;C—螺旋形;D—交替着生;E—丛生或轮生

诺卡氏菌(图 2-30)的营养菌丝具横隔膜,并断裂成杆状或类球状,分为气生菌丝或无气生菌丝两类。有气生菌丝的孢子丝为直形、钩形或初旋,孢子丝比营养菌丝粗。诺卡氏菌属广泛分布在土壤和水中,可分解糖类和蜡,能降解水管和排污管的橡皮垫圈。分解石油的有嗜石油诺卡氏菌(*Nocardia petroleophila*),分解石蜡和纤维素的诺卡氏菌见表 2-9。

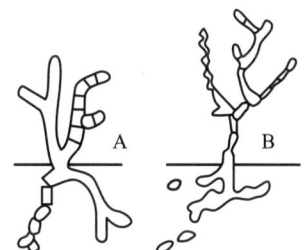

图 2-30　诺卡氏菌
A—星状诺卡氏菌;B—假诺卡氏菌属

表 2-9　分解石蜡和纤维素的诺卡氏菌

分解石蜡的诺卡氏菌	分解纤维素的诺卡氏菌
石蜡诺卡氏菌(*Nocardia paraffinae*)	纤维化诺卡氏菌(*Nocardia cellulans*)
越橘诺卡氏菌(*N.vaccinii*)	大西洋诺卡氏菌(*N.atlantica*)
最小诺卡氏菌(*N.minima*)	海洋诺卡氏菌(*N.marina*)
布拉克威尔氏诺卡氏菌(*N.blackwellii*)	
藤黄诺卡氏菌(*N.lutea*)	
小球诺卡氏菌(*N.globerula*)	
深红诺卡氏菌(*N.rubropertincta*)	
红平诺卡氏菌(*N.erythropolis*)	

纤维化诺卡氏菌、大西洋诺卡氏菌和海洋诺卡氏菌分解纤维素的能力都很强。此外,纤维化诺卡氏菌还能固氮,它分解 1 g 纤维素能固定大气中的氮 12 mg。

诺卡氏菌属中有少数是病原菌,如星状诺卡氏菌。

红球菌属(*Rhodococcus*)广泛分布在土壤和水生境中,它们能降解石油烃、清洁剂、苯、多氯联苯(polychlorinated biphenyls,PCBs)和多种杀虫剂,可用于燃料除硫。

游动放线菌属(*Actinoplanes*)、指孢囊属(*Dactylosporangium*)和小单孢菌属(*Micromonospora*)等没有气生菌丝或有不发达的气生菌丝。在营养菌丝上长出孢囊柄,伸出基质外,其顶端为孢子囊,孢子囊内有许多孢囊孢子。成熟的孢子囊破裂开,释放出有鞭毛的、可游动的孢囊孢子,见图 2-31。

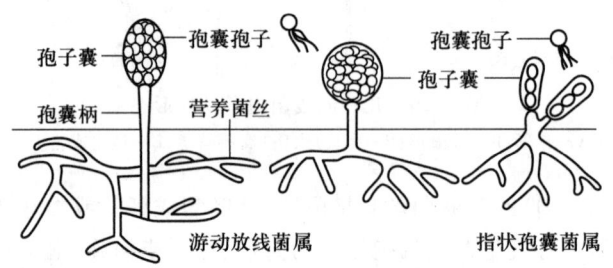

图 2-31　小单孢菌科各属的细胞结构

游动放线菌属和小单孢菌属生活在土壤、森林、垃圾堆、小溪和河流、海洋中,它们能分解动物、植物残体,小单孢菌属还能降解几丁质和纤维素,产生抗生素(如庆大霉素)。

链霉菌属在培养基中形成不连续的苔藓状、革质或奶油状的彩色菌落,许多种产生抗生素,是医药生产中的重要菌种,在生态系统物质循环中起重要作用,可分解多种有机化合物,降解胶质、壳质、木质素、角质素、乳胶、芳香族化合物。链霉菌属喜在土壤和潮湿泥土中生活,是重要的土壤细菌。其形态见图 2-32。

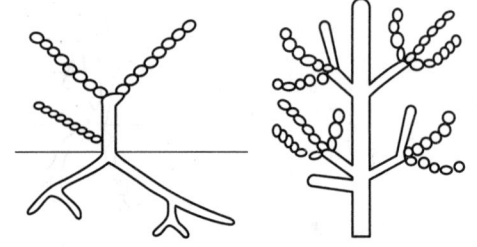

图 2-32　链霉菌的形态

放线菌的革兰氏染色反应:除枝动菌属(*Mycoplana*)为革兰氏阴性菌以外,其余放线菌均为革兰氏阳性菌,而且是高 G+C 含量的革兰氏阳性菌。

二、放线菌的菌落形态

放线菌的菌落是由一个孢子或一段营养菌丝生长繁殖出许多菌丝,并互相缠绕而成的。其中,有的质地紧密、表面呈绒状或密实干燥多皱,如链霉菌属(图 2-33),由于其菌丝潜入培养基,整个菌落像是嵌入培养基中,不易被挑取;而有的菌落质地松散,成白色粉末状,易被挑取,如诺卡氏菌属。

三、放线菌的繁殖

放线菌的生活史包括孢子的萌发,菌丝的生长、发育及繁殖等过程。图 2-34 所

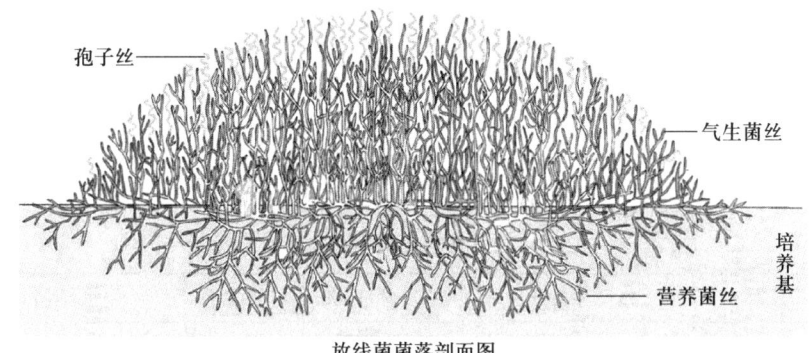

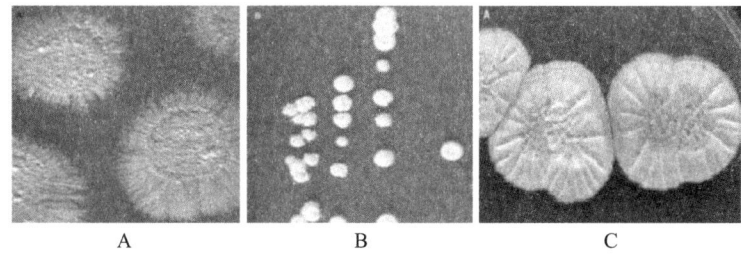

图 2-33 放线菌菌落特征
A—卡特利链霉菌；B—费氏链霉菌；C—诺尔斯氏链霉菌

示为链霉菌的生活史。

放线菌是通过分生孢子或孢囊孢子繁殖，也可以一段营养菌丝繁殖。放线菌的分生孢子或孢囊孢子形成过程见图 2-35。

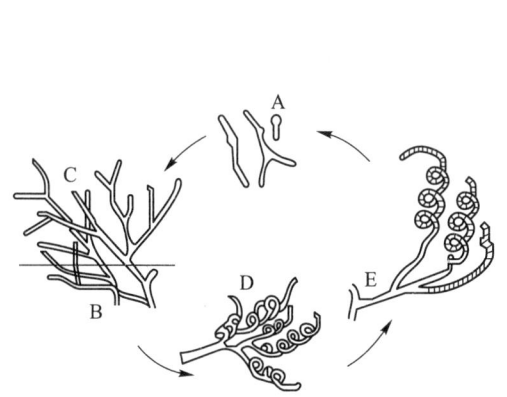

图 2-34 链霉菌的生活史
A—孢子萌发；B—基内菌丝；
C—气生菌丝；D—孢子丝；E—孢子丝分化为孢子

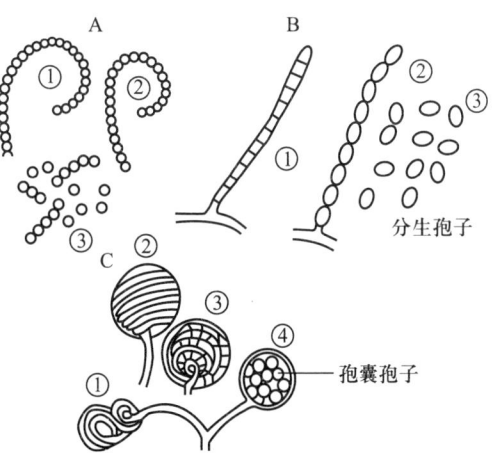

图 2-35 放线菌的分生孢子和孢囊孢子的形成
A,B—孢子丝依照①,②,③次序发育成熟
形成分生孢子；C—孢子丝依照①,②,③,
④次序发育成孢子囊，随后形成孢囊孢子

四、放线菌的分类

按照《伯杰细菌鉴定手册》(第八版),将放线菌分为 8 科、31 属。《伯杰氏系统细菌学手册》(第二版)将放线菌列入 BX Ⅳ 放线菌门,其下有 1 纲 5 亚纲 6 目 14 亚目 40 科 130 属。这一门包含的细菌很多,本节只介绍常见的放线菌属、诺卡氏菌属、类诺卡氏菌属及链霉菌属。放线菌部分属的特征,见表 2-10。

表 2-10 放线菌部分属的特征

属	外形和尺寸/μm	(G+C)含量/%	与氧关系	其他特征
游动放线菌属 (Actinoplanes)	不分节,分枝菌丝,产生孢子,有极端生鞭毛,可运动	72~73	好氧	菌丝常平行排列,彩色,ⅡD 型细胞壁,在土壤和植物腐败物中生活,营养菌丝发达,菌丝呈各种颜色,产生各种色素,没有气生菌丝或不发达,在营养菌丝上长出孢囊柄,在其尖端长孢子囊
弗兰克氏菌属 (Frankia)	直径 0.5~2.0,营养菌丝分枝无气生菌丝体;形成多腔孢囊	66~71	好氧,微好氧	孢囊孢子不运动,Ⅲ 型细胞壁,许多菌株与被子植物共生形成小节,固氮
红球菌属 (Rhodococcus)	有气生菌丝和分生孢子,含分枝菌酸	高	多数为严格好氧	存在于土壤和水生境中,降解石油烃、清洁剂、苯、多氯联苯(PCBs)、杀虫剂,可用于燃料除硫以减少硫氧化物的排放
诺卡氏菌属 (Nocardia)	直径 0.5~1.2,营养菌丝发达,可断裂为杆状或球状单位	64~72	好氧	形成气生菌丝,产生过氧化氢酶,Ⅳ 型细胞壁,含分枝菌酸,广泛分布于土壤和水生境中,分解糖类、蜡、橡胶
链霉菌属 (Streptomyces)	直径 0.5~2.0,营养菌丝有发达分枝;有气生菌丝	69~78	好氧	形成不连续的苔藓状、革质或奶油状的彩色菌落,能利用多种有机化合物作营养,降解胶质、壳质、木质素、角质素、乳胶、芳香族化合物,为土壤细菌,产生抗生素

第五节　其他原核微生物

一、立克次氏体

立克次氏体隶属于α-变形杆菌门（BXⅡ门）的立克次氏体目立克次氏体科的立克次氏体属（*Rickettsia*），见图2-36。立克次氏体属的细胞结构与细菌相似，细胞壁含胞壁酸和二氨基庚二酸，菌体含RNA和DNA，上述特点更接近细菌。其形状为短杆状，大小为（0.3~0.6）μm×（0.8~2.0）μm，也有球状和丝状，不能通过细菌过滤器，不产芽孢，不具鞭毛，不运动，革兰氏染色阴性反应；繁殖为二分裂，用敏感动物、鸡胚、卵黄囊及动物组织培养，五日热立克次氏体（*R.quintana*）可在人工培养基上生长。立克次氏体营寄生生活，多寄生在节肢动物体内，由此作媒介将传染病传给人和动物。传染病有流行斑疹、伤寒、羌虫热及Q热等。立克次氏体对磺胺及抗生素敏感。据报道，立克次氏体也存在于活性污泥中。

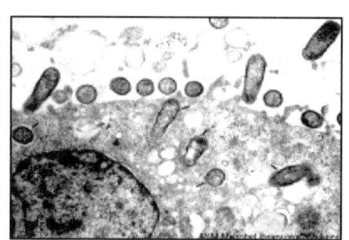

图2-36　立克次氏体

二、支原体

支原体隶属于厚壁菌门（BXⅢ门）柔膜菌纲支原体目支原体科的支原体属（*Mycoplasma*）。它是自由生活的最小的原核微生物，没有细胞壁，只具有细胞质膜，细胞无固定形态，为多形性体态。有球状、梨状、分枝状及丝状等（图2-37A）；直径为0.1~0.3 μm，可通过细菌过滤器，丝状体较长，由几微米至150 μm。其繁殖为二分裂，也有出芽生殖，含RNA和DNA。支原体在琼脂培养基上长成极小的菌落（图2-37B），尺寸为10~600 μm，菌落像油煎蛋模样，中央厚，周围薄而透明，嵌入培养基的深部。通常使用加了牛心浸出汁、动物血清、胆固醇的培养基培养，也有用鸡胚绒毛尿囊膜培养。支原体在液体培养基中生长，培养基不浑浊；有好氧的和厌氧的。已分离到的多为腐生性的，也有致病的。支原体对新霉素和卡那霉素敏感，其革兰氏染色为阴性。它分布在土壤、污水、垃圾、昆虫、脊椎动物及人体中。

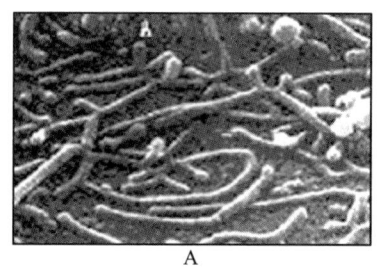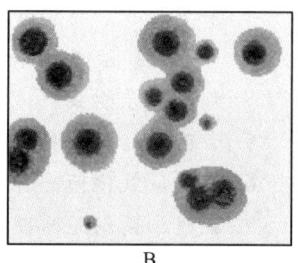

图2-37　支原体
A—电子显微镜下的支原体；B—支原体的菌落

三、衣原体

衣原体隶属于衣原体门（BXⅥ门）衣原体目衣原体科的衣原体属（*Chlamydia*），见图2-38，呈球形，直径0.2~1.5 μm。衣原体的革兰氏染色为阴性，细胞化学组分和结构与革兰氏染色阴性细菌相似，其细胞壁为含胞壁酸的外膜，含RNA和DNA，繁殖为二分裂，多寄生于哺乳动物（如鼠、猪、牛、羊）及鸟类，能引起人患沙眼、鹦鹉热、淋巴肉芽肿及粒性结膜炎等，对磺胺和抗生素敏感。

四、螺旋体

螺旋体隶属于螺旋体门（BXⅦ门）螺旋体纲螺旋体目，有3科13属，是形态和运动机理独特的细菌。菌体宽度为0.1~0.5 μm，长度为3~20 μm，个别的长达500 μm。螺旋体的细胞结构与其他细菌稍有不同，不具鞭毛，在细胞两端各生着一根富有弹性的轴丝，两根轴丝均向细胞中部延伸并相重叠。螺旋体就靠轴丝的收缩而运动。它的繁殖方式为纵裂，腐生或寄生，腐生者多在河流、池塘、湖泊、海洋或淤泥中生存，可通过寄生引发人和动物疾病。已知不致病的螺旋体有螺旋体属（*Spirochaeta*）和脊螺旋体属（*Critispira*）等，致病的螺旋体有密螺旋体属（*Treponema*）、疏螺旋体属（*Borrelia*）及钩端螺旋体属（*Leptospira*）（图2-39）等，它们分别引起梅毒、回归热及钩端螺旋体病。

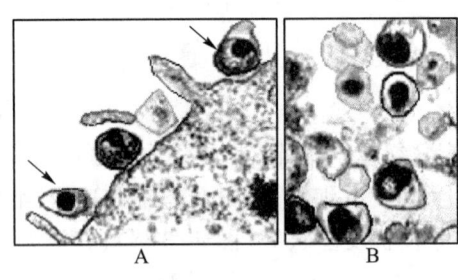

图2-38 衣原体
A—在宿主细胞外；B—侵入宿主细胞内

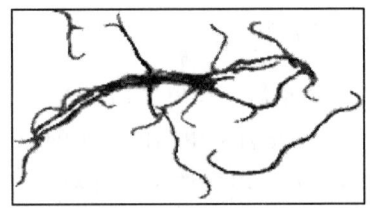

图2-39 钩端螺旋体

思 考 题

1. 各举一种细菌为代表，说明细菌有哪几种形态？
2. 丝状细菌有几种？你如何识别它们？
3. 细菌的一般结构和特殊结构有哪些？它们各有哪些生理功能？
4. 革兰氏阳性菌和革兰氏阴性菌的细胞壁结构有什么异同？各有哪些化学组成？
5. 古菌包括哪几种？它们与细菌有什么不同？
6. 厌氧氨氧化菌是什么样的细菌？它有哪些结构？
7. 叙述细菌细胞质膜结构和化学组成，它有哪些生理功能？
8. 何谓核糖体？它有什么生理功能？
9. 在pH6、pH7和pH7.5的溶液中细菌各带什么电荷？在pH1.5的溶液中细菌带什么电荷？为什么？

10. 叙述革兰氏染色的机制和步骤。
11. 细菌的物理化学特性与污(废)水生物处理有哪些方面的关系?
12. 何谓细菌菌落?细菌有哪些培养特征?这些培养特征有什么实际意义?
13. 可用什么培养技术判断细菌的呼吸类型和能否运动?如何判断?
14. 蓝细菌是一类什么微生物?它们与人类和环境有什么关系?
15. 何谓放线菌?其对革兰氏染色是何种反应?
16. 立克次氏体、支原体、衣原体和螺旋体各为什么样的微生物?人类应如何对待它们?

第三章
真核微生物

本章介绍真核域（Eukarya）中（真核）原生生物界（Protista）的原生动物（Protozoa）、藻类（Algea[①], Algae[②]）、真菌界（Kingdom Fungi,）的霉菌（Mould）、酵母菌（Yeast）及伞菌（Agaricus），还包括动物界的微型后生动物（Metozoa），如轮虫（Rotifer）、线虫（Nematode）、甲壳纲（Crustacea）、寡毛纲（Oligochaeta）等微小生物。

第一节 原 生 动 物

一、原生动物的一般特征

（一）原生动物的概念、细胞结构及功能

原生动物是动物中最原始、最低等、结构最简单的单细胞动物。在动物学中被列为原生动物门（Protozoa）。因其形体微小（10~300 μm），只能在光学显微镜下观察，微生物学把它归入微生物范畴。原生动物为单细胞，没有细胞壁，有细胞质膜、细胞质，有分化的细胞器，其细胞核具有核膜（较高级类型有两个核），故属真核微生物。原生动物有独立生活的生命特征和生理功能，如摄食、营养、呼吸、排泄、生长、繁殖、运动及对刺激的反应等，这些功能是由相应的细胞器执行，如胞口、胞咽、食物泡、吸管是摄食、消化、营养的细胞器；收集管、伸缩泡、胞肛是排泄的细胞器；鞭毛、纤毛、刚毛、伪足是运动和捕食的细胞器；眼点是感觉细胞器。然而，有的细胞器执行多种功能，如伪足、鞭毛、纤毛、刚毛既能执行运动功能，又能执行摄食功能，甚至还有感觉功能。

（二）原生动物的营养类型

1. 全动性营养

全动性营养（holozoic）的原生动物以其他生物（如细菌、放线菌、酵母菌、霉菌、藻类、比自身小的原生动物和有机颗粒）为食。绝大多数原生动物为全动性营养。

2. 植物性营养

植物性营养（holophytic）是有色素的原生动物。例如，绿眼虫、衣滴虫与植物类似，在有光照的条件下，吸收 CO_2 和无机盐进行光合作用，合成有机物供自身营养。

3. 腐生性营养

腐生性营养（saprophytic）是指某些无色鞭毛虫和寄生的原生动物，它借助体表的原生质膜吸收环境和宿主中的可溶性有机物作为营养。

---

① 藻类拉丁名；
② 藻类英文名。

(三) 原生动物的繁殖

在营养丰富、环境良好的条件下,原生动物大量繁殖。其繁殖方式有无性生殖和有性生殖。无性生殖包括二分裂法(纵分裂或横分裂)、出芽生殖(如吸管虫)及多分裂法(如寄生的孢子虫),见图 3-1。二分裂法为原生动物的主要繁殖方式,在环境条件差时出现有性生殖,有些种群需要交替进行有性生殖以增强其活力。

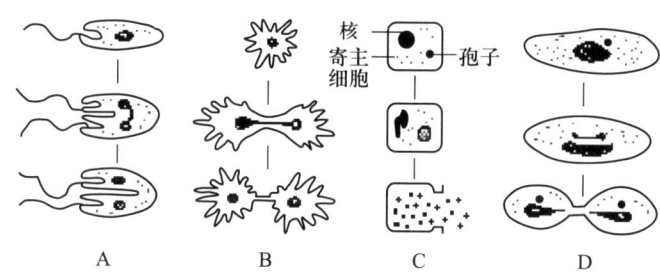

图 3-1 原生动物的无性生殖方式
A—鞭毛虫;B—变形虫;C—孢子虫;D—纤毛虫

二、原生动物的分类及各纲简介

根据原生动物的细胞器和其他特点,将原生动物分为 4 个纲:有鞭毛纲、肉足纲、孢子纲和纤毛纲。因吸管纲幼虫有纤毛,将原有的吸管纲并入纤毛纲。鞭毛纲、肉足纲及纤毛纲在水体和污(废)水生物处理中发挥积极作用。孢子纲中的孢子虫寄生在人体和动物体内致病,并可随粪便排到污水中,故需要消灭。

(一) 鞭毛纲 (Mastigophora)

鞭毛纲中的原生动物称为鞭毛虫(图 3-2)。它们具一根或多根鞭毛,如眼虫、屋滴虫、杆囊虫等具一根鞭毛,粗袋鞭虫、衣滴虫、梨波多虫和内管虫等具有两根鞭毛。多数鞭毛虫是个体自由生活,也有群体生活的,如聚屋滴虫。鞭毛纲的营养类型兼有全动性营养、植物性营养和腐生性营养 3 种营养类型。营植物性营养的鞭毛虫,如绿眼虫在有机物浓度增加和环境条件改变,或失去色素体时,改营腐生性营养;若环境条件恢复,则为植物性营养。内管虫属(*Entosiphon*)和梨波多虫(*Bodo edax*)用鞭毛摄食,为全动性营养。部分不具色素体的鞭毛虫专营腐生性营养。鞭毛虫的大小从几微米至几十微米,在显微镜下可依据形态和运动方式辨认鞭毛虫。

1. 眼虫

眼虫目(Euglenoidina)的原生动物形体小,一般呈纺锤形,前端钝圆,后端尖。虫体前端凹陷伸入体内的叫胞咽,胞咽末端膨大呈储蓄泡,鞭毛由此通过胞咽伸向体外。靠近胞咽处有一个环状的红色眼点,其中含有血红素能感受光线,是原始的感光细胞器,可调节眼虫的向光运动。在储蓄泡一侧的伸缩泡有排泄、调节渗透压的机能。绿眼虫(*Euglena viridis*)体内充满放射状排列的绿色色素体,有的眼虫体内有黄色素体和褐色素体,它们营植物性营养。不含色素的眼虫营腐生性营养。眼虫是靠一根鞭毛快速摆动并做颤抖式前进。

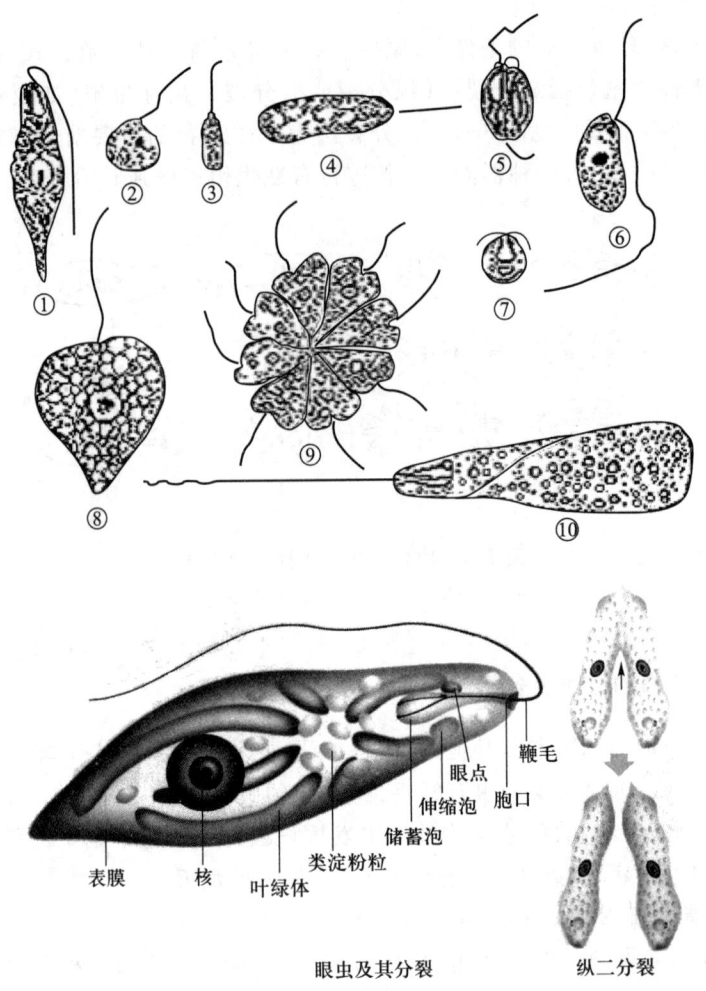

图 3-2 鞭毛纲的原生动物
① 眼虫;② 油滴虫;③ 绿眼虫;④ 杆囊虫;⑤ 内管虫;⑥ 梨波多虫;⑦ 衣滴虫;
⑧ 屋滴虫(个体);⑨ 屋滴虫(群体);⑩ 粗袋鞭虫

2. 粗袋鞭虫

粗袋鞭虫(*Peranema trichophonrum*)机体柔软,沿纵向伸缩,后端比较宽阔,呈截断状或钝圆,自后向前变细。具两根鞭毛,一根相当粗壮,长度与体长相当,运动时笔直指向前方,尖端部分呈波浪式颤动,带动虫体向前运动。另一根鞭毛细而短,向前端伸出后即向后弯转而附着在身体表面,不易看出。粗袋鞭虫营全动性营养,也有营腐生性营养类型。

在自然水体中,鞭毛虫喜在多污带和 α-中污带中生活。在污水生物处理系统中,活性污泥培养初期或在处理效果差时鞭毛虫大量出现,可作污水处理效果差时的指示生物。

(二) 肉足纲(Sarcodina)

肉足纲的原生动物称肉足虫(图 3-3)。其机体表面仅有细胞质形成的一层薄膜,没有胞口和胞咽等结构。它们形体小、无色透明,大多数没有固定形态,由体内细胞质不定方向的流动而成千姿百态,并形成伪足作为运动和摄食的细胞器,为全动性营养。少数种类呈球形,也有伪足。肉足纲分为两个亚纲:① 根足亚纲(Rhizopoda),这一亚纲的肉足虫可改变形态,故叫变形虫(Amoeba),或称根足变形虫。常见的变形虫有大变形虫(Amoeba proteus)、辐射变形虫(Amoeba radiosa)及蜗足变形虫(Amoeba limax)。② 辐足亚纲(Actinopoda),这一亚纲的肉足虫的伪足呈针状,虫体不变而固定为球形,有太阳虫(Actinophrys)和辐球虫(Actinosphaerium)。肉足纲大多数为自由生活,也有寄生,如:痢疾阿米巴。肉足纲以无性生殖为主,还有多分裂和出芽生殖。

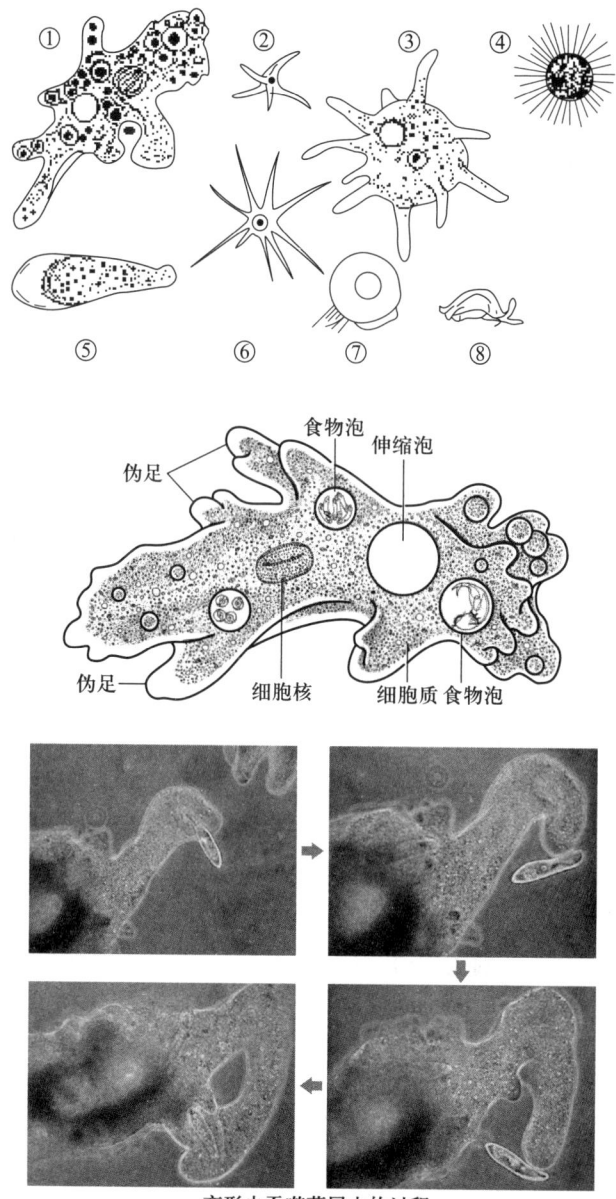

变形虫吞噬草履虫的过程

图 3-3 肉足纲的原生动物
① 变形虫;② 蜗足变形虫;③ 珊瑚变形虫;④ 辐射变形虫;⑤ 单核变形虫;
⑥ 多核太阳虫;⑦,⑧ 表壳虫

变形虫喜在 α-中污带或 β-中污带的自然水体中生活。在污水生物处理系统中，则在活性污泥培养中期出现。

(三) 纤毛纲 (Ciliata)

纤毛纲的原生动物叫纤毛虫，有游泳型和固着型两种类型。它们以纤毛作为运动和摄食的细胞器。纤毛虫是原生动物中最高级的一类，它们有固定的、结构细致的摄食细胞器。固着型纤毛虫大多数有肌原纤维，细胞核有大核（营养核）和小核（生殖核）。草履虫为游泳型，有肛门点。纤毛虫的营养为全动性营养。其生殖为分裂生殖和结合生殖。

1. 游泳型纤毛虫

游泳型纤毛虫属全毛目（Holotricha），有喇叭虫属（Stentor）、四膜虫属（Tetrahymena）、斜管虫属（Chilodonella）、豆形虫属（Colpidium）、肾形虫属（Colpoda）、草履虫属（Paramecium）、漫游虫属（Litonotus）、裂口虫属（Amphileptus）、膜袋虫属（Cyclidium）、楯纤虫属（Aspidisca）和棘尾虫属（Stylonychia）等。部分游泳型纤毛虫的形态，见图 3-4。

2. 固着型纤毛虫

固着型纤毛虫属缘毛目（Peritricha）。其虫体的前端口缘有纤毛带（由两圈能波动的纤毛组成），虫体呈典型的钟罩形，故称钟虫类。它们多数有柄，营固着生活，在钟罩的基部和柄内有肌原纤维组成基丝，能收缩。固着型纤毛虫有多种，其中单个个体固着生活，尾柄内有肌丝的叫钟虫（Vorticella）。

钟虫有多个品种，见图 3-5。钟虫类的虫体在不良环境中发生变态，如图 3-6 的①~⑦所示，运动前进方向由向前运动改为向后运动。钟虫的繁殖方式为裂殖和有性生殖，见图 3-7。

群体生活的纤毛虫品种有独缩虫属（Carchesium）、聚缩虫属（Zoothamnium）、累枝虫属（等枝虫属，Epistylis）、盖纤虫属（Opercularia）等。这些群体很相像，但它们的虫体和尾柄具有各自的特征。

独缩虫和聚缩虫的虫体尾柄内都有肌丝。独缩虫的尾柄相连，但肌丝不相连。因此，一个虫体收缩时不牵动其他虫体，故名独缩虫（图 3-8①）。聚缩虫的尾柄相连，肌丝也相连。所以，当一个虫体收缩时牵动其他虫体一起收缩，故叫聚缩虫（图 3-8②）。

累枝虫和盖纤虫的尾柄都呈分枝状，尾柄内没有肌丝，不能收缩。然而，在虫体的基部有肌原纤维，当虫体受到刺激时，其基部收缩，前端胞口闭锁。其不同点是累枝虫的虫体口缘有两圈纤毛环形成的似波动膜，和钟虫相像，其柄等分枝或不等分枝（图 3-8③~⑤）。盖纤虫的口缘有两圈纤毛形成的盖形物，或有小柄托住盖形物，能运动，因有盖而得名（图 3-8⑥~⑪）。

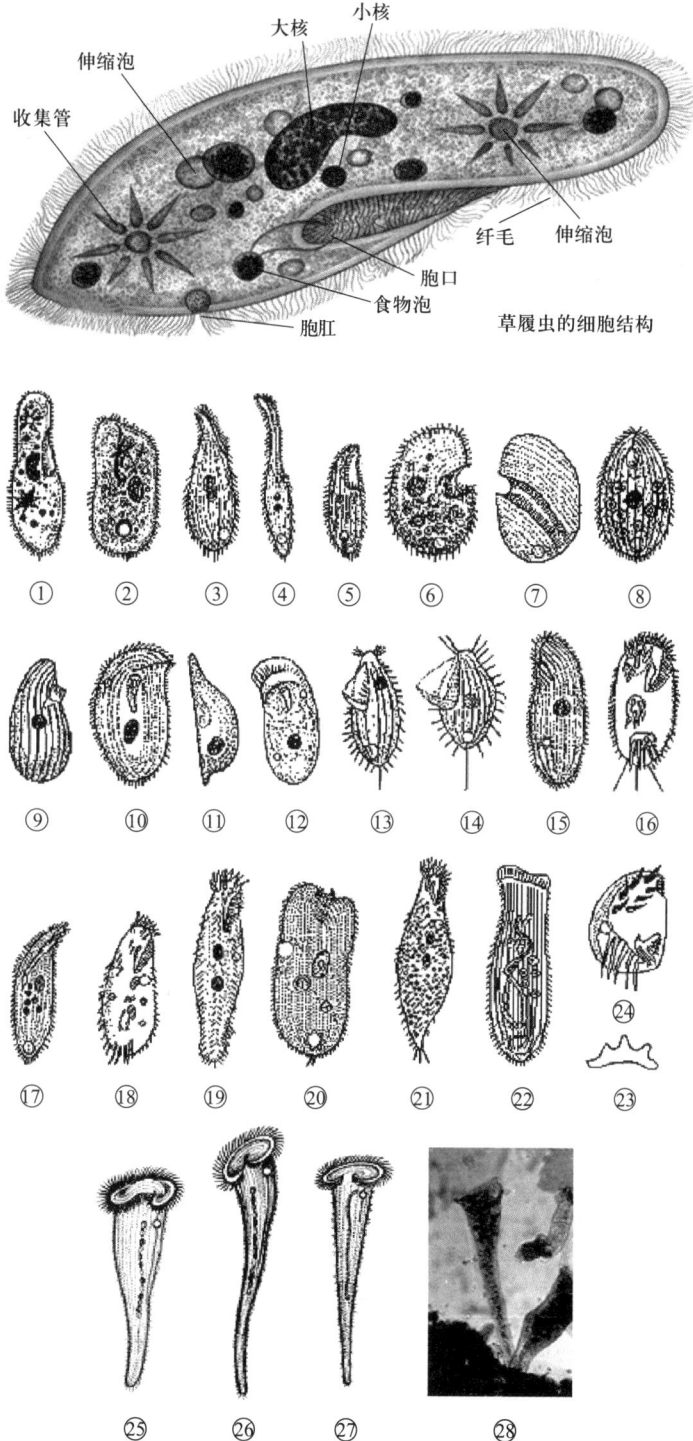

图 3-4 纤毛纲中的游泳型纤毛虫

① 尾草履虫;② 绿草履虫;③ 敏捷半眉虫;④ 漫游虫;⑤ 裂口虫;⑥、⑦ 僧帽肾形虫;
⑧、⑨ 梨形四膜虫;⑩~⑫ 钩刺斜管虫;⑬ 长圆膜袋虫;⑭ 银灰膜袋虫;⑮ 弯豆形虫;⑯ 棘尾虫;⑰ 细长扭头虫;
⑱ 伪尖毛虫;⑲ 纺锤全列虫;⑳ 柱前管虫;㉑ 粗圆纤虫;㉒ 刀刀口虫;㉓ 有肋楯纤虫(纵剖面);
㉔ 有肋楯纤虫(腹部);㉕ 天蓝喇叭虫;㉖ 多态喇叭虫;㉗ 带核喇叭虫;㉘ 在微污染水库预处理系统中的喇叭虫

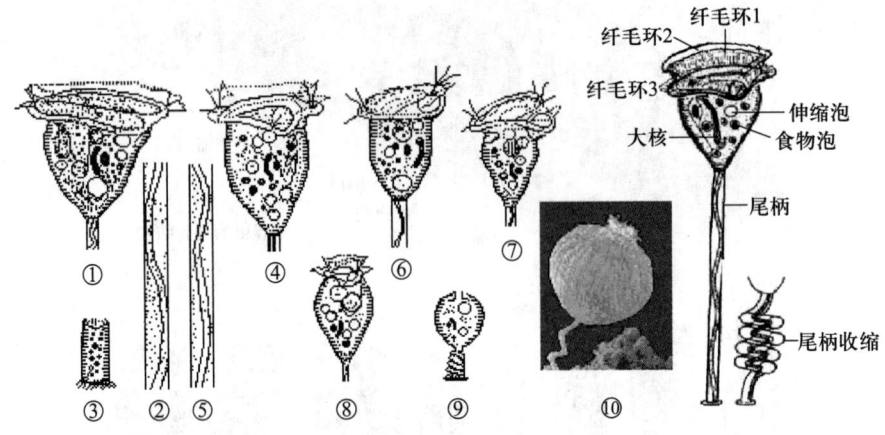

图 3-5　几种钟虫

① ,③ 大口钟虫;② 大口钟虫尾柄;④ 沟钟虫(Vorticella convallaria);⑤ 沟钟虫尾柄;
⑥ 念珠钟虫(V. moniata);⑦ 绘饰钟虫(V. picta);⑧ 小口钟虫(V. microstoma);
⑨ 绘饰钟虫(收缩态);⑩ 钟虫模式图

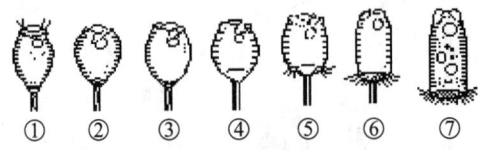

图 3-6　钟虫变态过程

① 钟虫正常虫体;②,③,④ 钟虫虫体前端闭锁;⑤ 钟虫虫体末端长次生纤毛;
⑥ 钟虫虫体伸长;⑦ 钟虫尾柄脱落,成游动性钟虫,进行反方向运动。

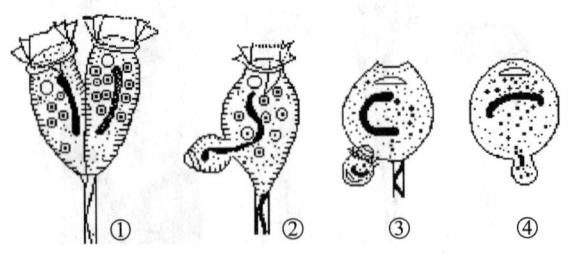

图 3-7　钟虫的繁殖方式

① 裂殖;②,③,④ 有性生殖(即结合生殖)

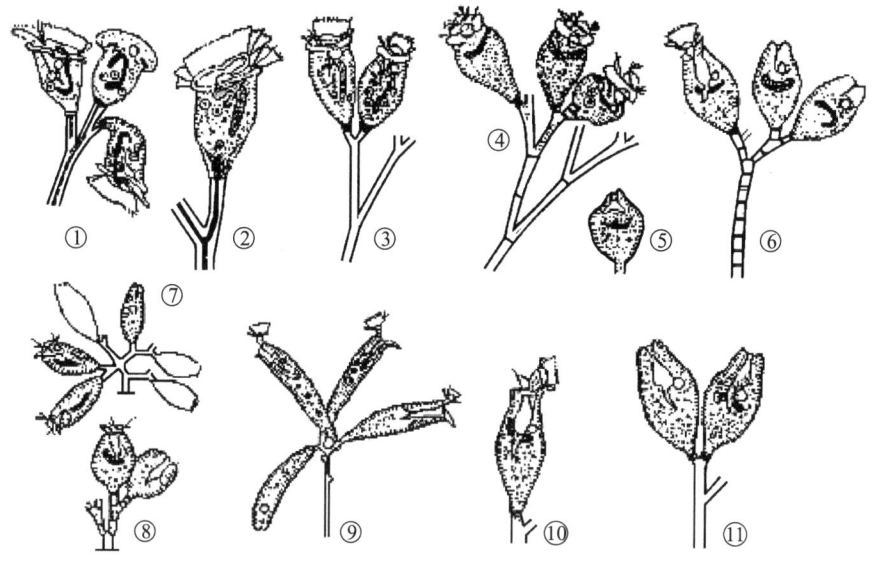

图 3-8 纤毛纲中的固着型纤毛虫
① 螅状独缩虫;② 树状聚缩虫;③、④、⑤ 湖累枝虫;⑥ 节盖纤虫;
⑦ 圆筒盖纤虫;⑧ 小盖纤虫;⑨ 长盖纤虫;⑩、⑪ 彩盖纤虫

3. 吸管虫属

吸管虫属（Suctoria）（图 3-9）幼体有纤毛，成虫纤毛消失，长出长短不一的吸管，有的吸管虫的吸管膨大，有的修尖，靠一根柄固着生活。虫体呈球形、倒圆锥形或三角形等，没有胞口，以吸管为捕食细胞器，营全动性营养。以原生动物和轮虫为食料，这些微小动物一旦碰上吸管虫的吸管立即被黏住，并被吸管分泌的毒素麻醉，接着细胞膜被溶化，体液被吮吸干而死亡。

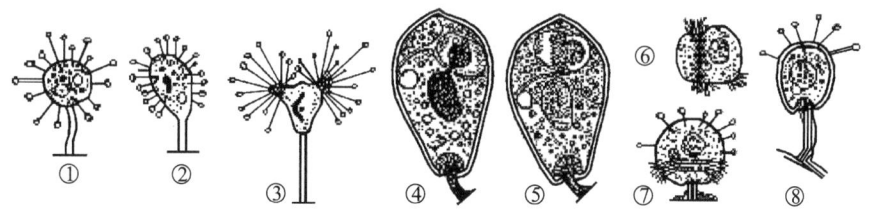

图 3-9 几种吸管虫及其内芽生殖过程
①、② 足吸管虫;③ 壳吸管虫;④ 胚体开始形成;⑤ 胚体变成纤毛幼体;
⑥ 纤毛幼体脱离母体;⑦、⑧ 幼体固着并逐渐成长

纤毛纲中的游泳型纤毛虫多数是在 α-中污带和 β-中污带，少数在寡污带中生活。污水生物处理中，它们生活在活性污泥培养中期或在处理效果较差时。扭头虫、草履虫等在缺氧或厌氧环境中生活，它们耐污能力极强，而漫游虫则喜在较清洁水中生活。固着型的纤毛虫，尤其是钟虫，喜在寡污带中生活。钟虫类在 β-中污带中也能生活，而累枝虫耐污能力较强。它们是水体自净程度高、污水生物处理效果好的指示

生物。吸管虫多数在 β-中污带,有的种也能耐 α-中污带和多污带,在污水生物处理效果一般时出现。

三、原生动物的胞囊

在正常的环境条件下,所有的原生动物都各自保持自己的形态特征。若环境条件变坏,如水干涸、水温和 pH 过高或过低,溶解氧不足,缺乏食物或排泄物积累过多,污水中的有机物浓度超过原生动物的适应能力等情况,都可使原生动物不能正常生活而形成胞囊(cyst)(图 3-10)。所以,胞囊是抵抗不良环境的一种休眠体。胞囊形成过程如下:先是虫体变圆,鞭毛、纤毛或伪足等细胞器缩入体内或消失,细胞水分陆续由伸缩泡排出,虫体缩小,最后伸缩泡消失,分泌一种胶状物质于体表,尔后凝固形成胞壳。胞壳有两层,外层较厚,表面凸起,内层薄而透明。胞囊很轻易随灰尘飘浮或被其他动物带至他处,当胞囊遇到适宜环境时,其胞壳破裂恢复虫体原形。

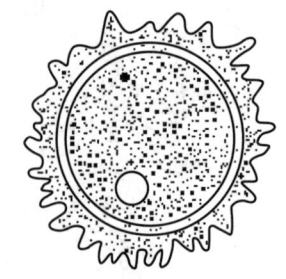

图 3-10 原生动物的胞囊

所有原生动物在污水生物处理过程中都起指示生物的作用。一旦形成胞囊,就可判断污水处理不正常。在光学显微镜下辨别原生动物的胞囊种类,要根据经验,以其个体大小和出现胞囊之前的原生动物的种类等情况综合分析和判断。

第二节 微型后生动物

原生动物以外的多细胞动物叫后生动物。因有些后生动物形体微小,要借助光学显微镜方可看得清楚,故叫微型后生动物。如轮虫、线虫、寡毛虫(颗体虫、颤蚓、水丝蚓等)、浮游甲壳动物、苔藓动物和水螅等。上述微型后生动物在天然水体、潮湿土壤、水体底泥和污水生物处理构筑物中均有存在。

一、轮虫

轮虫(Rotifer)是担轮动物门(Trochelminthes)轮虫纲(Rotifera)的微小动物。因它有初生体腔,新的分类把轮虫归入原腔动物门(Aschelminthes)。轮虫种类很多,据王家楫 1961 年论述,已观察到的种有 252 种,分别隶属于 15 科、79 属。常见的轮虫有:旋轮属(*Philodina*)、猪吻轮属(*Dicranophorus*)、腔轮属(*Lecane*)和水轮属(*Epiphanes*)。作者于 1997 年在深圳东江源水生物预处理工程试验中观察到沼轮属(*Limnias*)的金鱼藻沼轮虫(*Limnias ceratophylli*)和巨冠轮属(*Sinantherina*)的长柄巨冠轮虫(*Sinantherina procera*)(图 3-11 和图 3-12)。

轮虫形体微小,其长度约 4~4 000 μm,多数在 500 μm 左右,仍需在显微镜下观察。轮虫身体为长形,分头部、躯干和尾部。头部有一个由 1~2 圈纤毛组成的、能转动的轮盘,形如车轮,故叫轮虫。轮盘为轮虫的运动和摄食的器官,其咽内有一个几丁质的咀嚼器。躯干呈圆筒形,背腹扁宽,具刺或棘,外面有透明的角质甲膜。尾部末端

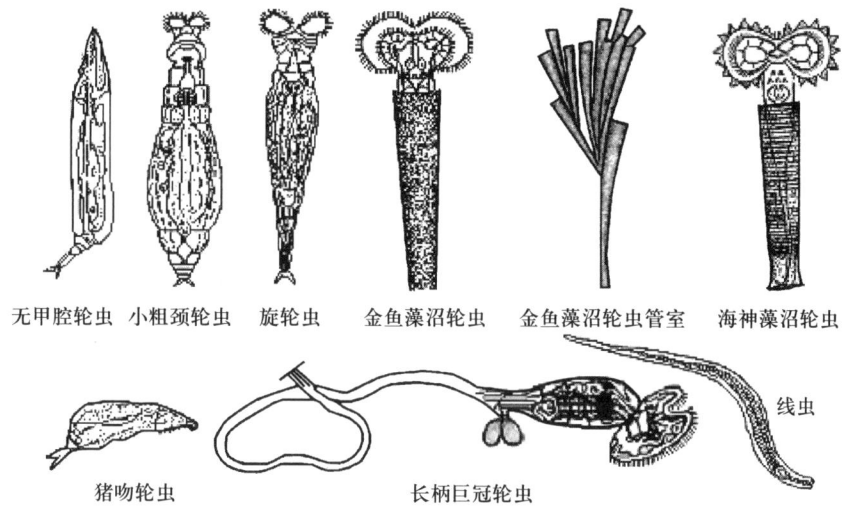

图 3-11　一些轮虫和线虫

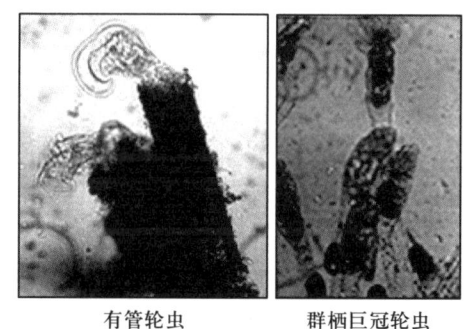

图 3-12　东江微污染水库预处理系统中的轮虫

有分叉的趾,内有腺体分泌的黏液,借以固着在其他物体上。雌雄异体,雄体比雌体小得多,并退化,有性生殖少,多为孤雌生殖。轮虫有个体的,如旋轮虫属、猪吻轮属、腔轮属和水轮属;也有群体的,如金鱼藻沼轮虫、群栖巨冠轮虫和长柄巨冠轮虫。轮虫可自由生活或固着生活,少数为海洋寄生种。污(废)水生物处理中的轮虫有自由生活和固着生活的。

大多数轮虫以细菌、霉菌、藻类、原生动物及有机颗粒为食,在动物学中称为杂食性。猪吻轮虫为肉食性。轮虫又可作水生动物的食料。轮虫在自然环境中分布很广,以底栖的种类较多,它们栖息在沼泽、池塘、浅水湖和深水湖的沿岸带。大多数的属和种生长在苔藓植物上。适应 pH 范围广,中性、偏碱性和偏酸性的种均有,然而喜在 pH6.8 左右生活的种类较多。

在一般的淡水水体中出现的轮虫有旋轮虫属(*Philodina*)、轮虫属(*Rotifer*)和间盘轮虫属(*Dissotrocha*),轮虫要求较高的溶解氧量。轮虫是寡污带和污水生物处理效果好的指示生物。由于它们吞食游离细菌,所以可起到提高处理效果的作用。但在污水生物处理过程中,有时候会出现猪吻轮虫大量生长繁殖的现象,一旦它们大量繁殖会将活性污泥蚕食光,造成污水处理失败。为避免此类现象发生,当镜检到猪吻轮虫有大量繁殖的趋势时,为了保持正常运行,可暂时停止曝气,制造厌氧环境抑制猪吻轮虫生长。

二、线虫

线虫(Nematode)属于线形动物门(Nemathelminthes)的线虫纲(Nematoda),其形态见图3-11。线虫为长形,形体微小,长度多在1 mm以下,在显微镜下清晰可见。线虫前端口上有感觉器官,体内有神经系统,消化道为直管,食道由辐射肌组成。线虫的营养类型有3种:腐食性(以动植物的残体及细菌等为食)、植食性(以绿藻和蓝细菌为食)和肉食性(以轮虫和其他线虫为食)。线虫有寄生的和自由生活的,污水处理中出现的线虫多是自由生活的。自由生活的线虫体两侧的纵肌交替收缩,做蛇形状的拱曲运动。

线虫的生殖为雌雄异体,卵生。

线虫有好氧和兼性厌氧的,兼性厌氧者在缺氧时大量繁殖,线虫是水净化程度差的指示生物。

三、寡毛类动物

寡毛类动物(oligochaete)如颤体虫、颤蚓及水丝蚓等,属环节动物门(Annelida)的寡毛纲(Oligochaeta),比轮虫和线虫高级。身体细长分节,每节两侧长有刚毛,靠刚毛爬行运动。

在污水生物处理中出现的多为红斑颤体虫(Aeolosoma hemprichii),见图3-13A。它的前叶腹面有纤毛,是捕食器官,营杂食性,主要食污泥中有机碎片和细菌。它分布广,夏、秋两季水体的环境条件适合寡毛类动物生长,其生长温度为20 ℃,6 ℃以下活动力降低,并形成胞囊。在生活污水生物处理脱氮工艺中,摄氏温度20 ℃左右,供氧充足的条件下,红斑颤体虫大量生长,可把活性污泥蚕食光,使处理的出水水质急剧下降。为了恢复处理效果,必须停止曝气,继续连续进污水,使处于厌氧状态,可有效抑制红斑颤体虫的生长。颤蚓和水丝蚓中有厌氧生活的种类,以土壤、底泥为食,是河流、湖泊底泥污染的指示生物。

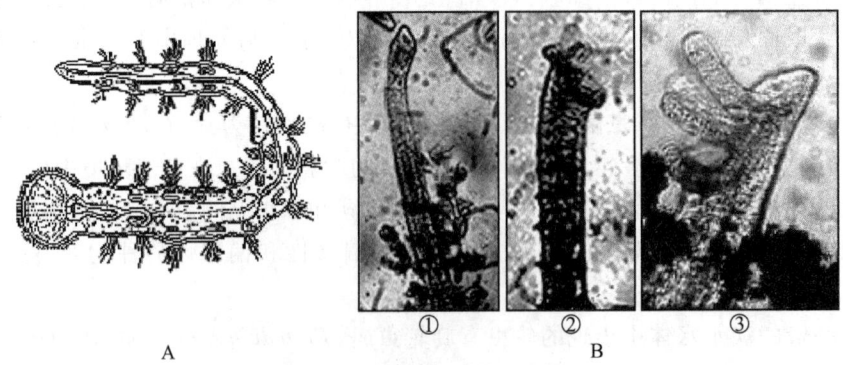

图3-13 寡毛纲中的微型动物
A—红斑颤体虫;B—未知名寡毛虫
① 触手收缩;② 触手伸出一部分;③ 触手全张开

在深圳东江水体中,有未知名的寡毛类动物,见图 3-13B。身体细长分节,每节两侧长有刚毛,靠刚毛爬行运动。它的前端有 5 个触手,触手上长满纤毛,伸缩自如,可伸出体外捕食水中细菌、藻类、微小动物和有机碎片。当受到刺激时,触手迅速缩入体内。它与苔藓虫同时存在。

四、甲壳动物

甲壳动物(Crustacean)在浮游动物中占重要地位,其数量大、种类多,是鱼类的基本食料。甲壳动物的数量对鱼类影响大。它们广泛分布于河流、湖泊和水塘等淡水水体及海洋中,以淡水种为最多。甲壳动物是水体污染和水体自净的指示生物。常见的有剑水蚤(*Cyclops*)和水蚤(*Daphnia pulex*)(图 3-14),属节肢动物门(Arthropoda)的甲壳纲(Crustacea)。其为水生,营浮游生活,摄食方式有滤食性和肉食性两种。

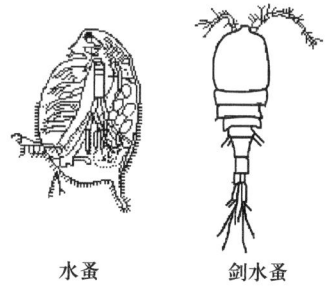

图 3-14　浮游甲壳动物

水蚤的血液含血红素,它溶于血浆中。肌肉、卵巢和肠壁等细胞中均含血红素。血红素的含量常随环境中溶解氧量的高低而变化,水体中含氧量低,水蚤的血红素含量高;水体中含氧量高,水蚤的血红素含量低。由于在污染水体中溶解氧含量低,清水中氧的含量高,所以,在污染水体中的水蚤颜色比在清水中的红些,这就是水蚤常呈不同颜色的原因,是适应环境的表现。我们可以利用水蚤的这个特点,判断水体的清洁程度。

五、苔藓虫、拟水螅

(一) 苔藓虫

苔藓虫属苔藓动物门(Bryozoa),种类很多,多数生活在海洋。有菊皿苔虫(*Berenica*)、白薄苔虫(*Arthropoma*)和鞭须苔虫(*Crisia crisiadioides*),海产苔藓虫分布在胶州湾、浙江浅海海底,与珊瑚混生在一起。生活在淡水中的苔藓虫较少,有羽苔虫(*Plumatella*)和胶苔虫(*Lophopodella*)。淡水产的苔藓虫在中国苏州、南京和深圳淡水水体中均有。

苔藓虫喜欢在较清洁、富含藻类、溶解氧充足的水体中生活。它们能适应各地带的温度,广泛分布在世界各地。淡水种在春、秋季节(25~28 ℃)生长旺盛,水面有很多一年以上的休眠芽,遇适宜环境发育成苔藓虫。微污染的水体中也有苔藓虫。在微污染源水生物预处理过程中如有大量苔藓虫出现,会被填料拦截,附着在填料上生长,和钟虫、聚缩虫、独缩虫、累枝虫和盖纤虫等有黏性尾柄的原生动物聚集在一起,具有一定的生物吸附作用,并吞食水中微型生物和有机杂质,对水体的净化有一定的积极作用。但如果极度大量繁殖,会降低水流速度,给工程运行造成一定的不利影响。

羽苔虫(图 3-15)为群体生活,固着在其他物体上。有许多分枝,每一分枝是一个个体。个体呈圆柱形,前端为由许多触手组成的触手冠,其后是类螅体(肠),口在触手冠中间,肠子呈 U 形,肛门在触手冠的外侧,脑在口和肛门之间。每根触手的内侧密生纤毛,纤毛扇动形成水流,将水中藻类、细菌和有机杂质等食物吸入体内。再其后是虫室,虫室壁由角质构成,形成群体的骨架。触手冠由虫室伸出摄食,受刺激后缩进虫室内。

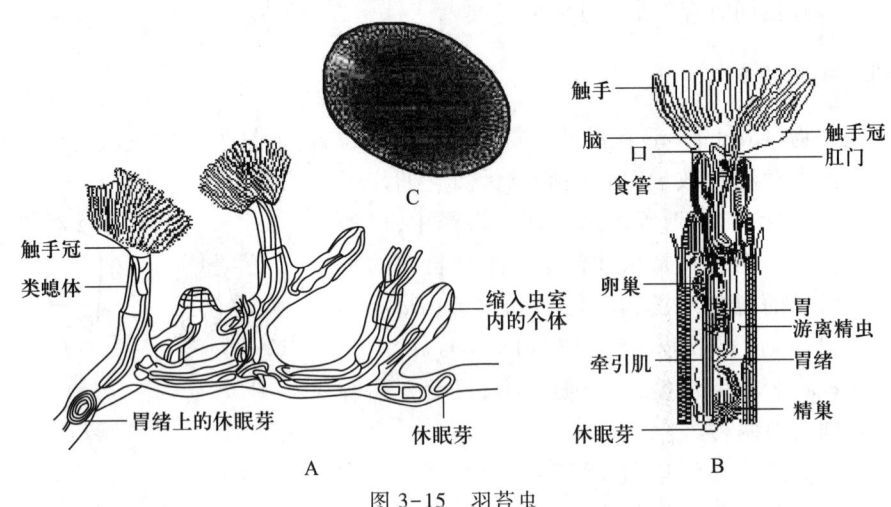

图 3-15 羽苔虫
A—羽苔虫群体;B—羽苔虫的一部分个体;C—羽苔虫的休眠芽

苔藓虫多数是雌雄同体,进行有性生殖,也进行无性生殖,如内出芽生殖和外出芽生殖。由于外出芽形成很多分枝,一个显微镜视野里可看到 4~5 个分枝。秋季,羽苔虫由胃绪(中肠后端的肠系膜)上的细胞分裂成团,外披几丁质外壳,形成椭圆形的、具有几丁质外壳的休眠芽(图 3-15C);冬季,母体死后羽苔虫破壁外出,到处漂浮,翌年春季发育成新的羽苔虫群体。

(二) 拟水螅

拟水螅(图 3-16)虫体柔软,可缓慢伸长和缩短,头部呈三角形,口在前端,周围长有 5 条触手,可缓慢伸缩、摇摆,其长度和虫体相当。它们利用触手捕食藻类、小的原生动物及细菌等微小生物。拟水螅与钟虫、轮虫和苔藓虫等同时存在于较清洁的水体中。作者在深圳东江水库发现拟水螅,由于缺乏深入研究,虽查找许多材料,但目前尚未查到可参照的对照物,因其虫体有些像水螅,故暂时称其为拟水螅。

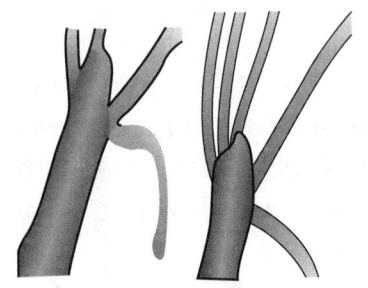

图 3-16 拟水螅

第三节 藻 类

一、藻类的一般特征

藻类在植物学中被列为藻类植物,现为独立的学科——藻类学。它们在大小和结构上差异很大,小的藻类只能在光学显微镜下才能看见。藻类有单细胞的个体和群体,群体是若干个体以胶质相连,其大小以微米(μm)计。其中的蓝藻因形体小,细胞结构简单,没有核膜,没有特异化的细胞器,也没有有丝分裂,属原核微生物,故把它列入细菌域,叫蓝细菌。除蓝藻以外的藻类都是真核的生物。它们的形体大小各异,形体小的列入微生物范畴。形体大的藻类有红藻(如石花菜和紫菜)和褐藻(如海带和裙带菜)等。

根据藻类光合色素的种类、个体的形态、细胞结构、生殖方式和生活史等,将藻类分为 10 门:蓝藻门、裸藻门、绿藻门、轮藻门、金藻门、黄藻门、硅藻门、甲藻门、红藻门及褐藻门。也可分为 8 门:即把上述 10 门中的金藻门、黄藻门、硅藻门合并为金藻门,黄藻和硅藻列为金藻门的两个纲:黄藻纲和硅藻纲。也可分为 11 门:即保留上述的 10 门,另加隐藻门。蓝藻(蓝细菌)门在第二章原核微生物中已介绍,此处只介绍真核藻类。

真核藻类具有叶绿体,有叶绿素 a、叶绿素 b、叶绿素 c、叶绿素 d、β-胡萝卜素和叶黄素等。藻类是光能自养型的,可进行光合作用。少数藻类营腐生的,极少数与其他生物共生。藻类生长要求阳光,最适 pH 为 6~8,生长的 pH 范围为 4~10,绝大多数藻类是中温性的,有的藻类在 85 ℃ 的温泉中大量繁殖,有的在常年不化的冰上生长。

藻类的繁殖有无性生殖和有性生殖。

二、藻类的分类及各门特征简介

(一) 蓝藻门

蓝藻门(Cyanophyta)即蓝细菌门,见第二章第三节。

(二) 裸藻门

裸藻门(Euglenophyta)的藻类叫裸藻。裸藻因不具细胞壁而得名。它们有鞭毛,能运动,动物学将它们列入原生动物门的鞭毛纲。绝大多数裸藻具有叶绿体,内含叶绿素 a、叶绿素 b 和 β-胡萝卜素以及 3 种叶黄素。上述色素使叶绿体呈现鲜绿色,易误认为绿藻。在叶绿体内有较大的蛋白质颗粒,为造粉核。其功能与裸藻淀粉的聚集有关。其贮存物为裸藻淀粉,并形成淀粉颗粒。裸藻还含油类。它具有 1~3 根茸鞭型鞭毛,鞭毛基部有高度分化的鞭毛器或神经运动器。柄裸藻属(*Colacium*)以胶柄相连成群体。其他的裸藻全是游动型的单细胞个体,含光合色素的裸藻进行光合作用,即植物性营养;不含色素的裸藻营腐生性营养或全动性营养。裸藻的繁殖为纵裂,细胞核先行有丝分裂,然后细胞由前向后纵向裂殖为二,一个子细胞接受原有的鞭毛,另一个子细胞长出一条新的鞭毛。当条件不适宜时,裸藻失去鞭毛形成胞囊,待环境好转时,胞囊外壳破裂,重新形成新个体。有时胞囊内的细胞质多次分裂成多个细胞的胶群体,在环境适宜时,胶群体内的每个细胞成为游动的新个体。裸藻的代表属有:囊裸藻属(颈胞藻属,*Trachelomonas*)、扁裸藻属(*Phacus*)、柄裸藻属(*Colacium*)及裸藻属(眼虫藻属,*Euglena*)。裸藻门各属的藻类形态,如图 3-17 所示。

裸藻主要生长在有机物丰富的静止水体或缓慢的流水中,对温度的适应范围广,在 25 ℃ 繁殖最快,大量繁殖时形成绿色、红色或褐色的水华,故裸藻是水体富营养化的指示生物。

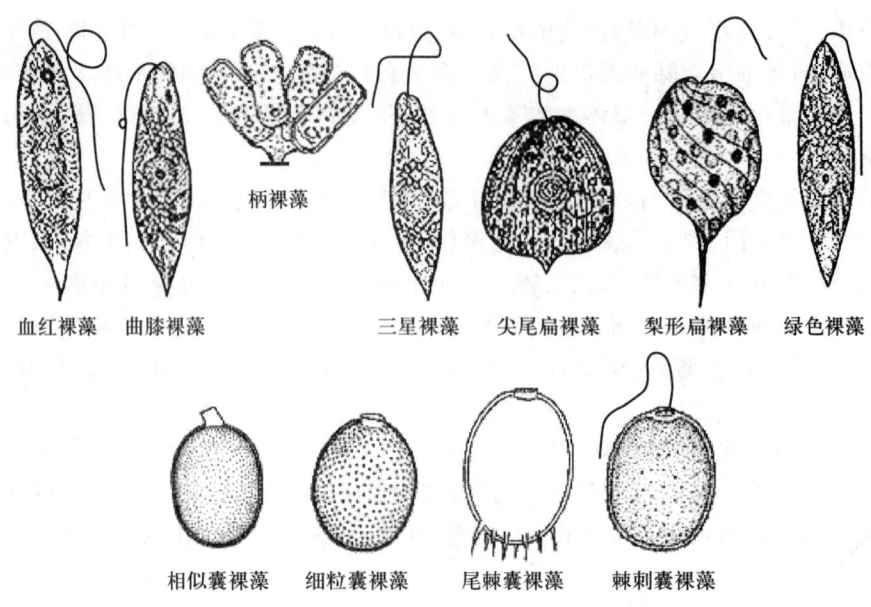

图 3-17 裸藻门各属的藻类形态

（三）绿藻门

绿藻门（Chlorophyta）的藻类叫绿藻。它们形体多样，有单细胞的个体、群体和丝状体。个体的形态也多样，见图 3-18。单细胞个体的绿藻具有 2~4 根顶生的、等长的尾鞭型鞭毛。它们含有较多叶绿素 a、叶绿素 b、叶黄素、泥黄素和 β-胡萝卜素。其贮存物为淀粉和油类，叶绿体内有一至几个有鞘的造粉核。

绿藻的繁殖方式为无性生殖和有性生殖。

绿藻的代表属有：衣藻属（*Chlamydomonas*）、小球藻属（*Chlorella*）、盘藻属（*Gonium*）、实球藻属（*Pandorina*）、空球藻属（*Eudorina*）、团藻属（*Volvox*）、栅藻属（*Scenedesmus*）、盘星藻属（*Pediastrum*）、新月藻属（*Closterium*）、鼓藻属（*Cosmarium*）、转板藻属（*Mougeotia*）、丝藻属（*Ulothrix*）、双星藻属（*Zygnema*）、水绵属（*Spirogyra*）、绿球藻属（*Chlorococcus*）及绿梭藻属（*Chlorogonium*）等。

蛋白核小球藻（*Chlorella pyrenoidosa* Chick）为单细胞藻类，细胞呈圆球形或卵圆形，不能自由游泳，只能随水浮沉，细胞很小，细胞壁很薄，壁内有细胞质和细胞核，一个近似杯状的色素体（载色体）和一个淀粉核。小球藻进行无性繁殖，原生质体在壁内分裂 1~4 次，产生 2~16 个不能游动的孢子。这些孢子和母细胞一样，比母细胞小，称为似亲孢子。孢子成熟后，母细胞壁破裂，孢子散于水中，长成与母细胞同样大小的小球藻。

小球藻分布很广，多生于小河、沟渠、池塘中。绿藻在流动的和静止的水体、土壤表面和树干都能生长。水生绿藻有浮游的和固着的，寄生的绿藻可引起植物病害。有的绿藻与绿水螅共生，有的绿藻与真菌共生形成地衣。

小球藻和栅藻富含蛋白质，可供人食用和作动物饲料。绿藻是藻类生理生化研究的材料及宇宙航行的供氧体，有的可制藻胶。绿藻在水体自净中起净化和指示生物的作用。

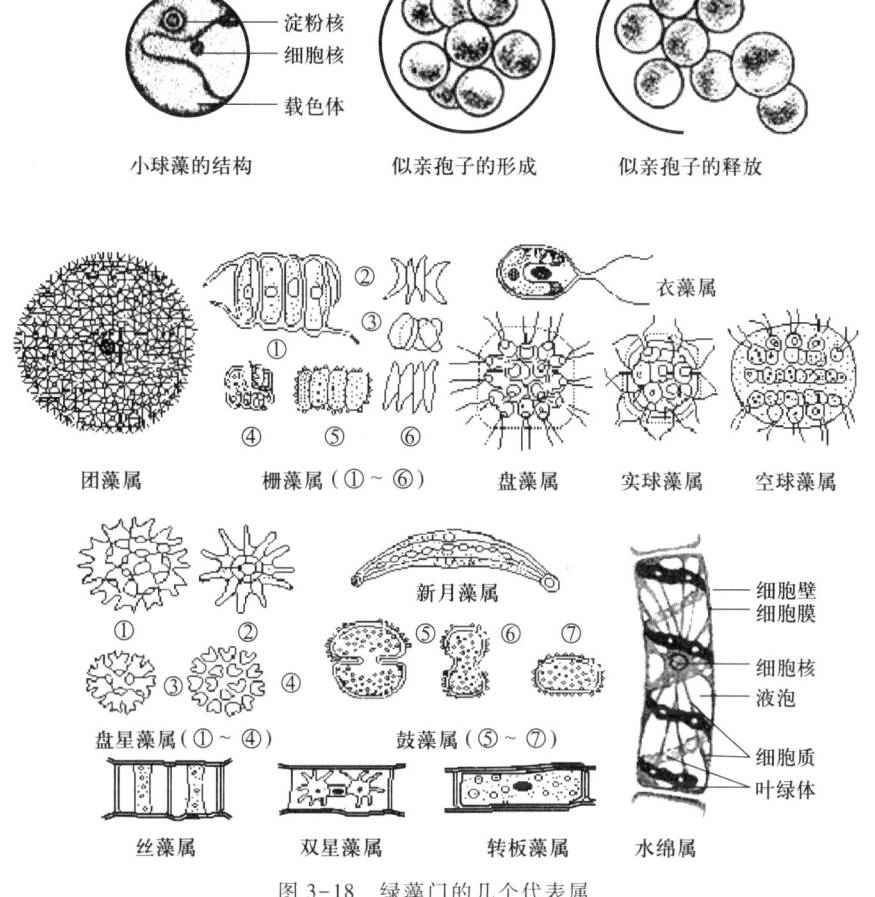

图 3-18 绿藻门的几个代表属

水绵(*Spirogyra nitida* Dillow Link)的藻体是由一列细胞构成的不分枝的丝状体,细胞呈圆柱形,细胞壁分两层,内层为纤维素,外层为果胶质。一至数条带状载色体,螺旋状绕于细胞壁周围的原生质中,并有多个蛋白核纵列于载色体上。细胞中有 1 个大液泡。细胞单核,位于细胞中央,被浓厚的原生质包围着。核周围的原生质与细胞腔周围的原生质之间,有原生质丝相连。

水绵的繁殖为有性生殖。

水绵是常见的淡水藻,在小河、池塘或水田、沟渠中均可见到。

(四) 轮藻门

轮藻门(Charophyta)的藻类叫轮藻(图 3-19)。它们的细胞结构、光合色素和储存物与绿藻大致相同,不同的是有大型顶细胞,具有一定的分裂步骤,有节和节间,节上有轮生的分枝,为卵配生殖。在淡水和半咸水中生长。

轮藻门的轮藻属可熏烟驱蚊,有轮藻生长的水中没

图 3-19 轮藻门的代表属形态

有子了生长。轮藻受精卵化石可作地层鉴定和陆地勘探的依据。

（五）金藻门

金藻门（Chrysophyta）的藻类叫金藻。金藻形体多样，有个体和群体。其具有 1 或 2 根鞭毛，少数有 3 根鞭毛；体内叶黄素和 β-胡萝卜素占优势，藻体呈现黄绿色和金棕色，储存物有金藻糖和油。有的金藻细胞无细胞壁，有的金藻具果胶质衣鞘，还有的含硅质鳞片。球形和丝状体有细胞壁。多数金藻产生内生孢子。

金藻多数为淡水产的，在寒冷季节大量繁殖，是重要的浮游藻类。

金藻的代表属有：鱼鳞藻属（*Mallomonas*）、合尾藻属（*Synura*）和钟罩藻属（*Dinobryon*），见图 3-20。

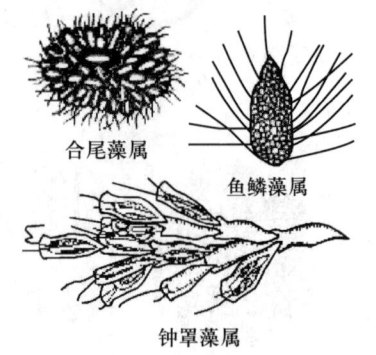

图 3-20　金藻门的代表属

（六）黄藻门

黄藻门（Xanthophyta）中的藻类叫黄藻。黄藻的细胞壁大多数由两个半片套合组成，含大量的果胶质，体内含叶绿素 a、叶绿素 c、β-胡萝卜素和叶黄素，储存物为油，附着或浮游生活。游动细胞具有不等长的、略偏于腹部一侧的两根鞭毛，少数只有 1 根鞭毛。借不动孢子和游动孢子进行无性生殖，少数属也可进行有性生殖。

绝大多数黄藻为淡水产。其代表属有：黄丝藻属（*Tribinema*）、黄群藻属（*Synun*）和拟黄群藻属（*Synuropsis*），见图 3-21。

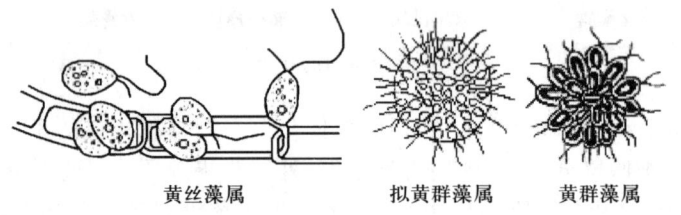

图 3-21　黄藻门的代表属

（七）硅藻门

硅藻门（Bacillariophyta）中的藻类叫硅藻。硅藻为单细胞的，形体像小盒，由上壳和下壳组成，上壳面（壳面）和下壳面（瓣面）上花纹的排列方式是分类的依据。硅藻的细胞壁由硅质（$SiO_2 \cdot xH_2O$）和果胶质组成。硅质在外层、细胞内有一个核和两个以上的色素体，含叶绿素、藻黄素和 β-胡萝卜素，硅藻呈黄绿色和黄褐色，储存物为淀粉粒（用碘处理呈棕色）和油。繁殖方式为纵分裂和有性生殖。硅藻的代表属，见图 3-22。

硅藻在全球分布很广，有明显的区域种类，受气候、盐度和酸碱度的制约。有的种可作土壤和水体盐度、腐殖质含量和酸碱度的指示生物。浮游和附着的种都是水中动物的食料，硅藻对水体的生产能力起重要作用。

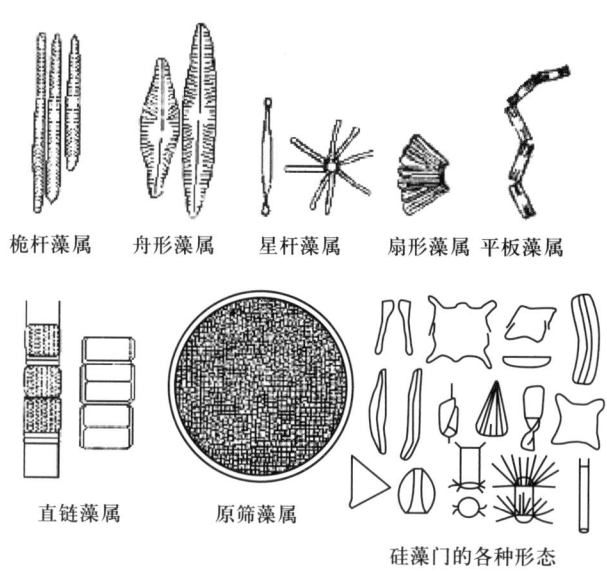

图 3-22 硅藻门的代表属及藻体的各种形态

（八）甲藻门

甲藻门（Pyrrophyta）的藻类叫甲藻（又称为涡鞭毛藻）。甲藻多为单细胞的个体，呈三角形、球形、针形，前后或左右略扁，前、后端常有突出的角。多数有细胞壁，少数种为裸型。其细胞核大，有核仁和核内体（染色体），细胞质中有大液泡，有的有眼点，色素体有一个或多个，含叶绿素 a、叶绿素 c、β-胡萝卜素、硅甲黄素、甲藻黄素、新甲藻黄素及环甲藻黄素，藻体呈棕黄色或黄绿色，偶尔呈红色；储存物为淀粉、淀粉状物质和脂肪；多数有两条不等长、排列不对称的鞭毛作为运动胞器，无鞭毛的做变形虫运动，或不运动；营养型为植物性营养，少数腐生或寄生。少数种为群体或具分枝的丝状体。甲藻繁殖为裂殖，也有产游动孢子或不动孢子的生殖方式。

甲藻的生活习性：甲藻在淡水、半咸水、海水中都能生长。多数甲藻对光照强度和水温范围要求严格，在适宜的光照和水温条件下，甲藻可在短期内大量繁殖。生活在淡水的甲藻喜在酸性水中生活，水中含腐殖酸，时常有甲藻存在；有的也在硬度大、碱性水中生活。甲藻是重要的浮游藻类之一，甲藻死后沉在海底形成生油地层中的主要化石。

甲藻的代表属有多甲藻属（*Peridinium*）、角甲藻属（*Ceratium*）和裸甲藻属（*Gymnodinium*）等，其形态见图 3-23。

甲藻和赤潮的关系：造成赤潮的因素很多，适宜的光照强度、温度和酸碱度促使甲藻过量繁殖是造成海洋"赤潮"的主要因素。由于它的叶绿体可能来自裸藻、金藻或绿藻，所以发生赤潮时水面可能呈现的颜色有红、橙、黄、绿、蓝、棕等。因此，赤潮不一定都是红色的，但是赤潮通常特指由涡鞭毛藻所造成的水华，其他藻类引起的水华很少被称为赤潮。

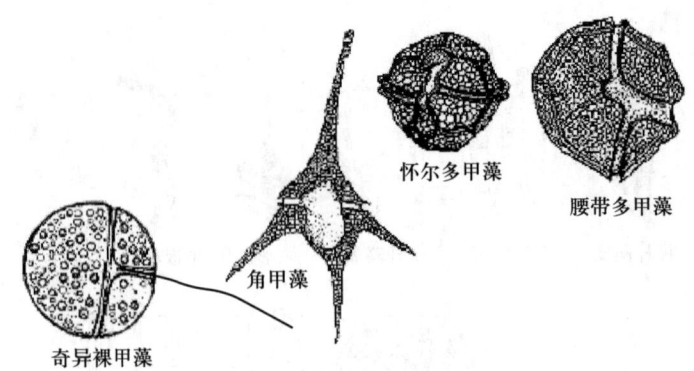

图 3-23　甲藻的代表属及藻体的各种形态

（九）褐藻门

褐藻门（Phaeophyta）中的藻类叫褐藻。褐藻比较高级，色素体含有叶绿素 a、叶绿素 c、β-胡萝卜素和叶黄素。β-胡萝卜素和叶黄素的含量高于叶绿素 a 和叶绿素 c。藻体呈橄榄色和深褐色，其储存物为水溶性的褐藻淀粉、甘露糖、油类及还原糖。含碘量高的褐藻，如海带（*Laminaria*）、裙带菜（*Undaria suringar*），可供食用。

（十）红藻门（Rodophyta）

红藻门的藻类叫红藻。红藻的色素为红藻藻红素和红藻藻蓝素；储存物为红藻淀粉和红藻糖。绝大多数红藻为海产，少数为淡水产。红藻的代表属有：紫菜属（*Porphyra*）、江篱属（*Gracilaria*）、石花菜属（*Gelidium*）及麒麟属（*Eucheuma*）。后三属的红藻均可提取琼脂，供食用、医药用，也可用来制取生化试剂。

三、藻类的分布及用途

藻类分布广，江、河、湖、海、温泉、土壤、岩石、树干等都有可生长的藻种。藻类在生态平衡及与人类的关系中占有一定的地位，与人类的生产和生活极其密切。藻类是水体生态系统的初级生产者，绝大多数藻类具有色素，能够利用太阳光制造有机物，海藻每年生产的总有机碳约 13.5×10^{10} t，比陆生高等植物生产的总有机碳高 7 倍；其光合作用产生的氧是大气中氧的重要来源。它们是浮游动物或其他小型水生动物及鱼、虾、贝类的天然饵料（如甲藻、硅藻等）。甚至鲸鱼也以藻类为食。藻类的丰富程度决定鱼虾和其他水生经济动物的产量。藻类还能直接被人食用。由于单细胞藻类繁殖快，光合作用效率高，含有丰富的蛋白质和多种维生素，人工培养小球藻、菱形藻、褐枝藻、叉鞭藻作为家畜及鱼虾的饵料，效果很好。

海藻可被用于提炼藻胶，如褐藻胶、石花菜、鹿角藻胶等，这些多糖类具有凝胶性、黏稠性及乳化性，可用于各种工业，如纺织、造纸、化妆品、医药造粒、假牙印模、酿酒和防火材料等。

另外，硅藻死后，沉积形成的硅藻土也常被开采用于制造石英、硅胶膜、火药、油漆、牙粉、金属擦光剂和绝缘隔热材料，还可用作制造锅炉、蒸汽管的原料。

藻类可用于处理废水，去除其中的氮和磷。在给水工艺和废水深度处理中还可用硅藻土作过滤材料。在制糖或精炼石油时，硅藻土用于滤除异物杂质。由于有些藻类在富营养化的水体中大量繁殖引起赤潮和水华,所以,藻类可作水质污染指标。

第四节 真 菌

真菌属低等植物,其种类繁多,形态、大小各异,包括酵母菌、霉菌及各种伞菌。真菌属真核微生物,有单细胞和多细胞之分。酵母菌、霉菌和食用菌在有机废水生物处理和有机固体废物生物处理中都起着积极作用。

一、酵母菌

酵母菌(yeast)是单细胞真菌。在真菌分类系统中分别属于担子菌纲、子囊菌纲和半知菌纲。酵母菌有发酵型和氧化型两种。发酵型酵母菌是发酵糖为乙醇(或甘油、甘露醇、有机酸、维生素及核苷酸)和二氧化碳的一类酵母菌,用于发面做面包、馒头和酿酒等。氧化型的酵母菌则是无发酵能力或发酵能力弱而氧化能力强的酵母菌。氧化型的酵母菌有:拟酵母属、毕赤酵母属(Pichia hanse-nula),对正癸烷、十六烷氧化力强。热带假丝酵母和阴沟假丝酵母氧化烃类能力最强。球拟酵母属、白色假丝酵母、类酵母的阿氏囊霉属、短梗霉属等在石油加工工业中起积极作用,如石油脱蜡,降低石油的凝固点等。许多酵母菌能氧化烷烃,如假丝酵母将石蜡氧化为 α-酮戊二酸、反丁烯二酸、柠檬酸,其转化率达 80% 以上,还可收获酵母菌体作饲料。在炼油厂的含油、含酚废水生物处理过程中,假丝酵母和黏红酵母菌都起到积极的作用。淀粉废水、柠檬酸残糖废水、油脂废水和味精废水均可利用酵母菌处理,既处理了废水,又可得到酵母菌体蛋白,用作饲料。还可用酵母菌监测重金属。

黏红酵母由于含有红色或黄色色素,可用于生产天然色素,很有应用价值。

(一) 酵母菌的形态和大小

酵母菌的形态有卵圆形、圆形、圆柱形或假丝状(图 3-24)。其直径为 1~5 μm,长约 5~30 μm 或更长。假丝酵母呈假丝状,是因它在繁殖时子细胞没有脱离母体而与母细胞相连成链状,故为假丝状。

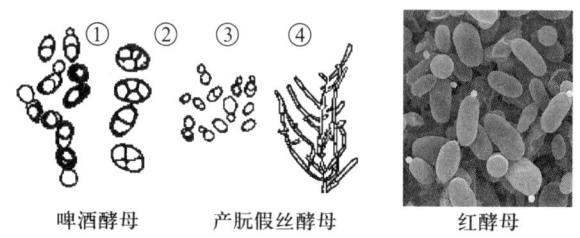

图 3-24 酵母菌的各种形态
① 营养细胞;② 子囊孢子;③ 营养细胞;④ 假菌丝

(二) 酵母菌的细胞结构

酵母菌的细胞结构有细胞壁、细胞质膜、细胞核、细胞质及内含物(图 3-25)。酵母菌的细胞壁组分与细菌不同,含葡聚糖、甘露聚糖、蛋白质及脂质。啤酒酵母除含上述组分外,还含几丁质。酵母菌的细胞核具有核膜、核仁和染色体,核膜上有大量小孔。酵母菌的细胞质含大量 RNA、核糖体、中心体、线粒体、中心染色质、高尔基体、内质网膜及液泡等。线粒体呈球状或杆状,位于核膜和中心体的表面,含脂和呼吸酶系统,执行呼吸功能。中心体附着在核膜上。中心染色质附着在中心体上,有一部分附着在核膜上。老龄菌细胞质中由于营养过剩形成一些内含物(即储存颗粒),如异染颗粒、糖原、脂肪粒、蛋白质和多糖。圆酵母、产脂内孢霉和黏红酵母富含脂肪。

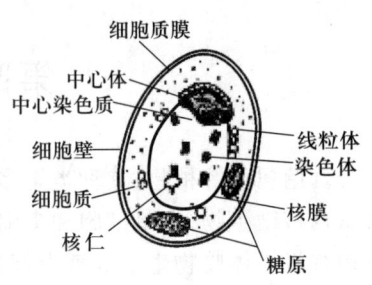

图 3-25 酵母菌的细胞结构

(三)酵母菌的繁殖

酵母菌的繁殖方式有无性生殖和有性生殖,无性生殖又分出芽生殖和裂殖。

(四)酵母菌的培养特征

1. 在固体培养基上的培养特征

将酵母菌接种在固体培养基上,给予合适的环境条件,经过培养一定时间后,在固体培养基表面上长出表面湿润而光滑的酵母菌落。其颜色通常有白色和红色(如黏红酵母),有黏性,见图 3-26。培养时间久后菌落表面转为干燥,并呈皱褶状,菌落大小和细菌差不多。

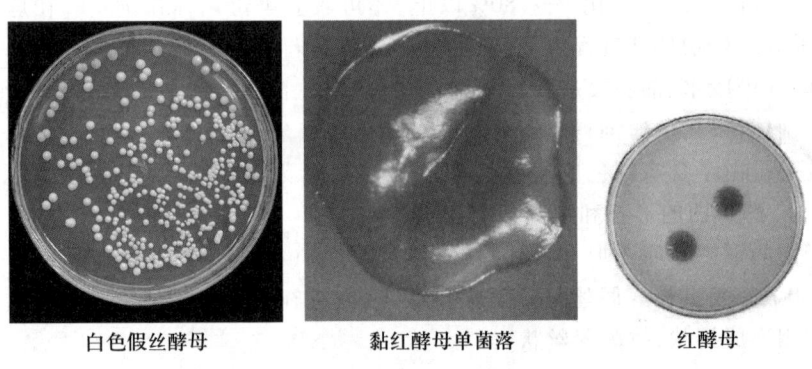

图 3-26 酵母菌的菌落特征

2. 在液体培养基中的生长特征

有的酵母菌在液面上形成薄膜,有的酵母菌产生沉淀沉在瓶底,发酵型的酵母菌产生二氧化碳气体使培养基表面充满泡沫。

(五)酵母菌的主要属

根据罗德(Lodder)的分类系统,把酵母菌分为 39 属,372 种。生产上应用较多的有酵母菌属(*Saccharomyces*)、裂殖酵母属(*Schizosaccharomyces*)、结合酵母属(*Zygosaccharomyces*)、内孢霉属(*Endomyces*)、德巴利酵母属(*Debaryomyces*)、毕赤氏酵母属(*Pichia hansenula*)、假丝酵母属(*Candida*)、红酵母属(*Rhodo torula*)及隐球酵母属(*Cryptococcus*)等。

二、霉菌

霉菌(mold)广泛分布于自然界,与人类生活和生产关系密切。早在古代,我国人民就利用霉菌制酱、制曲。近代发酵工业用霉菌生产酒精、有机酸(如柠檬酸、葡萄糖酸、延胡索酸等)、抗生素(如青霉素、灰黄霉素)、酶制剂(如淀粉酶、蛋白酶、纤维素酶等)、维生素及甾体激素等。霉菌可发酵饲料,生产农药,镰刀霉分解无机氰化物(CN^-)的能力强,对废水中氰化物的去除率达90%以上。有的霉菌还可处理含硝基($-NO_2$)化合物的废水。

霉菌分为腐生和寄生。腐生菌中的根霉、木霉、青霉、镰刀霉、曲霉、交链孢霉等分解有机物能力强,木霉对难降解的纤维素和木质素分解能力强。寄生霉菌常是人、动物和植物的致病菌。其中的赤霉菌能引起水稻生"恶苗病",但它的分泌物"赤霉素"可作农作物的生长刺激素,也可用作医药。

(一) 霉菌的形态大小

霉菌是由分枝的和不分枝的菌丝交织形成的菌丝体。整个菌丝体分为两部分:营养菌丝和气生菌丝。营养菌丝伸入培养基内或匍匐蔓生在培养基的表面,摄取营养和排除废物。气生菌丝长在培养基上方的空气中,由气生菌丝长出分生孢子梗和分生孢子。霉菌的菌丝直径约3~10 μm,在显微镜下放大100倍清晰可见,放大400倍细胞内部结构也能看见。

(二) 霉菌的细胞结构

霉菌的细胞由细胞壁、细胞质膜、细胞核、细胞质及内含物等组成。大多数霉菌的细胞壁含几丁质,少数水生霉菌的细胞壁含纤维素。霉菌细胞壁能被蜗牛消化液中的葡聚糖酶、几丁质酶、甘露聚糖酶等溶解,剩下原生质体。细胞核有核膜、核仁和染色体。细胞质中含线粒体和核糖体。培养初期细胞质充满整个细胞,老龄霉菌的细胞质内出现大液泡和各种储藏物,如糖原、异染颗粒和脂肪粒。霉菌大多数是多细胞的,少数为单细胞的(图3-27)。霉菌的多细胞菌丝体和单细胞菌丝体在显微镜下很容易区别,若菌丝内有横隔膜将一根长菌丝分隔成一段一段的,每一段含有细胞质和一个或多个核的即为多细胞的菌丝体,包括青霉、曲霉、镰刀霉、木霉、交链孢霉和白地霉等。

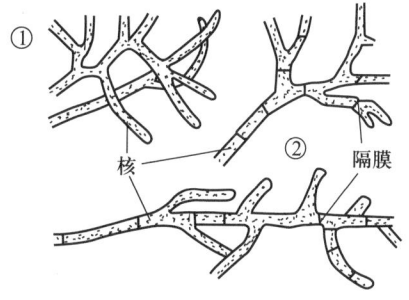

图3-27 霉菌的营养菌丝
① 单细胞营养菌丝;② 多细胞营养菌丝

若菌丝内没有横隔膜,整个分枝的菌丝体即为一个多核的单细胞的菌丝体,包括根霉、毛霉和绵霉等。

(三) 霉菌的繁殖方式

霉菌借助有性孢子和无性孢子繁殖,也可借助菌丝的片段繁殖,由它的顶端延伸分枝而生成新的菌丝体。

(四) 霉菌的菌落特征

用接种环挑取霉菌的分生孢子或一段营养菌丝或气生菌丝接种在固体培养基上,

置于一定温度的培养箱中培养即可长出霉菌的菌落。霉菌的菌落呈圆形、绒毛状、絮状或蜘蛛网状。比其他微生物的菌落都大,长得很快,可蔓延至整个平板。不同霉菌的孢子有不同形状、结构和颜色,可使各种霉菌菌落呈现不同结构和色泽。霉菌可产生水溶性色素和非水溶性(脂溶性)色素。水溶性色素可溶于培养基中使菌落背面呈现颜色。霉菌菌落疏松,与培养基结合不紧,用接种环很易挑取,见图3-28。

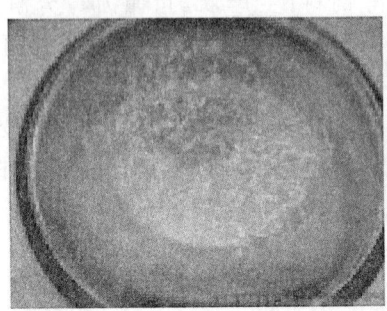
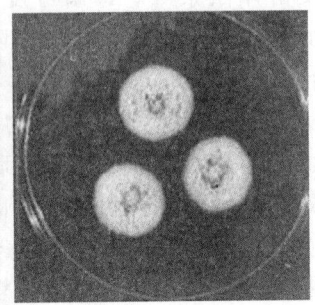

图3-28 霉菌菌落形态

(五) 霉菌的常见属

霉菌分属于藻状菌纲、担子菌纲、子囊菌纲和未知菌纲。下面按单细胞和多细胞类型分别进行介绍。

1. 单细胞霉菌

(1) 毛霉属(*Mucor*):毛霉属属于藻菌纲毛霉目,其形态见图3-29,其菌丝白色,腐生,极少寄生。毛霉的生活史有无性和有性两个阶段,霉菌分解蛋白质能力强,常用于制作腐乳和豆豉,有的种用于生产柠檬酸和转化甾体物质。

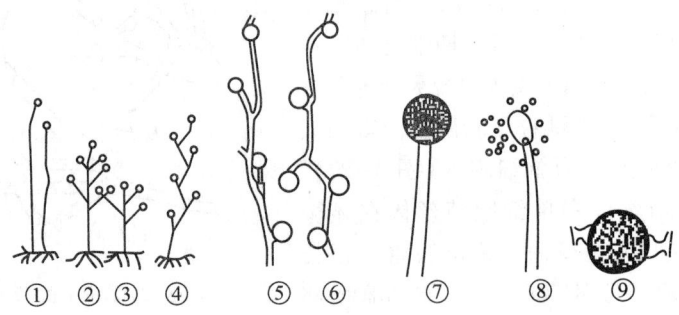

图3-29 毛霉属
①~⑥ 孢子梗;⑦ 孢子囊;⑧ 孢子囊破裂;⑨ 结合孢子

(2) 根霉属(*Rhizopus*):根霉属也属于毛霉目,其形态见图3-30。根霉属的霉菌叫根霉。根霉的大部分菌丝匍匐于培养基的表面形成气生菌丝(也叫蔓丝),生长迅速,向四周蔓延于整个平板。蔓丝生节,在节上向下分枝形成假根状的基内菌丝摄取营养;向上长出直立的孢子梗,在梗的顶端形成孢子囊。成熟的孢子囊呈黑色,充满孢囊孢子,囊壁破裂后释放出孢子,孢子随风飘扬,当遇到合适的条件即萌发成菌丝体。除无性孢子繁殖之外,根霉也进行有性繁殖。

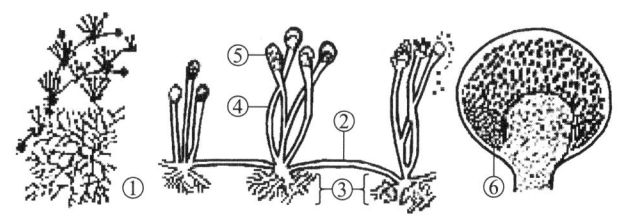

图 3-30 根霉属
① 营养菌丝;② 匍匐菌丝;③ 假根;④ 孢子梗;⑤ 孢子囊;⑥ 孢囊孢子

根霉分布广,能产淀粉酶、脂肪酶和果胶酶。常生长在淀粉食品上,分解淀粉能力强,将淀粉转化为单糖或低聚糖,是有名的糖化菌。民间制甜酒常用根霉和酵母菌混合作为甜酒曲,工业用它作糖化菌,还用于生产乳酸、延胡索酸、丁烯二酸和转化甾体物质等。

2. 多细胞霉菌

(1) 青霉属(*Penicillum*):青霉属属于未知菌纲。青霉的分生孢子梗分叉生出小梗并连续分枝,在最后一级的小梗上长出一串分生孢子,呈扫帚状(图 3-31)。根据分生孢子梗分枝的形态,青霉可分为 4 组:① 一轮青霉的分生孢子梗只生一轮分枝;② 二轮青霉的分生孢子梗生二轮分枝;③ 三轮青霉的分生孢子梗生三轮以上的分枝;④ 不对称青霉的分生孢子梗生不对称分枝。

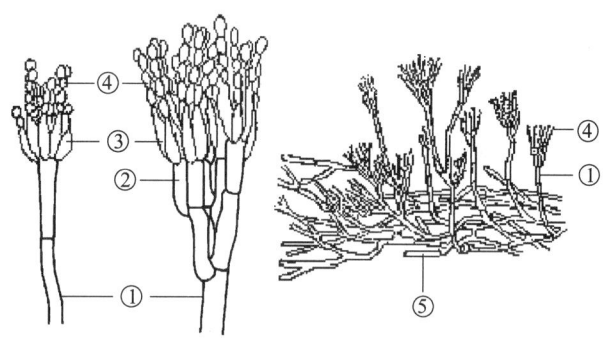

图 3-31 青霉属
① 分生孢子梗;② 梗基;③ 小梗;④ 分生孢子;⑤ 营养菌丝

青霉进行无性繁殖。青霉的菌落呈密毡状,大多为灰绿色。

青霉以生产青霉素而著称,还可用于生产有机酸(如柠檬酸、延胡索酸、草酸、葡萄糖酸等)和酶制剂。青霉是霉腐剂,能引起皮革、布匹、谷物及水果等腐烂。岛青霉(*Penicillium islandicum* Sopp)在世界各地产米区均可发现。它可产生毒素,使米发生霉变,日本称之为"岛青霉黄变米"。

(2) 曲霉属(*Aspergillus*):曲霉属隶属于半知菌纲。曲霉与其他霉菌明显不同的是:它分化出厚壁的足细胞。由足细胞长出分生孢子梗(柄),其顶端膨大成圆形或椭圆形的顶囊,由顶囊向外辐射长出一层或两层小梗,最上层小梗呈瓶状,在其顶端生成串状分生孢子(图 3-32)。分生孢子的颜色有黄、绿、黑和褐色等。曲霉菌落表面的颜色由分生孢子决定。曲霉以无性孢子繁殖。

曲霉可用于生产淀粉酶、蛋白酶、果胶酶等酶制剂和有机酸。曲霉中有的种可产生致癌因子黄曲霉素。

(3) 镰刀霉属(*Fusarium*):镰刀霉属隶属于半知菌纲,由于它产生的分生孢子呈长柱状或稍弯曲像镰刀而得名(图 3-33)。分生孢子有大型和小型两种,大型的是多细胞的,长柱形或镰刀形,每个分生孢子内有 3~9 个平行隔膜。小型的分生孢子呈卵圆形、球形、梨形或纺锤形,大多数是单细胞的,少数是多细胞的。多数是无性繁殖,少数是有性繁殖。

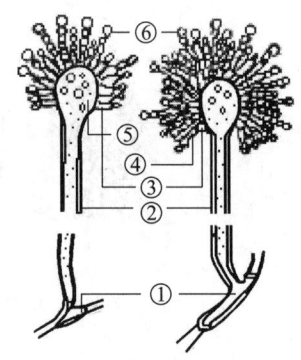

图 3-32 曲霉属

① 足细胞;② 分生孢子梗;③ 初生小梗;
④ 次生小梗;⑤ 顶囊;⑥ 分生孢子

镰刀霉的培养特征:镰刀霉在固体培养基上的菌落呈圆形、平坦和绒毛状,颜色有白色、粉红色、红色、紫色和黄色等。有些种类的颜色为水溶性的,可溶于培养基中。

镰刀霉对氰化物的分解能力强,可用于处理含氰废水。少数种可利用石油生产蛋白酶和用于害虫的生物防治。

(4) 木霉属(*Trichoderma*):木霉属属于未知菌纲,其形态见图 3-34。木霉的分生孢子梗从菌丝的短侧枝长出,分生孢子梗上又长对生或互生的分枝,还可长二级或三级分枝,分枝角为锐角或近于直角。最顶端的分枝叫小梗,小梗前端长出成簇的孢子。孢子呈圆形或椭圆形,无色或淡绿色。木霉分解纤维素和木质素的能力较强。木霉进行无性繁殖。

(5) 交链孢霉属(*Alternaria*):交链孢霉的分生孢子梗短而有隔膜,单生或丛生,大多数不分枝。顶端长分生孢子并排列成链状,单个孢子呈纺锤形,有横和竖的隔膜将孢子分隔成砖壁状(图 3-34)。分生孢子暗至黑色,故其菌落呈类似颜色。交链孢霉进行无性繁殖。

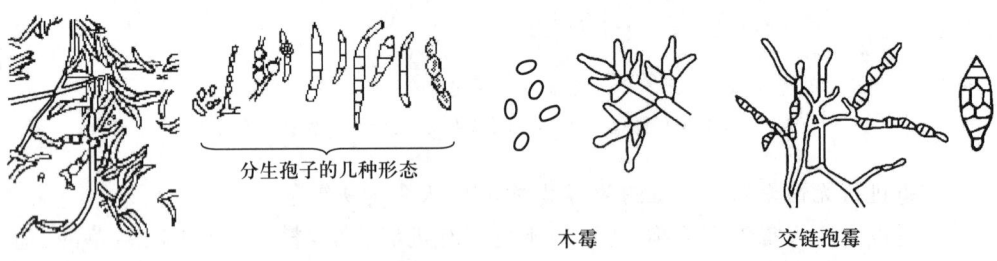

图 3-33 镰刀霉属　　图 3-34 木霉属和交链孢霉属

(6) 白地霉(*Geotrichum candidum*):白地霉属于丛梗孢子科的地霉属,其形态见图 3-35。其繁殖方式为裂殖。在营养菌丝的顶端长节孢子,节孢子呈单个或连接成链,节孢子形状为长筒形、方形、椭圆形或圆形。白地霉的菌体蛋白营养价值高,可食用或作饲料,可提取核酸,还可用于合成脂肪,制糖,酿酒,制造淀粉、食品、饮料、豆制品及制药等行业。白地霉也可用于处理废水。

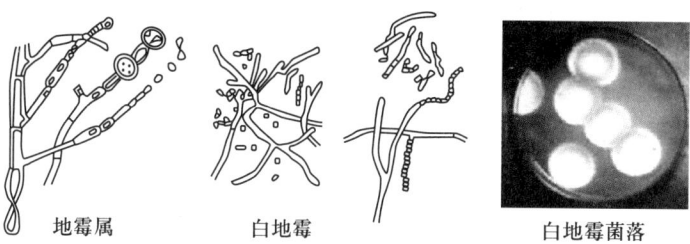

图 3-35　地霉属及其属下的白地霉

三、伞菌

伞菌(agaricus)是属于伞菌目(Agaricales)的一类真菌。其中有食用菌、药用菌和毒菌。食用菌和药用菌肉质鲜美、营养价值高,有的伞菌含有抗癌物质。食用菌有草菇[*Volvariella volvacea*(Bull. ex Fr.)Sing]、香菇[*Lentinus edodes*(Berk.)Sing]、平菇[*Coprinus*(Pers. ex Fr.)Sing]等。毒菌有鹅膏菌属[Amanita(Pers. ex)Gray]、盔孢伞属(*Galerina earle*)、鬼伞属[*Coprinus*(Pers. ex Fr.)Sing]。有一些伞菌的菌丝体有发光现象,如奥尔类脐菇[*Omphalotus olearius*(Dc. ex Fr.)Sing]是被称为"磷火"的蘑菇,密环菌[*Armillaria mellea*(Vahl. ex Fr.)Karst]的菌丝体和担子果能在黑暗中发光。

伞菌多数为有性生殖,通过菌丝结合方式产生囊状担子和最终外生4个担孢子,担孢子可有色或无色。伞菌由担孢子繁殖,萌发形成初生菌丝体,随后,很快形成双核的次生菌丝。它可为多年生的,能年复一年地形成子实体。少数种进行无性繁殖,由它产生的粉孢子和厚垣孢子萌发形成菌丝体。

无毒的有机废水(如淀粉废水)可用于培养食用菌的菌丝体,经通入空气培养一定时间后长成子实体,将子实体移栽到无毒固体废物制成的固体培养基上长成蘑菇。这样既处理了废水和固体废物,还获得了食用菌。蘑菇富集重金属能力强。

思 考 题

1. 何谓原生动物？它有哪些细胞器和哪些营养方式？
2. 原生动物分几纲？在废水生物处理中有几纲？
3. 如何区分鞭毛纲中的眼虫和杆囊虫？
4. 纤毛纲中包括哪些固着型纤毛虫(钟虫类)？如何区分固着型纤毛虫的各种虫体？
5. 原生动物中各纲在水体自净和污水生物处理中如何起指示作用？
6. 何谓原生动物的胞囊？它是如何形成的？
7. 微型后生动物包括哪几种？
8. 常见的浮游甲壳动物有哪些？你如何利用浮游甲壳动物判断水体的清洁程度？
9. 藻类的分类依据是什么？它分为几门？

10. 裸藻和绿藻有什么相似之处和不同之处？
11. 绿藻在人类生活、科学研究和水体自净中起什么作用？
12. 硅藻和甲藻是怎样的藻类？水体富营养化与哪些藻类有关？
13. 真菌包括哪些微生物？它们在废水生物处理中各起什么作用？
14. 酵母菌有哪些细胞结构？有几种类型的酵母菌？
15. 霉菌有几种菌丝？如何区别霉菌和放线菌的菌落？

第四章
微生物的生理

第一节 微生物的酶

新陈代谢是生命活动的基础,是生命活动最重要的特征。而构成新陈代谢的许多复杂、有规律的物质变化和能量变化,都是在酶的催化下完成的。可以说,没有酶的参与,生命活动一刻也不能进行。人们对酶的认识来源于长期的生产和科学研究的实践,现已证明,几乎所有的生物都能合成自身所需要的酶,包括许多病毒。现代科学认为,酶是由细胞产生的,能在体内或体外起催化作用的一类具有活性中心和特殊构象的生物大分子,包括蛋白质类酶和核酸类酶。本章只讨论蛋白质属性的酶。

近几十年来酶学研究得到迅速发展,提出了许多新理论和新概念。一方面在酶的分子水平上揭示酶和生命活动的关系,阐明酶在细胞代谢调节和分化过程中的作用,酶生物合成的遗传机制,酶的起源和酶的催化机制等方面取得进展;另一方面酶的应用研究有了深入发展。酶工程已成为当代生物工程的重要支柱,除了用于食品、发酵、制革、纺织、日用化学及医药保健等部门,酶在生物工程、生物传感器及环境领域方面的应用也日益扩大。

一、酶的组成

从化学组成来看,酶可分为单成分酶和全酶两类。前者只含蛋白质,如脲酶、蛋白酶、淀粉酶、脂肪酶和核糖核酸酶等。而全酶除了蛋白质(酶蛋白)外,还要结合一些被称为辅基或辅酶的对热稳定的非蛋白质小分子有机物或金属离子,全酶一定要在酶蛋白和辅酶(或辅基)同时存在时才起作用,单独存在均无催化作用,如各类脱氢酶和转移酶等。

(一) 酶的组成形式

单成分酶由酶蛋白组成,如水解酶类等。

全酶有 3 种形式:

全酶 { 酶蛋白+非蛋白质小分子有机物　　　　　如多种脱氢酶类
　　　 酶蛋白+非蛋白质小分子有机物+金属离子　如丙酮酸脱氢酶
　　　 酶蛋白+金属离子　　　　　　　　　　　如细胞色素氧化酶

全酶中各组分有不同的功能:酶蛋白起催化生物化学反应加速进行的作用;辅基和辅酶起传递电子、原子和化学基团的作用;金属离子除传递电子外还起激活剂的作用。全酶中的非蛋白质成分可以是不含氮的小分子有机物,或者是不含氮的小分子有机物和金属离子组成。通常把它分为辅酶和辅基,其中与酶蛋白结合紧的,称为辅基,与酶蛋白结合得不紧的,称为辅酶。

(二) 几种重要的辅基和辅酶

1. 铁卟啉

铁卟啉是典型的辅基,是细胞色素氧化酶、过氧化氢酶、过氧化物酶等的辅基。靠所含铁离子的变价($Fe^{2+} \longrightarrow Fe^{3+} + e^-$)传递电子,催化氧化还原反应。

2. 辅酶A

辅酶A(CoA 或 CoA—SH)的分子结构由腺嘌呤核苷酸、泛酸和 β-巯基乙胺等组成。辅酶A最初由Lipmon在1947年发现,字母A代表酰化作用(acylation),与CoA结合的酸有很强的基团转移能力。在糖代谢和脂肪代谢中起重要作用。它通过巯基(—SH)的受酰和脱酰参与转酰基反应:

$$CH_3\overset{O}{\overset{\|}{C}}-A \xrightarrow{H-酶} CH_3\overset{O}{\overset{\|}{C}}\sim 酶 \xrightarrow{CoA-SH} CH_3\overset{O}{\overset{\|}{C}}\sim SCoA \xrightarrow{B} CH_3\overset{O}{\overset{\|}{C}}-B$$

A—酰基供体;B—酰基受体

3. NAD 和 NADP

NAD(辅酶Ⅰ,CoⅠ)为烟酰胺腺嘌呤二核苷酸,NADP(辅酶Ⅱ,CoⅡ)为烟酰胺腺嘌呤二核苷酸磷酸。在发酵、呼吸和其他反应中,转移氢的酶都利用二核苷酸作为辅酶。其基本组分之一是吡啶衍生物烟酰胺,这种辅酶多半与许多脱氢酶结合在一起,在生物化学反应中屡见不鲜,反应可用下式为代表:

$$NAD^+ + CH_3CH_2OH \rightleftharpoons CH_3CHO + NADH + H^+$$

这种脱氢反应常常是可逆的。辅酶的重要性在于可逆地转移电子的作用,靠辅酶的连接,物质交换就成为可能(辅酶本身并不起催化作用)。

NAD存在于一切细胞中,它的作用与ATP不相上下,ATP是一种通用的磷酸载体,而NAD在细胞中是一种通用的电子载体。主要功能是传递氢($2H^+ + 2e^-$)。

4. FMN 和 FAD

FMN(黄素单核苷酸)和FAD(黄素腺嘌呤二核苷酸)作为黄素核苷酸类脱氢酶的辅酶。这类脱氢酶的酶蛋白部分各异,但辅酶只有这两种。当黄素核苷酸脱氢酶作用于代谢物时,脱下的氢即被FMN或FAD所接受,被称为氢载体,作用与NAD相似,它们在氧化还原反应中,起传递氢的作用,是电子传递体系的组成部分。其本身成为氧化还原体系:

$$FAD \underset{-2H^+}{\overset{+2H^+}{\rightleftharpoons}} FADH_2$$

5. 辅酶Q

辅酶Q(CoQ)又称泛醌,属脂溶性辅酶。辅酶Q是电子传递体系的组成部分,由于是与蛋白质结合不紧密的辅酶,可使它在黄素蛋白类和细胞色素类之间作为一种特殊灵活的电子载体起作用。所以辅酶Q作为氢的中间传递体起着重要作用,参与呼吸链中的氧化还原反应,传递氢和电子。

6. 硫辛酸和焦磷酸硫胺素

硫辛酸(L)和焦磷酸硫胺素(TPP)两者结合成 LTPP，为 α-酮酸脱羧酶和糖类转酮酶的辅酶。参与丙酮酸和 α-酮戊二酸的氧化脱羧反应，起传递酰基和传递氢的作用。

7. 磷酸腺苷及其他核苷酸类

磷酸腺苷包括 AMP(腺苷一磷酸)、ADP(腺苷二磷酸)和 ATP(腺苷三磷酸)；其他核苷酸类包括 GTP(鸟嘌呤核苷三磷酸)、UTP(尿嘧啶核苷三磷酸)和 CTP(胞嘧啶核苷三磷酸)等。

电子传递和磷酸基传递是最重要的两类转移反应。第一类与能量产生有关，第二类与能量转换有关。磷酸基的生物载体是核苷磷酸 ADP 和 ATP，它们在磷酸基转移过程中起辅助因子的作用。ATP 是能量载体，可转移末端磷酸基，释放 ADP；转移焦磷酸基，释放 AMP；转移酰苷磷酸，释放焦磷酸；转移腺苷，释放正磷酸和焦磷酸。

8. 磷酸吡哆醛和磷酸吡哆胺

磷酸吡哆醛是氨基酸的转氨酶、消旋酶、脱羧酶的辅酶。磷酸吡哆胺与转氨有关。

9. 生物素

生物素(维生素 H)是羧化酶的辅基，属 B 族维生素，催化 CO_2 固定和转移及脂肪合成反应。生物素是微生物的生长因子。

10. 四氢叶酸

四氢叶酸(辅酶 F，THFA)不同于其他载体，当转移基团与载体结合时，此转移基团可以发生变化，所以给予受体的基团可能与起始的基团不同。主要转移一碳基团，如羟甲基、甲烯基($=CH_2$)和亚氨甲基($-CH=NH$)等。

11. 金属离子

金属离子是酶的辅基，又是激活剂。如 Fe^{2+} 是铁卟啉环的组成，Mg^{2+} 是叶绿素的辅基。许多酶含铜、锌、钴、钼和镍等离子。金属和酶有密切关系，金属可以作为酶的活性基的一部分。例如，血红素辅基中的铁作为活性基；乙醇脱氢酶中的 Zn^{2+}、多元酚氧化酶中的 Cu^{2+}，作为酶的激活剂，Mg^{2+}、Mn^{2+} 和 Zn^{2+} 等都可激活多种酶的活性。

以下的辅酶为专性厌氧菌(产甲烷菌)所具有。

12. 辅酶 M

辅酶 M(CoM，2-巯基乙烷磺酸)是专性厌氧的产甲烷菌特有的一种辅酶，辅酶 M 有 3 种形式(表 4-1)，是已知辅酶中相对分子质量最小者。其酸性强，在 260 nm 处有吸收峰，但不发荧光。辅酶 M 具有渗透性和热稳性，是甲基转移酶的辅酶，是活性甲基的载体，起转移甲基的作用，可辅助甲基还原酶——F_{430} 的复合物将甲基还原为甲烷。

表 4-1 辅酶 M 的 3 种形式

缩写式	SH—CoM	(S—CoM)$_2$	CH_3—S—CoM
结构式	$HSCH_2CH_2SO_3^-$	$-O_3SCH_2CH_2S-SCH_2CH_2SO_3-$	$CH_3SCH_2CH_2SO_3^-$
化学名称	2-巯基乙烷磺酸	2,2′-二硫二乙烷磺酸	2-甲基硫乙烷磺酸

13. 辅酶 F_{420}

辅酶 F_{420}（CoF_{420}）也是产甲烷菌所特有的辅酶，是一种黄素衍生物，其化学结构类似于黄素辅酶 FMN，它是低分子的荧光化合物。当 F_{420} 被氧化时，在 420 nm 处出现一个明显的吸收峰和荧光；被还原时，在 420 nm 处失去其吸收峰和荧光。F_{420} 是甲基转移酶的辅酶，是活性甲基的载体。F_{420} 的功能是作为最初的电子载体，如在反刍甲烷杆菌（*Methanobacterium ruminantium*）中，通过 F_{420} 的还原和氧化与 NADP 的还原偶联，实现甲酸盐和氢的氧化。甲酸盐和氢的氧化作用是通过辅酶 F_{420} 与 NADP 的还原作用偶联在一起而被调控的，甲烷菌对氧敏感，与 F_{420} 的氧化作用有关：

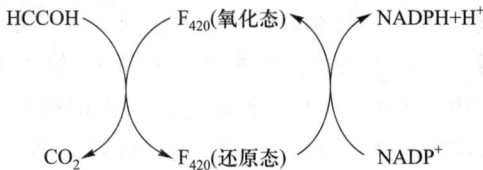

在甲烷菌中，F_{420} 可作为不同酶的辅酶，如氢化酶和 NADP 还原酶等。

14. 辅酶 F_{430}

辅酶 F_{430}（CoF_{430}）是含有一个镍原子的吡咯结构，所以在培养产甲烷菌时，应加入微量元素 Ni。F_{430} 在 430 nm 处有最大吸收峰，但与 F_{420} 不同，它无荧光发生。F_{430} 是甲基辅酶 M 还原酶组分 C 的弥补基，参与甲烷形成的末端反应。

15. 辅酶 MPT

辅酶 MPT（CoMPT 或 CoMP, Methanopterin）即甲烷蝶呤，又称 F_{342} 因子，是一种含蝶呤环的产甲烷菌辅酶，在 342 nm 处呈现一浅蓝色荧光，有多种衍生物，例如 H_4MPT（四氢甲烷蝶呤）就是其中的一种，嗜热自养甲烷杆菌在乙酸合成时需要 H_4MPT 及其衍生物。MPT 的作用与叶酸相似，参与 C_1 还原反应，可使甲酰基（—CHO）还原为甲基（—CH_3）。

16. 辅酶 MFR

辅酶 MFR（CoMFR 或 CoMF, Methanofuran）即甲烷呋喃，原名 CDR（二氧化碳还原因子），由酚、谷氨酸、二羧基脂肪酸和呋喃环 4 种分子结合而成。其为产甲烷菌独有，在甲烷和乙酸形成过程中起甲基载体作用。

17. 辅酶 HS—HTP

辅酶 HS—HTP（CoHS—HTP）即 7-巯基庚酰基丝氨酸磷酸（7-mercaptoheptanoyl threonine phosphate），在甲烷形成中作为甲基还原酶的电子供体。通过 CoM 对 HS—HTP 的还原，可使甲烷形成过程中产生能量。

在生化反应过程中，辅酶、辅基和底物之间的严格区分确实不容易，辅基构成酶的一部分，辅酶不同于酶，但构成催化机制的一部分，而底物则纯粹是酶催化反应的反应物。以与酶蛋白结合的牢固程度作为衡量是辅酶还是辅基的标准，似乎也有点牵强，如硫辛酸。其中也有典型的辅基（铁卟啉）和典型的辅酶（NAD）。像 NAD 那样的载体（电子载体），则为了完成催化功能，必须从一个酶蛋白向另一个酶蛋白移动。

二、酶蛋白的结构

随着 DNA 重组技术及聚合酶链式反应（PCR）技术的广泛应用，使酶结构与功能的研究进入新阶段。现已鉴定出 4 000 多种酶，数百种酶已得到结晶，而且每年都有新酶被发现。酶蛋白是由 20 种氨基酸（表 4-2）组成，这 20 种氨基酸按一定的排列顺序由肽键（—CO—NH—）连接成多肽链，两条多肽链之间或一条多肽链卷曲后相邻的基团之间以氢键（>C=O⋯HN<、盐键（—NH$_3^+$—OOC—）、酯键（R—CO—O—R）、疏水键、范德华引力及金属键等相连接而成。酶蛋白的结构分一级、二级和三级结构，少数酶具有四级结构。

表 4-2　组成生物体蛋白质的 20 种氨基酸

氨基酸	简称	氨基酸	简称	氨基酸	简称
丙氨酸	Ala(A)	谷氨酸	Glu(E)	异亮氨酸*	Ile(I)
半胱氨酸	Cys(C)	脯氨酸	Pro(P)	苯丙氨酸*	Phe(F)
甘氨酸	Gly(G)	酪氨酸	Tyr(Y)	色氨酸*	Trp(W)
苏氨酸	Thr(T)	天冬氨酸	Asp(D)	亮氨酸*	Leu(L)
精氨酸	Arg(R)	组氨酸	His(H)	丝氨酸*	Ser(S)
谷氨酰胺	Gln(Q)	赖氨酸*	Lys(K)	缬氨酸	Val(V)
天冬酰胺	Asn(N)	甲硫氨酸*	Met(M)		

注：* 为必需氨基酸；组氨酸为半必需氨基酸；其余为非必需氨基酸。

一般酶蛋白只有三级结构，只有少数酶蛋白才具有四级结构。一级结构是指多肽链本身的结构。它们以特定的多肽顺序（氨基酸顺序）形成蛋白质的一级结构，酶的大多数特性与一级结构有关。表现为功能的多样性、种族的特异性等。目前已有少数种类的单成分酶的一级结构被研究清楚，其中最清楚的是核糖核酸酶，它由 124 个氨基酸组成。二级结构是由多肽链形成的初级空间结构，由氢键维持其稳定性。氢键受到破坏时，其紧密的空间结构变得松散，多肽链展开，酶蛋白即变性。三级结构是在二级结构基础上，多肽链进一步弯曲盘绕形成更复杂的构型。由氢键、盐键及疏水键等维持三级结构的稳定性。酶蛋白的四级结构是由几个或几十个亚基形成的。亚基是由一条或几条多肽链在三级结构的基础上形成的小单位。亚基之间也以氢键、盐键、疏水键及范德华引力等相连。酶蛋白的结构见图 4-1。

三、酶的活性中心

酶的活性中心是指酶的活性部位，是酶蛋白分子中直接参与和底物结合，并与酶的催化作用直接有关的部位。它是酶行使催化功能的结构基础。对单成分酶来说，活性中心就是酶分子中在三维结构上比较靠近的少数几个氨基酸残基或是这些残基上的某些基团组成的。它们在一级结构中可能相差甚远，但由于肽链盘绕折叠使它们相互靠近。对全酶来说，它们肽链上的某些氨基酸及辅酶或辅酶分子上的某一部分结构往往就是其活性中心的组成部分。例如，牛胰核糖核酸酶由 124 个氨基酸组成，其活性中心只有第 12 号、第 119 号两个组氨酸（His）和第 41 号的赖氨酸（Lys）组成，这 3 个氨基酸在酶的空间位置上靠得很近（图 4-2）。溶菌酶由 129 个氨基酸组成，其活性中心由第 35 号的谷氨酸（Glu）和第 52 号的天冬氨酸（Asp）组成。

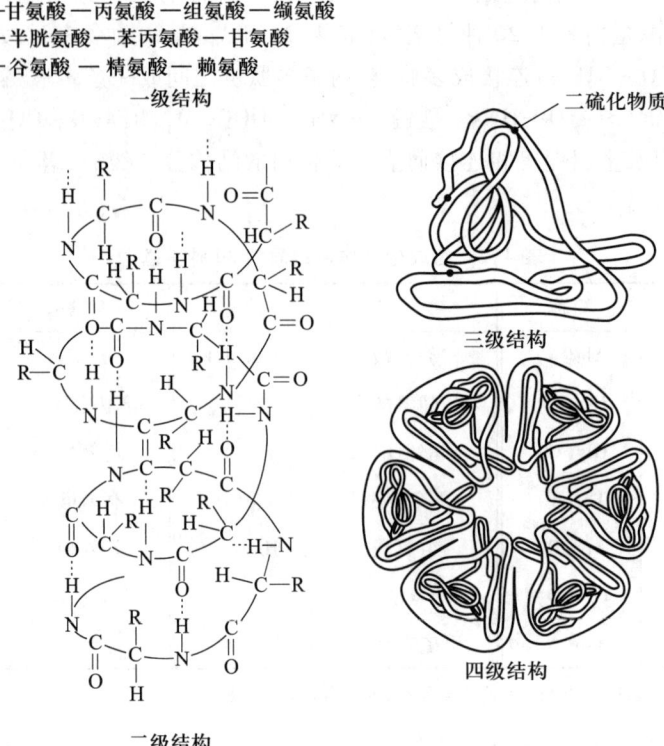

图 4-1 酶蛋白的结构图

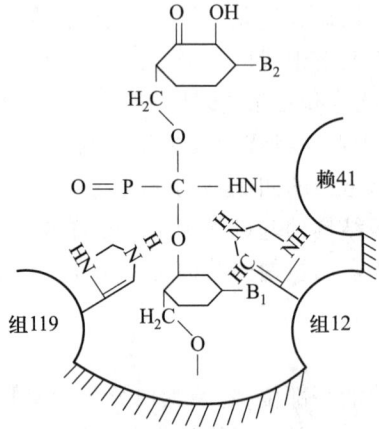

图 4-2 牛胰核糖核酸酶的活性中心

酶的活性中心有两个功能部位：一个是结合部位，一定的底物靠此部位结合到酶分子上；另一个是催化部位，底物分子中的化学键在此处被打断或形成新的化学键，从而发生一系列的化学反应。但这两个功能部位并不是各自独立存在的，构成这两个部位的有关基团，有的同时兼有结合底物和催化底物发生反应的功能。酶的活性中心对催化作用至关重要，其他部位也很重要，因为酶的活性中心的形成首先依赖于整个酶分子的结构，它们在维持酶的空间构型、保持酶的活性中心和催化作用等方面都起着不同程度的作用。

四、酶的分类与命名

为了研究和使用的方便,需要对已知的酶加以分类,并给以科学名称。1961年,国际生物化学和分子生物学联盟(International Union of Biochemistry and Molecular Biology,缩写为IUBMB)下属的酶学委员会(Enzyme Commission)推荐了一套新的系统命名方案及分类方法,已被国际生物化学和分子生物学联盟接受并发布。决定每一种酶应有一个系统名称和一个习惯名称。

(一) 酶的分类

1. 国际系统分类法及酶的编号

国际酶学委员会根据各种酶的催化反应类型,把酶划分为6大类:即氧化还原酶类、转移酶类、水解酶类、裂解酶类、异构酶类和合成(连接)酶类,分别用1,2,3,4,5,6来表示,再根据底物分子中被作用的基团或键的性质,将每一大类分为若干亚类,每一亚类又按顺序编为亚亚类。因此,每个酶被赋予一个学名(系统名)和一个编号,同时推荐一个习惯名。每一个酶的编号由4个阿拉伯数字组成。例如,乳酸脱氢酶,编号为EC1.1.1.27(EC是国际酶学委员会的缩写);第一个1表示该酶属于氧化还原酶类;第二个1表示属于第一亚类,催化醇的氧化;第三个1表示属于第一亚类中的第一亚亚类;第四个数字为序号。

2. 不同大类酶的特征

(1) 氧化还原酶类:催化氧化还原反应的酶称为氧化还原酶。其反应通式为:

$$AH_2 + B \rightleftharpoons A + BH_2$$

式中 AH_2 为供氢体,B为受氢体。这类酶按供氢体的性质分为氧化酶和脱氢酶。一般来说,氧化酶所催化的反应中都有氧分子参与,脱氢酶所催化的反应中总伴有氢原子的转移。生物体中的氧化还原反应大多数是氢的转移或电子传递的反应。这类酶具有生物氧化的功能,是一类获得能量的反应,一般都有辅酶参加,辅酶通常为NAD或NADP,FAD或FMN。

① 氧化酶类催化底物参与反应有两种结果:

a. 催化底物脱氢,氢由辅酶传递给活化的 O_2,两者结合生成 H_2O_2,反应通式如下:

$$AH_2 + O_2 \rightleftharpoons A + H_2O_2$$

b. 催化底物脱氢,活化的氧和氢结合生成 H_2O,反应通式为:

$$AH_2 + 0.5O_2 \rightleftharpoons A + H_2O$$

如多酚氧化酶催化含酚基的有机物脱氢,氧化为醌类和 H_2O。

② 脱氢酶类催化底物脱氢,氢被中间受体 NAD^+ 接受。如乙醇脱氢酶和谷氨酸脱氢酶等:

$$CH_3CH_2OH + NAD^+ \rightleftharpoons CH_3CHO + NADH + H^+$$

脱氢酶可以通过活化基质上的氢,并将氢转移至另一物质从而使基质脱氢而氧化。脱氢酶活性的强弱可作为衡量活性污泥性能的指标之一。

(2) 转移酶类:这类酶能催化化合物中某些基团的转移,即一种分子上的某一基团转移到另一种分子上去的反应。其反应通式为：

$$AR+B \rightleftharpoons A+BR$$

被转移的基团包括氨基、醛基、酮基和磷酸基等。转移酶类包括 8 个亚类，每一个亚类表示被转移基团的性质。如，2.1 为转移一碳单位；2.2 为转移醛基、酮基；2.3 为转移酰基等。

例如，谷丙转氨酶（GPT）催化谷氨酸的氨基转移到丙酮酸上，生成丙氨酸和 α-酮戊二酸：

$$谷氨酸 + 丙酮酸 \rightleftharpoons \alpha\text{-酮戊二酸} + 丙氨酸$$

谷氨酸上的氨基在谷丙转氨酶和辅基 B_6 的作用下，转移到丙酮酸上，使之成为丙氨酸。此反应在医学上是用于检验肝功能的一个指标。

又如谷草转氨酶（GOT）为谷氨酸与草酸乙酸之间的氨基转移酶等。

（3）水解酶类：这类酶催化的是加水分解作用，属于胞外酶。在生物体内分布最广，数量也最多。目前生产上被应用的酶大多属这类酶，如淀粉酶、蛋白酶等。其反应通式为：

$$AB + H_2O \rightleftharpoons AOH + BH$$

水解酶包括 9 个亚类，每一个亚类表示被水解键的性质。如，3.1 水解酯键；3.2 水解糖苷键；3.3 水解肽键等。

（4）裂解酶类：裂解酶类催化一个化合物裂解为几个化合物或其逆反应，其反应通式为：

$$AB \rightleftharpoons A + B$$

例如，羧化酶催化底物分子中的 C—C 键裂解，产生 CO_2；脱水酶催化底物分子中 C—O 键裂解，产生 H_2O；脱氨酶催化底物分子中的 C—N 键裂解，产生氨；醛缩酶催化底物分子中的 C—C 键裂解，产生醛，此酶广泛存在于各种生物细胞内，其反应如下式：

$$1,6\text{-二磷酸果糖} \rightleftharpoons 磷酸二羟丙酮 + 3\text{-磷酸甘油醛}$$

裂解酶包括 5 个亚类，分别表示被裂解键的性质。如，4.1 为 C—C 键裂解；4.2 为 C—O 键裂解；4.3 为 C—N 键裂解等。

（5）异构酶：这类酶催化同分异构化合物之间的互相转化，即分子内部基团的重新排列。如葡萄糖和果糖，分子式均为 $C_6H_{12}O_6$，但构型不同：

$$葡萄糖 \rightleftharpoons 果糖$$

葡萄糖的甜度只有果糖的 60%～70%，用葡萄糖异构酶可将葡萄糖转变为果糖，可提高食品的甜度。

异构酶包括 6 个亚类，表示不同的异构作用类型。

（6）合成（连接）酶：催化由两种或两种以上的物质合成一种物质的反应。一般是指在有腺苷三磷酸（ATP）参加的合成反应，如蛋白质和核酸的生物合成都需要合成酶参与。反应通式为：

$$A + B + ATP \rightleftharpoons AB + ADP + Pi$$

或

$$A + B + ATP \rightleftharpoons AB + AMP + Pii（无机焦磷酸）$$

如谷氨酰胺合成酶：

$$谷氨酸 + NH_3 + ATP \rightleftharpoons 谷氨酰胺 + ADP + H_3PO_4$$

（二）酶的命名

1. 习惯命名法

1961年以前使用的酶的名称一般都是习惯沿用的，称为习惯名，主要依据两个原则。

（1）按酶的作用底物的不同命名：可把酶分为淀粉酶、蛋白酶、脂肪酶、纤维素酶、核糖核酸酶等；有时还加上来源以区别不同来源的同一类酶，如胃蛋白酶，胰蛋白酶等；还有的按酶在细胞的不同部位划分，可分为胞外酶、胞内酶和表面酶等。

（2）根据酶催化反应的性质及类型命名：如水解酶、转移酶和氧化酶等。有的酶结合上述两个原则来命名，如琥珀酸脱氢酶是催化琥珀酸脱氢反应的酶。

习惯命名比较简单、直观，但缺乏系统性，由于应用历史较长，现在还被继续使用。

2. 国际系统命名法

国际系统命名法的原则是以酶所催化的整体反应为基础的，规定每种酶的名称应当明确表明酶的底物及催化反应的性质。如果一种酶同时催化两种底物起反应，应在它们的名称中注明，并用"："将两种底物隔开（表4-3），同时列出习惯名称。如底物之一是水时，可将水省去。

表4-3 酶的国际系统命名法举例

编号	习惯名称	系统名称	反应
1.1.1.1	醇脱氢酶	醇：NAD 氧化还原酶	醇 + NAD$^+$ $\rightleftharpoons$ 醛或酮 + NADH + H$^+$
2.6.1.1	天冬氨酸转氨基酶	L-天冬氨酸：α-酮戊二酸氨基转移酶	L-天冬氨酸 + α-酮戊二酸 $\rightleftharpoons$ 草酰乙酸 + L-谷氨酸
6.4.1.2	乙酰 CoA 羧化酶	乙酰 CoA：CO_2 连接酶	ATP + 乙酰 CoA + CO_2 + H_2O $\rightleftharpoons$ ADP + Pi + 丙二酰 CoA

五、酶的催化特性

1. 酶具有一般催化剂的共性

酶积极参与生物化学反应，加速反应速率，缩短反应到达平衡所需的时间，但不改变平衡点。酶在参与反应的前后，没有性质和数量的改变。图4-3是描述果糖二磷酸醛缩酶催化1,6-二磷酸果糖水解为3-磷酸甘油醛和磷酸二羟丙酮的示意图。

2. 酶的催化作用具有高度的专一性

被酶作用的物质称为底物、作用物或基质。一种酶只作用一种物质或一类物质（催化一种或一类化学反应），产生相应的产物。例如，淀粉酶催化淀粉水解为葡萄糖；蛋白酶、肽酶催化蛋白质水解为胨、脒、肽或氨基酸等。根据专一性程度的不同，酶的底物专一性可分为两种主要类型：结构专一性和立体异构专一性。

（1）结构专一性：根据不同的酶对不同结构底物专一性程度的不同，又可分为绝对专一性和相对专一性。

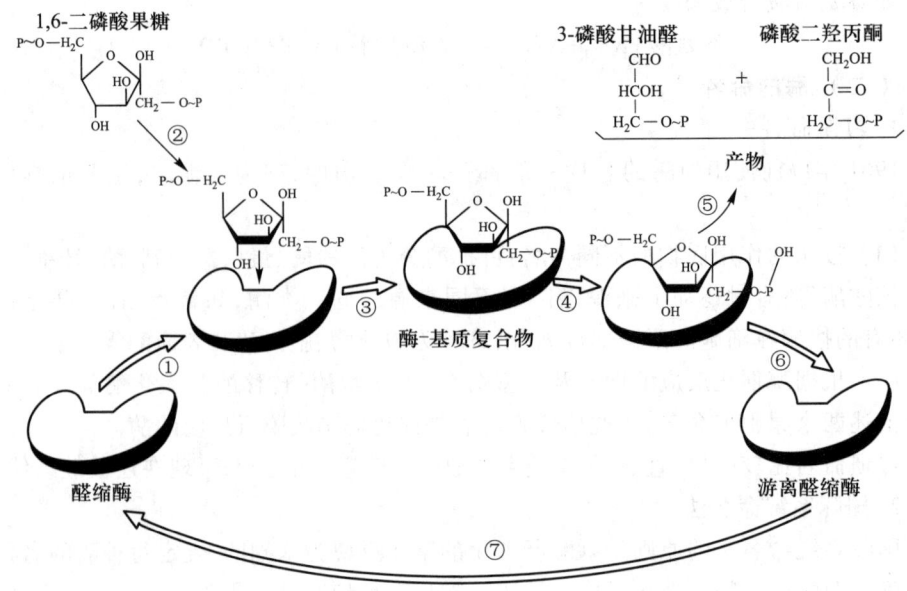

图 4-3　果糖二磷酸醛缩酶催化循环示意图
摘自：Thomas D B.Biology of Microorganisms.1977；120.有修改。

绝对专一性的酶只作用于一种底物，如脲酶只能催化尿素水解为氨和二氧化碳，对其他物质不起作用。相对专一性的酶对底物结构的要求不是十分严格，可作用一类结构相近的底物，即一种酶能催化一类具有相同化学键或基团的物质进行某种类型的反应，如脂肪酶能催化含酯键的脂质进行水解反应。

（2）立体异构专一性：当底物具有立体异构体时，酶只能作用其中的一种，这种专一性称为立体异构专一性。酶的立体异构专一性是相当普遍的现象。

① 旋光异构专一性。例如，L-氨基酸氧化酶只催化 L-氨基酸氧化，不催化 D-氨基酸：

$$L\text{-氨基酸}+H_2O+O_2 \xrightarrow{L\text{-氨基酸氧化酶}} \alpha\text{-酮酸}+NH_3+H_2O_2$$

又如胰蛋白酶只作用于 L-氨基酸残基构成的肽键或其衍生物，而不作用于 D-氨基酸残基构成的肽键或其衍生物。β-葡萄糖氧化酶仅能将 β-D-葡萄糖转变成葡萄糖酸，而对 α-D-葡萄糖不起作用。上述例子，均称为旋光异构专一性。

② 几何异构专一性。当底物具有几何异构体时，酶只能作用其中的一种。例如，琥珀酸脱氢酶只能催化琥珀酸脱氢生成延胡索酸，而不能生成顺丁烯二酸：

$$\begin{array}{c}CH_2COOH \\ | \\ CH_2COOH\end{array} \underset{}{\overset{\text{琥珀酸脱氢酶}}{\rightleftharpoons}} \begin{array}{c}HOOC-CH \\ \| \\ CH-COOH\end{array}$$

琥珀酸　　　　　　　　　　延胡索酸

（3）有关酶作用专一性的几种假说

① 1894 年，Fischer 提出"锁与钥匙"假说，即酶与底物为锁与钥匙的关系，以此说明酶与底物在结构上的互补性（图 4-4）。该假说有一定的局限性，尤其不能解释酶所催化的逆反应。

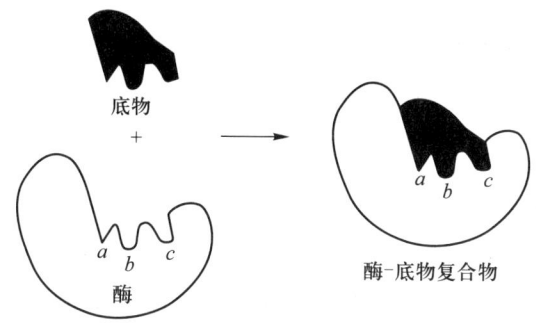

图 4-4 锁钥假说
摘自:王镜岩,等.生物化学,2002。

② 3 点附着假说是 A.Ogster 在研究甘油激酶催化甘油转化为磷酸甘油时提出来的。酶具有立体异构专一性,是由于立体对映体中的一对底物虽然基团相同,但空间排布不同,那么这些基团与酶的活性中心的有关基团能否互相匹配就不好确定。只有 3 点都匹配时,酶才能作用于这个底物。

以上两种假说都认为酶和底物之间的关系是"刚性的",只能说明底物与酶的结合,不能说明催化。而专一性应包含两层意义:结合专一性和催化专一性。有的钥匙能插入锁孔中,但不一定能把锁打开,就不能起到催化的作用。

③ 1958 年 Koshland 首先认识到底物的结合可以诱导酶活性部位发生一定的构象变化,并提出了诱导楔合理论。该假说的要点是:酶分子与底物分子接近时,酶蛋白受底物分子诱导,其构象发生有利于底物结合的变化,酶与底物在此基础上互补契合进行反应。近年来 X 射线晶体结构分析的实验结果支持这一假说,证明了酶与底物结合时,确有显著的构象变化。因此这一假说令人比较满意地说明了酶的专一性。对酶的专一性的研究具有重要的生物学意义,它有利于阐明生物体内有序的代谢过程、酶的作用机制等。

3. 酶的催化反应条件温和

酶只需在常温、常压和近中性的水溶液中进行催化反应,而一般的催化剂则需在高温、高压、强酸或强碱等异常条件下才起催化作用。例如,生物固氮在植物中是由固氮酶所催化的,通常在 27 ℃和中性 pH 下进行,每年可从空气中将 10^8 t 左右的氮固定下来。而在工业上合成氨,需要在 500 ℃,几百个标准大气压下才能完成。

4. 酶对环境条件的变化极为敏感

酶是由细胞产生的生物大分子,凡能使生物大分子变性的因素,如高温、强酸、强碱等都能使酶丧失活性;Cu^{2+},Hg^{2+},Ag^+ 等重金属离子会钝化酶,使之失活。不同的酶所需要的反应条件有时相差甚远,有些酶(如固氮酶)对氧(O_2)的存在表现出高度的敏感,以致固氮酶在被氧处理后,短时间内就可导致酶活性不可逆地丧失。

5. 酶的催化效率极高

生物体内的大多数反应,在没有酶的情况下,几乎是不能进行的。即使像 CO_2 水合作用这样简单的反应也是通过体内碳酸酐酶催化的,1 mol 碳酸酐酶在 1 s 内可以使 6×10^5 个 CO_2 分子发生水合作用:

$$CO_2 + H_2O \rightleftharpoons H_2CO_3$$

通常酶比无机催化剂的催化效率高几千倍至百亿倍。例如，1 mol 过氧化氢酶在 1 s 内催化 10^5 mol H_2O_2 分解，而铁离子在相同的条件下，只催化 10^{-5} mol H_2O_2 分解。过氧化氢酶的催化效率比铁离子高 10^{10} 倍。

在一个反应系统中，因为各个分子所含的能量高低不同，每一瞬间并非全部反应物分子都能进行反应。只有那些具有较高能量，处于活化态的分子即活化分子才能在分子碰撞中发生化学反应，反应物中活化分子越多，则反应速率越快。活化分子比一般分子高出一定的能量，该能量称为活化能。活化能的定义为：在一定温度下，1 mol 底物全部进入活化态所需要的自由能，单位为 kJ/mol。酶催化效率极高的原因是酶能降低反应的能阈，从而降低反应物所需的活化能。这样只需较少的能量就可使反应物变成活化分子，从而导致反应系统中活化分子数量大大增加，使反应速率加快。例如，在无催化剂时使蔗糖水解所需活化能为 1 339.8 kJ/mol，在用 H^+ 作催化剂时，则需要 108.8 kJ/mol，而用酵母菌蔗糖酶催化蔗糖水解，活化能降低为 48 kJ/mol。又如，H_2O_2 自发分解（无催化剂）时所需活化能为 75 kJ/mol，用胶铂催化时所需活化能降为 46 kJ/mol；用过氧化氢酶催化时，活化能仅需 8.4 kJ/mol。

六、影响酶促反应速率（或酶活力）的因素

（一）酶促反应的动力学方程式

1913 年，米契里斯(Michaelis)和曼坦(Menten)根据酶反应的中间产物学说，列出化学反应式(4-1)：

$$E + S \underset{k_2}{\overset{k_1}{\rightleftharpoons}} ES \overset{k_3}{\rightleftharpoons} E + P \qquad (4-1)$$

（酶）（底物）　（中间产物）　（酶）（最终产物）

并推导出酶促反应速率方程式（米曼公式，或称米氏方程），米氏方程是催化底物反应的速率方程式，是酶学中最基本的方程式。从方程式可知，在一定条件下，酶催化的反应速率可以用该反应的最大速率、底物浓度和米氏常数 K_m 来表示。对于一个具体的酶反应来说，由于 v 和 K_m 都是常数，因此这公式表示了底物浓度 $[S]$ 与反应初速率 v 之间的关系。

$$v = \frac{v_{max}[S]}{K_m + [S]} \left(K_m = \frac{k_2 + k_3}{k_1} \right) \qquad (4-2)$$

式中：v 为反应速率；v_{max} 为酶完全被底物饱和时的最大反应速率；$[S]$ 为底物浓度；K_m 为米氏常数，其含义是反应速率为最大反应速率一半时的底物浓度。

K_m 值越小，表示酶与底物的反应越趋于完全；K_m 值越大，表明酶与底物的反应不完全。当底物浓度 $[S] = K_m$ 时，酶促反应速率正好等于最大反应速率的一半：

$$v = \frac{v_{max}[S]}{K_m + [S]} = \frac{v_{max}[S]}{2[S]} = \frac{v_{max}}{2} \qquad (4-3)$$

K_m 可用下式求出：

$$K_m = \left(\frac{v_{max}}{v} - 1 \right)[S] \qquad (4-4)$$

K_m是酶的特征常数之一,只与酶的性质有关,与酶的浓度无关,不同的酶所对应的K_m值不同。K_m的单位等于浓度单位,大多数酶的K_m为$10^{-7} \sim 10^{-1}$ mol/L(表4-4)。

表4-4 一些酶的K_m值

酶	底物	K_m/(mol·L^{-1})
过氧化氢酶(catalase)	H_2O_2	2.5×10^{-2}
脲酶(urease)	尿素	2.5×10^{-2}
己糖激酶(hexokinase)	葡萄糖、果糖	1.5×10^{-4}
蔗糖酶(sucrase)	蔗糖	2.8×10^{-2}
乳酸脱氢酶(lactate dehydrogenase)	丙酮酸	1.7×10^{-5}
丙酮酸脱氢酶(pyruvate dehydrogenase)	丙酮酸	1.3×10^{-3}

K_m和v_{max}值的求法最常用的是Lineweaver-Burk图解法(图4-5)。

将式(4-3)的两边取倒数,即得到:

$$\frac{1}{v} = \frac{1}{v_{max}} + \frac{K_m}{v_{max}} \frac{1}{[S]} \quad (4-5)$$

根据实验中测得的底物浓度[S]和反应速率(初速率或反应后短时间内观察的速率)计算得到$1/v$和$1/[S]$值,以$1/v$对$1/[S]$作图,连接各点得到直线,计算K_m和v_{max}值。

根据质量作用定律,产物P的生成量决定于中间产物ES的浓度,ES的浓度越高,酶促反应越快。ES的浓度又由酶E的浓度和底物S的浓度决定。

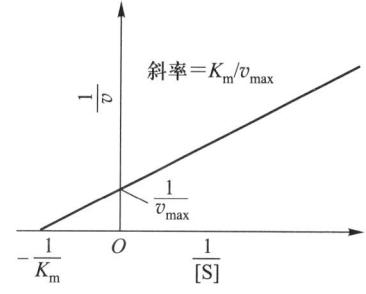

图4-5 Lineweaver-Burk图解法

由米曼公式可知:酶促反应速率受酶浓度和底物浓度的影响,也受温度、pH、激活剂和抑制剂等因素的影响。

(二) 影响酶促反应速率(或酶活力)的因素

1. 酶的活力与测定

酶活力又称酶活性,是指酶催化一定的化学反应的能力。酶活力的大小可用在一定的条件下,酶催化某一化学反应的反应速率来表示。所以,酶活力的测定也就是对酶所催化的反应速率的测定。

反应速率是用单位时间内底物的减少量或产物的生成量来表示的。在酶促反应速率的测定中,底物都是过量的,少量底物的减少难以准确测定。而产物从无到有,测定起来比较灵敏。因此,在实践中大多是测定在单位时间内产物的增加量。

酶活力的高低用酶活力单位来表示。国际酶学会议规定:在最适条件下,每分钟转化1 μmol/L底物的酶为一个单位(IU)。

1972年,国际生物化学与分子生物学联盟(IUBMB)下属的酶学委员会为了使酶的活力单位的表达方法尽量一致,推荐了一个新的酶活力单位"催量"(即Katal,简称Kat)来表示酶活力单位。1 Kat单位定义为:在最适条件下,每秒钟内催化1 mol/L底物转化为产物所需的酶量定为 1 Kat 单位。同理,可使 1 μmol/L 底物转化的酶量定为 1 μKat 单位;依次类推就有 nKat 和 pKat 等。Katal 和 IU 之间的关系是:1 Kat = 6×10^7IU。

在实际应用中,为了能更好地对不同酶样品进行比较,常用酶的比活力的概念。所谓比活力是指在固定条件下,每毫克或每毫升酶液所具有的酶活力。

酶活力的测定方法有化学分析法、光吸收法、量气法和酶分析法等。

2. 影响酶促反应速率的因素

(1) 酶的浓度对酶促反应速率的影响:由米曼公式和图 4-6 看出,酶促反应速率与酶浓度成正比。在酶作用的最适条件下,酶促反应速率(v)与酶浓度[E]成正比。$v=k$[E],k 为反应速率常数。当底物浓度足够时,酶分子越多,底物转化的速率越快。但事实上,随着酶浓度提高,酶浓度与反应速率的关系曲线有时会很快偏离直线而折向平缓。这时可根据具体图形的偏离程度找出产生偏差的原因,譬如有时没有达到最佳反应条件;有时由于高浓度底物夹带有较多的抑制剂等原因所造成。

(2) 底物浓度对酶促反应速率的影响:在生化反应中,若酶的浓度为定值,底物的起始浓度[S_0]极低时,酶促反应速率随底物浓度[S]的增加而直线上升,表现为一级反应。但随着底物浓度的继续增加,反应速率上升比较缓慢,表现为混合级的反应。当底物浓度增加到某种程度时,中间产物浓度[ES]不增加,酶促反应速率也不再增加,表现为零级反应(图 4-7)。

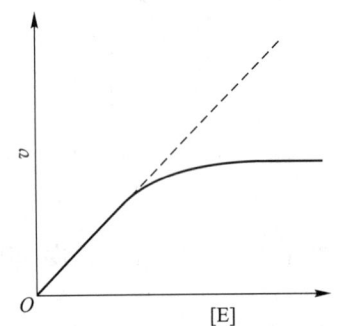

图 4-6 酶促反应速率与酶浓度的关系

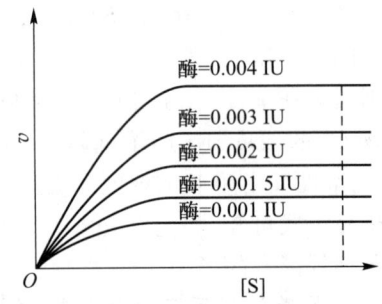

图 4-7 不同酶初始浓度下,酶促反应速率与底物浓度的关系

从图 4-7 还可看到,在底物浓度相同的条件下,酶促反应速率与酶的初始浓度[E_0]成正比。酶的初始浓度高的,其酶促反应速率就快。

在实际测定中,即使酶的浓度足够,但随着底物浓度的继续升高,酶促反应速率并没有增加,反而受到抑制。实验证明,大多数酶都有这种饱和现象,但达到饱和所需的底物浓度不同。底物浓度对酶促反应速率的影响较复杂,虽然底物浓度过量是保证酶反应进行的基本条件,但若过量太多,高浓度的底物会降低水的有效浓度,降低分子的扩散性,从而降低酶促反应速率;过量的底物还会与激活剂结合,降低了激活剂的有效浓度,也会降低酶促反应速率;过量的底物会聚集在酶分子上,生成无活性的中间产物,不能释放出酶分子,从而也会降低反应速率。

（3）温度对酶促反应速率的影响：由于酶促反应也是一种化学反应，所以在一定的温度范围内，反应速率随着温度升高而加快。但由于酶是蛋白质，温度过高会使酶变性失活。如果以温度为横坐标，反应速率为纵坐标，可得到如图4-8所示的曲线。对每一种酶来说，都有一个显示最大活力的温度，这一温度称为该酶的最适温度。各种酶在最适温度附近的一定范围内，酶活性最强，酶促反应速率最大。在最适温度范围内，温度每升高10 ℃酶促反应速率可相应提高1~2倍，通常用温度系数Q_{10}表示温度对酶促反应的影响：Q_{10}是表示温度每提高10 ℃，酶促反应速率相应提高的因数。酶促反应的Q_{10}通常为1.4~2.0，小于无机催化反应和一般化学反应的Q_{10}：

$$Q_{10} = \frac{(T_0 + 10\ ℃)\text{时的反应速率}}{T\text{时的反应速率}} \quad (4-6)$$

不同的生物其最适温度不同。例如，动物组织中的各种酶的最适温度为37~40 ℃；微生物各种酶的最适温度在25~60 ℃，但也有例外，黑曲糖化酶的最适温度为62~64 ℃；巨大芽孢杆菌、短乳酸杆菌、产气杆菌等的葡萄糖异构酶的最适温度为80 ℃，枯草杆菌的液化型淀粉酶的最适温度为85~94 ℃。可见，一些芽孢杆菌的酶热稳定性较高。过高或过低的温度都会降低酶的催化效率，即降低酶促反应速率。最适温度不是酶的特征物理常数，它往往受到酶的纯度、底物、激活剂和抑制剂等因素的影响。

（4）pH对酶促反应速率的影响：pH对酶促反应速率的影响是比较复杂的。pH的变化不仅影响酶的稳定性，而且还影响酶的活性中心重要基团的解离状态及底物基团的解离状态。酶在最适pH范围内表现出最高的催化活性，大于或小于最适pH，都会降低酶活性。图4-9是一组酶活力（或酶促反应速率）与pH的关系曲线，处于曲线高峰相应的pH为最适pH。酶的最适pH不是个特定常数，与最适温度一样，会随酶的纯度，底物的种类、性质，缓冲剂的种类、性质与浓度及抑制剂性质等的改变而改变。如脲酶对尿素的催化反应，分别以乙酸盐、柠檬酸盐和磷酸盐作缓冲剂，脲酶显示出不同的最适pH（图4-9 A,B,C 曲线）。

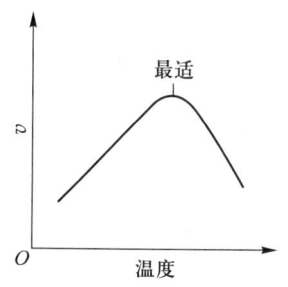

图4-8　温度对酶促反应速率的影响

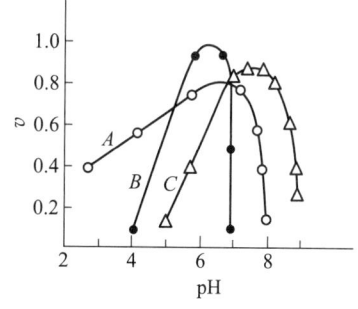

图4-9　缓冲剂种类及pH对酶促反应速率的影响（脲酶浓度为25 g/L）

A—乙酸盐；B—柠檬酸盐；C—磷酸盐

pH对酶活力的影响主要表现在两方面：① 改变底物分子和酶分子的解离状态，从而影响酶和底物的结合；② 过高、过低pH都会影响酶的稳定性，进而使酶遭到不可逆性的破坏。pH 对反应速率的影响是通过对酶和底物两者的影响来实现的,所以酶的最稳定 pH 与酶促作用的最适 pH 有时并不相同。但一般来说,酶在其作用的最适 pH 下是稳定的。

(5) 激活剂对酶促反应速率的影响:凡能激活酶的物质称酶的激活剂。激活剂种类很多,按其化学组成,可分为以下两类。

① 无机离子激活剂。包括无机阳离子激活剂和无机阴离子激活剂。无机阳离子有 Na^+,Al^{3+},Cr^{3+} 等,一般认为金属离子的激活作用,主要是由于金属离子在酶和底物之间起了某种搭桥的作用,它先与酶结合,再与底物结合成酶-金属-底物的复合物,从而更有利于底物与酶的活性中心的结合。无机阴离子有 Cl^-,Br^-,I^-,CN^-,NO_3^-,S^{2-},SO_4^{2-},SeO_4^{2-},AsO_4^{3-},PO_4^{3-} 等,最典型的例子是唾液淀粉酶受 Cl^- 激活,当唾液透析后,该酶活力就大大降低,加入少量 NaCl 溶液后,此酶的活力又明显提高。

② 有机化合物。小分子有机化合物有维生素 C、半胱氨酸、巯基乙酸、还原型谷胱甘肽、维生素 B_1,B_2 和 B_6 的磷酸酯等。生物大分子有机化合物有肠激酶、磷酸化酶 b 等,均属于蛋白激酶,在生物代谢活动中起重要作用。

许多酶促反应只有当某一种适当的激活剂存在时,酶才表现出催化活性或强化其催化活性。例如,DNA 酶需要 Mg^{2+};脱羧酶需要 Mg^{2+},Mn^{2+} 和 Co^{2+} 等。当有些酶被合成后呈现出无活性状态的酶原时,它必须经过适当的修饰和某些激活剂的激活后才具有活性。

(6) 抑制剂对酶促反应速率的影响:引起抑制作用的物质称为酶的抑制剂。抑制作用是指由于某些物质与酶的活性部位结合,使酶蛋白活性部位的结构和性质发生改变,从而引起酶活力下降或丧失的一种效应。酶的抑制剂有重金属离子(如 Ag^+,Cu^{2+},Hg^{2+} 等)、一氧化碳、硫化氢、氰氢酸、氟化物、碘化乙酸、生物碱、染料、对氯汞苯甲酸、二异丙基氟磷酸、乙二胺四乙酸和表面活性剂等。

抑制作用的类型有以下两种。

① 不可逆的抑制作用。有些抑制剂能与酶分子上的某些基团以共价键方式结合,导致酶的活性下降或丧失,且不能用透析等方法除去抑制剂而使酶的活性恢复的作用,称为不可逆的抑制作用。上述重金属离子、有机汞及有机磷化合物(有机磷农药)等是常见的不可逆的抑制剂。

② 可逆的抑制作用。抑制剂与酶以非共价键方式结合而引起酶的活性下降或丧失,用透析、超滤等方法可除去抑制剂而使酶恢复活性,这种作用被称为可逆的抑制作用。可分为竞争性抑制、非竞争性抑制和反竞争性抑制。

a. 竞争性抑制　有些抑制剂的结构与某种底物的结构类似,它可与底物竞争与酶的活性中心结合,从而影响了底物与酶的结合,使反应速度下降,这种作用称为竞争性抑制。与底物的结构类似的物质称为竞争性抑制剂。

b. 非竞争性抑制　底物和抑制剂与酶的结合没有竞争性,底物和酶结合后,还可以与抑制剂结合,同样抑制剂与酶结合后,还可以与底物结合,形成酶-底物-抑制剂(ESI)三元复合物,但酶不显示活性,不能转变为产物,这种抑制称为非竞争性抑制。在非竞争性抑制过程中,反应速率与底物浓度无关。

c. 反竞争性抑制　酶只有与底物结合后,才能与抑制剂结合,即 ES+I→ESI。产生这种现象的原因可能是底物和酶的结合改变了酶的构象,或抑制剂直接与 ES 中的底物反应。反竞争性抑制常见于多底物反应中。

第二节　微生物的营养

营养(nutrition)是指生物体从外部环境中摄取其生命活动所必需的能量和物质,以满足正常生长繁殖需要的一种最基本的生理功能。营养是生命活动的起点,它为一切生命活动提供了物质基础,包括能量、代谢调节物质和必要的生理环境等。有了营养,才能进一步代谢、生长和繁殖,并可能为人们提供各种有益的代谢产物。

营养物质是指具有营养功能的物质,要了解微生物对营养物质的需要,了解微生物所需营养物质的种类和数量,首先要了解微生物的化学组成及生理特性等有关内容。

一、微生物细胞的化学组成

分析微生物细胞的化学组成,是了解微生物营养要求的一个重要途径。通过分析,可使我们大致了解各类微生物在化合物水平和元素水平方面的区别,从而了解微生物对营养的需要。

微生物机体质量的 70%~90% 为水分,其余 10%~30% 为干物质。

(一) 水分

不同类型的微生物水分含量不同。例如,细菌含水 75~85 g/(100 g),酵母菌含水 70~85 g/(100 g),霉菌含水 85~90 g/(100 g),芽孢含水 40 g/(100 g)。

(二) 干物质

微生物机体的干物质由有机物和无机物组成(表 4-5)。有机物占干物质质量的 90%~97%,包括蛋白质、糖类、核酸及脂质。无机物占干物质质量的 3%~10%,包括 P、S、K、Na、Ca、Mg、Fe、Cl 和微量元素 Cu、Mn、Zn、B、Mo、Co、Ni 等。C、H、O、N 是所有生物体的有机元素。糖类和脂质由 C、H、O 组成,蛋白质由 C、H、O、N、S 组成,核酸由 C、H、O、N、P 组成。

表 4-5　微生物细胞的化合物组成(占干重的质量分数)　　　　单位:%

微生物	蛋白质	糖类	核酸	脂质	灰分
细菌	50.00~60.00	6.00~15.00	15.00~25.00	5.00~10.00	1.34~13.86
酵母菌	35.00~45.00	30.00~45.00	5.00~10.00	5.00~10.00	6.50~10.17
霉菌	25.00~40.00	40.00~55.00	2.00~8.00	5.0~10.00	5.95~12.20

根据微生物的元素组成分析数据(表 4-6),可得出其化学组成实验式。例如,细菌和酵母菌的实验式为 $C_5H_8O_2N$,霉菌的实验式为 $C_{12}H_{18}O_7N$。也有资料报导,细菌、原生动物和霉菌的化学组成实验式分别为 $C_5H_7O_2N$、$C_7H_{14}O_3N$ 和 $C_{10}H_{17}O_6N$。微生物的化学组成实验式不是分子式,它只是说明组成有机体的各种元素之间有一定的比

例关系。例如，$C_5H_8O_2N$ 是表明细菌机体的 C、H、O、N 的物质的量之比为 5∶8∶2∶1，在培养微生物时可按一定的营养比例供给营养。

表 4-6　微生物的元素组成（占干重的质量分数）　　　　单位：%

元素	细菌	酵母菌	根霉
C	50.40	49.80	47.60
H	6.78	6.70	6.70
O	30.52	31.10	40.16
N	12.30	12.40	5.24

表 4-6 中的数据一般均取平均值，其含量往往随培养条件、菌龄的不同而改变。从元素水平看，各类微生物基本上是相同的；但从化合物的水平来看，则各类微生物在其漫长的进化过程中已有显著的分化，特别是反映在对碳源、氮源的要求上，但它们对各类基本营养物质的要求又有着其共同点。

二、微生物的营养物及营养类型

微生物要求的营养物质有水、碳素营养源、氮素营养源、无机盐及生长因子等。

（一）水

水是微生物机体的重要组成成分，也是微生物代谢过程中必不可少的溶剂，有助于营养物质溶解，并通过细胞质膜被微生物吸收，保证细胞内、外各种生物化学反应在溶液中正常进行。水可维持各种生物大分子结构的稳定性，并参与某些重要的生物化学反应。此外，水具有优良的物理性状（如比热高），能有效地吸收代谢过程中放出的热能；水又是良好的导体，有利于散热，起到了调节细胞温度和保持环境温度的恒定作用等。

（二）碳源和能源

凡能供给微生物碳素营养的物质，称为碳源（carbon source）。碳源的主要作用是构成微生物细胞的含碳物质（碳架）和供给微生物生长、繁殖及运动所需要的能量。从简单的无机碳化合物到复杂的有机化合物，都可作为碳源。例如，糖类、脂肪、氨基酸、简单蛋白质、脂肪酸、丙酮酸、柠檬酸、淀粉、纤维素、半纤维素、果胶、木质素、醇类、醛类、烷烃类、芳香族化合物（如酚、萘、菲及蒽等）和氰化物（如氰化钾、氰氢酸和丙烯腈），以及各种低浓度的染料等。少数种还能以 CO_2 或 CO_3^{2-} 中的碳素为唯一的或主要的碳源。可见，自然界蕴藏着丰富的微生物碳源。微生物最好的碳源是糖类，尤其是葡萄糖、蔗糖，它们最易被微生物吸收和利用。微生物细胞中的碳素含量相当高，占干物质质量的 50% 左右。可见，微生物对碳素的需要量最大。

能为微生物生命活动提供最初能量来源的营养物或辐射能，称为能源（energy source）。

微生物的能源如下：

$$\text{能源}\begin{cases} \text{化学物质}\begin{cases} \text{有机物：化能异养微生物的能源（同碳源）} \\ \text{无机物：化能自养微生物的能源（不同于碳源）} \end{cases} \\ \text{辐射能：光能无机营养型和光能有机营养型的微生物的能源} \end{cases}$$

根据微生物对各种碳素营养物的同化能力不同,可把微生物分为无机营养和有机营养两种;又由于能源的形式不同,可分为光能营养型和化能营养型,表 4-7 为微生物的营养类型。

表 4-7　微生物的营养类型

类型	能源	供氢体(电子供体)	主要碳源	微生物(举例)
光能无机营养型	光	H_2O	CO_2	藻类、蓝细菌、高等植物
光能无机营养型	光	H_2S, S, H_2	CO_2	紫色、绿色硫细菌
化能无机营养型	氧化无机物	H_2, S, H_2S, NH_3	CO_2	氢细菌、硫细菌、硝化细菌等
光能有机营养型	光	有机物	有机物	紫色非硫细菌、少数藻类
化能有机营养型	氧化有机物	有机物	有机物	多数细菌、放线菌、全部真菌

1. 无机营养微生物

无机营养也称为无机自养。这一类型微生物具有完备的酶系统,合成有机物的能力强,以 CO_2,CO 和 CO_3^{2-} 中的碳素为唯一碳源,利用光能或化学能(氧化无机物)在细胞内合成复杂的有机物,以构成自身的细胞成分。而不需要外界供给现成的有机碳化物。因此,这种微生物又称自养型微生物。根据能量来源不同,自养型微生物又分为光能自养型微生物和化能自养型微生物。

(1) 光能自养型微生物:依靠体内的光合作用色素,利用阳光(或灯光)作能源,以 H_2O 和 H_2S 等作供氢体,CO_2 为碳源合成有机物,构成自身细胞物质。

(2) 化能自养型微生物,不具有光合色素,不能进行光合作用,合成有机物所需的能量是它们氧化 S, H_2S, H_2, NH_3, Fe 等无机物时,通过氧化磷酸化作用产生的 ATP。CO_2 是化能自养微生物的唯一碳源。

自养微生物有专性自养微生物和兼性自养微生物两种。

2. 有机营养微生物

有机营养微生物也称为异养微生物,这类微生物具有的酶系统不如自养微生物完备,它们只能利用有机化合物为碳素营养和能量来源。糖类、脂肪、蛋白质、有机酸、醇、醛、酮及烃类等,都可作为异养微生物的碳素营养。异养微生物有腐生性和寄生性两种,前者占大多数。

异养微生物又分为光能异养微生物(少数)和化能异养微生物(多数)。光能异养微生物是以光为能源,以有机物为供氢体,还原 CO_2,合成有机物的一类厌氧微生物,也称为有机光合细菌。化能异养微生物是一群依靠氧化有机物产生化学能而获得能量的微生物,它们的碳源也是其能源。化能异养微生物包括绝大多数细菌、放线菌及全部的真菌。

3. 混合营养微生物

混合营养微生物是既可以无机碳(CO_2 和 CO_3^{2-} 等)为碳素营养,又可以有机化合物为碳素营养的一类微生物,即兼性营养微生物。例如,氢细菌属(*Hydrogenmonas*)、贝日阿托氏菌属(*Beggiatoa*)、发硫菌属(*Thiothrix*)、亮发菌属(*Leucothrix*)、新型硫杆菌(*Thiobacillius novellus*)、脱氮硫杆菌(*Thiobacillus denitrificans*)等,它们既可以 S 和 H_2S

为能源,也能以低浓度的乙酸钠、琥珀酸及葡萄糖为能源和碳源。据报道,硝化细菌的某些菌株能以乙酸为碳源;而红螺菌在有光厌氧条件下进行光合作用,在黑暗好氧条件下进行异养生活等。

综上所述,无机营养型的微生物氧化无机物维持生命,利用 CO_2 和碳酸盐作为其主要的甚至是唯一的碳源,来合成自己细胞。由于能源的不同,又可分为光能营养型和化能营养型两类。有机营养型主要是指化能有机营养型的微生物,在自然界分布最广,种类最多,对人类的作用也最大,绝大多数微生物都属于这一类型。它们缺乏将无机物合成有机物的能力,只能利用有机物作为碳源和能源(光能有机营养型则利用光作为能源)。

废水中的有机物种类很多,淀粉、有机酸、醇类等都含有碳元素,都能作为微生物的碳源。这类微生物在废水处理中较为重要,它们对这些有机物的利用能力直接影响水处理效果。无机营养和有机营养的微生物在废水处理中往往表现为互生关系,两者生活在一个环境中互相取利。

(三) 氮源

凡是能够供给微生物含氮物质的营养物称为氮源(nitrogen source)。氮源是合成蛋白质的主要原料,一般不提供能量。但硝化细菌却能利用氨作为氮源和能源,某些氨基酸也能作为能源。蛋白质是细胞的主要组成成分,氮素是微生物生长所需要的主要营养源。

氮源有 N_2(固氮微生物),对于不能固氮的微生物来说,氮的来源包括大量的无机氮化合物(如硝酸盐、铵盐等)及有机氮化合物。有机氮化合物包括尿素、胺、酰胺、嘌呤和嘧啶碱、氨基酸、蛋白质等,都能被不同的微生物所利用。

根据对氮源要求的不同,将微生物分为4类。

1. 固氮微生物

占空气体积80%的 N_2 是自然界最丰富的氮源,但是这些游离的氮分子只有在转变成化合物状态时,才能产生生命作用,而这个转变必须通过固氮作用来实现。地球表面的氮素循环也是从固氮作用开始的,而微生物的固氮作用是最基本的。它们利用空气中分子氮(N_2)合成自身的氨基酸和蛋白质,如固氮菌、根瘤菌和固氮蓝细菌等。

2. 利用无机氮为氮源的微生物

利用氨(NH_3)、铵盐(NH_4^+)、亚硝酸盐(NO_2^-)、硝酸盐(NO_3^-)的微生物有亚硝化细菌、硝化细菌、大肠杆菌、产气杆菌、枯草杆菌、铜绿色假单胞菌、放线菌、霉菌、酵母菌及藻类等。

3. 需要某种氨基酸作氮源的微生物

这类微生物叫氨基酸异养微生物。如乳酸细菌、丙酸细菌等,它们只有肽酶,没有蛋白酶,所以不能水解蛋白质,也不能利用简单的无机氮化物合成蛋白质,必须供给某些现成的氨基酸等才能生长繁殖。

4. 从分解蛋白质(主要为蛋白质水解产物)中取得铵盐或氨基酸合成蛋白质的微生物

氨化细菌、尿素细菌和酵母菌等微生物常利用简单蛋白质、氨基酸、尿素等有机化合物作为氮源,蛋白质的水解物(如蛋白胨等)通常都是微生物的良好氮源。因为细菌只有在大量生长时才生成蛋白酶,若一开始就只供给纯蛋白质,则细菌大多不能生长,所以,一般开始时应加入少量可被迅速利用的氮源(如蛋白胨等),当细菌得以大量生长繁殖时,才形成蛋白酶,然后才能分解利用蛋白质。所以蛋白质不是良好的氮源,培养基中大多用其水解产物(蛋白胨等)。

(四) 无机盐

无机盐(mineral salt)的生理功能包括:构成细胞组分;构成酶的组分和维持酶的活性;调节渗透压、氢离子浓度、氧化还原电位等;供给自养微生物的能源。

微生物需要的无机盐有磷酸盐、硫酸盐、氯化物、碳酸盐、碳酸氢盐等。这些无机盐中含有钾、钠、钙、镁、铁等主要元素,其中,微生物对磷和硫的需求量最大。此外,微生物还需要锌、锰、钴、钼、铜、硼、钒、镍等微量元素。

1. 主要元素

(1) 磷:磷在细胞中对微生物的生长、繁殖、代谢都起着极其重要的作用。① 磷是微生物细胞合成核酸、核蛋白、磷脂及其他含磷化合物的重要元素。② 磷是辅酶Ⅰ(NAD)、辅酶Ⅱ(NADP)、辅酶A及各种腺苷磷酸(AMP、ADP、ATP)等的组分。③ 磷在糖代谢磷酸化过程中起关键性的作用。④ 腺苷磷酸在能量储存和传递中起重要作用。⑤ 磷酸盐是重要的缓冲剂,调节pH。⑥ 磷酸盐可促进巨大芽孢杆菌的芽孢发芽和发育。几乎所有的微生物都需要磷酸盐。

(2) 硫:硫是含硫氨基酸(胱氨酸、半胱氨酸、甲硫氨酸)的组成成分,一些酶的活性基(如硫胺素、生物素、辅酶A、谷胱甘肽等)都含有巯基(-SH 也称硫氢基)。硫和硫化物是好氧硫细菌的能源,好氧硫细菌从无机硫化物和有机硫化物的氧化过程中取得能源、硫元素和供氢体。

(3) 镁:镁是己糖磷酸化酶、异柠檬酸脱氢酶、肽酶、羧化酶等的活化剂,是光合细菌的菌绿素和藻类叶绿素的重要组分。镁在细胞中起稳定核糖体、细胞质膜和核酸的作用。镁的缺乏会使核糖体和细胞质膜遭受破坏,使微生物生长停止。不同微生物对镁的需求量不同。革兰氏阳性菌对镁的需求量比革兰氏阴性菌高10倍左右。例如,枯草芽孢杆菌需要质量浓度为25 mg/L的镁,蕈状芽孢杆菌需要40 mg/L。而革兰氏阴性的灵杆菌需要 4~6 mg/L。

重金属钴和镍与镁有拮抗作用,当镁的浓度低,镍的质量浓度为0.2 mg/L,将会完全抑制产气杆菌生长;当镁的质量浓度增加到20 mg/L时,镍的抑制作用极小。

微生物需要的镁源有硫酸镁及其他镁盐。

(4) 铁:铁是过氧化氢酶、过氧化物酶、铁硫蛋白、细胞色素、细胞色素氧化酶等的组分,是细胞色素和铁氧还蛋白的氧化还原反应中必不可少的电子载体,在电子传递体系中起至关重要的作用。

不同的微生物对铁的需求量不同。例如,大肠杆菌需铁 2 mg/L。污水生物处理中的活性污泥需铁量为 2 mg/L;破伤风杆菌、梭状芽孢杆菌需铁量0.5~0.6 mg/L。铁是铁细菌的能源,铁细菌在氧化铁的过程中取得能量。

铁的缺乏对大肠杆菌影响较大,表现在两方面:① 影响酶的合成。若大肠杆菌缺铁,就不能合成甲酸脱氢酶,那就不能催化甲酸分解为 H_2 和 CO_2。所以,此时大肠杆菌分解葡萄糖只产酸不产气。② 影响细胞分裂。例如,大肠杆菌在分裂时若缺铁,则大肠杆菌的核物质只增长、延长而不分裂,整个细胞呈丝状生长。若在活性污泥法的污水生物处理中,出现大肠杆菌呈丝状生长的状况,就会引起活性污泥丝状膨胀。造成活性污泥在二沉池中的沉淀效果差,活性污泥随水流失,影响出水的质量。

(5) 钙:钙是微生物重要的阳离子,是蛋白酶的激活剂,是细菌芽孢的重要组分,钙离子在细菌芽孢的热稳定性中起着关键性的作用,并且还与细胞壁的稳定性有关。在活性污泥中,钙与菌体间的凝聚有关。若用蒸馏水将细菌加以冲洗,绒粒即行解体,如投入钙则再次形成绒粒。

(6) 钾:钾也是微生物重要的阳离子,钾不参与细胞结构物质的组成,但它是许多酶的激活剂,钾离子对磷的传递、ATP 的水解、苹果酸的脱羧反应等起重要作用,也与原生质的胶体特性和细胞膜的透性有关。钾促进糖类的代谢,在细胞内积累的浓度往往要比培养基中高出许多倍。

2. 微量元素

微量元素是微生物维持正常生长发育所必需的,包括锰、锌、钴、镍、铜、钼、钒、碘、溴和硼等。它们极微量时就可刺激微生物的生命活动。许多微量元素是酶的组分,或是酶的激活剂。微生物对微量元素的需求量极小,一般培养中微量元素质量浓度到 0.1 mg/L 就够了。天然有机物都含上述微量元素。当用它们配培养基时,不需添加微量元素。过量的微量元素引起微生物中毒,单独一种微量元素过量,其毒性更大。

锰是多种酶的激活剂,是黄嘌呤氧化酶的组分,在有些酶中可代替镁。纤发菌属与球衣细菌的唯一区别是能否转化锰。

铜是多酚氧化酶、乳糖酶及抗坏血酸氧化酶的组分;钴参与维生素 B_{12} 的组成;锌是乙醇脱氢酶和乳酸脱氢酶的活性基,是酶的激活剂;钼与钒促进固氮作用等。

镍、钴、钼对产甲烷菌的生长特别有意义,尤其是镍。例如,嗜热自养甲烷杆菌要合成 1g 细胞干物质,需要培养基中 $NiCl_2$ 的浓度为 150 nmol/L,$CoCl_2$ 的浓度为 20 nmol/L 及 Na_2MoO_4 的浓度为 20 nmol/L。镍是产甲烷菌的 F_{430} 和一氧化碳脱氢酶的组分,促进产甲烷菌的生长和甲烷的形成。培养基中镍的浓度可达 100~500 nmol/L,其中有 50%~70% 的镍用于合成 F_{430},其余吸收的镍被结合在蛋白质部分。

微量元素之间有协同作用,也有拮抗作用。例如铁、锌和锰可促进铜的作用,锰能抵消锌的促进作用等。

(五) 生长因子

生长因子(growth factor)是一类调节微生物正常代谢所必需,但不能用简单的碳、氮源自行合成的有机物。广义的生长因子除了维生素外,还包括碱基、嘌呤、嘧啶、生物素及烟酸等,有时还包括氨基酸营养缺陷突变株所需要的氨基酸在内;而狭义的生长因子一般仅指维生素。

生长因子虽也属重要营养要素,但它与碳源、氮源和能源有所区别,即并非所有微生物都需要外界为其提供生长因子。只是当某些微生物在具有上述 4 大类营养后仍生长不好,才需供给生长因子。多数真菌、放线菌和不少细菌均有合成生长因子的能力。例如,酵母菌能合成核黄素,链霉菌和丙酸杆菌能合成维生素 B_{12} 等。各种乳酸菌、动物致病菌、支原体和原生动物等则需要从外界吸收多种生长因子才能维持正常生长。例如,一般的乳酸菌都需要多种维生素;某些微生物及其营养缺陷突变株需要碱基；支原体需要甾醇等。在酵母浸出液、动物肝浸出液和麦芽浸出液中含多种生长因子，是配制培养基时常用的几种天然物质。

三、碳氮磷比

水、碳源、能源、氮源、无机盐及生长因子为微生物生长所共同需要的物质。由于不同微生物的细胞元素组成比例不同，对各营养元素的比例要求也不同，这里主要指碳氮比（或碳氮磷比）。例如，根瘤菌要求碳氮比为 11.5∶1；固氮菌要求碳氮比为 27.6∶1；霉菌要求碳氮比为 9∶1；土壤中微生物混合群体要求碳氮比为 25∶1。污（废）水生物处理中好氧微生物群体（活性污泥）要求碳氮磷比为 BOD_5∶N∶P = 100∶5∶1；厌氧消化污泥中的厌氧微生物群体对碳氮磷比要求 BOD_5∶N∶P = 100∶6∶1；有机固体废物堆肥发酵要求的碳氮比为 30∶1，碳磷比为（75~100）∶1。为了保证污（废）水生物处理和有机固体废物生物处理的效果，要按碳氮磷比配给营养。城市生活污水能满足活性污泥的营养要求，不存在营养不足的问题。但有的工业废水缺乏某种营养，当其含量不足时，应供给或补足。某些工业废水如酒精废水缺少氮；洗涤剂废水磷过剩（无磷洗涤剂除外），也缺氮，可用粪便污水或尿素补充。若有的废水缺磷则可用磷酸氢二钾补充。但如果工业废水不缺营养，切勿添加上述物质，否则会导致反驯化，影响处理效果。

四、微生物的培养基

根据各种微生物对营养的需要（如水、碳源、能源、氮源、无机盐及生长因子等），按一定的比例配制而成的，用以培养微生物的基质，称为培养基（culture medium）。

（一）培养基的配制

配制培养基有一定的原则和顺序，实验章节中会有详细内容，此处进行简单介绍：在烧杯中加一定量的蒸馏水（或去离子水或自来水，视实验要求而定），按配方称取各营养成分，然后将各营养成分逐一加入（按配方顺序加入），待每一种成分溶解后方可加下一成分，否则会引起沉淀物形成。为了避免产生金属沉淀物，可加入螯合剂与金属配合使其保持溶解状态。螯合剂有 EDTA（乙二胺四乙酸）和 NTA（氮川三乙酸）等。EDTA 常用质量浓度为 0.1 g/L。一般各成分加入的顺序是：① 缓冲化合物；② 无机元素；③ 微量元素；④ 维生素及其他生长因子。待全部营养成分配齐后，用质量浓度为 100 g/L 的 NaOH 或质量浓度为 100 g/L 的 HCl 调整 pH。由于在培养微生物的过程中会产生有机酸、CO_2 和 NH_3 等产物，它们会改变培养基的 pH。所以，在连续培养中需加缓冲剂，如 K_2HPO_4，KH_2PO_4，Na_2CO_3，$NaHCO_3$ 和 NaOH 等，pH 调好后，经分装并尽快置高压蒸汽灭菌锅内灭菌，否则就会杂菌丛生，并破坏其固有的成分和性质。

许多培养基成分具有双重或三重功能。例如，磷酸氢二钾及磷酸二氢钾既可作缓冲剂又可作磷源和钾源，硫酸铵可作氮源和硫源，葡萄糖同时作碳源和能源。

（二）培养基的种类

培养基的名目繁多，种类各异，所以有专供查阅的培养基手册，一般的微生物学教科书附录中也有常用的培养基配方。培养基的分类方法，通常有以下几种。

1. 按培养基组成物的性质分类

根据培养基组成物的性质不同,可把培养基分为3类。

(1) 合成培养基(synthetic medium):合成培养基是按微生物的营养要求,用已知的化合物配制而成的培养基。合成培养基中的各成分是已知结构的纯化学物质,包括无机物和有机物。例如,培养真菌的蔗糖硝酸盐培养基(查氏培养基),硝化细菌培养基等。合成培养基的成分精确,但价格较贵,通常适用于营养、代谢、菌种鉴定或生物测定等对定量要求较高的研究工作中。

(2) 天然培养基(natural medium):天然有机物配制而成的培养基叫天然培养基。天然培养基中的各成分是植物、动物或微生物的提取物。例如,肉膏来自牛肉,酵母膏来自面包酵母,胰胨(tryptone)和酪胨(Casitone)是牛乳蛋白(酪蛋白)的消化产物,蛋白胨是蛋粉或鱼粉的消化产物等。土壤浸出液、豆芽汁、玉米粉、麸皮、牛奶、血清等天然物质均可为微生物提供有机的和无机的营养。马铃薯、胡萝卜条是天然的固体培养基,用于培养各类异养微生物。麦芽汁(来自大麦芽)培养基在实验室中常用来培养酵母菌。天然培养基的营养丰富、配制方便、低廉,但由于成分复杂,有时不稳定。

(3) 复合培养基(complex midium):又称半合成培养基(semisynthetic medium),它是一类既有已知的化学组成物质,同时还加有某些天然成分而配制的培养基。如培养真菌的马铃薯蔗糖培养基和测定细菌(异养细菌)菌落总数用的牛肉膏蛋白胨培养基等。

2. 按培养基的物理性状分类

根据物理性状的不同,培养基可分为3种。

(1) 液体培养基(liquid medium):液体培养基是不加凝固剂的呈液体状态的培养基,在实验室及微生物大规模的工业生产中用途广泛。实际应用中,如果进行好氧培养,需采用搅拌或振荡等方法增加通气量,也可将污(废)水好氧处理归为此类。

(2) 半固体培养基(semi-solid medium):在液体培养基中加入少量凝固剂(琼脂是最优良的凝固剂,还有明胶、硅胶等),一般每升培养基中加3~5 g琼脂,即为半固体培养基。半固体培养基可分装于试管中成直立柱,可用于细菌运动状态的观察、趋化性研究和厌氧菌的培养,以及细菌和酵母菌的菌种保藏等。

(3) 固体培养基(solid medium):在液体培养基中加入更多的凝固剂,一般每升培养基中加15~20 g琼脂,即成固体培养基。可将灭菌的固体培养基融化后倒入培养皿中就制成了平板;将固体培养基注入试管中,灭菌后倾斜放置成斜面。平板和斜面都是培养微生物的一个营养表面,用途很广,可用于菌种的分离纯化、鉴定、活菌计数、检验杂菌、选种及菌种保藏等。配制固体培养基时,为了节约成本,可用羧甲基纤维素(CMC)代替部分琼脂。

3. 按培养基对微生物的功能和用途分类

根据培养基对微生物的功能和用途不同,培养基可分为如下3类:

(1) 选择培养基(selective medium):根据某微生物的特殊营养要求或对各种化学物质敏感程度的差异而设计、配制的培养基,称为选择培养基。可在培养基中加入染料、胆汁酸盐、金属盐类、酸、碱或抗生素等其中的一种,用以抑制非目的微生物的生长,并使所要分离的目的微生物生长繁殖。例如,在培养基中加入胆汁酸盐,可以抑制革兰氏阳性菌,有利于革兰氏阴性菌的生长;麦康凯培养基(或乳糖发酵培养基)为含胆汁酸盐的糖发酵培养基,用于大肠菌群(革兰氏阴性杆菌)的培养,可使肠道中革兰氏阳性的肠球菌和产气荚膜杆菌受抑制不能生长,从而大肠菌群被选择出来。乳糖发酵培养基广泛用于菌种筛选、饮用水和牛奶中的大肠菌群细菌学检测等领域。

（2）鉴别培养基(differential medium)：几种细菌由于对培养基中某一成分的分解能力不同,其菌落通过指示剂显示出不同的颜色而被区开,这种起鉴别和区分不同细菌作用的培养基,叫鉴别培养基。例如,大肠菌群中的埃希氏菌属(*Escherichia*,模式种：大肠埃希氏菌)、枸橼酸细菌属亦柠檬酸细菌属(*Citrobacter*)、克雷伯氏菌属(*Klebsiella*)及肠杆菌属(*Enterobacter*)都是兼性厌氧、无芽孢的革兰氏阴性杆菌(G^-菌),它们有相似的生化反应,都能发酵葡萄糖产酸、产气,但发酵乳糖的能力不同,见表4-8。当将它们接种到含乳糖的远滕氏培养基上生长时,由于它们对乳糖的分解能力不同,使上述4种菌的菌落呈现不同的颜色。大肠埃希氏菌分解能力最强,菌落呈深紫红色,有金属光泽;克雷伯氏菌菌落呈深红色,湿润光亮;枸橼酸盐杆菌菌落呈紫红或深红色;产气肠杆菌的菌落呈淡红色。在伊红-美蓝(EMB)培养基上大肠埃希氏菌菌落呈紫黑色,有金属光泽;克雷伯氏杆菌菌落呈绿色或紫绿色,湿润光亮;枸橼酸盐杆菌中心呈深蓝色,外圈透明;产气肠杆菌菌落呈紫红色。这样,以上几种细菌就被鉴别区分开。鉴别培养基还有醋酸铅培养基等。

表4-8 肠杆菌科部分属的部分特征

性质	埃希氏菌属	柠檬酸细菌属	克雷伯氏菌属	肠杆菌属
发酵葡萄糖产酸产气	+	+	(+)	(+)
发酵乳糖产酸产气	+	d	(+)	(+)

注：+表示产酸产气；(+)表示通常存在产酸产气；d表示随菌株或种不同有不同反应。

（3）加富(富集)培养基(enriched medium)：由于样品中细菌数量少,或是对营养要求比较苛刻不易培养出来,故用特别的物质或成分促使微生物快速生长,这种用特别物质或成分配制而成的培养基,称为加富培养基。所用的物质是比较特殊的碳源和氮源,如甘露醇可富集自生固氮菌,纤维素可富集纤维分解菌,液状石蜡可富集分解石油的微生物,水解酪素可富集球衣细菌等。还有植物(青草或干草)提取液、动物组织提取液、土壤浸出液、血和血清等都能作为加富(富集)培养基的原料。这些比较特殊的碳源和氮源,具有使混合种群中的劣势菌变成优势菌的功能,从而分离到所需要的微生物。

还有一种用于培养大多数异养细菌的培养基,由牛肉膏、蛋白胨、氯化钠按一定比例配制而成,称其为基础培养基或普通培养基。

五、营养物进入微生物细胞的方式

微生物没有专门的摄食器官或细胞器(原生动物、微型后生动物除外)。各种营养物依靠细胞质膜的功能进入细胞。第二章的内容已述及细胞质膜的基本结构,它们是疏水的膜蛋白与不连续的脂双层的镶嵌结构。其上有许多小孔,双层膜中还有由碳氢链组成的非极性区。微生物的营养是各种各样的,有水溶性和脂溶性,有小分子和大分子。某种物质是否能作为营养物质支持微生物生长,首先取决于这种物质能否进入细胞,其次是该细胞是否具有分解此物质的能力,这涉及物质运输和物质分解两个过程。其中物质的运输也包括排泄物的运输。在目前研究物质的运输中,主要是研究物质如何进入细胞,至于代谢物的分泌一般认为是利用物质进入细胞的逆过程来完成的。营养物质透过细胞的条件包括两个方面,一是细胞膜的可通透性;二是物质的运输机制。关于细胞膜对各种物质的运输机制人们至今还了解得很不完全,不少还限于假设、假说阶段。选择性的通透作用是细胞膜最重要的生理特征之一,膜通过各种机制有选择地摄取和排出某些物质。其中较重要的机制有:简单扩散、促进扩散、主动运输和基团转位等(表4-9)。必须强调的是,一种物质往往可以通过不止一种机制被运输。例如,水的运输除单纯扩散、促进扩散外,也可有固有膜蛋白构成的水泵主动运输。细胞膜的运输功能还严格受制于细胞的代谢活动,当代谢抑制剂如氰化物等作用后,主动运输等机制可以受抑制。

表 4-9 膜的 4 种主要运输方式的比较

比较项目	单纯扩散	促进扩散	主动运输	基团转位
载体蛋白	无	有	有	有
运送速度	慢	较快	快	快
溶质运送方向	由浓至稀	由浓至稀	由稀至浓	由稀至浓
平衡时内外浓度	内外相等	内外相等	内部浓度高	内部浓度高
运送分子	无特异性	特异性	特异性	特异性
能量消耗	不需要	不需要	需要	需要
运送前后溶质分子	不变	不变	不变	改变
载体饱和效应	无	有	有	有
与溶质类似物	无竞争性	有竞争性	有竞争性	有竞争性
运送抑制剂	无	有	有	有
运送对象举例	H_2O, CO_2, O_2, 甘油, 乙醇, 少数氨基酸, 盐类等	SO_4^{2-}, PO_4^{2-}, 糖类(真核微生物)等	氨基酸, 乳糖等糖类, Na^+, Ca^{2+} 等无机离子等	葡萄糖, 果糖, 甘露糖, 嘌呤, 核苷, 脂肪酸等

(一) 单纯扩散

单纯扩散(simple diffusion)是物理过程,不包括细胞的主动代谢。杂乱运动的、水溶性的溶质分子(水,无机盐,O_2,CO_2)通过细胞质膜中含水的小孔从高浓度区向低浓度区扩散,不与膜上的分子发生反应,这种扩散是非特异性的,扩散速度慢。脂溶性物质被磷脂层溶解而进入细胞,因而脂溶性物质比水溶性物质易透过细胞质膜。单纯扩散的结果使某种化合物在细胞内的浓度与细胞外趋于相等。因此,不是细胞获取营养物的主要方式,这一过程不需消耗能量。

(二) 促进扩散

单纯扩散是被动的运输过程,营养物透过细胞质膜的速度慢,不能满足微生物对营养物的需要,有些非脂溶性物质,如糖类、氨基酸、金属离子等,不能通过由碳氢组成的非极性区。然而,微生物另具有一些特殊的生理结构,能帮助上述物质顺利而快速地通过细胞质膜,这些特殊的结构是位于细胞质膜上的特异性蛋白质(底物特异载体蛋白)。载体蛋白分子上存在与被运输物质特异结合的位置,这样载体在膜的外表面能够与物质结合,形成的底物-载体蛋白复合体便从高浓度向低浓度区域扩散或越膜。由于被运输物质的浓度在膜的内表面上较低,所以复合体倾向解离,被运输的物质就留在细胞内,而载体回到膜的外表面,只要存在需运输物质的越膜浓度梯度,这个过程就将继续进行,从而加快了物质的运输速度,即促进扩散(facilitated diffusion)。因载体蛋白具有类似酶的特异性,因而也称作渗透酶。细胞质膜上有多种渗透酶,一种渗透酶运送一类物质,通过细胞质膜进入细胞。在这过程中,渗透酶借助于自身构象的变化,加速将营养物从细胞质膜的外表面运送到细胞质膜的内表面并释放,这一过程依靠浓度梯度驱动,不消耗代谢能量。促进扩散多见于真核生物,如红细胞和酵母菌中糖类的运输等。

(三) 主动运输

当微生物细胞内所积累的营养物质浓度高于细胞外的浓度时,营养物质就不能按浓度梯度扩散到细胞内,而是逆浓度梯度被"抽"进细胞内。这一过程需要渗透酶和消耗能量。渗透酶在这过程中起改变平衡点的作用(一般的酶只改变反应到达平衡的速率)。这种需要能量和渗透酶的逆浓度梯度积累营养物质的过程,叫主动运输(active transport)。

在主动运输中,根据底物与离子共同运载的机理,Mitchell 提出了 3 种不同的运载方式:单一运载、偕同运载和反向运载。

单一运载是一种通过载体使带电荷或不带电荷的底物进入细胞的运输方式,如底物不带电荷时的运载即与促进扩散相似;偕同运载是指两种底物通过同一载体按同一个方向运输的方式,如大肠杆菌变异株中质子与丙氨酸的偕同输入;反向运载是指两种底物通过同一载体以相反方向同时移动,阳离子及非电荷物质由胞内排出,如摄取质子而自胞内排出代谢产物等。不同的细菌所具备的运载系统和方式有所区别。主动运输的渗透酶有 3 种:单向转运载体、偕同转运载体和反向转运载体。

1. 钠钾泵(Na^+,K^+泵)主动运输

丹麦科学家 J.C.Skouy 于 1957 年首次发现有一种酶,除了 Mg^{2+} 外,还必须在 Na^+ 和 K^+ 同时存在时才可以水解 ATP,因此命名为 Na^+,K^+-ATP 酶:

$$ATP \xrightarrow{Na^+, K^+, Mg^{2+}} ADP+Pi$$

Na^+,K^+-ATP 酶是一个跨膜的 Na^+,K^+ 泵,通过水解 ATP 提供的能量,能高效、主动地向细胞外运输 Na^+,向内运输 K^+。每排出 3 个 Na^+,吸进 2 个 K^+,从而使膜内、外建立电位差。这种电位差可产生一种力量,使 Na^+ 又从膜外向膜内转移,以恢复电平衡,同时将 K^+ 吸进细胞内。

Na^+,K^+ 进入细胞的方式除促进扩散外,主要是主动运输。几乎所有的活细胞都保持较高的钾含量和较低的钠含量。一般将能使离子逆浓度梯度而运输的载体称为泵(pump),有各种特异地运输某一种离子的泵,如钠钾泵(Na^+,K^+泵)等。机体通过膜上泵的作用以调节细胞内外电解质的动态平衡。目前,从各方面的资料证明,泵实

质上就是 ATP 酶。膜中的 ATP 酶有数种,转运 Na^+,K^+ 的为 Na^+,K^+-ATP 酶,即所谓的钠钾泵。它必须在 Na^+,K^+,Mg^{2+} 同时存在时(有些需要 Ca^{2+}),才具有活性。当 ATP 和它接触时,ATP 分解为 ADP 和磷酸(Pi),同时释放能量,为 Na^+,K^+ 泵提供了能量来源。

在物质的主动运输过程中,研究最充分的就是关于钠、钾离子的主动运输,由 Na^+,K^+-ATP 酶维持的离子梯度具有重要的生理意义,它不仅维持细胞的膜电位,也调节某些细胞中糖和氨基酸的运送。例如,在 Na^+,K^+ 泵的作用下,葡萄糖和 Na^+ 分别与同向转运载体的两个位点结合,由同向转运载体携带进入细胞。氨基酸也可通过 Na^+,K^+ 泵主动运输进入细胞。

2. 离子浓度梯度主动运输

此过程中通过消耗 ATP 建立离子浓度梯度,通过反向转运载体完成 H^+ 和 Na^+,K^+ 的反向传递。在促进扩散中,载体蛋白运输物质时构型发生改变,不需要能量,它与被运输物质之间通过相互作用而完成。但在主动运输中,载体分子构型变化是一个耗能过程,能量的供应是通过偶联过程来完成的。ATP 不断被 Na^+,K^+ 泵所分解,磷酸快速被结合与释放,酶的构型则随其与带高能的磷酸根结合而起变化,ATP 酶各亚基单位的构型也随之发生变化,同时它们与 Na^+,K^+ 的亲和力发生改变。由此将 Na^+ 移至细胞外,而将 K^+ 移至细胞内。

3. H^+ 浓度梯度主动运输

此过程是好氧微生物吸收营养的重要方式。在膜呼吸或在 ATP 作用下,好氧微生物将体内大量的 H^+ 排到细胞外,使膜内、外形成的 pH 相差 2(膜内 pH 为 7.0,膜外 pH 为 5~5.5)的 H^+ 浓度差或 -150 mV 的电位差。在这一电位差作用下,K^+ 等阳离子由单向转运载体携带进入细胞。阴性离子与 H^+ 一起由同向转运载体携带进入细胞。中性的糖类和氨基酸也可由 H^+ 浓度梯度驱动进入细胞。

H^+ 浓度梯度主动运输过程及作用,见图 4-10 和图 4-11。首先,细菌体内的 ATP 酶水解 ATP 产生 H^+,或通过微生物的呼吸作用将营养物质氧化分解产生 H^+。H^+ 被排到细胞质膜外表面,产生的电子在细胞质膜内传给氧并与 H^+ 形成 OH^-。这样,在细胞质膜的两侧建立了 H^+ 浓度梯度,H^+ 作为偶合离子和营养物质偶合。渗透酶(膜载体)对它的底物(如半乳糖或硫酸盐)和偶合离子 H^+ 都有特异性的位点。H^+ 浓度作为渗透酶和代谢机构之间的链环,利用电位差将细胞外低浓度的营养物质送到细胞内。

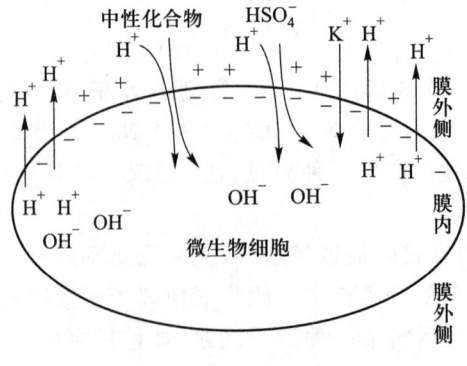

图 4-10　主动运输过程

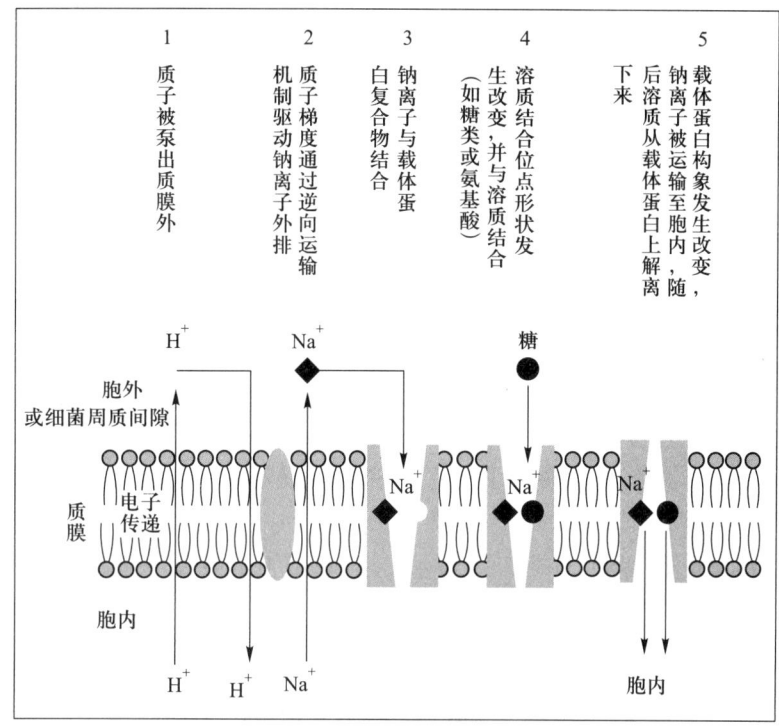

图 4-11 质子和钠离子梯度在主动运输中的作用
摘自:沈萍,等,译.微生物学.2003:104。

在革兰氏阴性菌的细胞间质中还含有各种参与运输的特异性结合蛋白,它们不具有催化特性,因而不是酶。其功能或许是初期参与运输营养物质。它们先与营养物(如糖类、氨基酸和无机离子 K^+,Na^+)特异性结合,并带到渗透酶上,然后,渗透酶再将营养物携带入细胞内。

通过主动运输进入细胞的有氨基酸、糖类、无机离子(K^+,Na^+)、硫酸盐、磷酸盐及有机酸等。

(四) 基团转位

基团转位(group translocation)是存在于某些原核生物中的一种物质运输方式。与主动运输相比,有一个复杂的运输系统,被运输的物质发生了化学变化,主要用于糖的运输,运输总效果与主动运输相似,可以逆浓度梯度将营养物质移向细胞内,结果使细胞内结构发生变化的物质浓度大大超过未改变结构的同类物质的浓度。在细菌中广泛存在的基团运输系统的一个例子是磷酸转移酶系统,它是很多糖类和糖类的衍生物的运输媒介。

基团转位也是一种需要代谢能量的运输方式。通过基团转位进入细胞的物质有糖类(葡萄糖、甘露糖、果糖及糖类的衍生物 N-乙酰葡萄糖胺)、嘌呤、嘧啶、乙酸等。参与运输的磷酸转移酶系统包括磷酸烯醇式丙酮酸(PEP)、非特异性的酶Ⅰ、与糖特异性结合的酶Ⅱ及起高能磷酸载体作用的热稳定蛋白(HPr)。

营养物质(以糖为例)被运送的过程如下(其中 i 代表细胞质膜内,o 代表细胞质膜外）：

$$\text{磷酸烯醇式丙酮酸}_{(i)} + \text{HPr}_{(i)} \xrightarrow{\text{酶 I}} \text{HPr-磷酸}_{(i)} + \text{丙酮酸盐}_{(i)} \quad (4-7)$$

$$\text{HPr-磷酸}_{(i)} + \text{糖类}_{(o)} \xrightarrow{\text{酶 II}} \text{糖类-磷酸}_{(i)} + \text{HPr}_{(i)} \quad (4-8)$$

总过程为：

$$\text{磷酸烯醇式丙酮酸}_{(i)} + \text{糖类}_{(o)} \xrightarrow[\text{酶 II, HPr}]{\text{酶 I}} \text{糖类-磷酸}_{(i)} + \text{丙酮酸盐}_{(i)}$$

此过程中，在酶 I 存在下，先是 HPr 被磷酸烯醇式丙酮酸磷酸化形成 HPr-磷酸，并被移到细胞质膜上[见式(4-7)]。在膜的外侧，外界供给的糖由渗透酶携带到细胞质膜上，在特异性酶 II（有的运输系统还存在酶 III）的催化下，糖类被 HPr-磷酸所磷酸化，形成糖类-磷酸[见式(4-8)]，渗透酶将在膜上已被磷酸化的糖类携带到细胞内，随即被代谢。基团转位是通过单向性的磷酸化作用而实现的。细胞质膜对大多数磷酸化的化合物有高度的不渗透性。所以，磷酸化的糖类一旦形成就被截留在细胞内，这是细胞内的糖类浓度比细胞外高得多的原因。

微生物营养运输系统的多样性，使一个细胞同时有几种方式运输多种营养物质，为微生物广泛分布于自然界提供了可能。

第三节　微生物的能量代谢

微生物从外界环境中不断地摄取营养物质，经过一系列的生物化学反应，转变成细胞的组分，同时产生废物并排泄到体外，这是微生物与环境之间的物质交换过程，一般称为物质代谢或新陈代谢(metabolism)，简称代谢。新陈代谢是活细胞中进行的所有化学反应的总称，是生物最基本的特征之一。新陈代谢包括同化作用（合成代谢）和异化作用（分解代谢），两者是相辅相成的，异化作用为同化作用提供物质基础和能量，同化作用为异化作用提供基质。物质的新陈代谢是异化作用和同化作用的对立和统一，它推动着全部的生命活动。两者紧密联系，组成一个微妙的代谢体系，其结果是将外界的营养物质转变为细胞物质，排出废物，微生物得以生长和繁殖。

新陈代谢 $\begin{cases} \text{异化作用} \begin{cases} \text{物质分解反应——将营养物质和细胞物质分解的过程} \\ \text{释放能量} \end{cases} \\ \text{同化作用} \begin{cases} \text{物质合成反应——将营养物质转变为机体组分的过程} \\ \text{吸收能量} \end{cases} \end{cases}$

在微生物的新陈代谢中，一般将微生物从外界吸收各种营养物质通过分解代谢和合成代谢，生成维持生命活动所必需的物质和能量的过程，称为初级代谢(primary metabolism)。初级代谢普遍存在于各类生物中，代谢途径与产物的类同性强。而将微生物在一定的生长阶段，以初级代谢产物为前体，合成一些对微生物的生命活动无明确功能的物质的过程，称为次级代谢(secondary metabolism)。次级代谢是相对于初级代谢而提出的一个概念，次级代谢只存在于某些生物中，主要为放线菌、真菌和细菌等。次级代谢物多为结构复杂多样、代谢途径独特，生物活性非常广泛，如抗生素、色素、激素和生物碱等。也有人把超出生理需求的过量的初级代谢物看做是次级代谢物。不同的微生物可产生不同的次级代谢物,如放线菌能产生多种抗生素,像链霉素、红霉素、庆大霉素、金霉素、土霉素等主要是链霉菌属(*Streptomyces*)所产生,都是目前医疗上广泛应用的抗生素;又如青霉产生青霉素;细菌合成杆菌肽和多黏菌素等。同种生物也会因营养和环境条件不同而产生不同的次级代谢产物。次级代谢物通常分泌到胞外,并在同其他生物的生存竞争中起着重要作用。本章节内容以初级代谢为主。

新陈代谢是生命活动的基础,其功能之一就是为生命活动提供所需的能量。由于一切生命活动都是耗能反应,能量代谢就成了新陈代谢的核心问题。

一、微生物的生物氧化和产能

微生物的生物氧化(biological oxidation)本质是氧化与还原的统一过程,是指细胞内一系列产能代谢的总称。这过程中有能量的产生和转移;有还原力[H]的产生及小分子中间代谢物的产生,这是微生物进行新陈代谢的物质基础。

微生物产生能量的方式有多种,产生的能量也有多种,如电能(电子移动产生的能量)、化学能(氧化有机物和无机物的化学反应中释放的能量)、机械能(在细胞运动、鞭毛和纤毛的摆动、细胞质流动、线粒体和叶绿体的移动等情况下产生的能量)、光能(发光细菌产生的能量)。所产生的能量中有一部分能量变为热散发掉,有一部分供合成反应和生命的其他活动所需,另有一部分能量被储存,以备生长、运动等活动需要。

在微生物体内有一套完善的能量转移系统,在放能反应和吸能反应之间有一个偶联者,即腺苷三磷酸(adenosine triphosphate,ATP),这是最常见的,被认为是能量转移的"中心站"。

(一)生物能量的转移中心——ATP

对微生物而言,它们可利用的最初能源主要包括有机物、无机物和日光(辐射能),实际上,能量代谢的主要内容就是研究微生物如何将这3类最初能源逐步转化并释放出 ATP 的。在生物氧化过程中,底物的氧化分解产生能量,同时,微生物将能量用于细胞组分的合成及其他生命活动,在这两者之间存在能量转移的中心——ATP(图 4-12)。化能营养菌可通过发酵、好氧呼吸及无氧呼吸生成 ATP;光能营养菌将光能转化为 ATP。

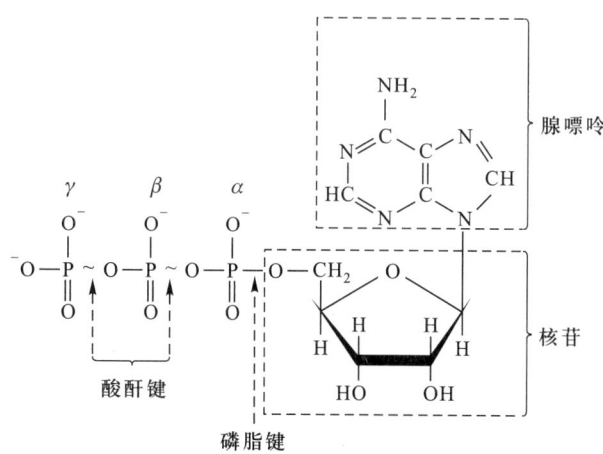

图 4-12 ATP(腺苷三磷酸)分子的结构式

（二）ATP 的生成方式

1. 基质(底物)水平磷酸化

微生物在基质氧化过程中,可形成多种含高自由能的中间产物,通常被称为高能化合物。高能化合物以高能磷酸化合物最为常见,如发酵中产生的 1,3-二磷酸甘油酸和磷酸烯醇式丙酮酸等,这些中间产物将能量转移给 ADP,使 ADP 磷酸化而生成 ATP。此过程中底物的氧化与磷酸化反应相偶联并生成 ATP,称为底物水平磷酸化(substrate sphosphorylation)。糖酵解(EMP)途径和三羧酸(TCA)循环中都存在底物水平磷酸化。

2. 氧化磷酸化

微生物在好氧呼吸和无氧呼吸时,通过电子传递体系产生 ATP 的过程叫氧化磷酸化(oxidative phosphorylation)。其递氢(电子)和受氢过程与磷酸化反应相偶联,并产生 ATP。

3. 光合磷酸化

光引起叶绿素、菌绿素或菌紫素逐出电子,通过电子传递产生 ATP 的过程叫光合磷酸化(photophosphorylation)。产氧光合生物有藻类和蓝细菌(包括高等植物),它们依靠叶绿素通过非环式的光合磷酸化合成 ATP。不产氧的光合细菌则通过环式光合磷酸化合成 ATP。

由图 4-12 和反应式(4-9)、(4-10)可知:ATP 水解时,断裂了一个 P═O 键,释放出 31.4 kJ 的能量,ATP 通过与 ADP(或 AMP)之间的转化,达到转运和储存能量的目的;ADP 是能量的载体,ATP 是能量库。比起其他高能化合物,ATP 水解释放的能量处于中间,正是其所处的独特的位置,可使细胞内的放能反应与需能反应偶联,成了能量传递体,被称为生物体的流通货币,ATP 也是磷酸基团的载体。但 ATP 只是一种短期的储能物质,可作为微生物的通用能源,但若要长期储能,还需转换形式。如果有过剩的 ATP,大多数微生物会将 ATP 转化为储能物,如 PHB(聚 β-羟基丁酸)、异染粒、淀粉、肝糖、糖原及硫粒等,以备缺乏营养时用。

$$ADP + Pi \xrightleftharpoons{能量} ATP \tag{4-9}$$

$$AMP + 2Pi \xrightleftharpoons{能量} ATP \tag{4-10}$$

二、生物氧化类型与产能代谢

根据最终电子受体(或最终受氢体)的不同,可将微生物的生物氧化分为 3 类:发酵、好氧呼吸和无氧呼吸。这是生物氧化的主要形式。微生物的产能代谢主要是通过这 3 种形式实现的。底物失去电子被氧化(供氢体),接受电子的物质被还原(受氢体),这就是生物氧化的统一过程。因为含有氢的物质在失去电子的同时伴随着脱氢或加氧,在得到电子的同时伴随着加氢或脱氧,则可分别称为供氢体或受氢体。例:

$$AH_2 + B \longrightarrow A + BH_2$$
$$\text{供氢体} \quad \text{受氢体}$$

$$AH_2 \longrightarrow A + 2H^+ + 2e^- \quad \text{失去电子伴随脱氢}$$

$$B + 2H^+ + 2e^- \longrightarrow BH_2 \quad \text{得到电子伴随加氢}$$

（一）发酵

发酵（fermentation）是指在无外在电子受体时，底物脱氢后所产生的还原力[H]不经呼吸链传递而直接交给某一内源性中间产物接受，以实现底物水平磷酸化产能的一类生物氧化反应。此过程中有机物仅发生部分氧化，以它的中间代谢产物（即分子内的低分子有机物）为最终电子受体，释放少量能量，其余的能量保留在最终产物中。

1. 发酵的类型

对于厌氧微生物和兼性厌氧微生物（包括无氧条件下的好氧微生物）来说，由于没有外来的受氢体，只能从葡萄糖的分解产物中寻找受氢体，于是有形形色色的发酵类型，发酵类型均以其终产物来命名（表4-10）。

表4-10 不同的发酵类型及其有关微生物

发酵类型	产物	微生物
乙醇发酵	乙醇，CO_2	酵母菌（Saccharomyces）
乳酸同型发酵	乳酸	乳酸细菌（Lactobacillus）
乳酸异型发酵	乳酸，乙醇，乙酸，CO_2	明串球菌属（Leuconostoc）
混合酸发酵	乳酸，乙酸，乙醇，甲酸，CO_2，H_2	大肠埃希氏菌（Escherichia coli）

微生物的各种发酵类型如果均以葡萄糖作为起始底物，那么，所有发酵的第一步都是先进行糖酵解，其产物是丙酮酸，然后在不同类型的微生物参与下，才按各种发酵类型继续发酵。丙酮酸是糖酵解途径的关键产物。从丙酮酸开始，在各种微生物的发酵作用下，生成各种最终产物。就氢载体而言，葡萄糖的分解和氧化态氢载体（NAD^+，$NADP^+$）的再生是一个连续而完整的过程。例如，乙醇发酵从丙酮酸开始，脱羧后形成乙醛，在乙醇脱氢酶的催化下，乙醛作为受氢体还原为乙醇，此时还原态的（NADH+H^+）转变为（再生）氧化态的 NAD^+。

由于载体的演变过程有相似之处，使不同途径的发酵会有相同的产物。

2. 乙醇发酵

乙醇发酵分两大阶段，3小阶段（图4-13）。其中阶段1和阶段2为糖酵解。阶段1包括一系列的不涉及氧化还原反应的预备性反应，其结果生成一种重要的中间产物——3-磷酸甘油醛。阶段2发生氧化还原反应，底物脱氢后产生高能磷酸化合物——1,3-二磷酸甘油酸，进而形成磷酸烯醇式丙酮酸，并通过底物水平磷酸化形成ATP。阶段3由丙酮酸开始，发生氧化还原反应，将乙醛还原为乙醇，产生 CO_2。

（1）糖酵解作用：糖酵解（glycolysis）被认为是生物最古老、最原始获取能量的一种方式。在自然发展过程中出现的大多数高等生物，虽然已进化为利用有氧条件进行生物氧化获取大量的自由能，但仍保留了这种原始的方式。糖酵解途径又称 EMP 或 E-M 途径（Embdem-Meyerhof-Parnas pathway），即在无氧条件下，1 mol 葡萄糖逐步分解而产生 2 mol 丙酮酸、2 mol（NADH+H^+）和 2 mol ATP 的过程。糖酵解途径几乎是所有具细胞结构的生物所共有的主要代谢途径，也是人们最早阐明的酶促反应系统。

糖酵解的详细步骤如下：反应一开始消耗 1 mol ATP，用于葡萄糖磷酸化生成6-磷酸葡萄糖，6-磷酸葡萄糖经同分异构化和再一次磷酸化生成1,6-二磷酸果糖（为又一重要中间产物)。经醛缩酶催化,1,6-二磷酸果糖裂解成为两种3碳化合物,即3-磷酸甘油醛和磷酸二羟丙酮,磷酸二羟丙酮转变为3-磷酸甘油醛,至此,1 mol 的葡萄糖转化为 2 mol 的 3-磷酸甘油醛。以上的反应均未涉及真正的氧化,即图 4-13 中的第一阶段。由 3-磷酸甘油醛转变成 1,3-二磷酸甘油酸时发生第一次氧化(脱氢,醛基氧化为羧基),失去两个电子,由氧化态的 NAD$^+$ 接受,形成还原态的 NADH+H$^+$。1,3-二磷酸甘油酸是高能化合物,在磷酸甘油酸激酶的催化下,将能量转移到 ADP 分子上,形成 ATP 分子(无机磷酸根变成有机态)。这种与有机物的氧化偶联合成 ATP 的方式,称为底物水平磷酸化。反应至磷酸烯醇式丙酮酸时,发生第二次底物水平磷酸化,磷酸烯醇式丙酮酸将能量转移给 ADP 生成 ATP。两次底物水平磷酸化合成 4 mol ATP,由于第一阶段的葡萄糖磷酸化消耗 2 mol ATP,故净得 2 mol ATP。糖酵解的总反应式为:

$$C_6H_{12}O_6+2NAD^++2Pi+2ADP \longrightarrow 2CH_3COCOOH+2\ NADH+H^++2ATP$$

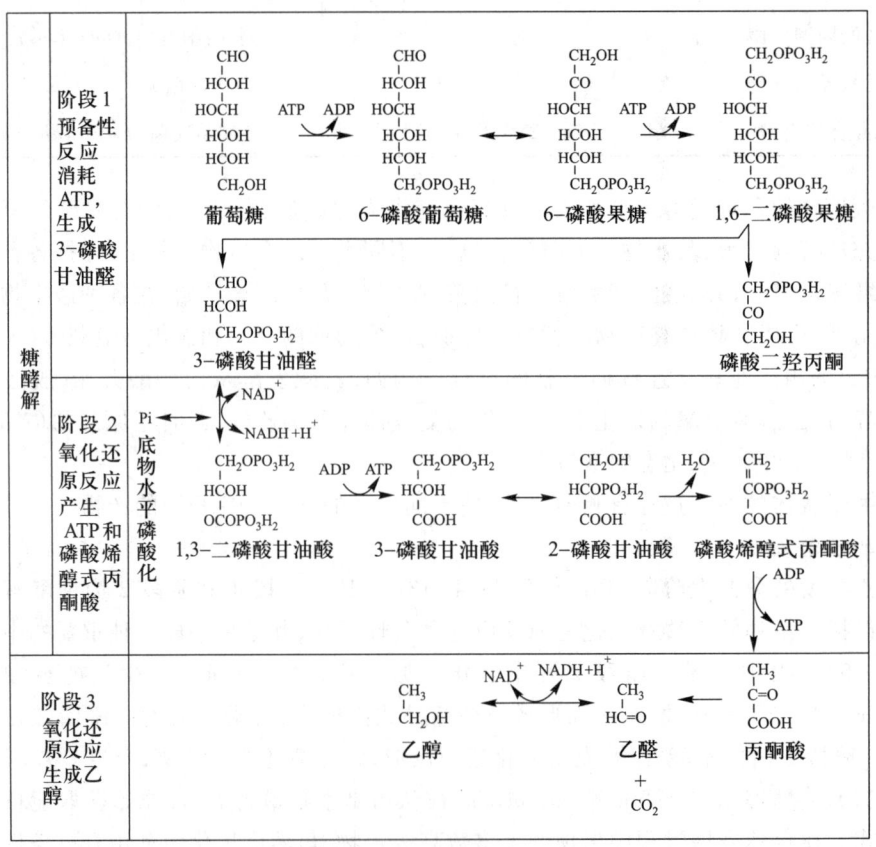

图 4-13　乙醇发酵的 3 个阶段

糖酵解终产物的 2 mol(NADH+H$^+$)还可在无氧条件下使丙酮酸还原为乳酸;或使丙酮酸脱羧后,还原乙醛为乙醇;或在有氧条件下可经呼吸链(电子传递体系)的氧化磷酸化反应产生 6 mol ATP(详见好氧呼吸)。而在无氧条件下,EMP 途径产能效率虽低,但生理功能极其重要:提供 ATP 和还原力(NADH+H$^+$);为生物合成提供多种中间代谢物,也可通过逆向反应合成多糖;是好氧呼吸的前奏,并与 HMP 等途径关系密切,在乙醇、乳酸、甘油和丙酮等发酵工业方面具有重要意义。

(2) 生成乙醇:糖酵解终产物中的 2 mol(NADH+H$^+$)把丙酮酸的脱羧产物乙醛还原为乙醇(图 4-13,阶段 3)。

乙醇发酵中的总反应式:

$$C_6H_{12}O_6+2H_3PO_4+2ADP \longrightarrow 2CH_3CH_2OH+2CO_2+2ATP+2H_2O+238.3 \text{ kJ}$$

1 mol 葡萄糖发酵产生 2 mol 乙醇,2 mol CO$_2$ 和 2 mol ATP,释放的自由能 ΔG 为 238.3 kJ。计算其能量利用率:

$$\frac{ATP \times 2}{\Delta G} = \frac{31.4 \text{ kJ} \times 2}{238.3 \text{ kJ}} \times 100\% = 26\%$$

可见,只有 26% 的能量保存在 ATP 的高能键中,其余的则变成热量散失了,与好氧呼吸比其能量利用率是很低的。尽管如此,ATP 却是决定性产物,它为酵母菌体内各种需能反应提供能量。乙醇和 CO$_2$ 是酵母菌的废物,但乙醇可作饮料、试剂和工业原料,CO$_2$ 可用于发面,生产面包,还可用于生产汽水等。

混合酸发酵(又称甲酸发酵)是大多数肠杆菌(Enterobacteriaceae)的特征。例如,大肠埃希氏菌的发酵产物有甲酸、乙酸、乳酸、琥珀酸、CO$_2$ 及 H$_2$ 等。产气肠杆菌(*Enterobacter aerogenes*)也进行混合酸发酵,其丙酮酸经缩合、脱羧而转变成乙酰甲基甲醇,在碱性环境中易被氧化成二乙酰。二乙酰可与蛋白胨水解出的精氨酸所含胍基起作用,生成红色化合物,这称为 VP 试验(Voges-Proskauer test),产气肠杆菌 VP 试验阳性,大肠埃希氏菌的 VP 试验阴性。所以,VP 试验常用于区别产气肠杆菌和大肠埃希氏菌。此外,这两种菌还可用甲基红试验加以区别。产气肠杆菌进行混合酸发酵产生中性的乙酰甲基甲醇,而大肠埃希氏菌的混合酸发酵产酸,使培养液 pH 下降至 4.2 或更低。在两者的培养液中加入甲基红,则大肠埃希氏菌的培养液呈红色,为甲基红反应阳性。产气肠杆菌的培养液呈橙黄色,为甲基红反应阴性。VP 试验和甲基红试验是卫生防疫常用的鉴定方法。

在上述过程中,作为被发酵的底物必须具备两点:① 不能被过分氧化,也不能被过分还原。假如被过分氧化,就不能产生足以维持生长的能量。假如被过分还原,就不能作为电子受体,因为电子受体会进一步被还原。② 必须能转变成为一种可参与底物水平磷酸化的中间产物。据此,碳氢化合物及其他具有高度还原态的化合物不能作为发酵底物。

(二) 好氧呼吸

好氧呼吸(aerobic respiration)是有外在最终电子受体(O$_2$)存在时,对底物(能源)的氧化过程。它是一种最普遍和最重要的生物氧化方式,其特点是底物按常规方式脱氢,经完整的呼吸链(电子传递体系)传递氢,同时底物氧化释放出的电子也经过呼吸链传递给 O$_2$,O$_2$ 得到电子被还原,与脱下的 H 结合成 H$_2$O,并释放能量(ATP)。

1. 好氧呼吸的两阶段

好氧呼吸以葡萄糖为例,葡萄糖的氧化分解分两阶段:

(1) 葡萄糖的酵解(EMP 途径):参见乙醇发酵部分。

(2) 三羧酸循环(tricarboxylic acid cycle,TCA):三羧酸循环亦称柠檬酸(CAC)循环,是丙酮酸有氧氧化过程的一系列步骤的总称。由丙酮酸开始,先经氧化脱羧作用,并乙酰化形成乙酰辅酶 A 和 NADH+H⁺。乙酰辅酶 A 进入三羧酸循环，最后被彻底氧化为 CO_2 和 H_2O。三羧酸循环中所形成的许多中间产物与蛋白质、脂肪和淀粉等的代谢关系非常密切，反应过程见图 4-14。乙酰辅酶 A 是乙酸根的活化态，写成 $CH_3CO\sim SCoA$，其中的键为高能键。$CH_3CO\sim SCoA$ 是又一个重要中间产物，它的乙酰基与草酰乙酸缩合生成 6 碳的柠檬酸。$CH_3CO\sim SCoA$ 推动这一合成反应。接着通过一系列氧化和转化反应，6 碳化合物经过 5 碳化合物阶段又重新回到 4 碳化合物——草酰乙酸，再由草酰乙酸重新起乙酰基受体的作用，接受来自下一个循环的 $CH_3CO\sim SCoA$，从而完成三羧酸循环。

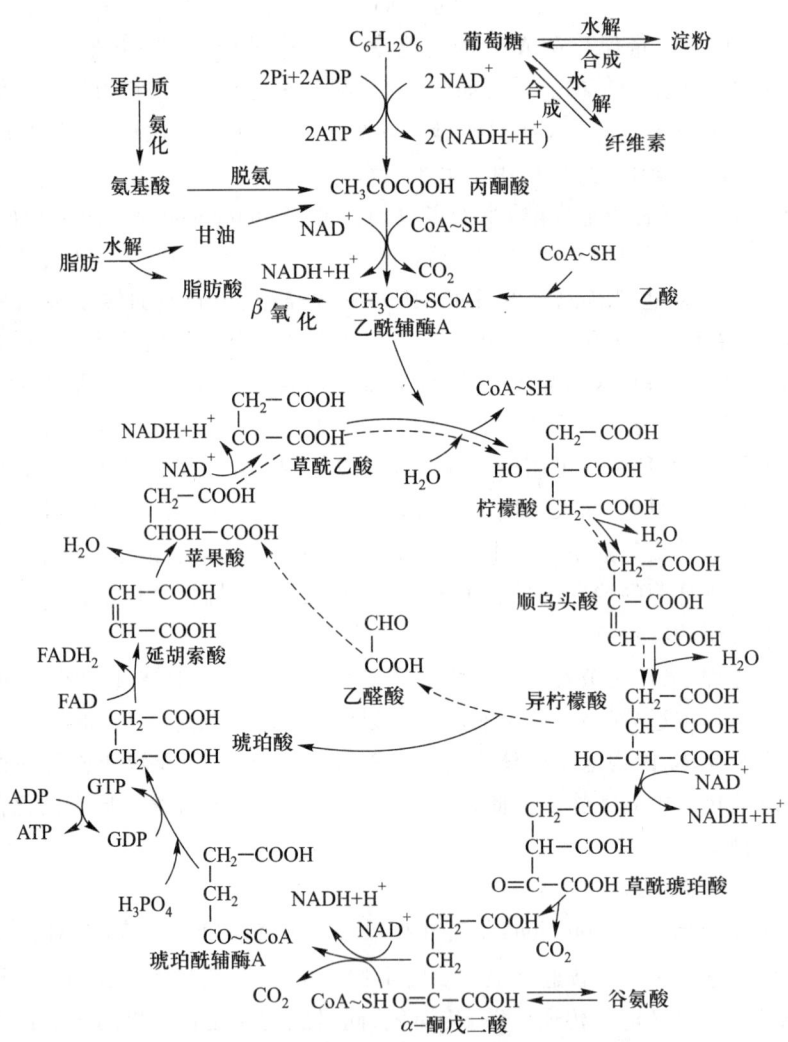

图 4-14　糖类、蛋白质和脂肪水解与三羧酸循环和乙醛酸循环的关系
实线表示三羧酸循环；虚线表示乙醛酸循环

1 mol 丙酮酸进入三羧酸循环产生 3 mol CO_2。其中 1 mol CO_2 是在丙酮酸脱羧生成乙酰辅酶 A 时产生；1 mol CO_2 是草酰琥珀酸脱羧时产生；1 mol CO_2 是在 α-酮戊二酸脱羧时产生。

2. 好氧呼吸的产能效率

好氧呼吸的产能效率涉及 TCA 循环和 EMP 途径。

(1) EMP 途径的产能效率：3-磷酸甘油醛脱氢生成 2 mol（NADH+H$^+$），好氧呼吸可借电子传递体系被氧化生成 6 mol ATP，加上底物水平磷酸化生成的 2 mol ATP，共计 8 mol ATP。

(2) TCA 循环的产能效率：1 mol 丙酮酸经三羧酸循环完全氧化成 CO_2 和 H_2O，生成 4 mol（NADH+H$^+$）。1 mol（NADH+H$^+$）通过电子传递体系重新氧化成为 NAD$^+$，可生成 3 mol ATP，则 4 mol（NADH+H$^+$）被氧化，可生成 12 mol ATP。在琥珀酰辅酶 A 氧化成延胡索酸时，包含着底物水平磷酸化，由此生成 1 mol GTP，随后这 1 mol GTP 转变成 1 mol ATP。这过程还包含不经 NAD，而直接将电子传给 FAD 生成 FADH$_2$ 的反应，FADH$_2$ 经过电子传递体系被氧化可生成 2 mol ATP。那么 1 mol 丙酮酸经一次三羧酸循环可生成 15 mol ATP。因为 1 mol 葡萄糖经 EMP 途径可生成 2 mol 丙酮酸，则总共生成 30 mol ATP。

故好氧呼吸产能综合概括如下：

葡萄糖裂解为丙酮酸经 EMP 途径产生 2 mol（NADH+H$^+$），生成 2 mol×3 = 6 mol ATP，底物水平磷酸化产生 2 mol ATP，共产生 8 mol ATP。

好氧呼吸总反应方程式：

$$C_6H_{12}O_6 + 6O_2 + 38ADP + 38Pi \longrightarrow 6CO_2 + 6H_2O + 38ATP$$

三羧酸循环反应方程式：

$$CH_3COCOOH + 4NAD^+ + FAD + GDP + Pi + 3H_2O \longrightarrow 3CO_2 + 4NADH + H^+ + FADH_2 + GTP$$

其中：

$$\left\{\begin{array}{l}底物水平磷酸化：\quad 1\ mol\ (GDP+Pi) \rightarrow 1\ mol\ GTP \rightarrow 1\ mol\ ATP \\ 电子传递磷酸化（氧化磷酸化）\left\{\begin{array}{l} 4\ mol(NADH+H^+)\times 3 = 12\ mol\ ATP \\ 1\ mol\ FADH_2 \times 2 = 2\ mol\ ATP \end{array}\right.\end{array}\right\} 15\ mol\ ATP$$

则：1 mol 葡萄糖完全氧化总共产生 38 mol ATP。

综上所述，好氧微生物氧化分解 1 mol 葡萄糖共生成的 38 mol ATP，储存在细胞内。而 1 mol 葡萄糖完全氧化产生的总能量大约为 2 876 kJ，储存在 ATP 中的能量为 31.4 kJ×38 = 1 193 kJ。这样，好氧呼吸的能量利用率约为 42%［1 193 kJ/(2 876 kJ)×100%］，其余的能量以热的形式散发掉。在酒精发酵中，能量利用率只有 26%。可见，进行发酵的厌氧微生物为了满足能量的需要，消耗的营养物质要比好氧微生物多。

在 TCA 循环中，O_2 不直接参与其中反应，但该反应必须在有氧条件下才能正常运转，O_2 在电子传递体系中作为最终电子受体，接收反应产生的 H$^+$ 和 e$^-$。TCA 循环产能效率高，位于一切分解代谢和合成代谢的枢纽地位，不仅为微生物的生物合成提供各种碳架原料，而且还与各种发酵生产紧密相关。

在好氧呼吸中，除进行三羧酸循环外，有的细菌还可利用乙酸盐进行乙醛酸循环（glyoxlate cycle），如图 4-14 中虚线所示。乙醛酸循环也是重要的呼吸途径，由于 TCA 循环过程中的中间产物在微生物的各种代谢中起至关重要的基质作用，当它们离开此循环参与其他反应时，就会影响到 TCA 循环的正常进行。乙醛酸循环可以从异柠檬酸进入，将其裂解为乙醛酸和琥珀酸，琥珀酸可进入三羧酸循环，乙醛酸乙酰化后形成苹果酸也可进入三羧酸循环。由此弥补一些中间产物的不足,有时也把乙醛酸循环称为 TCA 循环的支路。在乙醛酸循环中有两个关键酶——异柠檬酸裂解酶和苹果酸合成酶,它们可使丙酮酸和乙酸等化合物源源不断地合成 4 碳的二羧酸,以保证微生物正常生物合成的需要,同时对某些以乙酸为唯一碳源的微生物来说,更有至关重要的作用。

3. 电子传递体系

(1) 电子传递体系的组成:电子传递体系(electron transport system)也称呼吸链(respiratory chain)。无论在原核生物或真核生物中,呼吸链的主要组分都是类似的,主要是由 NAD^+ 或 $NADP^+$、FAD 或 FMN、铁硫蛋白、辅酶 Q、细胞色素(cyt)b、细胞色素 c_1、细胞色素 c、细胞色素 a 和细胞色素 a_3 等组成。细胞色素均为含有类似于血红素(主要成分为铁卟啉)的辅基的结合蛋白,已经发现的不下数十种,其中细胞色素 b、细胞色素 c_1 和细胞色素 c 在呼吸链中为电子传递体;细胞色素 a 和细胞色素 a_3 被称为细胞色素氧化酶,其分子中除含铁外还含铜,可将电子传递给氧,因此也称细胞色素 a_3 为末端氧化酶。

电子传递体系中的铁硫蛋白又称非血红素铁蛋白,在一些蛋白质硫铁中心的铁原子能以氧化状态(Fe^{3+})或还原状态(Fe^{2+})存在,并通过两者的互变来传递电子。已知与呼吸链有关的铁硫蛋白有 7 种,4 种与 NAD 脱氢酶有关,2 种与细胞色素 b 有关,1 种与细胞色素 c 有关。

(2) 电子传递体系的功能:一是接受电子供体提供的电子,在电子传递体系中,电子从一个组分传到另一个组分,最后借细胞色素氧化酶的催化反应,将电子传递给最终电子受体 O_2;二是合成 ATP,把电子传递过程中释放出的能量储存起来。

与发酵作用一样,在氧化过程中,从底物所释放出的电子,通常首先转移给辅酶 NAD^+。但是呼吸作用在对还原态的($NADH+H^+$)氧化的方式上与发酵作用是特别不同的。从($NADH+H^+$)释放出的电子不是转移给一种中间产物(如丙酮酸),而是通过一种电子传递体系传递给氧,由此形成氧化态的 NAD^+ 和 H_2O。在($NADH+H^+$)得到再生的同时,借氧化磷酸化作用(电子水平、呼吸链水平)产生 ATP。

电子传递体系中各组分的氧化能力(或还原能力)的强弱都各不相同,($NADH+H^+$)的氧化能力最弱,O_2 的氧化能力最强。或者说($NADH+H^+$)的还原能力最强,O_2 的还原能力最弱。各种还原体系的氧化能力的强弱可以定量地用氧化还原电势(E)来表示。

电子传递体系中各组分严格地按照氧化还原电势的大小进行反应,氧化还原反应电势强的组分并不越级去氧化离它较远的组分。一方面由它们的特异性所决定,另一方面和这些组分在细胞内有秩序地排列有关,保证了这一系列反应顺序的进行。

在原核生物中,电子传递体系作为质膜的一部分,而在真核生物中,电子传递体系存在于线粒体。氢或电子的传递顺序一般如图 4-15 所示。

$$NAD(P) \rightarrow FP \rightarrow Fe\text{-}S \rightarrow CoQ \rightarrow Cytb \rightarrow Cytc_1 \rightarrow Cytc \rightarrow Cyta \rightarrow Cyta_3$$

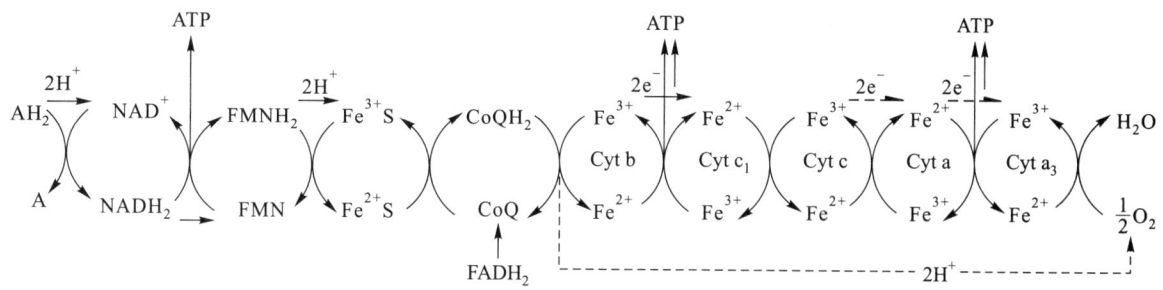

图 4-15 好氧呼吸中的电子传递体系

4. 好氧呼吸的外源性呼吸和内源性呼吸

好氧呼吸可分为外源性呼吸和内源性呼吸（图 4-16）。在正常情况下，微生物利用外界供给的能源进行呼吸，叫外源呼吸，即通常所说的呼吸。如果外界没有供给能源，而是利用自身内部储存的能源物质（如多糖、脂肪、聚 β-羟基丁酸等）进行呼吸，则叫内源性呼吸（或内源呼吸）。内源性呼吸的速率取决于细胞的原有营养水平：有丰富营养的细胞具有相当多的能源储备和高度的内源呼吸；饥饿细胞的内源呼吸速度很低。不过，这两种细胞在供给外源性能源时，可能进行同等程度的呼吸反应。

好氧呼吸能否进行，主要取决于 O_2 的体积分数能否达到 0.2%［相当于大气中 O_2 的体积分数（21%）的 1%］。O_2 的体积分数低于 0.2% 时，好氧呼吸则不能发生。

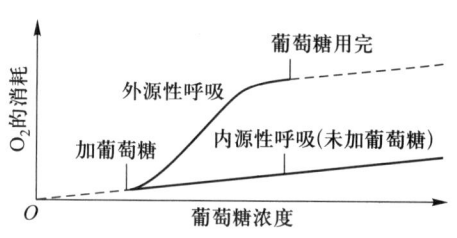

图 4-16 内源性呼吸和外源性呼吸的比较

（三）无氧呼吸

无氧呼吸（anaerobic respiration）又称厌氧呼吸，是一类电子传递体系末端的受氢体为外源无机氧化物的生物氧化。这是一类在无氧下进行的产能效率较低的（对好氧呼吸而言）特殊呼吸。其特点是底物按常规脱氢后，经部分电子传递体系递氢，最终有氧化态的无机物（个别为有机物）受氢。根据呼吸链末端的最终受氢体的不同，可将无氧呼吸分成硝酸盐呼吸（$NO_3^- \rightarrow NO_2^-$, NO, N_2O）、硫酸盐呼吸（$SO_4^{2-} \rightarrow SO_3^{2-}$, H_2S）、碳酸盐呼吸（CO_2, $HCO_3^- \rightarrow CH_3COOH$, CH_4）和延胡索酸呼吸（延胡索酸→琥珀酸）等多种类型。

在电子传递体系中，氧化（$NADH+H^+$）时的最终电子受体是 O_2 以外的无机化合物，如 NO_2^-, NO_3^-, SO_4^{2-}, CO_3^{2-} 及 CO_2 等。无氧呼吸的氧化底物一般为有机物，如葡萄糖、乙酸和乳酸等。它们被氧化为 CO_2，有 ATP 生成。

1. 以 NO_3^- 作为最终电子受体（硝酸盐呼吸）

硝酸被还原为 NO_2^-, N_2O 和 N_2。其供氢体可以是葡萄糖、乙酸、甲醇等有机物，也可以是 H_2 和 NH_3。它们的反应式如下：

$$0.5C_6H_{12}O_6 + 2HNO_3 \rightleftharpoons N_2 + 3CO_2 + 3H_2O + 2[H] + 1\ 756\ kJ$$

$$CH_3COOH + HNO_3 \rightleftharpoons 2CO_2 + H_2O + 0.5N_2 + 3[H]$$

$$CH_3OH + HNO_3 \rightleftharpoons 0.5N_2 + 2H_2O + CO_2 + [H]$$

$$2.5H_2 + HNO_3 \rightleftharpoons 0.5N_2 + 3H_2O$$
$$2NH_3 + HNO_3 \rightleftharpoons 1.5N_2 + 3H_2O + [H]$$

硝酸盐的 NO_3^- 在接受电子后变成 NO_2^-、N_2 的过程,叫脱氮作用,也叫反硝化作用或硝酸盐还原作用。脱氮分两步进行,第一步是硝酸还原酶催化 NO_3^- 还原为 NO_2^-,硝酸还原酶被细胞色素 b 还原。第二步是 NO_2^- 被还原为 N_2。无氧呼吸的电子传递体系比好氧呼吸的短,氧化磷酸化仅生成 2 mol ATP。上述两反应有脱氢酶、脱羧酶、硝酸还原酶及细胞色素 b 等参加。脱氮副球菌(*Paracoccus denitrificans*)的电子传递体系又有些不同,还含有细胞色素 c_1、细胞色素 c、细胞色素 a 和细胞色素 a_3,在电子传递的过程中,氧化还原电位是不断提高的(图 4-17)。

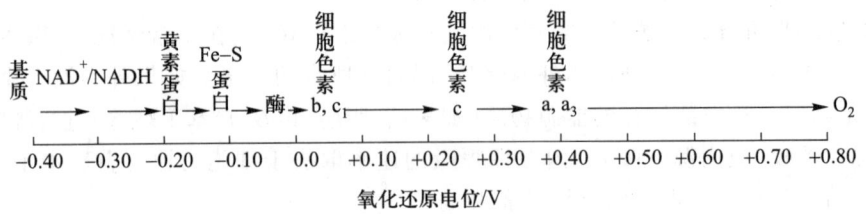

图 4-17 脱氮副球菌的电子传递体系

2. 以 SO_4^{2-} 为最终电子受体(硫酸盐呼吸)

硫酸盐还原菌在硫酸还原酶催化下,将 SO_4^{2-} 还原为 H_2S,其电子传递体系只有细胞色素 c,在 $SO_4^{2-} \rightarrow S^{2-}$ 中传递电子,生成 ATP。氧化有机物不彻底,如氧化乳酸时产物为乙酸:

$$\underset{\text{乳酸}}{2CH_3CHOHCOOH} + H_2SO \rightleftharpoons \underset{\text{乙酸}}{2CH_3COOH} + 2CO_2 + H_2S + 2H_2O + 1\,125\,kJ$$

3. 以 CO_2 和 CO 为最终电子受体(碳酸盐呼吸)

产甲烷菌、产乙酸菌利用甲醇、乙醇、甲酸、乙酸、H_2 等作供氢体,其电子传递体系末端的受氢体是 CO_2,根据其还原产物不同,可分为两类:一是产甲烷菌产生甲烷的碳酸盐呼吸;二是产乙酸细菌产生乙酸的碳酸盐呼吸。例如:

$$2CH_3CH_2OH + CO_2 \rightleftharpoons CH_4 + 2CH_3COOH$$
$$4H_2 + CO_2 \rightleftharpoons CH_4 + 2H_2O$$
$$3H_2 + CO \rightleftharpoons CH_4 + H_2O$$

(1) 参与产甲烷菌产能代谢的酶和辅酶:① 氢化酶(氢酶)。氢化酶有两种,一种是不需 NAD 的颗粒状氢化酶,其仅含 6 个铁原子和不稳定硫的铁硫蛋白,结合在细胞质膜上或位于壁膜的间隙中;另一种是需 NAD 的可溶性氢化酶,通常为一种寡聚铁硫黄素蛋白,它存在于细胞质中。氢化酶是产甲烷末端步骤的电子供给系统。② F_{420} 氧化还原酶及其他氧化还原酶。③ 辅酶,包括 NAD、NADP、FAD、FMN、CoM、F_{420}、F_{430}、H_4MPT 及其衍生物。④ 其他。铁氧还蛋白及细胞色素 b 和细胞色素 c 等。

(2) 甲烷形成中的主要反应:产甲烷菌的电子传递系统目前尚未有公认的模式,产甲烷菌利用乙酸作最终电子受体的生化代谢模式,见图 4-18。

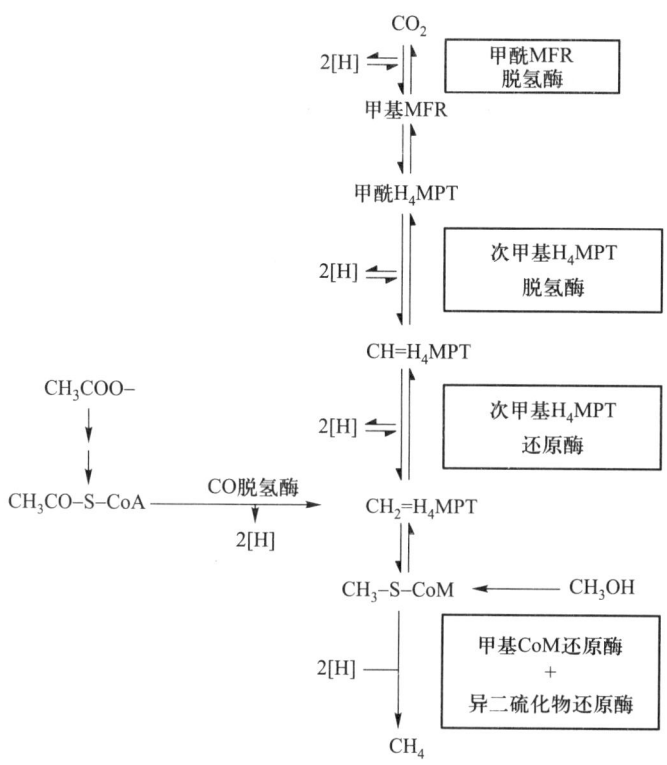

图 4-18 产甲烷菌的生化代谢模式图
摘自:闵航,等.厌氧微生物学.1993:266。

(3) 产甲烷过程中能量的产生:产甲烷菌因只能利用含碳个数较少的化合物,如 CO_2,CO,甲酸,甲醇,甲基胺,乙酸和异丙醇等简单物质,所以,氧化 1 mol 上述物质转化为 CH_4 时释放的能量均小于 131 kJ,远低于好氧呼吸。在甲烷形成途径中,仅最后一步反应产能。目前已经知道的机制是:在由甲基还原酶-F_{430} 复合物催化 CoM—S—CH_3 产生 CH_4 过程中,还需有 HS—HTP(7-巯基庚酰基丝氨酸磷酸)的参与,因此,在形成甲烷的同时还产生了 CoM—S—S—HTP。后者在异二硫化物还原酶的催化下,可将来自还原态的 F_{420} 或 H_2 的电子传递给 CoM—S—S—HTP,把 H^+ 逐出,由此造成的跨膜电动势推动了 ATP 酶合成 ATP(图 4-19)。

4. 以延胡索酸为最终电子受体(延胡索酸呼吸)

在延胡索酸呼吸中,琥珀酸是末端受氢体延胡索酸的还原产物。以延胡索酸为最终电子受体的微生物一般都是一些兼性厌氧菌,如埃希氏菌属(*Escherichia*)、变形杆菌属(*Proteus*)等。

三、3 种生物氧化类型比较(以葡萄糖为例)

划分 3 种氧化类型的主要依据是受氢体(最终电子受体),另外,在参与的酶、最终产物和能量等方面都有较大的差异(表 4-11)。

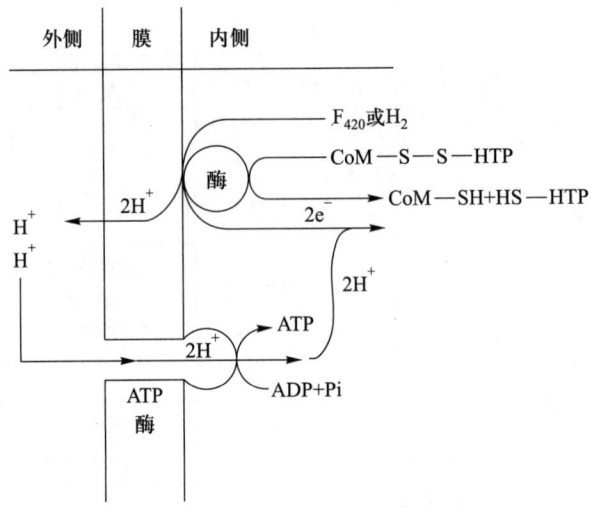

图 4-19　甲烷形成途径中的产能反应
摘自：周德庆.微生物学教程.2002。

表 4-11　乙醇发酵、好氧呼吸和无氧呼吸的比较

生物氧化类型	最终电子受体	参与反应的酶	最终产物	产 ATP 方式	释放总能量/kJ
乙醇发酵	中间代谢产物	脱氢酶，脱羧酶，乙醇脱氢酶；辅酶：NAD 等	低分子有机物，CO_2，ATP	底物水平磷酸化	238.3
好氧呼吸	O_2	脱氢酶，脱羧酶，细胞色素氧化酶；辅酶：NAD，FAD，辅酶 Q，细胞色素 b,c_1,c,a,a_3 等	$CO，H_2O，ATP，S，SO_4^{2-}，NO_3^-，Fe^{3+}$	底物水平磷酸化；氧化磷酸化	2 876
无氧呼吸	$NO_3^-，NO_2^-$，$SO_4^{2-}，CO_3^{2-}$，CO_2	脱氢酶、脱羧酶、硝酸还原酶、硫酸还原酶；辅酶：NAD，细胞色素 b,c 等	$CO_2，H_2O，NH_3$，$N_2，H_2S，CH_4$，ATP	底物水平磷酸化；氧化磷酸化	反硝化：1 756 反硫化：1 125

四、其他代谢途径

（一）磷酸己糖途径

磷酸己糖途径(hexose monophosphate pathway，HMP 途径)又称磷酸戊糖支路、磷酸葡萄糖途径等。大多数好氧菌和兼性厌氧菌可通过这条途径代谢。HMP 途径可概括为 3 个阶段：① 葡萄糖分子经几步反应产生还原力($NADPH+H^+$)、5-磷酸核酮糖和 CO_2；② 5-磷酸核酮糖异构化产生 5-磷酸木酮糖和 5-磷酸核糖；③ 产生其他 $C_3 \sim C_7$

的中间产物,如 3-磷酸甘油醛、4-磷酸赤藓糖、6-磷酸葡萄糖和果糖,以及 7-磷酸景天庚酮糖等,为合成途径提供了丰富的原料。其总反应式如下:

$$6(6\text{-}P\text{-}C_6H_{12}O_6)+12NADP^++6H_2O \rightarrow 5(6\text{-}P\text{-}C_6H_{12}O_6)+12NADPH+12H^++6CO_2+Pi$$

(二) 脱氧核糖酸途径

脱氧核糖酸途径(ED 途径)因最初由 N.Entner 和 M.Doudoroff(1952 年)在嗜糖假单胞菌(*Pseudomonas saccharopila*)中发现,故得此名。这是存在于某些缺乏完整 EMP 途径的微生物中的一种替代途径,为微生物所特有。其特点是,葡萄糖只经过 4 步反应即可快速获得有 EMP 途径需经 10 步反应才能形成的丙酮酸,总反应式如下:

$$C_6H_{12}O_6+NADP^++NAD^++ADP+Pi \rightarrow 2CH_3COCOOH+ATP+NADH+H^++NADH_2$$

(三) 磷酸酮糖裂解途径(PK 途径)

少数细菌进行异型乳酸发酵时用此途径。在 PK 途径中,一开始葡萄糖被氧化为葡萄糖酸时,产生还原态的($NADH+H^+$),进一步反应产生 3-磷酸甘油醛和乙酰磷酸。在异型乳酸发酵中,主要产物为乳酸,还产生其他产物,如乙酰磷酸被还原为乙醛,之前形成的还原态的($NADH+H^+$)将氢交给乙醛,使乙醛被还原为乙醇。

上述 3 种途径(包括 EMP)的共同特点为:在分解葡萄糖后产生了还原态的氢载体($NADH+H^+$)和($NADPH+H^+$),这在合成代谢中是不可缺少的;在 3 种途径的分解产物中,几乎都有丙酮酸和 3-磷酸甘油醛(PK 途径除外)。

五、微生物发光机制与其应用

发光是许多活的生物体所具有的一种特性。在细菌、真菌和藻类中,较高等的某些种能发光。发光细菌含两种特殊成分:(虫)荧光素酶(luciferase,LE)和长链脂肪族醛(如月桂醛,dodecanal)。发光过程包括电子的传递和能量转移,电子供体为($NADH+H^+$)。先利用能量形成一种分子的激活态,当这种激活态再返回到基态时就发出光来。微生物发光机制是:($NADH+H^+$)的电子传给 FMN 和(虫)荧光素酶,使(虫)荧光素酶激活。被激活的(虫)荧光素酶在长链脂肪族醛存在下,通入氧气就会引起一阵明亮的闪光,随即返回基态。发光过程见图 4-20。

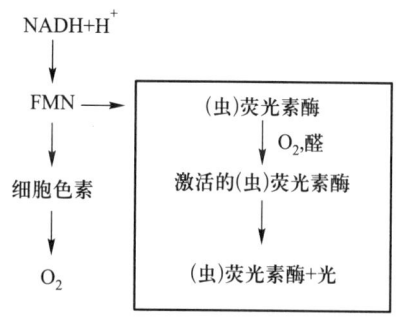

图 4-20 发光细菌的电子流途径

$FMNH_2+LE \rightarrow FMNH_2 \cdot LE+O_2 \rightarrow LE \cdot FMNH_2 \cdot O_2+RCHO \rightarrow LE \cdot FMNH_2 \cdot O_2 \cdot RCHO \rightarrow LE+FMN+H_2O+RCOOH+$光

发光细菌有明亮发光杆菌(*Photobacterium phosphoreum*)、费氏无色杆菌(*Achromobacter fisheri*)、磷光弧菌(*Vibrio phosphorescens*)和发光杆菌(*Bacillus photogenus*)等 100 多种。大多数是海洋细菌。少数淡水细菌。其中,明亮发光杆菌(*Photobacterium phosphoreum*)被应用于水质急性毒性的测定(GB/T 15441—1995);费氏弧菌(*Vibrio fisheri*)被欧盟标准所使用;青海弧菌(*Vibrio qinhaiensis*)被制成冻干粉,用于某地震灾区应急环境监测。它具有快速、便捷、综合评价等优点。

发光细菌是兼性厌氧菌,在有氧存在时才发光。它对氧很敏感,即使氧的含量极微量,发光细菌也能发光。如将其培养物置于黑暗处,清楚可见。如图 4-21。

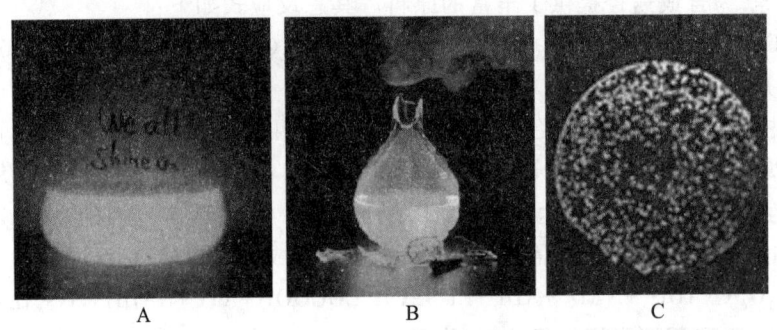

图 4-21　发光细菌在黑暗中发光
A—发光细菌的液体培养物遇 O_2 发光;B—发光细菌的液体培养物滴入 1 滴血发光;C—发光细菌的菌落

鉴于发光细菌对氧的灵敏度高,可将它用于测定溶液中的微量氧。因此,将发光细菌在缺氧条件下培养一段时间,然后通入空气,结果引起一阵明亮的闪光,接着光的强度又下降到一个低的稳定状态值。一般认为这是由于在厌氧条件下,发光所需的某种成分(可能是 $NADH+H^+$)积累到比通常更高的量,然后再通入氧后,$NADH+H^+$ 被迅速利用而产生一阵闪光(发光强度在波长为 450~490 nm 处的蓝绿光)。在普通肉汁蛋白胨培养基中加 3% NaCl 和 1%甘油可获得发光细菌的纯培养。

发光细菌对毒气(SO_2)、毒药、麻醉剂、氰化物等抑制剂也异常敏感,当这些物质的质量分数仅为 10^{-6} 时,就能使发光细菌发光。现在,发光细菌已被制成生物探测器,应用于环境监测及其他领域。

第四节　微生物的合成代谢

微生物利用能量代谢所产生的能量、中间产物及从外界吸收的小分子,合成复杂的细胞物质的过程,称合成代谢。对于化能异养微生物而言,分解代谢产生能量的同时,也提供了碳源,它们以中间产物的形式存在,并参与各种细胞物质的构成,所以说,合成代谢是在能量代谢的基础上进行的。对于化能自养微生物和光能自养微生物而言,能量代谢并没有解决碳源问题,微生物还必须从外界吸收能量作为碳源的物质。自养型微生物以 CO_2 为碳源,以无机物为电子供体,异养型微生物则以有机物为碳源和电子供体。

一、产甲烷菌的合成代谢

(一) 产甲烷菌同化 CO_2 的途径

产能代谢中,产甲烷菌利用 C_1 和 C_2 化合物产生 CH_4,利用其中间代谢产物和能量物质 ATP 合成蛋白质、多糖、脂肪和核酸等物质,用以构成自身的细胞。图 4-22 为嗜热自养甲烷杆菌同化 CO_2 和合成乙酸的途径。图 4-23 是产甲烷菌同化 CO_2 和逆三羧酸循环合成细胞物质的途径。产甲烷菌合成细胞物质需要的 ATP 较异养菌少,如产

甲烷菌利用 H_2/CO_2 为基质合成 1 g 细胞物质需要消耗 $522.5×10^{-4}$ mol ATP；而异养微生物利用乙酸为基质合成 1 g 细胞物质需要消耗 $955×10^{-4}$ mol ATP，约为产甲烷菌的 2 倍。产甲烷菌产能量较低，如产甲烷菌利用 H_2/CO_2 为基质，产生 1 mol CH_4，释放 131 kJ，利用乙酸为基质产能更低，只释放能量 32.5 kJ。从产生的能量来看，似乎满足不了消耗需要。事实上，产甲烷菌运输甲醇等物质进入细胞不需耗能，而且产甲烷菌能通过利用少量外源 ATP 催化自身产生大量的内源 ATP 满足合成细胞物质所需。这已被 Gunsalus 等人(1978 年)证实了。

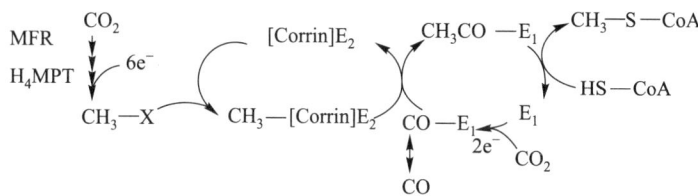

图 4-22　嗜热自养甲烷杆菌同化 CO_2 和合成乙酸的途径
E_1—含镍的钴脱氢酶(CoDH)；[Corrin] E_2—参与甲基转移的含钴氨蛋白

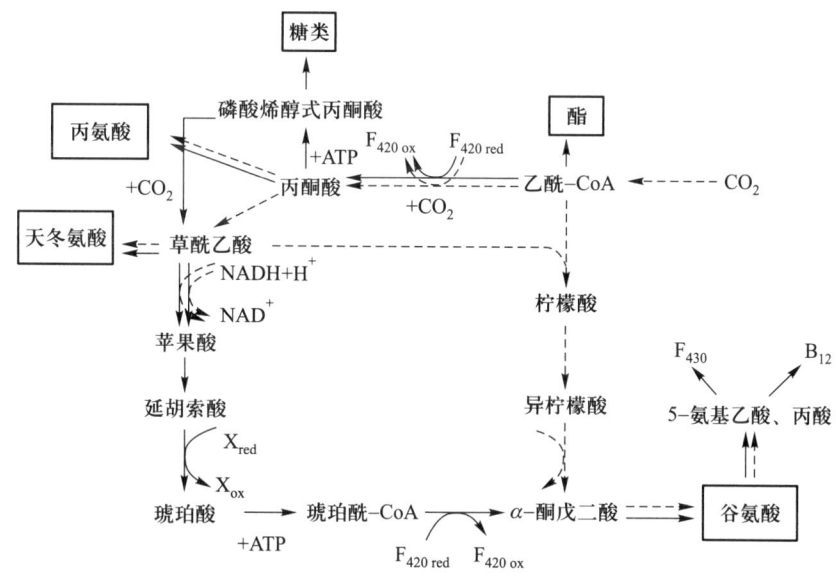

图 4-23　产甲烷菌同化 CO_2 和逆三羧酸循环合成细胞物质
实线为嗜热自养甲烷杆菌同化 CO_2 的途径；虚线为巴氏甲烷八叠球菌同化 CO_2 的途径

他们在嗜热自养甲烷杆菌的提取液中加入 50 μmol ATP/L 时，甲烷产量为 924 nmol。若不外加 ATP 则只产生 191 nmol。1982 年 Wolfe 在 RPG 反应体系中加入 0.15～1.00 μmol ATP/L 就可达到最佳的激活状态。外源 ATP 不能过多，过多 (≥100 μmol ATP/L) 就会抑制布氏甲烷杆菌的甲基还原酶的活性。从以上实验可看出：在产甲烷菌产甲烷的初期，需要一定量的 ATP 启动和催化，代谢才能正常进行。

外源 ATP 在产甲烷菌中的作用：① 为合成细胞物质提供能量；② 启动和催化甲烷产生反应；③ 阻止质子泄漏；④ 通过水解创造一个高能量的膜状态；⑤ 起嘌呤化和

磷酸化酶及辅因子的作用。

（二）甲烷形成中的主要反应

甲烷形成中的生化反应主要包括：① CO_2 被 MF 激活并随之还原成甲酰基；② 甲酰基从 MF(MFR)转移到 MP(MPT)，通过脱水和还原步骤后，达到亚甲基和甲基水平；③ 甲基从 MP 转移到 CoM 上；④ 甲基还原为甲烷并产生 ATP（图 4-24）。

甲烷形成过程的总反应：

$$CO_2 + 4H_2 \longrightarrow CH_4 + 2H_2O$$

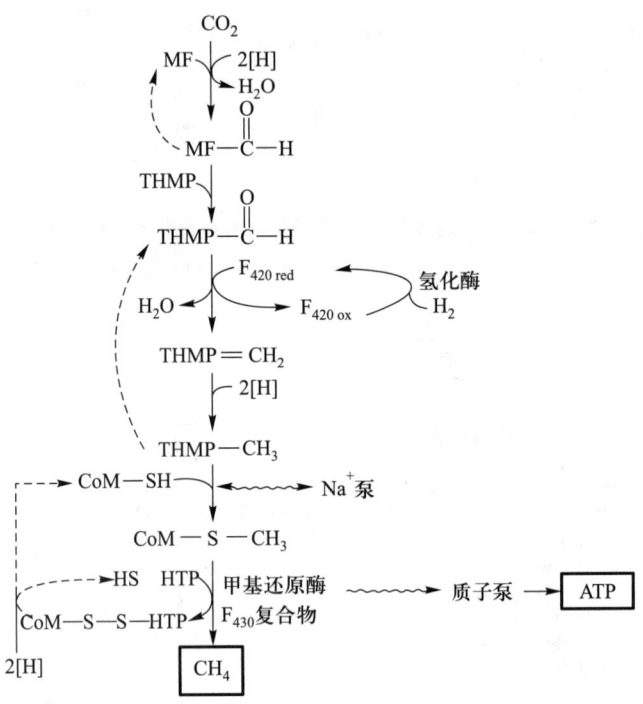

图 4-24 从 CO_2 还原至 CH_4 的生化反应途径

二、化能自养微生物的合成代谢

化能自养菌还原 CO_2 所需要的 ATP 和[H]是通过氧化无机底物，如 NH_4^+，NO_2^-，H_2S，S°，H_2 和 Fe^{2+} 等而获得的。其产能的途径主要也是借助于经过电子传递体系的氧化磷酸化反应。因此，化能自养菌一般都是好氧菌。

（一）亚硝化细菌（氨氧化细菌）的合成代谢

其反应式为：

$$NH_4^+ + 1.5O_2 \rightleftharpoons NO_2^- + 2H^+ + H_2O + 271 \text{ kJ}$$

$$CO_2 + 4[H] \rightleftharpoons [CH_2O] + H_2O$$

（二）硝化细菌（亚硝酸氧化细菌）的合成代谢

其反应式为：

$$HNO_2 + 0.5O_2 \rightleftharpoons NO_3^- + H^+ + 77 \text{ kJ}$$

$$CO_2 + 4[H] \rightleftharpoons [CH_2O] + H_2O$$

（三）硫氧化细菌的合成代谢

其反应式为：

$$H_2S + 2O_2 \rightleftharpoons SO_4^{2-} + 2H^+ + 795 \text{ kJ}$$

$$CO_2 + 4[H] \rightleftharpoons [CH_2O] + H_2O$$

（四）铁氧化细菌的合成代谢

氧化亚铁硫杆菌及锈色嘉利翁氏菌通过卡尔文循环固定 CO_2：

$$Fe^{2+} + 0.25O_2 + H^+ \rightleftharpoons Fe^{3+} + 0.5H_2O + 44.4 \text{ kJ}$$

$$CO_2 + 4[H] \rightleftharpoons [CH_2O] + H_2O$$

（五）氢氧化细菌的合成代谢

这类细菌有革兰氏阴性菌中的食羧基假单胞菌(*Pseudomonas carboxydovorans*)、敏捷假单胞菌(*Pseudomonas facilis*)、真养产碱菌(*Alcaligenes eutrophus*)和脱氮副球菌(*Paracoccus denitrificans*)等。它们是兼性化能自养菌，在有 H_2 和 O_2 混合气体存在时，以自养方式代谢。它们通过氢化酶(颗粒性的和可溶性的两种)催化 H_2 氧化，还原 CO_2 合成有机物；也可通过卡尔文循环固定 CO_2。

$$H_2 + 0.5O_2 \rightleftharpoons H_2O + 237 \text{ kJ}$$

$$2H_2 + CO_2 \rightleftharpoons [CH_2O] + H_2O$$

氢氧化细菌的细胞膜上有泛醌，维生素类似物，细胞色素 b，c，a 或 a_3，组成电子传递链。

三、光合作用

光合作用(photosynthesis)是地球上进行得最大的有机合成反应。光合生物通过光合作用将光能转化为化学能，并通过食物链为生物圈的其他成员所利用。将太阳能转化为化学能的过程经常用"CO_2固定"这一术语来表示。据估计，每年地球上约有 10^{11} t CO_2 的碳被固定，其中 1/3 主要是由海洋中的光合微生物固定的。

（一）藻类的光合作用和呼吸作用

1. 藻类的光合作用——非环式光合磷酸化

非环式光合磷酸化(non-cyclic photophosphorylation)是各种绿色植物、藻类和蓝细菌所共有的利用光能产生 ATP 的磷酸化反应。

在正常环境中，蓝细菌和真核藻类多数在有光和黑暗相交替的条件下生活，藻类在白天，利用体内的叶绿素(a,b,c,d)、胡萝卜素、藻蓝素、藻红素等光合作用色素，进行非环式光合磷酸化。其特点为：① 电子传递途径属非循环式；② 在有氧条件下进行；③ 有两个光合系统——PSⅠ和PSⅡ；④ 反应中同时有 ATP、还原力、O_2 产生；⑤ 还原力来自 H_2O 的光解。

从 H_2O 的光解中获得 H_2，由 H_2O 经光解产生的 $1/2\ O_2$ 可及时释放，而电子需经光合系统Ⅰ(PSⅠ)和光合系统Ⅱ(PSⅡ)接力传递，在 PSⅠ 系统中，电子经 Fe-S(铁硫蛋白)和 Fd(铁氧还蛋白)的传递，最终由 $NADP^+$ 接受，形成可用于还原 CO_2 的还原力 $NADPH+H^+$；在 PSⅡ 中，有 ATP 的生成：

$$2NADP^+ + 2ADP + 2Pi + 2H_2O \longrightarrow 2NADPH_2 + 2ATP + O_2$$

因与植物的光合作用相同，都是利用 CO_2 为碳源，H_2O 作为供氢体合成有机物，构成自身细胞物质，故称藻类的光合作用为植物性光合作用。其化学反应式为：

$$CO_2 + H_2O \underset{\text{叶绿素}}{\overset{\text{阳光}}{\rightleftharpoons}} [CH_2O] + O_2$$

在藻类的光合作用中，叶绿素是将光能转变为化学能的基本色素。类胡萝卜素是辅助色素，它和叶绿素紧密结合，不直接参加光合反应，有捕捉光能并将光能传到叶绿素的功能，还能吸收有害光，保护叶绿素免遭破坏。

藻类进行光合作用所产生的氧溶于水或释放到大气中。

2. 藻类的呼吸作用

藻类光反应最初的产物 ATP 和($NADPH+H^+$)不能长期储存，它们通过光周期把 CO_2 转变为高能储存物蔗糖或淀粉，用于暗周期。在夜晚，藻类利用白天合成的有机物作底物，同时利用氧进行呼吸作用，放出 CO_2。

（二）细菌的光合作用

1. 环式光合磷酸化

环式光合磷酸化(cyclic photophosphorylation)是在光驱动作用下通过电子的循环式传递而完成的磷酸化，是光合细菌进行光合作用的主要途径。环式磷酸化只有一个光合系统，但不等于光合系统Ⅰ。其特点为：① 在光能驱动下，电子从菌绿素分子上逐出后，通过类似呼吸链的传递循环，又回到菌绿素，其间产生 ATP；② 产 ATP 与产还原力[H]分别进行；③ 还原力来自 H_2S 等供氢体；④ 不产生 O_2。反应式为：

$$n\text{ADP} + n\text{Pi} \longrightarrow n\text{ATP}$$

在细菌的光合作用中，根据菌绿素(Bchl)在光合细菌中的分布，将其分成两组，即：

$$\begin{cases} \text{Bchl c,d,e} & \text{其主要功能：接收光能，被称为天线叶绿素(捕捉光能)} \\ \text{Bchl a,b} & \text{其主要功能：将光能转化为化学能，被称为光同化叶绿素} \end{cases}$$

紫色细菌只有一种菌绿素 a 或 b，能同时完成以上 2 种功能，不同的天线叶绿素有不同的吸收光谱，反映在光合细菌所利用的光的波长也不同。

还有一种类胡萝卜素，在蓝紫区有 2~3 个吸收峰，其功能是光氧化反应的猝灭机，保护光合作用的结构不受损伤，在细胞能量代谢中起辅助作用。

2. 细菌的光合作用

可进行环式光合磷酸化的生物，都属于原核生物中的光合细菌，它们都是厌氧菌，分类上归于红螺菌目(Rhodospirillales)中。由于其细胞内所含的菌绿素和类胡萝卜素的量和比例的不同，使菌体呈现出红、橙、蓝绿、紫或褐等不同颜色。这是一群典型的水生细菌，广泛分布于缺氧的深层淡水或海水中。

因光合细菌种类不同，其光合反应也不同，总的来说，有 3 种生化反应。

(1) 绿硫杆菌属（*Chlorobium*）的细菌进行的反应：绿硫杆菌呈绿色,通常存在于含 H_2S 的湖水或矿泉中。在污泥、小型污水厌氧消化试验设备中,因构筑物透光,常有绿硫杆菌出现。

(2) 红硫菌科（Tbiorhodaceae）的细菌进行的反应：红硫菌科的细菌呈紫色、褐色或红色。绿硫杆菌和红硫细菌都是专性光合作用的专性厌氧菌。它们以 H_2S 作为还原 CO_2 的电子供体（或供氢体）；H_2S 被氧化成 S 或 SO_4^{2-} 中,产生的 S 有的积累在细胞内,有的累积在细胞外,其光合作用反应式如下：

$$CO_2 + 2H_2S \xrightleftharpoons[\text{细菌叶绿素}]{\text{阳光}} [CH_2O] + 2S + H_2O$$
$$\text{（菌绿素）}$$

$$2CO_2 + H_2S + 2H_2O \xrightleftharpoons[\text{细菌叶绿素}]{\text{阳光}} 2[CH_2O] + H_2SO_4$$
$$\text{（菌紫素）}$$

(3) 氢单胞菌属（*Hydrogenmonas*）的细菌进行的反应：这类菌仅以 H_2 作供氢体,常见的如氢细菌（紫色非硫细菌）,其光合作用反应式如下：

$$2H_2 + CO_2 \xrightleftharpoons[\text{细菌叶绿素}]{\text{阳光}} [CH_2O] + H_2O$$
$$\text{（菌紫素）}$$

光合细菌通过光周期固定 CO_2,并转变为高能储存物——聚 β-羟基丁酸（PHB）等。由于光合细菌可利用有毒的 H_2S 或污水中的有机物（脂肪酸、醇类等）作为还原 CO_2 时的供氢体,因此可用于污水净化,所产生的菌体还可作饵料、饲料或食品添加剂等。

（三）盐细菌的光合磷酸化

盐细菌或称嗜盐菌（holophile 或 holophilic bacteria）是古菌,它捕获太阳能的方式与前面讨论过的光合作用机制有较大的区别。它是没有叶绿素或菌绿素参与的独特的光合作用,是嗜盐菌独有的。它们只有在 4.0~5.0 mol/L NaCl 的高渗环境中才能生长,广泛分布在盐湖,晒盐场或盐腌海产品上,常见的咸鱼上的紫红斑块就是嗜盐菌的细胞群。其主要代表菌有盐生盐杆菌和红皮盐杆菌。

以盐生盐杆菌（*Halobacterium halobium*）为例,说明其进行光合磷酸化的作用机制。它是一种能运动的杆菌,细胞内含类胡萝卜素而使细胞呈红色、橘黄色或黄色,其细胞膜制备物有红色、紫色两部分：红色部分含细胞色素、黄素蛋白,用作磷酸化的呼吸链载体；紫色部分是进行光合作用的紫膜,其中含量占 75% 是细菌视紫红质的蛋白质,与人眼视网膜上柱状细胞中所含有的视紫红质蛋白十分相似,两者都以紫色的视黄醛（retinal,维生素 A 的一种形式）作辅基。利用光能所造成的紫膜蛋白上视黄醛辅基构象的变化,可使质子不断驱至膜外,从而在膜两侧建立一个质子动势（质子梯度）,根据化学渗透学说,这一质子梯度在驱使 H^+ 通过 ATP 酶的孔道进入膜内以达到质子平衡时,就会推动 ATP 酶合成 ATP。紫膜质是已知最简单的光驱动质子泵。当 O_2 受限制时,嗜盐菌就可利用光通过光合磷酸化途径获得能量,来补充氧化磷酸化合成 ATP 的不足。但嗜盐菌的光合磷酸化不放氧,也不进行 $NADP^+$ 的还原。

嗜盐菌紫膜光合磷酸化的发现,使光合作用的类型增添了新的内容,人们对光合作用机制的认识也进入了一个更深的层次。

（四）卡尔文循环

以上提及的藻类、蓝细菌产氧型光合细菌和不产氧的紫细菌均按卡尔文循环

(Calvin cycle)固定CO_2(图4-25)

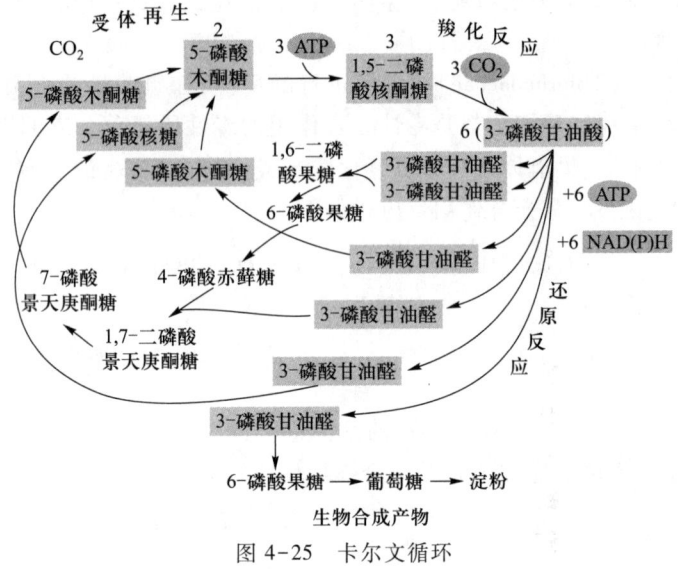

图4-25 卡尔文循环

卡尔文循环又称Calvin-Benson循环、Calvin-Bassham循环、核酮糖二磷酸途径或还原性戊糖磷酸循环。这一循环是光能自养微生物和化能自养微生物固定CO_2的主要途径。利用Calvin循环进行CO_2固定的生物,除了绿色植物、蓝细菌和多数光合细菌外,还包括硫细菌、铁细菌和硝化细菌等化能自养菌。固定CO_2的途径可以分为3个阶段:羧化反应(CO_2的固定)、还原反应及CO_2受体的再生。其中羧化反应是卡尔文循环的关键,也是自养微生物和高等植物所特有的反应,其他反应在异养微生物的EMP和HMP中也存在。

1. 羧化反应

CO_2的受体是1,5-二磷酸核酮糖,它是在5-磷酸核酮糖激酶的催化下,由5-磷酸核酮糖产生的。然后,在1,5-二磷酸核酮糖羧化酶的作用下,1,5-二磷酸核酮糖吸收一个CO_2,生成2分子3-磷酸甘油酸。

$$\begin{array}{c} CH_2OH \\ H-C-OH \\ H-C-OH \\ H-C-OH \\ CH_2OP \end{array} \xrightarrow[ADP]{ATP} \begin{array}{c} CH_2OP \\ C=O \\ H-C-OH \\ H-C-OH \\ CH_2OP \end{array} \xrightarrow[+H_2O]{CO_2}$$

5-磷酸核酮糖　　　　1,5-二磷酸核酮糖

$$\begin{array}{c} CH_2OP \\ HO-C-COOH \\ H-C-OH \\ H-C-OH \\ CH_2OP \end{array} \longrightarrow \begin{array}{c} CH_2OP \\ 2H-C-OH \\ COOH \end{array}$$

不稳定的中间产物　　　　3-磷酸甘油酸

2. 还原反应

还原反应是指被固定的 CO_2 的还原，这一过程由两步反应组成，先生成 1,3-二磷酸甘油酸；紧接着 1,3-二磷酸甘油酸上的羧基还原为醛基的反应（经 EMP 途径的逆反应进行），生成 3-磷酸甘油醛。将酸还原成醛需要还原态的 $[NAD(P)H+H^+]$，还需要 3-磷酸甘油酸激酶和 3-磷酸甘油醛脱氢酶。其过程为：

$$\begin{array}{c} CH_2OP \\ | \\ H-C-OH \\ | \\ COOH \end{array} \xrightarrow[ATP \quad ADP]{\text{3-磷酸甘油酸激酶}} \begin{array}{c} CH_2OP \\ | \\ H-C-OH \\ | \\ COOP \end{array} \xrightarrow[NAD(P)H \quad NAD(P)^+]{\text{3-磷酸甘油醛脱氢酶}} \begin{array}{c} CH_2OP \\ | \\ H-C-OH \\ | \\ CHO \end{array} + Pi$$

3. CO_2 受体的再生

该反应是指 5-磷酸核酮糖在 5-磷酸核酮糖激酶的催化下转变成 1,5-磷酸核酮糖的反应。本来，在得到 3-磷酸甘油醛以后，就可以通过 EMP 途径的逆反应合成葡萄糖了。但为了使固定 CO_2 的反应能继续下去，必须有一部分 3-磷酸甘油醛转变成 5-磷酸核酮糖，从而再生受体 1,5-二磷酸核酮糖。由 5 个 3-磷酸甘油醛转变成 3 个 5-磷酸核酮糖的过程为：① 两分子 3-磷酸甘油醛缩合成 6-磷酸果糖，这是在磷酸丙糖异构酶（催化 3-磷酸甘油醛转变成磷酸二羟丙酮）、1,6-二磷酸果糖醛缩酶（催化两个三碳物缩合成 1,6-二磷酸果糖）和磷酸酯酶（水解第 1 位碳上的磷酯键）的作用下完成的。② 6-磷酸果糖和 3-磷酸甘油醛在转乙醛酶的作用下，反应生成 4-磷酸赤藓糖和 5-磷酸木酮糖，后者即可转变为 5-磷酸核酮糖。③ 4-磷酸赤藓糖与磷酸二羟丙酮（第四个三碳物）缩合成 1,7-二磷酸景天庚酮糖，再脱掉一个磷酸变成 7-磷酸景天庚酮糖。前者由 1,7-二磷酸景天庚酮糖醛缩酶催化，是一个可逆的反应，后者由磷酸酯酶所催化，是不可逆反应。在 HMP 途径中，7-磷酸景天庚酮糖由 4-磷酸赤藓糖和 6-磷酸果糖在转醛醇酶作用下产生，但反应是可逆的。卡尔文循环中，7-磷酸景天庚酮糖生成的不可逆性，确保了底物向核糖转变的单向性，从而赋予了整个反应的不可逆性，也因此产生了调节代谢流的可能。其具有很重要的意义，也是卡尔文循环所特有的反应。④ 7-磷酸景天庚酮糖与 3-磷酸甘油醛在转乙醛酶的催化下，反应生成 1 mol 5-磷酸核糖和 1 mol 5-磷酸木酮糖，最后转变成 2 mol 5-磷酸核酮糖。

磷酸果糖激酶、1,5-二磷酸核酮糖羧化酶是卡尔文循环的特征酶，它们不参与其他任何反应，从数量上讲，后者是地球上最丰盛的蛋白质。

卡尔文循环具有重要意义，在此循环中，3 个受体分子循环一次，固定 3 个 CO_2，生成 1 mol 3-磷酸甘油醛：

$$3CO_2 + 6NADPH + H^+ + 9ATP \rightarrow 3\text{-磷酸甘油醛} + 6NADP^+ + 9ADP + 9Pi$$

或 6 个受体分子循环一次，固定 6 个 CO_2，生成 1 mol 葡萄糖：

$$6CO_2 + 12NADPH + H^+ + 18ATP \rightarrow C_6H_{12}O_6 + 12NADP^+ + 18ADP + 18Pi$$

这是自养微生物单糖的主要来源，也是其他糖类合成的起点。不仅如此，卡尔文循环还是其他有机物合成的基础，CO_2 固定后的产物[如 3-磷酸甘油酸（3-PGA）]借产生的 ATP 和 $[NAD(P)H+H^+]$ 的推动形成 3-磷酸甘油磷醛（TP），加上卡尔文循环的其他中间产物，可进入别的代谢途径，合成其他有机物和细胞物质（图 4-26）。

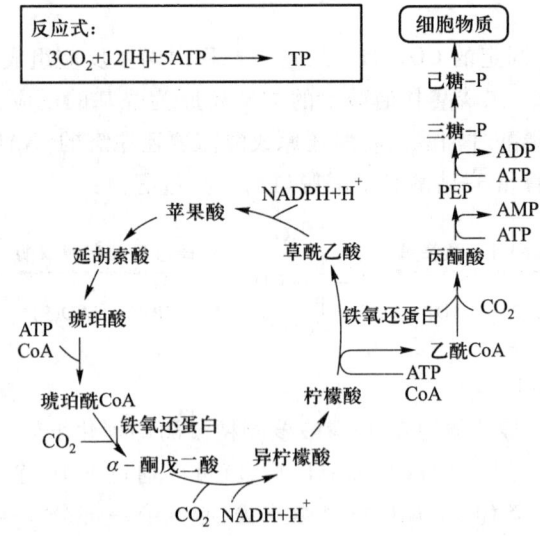

图 4-26 绿细菌属(*Chlorobium*)固定 CO_2 的还原性三羧酸循环途径

(五) 有机光合细菌的光合作用

光能异养的厌氧光合细菌叫有机光合细菌。它们以光为能源,以有机物为供氢体还原 CO_2,合成有机物。有机酸和醇作为它们的供氢体和碳源。例如,红螺菌科(Rhodospirillaceae)的细菌能利用异丙醇作供氢体进行光合作用,积累丙酮。

$$2 \begin{array}{c} CH_3 \\ | \\ CHOH \\ | \\ CH_3 \end{array} + CO_2 \xrightarrow[\text{细菌叶绿素(菌紫素)}]{\text{阳光}} 2CH_3COCH_3 + [CH_2O] + H_2O$$
$$\text{有机物}$$

光能异养微生物需要供给生长因子,它在黑暗时进行好氧氧化作用。

有机光合细菌还有沼泽红假单胞菌和荚膜红假单胞菌等。

(六) 藻类光合作用和细菌光合作用的比较

蓝细菌、真核藻类等和绿硫杆菌、红硫细菌、紫色非硫细菌进行光合作用的相同点是利用光能、自养方式固定 CO_2 合成有机物。其不同点是供氢体不同。蓝细菌和真核藻类从 H_2O 的光解中获得 H_2,还原 CO_2,产生 O_2;绿硫杆菌及红硫细菌以 H_2S 作供氢体,紫色非硫细菌以 H_2 作供氢体,还原 CO_2,不产生 O_2。藻类光合作用和细菌光合作用的比较详见表 4-12。

表 4-12 藻类光合作用和细菌光合作用的比较

比较项目	植物性光合作用	细菌光合作用
微生物	蓝细菌、真核藻类	红硫细菌、绿硫杆菌、紫色非硫细菌等
叶绿素类型	叶绿素 a(吸收红光) b,c,d,e	细菌叶绿素 (有些吸收远红光)
环式光合磷酸化	无	有
非环式光合磷酸化(Ⅰ和Ⅱ)	有	无
产生氧	有	无
供氢体	H_2O	H_2S、H_2、有机化合物(有机光合细菌)

四、异养微生物的合成代谢

如果只进行能量代谢(分解代谢),则有机物能源和碳源的最终结局只是被彻底氧化成 CO_2,H_2O 和 ATP 等,微生物就无法生长繁殖。然而,微生物在长期的进化过程中,在分解代谢和合成代谢之间建立了紧密的关系,即异化作用和同化作用的关系,巧妙又圆满地解决了这个问题。异养微生物利用现成的有机物作碳源和能源,在各种酶的催化下,大分子有机物转化为许多中间产物并产生能量(EMP,HMP,TCA 等途径),微生物就是利用这些中间代谢产物(如有机酸、氨基酸、氨、硝酸盐、硫酸盐及其他无机元素 K^+、Na^+、Ca^+、Mg^+ 等)和能量合成自身细胞的各种组分,如蛋白质、糖类、脂肪及核酸等。例如,EMP 途径的逆转可合成葡萄糖(3-磷酸甘油醛+磷酸二羟丙酮→葡萄糖);又如 TCA 循环中的多种中间产物与糖类、蛋白质、脂肪等物质的合成密切相关。异养微生物各种细胞物质详细的生物合成途径可参阅其他有关书籍。

思 考 题

1. 酶是什么?它有哪些组成?各有什么生理功能?
2. 什么是辅基?什么是辅酶?有哪些物质可作辅基或辅酶?
3. 简述酶蛋白的结构及酶的活性中心。
4. 酶可分为哪6大类?写出其反应通式。
5. 酶有哪些催化作用特性?
6. 影响酶活力(酶促反应速率)的主要因素有哪些?并讨论之。
7. 微生物含有哪些化学组成?各组分占多少比例?
8. 微生物需要哪些营养物质?供给营养时应注意什么?为什么?
9. 根据微生物对碳源和能源需要的不同,可把微生物分为哪几种类型?
10. 当处理某一工业废水时,怎样着手和考虑配给营养?
11. 什么叫培养基?按化学物质的性质不同,培养基可分几类?
12. 什么叫选择培养基?哪些培养基属于选择培养基?
13. 什么叫鉴别培养基?哪些培养基属于鉴别培养基?
14. 你如何从被粪便污染的水样中将大肠杆菌群中的4种菌逐一鉴别出来?
15. 你如何判断某水样是否被粪便污染?
16. 营养物顺浓度梯度进入细胞的方式有哪些?有什么不同?
17. 营养物逆浓度梯度进入细胞的方式有哪些?请作比较。
18. 什么叫主动运输?什么叫基团转位?
19. 什么叫新陈代谢?
20. 生物氧化的本质是什么?它可分几种类型?各有什么特点?

21. 葡萄糖如何在好氧条件下彻底氧化的？
22. 什么叫底物水平磷酸化、氧化磷酸化和光合磷酸化？
23. 什么叫乙醛酸循环？试述它在微生物生命活动中的重要性。
24. 简述自养微生物固定 CO_2 的卡尔文循环（Calvin cycle）。
25. 何谓光合作用？比较产氧光合作用和不产氧光合作用的异同。

第五章
微生物的生长繁殖与生存因子

第一节 微生物的生长繁殖

一、微生物生长繁殖的概念

微生物在适宜的环境条件下,不断吸收营养物质,按照自己的代谢方式进行新陈代谢活动。正常情况下,同化作用大于异化作用,微生物的细胞质量不断迅速增长,称为生长。当单细胞个体生长到一定程度时,由一个亲代细胞分裂为两个大小、形状与亲代细胞相似的子代细胞,使得个体数目增加,这是单细胞微生物的繁殖,此种繁殖方式称为裂殖。微生物的生长与繁殖是交替进行的,从生长到繁殖这个由量变到质变的过程叫发育。

细菌两次细胞分裂之间的时间,称为代时(世代时间)。在这期间,包括细胞核物质和细胞质加倍增长,之后,平均分配到两个新细胞中。每一种微生物由它的遗传性所决定。在一定的培养条件(如营养组成、pH、温度和通气等)下,它的代时是一定的;当环境条件发生改变,其代时也会改变。一种微生物在实验室的培养条件下与在自然条件下或在污水、有机固体废物生物处理构筑物中的代时不同。即使在相同培养条件下,营养成分不同,代时也会不同。例如,大肠杆菌在 37 ℃的肉膏蛋白胨培养基中培养时,代时为 15 min;在相同温度的牛乳培养基中培养时,代时为 12.5 min。

多细胞微生物的生长只是细胞数目增加,不伴随个体数目增加。如果不但细胞数目增加,个体数目也增加,则称为多细胞微生物繁殖。不同种的微生物生长繁殖速率不同,其代时不同,见表 5-1。原核微生物的生长速率一般比真核微生物快,专性厌氧菌的代时多数比好氧菌的长。例如,大肠杆菌的代时为 17 min 左右;嗜树甲烷杆菌(*Methanobacterium arbophilicum*)的代时为 6~7 h;二氧化碳还原菌的代时为 2 d;索氏甲烷杆菌(*Methanobacterium söehngenii*)在 33 ℃培养时平均代时为 3.4 d。

表 5-1 各种微生物的代时

微生物	代时/h
普通变形杆菌(*Proteus vulgaris*)	0.35
大肠埃希氏菌(*Escherichia coli*)	0.28
产气气杆菌(*Aerobacter aerogenes*)	0.29
伤寒沙门氏菌(*Salmonella typhi*)	0.39
肺炎链球菌Ⅱ型(*Streptococcus pneumoniae*, typeⅡ)	0.34
丁酸梭菌(*Clostridium butyricum*)	0.85

续表

微生物	代时/h
枯草芽孢杆菌(*Bacillus subtilis*)	0.43
铜绿假单胞菌(*Pseudomonas aeruginosa*)	0.58
深红红螺菌(*Rhodospirillum rubrum*)	5
三叶草根瘤菌(*Rhizobium trifolii*)	1.68~2.9
大豆根瘤菌(*Rhizobium japonicum*)	5.7~7.7
啤酒酵母(*Saccharomyces cerevisiae*)	2
大草履虫(*Paramecium caudalum*)	10.3
天蓝喇叭虫(*Stentor coeruleus*)	32
四膜虫(*Tetrahymena geleil*)	2.2~4.2
筒孢蓝细菌属(*Cylindrospermum*)	10.6
纤细裸藻(*Euglena gracilis* Klebs)	10.9
三角角藻(*Ceratium tripos*)	82.8
四尾栅藻(*Scenedesmus quadricauda*)	5.9
蛋白核小球藻(*Chlorella pyrenoidesa*)	7.75
美丽星杆藻(*Asterionella formosa* Hass)	9.6

二、研究微生物生长的方法

微生物的生长可分为个体微生物生长和群体微生物生长。由于微生物个体很小，研究它们的生长有困难。所以，多数通过培养研究其群体生长。培养方法有分批培养和连续培养，这两种方法既可用于纯种培养，也可用于混合菌种的培养。在污(废)水生物处理中这两种方法均有应用。

（一）分批培养

分批培养是将一定量的微生物接种在一个封闭的、盛有一定体积液体培养基的容器内，保持一定的温度、pH 和溶解氧量，微生物在其中生长繁殖；结果出现微生物的数量由少变多，达到高峰后又由多变少，直至死亡的变化规律。将此变化轨迹标在对数坐标纸上，所得的曲线就是微生物的生长曲线。

以细菌纯培养为例，将少量细菌接种到一种新鲜的、定量的液体培养基中进行分批培养，定时取样（如每 2 h 取样 1 次）计数。以细菌个数或细菌数的对数或细菌的干重为纵坐标，以培养时间为横坐标，连接坐标系上各点成一条曲线，即细菌的生长曲线（图 5-1）。一般来讲，细菌质量的变化比个数的变化更能在本质上反映生长的过程，因为细菌个数的变化只反映了细菌分裂的数

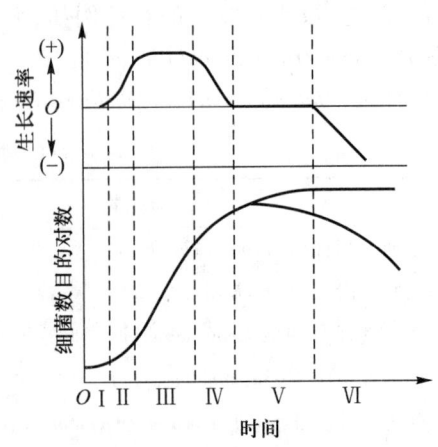

图 5-1 细菌的生长曲线

目,质量则包括细菌个数的增加和每个菌体细胞物质的增长。各种微生物的生长速率不一,每一种细菌都有各自的生长曲线,但曲线的形状基本相同。其他微生物也有形状类似的生长曲线。污(废)水生物处理中混合生长的活性污泥微生物也有类似的生长曲线。细菌的生长繁殖期可细分为6个时期:停滞期(或称适应期、迟滞期)、加速期、对数期、减速期、静止期及衰亡期。由于加速期和减速期都历时很短,可把加速期并入停滞期,把减速期并入静止期。因此,细菌的生长繁殖可粗分为4个时期。下面分别介绍。

1. 停滞期(即适应期或是迟滞期)

将少量细菌接种到某一种培养基中,细菌不立即生长繁殖,经一段适应期才能在新的培养基中生长繁殖,这个时期的初始阶段(图5-1Ⅰ)中,有的细菌产生适应酶,其细胞物质开始增加,细菌总数尚未增加;有的细菌不适应新环境而死亡,故有时细菌数会略有减少。适应环境的细菌生长到某个程度便开始细胞分裂,进入停滞期的第二阶段,即加速期(如图5-1Ⅱ)。此时,细菌的生长繁殖速率逐渐加快,细菌总数有所增加。

不同种细菌的停滞期长短不同,因受某些因素的影响,细菌在停滞期经历的时间会改变,影响因素如下:① 接种量。接种量大,停滞期短。② 接种群体菌龄。将处于对数期的细菌接种到新鲜的、成分相同的培养基中,则不出现停滞期,而以相同速率继续其指数生长。如果将处于对数期的细菌接种到另一种培养基中,则其停滞期可大大缩短。将处于静止期或衰亡期的细菌接种到另一种不同成分的培养基中,其停滞期则相应延长。即使将它们接种到与原来相同成分的培养基中,其停滞期也比接种处于对数期细菌的长。这是因为处于静止期和衰亡期的细菌常常耗尽了各种必要的辅酶或细胞成分,需要时间合成新的细胞物质;或它们因受到代谢产物过多积累而中毒,需要时间修补损伤。③ 营养。一个群体从丰富培养基中转接到贫乏培养基中也出现停滞期,因为细菌在丰富的培养基中可直接利用其中各种成分;而在贫乏培养基中,细菌需要产生新的酶类以便合成所缺少的营养成分。

综上所述,如果接种量适中,群体菌龄处于对数期,营养和环境条件均适宜,细菌的停滞期就短,代时短的细菌其停滞期也短。

处于停滞期的细菌细胞特征如下:处于停滞期初期,一部分细菌适应环境,而另一部分死亡,细菌总数下降。到停滞期的末期,存活细菌的细胞物质增加,故菌体体积增大,其菌体长轴的增长速率特别快(例如,处于停滞期末期的巨大芽孢杆菌细胞平均长度为刚接种时的6倍)。处于这一时期的细胞代谢活力强,细胞中RNA含量高、嗜碱性强,对不良环境条件较敏感,其呼吸速率、核酸及蛋白质的合成速率接近对数期细胞,并开始细胞分裂。

2. 对数期(又称为指数期)

继停滞期的末期,细菌的生长速率增至最大,细菌数以几何级数增加。当细菌总数与时间的关系在坐标系上近似呈线性关系时,细菌即进入对数期(图5-1Ⅲ)。对数期细胞个数按几何级数增加:$1 \to 2 \to 4 \to 8 \to 16 \to 32 \to \cdots$,即$2^0 \to 2^1 \to 2^2 \to 2^3 \to 2^4 \to 2^5 \to \cdots \to 2^n$。指数$n$为细菌分裂的次数或增殖的代数。一个细菌繁殖$n$代后产生$2^n$个细菌。如果知道$t_0$时细菌数为$N_0$,经过一段时间到$t_x$时,繁殖$n$代后的细菌数$N_x = N_0 \times 2^n$,可通过下式求出细菌的代时($G$)：
因为

$$G = \frac{t_x - t_0}{n} \tag{5-1}$$

$$N_x = N_0 \times 2^n$$

等式两边取对数：　　　　　　　　$\lg N_x = \lg N_0 + n\lg 2$

移项和换算：

$$n = \frac{\lg N_x - \lg N_0}{\lg 2} = \frac{\lg N_x - \lg N_0}{0.301} \tag{5-2}$$

将 n 代入式(5-1)：

$$G = \frac{t_x - t_0}{n} = \frac{(t_x - t_0)}{\dfrac{\lg N_x - \lg N_0}{0.301}} = \frac{0.301(t_x - t_0)}{\lg N_x - \lg N_0}$$

$$G = \frac{0.301(t_x - t_0)}{\lg N_x - \lg N_0} \tag{5-3}$$

式中：n 为繁殖的代数；N_0 为对数期开始(t_0)时细菌数，CFU/mL；N_x 为对数期后期(t_x)时的细菌数，CFU/mL。

要知道某种细菌的代时(G)，首先要测定该种细菌原始的细菌数，假设 t_0 时的原始细菌总数为 10^3 CFU/mL，将它置于适当的温度条件下培养 10 h 后，再测 $t_x = 10$ h 的细菌总数为 10^9 CFU/mL，用式(5-3)计算代时(G)：

$$G = \frac{0.301(t_x - t_0)}{\lg N_x - \lg N_0} = \frac{0.301 \times 10}{\lg 10^9 - \lg 10^3} \text{ h/代} = \frac{0.301 \times 10}{9 - 3} \text{ h/代} = 0.5 \text{/代} = 30 \text{ min/代}$$

也可以通过平均生长速率常数(k)计算出代时(G)。k 表示在单位时间内的代数（单位：代/h）：

$$k = \frac{n}{t} = \frac{\lg N_x - \lg N_0}{\lg 2 \times t} \tag{5-4}$$

细菌总数增加 1 倍（即 $n = 1$）所需要的时间为平均倍增时间(G)，此时 $t = G$，$N_x = 2N_0$，将它们代入式(5-4)：

$$k = \frac{n}{G} = \frac{\lg(2N_0) - \lg N_0}{\lg 2 \times t} = \frac{\lg 2 + \lg N_0 - \lg N_0}{\lg 2 \times G} = \frac{\lg 2}{\lg 2 \times G}$$

则：

$$k = \frac{1}{G}, \quad G = \frac{1}{k}$$

由此可知，平均代时（即平均倍增时间 G）是平均生长速率常数(k)的倒数。

所以，计算平均代时数可根据式(5-4)先计算生长速率常数(k)，再求出代时(G)。例如，某细菌经过培养 10 h 后，细菌总数由 t_0 时的 10^3 CFU/mL 增加到 $t_x = 10$ h 的 10^9 CFU/mL，求出代时(G)：

$$k = \frac{\lg N_x - \lg N_0}{0.301 t} = \frac{\lg 10^9 - \lg 10^3}{0.301 \times 10} \text{ 代/h} = \frac{9-3}{3.01} \text{ 代/h} = 2 \text{ 代/h}$$

$$G = \frac{1}{k} = \frac{1}{2 \text{代} \cdot \text{h}^{-1}} = 0.5 \text{ h/代} = 30 \text{ min/代}$$

即细菌繁殖一代的时间是 30 min。

表 5-2 是细菌群体的指数（对数）生长数据。它是以 1 个细菌为起始数，代时为 30 min，繁殖 20 代后，其细菌总数为 $1.048\,576 \times 10^6$ CFU/mL $\approx 1.1 \times 10^6$ CFU/mL。

表 5-2　细菌群体的指数（对数）生长

时间/h	分裂次数	2^n	细胞数（$N_0 \times 2^n$）	细胞数（$\lg N_x$）
0	0	$2^0 = 1$	1	0.000
0.5	1	$2^1 = 2$	2	0.301
1	2	$2^2 = 4$	4	0.602
1.5	3	$2^3 = 8$	8	0.903
2	4	$2^4 = 16$	16	1.204
2.5	5	$2^5 = 32$	32	1.505
3	6	$2^6 = 64$	64	1.806
3.5	7	$2^7 = 128$	128	2.107
4	8	$2^8 = 256$	256	2.408
4.5	9	$2^9 = 512$	512	2.709
5	10	$2^{10}\,1\,024$	1 024	3.010
⋮	⋮	⋮	⋮	⋮
10	20	$2^{20} = 1\,048\,576$	1 048 576	6.021

注：假设起始细胞数为 1，代时为 30 min。

处于对数期的细菌得到丰富的营养，细胞代谢活力最强，合成新细胞物质的速率最快，细菌生长旺盛。这时的细菌数不但以几何级数增加，而且每分裂一次的时间间隔最短。在一定时间内菌体细胞分裂次数越多，代时（G）越小，分裂速率就越快。由于营养物质足以供给合成细胞物质使用，而有毒的代谢产物积累不多，对生长繁殖影响极小，所以细菌很少死亡或不死亡。此时，细菌细胞质的合成速率与活菌数的增加速率一致，细菌总数的增加率和活菌数的增加率一致，细菌对不良环境因素的抵抗力强。如果要保持对数生长，需要定时、定量地加入营养物，同时排除代谢产物，或改用连续培养。这样，就可以在最短的时间内得到最大的细菌量。对数期的细菌不但代谢活力强，生长速率快，而且群体中的细胞化学组分及形态、生理特性都比较一致。所以，一般教学实验用对数期细胞作实验材料，发酵工业用对数期细胞作菌种。对数期的生长速率与时间的关系可能是线性函数，而不是指数函数。这可能是由于没有充足的通气造成溶解氧供应不足所致。因为生长速率是由空气中的氧气向培养基中扩散、溶解的速率所决定的。此外，由于在对数生长的培养物中有抑制剂掺入，阻止了某些必要酶的形成，使生长速率受到影响并导致线性生长。

3. 静止期（亦称稳定期）

由于处于对数期的细菌生长繁殖迅速，消耗了大量营养物质，致使一定体积的培养基浓度降低。同时，代谢产物大量积累对菌体本身产生毒害，pH、氧化还原电位等均有所改变,溶解氧供应不足。这些因素对细菌生长不利,使细菌的生长速率逐渐下降甚至到零,死亡速率渐增,进入静止期(图 5-1 Ⅳ,Ⅴ)。静止期新生的细菌数和死亡的细菌数相当,细菌总数达到最大值,并恒定维持一段时间。生产菌种的发酵厂一般在静止期初期就要及时收获菌体。

导致细菌进入静止期的主要原因是营养物质浓度降低。因此,营养物质成为细菌生长的限制因子。处于静止期的细菌开始积累储存物质[如异染粒、聚 β-羟基丁酸(PHB)、糖原、淀粉粒、脂肪粒等],芽孢杆菌形成芽孢。

4. 衰亡期

继静止期之后,由于营养物被耗尽,细菌因缺乏营养而利用储存物质进行内源呼吸,即自身溶解。细菌在代谢过程中产生有毒的代谢产物,会抑制细菌生长繁殖。死亡率增加,活菌数减少,甚至死菌数大于新生菌数。此时,细菌群体进入衰亡期(图 5-1 Ⅵ)。衰亡期的细菌少繁殖或不繁殖,或出现自溶。活菌数在一个阶段以几何级数下降,此时称为对数衰亡期。衰亡期的细菌常出现多形态,呈畸形或衰退型,有的细菌产生芽孢。

活性污泥中的微生物生长规律和纯菌种基本一致,它们的生长曲线相似。一般将活性污泥中的微生物划分为 3 个阶段:生长上升阶段、生长下降阶段和内源呼吸阶段。

活性污泥法中的序批式间歇曝气器(SBR)是将分批培养的原理应用于污(废)水生物处理的实例。SBR 中活性污泥的生长规律与纯菌种类似。

(二) 连续培养

连续培养有恒浊连续培养和恒化连续培养两种。

1. 恒浊连续培养

恒浊连续培养是使细菌培养液的浓度恒定,以浊度为控制指标的培养方式。按实验目的,首先确定细菌的浊度保持在某一恒定值上。调节进水(含一定浓度的培养基)流速,使浊度达到恒定(用自动控制的浊度计测定)。当浊度大时,加大进水流速,以降低浊度;浊度小时,降低进水流速,提高浊度。发酵工业采用此法可获得大量的菌体和有经济价值的代谢产物。

2. 恒化连续培养

恒化连续培养是维持进水中的营养成分恒定(其中对细菌生长有限制作用的成分要保持低浓度水平),以恒定流速进水,以相同流速流出代谢产物,使细菌处于最高生长速率状态下生长的培养方式。

在连续培养中,微生物的生长状态和规律与分批培养中的不同。它们往往处在相当于分批培养生长曲线中的某一个生长阶段。

恒化连续培养法尤其适用于污(废)水生物处理。除了序批式间歇曝气器(SBR,MSBR)法外,其余的污(废)水生物处理法一般均采用恒化连续培养,见图 5-2。

在污(废)水生物处理的连续运行过程中,活性污泥中的微生物生长规律与分批培

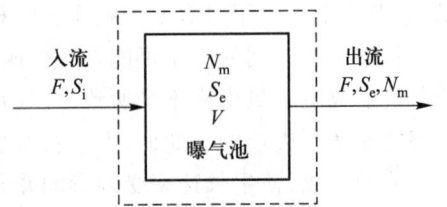

图 5-2 单级连续流曝气池

F—物料;S_i—入流基质;S_e—出流基质;N_m—生物物质(细菌数);V—曝气池容积

养的规律不一样。它只是分批培养生长曲线的某一生长阶段:加速期、对数期(生长上升阶段)、减速期、静止期(生长下降阶段)或是衰亡期(内源呼吸阶段)。

在连续培养过程中,不管是纯菌种培养、混合菌种培养或是污(废)水生物处理都要考虑稀释率(D),见图 5-3。

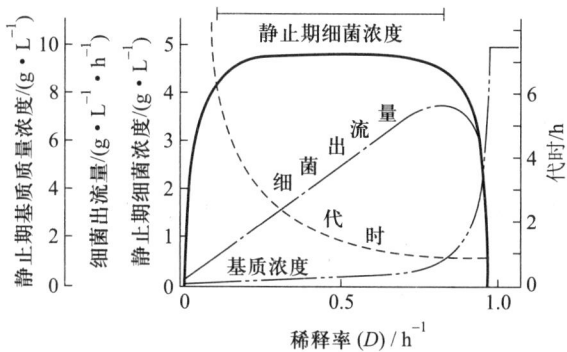

图 5-3 在恒化器中的稀释率与静止期细菌浓度的关系
稀释率 (D) $=v/V$;v—流速;V—容器体积

三、细菌生长曲线在污(废)水生物处理中的应用

水质和性质不同的污(废)水在生物处理过程中,其活性污泥中的微生物不仅种群不同,而且它们的生长状态也不同:或处于静止期,或处于对数生长期,或处于衰亡期,等等。

在污(废)水生物处理设计时,按污(废)水的水质情况(主要是有机物浓度)可利用不同生长阶段的微生物处理污(废)水。例如,常规活性污泥法利用生长速率下降阶段的微生物,包括减速期、静止期的微生物;生物吸附法利用生长速率下降阶段(静止期)的微生物;高负荷活性污泥法利用生长速率上升阶段(对数期)和生长速率下降阶段(减速期)的微生物;而有机物含量低,其 BOD_5 与 COD_{Cr} 的比值小于 0.3,可生化性差的污(废)水,则用延时曝气法处理,即利用内源呼吸阶段(衰亡期)的微生物处理,见图 5-4 和图 5-5。

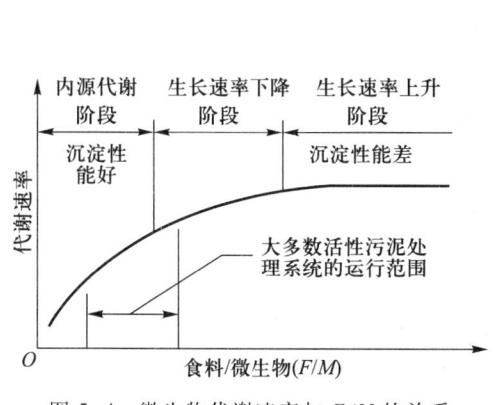

图 5-4 微生物代谢速率与 F/M 的关系

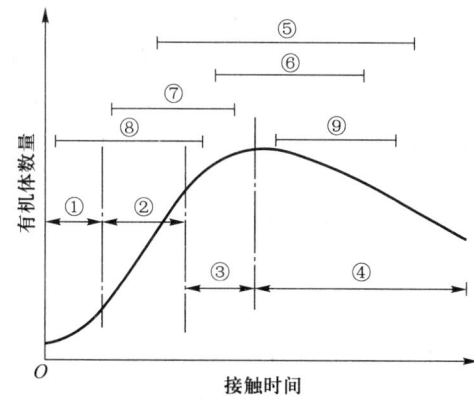

图 5-5 活性污泥的生长曲线及其应用
①~④ 活性污泥生长曲线;4 个时期;⑤ 常规活性污泥法;
⑥ 生物吸附法;⑦ 高负荷活性污泥法;⑧ 分散曝气;⑨ 延时曝气

为什么常规活性污泥法不利用对数生长期的微生物而利用静止期的？因为对数生长期的微生物生长繁殖快，代谢活力强，尽管其对有机物的去除能力很高，但相应要求进水有机物浓度高，则出水的绝对值也相应提高，不易达到排放标准。又因对数期的微生物生长繁殖旺盛，细胞表面的黏液层和荚膜尚未形成，运动很活跃，不易自行凝聚成菌胶团，沉淀性能差，致使出水水质差。而处于静止期的微生物代谢活力虽比对数生长期的差，但仍有相当的代谢活力，去除有机物的效果仍较好，最大特点是微生物积累大量储存物，如异染粒、聚 β-羟基丁酸、黏液层和荚膜等。这些储存物强化了微生物的生物吸附能力，其自我絮凝、聚合能力强，在二沉池中泥水分离效果好，出水水质好。

用延时曝气法处理低浓度有机污（废）水时，不用静止期的微生物，而利用衰亡期微生物的原因是：由于低浓度有机物满足不了静止期微生物的营养要求，处理效果不会好。若采用延时曝气法，通常延长曝气时间在 8 h 以上，甚至 24 h，延长水力停留时间，适当增大进水量，提高有机负荷，满足微生物的营养要求，从而取得较好地处理效果。

四、微生物生长量的测定方法

微生物的生长量可以根据微生物体内细胞量、微生物体积或质量直接测定，也可以用某种细胞物质的含量或某个代谢活动强度间接测定，方法大致有如下几种：

（一）测定微生物总数

微生物总数的测定方法有细胞总数的测定和细胞生物量的测定。其中，微生物细胞总数的测定方法有：

1. 计数器直接计数

计数器直接计数是指用血球计数板（可测细菌、酵母菌、藻类和原生动物等）或计数框（如测藻类）在显微镜下直接计数。这是测定一定容积中的细胞总数的常规方法。这种方法简单方便，测定速度快。由于测得的数目包括活菌和死菌，故要求检测人员有较高技术，能分辨出活菌和死菌。具体方法详见有关实验参考书。

2. 电子计数器（electronic counter）计数

较大的微生物（如原生动物、藻类和非丝状的酵母菌等）可用电子计数器直接计数。其原理是在一个小孔的两侧各放置一个电极，通电后，若有物体通过，电阻会发生变化。当细胞悬液通过小孔时，每通过一个细胞，电阻就会增加（或电导率下降）并产生一个信号，计数器就对该细胞自动计数一次。电子计数器测量计数精确，但对待测目的物缺乏智能识别能力，故易受其他微小颗粒和丝状物干扰，会导致测定误差。

3. 染色涂片计数

用 0.01 mL 吸管吸取定量稀释的细菌悬液均匀涂布于刻有 1 cm² 面积的计数板上，经固定、染色后，在显微镜下观察几个视野并计数，取平均值，再按下式计算每毫升原液的细菌数：

每毫升原菌液的细菌数＝视野中的平均菌数×1 cm²／视野面积×100×稀释倍数

(5-5)

4. 比浊法测定细菌悬液细胞数

其原理是单细胞微生物的悬液浓度与浊度成正比,与光密度(OD)成反比。细胞数越多,浊度越大,透光度越小。因此,可用分光光度计测定菌悬液的光密度或透光度;也可用浊度计测菌悬液的浊度,即可测得该菌悬液的细胞浓度。将未知细胞数的菌悬液和已知细胞数的菌悬液相比,可求出未知悬液所含的细胞数。

在用上述方法测细胞总数之前,将该菌悬液经 10 倍稀释法稀释成系列浓度的菌悬液,分别取各稀释浓度的菌悬液 1 mL 置于平皿中,倒平板,培养和计数。然后以细菌总数对 OD 值制作标准曲线,以便用比浊法测得 OD 值后,可在标准曲线中查出相应的细菌总数。

(二) 测定活细菌数

活细菌数的测定方法有如下几种。

1. 稀释培养计数

对一些生长比较慢的细菌不宜用菌落计数法,用液体稀释培养法较合适,如硝化细菌、铁细菌和硫酸盐还原菌等。以 MPN 法直接用液体培养基稀释样品,每个稀释度 3~5 管,将它们置于培养箱内培养 1~2 周,取出观察和计数。以它的阳性管(培养基浑浊)数对照检索表查得细菌数。

2. 过滤计数

对于那些含菌量少的水样,可用 0.45 μm 的滤膜过滤,将膜置于已倒好的平板上培养得到生长的菌落,计数。测定大肠菌群数通常用此法,培养基可用含乳糖的品红亚硫酸钠培养基(远藤氏培养基)或伊红-美蓝(亚甲蓝)培养基。

3. 菌落计数

平板菌落(CFU)计数应用最广泛。CFU 是 colony forming units 的缩写,其意是单位容量中的细菌均匀分布在营养琼脂平板上,而生长的菌落形成单位数。对于一般细菌的计数,其方法是以 10 倍稀释法将样品稀释成系列浓度菌液,通常稀释到 10^{-8},然后取 10^{-8},10^{-7},10^{-6} 浓度的菌液 1 mL 于无菌平皿中,倒入融化的培养基制成平板(每个浓度倒 3 个平板),将其置于 37 ℃ 培养 24 h 或 48 h,取出计数。

(三) 计算生长量

计算微生物的生长量,关键要测得细胞质量。测定细胞质量的方法有:

① 测细胞干重法。在环境工程中应用较多,如测曝气池中混合液悬浮固体浓度(MLSS)或混合液挥发性悬浮固体浓度(MLVSS)。

② 测细胞含氮量确定细胞浓度。

③ 测定 DNA 算出细菌浓度。

④ 生理指标法。生理指标包括微生物的呼吸强度、耗氧量、酶活性、生物热等。通过生理指标的测定,可以分析判断活性污泥或生物膜中微生物的数量和生长状况,微生物数量多或生长旺盛,这些指标愈明显。因此,可以借助特定的仪器(如瓦勃氏呼吸仪、微量量热计)及 TTC-脱氢酶活性测定法测定相应的指标,从而了解活性污泥或生物膜的活性。

以上各种测定方法可在微生物学实验手册中查阅。

第二节 微生物的生存因子

生物的多样性,以微生物的多样性尤为突出,除表现在对营养要求、代谢途径多样性外,还表现在对其生存因子需求的多样性。例如,温度、pH、氧化还原电位、溶解氧、太阳辐射、活度与渗透压和表面张力等。如果环境条件不正常,会影响微生物的生命活动,甚至发生变异或死亡。

一、温度

温度是微生物的重要生存因子,在适宜的温度范围内,温度每提高 10 ℃,酶促反应速率将提高 1~2 倍,微生物的代谢速率和生长速率均可相应提高。适宜的培养温度使微生物以最快的生长速率生长,如图 5-6 曲线最高峰处。过低或过高的温度均会降低代谢速率及生长速率。

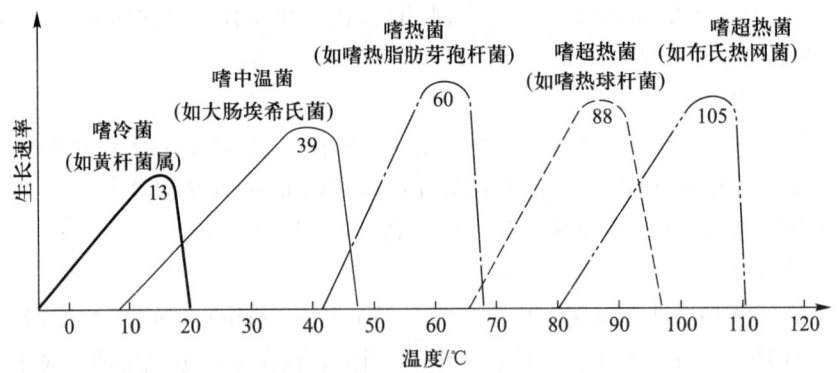

图 5-6 温度对嗜冷菌、嗜中温菌、嗜热菌和嗜超热菌的生长速率的影响

根据一般微生物对温度(t)的最适生长需求,可将微生物分为 4 大类:嗜冷菌、嗜中温菌、嗜热菌及嗜超热菌,见图 5-6 和表 5-3。大多数是嗜中温菌,嗜冷菌和嗜热菌为少数。

表 5-3 低温、中温和高温细菌的生长温度范围 单位:℃

微生物	最低温度	最适温度	最高温度
嗜冷菌	-5	5~10	30
嗜中温菌	5	25~40	50
嗜热菌	30	50~60	80
嗜超热菌	55	70~105	113

嗜热菌和嗜超热菌:嗜热菌和嗜超热菌是特殊的微生物,这两类菌包括细菌中的芽孢杆菌和嗜热古菌。它们还可细分,凡在 55~75 ℃生长良好,在 37 ℃以下不能生长的为专性嗜热菌;凡在 55~75 ℃生长良好,在 37 ℃以下能生长的为兼性嗜热菌;75 ℃

以上生长良好的为嗜超热菌,如古菌(见表5-4)。

表5-4 几种代表性微生物的生长温度范围

嗜温度程度	微生物名称	基本温度/℃		
		最低	最适	最高
	细菌			
嗜热	嗜酸热原体(*Thermoplasma acidophilum*)	45	59	62
	嗜热脂肪芽孢杆菌(*Bacillus stearothermophilus*)	30	60~65	75
	真菌			
	微小毛霉(*Mucor pusillus*)	23	45~50	58
超嗜热	古菌			
	水生栖热菌(*Thermus aquaticus*)	40	70~72	79
	嗜酸热硫化叶菌	60	80	85
	热球菌(*pyrococcus abyssi*)	67	96	102
	隐蔽热网菌(*Pyrodictium occultum*)	82	105	110
	延胡索酸火叶菌(*Pyrolobus fumarii*)	90	106	113
	蓝细菌			
	卓越聚球篮细菌(*Synechococcus eximious*)	70	79	84
嗜中温	细菌			
	荧光假单胞菌(*Pseudomonas fluorescens*)	4	25~30	40
	粪肠球菌(*Enterococcus faecalis*)	0	37	44
	大肠埃希氏菌(*Escherichia coli*)	10	37	45
	原生动物			
	梨形四膜虫(*Tetrahymena pyriformia*)	6	20~25	33
	真菌			
	酿酒酵母(*Saccharomyces cerevisiae*)	1~3	28	40
	假丝酵母(*Candida mycoderma*)	0	4~15	15
嗜冷	细菌			
	嗜冷芽孢杆菌(*Bacillus psychrophilics*)	−10	23~24	28~30
	藤黄微球菌嗜冷菌变种(*Micrococcus luteus psychrotrophics var.*)	−4	10	24
	藻类			
	雪衣藻(*Chlamydomonas nivalis*)	−36	0	4
	脆杆藻(*Sublinearis*)	−2	5~6	8~9

通常,水温达到100 ℃就沸腾,几分钟可将一般微生物杀死,然而,超嗜热古菌却能在深海底超高温区100 ℃以上的环境中生长。例如,栖息在海洋底地热沉积物中的热球菌(*Pyrococcus abyssi*)最低生长温度为67 ℃,最适生长温度为96 ℃,最高生长温度为102 ℃;隐蔽热网菌(*Pyrodictium occultum*)的最低生长温度为82 ℃,其最适生长温度为105 ℃,最高生长温度为110 ℃;延胡索酸火叶菌(*Pyrolobus fumarii*)的最低生长温度为90 ℃,其最适生长温度为106 ℃,其最高生长温度为113 ℃。

除海洋底部有嗜热菌、超嗜热菌外,其他环境中也有嗜热的类型。如高温堆肥、自然升温的干草堆、热水管道和温泉等处均有嗜热类型的细菌、真菌和放线菌。大多数放线菌的最适生长温度为23~37 ℃,其高温类型在50~65 ℃生长良好。

由表5-4可见,自然界确实存在嗜热和超嗜热菌,但其数量较少,大量的还是嗜中温菌。然而,嗜热菌和嗜超热菌是环境工程很好的资源,因此,开发它们应用于高温废水和高温堆肥处理是很有必要的。

嗜中温菌:常态自然环境中,人体、动物体及工业发酵等处生长的微生物,均是中温微生物,如表5-5所示的动胶菌属、假单胞菌属、亚硝化球菌属、硝化球菌属等都是废水处理中关键的细菌,它们在适宜的温度条件下可分解有机物,去除氮、磷等污染物。

表5-5 废水生物处理中几种中温细菌所适应的温度范围和最适温度

微生物	假单胞菌属	硫氰氧化杆菌	维氏硝化杆菌	硝化球菌属	亚硝化球菌属	动胶菌属
温度范围/℃	25~35	27~33	10~37	15~30	2~30	10~45
最适温度/℃	30	30	28~30	25~30	20~25	28~30

原生动物的最适生长温度一般为16~25 ℃,其最高温度为43 ℃。少数原生动物可在60 ℃中生存。霉菌的温度范围和放线菌的差不多。在实验室培养放线菌、霉菌和酵母菌的温度多为28~32 ℃。多数藻类的最适温度在28~30 ℃。

嗜冷微生物(又叫低温性微生物):尤其是专性嗜冷微生物能在0 ℃生长。有的在零下几摄氏度甚至更低也能生长,它们的最适宜温度是5~15 ℃。所以,在低温下冷藏的肉、牛奶、蔬菜、水果等仍有可能被嗜冷性的细菌和霉菌作用引起食物变质,甚至腐烂。只有使食物冻结时,才阻止微生物生长。即使在南、北极终年冰冻(夏季只有几个星期不冰冻)的环境中仍然有细菌生长,在冰河的表面和雪原地区经常能见到一种嗜冷藻,叫雪藻。大多数雪藻属于 *Chlamydomonas nivalis*,其孢子呈现鲜艳的红色。

嗜冷微生物能在低温生长的原因:① 嗜冷微生物具备能更有效地进行催化反应的酶;② 其主动输送物质的功能运转良好,使之能有效地集中必需的营养物质;③ 嗜冷微生物的细胞质膜含有大量的不饱和脂肪酸,在低温下能保持半流动性。

低温对嗜中温和嗜高温微生物生长不利,在低温条件下,微生物的代谢极微弱,基本处于休眠状态,但不致死。嗜中温微生物在低于10 ℃的温度下不生长,因为蛋白质合成的启动受阻,不能合成蛋白质。又由于许多酶对反馈抑制异常敏感,很易和反馈抑制剂紧密结合,从而影响微生物的生长。处于低温下的微生物一旦获得适宜温度,即可恢复活性,以原来的生长速率生长繁殖。

二、pH

微生物的生命活动、物质代谢与 pH 有密切关系。不同的微生物要求不同的 pH（见表 5-6）。大多数细菌、藻类和原生动物的最适 pH 为 6.5~7.5,它们对 pH 的适应范围为 4~10。细菌一般要求中性和偏碱性,某些细菌,如氧化硫硫杆菌和极端嗜酸菌需在酸性环境中生活,其最适 pH 为 3,在 pH 达 1.5 时仍可生活(见表 5-7)。放线菌在中性和偏碱性环境中生长,以 pH 为 7~8 最适宜。酵母菌和霉菌要求在酸性或偏酸性的环境中生活,最适 pH 范围为 3~6,有的为 5~6,其生长极限为 1.5~10。凡对 pH 的变化适应性强的微生物,对 pH 要求不甚严格;而对 pH 变化适应性不强的微生物,则对 pH 要求严格。各种工业废水的 pH 不同,通常为 6~9,个别的偏低或偏高,可用本厂废酸或废碱液加以调整,使曝气池 pH 维持在 7 左右。事实上净化污(废)水的微生物适应 pH 变化的能力比较强,曝气池中维持 pH 在 6.5~8.5 均可。大多数细菌、藻类、放线菌和原生动物等在这种 pH 范围均能生长繁殖,尤其是形成菌胶团的细菌能互相凝聚形成良好的絮状物,取得良好的净化效果。通常有机固体废物的 pH 为 5~8,堆肥初期 pH 降至 5 以下,以后上升至 8.5,成熟堆肥的 pH 为 7~8。

表 5-6　几种微生物的生长最适 pH 和 pH 范围

微生物种类	pH		
	最低	最适	最高
褐球固氮菌(Azotobacter chroococcum)	4.5	7.4~7.6	9
大肠埃希氏菌(Escherichia coli)	4.5	7.2	9
放线菌(Actinomyces sp.)	5	7~8	10
霉菌(mold fungus)	2.5	3.8~6	8
酵母菌(yeast)	1.5	3~6	10
小眼虫(Euglena gracilis)	3	6.6~6.7	9.9
草履虫(Paramaccum sp.)	5.3	6.7~6.8	8

表 5-7　几种嗜酸微生物最适 pH 和 pH 范围

嗜酸微生物	最低 pH	最适 pH	最高 pH
细菌			
氧化硫硫杆菌(Thiobacillus thiooxidans)	<1.0	3.0	4.0
艾氏硫杆菌(Thiobacillus albertis)	2		4.0
铁氧化钩端螺旋菌(Leptospirillum ferrooxidans)	1.5	2.5~3.0	4.0
热氧化硫化杆菌(Sulfobacillus thermosulfidooxidans)	1.1		5.0
嗜酸硫杆菌(Thiobacillus acidophilus)	2	2	4

续表

嗜酸微生物	最低 pH	最适 pH	最高 pH
古菌			
嗜酸热原体（*Thermoplasma acidophilum*）	0.5		4
下层酸双面菌（*Acidianus infernus*）	1		6
勤奋生金球菌（*Metallosphaera sedula*）	1.0		4.5
嗜酸热硫化叶菌（*Sulfolobus acidocaldarius*）	1	4	6
依赖热丝菌（*Thermofilum pendens*）	4.0	6	6.7
顽固热变形菌（*Thermoproteus tenax*）	2.5	5~6.5	6
隐蔽热网菌（*Pyrodictium occultum*）	5	5.5	7

污水生物处理的 pH 宜维持在 6.5~8.5 的环境，是因为在 pH6.5 以下的酸性环境不利于细菌和原生动物生长，尤其对菌胶团细菌不利。相反，对霉菌及酵母菌有利。如果活性污泥中有大量霉菌繁殖，由于多数霉菌不像细菌那样分泌黏性物质于细胞外，其吸附能力和絮凝性能不如菌胶团，如果霉菌的数量在活性污泥中占优势，会造成活性污泥的结构松散，不易沉降，甚至导致活性污泥丝状膨胀，就会降低活性污泥整体处理效果，使出水水质下降。

在培养微生物的过程中，随着微生物的生长繁殖和代谢活动的进行，培养基的 pH 会发生变化，有的由碱性变酸性，有的由酸性变碱性，其原因有多方面。例如，大肠杆菌在 pH 为 7.2~7.6 的培养基中生长，分解葡萄糖、乳糖产生有机酸，这就会引起培养基的 pH 下降，培养基变酸。微生物在含有蛋白质、蛋白胨及氨基酸等中性物质培养基中生长时，会发生脱氨基作用，产生 NH_3 和胺类等碱性物质，使培养基 pH 上升。另外，由于细胞选择性地吸收阳离子或阴离子，也会改变培养基的 pH。如用 $(NH_4)_2SO_4$ 作无机氮源，当 NH_4^+ 被菌体吸收用于合成氨基酸和蛋白质后，剩下 SO_4^{2-} 会使 pH 下降；尿素经细菌分解产生 NH_3，会使培养基的 pH 上升；用 $NaNO_3$ 作氮源时，NO_3^- 被吸收后，培养基的 pH 上升。因此，在考虑培养基成分时，要加入缓冲性物质，如磷酸盐（KH_2PO_4 和 K_2HPO_4）等。

在废水和污泥厌氧消化过程中，为了控制好产酸阶段和产甲烷阶段的产量，pH 很关键。通常应控制 pH 为 6.6~7.6，最好控制 pH 为 6.8~7.2。城市生活污水、污泥中含蛋白质，在处理时可不加缓冲性物质。如果不含蛋白质、氨等物质时，处理之前就要投加缓冲物质。若是连续运行，不但在运行之前，而且在运行期间也要注意投加缓冲物质。所加的缓冲物质有碳酸氢钠、碳酸钠、氢氧化钠及氨等，以碳酸氢钠为佳。

霉菌和酵母菌对有机物具有较强的分解能力。pH 较低的工业废水可用霉菌和酵母菌处理，不需用碱调节 pH，可省费用。由霉菌和酵母菌引起的活性污泥丝状膨胀可以通过改革工艺来解决。例如，可采用生物膜法（如生物滤池和生物转盘），或接触氧化法，或将二沉池改为气浮池等。

三、氧化还原电位

氧化还原电位(或 E_h)的单位为 V 或 mV。氧化环境具有正电位,还原环境具有负电位。在自然界中,氧化还原电位的上限是 +820 mV,此时,环境中存在高浓度氧(O_2),而且没有利用 O_2 的系统存在。氧化还原电位的下限是 -400 mV,是充满氢(H_2)的环境。氧化还原电位通常是用一个铂丝电极与一个标准参考电极同时插入体系中而测得的,通过电极测得的电位差在一个敏感的伏特计上显示出来。

各种微生物要求的氧化还原电位不同,一般好氧微生物要求 E_h 为 +300 ~ +400 mV,好氧微生物在 E_h 达到 +100 mV 以上才能生长。兼性厌氧微生物在 E_h 为 +100 mV 以上时进行好氧呼吸,在 E_h 为 +100 mV 以下时进行无氧呼吸。专性厌氧细菌要求 E_h 为 -200 ~ -250 mV,专性厌氧的产甲烷菌要求 E_h 更低,为 -300 ~ -400 mV,最适 E_h 为 -330 mV。好氧活性污泥法系统中 E_h 在 +200 ~ +600 mV 是正常的。当某一高负荷生物滤池出水的 E_h 随着滤池处理效果降低而下降,自 +311 mV 降至 -39 mV;二沉池出水的 E_h 更低,达 -89 mV,其原因是二沉池出水含有大量 H_2S。

氧化还原电位受氧分压的影响:氧分压高,氧化还原电位高;氧分压低,氧化还原电位低。在培养微生物过程中,由于微生物生长繁殖消耗了大量氧气,分解有机物产生 H_2,使氧化还原电位降低,在微生物对数生长期中下降到最低点。

氧化还原电位可用一些还原剂加以控制,使微生物体系中的氧化还原电位维持在低水平上。这类还原剂有抗坏血酸(维生素 C)、硫二乙醇钠、二硫苏糖醇、谷胱甘肽、硫化氢及金属铁等。铁可将 E_h 值维持在 -400 mV。若微生物在代谢过程中产生 H_2S,可将 E_h 值降至 -300 mV。

四、溶解氧

根据微生物与分子氧的关系,微生物被分为好氧微生物[包括专性好氧微生物(超氧化物歧化酶:SOD +,H_2O_2 酶+)和微量好氧微生物(SOD+,H_2O_2 酶+/-)]、耐氧厌氧微生物(SOD+,H_2O_2 酶-)、兼性厌氧微生物[或叫兼性好氧微生物(SOD+,H_2O_2 酶+)]及专性厌氧微生物(SOD-,H_2O_2 酶-)。专性好氧微生物是指在氧分压 0.21×101 kPa 的条件下生长繁殖良好的微生物;微量好氧微生物是指在氧分压 $(0.003 \sim 0.2) \times 101$ kPa 的条件下生长繁殖良好的微生物;厌氧微生物包括专性厌氧微生物和耐氧厌氧微生物。专性厌氧微生物是指只能在氧分压小于 0.005×101 kPa 的琼脂表面生长的微生物;而兼性厌氧微生物是既可在有氧条件下,又可在无氧条件下生长的微生物。这 5 种类型微生物对氧的反应不同,见图 5-7。

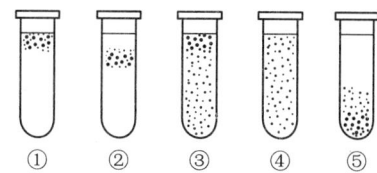

图 5-7 氧与微生物的关系
① 专性好氧微生物;② 微量好氧微生物;③ 兼性厌氧微生物;④ 耐氧厌氧微生物;⑤ 专性厌氧微生物

(一) 好氧微生物与氧的关系

在有氧存在的条件下才能生长的微生物叫好氧微生物。大多数细菌（如芽孢杆菌属、假单胞菌属、动胶菌属、黄杆菌属、微球菌属、无色杆菌属、球衣菌属、根瘤菌、固氮菌、硝化细菌、硫化细菌和无色硫黄细菌）、大多数放线菌、霉菌、原生动物和微型后生动物等都属于好氧微生物。蓝细菌和藻类等白天从阳光中获得能量，合成有机物，放出氧；夜间和阴天则利用氧进行好氧呼吸，分解自身物质获得能量。

氧对好氧微生物有两个作用：① 作为微生物好氧呼吸的最终电子受体；② 参与甾醇类和不饱和脂肪酸的生物合成。

空气中的氧气的体积分数为21%，在101 kPa的大气压力下，氧分压为0.21×101 kPa。一般认为，大于0.21×101 kPa的氧分压对微生物有毒，但这种情况在自然界中不会遇到，在实验室可加压得到。低于0.21×101 kPa的氧分压在部分通气系统中出现。微量好氧微生物在低于0.21×101 kPa的氧分压中生长良好。

好氧微生物和微量好氧微生物在有氧条件下能正常生长繁殖，是因为它们需要氧作为呼吸中的最终电子受体，并参与部分物质合成。同时又能抵抗在利用氧的过程中所产生的有毒物质，如过氧化氢（H_2O_2）、过氧化物和羟基自由基（$OH\cdot$）。好氧微生物和微量好氧微生物体内有相应的过氧化氢酶（CAT）、过氧化物酶（POD）和超氧化物歧化酶（SOD）分解上述物质，从而避免自身中毒。

好氧微生物需要的是溶于水的氧即溶解氧。氧在水中的溶解度与水温、大气压等有关。低温时，氧的溶解度大；高温时，氧的溶解度小（表5-8）。此外，水中的溶解氧还受海拔高度的影响（表5-9）。

表5-8　在标准大气压下，不同温度（℃）时纯水中的溶解氧量　　单位：mg/L

温度	溶解氧	温度	溶解氧	温度	溶解氧	温度	溶解氧	温度	溶解氧
0	14.6	9	11.6	18	9.5	27	8.1	36	7.0
1	14.2	10	11.3	19	9.3	28	7.9	37	6.8
2	13.9	11	11.1	20	9.2	29	7.8	38	6.7
3	13.5	12	10.8	21	9.0	30	7.7	39	6.6
4	13.2	13	10.6	22	8.8	31	7.5	40	6.5
5	12.8	14	10.4	23	8.7	32	7.4	1	1
6	12.5	15	10.2	24	8.5	33	7.3	45	6.0
7	12.2	16	9.9	25	8.4	34	7.2	1	1
8	11.9	17	9.7	26	8.2	35	7.1	50	5.6

表5-9　水温和海拔对水中溶解氧（DO）浓度的影响　　单位：mg/L

温度/℃	海拔高度/m			
	0	1 000	2 000	3 000
0	14.6	12.9	11.4	10.2
5	12.8	11.2	9.9	8.9
10	11.3	9.9	8.8	7.9

若是含有机物的污(废)水,其溶解氧浓度则很低。冬季水温低,污水好氧生物处理中溶解氧量能得到正常供应。夏季水温高,氧不易溶于水,常造成供氧不足。因此,常因夏季缺氧,促使适合低溶解氧生长的丝状细菌(如微量好氧的发硫菌和贝日阿托氏菌等)的优势生长,从而造成活性污泥丝状膨胀。

好氧微生物需要供给充足的溶解氧,在污(废)水生物处理中需要设置充氧设备充氧。例如,通过表面叶轮机械搅拌、鼓风曝气、压缩空气曝气、溶气释放器曝气和射流曝气器等方式充氧。在实验室进行科学研究时,可用振荡器(摇床)充氧。充氧量与好氧微生物的生长量、有机物浓度等成正相关性。因此,在污(废)水生物处理过程中,溶解氧的供给量要根据好氧微生物的数量、生理特性、基质性质及浓度等综合考虑。例如,污(废)水好氧生物处理的进水 BOD_5 为 200~300 mg/L,曝气池混合液悬浮固体浓度(MLSS)为 2~3 g/L 时,溶解氧的质量浓度要维持在 2 mg/L 以上。经伍赫尔曼(Wuhrman)研究,曝气池中溶解氧的质量浓度在 2 mg/L 时,直径为 500 μm 的絮凝体中心点处溶解氧的质量浓度只有 0.1 mg/L,仅有位于絮凝体表面的微生物得到较多的溶解氧,絮凝体内的多数微生物处于缺氧状态。因此,溶解氧的质量浓度维持在 3~4 mg/L 为宜。若供氧不足,活性污泥性能差,导致污(废)水处理效果下降。

好氧微生物中有一些是微量好氧的,它们在溶解氧的质量浓度为 0.5 mg/L 左右时生长最好。微量好氧微生物有贝日阿托氏菌、发硫菌、浮游球衣菌(在充足氧和缺氧条件均可生长良好)、游泳型纤毛虫(如扭头虫、棘尾虫、草履虫)及某些微型后生动物(如线虫)等。

(二) 兼性厌氧微生物与氧的关系

兼性厌氧微生物具有脱氢酶也具有氧化酶,所以,既能在无氧条件下生存,又可在有氧条件下生存。然而,在两种不同条件下,所表现的生理状态是很不同的。在好氧条件生长时,氧化酶活性强,细胞色素及电子传递体系的其他组分正常存在。在无氧条件下,细胞色素和电子传递体系的其他组分减少或全部丧失,氧化酶无活性;一旦通入氧气,这些组分的合成很快恢复。例如,酵母菌在有氧条件下迅速生长繁殖,进行好氧呼吸,将有机物彻底氧化成 CO_2 和 H_2O,并产生大量菌体;在无氧气条件下,发酵葡萄糖产生乙醇和 CO_2。如果将氧通入正在发酵葡萄糖的酵母菌悬液中,发酵速率迅速下降,葡萄糖的消耗速率也显著下降。可见,氧对葡萄糖的利用有抑制作用。

在乙醇发酵中,氧对葡萄糖耗量的抑制现象,称为巴斯德效应。氧对葡萄糖利用的抑制作用机制是通过 $NADH+H^+$ 和 NAD^+ 的相对含量及 ADP 和 ATP 的相对含量的变化实现的。在有氧存在时,$NADH+H^+$ 通过电子传递体系被氧化,不再有 $NADH+H^+$ 使乙醛还原为乙醇,则乙醇随即停止生成,这有利于酵母菌体的生长。

兼性厌氧微生物除酵母菌外,还有肠道细菌、硝酸盐还原菌、人和动物的致病菌、某些原生动物、微型后生动物及个别真菌等。兼性厌氧微生物在许多方面起积极作用,在污(废)水好氧生物处理中,当正常供氧时,好氧微生物和兼性厌氧微生物两者共同起积极作用;当供氧不足时,好氧微生物不起作用,而兼性厌氧微生物仍起积极作用,只是分解有机物没有在有氧条件下彻底。兼性厌氧微生物在污(废)水、污泥厌氧消化中也是起积极作用的,它们多数是起水解、发酵作用的细菌,能将大分子的蛋白质、脂肪和糖类等水解为小分子的有机酸和醇等。

反硝化细菌（如某些假单胞菌、伊氏螺菌、脱氮小球菌及脱氮硫杆菌等）在通气的土壤和有溶解氧的水中进行好氧呼吸，在缺氧环境又有 NO_3^- 存在时，利用 NO_3^- 作最终电子受体进行反硝化作用，使 NO_3^- 还原为 NO_2^-，进而产生 N_2，导致土壤中氮素损失，降低土壤肥力，对农业不利。

在污（废）水生物处理过程中会产生硝酸盐（NO_3^-）和亚硝酸盐（NO_2^-）。如果将这种出水排放到缺氧的水体，则 NO_3^- 在缺氧水体中会被反硝化转为 NO_2^- 并积累，NO_2^- 遇氨转化为致癌物亚硝酸胺，就会危害水生生物和污染饮用水水源，危害人体健康。因此，污（废）水不但要去除有机物，还需要脱氮，利用反硝化作用将硝酸盐（NO_3^-）和亚硝酸盐（NO_2^-）转化为 N_2 释放到大气中。处理水的含氮量只有处在低水平，才可避免上述危害，保证饮用水水源的安全。

现行除氮工艺有：A/O（缺氧-好氧）系统、A^2/O（厌氧-缺氧-好氧）或（缺氧-好氧-缺氧）系统、A^2/O^2（缺氧-好氧-缺氧-好氧）系统、SBR（序批式间歇曝气器）等。以上工艺既可去除有机物又达到除氮的目的，还可除磷。根据不同的水质可选择采用上述的某种工艺。具体工艺参阅相关的专业书籍。

（三）厌氧微生物与氧的关系

在无氧条件下才能生存的微生物叫厌氧微生物。许多厌氧微生物是绝对专性的，叫专性厌氧微生物，如梭菌属（*Clostridium*）、拟杆菌属（*Bacteroides*）、梭杆菌属（*Fusobacterium*）、脱硫弧菌属（*Desulfovibrio*）及所有产甲烷菌。产甲烷菌必须在氧浓度低于 1.48×10^{-56} mol/L 时才能生存。

厌氧微生物的栖息处为湖泊、河流和海洋沉积处，泥炭，沼泽，积水的土壤，灭菌不彻底的罐头食品中，油矿凹处及污（废）水、污泥厌氧处理系统中。

专性厌氧微生物的生境中绝对不能有氧，因为有氧存在时，代谢产生的 $NADH + H^+$ 和 O_2 反应生成 H_2O_2 和 NAD^+，而专性厌氧微生物不具有过氧化氢酶，它将被生成的 H_2O_2 杀死。O_2 还可产生游离 $O_2^- \cdot$（超氧阴离子），由于专性厌氧微生物不具破坏 $O_2^- \cdot$（超氧阴离子）的超氧化物歧化酶（SOD）而被 $O_2^- \cdot$ 杀死。

培养厌氧微生物需在无氧条件下进行。在接种和移种传代时，可用氦气、氢气或氮气驱赶氧气，其中氮气用得比较多。通入氮气驱赶培养基的氧以后，用不透氧的橡皮塞塞紧以防氧气进入，并加入氧化还原性颜料——甲基蓝或刃天青（resazurin）指示培养基内的氧化还原电位。甲基蓝和刃天青在还原态时为无色，在氧化态时显色。所以，培养基变色表明培养管内有氧。为确保厌氧微生物生长，培养厌氧微生物时可将培养管、培养瓶、平板放在无氧培养罐内培养。为了营造厌氧环境，可把专性厌氧菌和兼性厌氧菌混合培养，一旦渗入氧，可被兼性厌氧菌利用掉，以达到厌氧环境，从而获得专性厌氧菌。

综合上述微生物与氧的 5 种关系可见：在一个污（废）水或固体废物生物处理系统的微生态系中，不论是用好氧方法处理还是用厌氧方法处理，有好氧微生物、兼性厌氧微生物和厌氧微生物以一定数量比例同时存在都是有好处的。因为它们既互相竞争、互相制约，又互惠互利、协调和谐。例如，污水厌氧处理，需要人工制造无氧环境为产甲烷菌提供最基本的生存条件，但有时不免有疏忽或漏洞，可能有氧渗入，由于有兼性厌氧的水解菌存在，不但为产甲烷菌提供基质，还将渗入的氧消耗掉，确保了产甲烷菌所需的无氧环境。又如,污水好氧处理系统在正常情况下,好氧菌能充分发挥其作用,将污水净化彻底。但在供氧不足时,好氧菌不能正常发挥作用,由于有兼性厌氧菌的存在,它们继续处理污水,只是其净化作用的水平比好氧菌稍低。

五、太阳辐射

太阳辐射中有正面生物学效应的辐射是波长比 1 000 nm 短的红外辐射,它被不产氧的光合细菌用作能源进行光合作用。380~760 nm 的可见光是蓝细菌和藻类进行光合作用的主要能源。其他的辐射均是有害的。

六、活度与渗透压

(一) 水的活度

一切生物生活都需要水,不同的环境中水的含量是有变化的。水的可利用性既决定于水的含量,也决定于水被吸附的紧密程度和有机体把水移进体内的效力大小。溶质变成水合物的程度也影响水的可利用性。水的活度(a_w)是表示水被吸附和溶液因子对水的可利用性影响的一种指标。水的活度(a_w)表示在一定温度(如 25 ℃)下某溶液或物质在与一定空间空气相平衡时的含水量与空气饱和水量的比值,相当于该溶液蒸气压(p_s)与纯水蒸气压(p_w)的比值,用小数表示。它与相对湿度相对应,某一种溶液的水活度是该溶液相对湿度的 1/100。用测定蒸气相中相对湿度的方法得到溶液或其他物质的 a_w。如空气的相对湿度为 75%,此刻的溶液或其他物质的 a_w 为 0.75。不同物质在相同浓度下的 a_w 不同。水活度与渗透压呈负相关性,某溶液的渗透压高,其 a_w 值就低。

水的活度分基质的水活度(受吸附的影响)和渗透压的水活度(受溶质相互作用的影响)。在食品、土壤、固体培养基上生长的微生物及空气中的微生物,基质的水活度比渗透压的水活度重要,它们普遍受到基质水活度的影响。例如,土壤微生物的活性明显受土壤水状态的影响。

大多数微生物在 a_w 为 0.95~0.99 时生长最好,嗜盐杆菌属(*Halobacterium*)很特殊,它们在 a_w 低于 0.8 的含 NaCl 的培养基中生长最好。少数霉菌和酵母菌在 a_w 为 0.6~0.7 时仍生长。在 a_w 为 0.60~0.65 时大多数微生物停止活动。

(二) 渗透压

任何两种浓度的溶液被半渗透膜隔开,均会产生渗透压。例如,用半渗透膜将质量浓度为 10 g/L 的盐溶液与质量浓度为 20 g/L 的盐溶液隔开,质量浓度为 10 g/L 的盐溶液中的水分子透过半渗透膜进入质量浓度为 20 g/L 的盐溶液中;质量浓度为 20 g/L 的盐溶液的水分子也有透过半渗透膜进入质量浓度为 10 g/L 的盐溶液中,但其量少,于是质量浓度为 20 g/L 的盐溶液一侧的液面升高,当两液面高差产生的压力足够阻止水再流动时,渗透停止,这时出现的两液面高差间的压力就是渗透压。

溶液的渗透压决定于其浓度,溶质的离子或分子数目越多渗透压越大。在同一质量浓度的溶液中,含小分子溶质的溶液比含大分子溶质的溶液渗透压大。例如,质量浓度为 50 g/L 的葡萄糖溶液的渗透压大于质量浓度为 50 g/L 的蔗糖溶液的渗透压。离子溶液的渗透压比分子溶液的渗透压大。通过测定某溶液的渗透压,可算出该溶液中的溶质相对分子质量。培养基中的无机盐渗透压一般为$(0.5\sim1)\times10^1$ kPa,加入糖及其他成分后产生的总渗透压为$(3.5\sim7)\times10^1$ kPa。在细菌体中磷酸盐、磷脂、嘌呤、嘧啶等以高度浓缩的状态存在,革兰氏阳性菌在菌体内还浓聚某些氨基酸,使得细菌体内的渗透压较高,约$(20\sim25)\times10^1$ kPa;革兰氏阴性菌的渗透压低些,约$(5\sim6)\times10^1$ kPa(表5-10)。培养基的渗透压通常不会大于菌体内的渗透压,即使略大一些也无妨,因为细菌的细胞壁和细胞质膜有一定的坚韧性和弹性,对细菌有保护作用。

表 5-10　各种溶液的渗透压

溶　　液	渗透压/kPa
G^+菌体内	$(20\sim25)\times10^1$
G^-菌体内	$(5\sim6)\times10^1$
人血浆	$(7.13\sim7.89)\times10^1$
60 g/L 蔗糖溶液	6.5×10^1
600~800 g/L 蔗糖溶液	$(45\sim90)\times10^1$
咸水湖	$>200\times10^1$
海水	28×10^1

微生物在不同渗透压的溶液中呈不同的反应(图5-8):① 在等渗溶液中微生物生长得很好。微生物在质量浓度为5~8.5 g/L的NaCl溶液中,红血球在质量浓度为9 g/L的NaCl溶液中形态和大小不变,并生长良好,上述溶液(即生理盐水)称等渗溶液。② 在低渗溶液($\rho_{NaCl}=0.1$ g/L)中,溶液中水分子大量渗入微生物体内,使微生物细胞发生膨胀,严重者破裂。③ 在高渗溶液($\rho_{NaCl}=200$ g/L)中,微生物体内水分子大量渗到体外,使细胞发生质壁分离。

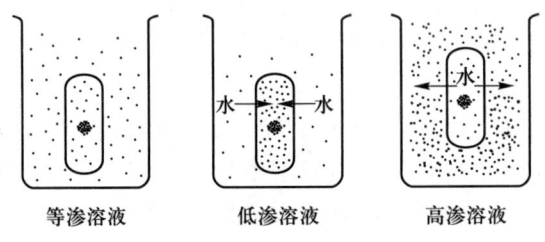

图 5-8　细菌在不同渗透压溶液中的反应

鉴于低渗溶液和高渗溶液对微生物生长均不利,在实验室用$\rho_{NaCl}=8.5$ g/L的生理盐水稀释菌液。对于稀释后马上就用的,可不用$\rho_{NaCl}=8.5$ g/L的生理盐水稀释,而用无菌自来水或无菌蒸馏水即可。高渗溶液一般用来保存食物防止腐败,例如,用$\rho_{NaCl}=50\sim300$ g/L的溶液腌渍鱼肉,用质量浓度为300~800 g/L的糖溶液做蜜饯。但也有些微生物在高渗溶液中生长,例如,某些霉菌在质量浓度600~800 g/L的糖溶液[其渗透压为$(45\sim90)\times10^1$ kPa]中生长,这类微生物称嗜高渗微生物。海洋微生物、盐湖中生长的微生物及水果汁中生长的微生物都是嗜高渗透压的,它们在淡水中不能生长。嗜盐微生物可在质量浓度为20 g/L的盐溶液中生长;极端嗜盐的微生物(如古菌)在质量浓度为150~300 g/L的盐溶液中生长。可将嗜盐菌应用于含盐量高的污

（废）水生物处理中。

七、表面张力

表面张力是作用在物体表面单位长度上的收缩力。不同物质的表面张力不同,水的表面张力为 $7.3×10^{-4}$ N/m,一般培养基的表面张力为 $(4.5～6.5)×10^{-4}$ N/m,适合微生物生长。若表面张力过低,微生物的形态、生长及繁殖均受影响。例如,肺炎球菌、胸膜炎球菌悬液的表面张力低于 $5×10^{-4}$ N/m 时不能生长,甚至崩解、死亡。胆汁或 tween80(吐温80)可降低表面张力。肺炎球菌等的革兰氏阳性菌对胆汁和胆酸盐很敏感,故可用胆汁溶解实验鉴别肺炎球菌和链球菌。胆酸盐抑制肠道中的革兰氏阳性菌,不抑制革兰氏阴性的大肠菌群中的细菌。故胆酸盐广泛用于大肠菌群的分离。有的细菌在表面张力降低时生长状态改变。例如,有些原来生成菌膜或菌块的菌群变为均匀生长,其代谢速率和通气程度都增强。在含有表面活性剂的液体培养基中,结核杆菌不生菌膜而呈均匀生长,并且生长速率加快。在肉汁中添加肥皂液,使其表面张力降低到 $4×10^{-4}$ N/m 以下,枯草杆菌在这种培养基表面呈扩散生长,不产生菌膜。若添加无机盐增加培养基的表面张力,可使枯草杆菌产生菌膜。

表面张力受润湿状况的影响,如果细菌不被液体培养基润湿,它们将在表面生长成一层薄菌膜。如果它们被润湿,则在培养基中均匀生长,使培养基变浑浊。若要使那些在液体培养基中均匀生长的细菌呈膜状生长,则可增加类脂质含量,保护菌体不受润湿。

第三节　影响微生物生长繁殖的不利因素

环境中存在许多对微生物不利的环境因子,如极端温度、极端 pH、重金属、卤素、紫外辐射、电离辐射、超声波、表面活性剂等。

一、紫外辐射和电离辐射对微生物的影响

（一）紫外辐射对微生物的影响

紫外辐射(UV)是阳光中的一部分,强烈的阳光能杀菌是由于紫外辐射对微生物有致死作用。紫外辐射的波长范围是 200～390 nm,以波长 260 nm 左右的紫外辐射杀菌力最强。极端致死性短波长紫外辐射不能透过地球大气层,所以,飘到极高处的微生物或被带到太空去的火箭外的微生物才很快被紫外辐射杀死。阳光通过大气层到达地球表面的紫外辐射波长为 287～390 nm,所以,散射阳光的杀菌力弱。

紫外辐射对微生物有致死作用是由于微生物细胞中的核酸、嘌呤、嘧啶及蛋白质对紫外辐射有特别强的吸收能力。DNA 和 RNA 对紫外辐射的吸收峰在 260 nm 处,蛋白质对紫外辐射的吸收峰在 280 nm 处。紫外辐射引起 DNA 链上两个邻近的胸腺嘧啶分子形成胸腺嘧啶二聚体(T=T),致使 DNA 不能复制,导致微生物死亡。

紫外辐射杀菌灯是人工制造的低压水银灯,能发出强烈的 253.7 nm 的紫外辐射,其杀菌力强而稳定。但紫外辐射穿透力差,连不透明物和一层玻璃都穿透不过去。所

以,多用于空气和物体表面的消毒。紫外辐射杀菌力随其剂量的增加而增强。紫外辐射剂量是辐射强度与辐射时间的乘积,如果紫外辐射杀菌灯的功率和辐射距离不变,则辐射的时间就表示相对剂量。

经紫外辐射照射的菌体或孢子悬液,随即暴露于蓝色区域可见光下,有一部分受损伤的细胞可恢复其活力,这种现象叫光复活现象。复活的程度与暴露于可见光下的时间、强度及温度有关。光复活作用最有效的可见光波长为 510 nm。光使被紫外辐射破坏的 DNA 中 T=T 恢复成正常的 DNA,先由 DNA 链上的酶在损伤区域的两端将磷酸二酯键水解,从而切掉受损伤的一段 DNA 成分。然后,在另一些酶催化下,将相同成分的新核苷酸插入,由连接酶连接好,形成正常的 DNA。DNA 链的修复还可在黑暗条件下进行暗复活。由于微生物的 DNA 被紫外辐射破坏后还能修复,所以,微生物没有被灭活。只有当某一剂量的紫外辐射对 DNA 的损伤力比修复酶对损伤 DNA 的修复力大得多时,才导致微生物死亡。

不同种的微生物或微生物的不同生长阶段对紫外辐射的抵抗力不同。革兰氏阴性菌对紫外辐射最敏感,革兰氏阳性菌次之。芽孢对紫外辐射的抵抗力比它的营养细胞高几倍,芽孢在出芽阶段抵抗力减弱。酵母菌在对数生长期抵抗力最强,在缺氮的情况下抵抗力最弱,此时可供给酵母浸出液,增强它对紫外辐射的抵抗力。由于紫外辐射有着如上所述的特殊性质,因此,它被广泛地应用于科研、医疗和卫生等许多方面。

1. 空气消毒

无菌室、无菌箱或医院手术室均装有紫外辐射杀菌灯进行消毒,无菌室内紫外辐射杀菌灯的功率为 30 W(无菌箱用 15 W),在距离 1 m 处,照射 20~30 min 即可杀死空气中的微生物。

2. 表面消毒

对某些不能用热和化学药品消毒的器具(如胶质离心管、药瓶、安瓿瓶、牛奶瓶等),可用紫外辐射消毒。

3. 诱变育种

微生物在低于致死剂量的紫外辐射照射下,引起微生物某些特性或性状的改变,可根据此诱变产生优良变种。

直射的紫外辐射对眼睛和皮肤有刺激或灼伤作用,所以,当实验人员操作时不可开紫外辐射灯。空气在紫外辐射照射下产生臭氧(O_3),臭氧有一定的杀菌作用。高浓度臭氧会引起头痛、头昏、眩晕等症状。所以,臭氧在空气中的极限体积分数不得超过 $(0.1 \sim 1) \times 10^{-6}$。

4. 用于饮用水(纯净水、矿泉水等)和污(废)水的消毒

紫外辐射用于纯净水和矿泉水的消毒效果较好。由于紫外辐射的穿透力较差,对污(废)水的消毒能力欠佳,如医院污水用紫外辐射消毒不能达到排放标准,加用微电解消毒器配合可达标。

(二) 电离辐射对微生物的影响

1. X 射线和 γ 射线

X 射线和 γ 射线均能使被照射的物质产生电离作用,故称为电离辐射。它们都是高能电磁波,X 射线波长为 0.1~0.01 nm,γ 射线波长为 0.01~0.001 nm,它们的穿透力

都很强。生物学上所用的 X 射线由 X 光机产生,γ 射线由钴、镭、氡等放射性元素产生。X 射线和 γ 射线对微生物生命活动的影响表现为:低剂量(0.93~4.65 Gy)照射有促进微生物生长的作用,或引起微生物发生诱变;高剂量($9.3×10^2$ Gy 以上)照射对微生物有致死作用。这是由于辐射先引起水分解出游离 H^+,生成 $O_2^-·$(超氧阴离子)、HO_2(超氧化氢)和 H_2O_2(过氧化氢)等强氧化性的基团和物质,使酶蛋白的—SH 基氧化,从而引起细胞各种病理变化。培养基中氧浓度高,微生物易被辐射破坏,若用惰性气体代替氧气,或在培养基中加入含—SH 基的化合物,可增强微生物对辐射的稳定性,减轻辐射对细胞的损伤作用。蛋白质、醇和葡萄糖也对微生物有保护作用。导致有害微生物死亡的 γ 射线剂量除因微生物种类不同而不同,还与它们的基质有关。当微生物的数量为 10^6 时,杀死肉汤和碎瘦肉中的大肠杆菌的 γ 射线剂量为 1.8 kJ/kg;同样条件下,杀死粪链球菌的剂量需 0.38 kJ/kg,杀死牛痘病毒(在缓冲液中 10^6)需 15~30 kJ/kg。

2. α 射线

一般的微生物对 α 射线很敏感,而有一种嗜极菌对 α 射线的抗性很强,它能够暴露于数千倍强度的辐射下仍能存活(而人被一个剂量强度照射就会死亡),该细菌的染色体在接受 $1×10^4$ Gy 以上的 α 射线后被破碎为数百个片段,却能在一天内自我修复成原样。

(三) 微生物对辐射的抗性反应

众所周知,辐射对生物会产生不良影响,甚至将其致死。1956 年美国科学家 Anderson 等发现了对辐射抗性很强的微生物。他从经过 4 kGy 电离辐射灭菌后,仍然变质的肉类罐头中分离出耐辐射异常球菌(*Deinococcus radiodurans*),亦称耐辐射奇球菌。该菌对电离辐射、紫外辐射、过氧化氢和干燥等的 DNA 损伤剂,都具有极强的抗性。

研究证明,处在指数生长期的耐辐射异常球菌对 γ 射线的抗性极强,存活的最高剂量是 15 kGy。据称,在稳定期的耐辐射异常球菌存活剂量高达 17 kGy。是人体细胞耐受力的 2 000~3 000 倍。而 γ 射线剂量为 0.15 kGy 时大肠杆菌(*E. coli*)的存活率为 10%,当 γ 射线剂量>0.93 kGy 时,大多数微生物被杀死。耐辐射异常球菌与其他微生物抗 γ 射线的抗性反应,详见表 5-11。

表 5-11 对数生长期的耐辐射异常球菌与其他微生物抗 γ 射线的反应

γ 射线剂量	5 kGy	6.5 kGy	8 kGy	15 kGy	>17 kGy
微生物名称	微生物存活率				
	正常生长/%	存活率/%	存活率/%	仍存活	致死,不生长
耐辐射异常球菌(*Deinococcus radiodurans*)	100	37	10	仍存活	—
大肠杆菌(*E. coli*)	不生长	不生长	不生长	不生长	不生长
	大肠杆菌在 0.15 kGy 存活率为 10%				
杆枯草菌(*Bacillus subtilis*)	不生长	不生长	不生长	不生长	不生长
一般微生物	>0.93 kGy 被杀死				
人	1~10 Gy,造血系统受损伤;10~50 Gy,2 周死亡;>50 Gy,2 d 死亡				

耐辐射异常球菌对紫外辐射（UV）的抗性也居首。它在 500 J/m² 的剂量照射下正常生存，在经 1 000 J/m² 的 UV 处理后仍存活；而大肠杆菌的存活率急剧下降。对数生长期的耐辐射奇球菌的 UV 抗性大约是大肠杆菌的 33 倍。

耐辐射异常球菌的特征：

耐辐射异常球菌（*Deinococcus radiodurans*）为球菌，其细胞直径为 1～2 μm，在对数（指数）生长期，约 90% 的菌体呈二联体存在；在稳定期，绝大多数呈四叠体。为革兰氏染色阳性菌（G⁺菌），不产孢子。菌落呈圆形，能产生粉红色色素，单克隆的菌苔呈凸状，表面光滑。它是好氧菌，其最适生长温度是 30 ℃，而在 37 ℃ 时生长速率最快。当温度低于 4 ℃ 或高于 45 ℃ 时，细胞停止生长。目前已知 *Deinococcus* 属下有 41 个种是耐辐射的，其他属也有耐辐射类型。

研究表明，耐辐射异常球菌能异常抵抗极端环境因素的关键为：① 它具有特殊细胞壁和类（拟）核结构。其细胞壁含有 14～20 nm 厚的肽聚糖层和一个未知的分层结构，在电镜下，可以看到 6 层：最里层是细胞膜；紧挨着细胞膜的是含有肽聚糖的细胞壁，细胞壁上有很多孔（称为多孔层），壁上的这些孔对细胞有重要的生理学意义；第三层是无数细小区域的分区层；第四层是外膜；第五层是电子致密区；第六层为 S 层（由排列规整，呈六角形的蛋白亚单位组成），或六角排列的中间体层。有的耐辐射异常球菌外面还有一层厚的多糖外膜。以上结构，将耐辐射异常球菌机体严严实实地包裹在里面，使其受到很好地保护。耐辐射异常球菌的类（拟）核也起了很好的作用，在类（拟）核中有一个高度浓缩的环状结构（图 5-9A）。类核结构的作用是使耐辐射异常球菌在被辐射损伤，产生 DNA 双链断裂（Double-strand break，DSB）后，能维持 DNA 线状连续性。② 耐辐射异常球菌有冗余的遗传信息。即有多基因组结构，在其稳定生长期，细胞中至少有 4 个拷贝的基因组，在细胞分裂旺盛的指数（对数）生长期可多达 10 个以上拷贝。冗余的基因组拷贝数给细胞提供了一个遗传信息储蓄库，使其能通过同源重组修复 DNA 双链断裂。③ 它具有完善的抗活性氧自由基的酶系统。基因组内编码多种清除活性氧自由基的蛋白，包括 3 种过氧化氢酶（CAT），3 种超氧化物歧化酶（SOD）和过氧化物酶（POD），它们能有效清除因电离辐射产生有毒害的活性氧自由基。④ 它具有强大的 DNA 修复机制和功能。据实验证明，耐辐射异常球菌具有高效而准确的 DNA 修复系统，有 3 种 DNA 修复方式：碱基切除修复、核苷酸切

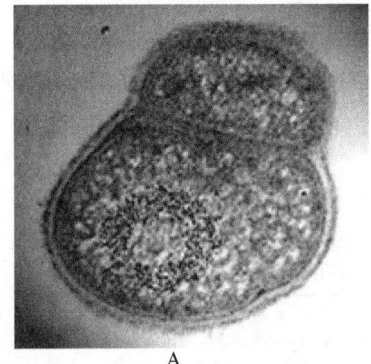 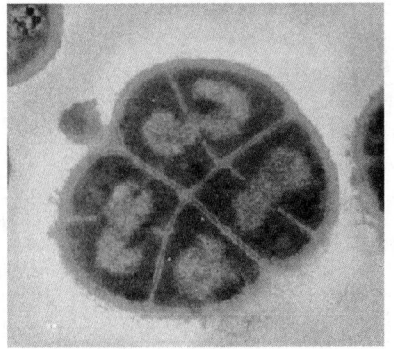

A B

图 5-9　耐辐射异常球菌（*Deinococcus radiodurans*）
A—耐辐射异常球菌呈二联体（对数生长期）；B—耐辐射异常球菌呈四叠体（稳定期）

除修复和重组修复,是否具有 SOS 易错修复尚有争议。另外,染色体 DNA 的降解和将其排除到细胞外,均有利于正确修复 DNA,保证修复顺利进行。

耐辐射异常球菌经大剂量 γ 射线照射(15 kGy)后,染色体基因组产生约 150~200 个双链断裂(DSB)的 DNA 片段,约 3 000 个单链片段和至少 1 000 个损伤的碱基位点。导致其染色体基因组由原来的 2.65×10 kb 泳带变为 50 kb。由于它细胞内有多个基因组拷贝(4~10 条染色体),有冗余的遗传信息,因此,可迅速动用储备的遗传信息替代受损伤 DNA 片段上的遗传信息,因而避免或减少遗传信息的丢失,有利于 DNA 修复,使受损伤的耐辐射异常球菌的基因组能在几十小时之内完全修复。

深入研究耐辐射异常球菌的各种酶及其 DNA 修复机制,将其应用于辐射污染区的环境生物治理和环境医学是非常有意义的。

利用 X 射线和 γ 射线可以诱导微生物变异,筛选优良菌种。

二、超声波对微生物的影响

频率超过 20 000 Hz 的声波人听不见,叫超声波。超声波具有强烈的生物学作用,几乎所有的细菌体都能被超声波所破坏,只是敏感程度各有不同。超声波的杀菌效果与其频率、处理时间、细菌的大小、形状及菌数有关。超声波频率高,杀菌效果好;杆菌比球菌易被超声波杀死;大杆菌比小杆菌易被杀死,小的细菌可能躲在超声波的波节处而不受损伤,因而在超声波处理的过程中,小部分细菌仍可存活。

超声波的杀菌机制:一般认为超声波使细胞内含物受强烈振荡,胶体发生絮状沉淀、凝胶液化或乳化,从而失去生物活性。再者,溶液受超声波作用产生空腔,引起巨大的压力变化,使细菌死亡。同时,溶于溶液中的气体变成无数极微小的气泡迅速猛烈地冲击细菌,使之破裂。

超声波的应用:① 超声波破坏菌体,制成细菌裂解液,用于研究细菌的结构、化学组成、酶活性等;② 利用超声波从组织中提取病毒;③ 利用频率为 800~1 000 kHz 的超声波治疗疾病,能引起致病生物体发生破坏性改变;④ 用超声波对汽车车厢内的空气进行消毒;⑤ 用超声波杀灭饮用水、食品、饮料中的细菌;⑥ 用超声波破碎高浓度污水和剩余活性污泥中的细菌,将它们的细胞壁和细胞物质破碎,增加其生化降解性。

三、重金属对微生物的影响

重金属汞、银、铜、铅及其化合物可有效地杀菌和防腐,它们是蛋白质的沉淀剂。其杀菌机理是与酶的—SH 基结合,使酶失去活性;或与菌体蛋白结合,使之变性或沉淀。

二氯化汞($HgCl_2$)的质量浓度为 5~20 mg/L 时,对大多数细菌有致死作用。自然界中有些细菌能耐汞,甚至转化汞。例如,腐臭假单胞菌能耐小于 2 mg/L 的汞,带 MER 质粒的腐臭假单胞菌耐汞能力更强,能在质量浓度 50~70 mg/L 的 $HgCl_2$ 环境中生长。可用耐汞菌处理含汞废水,耐汞菌可将无机汞转化为有机汞并成为菌体的一部分,然后再从菌体中回收汞。

$$2[酶—SH]+Hg^{2+} \longrightarrow 酶—S—Hg—S—酶+2H^+$$
（有活性）　　　　　　　（无活性）

硫酸铜对真菌和藻类的杀伤力较强。硫酸铜与石灰配制成波尔多液,在农业上可用以防治某些植物病毒。在污(废)水生物处理过程中用化学法测定曝气池混合液的溶解氧时,可在 1 L 混合液中加 10 mL 质量浓度 1 g/L 的硫酸铜抑制微生物呼吸。在富营养化湖泊和冷却塔内投加硫酸铜可杀藻和抑制藻类的生长。

铅对微生物有毒害,将微生物浸在质量浓度为 1~5 g/L 的铅盐溶液中,几分钟内就会死亡。

四、极端温度对微生物的影响

极端温度是指超高温和超低温。超高温是指在微生物最高生长温度以上的温度,对微生物有致死作用。

极端温度对微生物的不利影响主要表现在破坏微生物机体的基本组成物质——蛋白质、酶蛋白和脂肪。蛋白质被高温严重破坏而发生凝固,呈不可逆变性,犹如鸡蛋煮熟后不能再孵化出小鸡一样。因此,微生物经超高温处理必然死亡。超高温致死微生物的原因除蛋白质凝固变性外,还可能是由于细胞质膜含有受热易溶解的脂质,当用超高温处理时,细胞质膜中的脂肪受热溶解使膜产生小孔,引起细胞内含物泄漏而致死。

超高温杀菌效果与微生物的种类、数量、生理状态,有、无芽孢及 pH 都有关系。例如,无芽孢杆菌在 80~100 ℃ 时,几分钟之内几乎全部死亡;有芽孢杆菌在 100 ℃ 时,营养细胞先死亡,其芽孢在 100 ℃ 煮 2 h 也难以死亡。此外,高温杀菌所需作用时间的长短与温度高低有关。例如,无芽孢杆菌在 80~100 ℃ 作用下几分钟即死;在 70 ℃ 时作用时间需 10~15 min,在 60 ℃ 时作用时间则需要 30 min。几种芽孢杆菌的致死温度如表 5-12 所示。高温杀菌与菌龄也有关系,一般幼龄菌比老龄菌敏感。例如,在 53 ℃ 加热大肠杆菌 15 min,菌龄 2.75 h 的菌数下降至原菌数的 1/2 000,菌龄 62 h 的菌数仅下降至原菌数的 1/12。高温杀菌效果还与 pH 有关,通常在酸性条件下细菌易被杀死。高温杀菌效果与菌体蛋白质含水量有关。干细胞(例如孢子)比湿细胞更抗热,由表 5-13 看出,含水量为 50 g/(100 g)的蛋白质在 56 ℃ 就凝固,含水量为 18 g/(100 g)的蛋白质在 80~90 ℃ 才凝固,不含水的蛋白质的凝固温度高达 160~170 ℃。

表 5-12 几种芽孢杆菌的致死温度

	炭疽杆菌	蜡状芽孢杆菌	枯草芽孢杆菌	嗜热脂肪芽孢杆菌
湿热灭菌温度/℃	105	100	100	120~121
杀菌时间/min	5~10	6	6~17	12

表 5-13 蛋白质含水量与其凝固温度的关系

蛋白质含水量/[g·(100 g)$^{-1}$]	凝固温度/℃	蛋白质含水量/[g·(100 g)$^{-1}$]	凝固温度/℃
50	56	6	145
25	74~80	0	160~170
18	80~90		

在微生物科研、教学实验及发酵工业中,培养基和所用一切器皿都需先经灭菌后才能使用。

灭菌是通过超高温或其他的物理、化学方法将所有微生物的营养细胞和所有的芽孢或孢子全部杀死的过程。灭菌方法有干热灭菌法和湿热灭菌法。消毒是用物理、化学方法杀死致病菌(有芽孢和无芽孢的细菌),或者是杀死所有微生物的营养细胞和一部分芽孢。消毒法有巴斯德消毒法和煮沸消毒法两种。消毒的效果取决于消毒时的温度和消毒时间。

灭菌和消毒方法见有关实验部分。

五、极端 pH 对微生物的影响

过高或过低的 pH 对微生物生长繁殖不利,表现在以下几方面:

① pH 过低(pH≤1.5),引起微生物体表面由带负电荷改变为带正电荷,进而影响微生物对营养物的吸收。

② 过高或过低的 pH 还可影响培养基中有机化合物的离子化作用,从而间接影响微生物。因为细菌表面带负电荷,非离子状态化合物比离子状态化合物更容易渗入细胞。如图 5-10 所示,当处于中性或碱性环境中,乙酸呈离子状态带负电荷,根据同电相斥的原理,带负电荷的物质不能渗入带负电荷的细胞内。在酸性环境中,乙酸未离子化而呈中性,根据异电相吸原理,未离子化的乙酸能进入带负电荷的细胞。乙酸对有些微生物有毒并抑制其生长。碱性物质情况正相反,在碱性环境中它不离子化,比较容易渗入细胞,在酸性环境中离子化,不能渗透入细胞中。

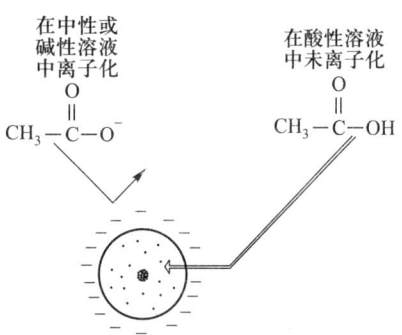

图 5-10　pH 对有机酸渗入细胞的影响

③ 酶只有在最适宜的 pH 下才能发挥其最大活性,极端的 pH 使酶的活性降低,进而影响微生物细胞内的生物化学过程,甚至直接破坏微生物细胞。

④ 过高或过低的 pH 均降低微生物对高温的抵抗能力。

六、干燥对微生物的影响

干燥能使菌体内蛋白质变性,引起代谢活动停止,所以,干燥影响微生物的活性以至生命力。由于微生物种类、它们所处的环境、干燥程度等条件不同,微生物的反应也不同。细菌的芽孢、藻类和真菌的孢子及原生动物的胞囊都比营养细胞抗干燥。干燥细胞的代谢处于停滞状态,在不受热和其他外界因素干扰下,干燥细胞一直呈休眠状态长期存活,若供给潮气则很快复活。此外,地衣(真菌和藻类的共生体)能抵抗极低水活度的干燥环境。

鉴于在极低水活度、极干燥的环境中微生物不生长,干燥就成为保藏物品和食物的好方法。可用灭菌的沙土管保存菌种、孢子,也可用真空冷冻干燥保存菌种。

七、一些有机物对微生物的影响

醇、醛、酚等有机化合物能使蛋白质变性,是常用的杀菌剂。

(一) 醇

醇是脱水剂和脂溶剂,可使蛋白质脱水、变性,溶解细胞质膜的脂质,进而杀死微生物机体。一般化学杀菌剂的杀菌力与其浓度成正比,但乙醇例外,体积分数为 70% 的乙醇杀菌力最强。乙醇浓度过低无杀菌力,纯乙醇因不含水很难渗入细胞,又因它可使细胞表面迅速失水,表面蛋白质沉淀变性形成一层薄膜,阻止乙醇分子进入菌体内,故不起杀菌作用。

甲醇杀菌力差,对人有毒,不宜作杀菌剂。一定浓度的醇(甲醇、乙醇、丙醇、丁醇)可作为微生物的碳源和能源。在废水生物脱氮处理工艺中,当缺少碳源时常用甲醇作碳源。

丙醇、丁醇及其他高级醇杀菌力均比乙醇强,但由于不溶于水,不能作杀菌剂。

(二) 甲醛

甲醛与蛋白质的氨基(—NH)结合而干扰细菌的代谢机能,所以甲醛是很有效的杀菌剂,对细菌、真菌及其孢子和病毒均有效。质量浓度为 370~400 g/L 的甲醛溶液称为福尔马林,其蒸气有强烈刺激性,有杀菌和抑菌作用。过去没有超净室,曾用甲醛溶液蒸熏的方法消毒厂房及无菌室,用量为 10 mL/m^3。质量浓度为 50 g/L 的甲醛溶液,1~2 h 可杀死炭疽杆菌的芽孢。甲醛溶液(福尔马林)是保藏动物组织和原生动物标本的固定剂。

(三) 表面活性剂

1. 酚

苯酚是一种表面活性剂,酚与其衍生物能引起蛋白质变性,并破坏细胞质膜。苯酚又名石炭酸,其质量浓度为 1 g/L 时,能抑制微生物生长(指未经驯化的微生物);质量浓度为 10 g/L 的石炭酸溶液在 20 min 内可杀死细菌;质量浓度为 30~50 g/L 的石炭酸溶液几分钟可杀死细菌;质量浓度为 50 g/L 的石炭酸溶液可作喷雾消毒空气。芽孢和病毒在 50 g/L 石炭酸溶液中可存活几小时。

甲酚的杀菌力比其他酚强几倍,但它难溶于水,易与皂液或碱液形成乳浊液,称为来苏尔。质量浓度为 10~20 g/L 的来苏尔常用于皮肤消毒,质量浓度为 30~50 g/L 用于消毒桌面和用具。

煤气厂、焦化厂和化肥厂产生含酚废水,在废水生物处理中酚是微生物的营养。微生物可以处理含酚质量浓度达 1 000 g/L 的废水。

2. 新洁尔灭(季铵盐)

新洁尔灭是季铵盐的一种,是表面活性强的杀菌剂。它对许多非芽孢型的致病菌、革兰氏阳性及阴性菌等有着极强的致死作用。例如,葡萄球菌、伤寒杆菌、大肠杆菌、痢疾杆菌、霍乱弧菌及霉菌等与新洁尔灭接触几分钟后即被杀死。新洁尔灭稀释度小时,有杀菌作用及去污垢作用,对人无毒;但在高度稀释下只有抑菌作用,将质量浓度为 50 g/L 的原液稀释为 1 g/L 的水溶液可用于皮肤消毒,浸泡 5 min 可达到消毒效果。1 g/L 的新洁尔灭水溶液还可用于冷却循环水的杀菌除垢。

3. 合成洗涤剂

合成洗涤剂去污力强,在硬水中不形成沉淀,它除洗涤污物外,还有杀菌作用。阳离子型的洗涤剂[①]比阴离子型洗涤剂[②]的杀菌力强。为了防止洗涤剂对水体的污染,要求生产的洗涤剂必须能生物降解。非离子型的洗涤剂[③]没有杀菌力。目前使用的主要为阴离子型的 LAS(直链烷基苯硫酸钠)合成洗涤剂,它可被微生物降解。较好的洗衣粉主要成分有:织物纤维防垢剂、阴离子表面活性剂、非离子表面活性剂、水软化剂、污垢悬浮剂、酶、荧光剂及香料等;除基本成分外,还有助剂,如三聚磷酸盐、硫酸钠、碳酸钠等。由于磷酸盐会造成水体富营养化的危害,所以,现在一些国家已禁止生产含磷的合成洗涤剂。我国部分厂家已不生产含磷合成洗涤剂。

随着合成洗涤剂的使用日益广泛,生活污水中合成洗涤剂含量在增加,在污(废)水生物处理过程中若有较多的合成洗涤剂,曝气池充满泡沫,会严重影响充氧能力。例如,被服洗涤厂排出的废水中主要含合成洗涤剂,其 COD 在 400 mg/L 左右,可用长期驯化和筛选的优势菌种加以处理。

4. 染料

孔雀绿、亮绿、结晶紫等三苯甲烷染料及吖啶黄(acriflavine)都有抑菌作用。革兰氏阳性菌对上述染料的反应比革兰氏阴性菌敏感。例如,结晶紫质量浓度为 $3.3\times10^{-4}\sim 5.0\times10^{-4}$ g/L 时抑制革兰氏阳性菌,需浓缩 10 倍才能抑制革兰氏阴性菌。

在培养基中加入适合某种微生物生长,又能抑制另一种微生物生长的某一浓度的染料,制成选择性培养基,就可将需要的微生物培养出来。孔雀绿的质量浓度为 10^{-5} g/L 时,可抑制金黄色葡萄球菌;质量浓度为 3.3×10^{-3} g/L 时,抑制大肠杆菌。结晶紫的质量浓度为 10^{-4} g/L 时,可杀死念珠霉和圆酵母菌;质量浓度为 10^{-6} g/L 时,则起抑制作用。将 10^{-6} g/L 的亮绿加入培养基可抑制革兰氏阳性菌,将大肠杆菌鉴别出来。

质量浓度小于 1 g/L 的染料可作微生物的营养。废水生物处理中活性污泥微生物经长期驯化,具有很强的脱色作用,能分解染料,净化废水。

八、抗生素对微生物的影响

微生物在代谢过程中产生的、能杀死其他微生物或抑制其他微生物生长的化学物质即为抗生素。自 1940 年青霉素应用于临床以来,陆续发现的抗生素(antibiotics)已达数千种。至目前为止,在临床使用的抗生素有 150 多种。这些抗生素主要由微生物代谢过程产生,从其培养液中提取、纯化而得,或者经合成或半合成的方法制得。抗生素有广谱和狭谱之分。氯霉素、金霉素、土霉素和四环素可抑制许多不同种类的微生物,叫广谱抗生素。青霉素只能杀死或抑制革兰氏阳性菌,多黏菌素只能杀死革兰氏阴性菌,叫狭谱抗生素。抗生素除用作医药外,在分离微生物时,可在培养基中加入某种合适的抗生素抑制杂菌生长而使所需的微生物正常生长。杀死或抑制细菌生长的抗生素对人体无毒性或毒性很小。一种抗生素只对某些微生物有作用,而对另一些微

[①] 阳离子型洗涤剂主要是带氨基或季铵盐的脂肪链缩合物。
[②] 阴离子型洗涤剂含有以下物质:脂肪酸衍生物、烷基磺酸盐、烷基硫酸酯、烷基苯硫酸盐、烷基磷酸盐和烷基苯磷酸盐等。
[③] 非离子型洗涤剂为多羟基化合物与烃链的结合物。

生物无效,这是因为不同的抗生素对微生物的作用部位不同。依其抑菌功能可分为细胞壁合成抑制剂、细胞膜功能抑制剂、蛋白质合成抑制剂和核酸合成抑制剂 4 大类。抗生素对微生物的影响有如下 4 方面。

(一) 抑制微生物细胞壁合成

青霉素先抑制革兰氏阳性菌中肽聚糖的合成,进而抑制细胞壁合成,菌体失去细胞壁的保护作用,又因革兰氏阳性菌体内渗透压高于环境中的渗透压,水分子大量渗入菌体使细菌膨胀或崩解而死亡。革兰氏阴性菌细胞壁的肽聚糖含量很低。因此,只受到部分损伤,菌体内的渗透压与环境中的渗透压相近,不会受低渗透压影响。人和动物的细胞不具细胞壁,不含肽聚糖,所以不受青霉素的损害。多氧霉素(多抗霉素)阻碍真菌细胞壁中几丁质的合成,故抑制真菌生长,对藻(细胞壁含纤维素)没有损害作用。

(二) 破坏微生物的细胞质膜

多黏菌素中的游离氨基与革兰氏阴性菌细胞质膜中的磷酸根(PO_4^{3-})结合,损伤其细胞质膜,破坏了细胞质膜的正常渗透屏障功能,使菌体内核酸等重要成分泄出,导致细菌死亡。磷脂、肥皂可降低多黏菌素的杀菌力。制霉菌素和两性霉素 B 是抗真菌剂,它们与真菌细胞质膜中麦角固醇结合,破坏细胞质膜透性。细菌细胞质膜不含麦角固醇,故制霉菌素和两性霉素 B 对细菌不起作用。

(三) 抑制蛋白质合成

氯霉素、金霉素、土霉素、四环素、链霉素、卡那霉素、新霉素、庆大霉素、嘌呤霉素及春日霉素等都能与核糖核蛋白结合,抑制微生物蛋白质合成;同时,上述广谱抗生素能与酶组成中的金属离子结合,抑制了酶的活性。因受上述两方面影响,许多微生物的生长受到抑制。

(四) 干扰核酸的合成

争光霉素(即博来霉素)与 DNA 结合,干扰 DNA 复制。丝裂霉素(自力霉素)与 DNA 分子双链之间互补的碱基形成交联,影响 DNA 双链的分开,从而破坏 DNA 的复制。放线菌素 D(更生霉素)只与双链 DNA 结合,阻碍遗传信息的转录与 RNA 的合成,但不阻止单链 DNA 的合成。因此,放线菌素 D 不抑制单链 DNA 和单链 RNA 的病毒。

各种抗生素发酵厂的废水分别含有一定浓度的相应的抗生素,在废水生物处理初期,由于活性污泥不适应该种废水,导致处理效果不好,经过相当长时间的驯化期后,活性污泥中的微生物逐渐适应各种抗生素,进而降解抗生素,使得废水得到净化。

第四节 微生物与其他生物之间的关系

在天然生态系统和人工生态系统中,微生物不仅与环境因素有密切关系,而且与其他生物之间也有密切关系。在污(废)水生物处理和固体废物生物处理中存在微生物之间的关系,以及微生物与植物之间的关系。在江、河、湖、海和土壤中存在微生物与微生物之间,微生物与动、植物之间,微生物与人类之间的关系。这些关系复杂,彼此制约,相互影响,共同促进生物的发展和进化。

微生物之间的关系有种内的关系和种间的关系。相同种内的关系有竞争和互助,不同种间关系有以下6种。

一、竞争关系

竞争关系(competition)是指不同的微生物种群在同一环境中,对食物等营养、溶解氧、空间和其他共同要求的物质互相竞争,互相受到不利影响。种内微生物和种间微生物都存在竞争。例如,在好氧生物处理中,当溶解氧或营养成为限制因子时,菌胶团细菌和丝状细菌表现出明显的竞争关系。在厌氧消化罐内的硫酸盐还原菌和产甲烷菌争夺 H_2 也是一例。

二、原始合作关系

原始合作关系(或称原始共生、互生,protocooperation),是指两种可以单独生活的生物共存于同一环境中,相互提供营养及其他生活条件,双方互为有利,相互受益。当两者分开时各自可单独生存。例如,固氮菌具有固定空气中 N_2 的能力,但不能利用纤维素作碳源和能源,而纤维素分解菌分解纤维素为有机酸对它本身的生长繁殖不利,但当两者在一起生活时,固氮菌固定的氮为纤维素分解菌提供氮源,纤维素分解菌分解纤维素的产物(有机酸)被固氮菌用作碳源和能源,也为纤维素分解菌解毒。在废水生物处理过程中原始合作关系是普遍存在的。以炼油厂为例,废水中含有酚、H_2S 和 NH_3 等,系统中食酚细菌、硫细菌分别分解酚和 H_2S,它们互为解毒,也互相提供营养,食酚细菌为硫细菌提供碳源,硫细菌氧化 H_2S 为 SO_4^{2-},为食酚细菌提供硫元素。天然水体、污水生物处理及土壤中的氨化细菌、亚硝化细菌和硝化细菌之间也存在原始合作关系。氨化细菌分解含氮有机物产生的 NH_3 是亚硝化细菌的营养;亚硝化细菌将 NH_3 转化为 HNO_2,为硝化细菌提供营养;生成的硝酸盐能被其他微生物和植物利用。HNO_2 对大多数生物都有害,但由于硝化细菌将 HNO_2 转化为 HNO_3,即为其他微生物解了毒。氧化塘中的细菌与藻类也表现为原始合作关系,细菌将污水中有机物分解为 CO_2、NH_3、H_2O、PO_4^{3-} 及 SO_4^{2-},为藻类提供碳源、氮源、磷源和硫源等;藻类得到上述营养,利用光能合成有机物组成自身细胞,并放出 O_2,供细菌用于分解有机物。

三、共生关系

共生关系(symbiosis)是指两种不能单独生活的微生物共同生活于同一环境中,各自执行优势的生理功能,在营养上互为有利而所组成的共生体,这两者之间的关系就叫共生关系。地衣是藻类和真菌形成的共生体,藻类利用光能将 CO_2 和 H_2O 合成有机物供自身及真菌营养;真菌从基质吸收水分和无机盐供两者营养。根瘤菌和豆科植物根系共生也是突出的例子。原生动物中的纤毛虫类、放射虫类、有孔虫类与藻类共生。绿草履虫是草履虫体内充满小球藻,两者共生的结果。袋状草履虫有趋光性使小球藻容易得到光,小球藻进行光合作用合成有机物供草履虫营养,两者共生互为有利。藻类还与水螅共生成绿水螅。

在厌氧生物处理中的 S 菌株和 M.O.H(布氏甲烷杆菌,*Methanobacterium bryantii*)

共生于厌氧污泥中,S 菌株将乙醇转化为乙酸和 H_2,布氏甲烷杆菌利用 H_2 和 CO_2 合成 CH_4。正因为有布氏甲烷杆菌将乙酸(CH_3COOH)和 H_2 及时转化为 CH_4,乙醇(CH_3CH_2OH)才得以在种间转移。

四、偏害关系

共存于同一环境的两种微生物,甲方对乙方有害,乙方对甲方无任何影响。一种微生物在代谢过程中产生一些代谢产物,其中有的产物对一种(或一类)微生物生长不利,或者抑制或者杀死对方。上述这种微生物与微生物之间的对抗关系叫偏害关系(amensalism),亦叫拮抗关系(antagonism)。偏害关系可分为非特异性偏害和特异性偏害两种。

1. 非特异性偏害

例如,乳酸菌产生乳酸使 pH 下降,抑制腐败细菌生长。海洋中的红腰鞭毛虫产生的代谢产物会毒死其他生物。

2. 特异性偏害

某种微生物产生抗菌性物质,对另一种(或另一类)微生物有专一性的抑制或致死作用。例如,青霉菌产生青霉素对革兰氏阳性菌有致死作用。多黏芽孢杆菌产生多黏菌素杀死革兰氏阴性菌。

能产生抗菌性物质的微生物很多,所以偏害是普遍存在的。

五、捕食关系

有的微生物不是通过代谢产物对抗对方,而是吞食对方,这种关系称为捕食关系(predation)。例如,原生动物吞食细菌、藻类、真菌等,大原生动物吞食小原生动物,微型后生动物吞食原生动物、细菌、藻类、真菌等微生物;裂口虫属喜欢捕食周毛虫属;甲壳动物吞食微型后生动物及比其更低等的微生物。真菌也有以捕食为生的,如节丛孢属(*Arthrobotrys*)捕食线虫类。

六、寄生关系

一种生物需要在另一种生物体内生活,从中摄取营养才得以生长繁殖,这种关系称为寄生关系(parasitism)。前者为寄生菌,后者称为寄主或宿主。

微生物之间的寄生关系表现为:① 噬菌体与细菌、噬菌体分别与放线菌、真菌、藻类之间的关系。这种寄生关系专一性很强。② 细菌与细菌之间、真菌与真菌之间也存在寄生关系。例如,蛭弧菌属(*Bdellovibrio*)有寄生在假单胞菌、大肠杆菌、浮游球衣菌等菌体中的种。蛭弧菌侵害宿主的过程见图 5-11。

有的寄生菌不能离开宿主而生存,叫专性寄生;有的寄生菌离开宿主后能营腐生生活,叫兼性寄生。寄生的结果一般都会引起宿主的损伤或死亡。

微生物还可以寄生在动物体内。例如,发光细菌在发光红眼鲷属(*Photoblepharon*)鱼鳃,发光细菌发出极亮的绿色光,使鱼鳃呈现绿色光;有的发光细菌还可在鱼的内脏生存。

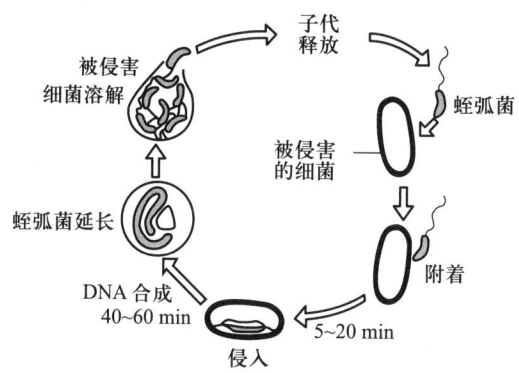

图 5-11 蛭弧菌侵害宿主及其繁殖过程

第五节 菌种的退化、复壮与保藏

一、菌种的退化和复壮

在各种微生物系统发育过程中,遗传性使各种微生物优良的遗传性状得到延续;微生物发生变异,使微生物得到进化。但变异有正变(即自发突变)和负变(即菌种退化)两种。为了使微生物的优良性状持久延续下去,必须做好复壮工作。即在各菌种的性状没有退化之前,定期进行纯种分离和性能测定。从污(废)水生物处理中筛选出来的菌种,复壮工作更为重要,因为保存菌种的培养基成分和污(废)水的成分不完全相同,容易使菌种退化。所以,需要定期用原来的污(废)水培养菌种,恢复它分解污(废)水的活力,并加以保存。频繁地移种和传代也易引起菌种退化,因为变异多半是通过繁殖而产生的。所以,为了不使优良菌种变异、退化,要选用合适的培养基和恰当的移种传代的间隔时间,严格控制菌种移植代数。菌种退化是指群体中退化细胞占一定数量后表现出的菌种性能下降。可采用相应措施使退化菌株复壮,其方法如下:

(一) 纯种分离

用稀释平板法、平板画线分离法或涂布法均可。把仍保持原有典型的优良性状的单细胞分离出来,经扩大培养可恢复原菌株的典型优良性状,若经性能测定更好。还可应用显微镜操纵器将生长良好的单细胞或单孢子分离出来,经培养可恢复原菌株性状。

(二) 通过宿主进行复壮

寄生性微生物的退化菌株可接种到相应宿主体内,以提高菌株对宿主的感染力。

(三) 原始复壮

在环境工程中,从各种极端逆境中筛选培养到的许多优良、高效菌种,由于长期在实验室里保存而发生退化,减弱或丧失分解原有污染物的能力,或对高温、低温、过酸、过碱的条件极为敏感,为使该菌种始终保持降解原污染物的活力,可以定期配含有原污染物成分的培养基,或原生长条件培养复壮这些菌种,之后继续保存。

二、菌种的保藏

菌种保藏是重要而细致的基础工作,与生产、科研、教学关系密切。选育出来的优良性状菌株要妥善保藏,不使其污染、退化、死亡。保藏的原理是根据微生物的生理、生化特性,创造人工条件,如低温、干燥、缺氧、贫乏培养基和添加保护剂等,使微生物的代谢处于极微弱、极缓慢、生长繁殖受抑制的休眠状态。

(一) 定期移植法

此法简便易行,不需要特殊设备,能随时发现所保存的菌种是否死亡、变异、退化和受杂菌污染。斜面培养、液体培养及穿刺培养均可。各菌种保存的温度和时间不一。例如,细菌于 4~6 ℃保存,芽孢杆菌每 3~6 个月移植一次,其他细菌每月移植一次。若储存温度高,则移植间隔时间要短。放线菌于 4~6 ℃保存,每 3 个月移植一次;酵母菌于 4~6 ℃保存,每 4~6 个月移植一次;霉菌于 4~6 ℃保存,每 6 个月移植一次,于 20 ℃保存,则需每 2 周移植一次。

(二) 干燥法

干燥法是将菌种接种到适当的载体上,如经灭菌的河沙、土壤、硅胶、滤纸及麸皮等。以沙土保藏法用得较为普遍。通常放在干燥器内于常温或低温下保藏。芽孢杆菌、梭状芽孢杆菌、放线菌及霉菌均可用此法。

(三) 隔绝空气法

该法是定期移植法的辅助方法。它能抑制微生物代谢,推迟细胞老化,防止培养基水分蒸发,从而延长微生物的寿命。例如,用液状石蜡封住半固体培养物来保藏菌种。将待保存的菌种斜面用橡胶塞代替原有的棉塞塞紧,这样可使菌种保藏较长时间。

(四) 蒸馏水悬浮法

这是一种最简单的保藏法,只要将菌种悬浮于无菌蒸馏水中,将容器封好便达到目的。浮游球衣菌可用此法保藏。

(五) 综合法

利用低温、干燥和隔绝空气等几个保藏菌种的重要方法的综合作用,使微生物的代谢处于相对静止的状态,可使菌种保存较长的时间。此法是目前最好的菌种保藏法。先用保护剂制成细胞悬液(细菌悬液含细胞数目以每毫升 $10^8 \sim 10^{10}$ 个为宜)并分装于安瓿管内,将悬液冻结成冰(温度为 $-25 \sim -40$ ℃)。大量制备时于 -35 ℃预冻 1 h,若每次只制备几管,用干冰、液氮预冻 1~5 min 即可抽气进行真空干燥,控制真空泵的真空度在 13.3~26.7 Pa,样品水分大量升华,待样品水分升华 95% 以上时,目视冻干样品呈现酥丸状或松散的片状即可。若样品残留水分 1~3 g/(100 g 样品)时安瓿管可封口,置室温或低温保藏均可。

此外,还有其他方法,可参阅菌种保藏手册。

思考题

1. 微生物与温度的关系如何？高温是如何杀菌的？高温杀菌力与什么因素有关？
2. 什么叫灭菌？灭菌方法有哪几种？试述其优缺点。
3. 什么叫消毒？加热消毒方法有哪几种？
4. 嗜冷微生物为什么能在低温环境生长繁殖？
5. 高温菌和中温菌在低温环境中代谢能力为什么会减弱？
6. 细菌、放线菌、酵母菌、霉菌、藻类和原生动物等分别要求什么样的 pH？
7. 试述 pH 过高或过低对微生物的不良影响。用活性污泥法处理污水时为什么要使 pH 保持在 6.5 以上？
8. 在培养微生物过程中，什么原因使培养基 pH 下降？什么原因使 pH 上升？在生产中如何调节控制 pH？
9. 微生物对氧化还原电位要求如何？在培养微生物过程中氧化还原电位如何变化？有什么办法控制？
10. 氧气对好氧微生物的用途是什么？充氧效率与微生物生长有什么关系？
11. 兼性厌氧微生物为什么在有氧和无氧条件下都能生长？
12. 专性厌氧微生物为什么不需要氧？氧对专性厌氧微生物有什么不良影响？
13. 紫外辐射杀菌的作用机理是什么？何谓光复活现象和暗复活现象？
14. 电离辐射有几种？电离辐射如何致死微生物的？
15. 耐辐射异常球菌为什么能抗电离辐射？
16. 重金属盐如何起杀菌作用？
17. 氯和氯化物的杀菌机制是什么？
18. 常用的有哪几种有机化合物杀菌剂？它们的杀菌机制是什么？
19. 何谓渗透压？渗透压与微生物有什么关系？
20. 水的活度与干燥对微生物有什么影响？
21. 何谓表面张力？它对微生物有什么影响？
22. 抗生素是如何杀菌和抑菌的？
23. 在天然环境和人工环境中微生物之间存在哪几种关系？举例说明。

第六章
微生物的遗传和变异

遗传和变异是一切生物最本质的属性。微生物将其生长发育所需要的营养类型和环境条件，以及对这些营养和外界环境条件产生的一定反应，或出现的一定性状（如形态、生理生化特性等）传给后代，并相对稳定地一代一代传下去，这就是微生物的遗传。例如，大肠杆菌要求 pH 为 7.2、温度为 37 ℃，发酵糖（如葡萄糖、乳糖），产酸、产气；大肠杆菌为杆菌，在异常情况下呈短杆状、近似球形或呈丝状。亲代大肠杆菌将上述这些属性传给后代，这就是大肠杆菌的遗传。遗传是相对稳定的，某种微生物生长繁殖要求与它上代相同或相似的营养类型和外界环境条件，它们对营养和对环境所产生的反应（表现型）也与亲代相同或相似。

遗传有保守性，是微生物在它的系统发育（历史发育）过程中形成的。发育越久的微生物，遗传的保守程度越大。不同种的微生物的遗传保守程度不同，同一种微生物因个体发育不同，其遗传保守程度也不同。个体年龄越老，遗传保守程度越大；个体越年幼，其遗传保守程度越小。高等生物的遗传保守程度比低等生物的大。遗传保守性对微生物有利，可使生产中选育出来的优良菌种的属性稳定地一代一代传下去。保守性对微生物也有不利，当营养和环境条件改变，微生物因不适应改变了的营养和外界环境条件而可能死亡。

遗传可改变的一面是变异。当微生物从它适应的环境迁移到不适应的环境后，微生物改变自己对营养和环境条件的要求，在新的生活条件下产生适应新环境的酶（适应酶），从而适应新环境并生长良好，这是遗传的变异。变异了的微生物不同于原来的微生物，称变种。遗传变异性使微生物得到发展，为人类改造微生物提供理论依据。微生物的变异很普遍，其变异现象很多。例如，个体形态的变异；菌落形态（光滑型/粗糙型）的变异；营养要求的变异；对温度、pH 要求的变异；毒力的变异；抗毒能力的变异；生理生化特性的变异及代谢途径、产物的变异等。

遗传是相对的，变异是绝对的；遗传中有变异，变异中有遗传。遗传和变异的辩证关系使微生物不断进化。在工农业生产和污（废）水、有机固体废物生物处理过程中，可利用自然条件或物理、化学因素来促进微生物变异，使它符合生产实践的需要。

利用物理因素、化学药物处理微生物可提高其变异频率。通过一定的筛选方法可获得生产上所需要的高产、优质的变异株。

在工业废水生物处理中，用含有某些污染物的工业废水筛选、培养来自处理其他废水的菌种，使它们适应该种工业废水，并产生高效降解其中污染物能力的方法叫驯化。经验证明，驯化是选育优良微生物品种的普通而有效的方法和途径。

第一节　微生物的遗传

一、遗传和变异的物质基础——DNA

从分子遗传学角度看,亲代是通过脱氧核糖核酸(DNA)将决定各种遗传性状的遗传信息传给子代的。子代有了一定结构的DNA,便产生一定形态结构的蛋白质,由一定结构的蛋白质就可决定子代具有一定形态结构和生理生化性质等的遗传性状。

DNA是遗传的物质基础,可通过格里菲斯(F. Griffith)经典的转化实验和大肠杆菌T_2噬菌体感染大肠杆菌的实验得到证明。尤其是1928年格里菲斯的转化实验,加上1944年埃弗里(O. T. Avery)等人的转化补充实验,确切地证明DNA是遗传的物质基础。图6-1为肺炎链球菌的转化现象。

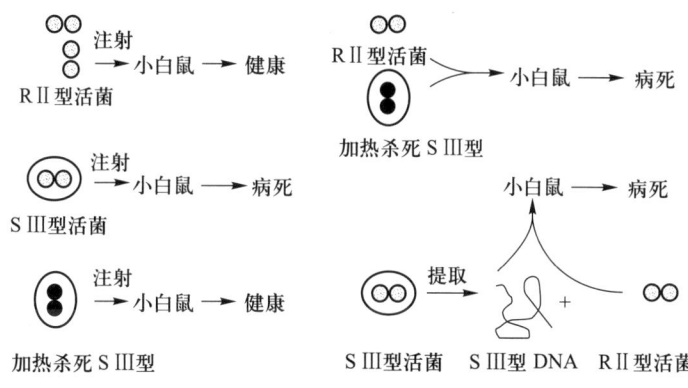

图6-1　肺炎链球菌的转化现象

经典的转化实验:格里菲斯将无毒、活的RⅡ型(无荚膜,菌落粗糙型)肺炎链球菌(*Streptococcus pneumoniae*)注入小白鼠体内,结果小白鼠健康地活着。将有毒的、活的SⅢ型(有荚膜,菌落光滑型)肺炎链球菌注射到小白鼠体内,结果小白鼠病死。将少量无毒、活的RⅡ型肺炎链球菌和大量经加热杀死的有毒的SⅢ型肺炎链球菌混合注射入小白鼠体内,结果小白鼠病死,发现在死鼠体内有活的SⅢ型肺炎链球菌。若单独将加热杀死的SⅢ型肺炎链球菌注入小白鼠体内,小白鼠不死。可见,SⅢ型死菌体内有一种物质引起RⅡ型活菌转化产生SⅢ型菌。SⅢ型死菌体内能引起转化的物质是什么?

1944年埃弗里(O. T. Avery)、麦克劳德(C. M. Macleod)和麦卡蒂(M. MacCarty)等对转化的本质深入研究,他们从SⅢ型活菌体内提取荚膜多糖、蛋白质、RNA和DNA,将上述4种物质分别和RⅡ型活菌混合均匀后注射入小白鼠体内,结果多糖、蛋白质和RNA均不引起转化,而DNA却能引起转化。只有注射SⅢ型菌的DNA和RⅡ型活菌混合液的小白鼠才死亡,这是一部分RⅡ型菌转化产生有荚膜、菌落光滑的、有毒的SⅢ型菌所致。而且它们的后代都是有荚膜、有毒的。如果用DNA酶处理DNA,则转化作用丧失。经元素分析、血清学分析,以及用超离心、电泳、紫外线吸收等方法测定,证明此转化因子是 DNA。进一步证明转化实验中 SⅢ型肺炎链球菌死菌体内的起转化作用的物质确实是 DNA。

DNA 的转化效率很高,它的最低作用质量浓度为 $1×10^{-5}$ μg/mL,它的转化率随着 DNA 的纯度提高而提高,随其中蛋白质含量的降低而有所提高。

还可用大肠杆菌 T_2 噬菌体感染大肠杆菌的实验方法证明 DNA 是遗传物质。1952 年赫西(A. D. Hershey)和蔡斯(M. Chase)用 $^{32}PO_4^{3-}$ 和 $^{35}SO_4^{2-}$ 标记大肠杆菌 T_2 噬菌体,因蛋白质分子中只含硫不含磷,而 DNA 只含磷不含硫。故将大肠杆菌 T_2 噬菌体的头部 DNA 标上 ^{32}P,其蛋白质衣壳被标上 ^{35}S。用标上 ^{32}P 和 ^{35}S 的 T_2 噬菌体感染大肠杆菌,10 min 后 T_2 噬菌体完成了吸附和侵入的过程。将被感染的大肠杆菌洗净放入组织捣碎器内强烈搅拌,以使吸附在菌体外的 T_2 噬菌体蛋白质外壳均匀散布在培养液中,然后离心沉淀。分别测定沉淀物和上清液中的同位素标记,结果全部 ^{32}P 和细菌在沉淀物中,全部 ^{35}S 留在上清液中。证明只有 DNA 进入大肠杆菌体内,蛋白质外壳留在菌体外。进入大肠杆菌体内的 T_2 噬菌体 DNA,利用大肠杆菌体内的 DNA、酶及核糖体复制大量 T_2 噬菌体,又一次证明了 DNA 是遗传物质。

二、DNA 的结构与复制

(一) DNA 的结构

DNA 是高分子化合物,相对分子质量最小的为 $2.3×10^4$,最大的达 10^{10},比蛋白质相对分子质量($5×10^3 \sim 5×10^6$)大。沃森(Watson)和克里克(Crick)在 1953 年提出了 DNA 双螺旋结构理论和模型,认为 DNA 是两条多核苷酸链彼此互补并排列方向相反的,以右手旋转的方式围绕同一根主轴而互相盘绕形成的,具有一定空间距离的双螺旋结构。其中的每条链均由脱氧核糖—磷酸—脱氧核糖—磷酸……交替排列构成。

每条多核苷酸链上均有 4 种碱基,腺嘌呤(adenine,A)、胸腺嘧啶(thymine,T)、鸟嘌呤(guanine,G)及胞嘧啶(cytosine,C)有序地排列,其结构式如下:

腺嘌呤(A)　　胸腺嘧啶(T)　　鸟嘌呤(G)　　胞嘧啶(C)

这 4 种碱基以氢键与另一条多核苷酸链的 4 种碱基 T,A,C,G 彼此互补配对。由氢键连接的碱基组合,称碱基配对。具体是:A 通过 2 对非共价氢键和 T 连接成 A=T 碱基对,G 通过 3 对非共价氢键和 C 连接成 G≡C 碱基对。见图 6-2A。

一个 DNA 分子可含几十万或几百万碱基对,每一碱基对与其相邻碱基对之间的距离为 0.34 nm,每个螺旋的距离为 3.4 nm,包括 10 对碱基。每一个双螺旋的直径为 2.0 nm。见图 6-2B。特定的种或菌株的 DNA 分子,其碱基顺序固定不变,保证了遗

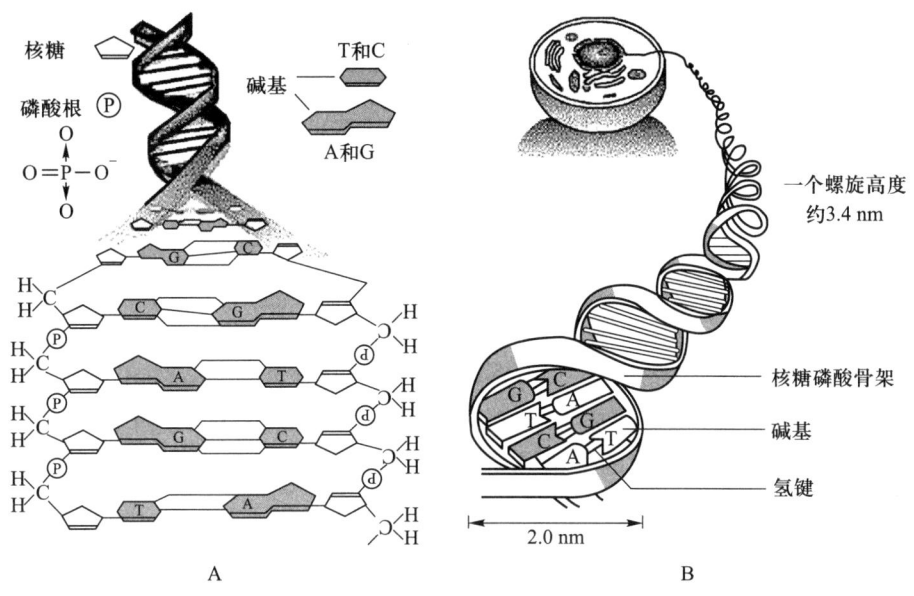

图 6-2　DNA 的结构及其化学组成

传的稳定性。一旦 DNA 的个别部位发生了碱基排列顺序的变化,例如,在特定部位丢掉一个或一小段碱基,或增加了一个或一小段碱基,改变了 DNA 链的长短和碱基的顺序,都会导致细菌死亡或发生遗传性状的改变。在现代的细菌分类鉴定中,通过测定 G+C 含量确定属、种或菌株。

继 20 世纪 50 年代发现 DNA 的右旋双股螺旋结构后,科学家在实验室设计并合成由 15~25 个核苷酸组成的短链反义核酸,这些反义核酸可被绑到 DNA 中形成 3 股螺旋的 DNA,见图 6-3。1992 年我国科学家首先发现具有 3 股螺旋的天然 DNA。现在,3 股螺旋 DNA 的存在已被国际公认。

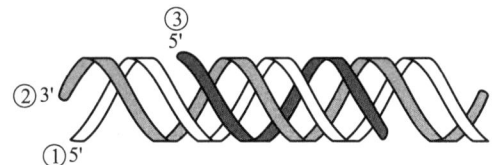

图 6-3　三股螺旋结构的 DNA
①,② 原有的双股螺旋;③ 外加的单股螺旋

1. DNA 的存在形式

真核生物(人、高等动植物、真菌、藻类及原生动物)的 DNA 和组蛋白等组成染色体,少的几个,多的几十或更多,染色体呈丝状结构,细胞内所有染色体由核膜包裹成一个细胞核。

原核微生物的 DNA 只与很少量的蛋白质结合,没有核膜包围,单纯由一条 DNA 细丝构成环状的染色体,拉直时比细胞长许多倍,它在细胞的中央,高度折叠形成具有空间结构的一个核区。由于含有磷酸根,它带有很高的负电荷。原核微生物 DNA 的

负电荷被 Mg^{2+} 离子和有机碱(精胺、亚精胺和腐胺等)中和。真核生物 DNA 的负电荷被碱性蛋白质(组蛋白和鱼精蛋白)中和。

2. 基因——遗传因子

基因是一切生物体内储存遗传信息的、有自我复制能力的遗传功能单位。它是 DNA 分子上一个具有特定碱基顺序,即核苷酸顺序的片段。基因精确的定义是:基因是具有固定的起点和终点的核苷酸或密码的线性序列。它是编码多肽、tRNA 或 rRNA 的多核苷酸序列,有编码蛋白质的基因和编码 tRNA 或 rRNA 的基因,按功能可分 3 种:第一种是结构基因,编码蛋白质或酶的结构,控制某种蛋白质或酶的合成。例如,大肠杆菌 3 种有关利用乳糖的酶是由 3 个结构基因决定的(图 6-4)。第二种是操纵区,它的功能像"开关",操纵 3 个结构基因的表达。第三种是调节基因,它控制结构基因。先由调节基因决定一种阻抑蛋白封闭操纵区的作用,使 3 个结构基因都不能表达,阻抑了酶的合成。当培养基中有乳糖时阻抑蛋白失活,不能封闭操纵区,因而结构基因得以表达,合成能利用乳糖的酶。

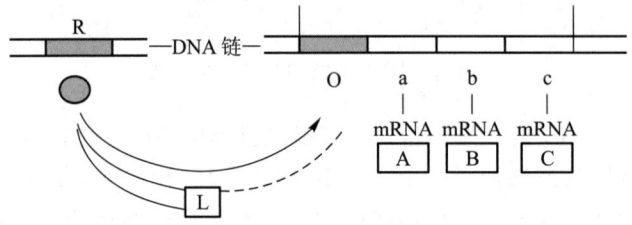

图 6-4 大肠杆菌乳糖操纵区示意图
O—操纵区;a,b,c—结构基因;R—调节基因;L—乳糖;A,B,C—蛋白质

一个基因的相对分子质量大约为 6×10^5,约有 1 000 个碱基对,每个细菌约具有 5 000~10 000 个基因。基因控制遗传性状,任何一个遗传性状的表现都是在基因控制下的个体发育的结果。从基因型到表现型必须通过酶催化的代谢活动来实现,基因直接控制酶的合成,即控制一个生化步骤,控制新陈代谢,从而决定了遗传性状的表现。

3. 遗传信息的传递

DNA 上储存的遗传信息需要通过一系列物质变化过程才能在生理上和形态上表达出相应的遗传性状。不同细胞中 DNA 储存的特定遗传信息是如何转化为不同细胞,又如何具有特定酶促作用的蛋白质?这是遗传信息的传递问题。

DNA 的复制和遗传信息传递的基本规则,称为分子遗传学的中心法则。不论细胞生物还是非细胞生物,储存在 DNA 上的遗传信息都通过 DNA 转录为 RNA,将遗传信息传给后代,并通过 RNA 的中间作用指导蛋白质的合成(图 6-5)。只含 RNA 的病毒其遗传信息储存在 RNA 上,通过反转录酶的作用由 RNA 转录为 DNA,这叫反向转录,从而将遗传信息传给后代。

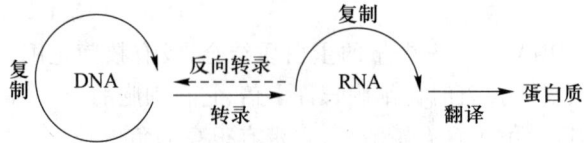

图 6-5 遗传信息的传递方向

(二) DNA 的复制

为确保微生物体内 DNA 碱基顺序精确不变,保证微生物的所有属性都得到遗传,则在细胞分裂之前,DNA 以它具有独特的半保留式的自我复制能力,精确地进行 DNA 复制,确保了一切生物遗传性的相对稳定。

DNA 的自我复制大致如下:首先是 DNA 分子中的两条多核苷酸链之间的氢键断裂,彼此分开成两条单链。然后各自以原有的多核苷酸链为模板,根据碱基配对的原则吸收细胞中游离的核苷酸,按照原有链上的碱基排列顺序,各自合成出一条新的互补的多核苷酸链,新合成的一条多核苷酸链和原有的多核苷酸链又以氢键连接成新的双螺旋结构(图 6-6)。

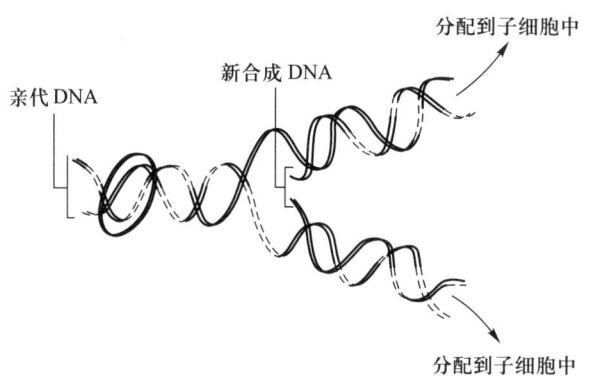

图 6-6 DNA 的半保留式的复制方式

DNA 的复制(合成)是从环上的一个点开始的,从复制点以恒定速率沿着 DNA 环移动,DNA 多聚酶参与 DNA 复制。在正常速率和慢速率生长的细胞中合成 DNA 所用的时间大约为该种微生物代时的 2/3。例如:60 min 为一个代时生长的大肠杆菌,DNA 的复制需要 40 min。大肠杆菌的 DNA 长度约 1 100~1 300 μm,则 DNA 的复制速率约为 27.5~32.5 μm/min。对于快速生长的微生物,其 DNA 的复制较为复杂,因为生长速率快,DNA 第一轮复制还没有完成,就开始第二轮复制。这样,在同一个时间里就有许多复制点出现在细胞中,快速生长的细胞要比以正常速率生长的细胞具有更多的副本,在每个生长周期之末,DNA 的副本总是生长周期开始时的 2 倍。当 DNA 副本被分配到子细胞时,它们在新一轮复制开始之前,已有部分复制了。

真核微生物的 DNA 复制在各染色体中同时进行,在每个染色体中有许多分立的位点,各位点上 DNA 的复制同时进行。

三、DNA 的变性和复性

(一) DNA 的变性

当天然双链 DNA 受热或在其他因素的作用下,两条链之间的结合力(氢键)被破坏而分开成单链 DNA,即称为 DNA 变性。这时分子呈现无规则线团的构象。

对 DNA 溶液缓慢加热可使之变性,性质的变化与温度之间的关系称为解链曲线或熔解曲线,见图 6-7。图中表示 T_m 和不同程度解链可能出现的分子构象。用 A_{260} 表示 DNA 变性的程度。A 是透射光与入射光比值的对数值。A_{260} 的含义是在波长 260 nm 处 DNA 溶液对紫外辐射的吸收率。解链变化特征的参数用 T_m 表示。T_m 叫解链温度,它是 A_{260} 升高达到最大值的一半时的温度。双链 DNA 的 A_{260} 要小于单链 DNA 的 A_{260}。当双链 DNA 的质量浓度为 50 μg/mL,A_{260}=1.00 时,相同浓度单链 DNA 的 A_{260}=1.37。在图中可看到 80 ℃ 以前双链 DNA 保持稳定,达 80 ℃ 以后,双链 DNA 第一个碱基对开始断裂,此时 A_{260} 为 82 ℃。当温度升到 92.6 ℃ 左右,双链 DNA 彻底分开成单链 DNA。

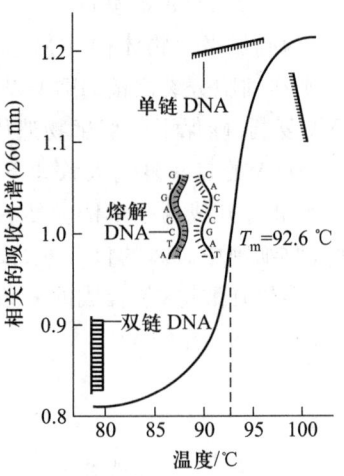

图 6-7 DNA 的解链曲线

除温度使 DNA 变性外,提高 pH 也可使双链 DNA 变性。当 pH 达 11.3 时,所有氢键消失,DNA 完全变性。尿素和甲硫胺也可使 DNA 变性。

(二) DNA 的复性

变性 DNA 溶液经适当处理后重新形成天然 DNA 的过程叫复性,或叫退火。用高温致使 DNA 变性后,再降低至自然温度,变性的 DNA 会复性成天然双链 DNA,见图 6-8。

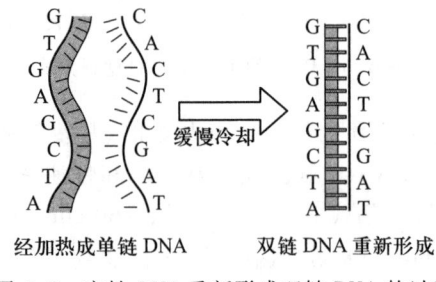

图 6-8 变性 DNA 重新形成双链 DNA 的过程

复性的双链 DNA 是随机结合的,因此,复性后的 DNA 不可能全部是原来的 DNA。将用非放射性同位素 ^{15}N 标记的 DNA 和用放射性同位素 ^{14}N 标记的 DNA 同时变性和复性,结果得到 3 种类型的双链 DNA:① 25% 含 ^{14}N 的双链 DNA;② 25% 含 ^{15}N 的双链 DNA;③ 余下 50% 的双链 DNA 是杂交 DNA。其中的一条链含 ^{14}N,另一条链含 ^{15}N。

用硝酸纤维素制成极薄的滤膜,根据它只与单链的 DNA 结合牢固,不与双链 DNA 和 RNA 结合的特点,可用人工方法获得复性 DNA。它的复性方法如下:将变性 DNA 样品倒入有硝酸纤维素滤膜的滤器中过滤,单链 DNA 沿着糖—磷酸骨架牢固地结合在滤膜上,其碱基自由游离存在。另外在一小管内盛有含放射性同位素标记的 DNA 溶液,加入降解单链 DNA 的酶,防止单链 DNA 再与滤膜结合。将滤膜置于小管内,经一定时间复性后,洗涤滤膜。测得膜上有放射性,就可知获得复性 DNA。可用杂交检测单链 DNA 和 RNA 分子间的顺序同源性,这叫 DNA-RNA 杂交。

根据在缓慢加热的作用下 DNA 变性,在缓慢冷却的条件下 DNA 可复性的特性,人们发展了当今先进的 PCR(聚合酶链反应)技术,见本章第五节。

四、RNA

RNA(ribonucleic acid,核糖核酸)和 DNA 很相似,不同的是以核糖代替脱氧核糖,以尿嘧啶(uracil,U)代替胸腺嘧啶(Thymine,T)。因此,RNA 链中的碱基配对为:A—U、U—A、G—C、C—G 4 种。

RNA 有 4 种:tRNA,rRNA,mRNA 和反义 RNA,它们均由 DNA 转录而成。DNA 转录 mRNA 的同时转录反义 RNA,见图 6-9。mRNA 称为信使 RNA,作为多聚核苷酸的一级结构,其上带有指导氨基酸的信息密码(三联密码),它翻译氨基酸,具传递遗传性的功能。tRNA 称为转移 RNA,其上有和 mRNA 互补的反密码,能识别氨基酸及识别 mRNA 上的密码,在 tRNA-氨基酸合成酶的作用下传递氨基酸。反义 RNA 起调节作用,决定 mRNA 翻译合成速率。rRNA 和蛋白质结合成核糖体,它是合成蛋白质的场所,由 mRNA,tRNA,反义 RNA 和 rRNA 协作合成蛋白质。

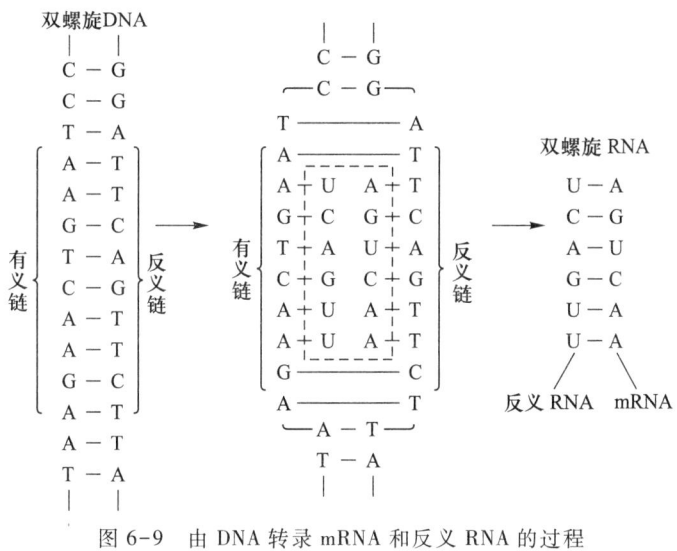

图 6-9 由 DNA 转录 mRNA 和反义 RNA 的过程

反义 RNA 是能与 DNA 的碱基互补,并能阻止、干扰复制、转录和翻译的短小的 RNA。

在 1981 年美国科学家研究 Col E1 质粒的复制时意外发现反义 RNA(antisense RNA)。它在 DNA 复制、RNA 转录和翻译及传递氨基酸过程中均有调节(抑制)作用。

现在可以在实验室用双链 DNA 设计、制造出能复制反义 RNA 的表达载体,把这个载体引进细胞后,就可以由细胞源源不断地复制人类理想的反义 RNA。方法如下:

先分离和提纯 mRNA,用反转录酶将 mRNA 反转录为互补(单链)DNA,即 cDNA。反过来,cDNA 也可作模板,复制 DNA 的有义链和它的配对物——反义链 DNA 的双链片段。选择某一质粒并在其启动区的附近用内切酶切割,用相同内切酶切割含有义 DNA 和反义 DNA 的双链 DNA,将含有义 DNA 和反义 DNA 的双链 DNA 插入质粒的切口处,用连接酶连接形成一个重组质粒成为新的表达载体。当表达载体的启动子启动转录时,就可复制出原来 mRNA 的拷贝。如果在重组质粒中用限制性内切酶将原来插入的含有义 DNA 和反义 DNA 的双链 DNA 切下,则它自己"转身"以相反方向重新插入质粒的环内,形成另一个新的反义表达载体。将反义表达载体引进细胞内,又可源源不断复制出大量反义 RNA。人们可按不同的目的复制各种反义 RNA,用于抑制 DNA 复制,或抑制转录 mRNA,或抑制翻译蛋白质。

五、遗传密码

遗传密码是存在于 mRNA 链上,由相邻的 3 个核苷酸组成,代表一个氨基酸的核苷酸序列,即三联密码。有 64 组密码(见表 6-1),其中 61 组分别为 20 种氨基酸编码,代表蛋白质中的 20 种氨基酸,称为有意义密码;AUG 是起始密码。另外 3 组(UAA,UAG,UGA)称为无意义密码,它们起终止蛋白质合成的作用。

表 6-1　在 mRNA 链上呈现的遗传密码

第一位置 mRNA 的 5′端		第二位置				第三位置 mRNA 的 3′端
		U	C	A	G	
	U	UUU 苯丙氨酸 UUC 苯丙氨酸 UUA 亮氨酸 UUG 亮氨酸	UCU 丝氨酸 UCC 丝氨酸 UCA 丝氨酸 UCG 丝氨酸	UAU 酪氨酸 UAC 酪氨酸 UAA 终止 UAG 终止	UGU 半胱氨酸 UGC 半胱氨酸 UGA 终止 UGG 色氨酸	U C A G
	C	CUU 亮氨酸 CUC 亮氨酸 CUA 亮氨酸 CUG 亮氨酸	CCU 脯氨酸 CCC 脯氨酸 CCA 脯氨酸 CCG 脯氨酸	CAU 组氨酸 CAC 组氨酸 CAA 谷氨酰胺 CAG 谷氨酰胺	CGU 精氨酸 CGC 精氨酸 CGA 精氨酸 CGG 精氨酸	U C A G
	A	AUU 异亮氨酸 AUC 异亮氨酸 AUA 异亮氨酸 AUG 甲硫氨酸	ACU 苏氨酸 ACC 苏氨酸 ACA 苏氨酸 ACG 苏氨酸	AAU 天冬酰胺 AAC 天冬酰胺 AAA 赖氨酸 AAG 赖氨酸	AGU 丝氨酸 AGC 丝氨酸 AGA 精氨酸 AGG 精氨酸	U C A G
	G	GUU 缬氨酸 GUC 缬氨酸 GUA 缬氨酸 GUG 缬氨酸	GCU 丙氨酸 GCC 丙氨酸 GCA 丙氨酸 GCG 丙氨酸	GAU 天冬氨酸 GAC 天冬氨酸 GAA 谷氨酸 GAG 谷氨酸	GGU 甘氨酸 GGC 甘氨酸 GGA 甘氨酸 GGG 甘氨酸	U C A G

遗传密码客观存在于生物体中,但对遗传密码的破译却经历了 50 多年的历史。1954 年,物理学家 G. George 根据 DNA 中存在的 4 种核苷酸与组成蛋白质的 20 种氨基酸的对应关系,进行数学推理:如果每一个核苷酸为一个氨基酸编码,只能决定 4 种氨基酸($4^1=4$);如果每 2 个核苷酸为一个氨基酸编码,可决定 16 种氨基酸($4^2=16$)。上述两种推理编码的氨基酸数均少于 20 种氨基酸,数目太少。用 3 个核苷酸为一个氨基酸编码,就可编码 64 种氨基酸($4^3=64$);若 4 个核苷酸编码一个氨基酸,可编码 256 种氨基酸($4^4=256$),数目太多。George 认为只有 $4^3=64$ 这种关系最理想,因为 64 能满足于 20 种氨基酸编码的最小数。而且符合生物体在亿万年进化过程中形成的和遵循的经济原则。1961 年,Brenner 和 Crick 根据 DNA 链与蛋白质链的共线性(colinearity),首先肯定了 3 个核苷酸的推理。在随后的 5 年间,许多实验研究证明了上述推理的正确性,完成了所有遗传密码的破译工作,三联密码的编制表从此问世。

六、微生物生长与蛋白质合成

微生物生长的主要活动是蛋白质的合成,同化的碳和消耗的能量有 4/5~9/10 直接或间接与蛋白质合成有关。蛋白质的合成在核糖体上进行,与 RNA 的复制(合成)及 DNA 的复制(合成)有关。以细菌为例,当细菌被接种至新培养基的初期(停滞期),细胞内所有成分出现一个不平衡的生长状态。当生长进入对数生长期,细胞中全部的生化组成都以相同的速率进行合成,叫平衡生长(图 6-10A)。当将平衡生长的培养物转移到丰富的培养基中,生长速率加快,出现上升状况(图 6-10B),此时 RNA 的合成速率首先增加,稍后 DNA 和蛋白质合成速率随之增加。经一段较长时间后,细胞分裂的速率也上升。最后,全部生化组分的合成速率再度达到平衡。若做下降实验,RNA 合成速率首先减小,DNA 和蛋白质的合成速率继而减小。说明 RNA 的合成速率是控制生长速率的关键因素。

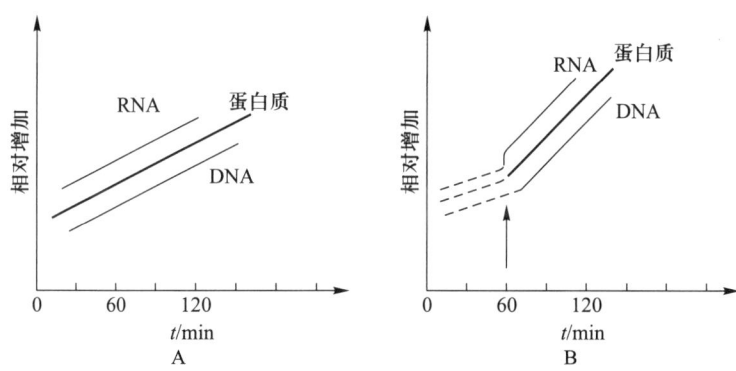

图 6-10 生长期细菌群体的 RNA、DNA 和蛋白质含量的变化

蛋白质合成的过程有以下几个步骤:

1. DNA 复制

首先,决定某种蛋白质分子结构的相应一段 DNA 链(有义链,即结构基因)进行自我复制。其复制过程与前述 DNA 的复制相同。

2. DNA 转录

DNA 转录实际是 RNA 的合成(包括 mRNA,tRNA,rRNA 和反义 RNA)。转录是由 DNA 指导,在 RNA 聚合酶(原核微生物具有 1 种 RNA 聚合酶,真核微生物具有 3 种 RNA 聚合酶)催化作用下的 RNA 的合成过程,此过程需要 ATP,GTP,CTP 和 UTP 参与。DNA 的碱基排列顺序(A—T、T—A、G—C、C—G)决定 RNA 的核苷酸碱基的排列顺序,产生一条含 A—U、U—A、G—C、C—G 4 种碱基和核糖的单链多核苷酸链,首先转录的是 mRNA。此外,DNA 分子的某些部分核苷酸碱基序列还转录成 tRNA(翻译和传递遗传信息的 RNA)、rRNA(即核糖体 RNA,它是核糖体的组成部分)和反义 RNA。

原核微生物 DNA 的转录和真核微生物不一样,分述如下。

(1) 原核微生物的 DNA 转录:首先是双链 DNA 解旋、解链,两链分开,由 σ 因子协助,RNA 聚合酶的核心酶识别基因转录的起始位点,并与 DNA 区域结合成启动子。然后以它其中一条单链(反义链)为模板遵循碱基配对的原则转录出一条 mRNA。mRNA 合成一旦开始,σ 因子就从核心酶解离下来。新转录的 mRNA 链的核苷酸碱基的序列(排列顺序)与模板 DNA 链的核苷酸碱基序列互补。转录过程中,不断吸收 ATP,GTP,CTP 和 UTP 等逐渐形成完整的 mRNA 链,详见图 6-11。

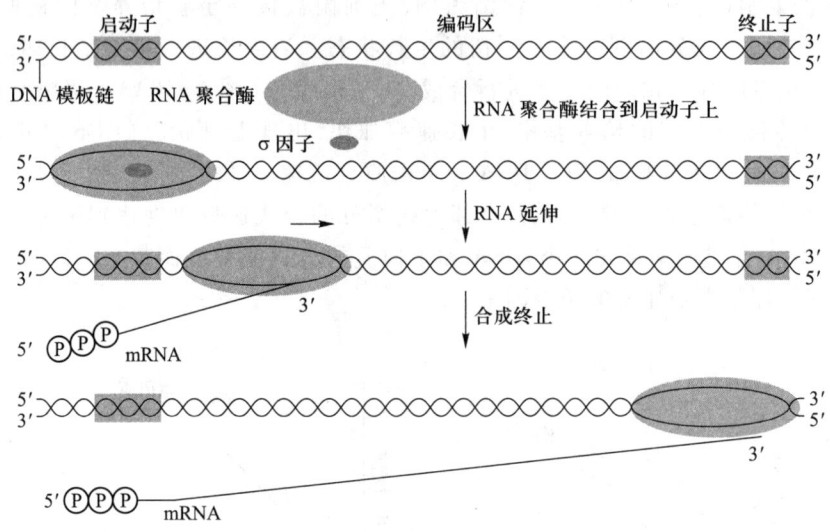

图 6-11 原核微生物的 DNA 转录为 mRNA 示意图
图中启动子即启动密码,终止子即终止密码。

$$n[\text{ATP},\text{GTP},\text{CTP},\text{UTP}] \xrightarrow[\text{DNA 模板}]{\text{RNA 聚合酶}} \text{RNA} + n\text{PPi}$$

原核微生物的 mRNA 是一类不同长度的单链 RNA。它们携带编码一种或多个多肽链氨基酸序列的信息。即所谓的多基因细菌的 mRNA。在此链上除有编码多肽的核苷酸序列外,还有不编码蛋白质的核苷酸序列,它位于起始密码的上游,其长度为 25~150 个碱基长。它是不被翻译的前导序列。在两个相邻编码区之间有间隔区,在 3′末端的终止密码之后,还有不被翻译的尾区,见图 6-12。

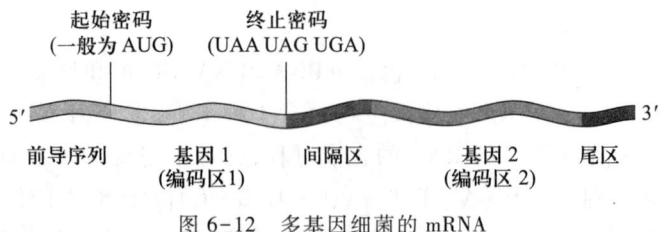

图 6-12 多基因细菌的 mRNA

(2) 真核微生物的 DNA 转录:真核微生物的 DNA 转录与原核微生物不同的是有 3 种 RNA 聚合酶参与合成。在核基质中的 RNA 聚合酶Ⅱ与染色质结合催化 mRNA 的合成;RNA 聚合酶Ⅰ和 RNA 聚合酶Ⅲ分别催化 rRNA 和 tRNA 的合成,见表 6-2。转录过程及其机制也有所不同,其中 mRNA 的合成过程见图 6-13。

表 6-2　真核生物的聚合酶

酶	在细胞核中的位置	产物
RNA 聚合酶 Ⅰ	核仁	rRNA(5.8S,18S,28S)
RNA 聚合酶 Ⅱ	染色质,核基质	mRNA
RNA 聚合酶 Ⅲ	染色质,核基质	tRNA,5S,rRNA

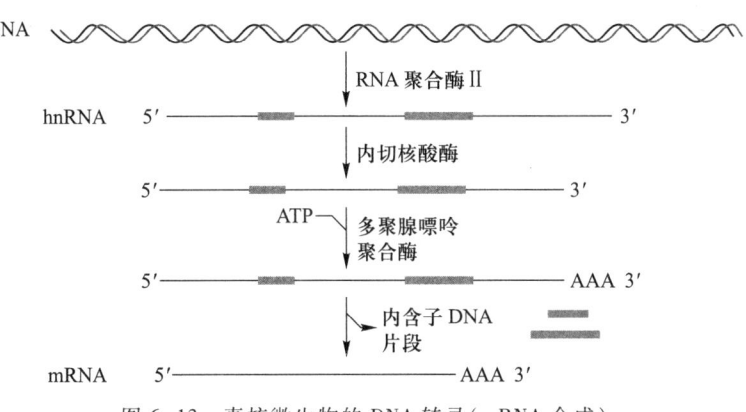

图 6-13　真核微生物的 DNA 转录(mRNA 合成)

由图 6-13 看出,真核微生物的 DNA 转录是:RNA 聚合酶Ⅱ结合在起始位点附近,先由额外转录因子协助识别启动子,然后催化转录合成前体 RNA(核内不均一RNA,hnRNA),再由内切核酸酶切割产生 3′羟基,在多聚腺嘌呤聚合酶的催化下,有300 个腺嘌呤核苷酸被添加到 hnRNA 的 3′端上,产生多聚 A 的 RNA,它被进一步切割、加工成具有功能的 mRNA。mRNA 的 5′端为帽子状结构(由 7-甲基鸟苷三磷酸组成,原核微生物不具有)。它的作用有保护 mRNA 免遭核酸酶的降解和促进与核糖体结合。mRNA 的 3′端为多聚 A 尾巴(尾区),有保护 mRNA 不被核酸酶降解的作用,当多聚 A 尾巴的核苷酸减少到 10 个以下,mRNA 可迅速被降解。此外,多聚 A 尾巴还有协助翻译的作用。

真核微生物的基因内有外显子(编码蛋白质的 DNA 片段)被一些内含子(不编码蛋白质的 DNA 片段)间隔开形成了不连续的短链。由此产生的 mRNA 编码区也是不连续的。因此,mRNA 的合成是拼接成的。由于在外显子和内含子之间有特征序列,如 5′端的 GU 序列和 3′端的 AG 序列,它们决定拼接的部位。然后由细胞核内的核内小 RNA(small nuclear RNA,snRNA)识别特征序列。核内小 RNA 与蛋白质结合形成小核核糖核蛋白颗粒(small nucleolar ribonucleoprotein,snRNP),它识别内含子和外显子的交接位点。因而,在转录过程中能很精确地将内含子切割下来。而且准确地将各外显子拼接好,成为完好的具有功能的 mRNA,见图 6-14。

3. tRNA 翻译与转运

DNA 转录成 mRNA 后,mRNA 链上的核苷酸碱基序列需要被翻译成相应的氨基酸序列,还要被转运到核糖体上,才能合成具有不同生理特性的功能蛋白。

因为在 tRNA 链上有与 mRNA 链上对氨基酸序列编码的核苷酸碱基序列(三联密码)互补的反密码;还因 tRNA 具有特定识别作用的两端:tRNA 的一端识别特定的、已

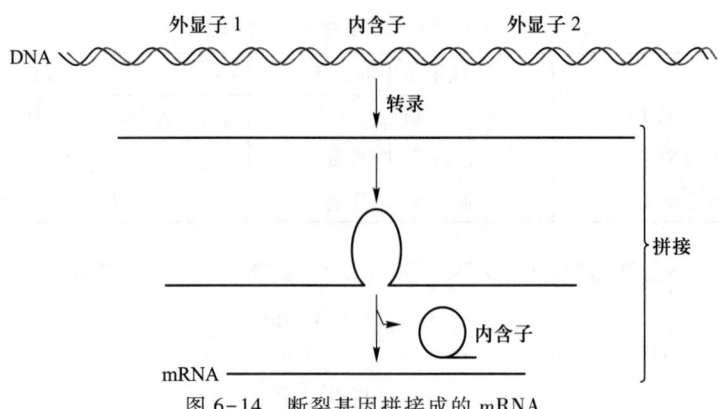

图 6-14 断裂基因拼接成的 mRNA

活化的氨基酸(在 ATP 和氨基酸合成酶作用下被活化),并与之暂时结合形成氨基酸-tRNA 的结合分子(如甲酰甲硫氨酸-tRNA 或甲硫氨酸-tRNA)。tRNA 上另一端有 3 个核苷酸碱基序列组成的反密码,它识别 mRNA 上的与之互补的三联密码,与之暂时结合,并将其翻译成相应的编码氨基酸序列,然后将编码的氨基酸序列转运到核糖体上。所以,tRNA 是起翻译和转运作用的。

4. 蛋白质合成

通过 tRNA 两端的识别作用,把特定氨基酸转送到核糖体上,使不同的氨基酸按照 mRNA 上的碱基序列连接起来,在多肽合成酶的作用下合成多肽链(mRNA 的碱基序列决定了多肽链上氨基酸的序列),多肽链通过高度折叠成特定的蛋白质结构,最终合成具有不同生理特性的功能蛋白,见图 6-15 和图 6-16。

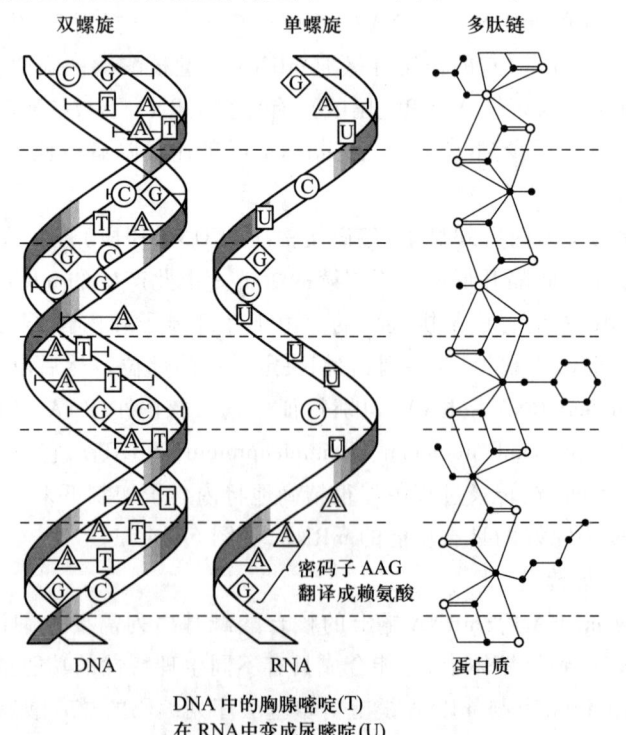

图 6-15 从 DNA 序列到氨基酸序列的信息传递

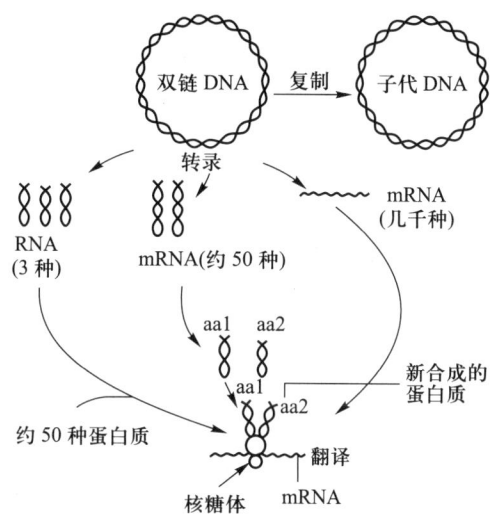

图 6-16　核酸和蛋白质的合成模式

七、微生物的细胞分裂

随 DNA 复制和蛋白质合成而使两者成倍增加后的一个有秩序的过程,即为微生物细胞的分裂。微生物将成倍增加的核物质和蛋白质均等地分为二等份,然后分配给两个子细胞,在细胞的中部合成横隔膜并逐渐内陷,最终将两个子细胞分开,细胞分裂完成。

第二节　微生物的变异

在微生物纯种群体或混合群体中,都可能偶尔出现个别微生物在形态或生理生化或其他方面的性状发生改变。改变了的性状可以遗传,这时微生物发生变异成了变种或变株。

一、变异的实质——基因突变

由于某种因素引起微生物 DNA 链上的 A—T 碱基对发生错差,结果接上 G,成了 G—T 对,它的性状没有在当代表现。当 DNA 再一次复制时本应 A—T 配对,却成 G—C 配对,就成了与正常体不同的突变体(图 6-17)。

基因突变即微生物的 DNA 被某种因素引起碱基的缺失、置换或插入,改变了基因内部原有的碱基排列顺序,从而引起其后代表现型的改变。当后代突然表现和亲代显然不同的、能遗传的性状(称表现型)时,就称为突变。例如,原来有荚膜,菌落为光滑型的细菌,因某种原因突然失去荚膜,光滑型(S 型)的菌落变为粗糙型(R 型)的菌落,且后代一直表现为无荚膜、菌落为 R 型的,这就是突变株。

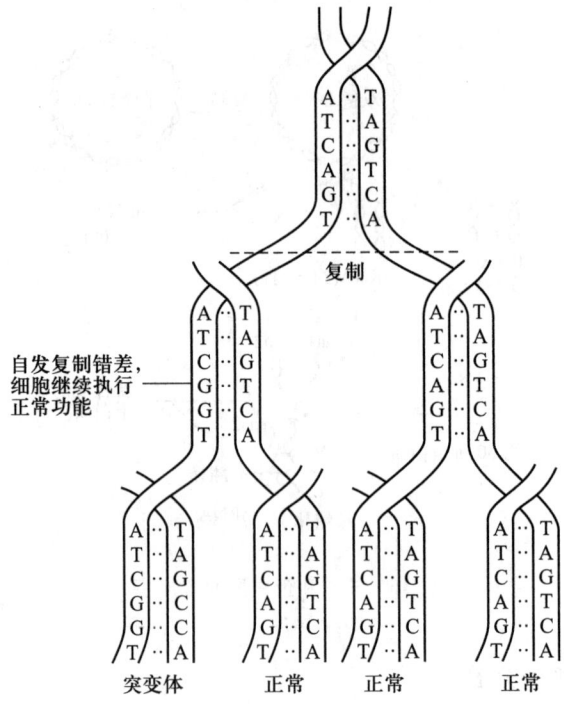

图 6-17　DNA 复制和因碱基配对的错差而引起自发突变的突变过程

二、突变的类型

按突变的条件和原因划分,突变可分为两种类型,即自发突变和诱发突变。

(一)自发突变

自发突变是指某种微生物在自然条件下,没有人工参与而发生的基因突变。自发突变的原因如下。

1. 多因素低剂量的诱变效应

不少自发突变是由于一些原因不详的低剂量诱变因素长期作用的综合效应。例如,充满宇宙空间的各种短波辐射,自然界中存在的一些低浓度诱变物质及微生物自身代谢活动所产生的一些诱变物质(如 H_2O_2)的作用。

2. 互变异构效应

通常 DNA 双链结构中总是以 A—T 和 G—C 碱基配对的形式出现。偶尔 T 不以酮基形式出现,而以烯醇式出现,C 以亚氨基形式出现,在 DNA 复制时出现与之前不同的碱基对:G—T,A—C。

在微生物生长繁殖过程中,基因自发突变的概率(称突变型频率)极低。如细菌突变型频率为 $1\times10^{-4} \sim 1\times10^{-10}$,即 1 万到 100 亿次裂殖中才出现一个基因的突变体。

(二)诱发突变

由于微生物的自发突变率很低,为了更快和更多地获得突变体,可用诱发突变达到目的。诱发突变是利用物理或化学的因素处理微生物群体,促使少数个体细胞的 DNA 分子结构发生改变,在基因内部碱基配对发生错差,引起微生物的遗传性状发生突变。根据育种目标,从突变株中筛选出某些优良性状的突变株供科研和生产用。凡能提高突变率的因素都称诱发因素或诱变剂。

1. 物理诱变

利用物理因素引起基因突变的,称物理诱变。物理诱变因素有紫外辐射、X 射线、γ 射线、快中子、β 射线和激光等。下面以紫外辐射的诱变作用为例,简述物理诱变的机制和 DNA 损伤的修复,以及物理诱变的实验室方法。

(1) 紫外辐射诱变作用机制:紫外辐射的生物学效应主要是引起 DNA 的变化。DNA 链上的碱基(嘌呤碱和嘧啶碱)对紫外辐射很敏感。因为碱基(嘌呤碱和嘧啶碱)吸收的光波波长和紫外辐射发射波长非常接近。DNA 强烈吸收紫外辐射,引起 DNA 结构变化。其变化的形式有多方面:如 DNA 链的断裂,DNA 分子内和分子间的交联,核酸与蛋白质的交联,胞嘧啶和鸟嘌呤的水合作用及胸腺嘧啶二聚体的形成等(见图 6-18)。

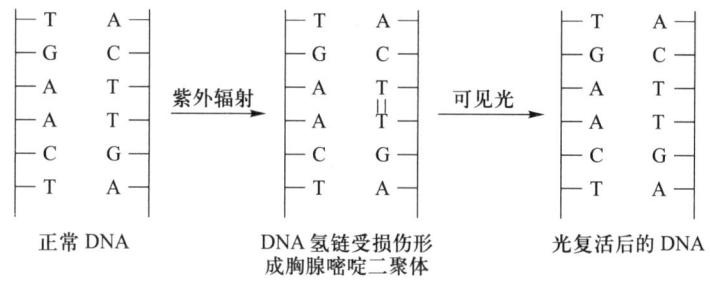

图 6-18 紫外辐射对 DNA 的破坏和 DNA 的修复

(2) DNA 损伤的修复:DNA 的损伤修复有 5 种形式。

① 光复活和暗复活。一部分受损伤的 DNA 在蓝色区域可见光处,尤其是 510 nm 波长的光照条件下,DNA 修复酶将损伤区域两端的磷酸酯键水解,切割受损伤的 DNA,将新的核苷酸插入,由连接酶连接好形成正常的 DNA,这叫光复活。受损伤的 DNA 也可能在黑暗时被修复成正常 DNA,这叫暗复活。不被复活的 DNA 或是变异或是死亡。

② 切除修复。在有 Mg^{2+} 和 ATP 存在的条件下,Uvr ABC 核酸酶在同一条单链上的胸腺嘧啶二聚体两侧位置,将包括胸腺嘧啶二聚体在内的 12~13 个核苷酸的单链切下。通过 DNA 多聚酶 I 的作用,释放出被切割的 12~13 个核苷酸的单链。DNA 连接酶缝合新合成的 DNA 片段和原有的 DNA 链之间的切刻,完成切除修复。

③ 重组修复。受损伤的 DNA 先经复制,染色体交换,使子链上的空隙部分面对正常的单链,DNA 多聚酶修复空隙部分成正常链。留在亲链上的胸腺嘧啶二聚体依靠切除修复过程去除掉。

④ SOS 修复。在 DNA 受到大范围重大损伤时,诱导产生一种应急反应,使细胞内所有的修复酶增加合成量,提高酶活性;或诱导产生新的修复酶(即 DNA 多聚酶)修复 DNA 受损伤的部分形成正常的 DNA。

⑤ 适应性修复。细菌由于长期接触低剂量的诱变剂[如硝基胍(MNNG 或 NG)]会产生修复蛋白(酶),修复 DNA 上因甲基化而遭受的损伤。将这种在适应期间产生

的修复蛋白的修复作用称为适应性修复。

（3）紫外辐射的诱变剂量和照射方法：在暗室安装15 W紫外灯管,将15 mL菌悬液放在φ6 cm的培养皿中,置于距灯管30 cm处照射,培养皿底要平整,在磁力搅拌器上边搅拌边照射,以求照射均匀。

微生物所受辐射的剂量决定于灯的功率、灯和微生物的距离及照射时间。灯的功率和灯的距离通常不变,剂量和照射时间成正比,可用照射时间代表相对剂量。不同的菌种,作用时间不同。依据菌种和诱变目的可在30 s至3 min的范围内选择。除用照射时间表示相对剂量外,还可用杀菌率表示相对剂量。例如,采用致死90%~99.9%的剂量。由于正变型多出现在低剂量,负变型多出现在高剂量,所以,可选用致死70%~80%的剂量,甚至致死30%~70%的剂量。

2. 化学诱变

利用化学物质对微生物进行诱变,引起基因突变或真核生物染色体畸变的,称为化学诱变。化学诱变物质很多,但只有少数几种效果比较明显。化学诱变因素对DNA的作用形式有3类：

① 亚硝酸、硫酸二乙酸、甲基磺酸乙酯、硝基胍、亚硝基甲基脲等的其中一种,可与一个或多个核苷酸碱基起化学变化,引起DNA复制时碱基配对的转换而引起变异。

② 5-尿嘧啶、5-氨基尿嘧啶、8-氮鸟嘌呤和2-氨基嘌呤等的结构与天然碱基十分接近,是类似物。它们中一种可掺入到DNA分子中引起变异。

③ 在DNA分子上缺失或插入一两个碱基,引起碱基突变点以下全部遗传密码转录和翻译的错误。这类由于遗传密码的移动而引起的突变体,称为码组移动突变体,这种突变称为移码突变。

3. 复合处理及其协同效应

诱变剂的复合处理常有一定的协同效应,增强诱变效果。其突变率普遍比单独处理的高,这对育种很有意义。复合处理有3类：

① 两种或多种诱变剂先后使用；
② 同一种诱变剂重复使用；
③ 两种或多种诱变剂同时使用。

4. 定向培育和驯化

定向培育是人为用某一特定环境条件长期处理某一微生物群体,同时不断将它们进行移种传代,以达到累积和选择合适的自发突变体的一种古老的育种方法。由于自发突变的变异频率较低,变异程度较轻,故变异过程均比诱变育种和杂交育种慢得多。

如今,环境工程仍主要采用定向培育的方法培育菌种。例如,处理石油炼厂废水、印染废水、煤气含酚、氰废水等活性污泥（菌种）的来源,有来自处理含酚废水的活性污泥,但多半来自生活污水处理厂的活性污泥。生活污水无毒,具有微生物生长繁殖所必需的营养物,如碳、氮、磷、硫、钾、钠及生长因素等,有机物则有蛋白质、脂肪、糖类等。水温为常温,随季节变化；pH为中性或偏碱性,这些条件都很适合微生物生长。处理生活污水的微生物有它固有的遗传性,当将它移至各种废水中生活时,营养、水温、pH等均改变,例如,印染废水中有染料、淀粉、尿素、棉纤维及一些无机盐,冬季水温 10~20 ℃,夏季水温达 40 ℃以上,pH 为 7~10,经过长时间的定向培育(环境工程中称驯化)后,微生物改变了原来对营养、温度、pH 等的要求,产生了适应酶,利用印染废水中各种染料成分为营养,改变了代谢途径。这些微生物不仅能在印染废水中生存,而且它们能将染料脱色,使处理印染废水的能力不断提高。这时的微生物发生了变异,成为变种或变株。

在废水生物处理过程中,微生物的变异现象很多:有营养要求的变异,对温度、pH 要求的变异,对毒物的耐毒能力的变异,个体形态和菌落形态的变异及代谢途径的变异等。

第三节　基因重组

两个不同性状个体细胞的 DNA 融合,使基因重新组合,从而发生遗传变异,产生新品种,此过程称为基因重组。可通过杂交、转化、转导等手段达到基因重组。

一、杂交

杂交是通过双亲细胞的融合,使整套染色体的基因重组;或者是通过双亲细胞的沟通,使部分染色体基因重组。在真核微生物和原核微生物中可通过杂交获得有目的的、定向的新品种。

如含有固氮基因的肺炎克雷伯氏菌(*Klebsiella pneumoniae*)和不含固氮基因的大肠杆菌杂交,产生了含有固氮基因并有固氮能力的 nif$^+$ 大肠杆菌。这种通过杂交育种将固氮基因转移给不固氮的微生物使它们具有固氮能力的方法,对农业生产和缺氮的工业废水生物处理是很有意义的。

二、转化

受体细胞直接吸收来自供体细胞的 DNA 片段(来自研碎物),并把它整合到自己的基因组里,从而获得了供体细胞部分遗传性状的现象,称为转化。肺炎链球菌、芽孢杆菌属、假单胞菌属、奈氏球菌属及某些放线菌、蓝细菌、酵母菌和黑曲霉等均发现有转化现象。遗传和变异物质基础的经典实验就是转化的突出例子。

细菌转化过程可大体分为以下几步:感受态细胞的出现;DNA 的吸附;DNA 进入细胞内;DNA 解链,形成受体 DNA-供体 DNA 复合物,DNA 复制和分离等。其中感受态细胞的出现是关键。所谓感受态细胞是能吸收外来的 DNA 片段,并能把它整合到自己的染色体组上以实现转化的细胞。感受态细胞的性质是由遗传性所决定的,也受细胞的生理状态、菌龄、培养条件的影响。

三、转导

通过温和噬菌体的媒介作用,把供体细胞内特定的基因(DNA 片段)携带至受体细胞中,使后者获得前者部分遗传性状的现象,称为转导。

转导的实验大致如下(图 6-19),U 形管的两端与真空泵连接,管的中间由烧结玻璃滤板隔开，它只允许液体中比细菌小的颗粒通过，管的右臂放溶原性菌株 LA-22（受体），左臂放敏感菌株 LA-2（供体），然后用泵交替吸引，使两端的液体来回流动，结果在 LA-22 端出现了原养型个体（his$^+$、try$^+$）。这是由于溶原性菌株 LA-22 中有少数细胞在培养过程中自发释放温和噬菌体 P$_{22}$，它通过滤板感染另一端的敏感菌株 LA-2。当 LA-2 裂解后，产生大量的"滤过因子"，其中有极少数在成熟过程中包裹了 LA-2 的 DNA 片段（含 try$^+$ 基因），通过滤板再度去感染 LA-22 细胞群体，从而使极少数的 LA-22 获得新的基因，经重组后，导致原养型转导子的形成。

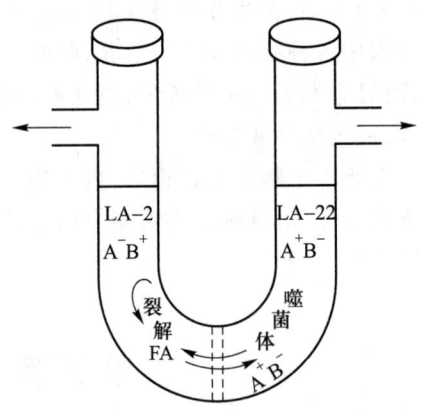

图 6-19 转导实验中的 U 形管试验

转导分普遍性转导和局限性（专化性）转导。图中 A$^-$B$^+$ 代表不需供给 A 物质的野生型微生物，A$^+$B$^-$ 代表需供给 A 物质的营养缺陷型微生物。

其他的基因重组方法可参阅有关书籍。

第四节　突变体的检测与筛选

人们用某种诱变因子诱导微生物产生突变体，目的是为了从中获得优良的目的品种突变体。因此，需要用一定的检测方法检测与筛选。

一、突变体的检测

检测突变体的方法有如下几种。

（一）直接检测表现型

直接检测表现型是最简便易行的检测方法。例如，原产红色素的正常细菌，其菌落呈红色，经诱变后培养出的是无色菌落即为突变株；原来是光滑型菌落，经诱变后培养出粗糙型菌落的突变株，通过观察菌落就可识别，直观又快捷。

影印平板法也是直观的，但较复杂。以营养缺陷型为例：其操作过程见图 6-20。首先，E. coli 经亚硝基胍处理，然后将它接种到完全培养基平板上，置于 37 ℃ 培养，结果长出许多菌落[其中包括正常（原养型或野生型）菌落和异常（突变体）菌落]。打开平皿盖，用已灭菌的影印板轻放在培养物上，将印有培养物的影印板取出，覆盖在另一个完全培养基平板和一个缺少赖氨酸的培养基（在完全培养基成分中去掉赖氨酸）平板上，将两种平板放在 37 ℃ 培养，结果在完全培养基平板上长出与原平板上完全相同的菌落。而在缺少赖氨酸的培养基平板上，印有异常菌落的位置上缺少一个菌落；在完全培养基平板上长出的与此位置相对应的异常菌落，就是赖氨酸营养缺陷型的突变体，见图 6-20 中的深色实心菌落。

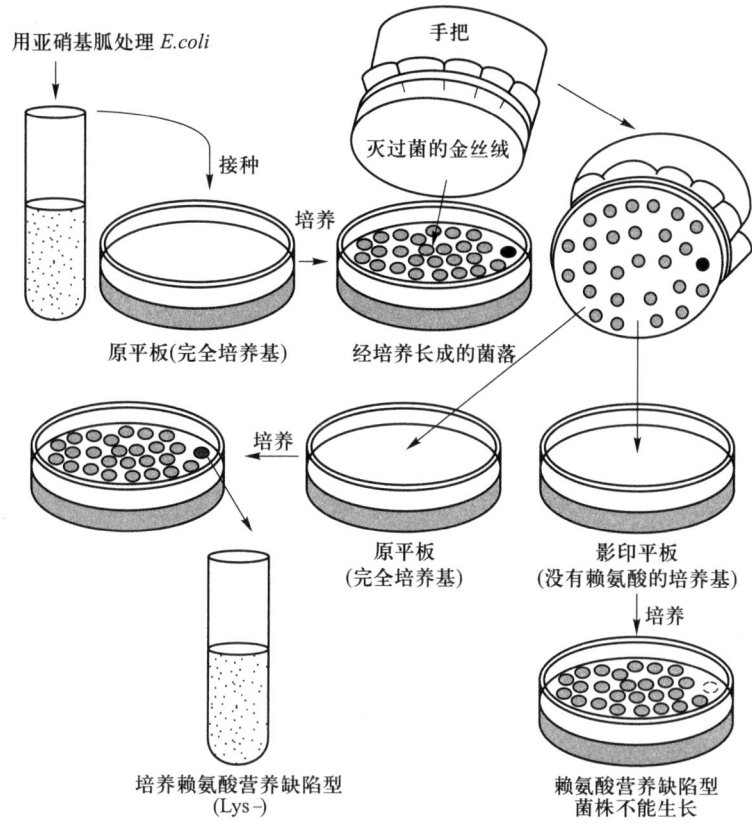

图 6-20　影印平板技术(正常菌 E.coli)
注:图中浅色实心者为正常菌落,深色实心者为突变株。

（二）间接检测法

有许多的突变体不能用直接检测获得,如高温菌、低温菌、嗜酸菌、嗜碱菌及营养缺陷型的微生物要通过控制培养条件而获得。典型例子是检测致癌物的 Ames 试验,其操作方法参考微生物实验手册。

二、突变体的筛选

筛选突变体的有效技术是创造一种只允许突变体生长,抑制原养型菌生长的培养基或生长环境条件。这些条件既是诱变因子又是筛选条件,这种技术的结果很适合环境工程生产的需要。例如,处理某种高温工业废水,要想获得能有效处理该种高温工业废水的菌种,就必须预先筛选培养高温菌。可以用完全培养基和致死温度处理细菌,诱导其变异,待温度降到常温后放置一段时间,再用完全培养基分别在常温和高温条件下培养,若有菌落生长,就将它接种到含有处理目的物的培养基上,在高温条件下培养,如发现有能生长的菌落,将它接种到相同成分的培养基中,在高温条件下扩大培养,如此反复培养、筛选,可以获得处理该种工业废水的菌种。同样,可以用类似的方法进行诱导变异和筛选其他菌种。

第五节　分子遗传学新技术在环境工程中的应用

一、遗传工程在环境工程中的应用

在自然界中存在许多优良菌种,可有效分解自然界中的各种物质。但随着现代工业的不断发展,人工合成的非天然物质日益增多。例如,有机氯农药、有机磷农药、多氯联苯、塑料、合成洗涤剂等,不易被现存的微生物分解,上述物质在土壤和水体中存留时间较长,分解75%~100%所需的时间,快则一周,慢则几年甚至十几年。这类物质积累在土壤和水体中,严重污染环境。因此,在环境工程中极其需要快速降解上述污染物的高效菌。为此,人们在质粒育种和基因工程菌方面做了研究和试验,并取得一定成果。

（一）质粒育种简介

在原核微生物中除有染色体外,还含有另一种较小的、携带少量遗传基因的环状DNA分子,称为质粒,也叫染色体外DNA。它们在细胞分裂过程中能复制,将遗传性状传给后代。有的质粒独立存在于细胞质中,也有的和染色体结合,称为附加体,如大肠杆菌的F因子(性因子)。

目前所发现的质粒基因有:F因子,对某些药物表现抗性的R因子,控制大肠杆菌素产生的Col因子,假单胞菌属中存在的降解某些特殊有机物的降解因子等。例如,恶臭假单胞菌(*Pseudomonas putida*)有分解樟脑的质粒(CAM Camphor),恶臭假单胞菌(*Pseudomonas putida*)R-1有分解水杨酸的质粒(SAL Salicylate),铜绿假单胞菌(*P. aeruginosa*)有分解萘的质粒(NPL Naphthalene),食油假单胞菌(*P. oleovorans*)有分解正辛烷的质粒(OCTN Octane)。

质粒在原核微生物的生长中不像染色体那样举足轻重,常因某种外界因素影响发生质粒丢失或转移。细菌一旦丧失质粒,就会丧失由该质粒决定的某些性状,但菌体不死亡。质粒可诱导产生,有些质粒(如F因子、R因子)能通过细胞与细胞的接触而转移,质粒从供体细胞转移到不含该质粒的受体细胞中,使受体细胞具有由该质粒决定的遗传性状。有的质粒可携带供体的一部分染色体基因一起转移,从而使受体细胞既获得供体细胞质粒决定的遗传性状,又得到了供体细胞染色体决定的某些遗传性状。

根据质粒的这些遗传性状,可利用质粒培育优良菌种。质粒在基因工程中常被用作基因转移的运载工具——载体。

（二）质粒育种举例

质粒育种是将两种或多种微生物通过细胞结合或融合技术,使供体菌的质粒转移到受体菌体内,使受体菌保留自身功能质粒,同时获得供体菌的功能质粒。即培育出具有两种功能质粒的新品种。这已在环境工程中获得了研究成果。举例如下:

1. 多功能超级细菌的构建

把降解芳烃、萜烃、多环芳烃的质粒转移到能降解脂烃的假单胞菌体内,结果得到了同时降解4种烃类的超级菌(图6-21)。它能把原油中约2/3的烃消耗掉。与自然菌种相比其降解速率快。自然菌种要花一年多才能将海上浮油分解完全,而超级细菌只要几小时就能分解完全。

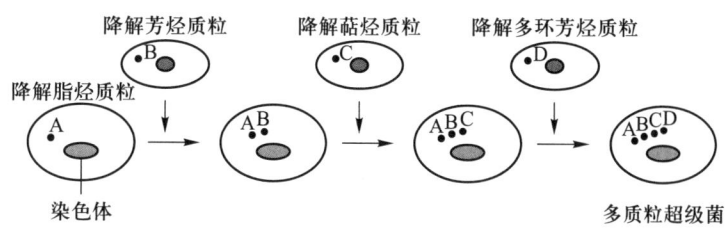

图 6-21　用遗传工程获得多质粒超级细菌

2. 解烷抗汞质粒菌的构建

Chakrabarty 等人将嗜油假单胞菌体内有降解辛烷、乙烷、癸烷功能的 OCT 质粒和抗汞质粒 MER 同时转移到对含汞质量浓度为 20 mg/L 敏感的恶臭假单胞菌体内,结果使此敏感的恶臭假单胞菌转变成抗质量浓度为 50~70 mg/L 的,同时高效分解辛烷的解烷抗汞质粒菌。

3. 脱色工程菌的构建

此构建是指将分别含有降解偶氮染料质粒编号为 K_{24} 和 K_{46} 的两株假单胞菌,通过质粒转移技术培育出兼有分解两种偶氮染料功能的脱色工程菌。

4. Q_5T 工程菌

Q_5T 工程菌是将嗜温的恶臭假单胞菌(*Pseudomonas putida*)Pawl 和嗜冷的 Q_5 菌株融合,使恶臭假单胞菌(*Pseudomonas putida*)Pawl 体内降解甲苯、二甲苯的 TOL 质粒转移入 Q5 菌株体内构建而成。该菌在 0 ℃仍能正常利用质量浓度为 1 000 mg/L 的甲苯作碳源,这对寒冷地区进行污(废)水生物处理很有意义。

二、基因工程技术在环境工程中的应用

20世纪70年代,基因工程技术得到发展,人们寄希望基因工程构建新品种用于环境保护。

基因工程是指在基因水平上的遗传工程,又叫基因剪接或核酸体外重组。基因工程是用人工方法把所需要的某一供体生物的 DNA 提取出来,在离体的条件下用限制性内切酶将离体 DNA 切割成带有目的基因的 DNA 片段,每一片段平均长度有几千个核苷酸,用 DNA 连接酶把它和质粒(载体)的 DNA 分子在体外连接成重组 DNA 分子,然后将重组体导入某一受体细胞中,以便外来的遗传物质在其中进行复制、扩增和表达,再进行重组体克隆的筛选和鉴定;最后对外源基因表达产物进行分离提纯,从而获得新品种。这是离体的分子水平上的基因重组,是既可近缘杂交又可远缘杂交的育种新技术。

基因工程操作分5步,其所涉及的3个系统详见图6-22。

① 先从供体细胞中选择获取带有目的基因的 DNA 片段;

② 将目的 DNA 的片段和质粒在体外重组;

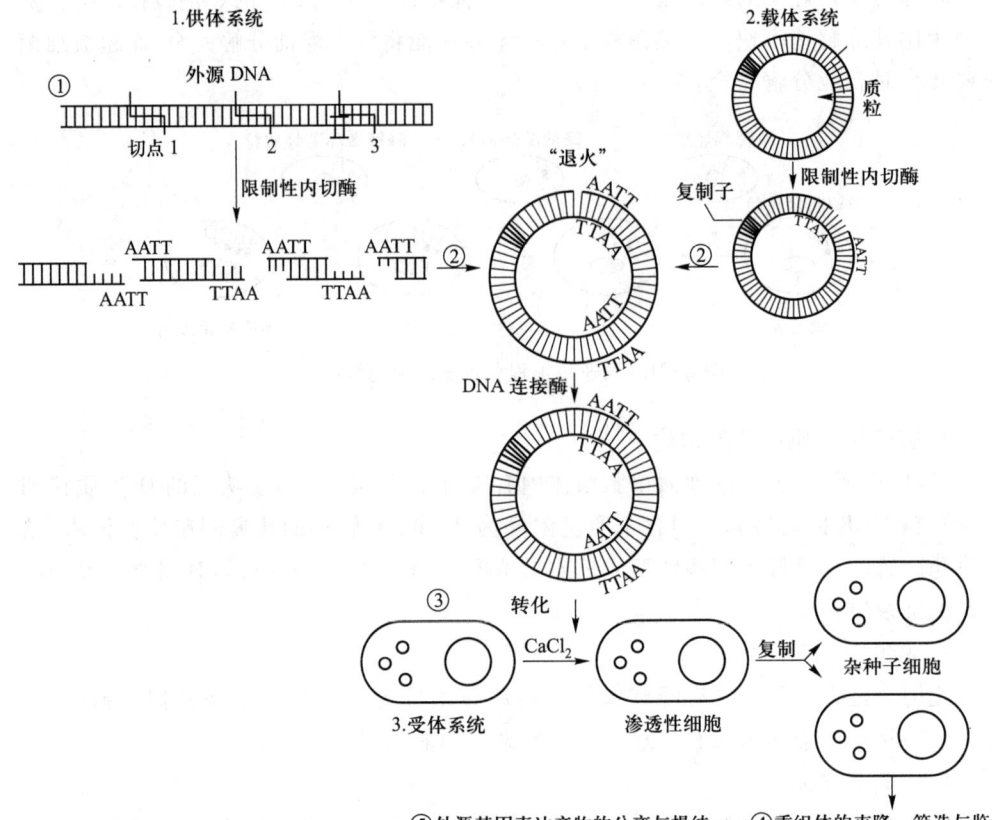

图 6-22 基因工程的操作步骤(DNA 体外基因重组)

③ 将重组体转入受体细胞；
④ 重组体克隆的筛选与鉴定；
⑤ 外源基因表达产物的分离与提纯。

用作基因工程的载体应具有松弛型复制和抗生素抗性选择两个特性,还应有以下特点:自主复制的复制子,对多种限制性内切酶有单一切点,能赋予宿主细胞易于检测的表型,相对分子质量小、拷贝数多,携带外源 DNA 的幅度较宽,对其他生物及环境安全。

如今,在原核微生物之间的基因工程有不少成功的例子。环境保护方面,利用基因工程获得了分解多种有毒物质的新型菌种。若采用这种多功能的超级细菌可望提高废水生物处理的效果。例如,A. Khan 等人从恶臭假单胞菌(*Pseudomonas putida*) OV83 分离出 3-苯儿茶酚双加氧酶基因,将它与 pCP13 质粒连接后转入大肠杆菌中表达。此外,将降解氯化芳烃的基因和降解甲基芳烃的基因分别切割下来组合在一起构建成工程菌,使它同时具有降解上述两种物质的功能。

除草剂 2,4-D(2,4-二氯苯氧基乙酸)是一种致癌物质。美国对它的生物降解研究一直很重视,并积极研究基因工程菌。已将降解 2,4-D 的基因片段组建到质粒上,将质粒转移到快速生长的受体菌体内构建成高效降解 2,4-D 的功能菌施入土壤中,从而降低 2,4-D 的累积量,有益于环境保护。

尼龙是一种极难生物降解的人工合成物质,已知存在于自然界中的黄杆菌属(*Flavobacterium*)、棒状杆菌属(*Corynebacteriun*)和产碱杆菌属(*Alcaligenes*)均含有分解尼龙寡聚物 6-氨基己酸环状二聚体的 pOAD2 质粒。S. Negoro 等人将上述 3 种菌的 pOAD2 质粒和大肠杆菌的 pBR322 质粒分别提取出来,用限制性内切酶 HindⅢ分别切割 pOAD2 质粒和 pBR322 质粒,得到整齐的相应切口,以 pBR322 质粒为受体,用 T_4 连接酶连接,获得第一次重组质粒。再以重组质粒为受体,以同样操作方法进行第二次基因重组,获得具有合成酶 EⅠ和酶 EⅡ能力的质粒。将经两次重组的质粒转移入大肠杆菌体内后得以表达,获得了生长繁殖快、含有高效降解尼龙寡聚物 6-氨基己酸环状二聚体质粒的大肠杆菌。

在环境保护领域里还获得不少成功的实例,如:从生长慢的菌株体内提取出抗汞、抗镉、抗铅等的质粒,在体外进行基因重组后转移入大肠杆菌体内表达。此外,还获得含有快速降解几丁质、果胶、纤维二糖、淀粉和羧甲基纤维素等质粒的大肠杆菌。

基因工程菌在废水生物处理模拟试验中取得了一些成果。McClure 用 4 L 曝气池装置考察体内含有降解 3-氯苯甲酸酯质粒 pD10 的基因工程菌的存活时间和代谢活性。工程菌浓度为 $4×10^6$ 个/L,存活时间达 56 d 以上。但 32 d 以后,降解 3-氯苯甲酸酯的功能下降。

质粒育种和基因工程在环境保护中的实际应用受到人们的关注,并予以很大的期望。但在具体实施上有较大的难度,因为细菌的质粒本身容易丢失或转移,重组的质粒也会面临这个问题。再者,质粒具有不相容性,两种不同的质粒不能稳定地共存于同一宿主内。只有在一定的条件下,属于不同的不相容群的质粒才能稳定地共存于同一宿主中。

在原核微生物与动物、动物与植物之间的基因工程均已获得成功。这为微生物与动、植物之间超远缘杂交开辟了一条新途径。苏云金杆菌体内的伴胞晶体含有杀死鳞翅目昆虫的毒素,过去生产苏云金杆菌用作棉花和蔬菜的杀虫剂。现在,农业科技人员将苏云金杆菌体中的毒性蛋白质抗虫基因提取出来,用基因工程技术转接到小麦、水稻、棉花植株内进行基因重组,使小麦、水稻、棉花具有抗虫、杀虫能力,获得成功。在栽培这些作物时不需施杀虫剂,避免了农药污染,有利于环境保护。

三、PCR 技术在环境工程中的应用

PCR(polymerase chain reaction)即为 DNA 聚合酶链式反应,于 1985 年由美国 K. Millus 创立。PCR 是 DNA 不需通过克隆而在体外扩增,短时间内合成大量 DNA 片段的技术。它广泛应用于法医鉴定、医学、卫生检疫和环境检测等方面。因 PCR 检测速度快,只需 5~6 h 就可出结果,深受检测单位关注,并被积极研究和应用。

环境中存在各种生物的 DNA,在环境中采集到少量 DNA,加入引物和 DNA 多聚酶,经过变性和复性(退火)的过程,就可在体外扩增至足以进行检测、鉴定所需的量。例如,法医在某处找到死者的骨骼,从骨骼中提取少量 DNA,用 PCR 技术在体外扩增某一 DNA 片段就可鉴定出死者的身份。在土壤和水中存在微生物的尸体及其分解物(核酸),同样可以采集到微生物的 DNA,并利用 PCR 技术鉴定微生物。

(一) PCR 技术基本原理

PCR 技术是一种具有选择性的体外扩增 DNA 或 RNA 片段的方法。首先将待扩增 DNA 模板加热变性,解旋,解链,两链分开成两条单链,然后,在退火温度条件下引物同模板杂交,用两引物——ssDNA(可设计的、含 18~24 个核苷酸的、与待扩增核酸片段两端互补的单链 DNA 片段)与两条变性 DNA 的两端序列实现特异性复性结合。此时,在 Taq DNA、4 种 dNTPs(dATP、dCTP、dGTP 和 dTTP)、Mg^{2+} 和合适 pH 缓冲液存在的条件下延伸引物(即两引物的 3'端相对,5'端相背,扩增的片段由 5'端向 3'端延伸。在适当的 pH 和离子浓度下,由 Taq DNA 聚合酶催化引物引导 DNA 合成,即引物的延伸)。上述反应过程是通过温度控制来实现的,每次热变性—复性—延伸的过程为一个周期,称为一个 PCR 循环。

PCR 全过程的实质是:在适当条件下进行 PCR 循环(热变性—复性—延伸)的多次重复(图 6-23)。一般进行 25~40 个循环。首次 PCR 中延伸的产物在进入第二次循环变性后,再与引物互补,充当引导 DNA 合成的新模板。因此,第二轮循环后,模板由首轮循环后得到的 4 条增为 8 条(包括原始模板在内),以此类推,以后每一循环后的模板均比前一循环增加 1 倍。从理论上讲,扩增 DNA 产量可呈指数上升,即 n 个循环后,产量为 2^n 拷贝。

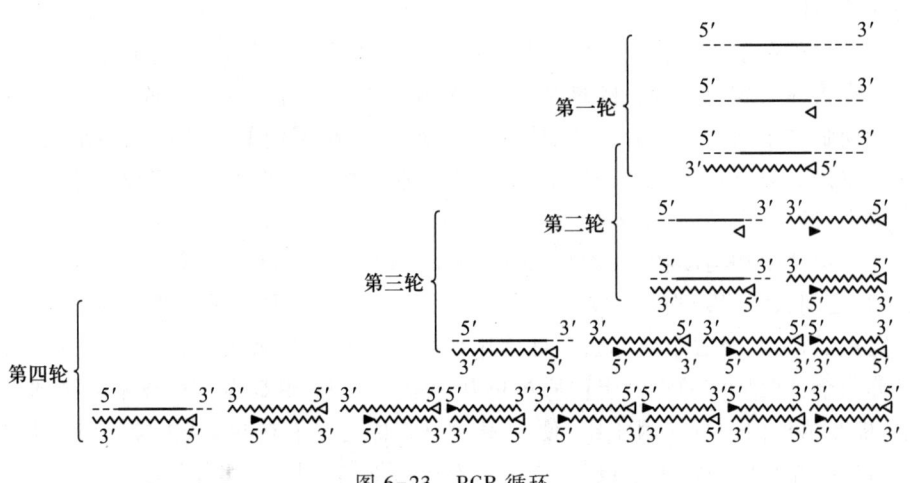

图 6-23 PCR 循环

(二) PCR 技术的操作方法

1. 仪器

(1) 全自动 PCR 仪:见图 6-24。

(2) DNA 的凝胶电泳仪:见图 6-25。

2. 试剂

(1) 引物:根据待扩增的不同 DNA,进行设计与人工合成的短 DNA 片断,一般不超过 50 个碱基(通常 18~25 个),它们与所要扩增的 DNA 片断的起始和终止区域完全互补。在"黏合"时引物结合于 DNA 模板的起始和终止点,DNA 聚合酶结合到这两个位置,开始合成新的 DNA 链。

(2) Taq DNA 聚合酶:嗜热细菌的酶,能耐受高温 93~100 ℃。

图 6-24　全自动 PCR 仪

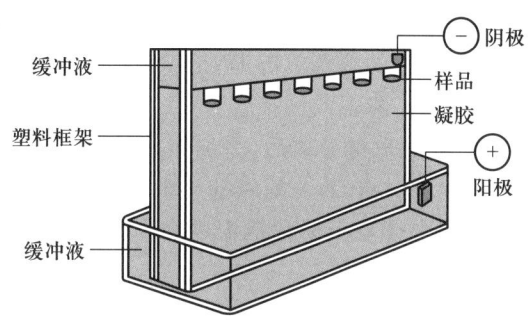

图 6-25　测 DNA 的凝胶电泳仪

（3）5 mmol/L dNTP 储备液：将 4 种 dNTPs（dATP、dCTP、dGTP 和 dTTP）的钠盐各 100 mg 合并，加 3 mL 灭菌去离子水溶解，用 NaOH 调 pH 至中性。分装：每份 300 mL，-20 ℃ 保存。

（4）10×PCR 缓冲液：KCl 500 mmol/L，Tris-HCl（pH=8.4，20 ℃）100 mmol/L，$MgCl_2$ 15 mmol/L，明胶 1 mmol/L。

3. 样品

样品为待扩增 DNA。

（三）PCR 技术的操作步骤

PCR 技术的操作步骤见图 6-26，具体如下：

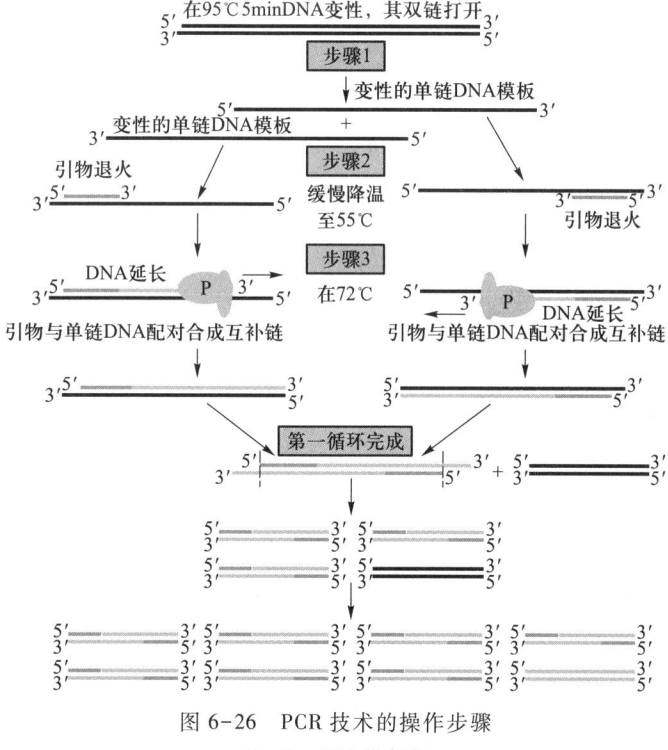

图 6-26　PCR 技术的操作步骤

P—Taq DNA 聚合酶

一般的聚合酶链式反应由 20 到 35 个循环组成，每个循环包括以下 3 个步骤：

1. 加热变性（熔解）

将待扩增的 DNA 置于 94~95 ℃的高温水浴中加热 5 min，使双链 DNA 解链为单链 DNA，分开的两条单链 DNA 作为扩增的模板。

2. 退火（降温或称接合）

在 DNA 双链分离后，将加热变性的单链 DNA 溶液的温度缓慢下降至 55 ℃。退火过程中将引物 DNA 的碱基与单链模板 DNA 一端的碱基互补配对，所需时间为 1~2 min。新技术在此阶段的温度会高于熔点 3~5 ℃，时间仅需 5~10 s。

3. 延伸（延长）

在退火过程中，当温度下降至 72 ℃时，在耐热性 Taq DNA 多聚酶[从嗜热水生菌（*Thermus aquaticus*）提取纯化，95 ℃不变性]、适当的 pH 和一定的离子浓度下，寡核苷酸引物（引物 DNA）碱基和模板 DNA 结合延伸成双链 DNA。该步骤时间依赖于聚合酶及需要合成的 DNA 片段长度。传统的 Taq 估计合成 1 000 bp 大概需要 1 min、较新的 Tbr（来自于嗜热菌 *Thermus brockianus*）约需 40s、融合型聚合酶仅需 15 s。

经过 30~35 次循环，扩增倍数达 10^6，可将长 2kb 的 DNA 由原来的 1pg 扩增到 0.5~1 μg。若经过 60 次（变性、退火、引物延伸）循环，DNA 扩增倍数达 10^9~10^{10}。

目前，现代的 PCR 仪一次可同时处理 96 个样品，能完成 25 个循环，57 min 扩增 DNA 至 10^5 拷贝。一个典型的循环：待扩增 DNA 先在 94 ℃变性 5 s，然后在 55 ℃引物退火并延伸 60 s（步骤 2 和 3）。

4. 将扩增产物进行琼脂糖凝胶电泳观察

图 6-27 是显示 *E.coli* MG1655 基因组序列凝胶电泳图谱。图 6-28 显示 λ 噬菌体 DNA 被 *Hind* Ⅲ 限制性内切酶消化后形成许多片段的电泳凝胶图谱。两图中的数字表示每一个片段所含的碱基对数。

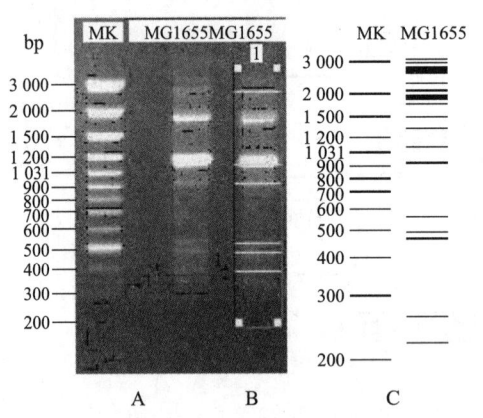
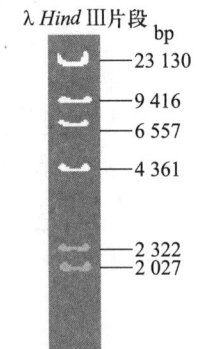

图 6-27　*E.coli* MG1655 基因组序列凝胶电泳图谱　　图 6-28　λ 噬菌体 DNA 被
A. ERIC-PCR 和 SPCR 预知结果比较；B. MG1655 的实际 ERIC-PCR　　　消化后的片段
凝胶图谱；C. MG1655 的 SPCR 预知结果

为了改进标准的 PCR，后来又发展了嵌套 PCR（nested PCR）、最大概率 PCR（MPN-PCR）、反转录 PCR（RT-PCR）和定量 PCR（quantitative PCR）等技术。

（四）PCR 技术的应用

（1）应用 PCR 技术研究特定环境中微生物区系的组成、结构，分析种群动态。如对古菌的研究，对含酚废水生物处理活性污泥中的微生物种群组成及种群动态的分析等，其测定速度远快于经典的微生物分类鉴定。

（2）应用 PCR 技术监测环境中的特定微生物，如致病菌和工程菌等。

四、分子遗传学的综合技术用于环境微生物鉴定和种群动态分析

传统的微生物系统分类步骤繁多，要对各种微生物进行分离培养、纯化、染色反应，对个体、菌落形态特征的观察和生理生化反应特征，以及免疫学特性的试验等进行分类；然后按分类鉴定手册检索该微生物的属、种名。整个过程很费时。20 世纪 60 年代开始至今，分子遗传学和分子生物学技术迅速发展，使微生物分类学进入了分子生物学时代，许多新技术和新方法在微生物分类学中得到了广泛应用。包括 16S rRNA 序列分析、基因探针、PCR、DNA 电泳等在内的综合检测技术加快了鉴定工作的速度，还使一些原来不可能实现的变成可能（对目前尚未能培养的微生物而言）。现在，随着微生物核糖体数据库、基因序列数据库的日益完善，该综合技术成为微生物分类和鉴定极有力的工具。

16S rRNA 序列分析技术的基本原理：从微生物样品中提取 16S rRNA 的基因片段，通过克隆、测序或酶切、探针杂交，获得 16S rRNA 序列信息，再与 16S rRNA 数据库中的序列数据或其他数据进行对照比较，确定其在进化树中的位置，从而鉴定样品中可能存在的微生物种类。

16S rRNA 序列分析技术包括 3 个步骤：① 提取基因组 DNA，即从微生物样品中直接提取总 DNA（对于易培养的微生物，可先通过富集培养再提取总 DNA）。② 制取 16S rRNA 基因片段。将提取的总 DNA 经酶切再克隆到 λ 噬菌体中建立 DNA 库，再通过 16S rRNA 用探针进行杂交，筛选含有 16S rDNA 序列的克隆；或用 16S rRNA 作引物，经 PCR 扩增总 DNA 中的 rDNA 序列；或通过反转录 PCR 获得 crDNA 序列后再进行分析。采用 PCR 技术可一次性地对多种微生物混合样品进行扩增，从混合 DNA 或 RNA 样品中扩增出 16S rRNA 序列。③ 通过 16S rRNA 基因片段分析对微生物进行分类鉴定。首先将 PCR 产物克隆到质粒载体上进行测序，与 16S rRNA 数据库中的序列进行对照比较，确定其在进化树中的位置，从而鉴定样品中可能存在的微生物种类。其次，通过 16S rRNA 属种特异性的探针与 PCR 产物杂交，以获取微生物组成信息；或属种特异性探针直接与样品进行原位杂交检测，以测定微生物的形态特征、丰度及它们的空间分布。最后对 PCR 产物进行限制性片段长度多态性分析，通过观察酶切电泳图谱和数值分析，确定微生物基因的核糖体型（ribotype），再同核糖体库中的数据进行对照比较，分析样品中微生物组成或不同微生物的属种关系。

表 6-3 所列举的是在 1995—2001 年已完成测序的几种微生物基因组的大小和基因数。将这些微生物的测序结果输入数据库，可作为后来研究者对目的微生物做出鉴定的对照和依据。

表 6-3　几种微生物基因组的大小和基因数

种群	物种	基因组大小/(10^6 bp)	基因数	序列测定完成年份
原核生物	支原体(*Mycoplasma*)	0.58	470	1995
	大肠杆菌(*E. coli* K12)	4.6	4 300	1997
	绿脓杆菌(*P. aeruginosa*)	6.3	5 500	2001
	幽门螺杆菌(*H. pylori*)	1.7	1 500	2001
真核生物（单细胞）	酿酒酵母(*S. cerevisiae*)	12	6 200	1996
	裂殖酵母(*S. pombi*)	14	4 900	2001
（多细胞）	线虫(*C. elegans*)	100	18 400	1998

活性污泥、生物膜、堆肥、自然水体、土壤及其他特殊环境中的微生物分类和种群动态分析均可用分子遗传学综合技术检测分析。图 6-29 是污染土壤中 16S rDNA 片段的变性梯度凝胶电泳分析结果。

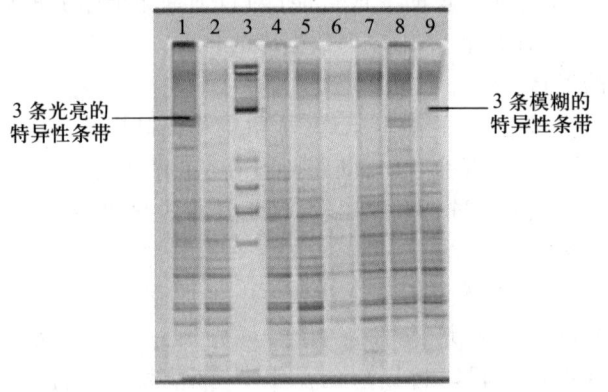

图 6-29　受污染土壤中 16S rDNA 片段的 DGGE（变性梯度凝胶电泳）分析结果

思考题

1. 什么是微生物的遗传性和变异性？遗传和变异的物质基础是什么？如何得以证明？
2. 微生物的遗传基因是什么？微生物的遗传信息是如何传递的？
3. 什么叫分子遗传学的中心法则？什么叫反向转录？
4. DNA 是如何复制的？何谓 DNA 的变性和复性？
5. 微生物有几种 RNA？它们各有什么作用？
6. 分别叙述原核微生物与真核微生物的转录过程，两者有什么不同？
7. 微生物生长过程中蛋白质是如何合成的？细胞是如何分裂的？
8. 微生物变异的实质是什么？微生物突变类型有几种？变异表现在哪些方面？

9. 污(废)水生物处理中变异现象有哪几方面？举例说明。
10. 什么叫定向培育和驯化？
11. 紫外辐射杀菌的作用机制是什么？
12. DNA损伤修复有几种形式？各自如何修复？
13. 何谓杂交、转化和转导？各自有什么实践意义？
14. 质粒是什么？在遗传工程中有什么作用？举例说明。
15. 何谓基因工程？它的操作有几个步骤？
16. 什么叫PCR技术？有几个操作步骤？
17. 基因工程和PCR技术在环境工程中有何实践意义？举例说明。
18. 简单叙述如何用分子遗传学的综合技术鉴定环境微生物和进行种群动态分析。

第二篇 微生物生态与环境生态工程中的微生物作用

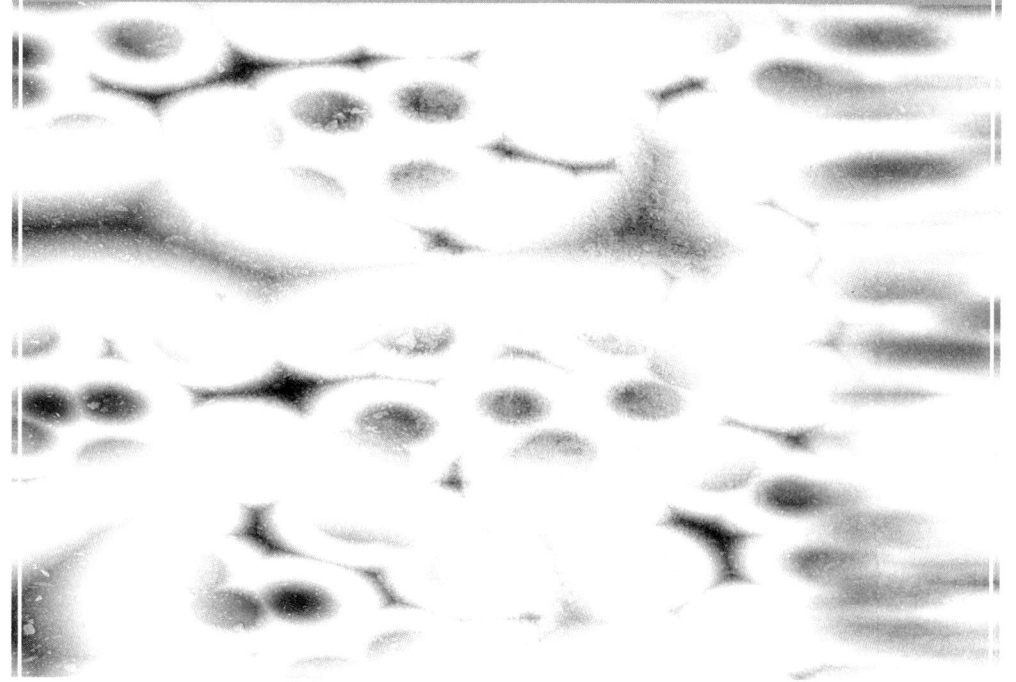

第七章 微生物的生态

第一节 生态系统概述

一、生态系统和生物圈

(一) 生态系统

生态系统是在一定时间和空间范围内由生物(包括动物、植物和微生物的个体、种群、群落)与它们的生境(包括光、水、土壤、空气及其他生物因子),通过能量流动和物质循环所组成的一个自然体,简称生态系,可用公式表示:

$$生态系统 = 生物群落 + 环境条件$$

生态系统有一定的组成、结构和功能。

生态系统有 4 个基本组成:环境、生产者、消费者及分解或转化者。

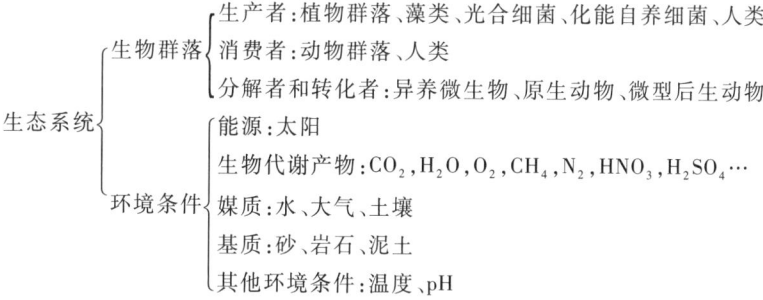

有关生态系统中的几个名词:

个体:指某一具体的生物单个个体,有其生长、发育、繁殖和死亡的过程,如一匹马、一个细菌,是组成种群的单位。

种群:指生活在同一特定空间的同一生物种的所有个体的集合体,是生物群落的组成单位。

群落:指生活在同一特定空间或区域的所有生物种群的聚合体,是生态系统的组成部分。

生态系统具有明显的三维空间结构,由于各处光照、温度及其他环境条件的差异,使各种生物群落在空间上有明显的垂直分布和水平分布。

生态系统是自然界的基本功能单元,其功能主要表现为生物生产、能量流动、物质循环和信息传递。这些功能是通过生态系统的核心——生物群落实现的。在生物生产过程中,能量流动和物质循环两者缺一不可,是紧密联系、相辅相成、共同进行的(图 7-1)。

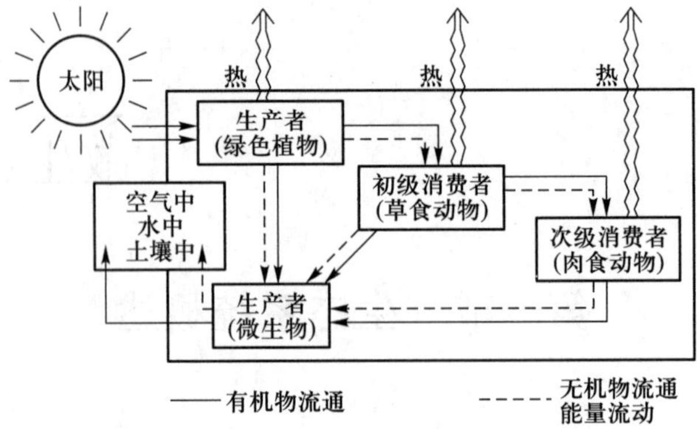

图 7-1 生态系统中的物质循环和能量流动

1. 生物生产

生物生产是生态系统的基本功能之一,只要有太阳辐射、水、二氧化碳及无机物,植物、藻类及光合细菌等就可利用太阳能,将二氧化碳和水合成糖类,进而合成蛋白质、脂肪和核酸等,构成植物体。

$$6CO_2 + 12H_2O \xrightarrow[\text{叶绿素}]{\text{阳光}(2\,876\ kJ)} C_6H_{12}O_6 + 6O_2 + 6H_2O$$

2. 能量流动

太阳将能量供给植物、藻类和光合细菌等进行光合作用,合成有机物,光能被转化为化学能而被贮存在植物体内,能量再通过食物链由一种生物转移到另一生物体内。例如,植物→草食动物→肉食动物。植物(生产者)和动物(消费者)尸体被微生物分解,一部分能量在微生物中流动,另一部分能量以热能形式被散发至自然界。能量在流动过程中不断消耗,并由太阳连续不断地补充和更新。

3. 物质循环

生态系统中生物群落所需的各种营养物在环境、生产者、消费者和分解者(各营养级)之间传递,处于不断循环之中,形成物质流。大气、水域或土壤中的物质,大气、水域或土壤中的二氧化碳、水及无机盐通过植物吸收进入食物链,被转移给草食动物,再转给肉食动物,最后被微生物分解与转化,回到环境中。回到环境中的物质又一次被植物吸收利用,重新进入食物链,如此不断地参加生态系统的物质循环。

4. 信息传递

生态系统中的信息传递多种多样,有强有弱,把各组成联系为一个统一整体。有物理信息(如声、光、颜色)起吸引异性、种间识别、威吓、警告等信息作用;生物的酶、维生素、生长素、抗生素等是化学信息,有报警、集合、发现食物等信息作用;在同一种或不同种间还有行为信息,例如,雄鸟发现敌情,急速起飞给正在孵卵的雌鸟报警。

由此可见,生态系统是错综复杂的,生物群落和环境各组成之间息息相关,是相互联系、相互依存、相互制约、有规律的组合。生态系统是经过一段时间甚至几十亿年逐渐形成的。生态系统又处在不断运动变化之中,环境的改变引起生物群落的演替。在自然界中,任何生物群落与其环境组成的自然体都叫生态系统。例如,一滴水,一块草地,一片森林,一个水池,一座山脉,一条河流,一个湖泊、沼泽、天然湿地,一片海洋等都是天然的生态系统。还有人工的生态系统,如水库、运河、城市、农田、人工湿地、各种污(废)水生物处理系统及固体废物生物处理系统等。

(二) 生物圈

小生态系统构成大生态系统,简单的生态系统构成复杂的生态系统,形形色色、丰富多彩的生态系统组成生物圈。因此,生存在地球陆地以上至海面以下各约 10 km 之间的范围,包括岩石圈、土壤圈、水圈和大气圈内所有生物群落和人及它们生存环境的总体,叫生物圈。它本身是一个巨大、精密的生态系统,是地球上所有生态系统的总和。

二、生态平衡

生态系统是开放系统,当能量和物质的输入(被植物等固定)大于输出(被消费和分解、人类收获等)时,生物量增加;反之,生物量减少。如果输入和输出在较长时间趋于相等,生态系统的组成、结构和功能将长期处于稳定状态。虽然各生物群落有各自的生长、发育、繁殖及死亡过程,但动物、植物和微生物等群落的种群、数量,以及它们之间的数量比均保持相对恒定。即使有外来干扰,生态系统一般也能通过自行调节的能力恢复到原来的稳定状态(如土壤和水体的自净),这就是生态系统的平衡,即生态平衡。

然而,生态系统的自行调节能力是有限度的,超越了生态阈限[①],自行调节能力的降低或丧失就会导致一系列连锁反应:各生物群落的种类和数量减少,各生物群落间的数量比例失调,能量流动和物质循环发生障碍,整个生态系统平衡失调。

破坏生态平衡的因素有自然因素和人为因素。

三、生态系统的分类

由于生态系统可以小到一滴水,大到生物圈,所以,分类有多种。可根据生存环境分,如水体生态系统和陆地生态系统等。各自还可进一步细分,如水体生态系统可分为淡水生态系统和海水生态系统;根据动态和静态还可将淡水生态系统分为河流生态系统和湖泊生态系统。根据生物群落分类,有动物生态系统、植物生态系统及微生物生态系统等,在这些生态系统内又可根据生存环境或生物群落进一步细分。

微生物生态系统是各种环境因子(如物理、化学及生物因子)对微生物区系(即自然群体)的作用,以及微生物区系对外界环境的反作用。在作用和反作用的过程中,有物质循环和能量流动。不同类型的微生物与不同环境组成各种生态系统,如土壤微生物生态系统、空气微生物生态系统及水体微生物生态系统等。在同一生态系统中的微生物之间,微生物和动物、植物之间,微生物与环境因子之间均处于相互联系、相互依存、相互制约的对立统一之中。

---

① 生态阈限是指生态系统对来自自然界或人类施加干扰的最大限度的调节能力。

第二节 土壤微生物生态

土壤是微生物最良好的天然培养基,它具有微生物所必需的营养和微生物生长繁殖及生命活动所需的各种条件。

一、土壤的生态条件

(一) 营养

土壤中有大量动物和植物残体,植物根系的分泌物,还有人和动物的排泄物;有丰富的无机元素:磷、硫、钾、铁、镁、钙等,且含量相当高,在 1.1~2.5 g/L;微量元素有:硼、钼、锌、锰、铜等,能满足微生物生长发育的需要。

(二) pH

土壤 pH 范围为 3.5~8.5,多数为 5.5~8.5,甚至不少土壤的 pH 接近中性,适合大多数微生物的生长需要。

(三) 渗透压

土壤的渗透压通常为 0.3~0.6 MPa,革兰氏阴性杆菌体内的渗透压为 0.5~0.6 MPa,革兰氏阳性球菌体内渗透压为 2.0~2.5 MPa。所以,土壤中的渗透压对微生物是等渗或低渗环境,仍有利于微生物摄取营养。

(四) 氧气和水

土壤具有团粒结构,有无数小孔隙为土壤创造通气条件,土壤中氧的含量比大气少,平均为土壤空气容积的 7%~8%。通气良好的土壤,氧的含量高些,有利于好氧微生物生长。土壤的团粒结构中的小孔隙还起毛细管的作用,具有持水性,为微生物提供了水分。例如,在孔隙为 30%~50%、排水通畅的土壤中,各组分的体积分数分别是土粒 50%,空气 10%,水 40%。

(五) 温度

土壤的保温性也较强,一年四季温度变化不大,即使冬季地面冻结,一定深度土壤中仍保持着一定的温度,适合微生物生长。

(六) 保护层

几毫米厚的表层土是保护层,使土壤中的微生物免遭太阳光中紫外辐射的直接照射致死。

二、微生物在土壤中的种类、数量与分布

(一) 土壤中微生物的种类和数量

土壤中有机物的含量是衡量土壤肥力的指标之一。通常把土壤分为肥土和贫瘠土。每克肥土中的微生物数量可达 10^9~10^{10} CFU,每克贫瘠土的微生物数量为 10^7~10^8 CFU。土壤微生物中细菌数量最多,约占 70%~90%,其含量可达 $25×10^8$ CFU/g(土),放线菌 $70×10^4$ CFU/g(土),真菌 $40×10^4$ CFU/g(土),藻类 $5.0×10^4$ CFU/g(土),原生动物 $3.0×10^4$ CFU/g(土)。由于土壤 pH 不同,故有中性土、碱性土和酸性土之

分。pH 的变化会引起微生物的种类和数量的变化,中性土和偏碱性土适合细菌和放线菌生长,酸性土适合霉菌和酵母菌生长。我国西北地区的黑垆土(碱性)含细菌 $2\,000×10^4$ CFU/g(土),放线菌 $710×10^4$ CFU/g(土),真菌 $7.5×10^3$ CFU/g(土)。粤南红壤(酸性)含细菌 $62×10^4$ CFU/g(土),放线菌 $60×10^4$ CFU/g(土),真菌 $6.0×10^4$ CFU/g(土)。可见,在任何土质中都以细菌量最多,放线菌次之,真菌再次之,藻类、原生动物和微型动物等由多到少依次排列。

(二) 微生物在土壤中的分布

土壤中微生物的水平分布取决于碳源。例如,油田地区存在以碳氢化合物为碳源的微生物,森林土壤中存在分解纤维素的微生物,含动物和植物残体多的土壤中含氨化细菌、硝化细菌较多。

土壤中微生物的垂直分布与紫外辐射的照射、营养、水、温度等因素有关。表面土因受紫外辐射的照射和缺乏水,微生物容易死亡而数量少,在 5~20 cm 处微生物数量最多,每克土壤的微生物总数可达 $7.7×10^8$ CFU,在植物根系附近微生物数量更多。在耕作层 20 cm 以下,微生物的数量随土层深度增加而减少,距表面 1 m 深处每克土壤的微生物总数为 $3.6×10^4$ CFU,在距表面 2 m 深处在每克土壤中微生物只有几个,这是由于缺乏营养和氧气造成的。

土壤中的微生物以对氧的需求分中温好氧菌和兼性厌氧菌;以生化功能分为氨化细菌、硝化细菌、反硝化细菌、固氮细菌(根瘤菌和褐球固氮菌)、纤维素分解菌、硫细菌、磷细菌、钾细菌及铁细菌等。其中以芽孢杆菌为最多,如需氧芽孢杆菌、厌氧芽孢杆菌、产色芽孢杆菌和不产色芽孢杆菌;腐生性球状菌群也较多。放线菌有诺卡氏菌属、链霉菌属和小单胞菌属。霉菌有分解纤维素、木质素、果胶及蛋白质的属和种。霉菌和放线菌的菌丝体积累在土壤中可起改良土壤团粒结构的作用。

酵母菌多在果园、养蜂场、葡萄园等土壤中分解糖类物质。土壤藻类有硅藻、绿藻和固氮蓝细菌等。节杆菌属和诺卡氏菌属不受土壤中动物和植物残体数量的影响,相对稳定地存在于土壤中而被称为"土著"菌群,有一部分假单胞菌属、芽孢杆菌属和一些放线菌随土壤动物和植物残体数量变化而变化。用生活污水灌溉的农田或土地处理场,表 7-1 为 1 g 土壤中不同生化功能细菌的数量。

表 7-1　1 g 土壤中各种生化功能细菌的数量　　　　单位:10^4 CFU/g(土)

细菌种类	Hiltner 的测定结果	Lohnis 的测定结果
分解蛋白质的异养细菌(氨化细菌)	375	437.5
尿素分解细菌	5	5
硝化细菌	0.7	0.5
脱氮细菌	5	5
固氮细菌	0.002 5	0.038 8

注:本表摘自须藤隆一.水环境净化及废水处理微生物学.俞辉群,等,编译.1988:21。稍作改动。

三、土壤自净和污染土壤的微生物生态

(一) 土壤自净

土壤对施入一定负荷的有机物或有机污染物具有吸附和生物降解的能力,通过各

种物理、化学过程自动分解污染物使土壤恢复到原有水平的净化过程,称土壤自净。

土壤自净能力的大小取决于土壤中微生物的种类、数量和活性,也取决于土壤结构、通气状况等理化性质。土壤有团粒结构,并栖息着极为丰富、种类繁多的微生物群落,这使土壤具有强烈的吸附、过滤和生物降解作用。当污(废)水、有机固体废物施入土壤后,各种物质(有毒和无毒)先被土壤吸附,随后被微生物和小动物部分或全部降解,使土壤恢复到原来状态。

(二) 污染土壤的微生物生态

土地是天然的生物处理场所,可用土地处理污(废)水。生活污水和易被微生物降解的工业废水经土地处理后得到净化。污(废)水长期灌溉会引起土壤"土著"微生物区系和数量的改变,并诱导产生分解各种污染物的微生物新品种。例如,节细菌和诺卡氏菌原是"土著"菌,由于长期接触,它们也具有分解聚氯联苯的能力,这是诱导变异的结果。如果污(废)水灌溉量适中,不超过土壤自净能力,是不会造成土壤污染的。汞、砷、镉、硒和铬等毒物能被微生物吸收和转化。例如,铜绿假单胞菌(*Pseudomonas aeruginosa*)、恶臭假单胞菌(*Pseudomonas putida*)可将无机汞转化为毒性更强的有机汞积累在微生物体内。大肠埃希氏菌(*E.coli*)和荧光假单胞菌(*Pseudomonas fluorescens*)可使汞甲基化形成甲基汞[$Hg(CH_3)_2$],使二价汞还原为单质汞。如果汞被植物吸收、富集、浓缩,进入食物链,则最后可进入人体,危害人体健康。砷能被黄单胞菌、节杆菌、假单胞菌及产碱杆菌等氧化亚砷酸盐为砷酸盐,降低毒性,或使砷甲基化。土壤中的细菌、放线菌和真菌还能还原硒氧化物为单质硒,使毒性降低。重金属虽能被微生物氧化或还原,但不能彻底清除毒性。所以,农田灌溉要适当。要根据不同物质积累在植株的不同部位(如根、茎、叶、种子等)的特点,合理实施。有毒废水不可进行农田灌溉和土地处理。为了避免毒物进入食物链,工业废水以灌溉非食用的经济作物为宜或根本不施用。

四、土壤污染与土壤生物修复

(一) 土壤的污染和不良后果

1. 土壤的污染

土壤污染主要来自含有机毒物和重金属的污(废)水农田灌溉和土地处理,固体废物的堆放和填埋等的渗滤液,地下储油罐泄漏及喷洒农药等。

污染物质主要有:农药、石油烃类(苯、二甲苯、甲苯、酚类)、NH_3和重金属等。

各种污染物有易降解和不易降解之分。污染物被土壤吸附、截留后,易降解物被土壤中各种微生物吸收和氧化分解;难降解物和毒物包括重金属及某些有毒中间代谢产物,在土壤中滞留和渗漏至地下水中。堆肥和填埋物中也有难降解物、重金属及某些有毒中间代谢产物,在土壤中滞留或渗漏至地下水中。

2. 土壤污染的不良后果

① 有机、无机毒物过多滞留、积累在土壤中,改变了土壤理化性质,使土壤盐碱化、板结,毒害植物和土壤微生物,破坏土壤生态平衡。

② 土壤中的毒物被植物吸收、富集、浓缩,随食物链迁移,最终转移到人体;或被雨水冲刷流入河流、湖泊或渗入地下水,进而造成水体污染。污染物又随水源进入人

体,毒害人类。

③ 污水和固体废物中含有各种病原微生物,如病毒、立克次氏体、病原细菌及寄生虫卵等。虽然有的病原微生物在土壤中不适应而死亡,但有些可在土壤中长时间存活,它们可以通过各种途径转移到水体,进而进入人体中致病。

(二) 土壤修复

土壤是人类赖以生存的重要资源。没有土壤就没有生机,农业和工业就无法发展。所以,土壤修复极其重要。土壤修复的研究始于 20 世纪 70 年代,80 年代荷兰等欧洲国家和美国耗资十几亿美元至上千亿美元投入土壤修复工作,取得了较好的成果。研究表明,用生物修复技术修复土壤与其他方法比较,耗资省、处理效果好,引起了许多国家的重视。

土壤生物修复是利用土壤中天然的微生物资源或人为投加目的菌株,甚至用构建的特异降解功能菌投加到各污染土壤中,将滞留的污染物快速降解和转化,恢复土壤的天然功能。

1. 土壤生物修复的工作步骤

土壤生物修复的工作步骤是:① 调查污染地的本底资料,包括土壤的理化性质,土壤结构(如孔隙率和渗透率)、含氧量和温度等,"土著"微生物种群和数量等。② 制定治理方案,进行适当的可行性试验。③ 技术实施。

2. 土壤生物修复技术的关键

(1) 微生物种类:① "土著"微生物目前用得较多,具有经济性,但效果较差。② 从污染土壤选育优势菌种若干种,经扩大培养接种到污染土壤中。此方法较易实施,收效快且效果好。③ 用质粒育种或基因工程构建工程菌并接种到污染土壤中。这种方法有不相容性,工程菌受到"土著"微生物的排他作用。

(2) 微生物营养:与污水生物处理一样,土壤微生物也需要一定的营养元素比例,即 C:N:P。因污染物过量积累,可能品种单一,营养元素比例严重失衡,要通过可行性试验确定适宜的营养元素比例。目前资料提供的数据各异,可参照一般土壤微生物的 C:N=25:1,也可参照污水好氧生物处理的 BOD_5:N:P=100:5:1 等作为基本参数,在试验过程中加以调整。

(3) 溶解氧:土壤结构、土质不同,污染物数量不等,其中的溶解氧量亦随之不同。通气良好的土壤溶解氧为 5 mg/L 左右,黏土和积水土溶解氧极低,加上有污染物,溶解氧更低。为保证好氧微生物和兼性厌氧微生物旺盛生长,有效分解污染物,用鼓风机向地下鼓风,使微生物对污染物的好氧分解有足够的氧量。鼓风可使土壤溶解氧达 8~12 mg/L,通纯氧可达 50 mg/L。若含有较多的苯和低碳烷基苯,则需更多溶解氧(20~200 mg/L),才能满足微生物的需要,苯等污染物才能被吸附、降解或转化彻底。

多数污染物为非水溶性,不易与微生物混合、接触,影响微生物吸附、吸收污染物。因此,有时需加适量的表面活性剂,帮助微生物吸收污染物。起初,污染物会抑制"土著"微生物,可能通过相当一段适应期,"土著"微生物才能发挥降解作用。这时需先投加高效降解菌分解污染物,为"土著"微生物解除毒性,或加入刺激微生物生长的药物,如适量(100~200 mg/L)的 H_2O_2 有增氧作用,释放 O_2,为好氧微生物和兼性厌氧微生物提供更多的最终电子受体,促进微生物快速生长,加速污染物分解。

(4) 微生物的环境因子:适量的水、pH 和温度对于土壤的微生物修复也有很大的影响。

3. 土壤生物修复工程

目前,石油烃类污染的土壤,其生物修复技术主要有两类:一类是微生物修复技术,另一类是植物修复法。

(1) 微生物修复法:按修复的地点又可分为原位生物修复和异位生物修复。

① 原位生物修复是将受污染土壤在原地处理。土壤基本不被搅动,对土壤的水饱和区加入营养盐、氧源(多为 H_2O_2);注入分解该污染物的微生物,以提高生物降解的能力。在污染区原地钻一组注水井,用泵注入微生物、水和营养物,通入空气。另外钻一组抽水井,用抽水泵抽取地下水,使地下水呈流动状态,促使微生物和营养物均匀分布。地下水经过 4~6 月处理后,恢复到原来水平,加入土壤改良剂,地下水就可循环使用。

原位生物修复工艺简单,费用低,但处理速度慢。原位处理也可用于污染河流底泥的生物修复。

此外,生物通风也是改进和强化原位处理的一种方法。此方法一般用于处理因储油罐泄漏而污染的土壤,与原位处理不同的是该法利用气体流动,使气体发生变化,从而达到修复的目的。如图 7-2 所示。

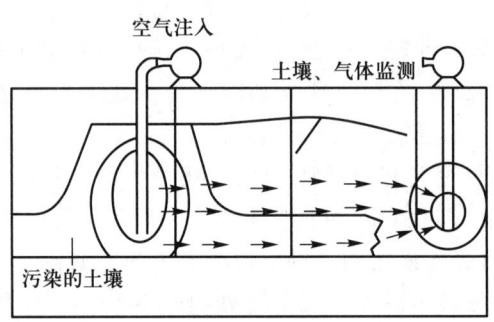

图 7-2 生物通风系统修复石油轻度污染土壤的示意图

② 异位生物修复包括现场处理法、预制床法、堆制处理法、生物反应器和厌氧生物修复法。

a. 现场处理法 以土壤耕作方式处理污染土壤。将含污染物的土壤施在未污染土壤上,通过施肥、灌溉和加石灰等措施,进行耕作翻土,以改善土壤的通气状况,保持最合适氧量、水分和 pH,依赖"土著"微生物的作用,降解施在土层中的污染物。为提高处理效果,可投加驯化的微生物增强降解作用。

b. 预制床(挖掘堆置)法 事先挖掘一定形状和规模的预制床(类似固体废物的填埋),铺设滤液收集管道、水循环管道系统和排水系统。在预制床的底部铺上渗透性低的物质,如高密度的聚乙烯或黏土。再将污染土壤转移到预制床上,通过施肥、灌溉、调节 pH,适当添加表面活性剂,再加入微生物降解其中的污染物。用此法处理防腐油生产区的污染土壤,其中的多环芳烃浓度可从 1 024.4 mg/kg(土)降至 324.1 mg/kg

(土),去除率达 68.4%。预制床处理工艺对三环和三环以上的多环芳烃的降解率,明显高于同一区域的原位处理。

c. 堆制处理法　污染土壤的堆制处理类似有机固体废物的堆肥。选适当地点建造堆制处理场,为了防止污染物向地下水或更大的地域扩散,需铺设防渗漏底层;并铺设通风管道,然后将受污染的土壤从污染地区挖掘起来,运送到处理场堆放,可堆制成条堆形,两边铺成上升的斜坡,以自然通风方式进行生物处理。堆制法是生物修复中的新型技术。条堆式堆制处理对油田稀油、稠油和高凝油等石油污染土壤的处理效果理想。与其他处理法相比,堆制处理节省能源,较简单易行,便于推广。

d. 生物反应器法　将污染土壤置于一专门的反应器(为卧鼓形和升降机形)中处理,有间歇式和连续式两种。生物反应器可建在现场或特定的处理区。生物反应器的处理过程:先将污染土壤挖出,以土水比 1∶2 的比例与水混合为泥浆,然后转送入反应器内。加入经驯化的微生物、营养盐及表面活性剂以提高降解速率,温度控制在 20~25 ℃,并通空气。其内有搅拌装置,可使土壤、微生物等充分混合,因而处理速度较快,效果好。

e. 厌氧生物修复法　例如,在土壤泥浆反应器中,投加厌氧颗粒污泥修复芳香烃污染的土壤;利用土壤泥浆中"土著"厌氧微生物对五氯酚(PCP)厌氧还原脱氯作用,将含五氯酚(PCP)浓度为 30 mg/kg(土)的模拟污染土壤进行处理,经 28 d 运行,PCP 的平均降解浓度为 0.258 mg/kg(土)。土壤泥浆反应器在厌氧操作条件下,对 PCP 的降解速率大于好氧条件,而且 PCP 降解速率随颗粒污泥投加量的增加而增大。试验结果表明厌氧微生物修复技术有发展前途。

(2)植物修复技术:植物对污染物的去除起着直接和间接的作用。土壤有机污染的植物修复技术的机理是利用植物体对某些污染物的超强吸附、积累,对某些污染物的植物代谢、转化和矿化,植物根吸收、根分泌物与根际、根系微生物对污染物代谢、转化与矿化,两者的共代谢可增强降解污染物的活性,加速土壤污染物降解的过程。污染土壤的植物修复技术包括植物提取、植物降解和植物稳定化 3 种。植物提取是利用植物吸收积累污染物,待收获后再进行处理。其处理方法有:热处理、微生物处理和化学处理。植物降解是利用植物根系吸收、根际和根系微生物将污染物转化为无毒物质。植物稳定化是在植物的根系和土壤的共同作用下,将污染物固定,以减少其对生物与环境的危害。

生物修复所用的植物应对恶劣环境抗性强,根系发达,具有超强富集毒物能力。已应用的植物有:苜蓿草(根系含有"土著"真菌、细菌)、蒲公英、龙葵和小白酒花等具有超富集能力(对镉及镉-铅-铜-锌复合污染耐性均较强,对镉有较高的积累能力)。此外,还有用水稻、蔬菜类做试验,都有不同程度的去除污染物的能力。但在实施上是不能用水稻、蔬菜的,否则,含污染物的水稻、蔬菜一旦被人食用,有害人类健康。

植物修复是利用太阳能作动力的处理系统,具有处理费用低、减少场地破坏等优点。据美国的研究实践表明,植物修复处理费为 0.02~1.00 美元/(a·m^3),比物理、化学处理的费用低许多。

第三节 空气微生物生态

一、空气的生态条件

空气具有紫外辐射较强、较干燥、温度变化大、缺乏营养等特点。所以,空气不是微生物生长繁殖的场所。虽然空气中微生物数量较多,但只是暂时停留。微生物在空气中停留时间的长短由风力、气流和雨、雪等条件所决定,但它最终要沉降到土壤、水体、建筑物和植物的表面或内部。

二、空气微生物的种类、数量、来源与分布

空气微生物来源很多,尘土飞扬可将土壤微生物带至空中,小水滴飞溅将水中微生物带至空中,人和动物的干燥脱落物,呼吸道、口腔内含微生物的分泌物通过咳嗽、打喷嚏等方式飞溅到空气中。敞开的污(废)水生物处理系统通过机械搅拌、鼓风曝气等可使污(废)水中的微生物以气溶胶的形式飞溅到空气中。气溶胶中的微生物在空气中的存活时间长短不一。有的很快死亡,有的存活几天、几个星期、几个月或更久,这取决于空气的相对湿度、紫外辐射的强弱、尘埃颗粒的大小和数量;取决于微生物的适应性及对恶劣环境的抵抗能力。室外空气中微生物数量与环境卫生状况、环境绿化程度等有关。若环境卫生状况良好,环境绿化程度高,尘埃颗粒少,则微生物数量少;反之,微生物就多。室内(包括住宅、公共场所、医院、办公室、集体宿舍及教室等)空气微生物数量与人员密度和活动情况、空气流通程度关系很大,也与室内卫生状况有关。城市空气微生物数量比农村多;畜舍、公共场所、医院、宿舍、街道空气中微生物数量较多;来自各种排放污染物中含有许多不易沉降、长期飘浮在空气中的$PM_{2.5}$颗粒物,其中含有许多致病菌及病毒等。海洋、森林、终年积雪的山脉、高纬度地带的空气微生物数量较少;雨、雪过后空气干净,微生物数量极少。不同场所上空的微生物数量见表7-2。

表7-2 不同场所上空微生物数量　　单位:CFU/[m^3(空气)]

场所	畜舍	宿舍	城市街道	市区公园	海洋上空	北纬80°
微生物	$(1\sim2)\times10^6$	2×10^4	5×10^3	200	$1\sim2$	0

空气微生物没有固定的类群,在空气中存活时间较长的主要有芽孢杆菌、霉菌和放线菌的孢子、野生酵母菌、原生动物及微型后生动物的胞囊。从高空分离到的细菌有产碱杆菌属、芽孢杆菌属、八叠球菌属、冠氏杆菌属、小球菌属,霉菌有曲霉属、链格孢菌属、枝孢属、单孢枝霉属及青霉属等。此外,空气中还含有白色葡萄球菌、金黄色葡萄球菌、铜绿假单胞菌、沙门氏菌、大肠杆菌、白喉杆菌、肺炎链球菌、结核杆菌、军团菌、病毒粒子、阿米巴(变形虫)胞囊及立克次氏体等。

三、空气微生物的卫生标准及生物洁净技术

空气是人类与动物赖以生存的极重要因素,也是传播疾病的媒介。为了防止疾病

传播,提高人类的健康水平,要控制空气中微生物的数量。空气污染的指示菌以咽喉正常菌丛中的绿色链球菌最为合适,绿色链球菌在上呼吸道和空气中比溶血性链球菌易发现,且有规律性。通常用空气中的细菌总数作为指标。我国《室内空气中细菌总数卫生标准》(GB/T 17093—1997)规定,室内空气细菌的卫生标准:撞击法的细菌总数 $\leqslant 4\,000$ CFU/[m^3(空气)],沉降法的细菌总数 $\leqslant 45$ CFU/皿(表7-3)。

表7-3 我国室内空气中细菌总数卫生标准

项目	测定方法和标准		备注
	撞击法 [CFU·m^{-3}(空气)]	沉降法 (CFU·皿$^{-1}$)	
一般的室内空气 10万级空气净化车间的空气	$\leqslant 4\,000$	$\leqslant 45$	GB/T 17093—1997
10万级空气净化车间内的物体表面	$\leqslant 500$	$\leqslant 10$ CFU·cm^{-2}	

日本以细菌总数评价空气的卫生标准,见表7-4。

表7-4 日本以细菌总数评价空气的卫生标准　　　　单位:CFU/m^3

清洁程度	细菌总数
最清洁空气(有空调)	1~2
清洁空气	<30
普通空气	31~125
临界环境	约150
轻度污染	<300
严重污染	>301

要获得清洁空气,净化空气极为重要。最好的措施是绿化环境和搞好室内、外环境卫生。有些工业部门及医疗部门需要采用生物洁净技术净化空气。需采用生物洁净技术的部门有制药工业、食品工业、医院、生物制品、医学科学研究及生物科学研究、遗传工程、生物工程、电子工业、钟表工业及宇航工业等。生物洁净技术多用备有高效过滤器的空气调节除菌设备,它既能达到恒温控制又可提供无菌空气。但高效过滤器仅仅是除菌不是灭菌,人的进出活动会将微生物带到室内,所以,还要对室内器物进行消毒及无菌操作,才能保证室内无菌环境。这种以防止微生物污染为主要目的的洁净室,称为生物洁净室。

国际上,生物洁净室没有统一标准,大多数国家参照美国颁发的国家航空和航天局(NASA)标准,制定各国的标准,都大同小异,并且各个行业都定了标准,如食品医药行业。表7-5是各国食品医药行业对洁净室中浮游菌的技术要求。

表 7-5　各国食品医药行业对洁净室中浮游菌的技术要求

清洁度级别	澳大利亚 TGA[①] cGMP（2002年）		欧盟 EU[②] cGMP（2008年）		美国 FDA[③] cGMP（2014年）	中国 FDA 药品生产质量管理规范（2010年）
		CFU/m^3		CFU/m^3	CFU/m^3	CFU/m^3
100	A	<1	A	<1	<1	<1
1 000	B	≤10	B	≤10	≤7(1 000)	≤10
10 000	C	≤100	C	≤100	≤100	≤100
100 000	D	≤200	D	≤200	≤200	≤200

注：① 澳大利亚药物管理局药品动态良好的生产管理规范。
② 欧盟食品药物化妆品动态良好的生产规范应用指南。
③ 美国食品药物管理局动态药品良好生产管理规范。

空气微生物卫生标准可以浮游细菌数为指标，或以降落细菌数为指标。

飘浮在空气中的细菌称浮游细菌。浮游细菌附着在尘粒上，故浮游细菌的数量与尘粒的数量和粒径有关。浮游细菌在一定条件下缓慢地降落下来成为降落菌。它的数量取决于浮游细菌的数量，浮游细菌和降落菌有一定关系。

许钟麟提出用生物微粒作为制定"3"系列和"3.5"系列洁净度级别的参考值，见表 7-6。通过细菌和尘粒的相关性来确定浮游细菌和降落菌的浓度标准。

表 7-6　微生物粒子的参考值

含尘浓度最大值（粒·L^{-1}）	浮游菌最大浓度（个·L^{-1}）	允许最大沉降菌落数（个·周$^{-1}$·m^{-2}）	ϕ90 mm 培养皿 0.5 h 最大沉降量/个
0.3	0.001	3 629	0.068
0.35	0.001 1	3 992	0.075
3	0.003 3	11 976	0.225
3.5	0.003 5	12 700	0.239
30	0.01	36 290	0.682
35	0.011	39 920	0.75
300	0.033	119 760	2.25
350	0.035	127 000	2.39
3 000	0.1	362 900	6.82
3 500	0.11	399 200	7.5

注：本表摘自许钟麟.空气洁净技术原理.1998：316。

四、空气微生物的检测

我国检测空气微生物所用的培养皿规格有 ϕ90 mm 和 ϕ100 mm。

评价空气的清洁程度，需要测定空气中的微生物数量和空气污染微生物。测定的细菌指标有细菌总数和绿色链球菌,必要时则测病原微生物。

(一) 空气微生物的测定方法

1. 固体法

固体法有平皿落菌法(沉降-平板法)、撞击法(有缝隙采样器、筛板采样器、针孔采样器)和过滤法。

(1) 平皿落菌法:将营养琼脂培养基融化后倒入 Φ90 mm 无菌平皿中制成平板。将它放在待测点(通常设 5 个测点),打开皿盖暴露于空气 5~10 min,以待空气微生物降落在平板表面上,盖好皿盖,置于培养箱中培养 48 h 后取出,对菌落计数。

可通过奥梅梁斯基公式换算出浮游细菌数。奥氏认为 5 min 内落在面积 100 cm² 营养琼脂平板上的细菌数,与 10 L 空气中所含的细菌数相同。奥氏公式如下:

$$C = \frac{1\,000N}{A/100 \times t \times 10/5} \tag{7-1}$$

式中:C 为空气细菌数;A 为捕集面积,cm²;t 为暴露时间,min;N 为菌落数,个。

简化后的奥氏公式为:

$$C = \frac{50\,000N}{A \times t} \tag{7-2}$$

经测定发现,用奥氏公式计算的浮游细菌浓度比实测的浮游细菌少。原因是此公式没有考虑尘埃粒子大小、数量、气流情况、人员密度和活动情况。

(2) 撞击法:以缝隙采样器(图 7-3)为例,用吸风机或真空泵将含菌空气以一定流速穿过狭缝(狭缝宽有 0.15 mm、0.33 mm 和 1 mm 3 种)而被抽吸到营养琼脂培养基平板上。狭缝长度为平皿的半径,平板与缝的间隙有 2 mm,平板以一定的转速(1 r/min、5~60 r/min、60 r/min)旋转。通常平板转动 1 周,取出置于 37 ℃恒温箱中培养 48 h,根据空气中微生物的密度可调节平板转动的速度。采集含菌高的空气样品时,平板转动的速度要比含菌量低的空气样品的转速快。根据取样时间和空气流量算出单位空气中的含菌量。采样器的规格各国不一,实际应用时可按说明书操作。

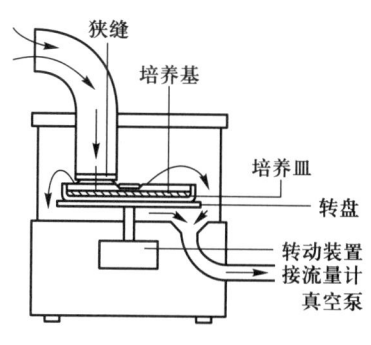

图 7-3 缝隙采样器

(3) 过滤法:利用无菌水过滤空气,将空气中的微生物截留在水中,空气得到净化。

2. 液体法

液体法可用于测定空气中的浮游微生物,主要是浮游细菌。该法将一定体积的含菌空气通入无菌蒸馏水或无菌液体培养基中,依靠气流的洗涤和冲击使微生物均匀分布在介质中,然后取一定量的菌液涂布于营养琼脂平板上,或取一定量的菌液于无菌培养皿中,倒入 10 mL 融化(约 50 ℃)的营养琼脂培养基,混匀,待冷凝制成平板,置于 37 ℃恒温箱中培养 48 h,取出计菌落数。再以菌液体积和通入的空气量计算出单位体积空气中的细菌数。例如,将 10 m³ 含菌空气通入 100 mL 的无菌水中,使 10 m³ 空气中的微生物全部截留在 100 mL 水中。然后取 1 mL 菌液涂布于平板上,若长出 100 个菌落,100 mL 水中的菌落数则为 10 000 个,即 10 m³ 空气中的细菌菌落数为 10 000 个,则 1 m³ 空气的细菌菌落数为 1 000 个。

(二) 空气微生物的检测点数

空气微生物的测点数越多越准确,为照顾到工作方便,又要保证相对准确,日本有关洁净室中浮游粒子测定方法和洁净室的评价方法(JIS B 9920,1987 年)规定:以 20~30 个测点数为宜,最少也要有 5~6 个。表 7-7 为美国联邦标准 209E 方法计算的必要测点数,目前,各国测浮游菌时所选用的测点数与其相近。

表 7-7 按美国联邦标准 209E 方法计算的必要测点数

进风面积(单向流)或室面积(乱流)/m²	洁净度			
	100 级	1 000 级	10 000 级	100 000 级
<10	2~3	2	2	2
10	4	3	2	2
20	8	6	2	2
40	16	13	4	2
80	32	25	8	2
100	40	32	10	3
200	80	63	20	6
400	160	126	40	13

注:本表摘自许钟麟.空气洁净技术原理.1998:523。

(三) 空气微生物的培养温度和时间

长期以来培养空气细菌的温度和时间是 37 ℃ 和 48 h,根据实验认为培养一般细菌和细菌总数以 31~32 ℃,24 h 或 48 h 为宜;培养真菌以 25 ℃,96 h 为宜。

(四) 浮游菌最小采样量和最小沉降面积

在测浮游菌时,为了避免出现"0"粒的概率,确保测定结果的可靠性,要考虑最小采样量。同样,在测降落菌时,要考虑最小沉降面积,可参考表 7-8 和表 7-9。

表 7-8 浮游菌最小采样量

浮游菌上限浓度/(个·m⁻²·min⁻¹)	计算最小采样量/m³
10	0.3
5	0.6
1	3
0.5	6
0.1	30
0.05	60

注:本表摘自许钟麟.空气洁净技术原理.1998:479。

表 7-9 落菌法测细菌所需要的最少培养皿数(沉降 0.5 h)

含尘浓度最大值/粒	需要直径为 90 mm 的培养皿数
0.35	40
3.5	13
35	4
350	2
3 500~35 000	1

注:本表摘自许钟麟.空气洁净技术原理.1998:479。

五、军团菌

军团菌是致病菌,是空调病病原菌之一。它存在于水体、土壤、气溶胶、中央空调室内空气、空调循环冷却水和医院室内空气中。它的生命力较强,当水温在 31~36 ℃时可长期存活。它主要通过空气传播疾病,引发人患肺炎型军团菌病(病情重)和非肺炎型军团菌病(病情较轻)。在夏、秋季易暴发流行,在封闭式中央空调办公的人群和免疫力低的人容易得此病。初发症状为全身不适、疲乏、肌肉酸痛、头痛、发热、咳嗽、胸痛、咳血、呼吸困难等,还能侵犯消化系统、中枢神经系统;重症患者可出现肝功能变化及肾功能衰竭,并可出现精神紊乱及脏器损害。

军团菌是革兰氏阴性杆菌,其大小为:$(2~50)~\mu m \times (0.5~1)~\mu m$,因培养条件不同形态上有变化,使菌体呈多形性,不形成芽孢,无荚膜,个体形态见图 7-4。军团菌为需氧菌,但需要体积分数为 2.5%~5.0% 的 CO_2;最适温度为 35~36 ℃,在 25 ℃ 和 40 ℃ 也可生长,但生长缓慢。军团菌在人工培养基上不易培养,在 BCYE[①] 培养基上培养 3~4 d 形成灰色菌落。它喜水,在蒸馏水中可存活 2~4 周,在自来水中可存活 1 年左右。可用改良的 Dieterle 饱和银染色法或直接免疫荧光法检出。

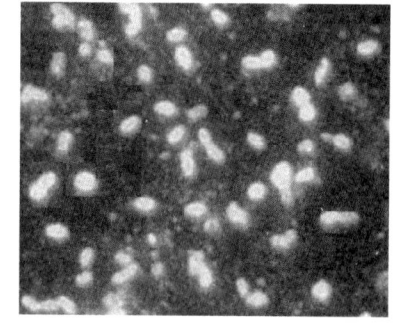

图 7-4 军团菌

军团菌的检测和鉴定要用它的生物学特性综合分析,如形态、生化特性、核酸检测(PCR,16S rRNA)和抗体检测(IgM 抗体和 IgG 抗体)等。核酸检测和抗体检测是快速检测方法。

第四节 水体微生物生态

水体有天然水体和人工水体两种。天然水体包括海洋、江河、湖泊、溪流等,人工水体有水库、运河、下水道、各种污(废)水处理系统。由于雨水冲刷,将土壤中各种有

---

① BCYE 培养基成分:酵母浸出液、活性炭、焦磷酸铁、缓冲剂 N-2-乙酰胺基-2-胺基乙烷磺酸。

机物及无机物,动物和植物残体带至水体;工业废水和生活污水源源不断排入;水生动物和植物死亡等为水体中的微生物提供了丰富的有机营养。

一、水体中微生物的来源

(一) 水体中固有的微生物

水体中固有的微生物有荧光杆菌、产红色和产紫色的灵杆菌、不产色的好氧芽孢杆菌、产色和不产色的球菌、丝状硫细菌、浮游球衣菌及铁细菌等。

(二) 来自土壤的微生物

由于雨水冲刷地面,将土壤中的微生物带到水体中。来自土壤的微生物有枯草芽孢杆菌、巨大芽孢杆菌、氨化细菌、硝化细菌、硫酸盐还原菌、蕈状芽孢杆菌和霉菌等。

(三) 来自生产和生活的微生物

各种工业废水、生活污水和禽畜的排泄物夹带各种微生物进入水体,包括大肠菌群、肠球菌、产气荚膜杆菌、各种腐生性细菌和厌氧梭状芽孢杆菌等。其中有致病微生物霍乱弧菌、伤寒杆菌、痢疾杆菌、立克次氏体、病毒和赤痢阿米巴等。

(四) 来自空气的微生物

雨雪降落时,将空气中的微生物夹带入水体中。初雨尘埃多,微生物也多;雨后空气的微生物少。雪的表面积大,与尘埃接触面大,故所含微生物比雨水多。

水体中细菌种类很多,微生物在水体中的分布与数量受水体的类型、有机物的含量、微生物的拮抗作用、雨水冲刷、河水泛滥、工业废水和生活污水的排放量等因素影响。

二、水体的微生物群落

(一) 海洋中的微生物群落

海水是混合液体,盐分高,渗透压大,温度低,海面阳光照射强烈,深海处光线极暗,静水压力大。微生物群落的分布和数量受海洋环境变化、人类活动等因素的影响。海洋中的微生物有固有栖息者,也有许多是随河水、雨水及污水排入的。

1. 海洋微生物的群落分布

海洋分沿(近)海带和外(远)海带。在沿海带,由于沿海城市人口密集、工厂多,生活污水和工业废水随河水流入。海港停泊的船只也排出许多污水和废物,故沿海海水中含有大量的有机物,海面阳光充足,温度适宜,港口海水微生物达 1×10^5 个/L。在外海,人类活动少,微生物少,一般为 10~250 个/L。海洋微生物的水平分布除受内陆气候、雨量等影响外,还受潮汐的影响。当涨潮时,因海水受到稀释,含菌量明显减少,退潮含菌量增加。

距海面 0~10 m 的深处因受阳光照射含菌量较少,浮游藻类较多。例如,绿藻、硅藻和甲藻等,成为海洋生产者,为浮游动物和鱼、虾提供饵料。距海面 5~50 m 处的微生物数量较多,而且随海水深度增加而增加,50 m 以下微生物的数量随海水深度增加而减少。在海底因沉积着很丰富的有机物,但溶解氧缺乏。因此,就某一区域微生物群落的垂直分布而言,海面有阳光照射,藻类生长,溶解氧量高,有好氧的异养菌,再往下为兼性厌氧微生物,海底有兼性厌氧菌和厌氧菌。

2. 海洋微生物群落的生态特征

在海洋中存在大量的古菌(泉古生菌),占超微型浮游生物(picoplankton)的 1/3,用荧光标记探针原位杂交技术以不同激发波长检测在同一样品中的不同微生物,得知深度≥100 m 的水域细菌占多数,而在 100 m 以下的水域古菌占多数。

嗜盐菌:海水中盐的质量浓度约 30 g/L。所以,海洋微生物大多数是耐盐或嗜盐的。一般嗜盐菌在含盐 25~40 g/L 的海水中生长最为适宜,超过 100 g/L 微生物生长才受抑制。但耐高渗透压的嗜盐菌例外,它们在含盐 120 g/L 的海水中生长良好,极端嗜盐菌生长的盐浓度范围为 162~360 g/L(实为饱和盐浓度)。高浓度的 Na^+ 对嗜盐杆菌的质膜和细胞壁起稳定作用;Na^+ 浓度过低,如在盐浓度 40 g/L 的海水中其质膜和细胞壁完全破裂。它们在体内还积累大量 K^+(4~7 mol/L)以维持体内高于周围环境的渗透压,以便细胞吸收环境中的营养;高浓度的 K^+ 能维持其酶、核糖体和运输蛋白的稳定性和活性。

嗜压菌:在海洋中的耐压菌在 $0~4×10^4$ kPa 下生存;嗜压菌在 $4×10^4$ kPa 下生长最好,在 101 kPa 也能生长。海洋中假单胞菌属(*Pseudomonas*)在 40 ℃ 时,要在 $(4.0~5.0)×10^4$ kPa 压力下才能生长繁殖。嗜压细菌有发光杆菌属、希瓦氏菌属和科尔韦尔氏菌属;还有古菌中的热球菌属和詹氏甲烷球菌。极端嗜压菌在 $6.0×10^4$ kPa 或更高压力下才生长。例如,在菲律宾 10 500 m 的马尼拉海沟淤泥中分离到一种在大约 $10×10^4$ kPa 压力下生长的极端嗜压细菌,它在低于 $(4.0×5.0)×10^4$ kPa 压力及低于 2 ℃ 的情况下不生长。

嗜冷菌:它们在冰和海水之间的分界面上生长繁殖。在海水和冰分界面冰片下层的冰核心块中找到的嗜冷菌有:极胞菌属(*Polaromonas*)、海杆菌属(*Marinobacter*)、嗜冷弯菌属(*Psychroflexus*)、冰杆菌属(*Iceobacter*)、极杆菌属(*Polaribacter*)和南极冷单胞菌属(*Psychromonas antarcticus*)。

其他的海洋微生物有假单胞菌属、弧菌属、黄色杆菌属、无色杆菌属及芽孢杆菌属等。按栖息地可分为底栖性细菌、浮游性细菌和附着性细菌。

(1) 底栖性细菌:因海底各处地质结构和有机物含量不同,底栖性细菌的水平分布也不同。岩礁海岸底部为产芽孢杆菌和溶胶杆菌;沙砾海岸底部有腐败芽孢杆菌和固氮菌;沉积土有机物丰富,以腐败细菌为主,还有硫细菌、硝化细菌;浅海海底沉积大量有机物、动物和植物残体,缺乏溶解氧,故多为厌氧的腐败梭菌,产物有 H_2S 和 NH_3,还有产甲烷菌和硫酸盐还原菌;在深海海底有厌氧异养菌;在河口和入海处多数为来自土壤的细菌。

(2) 浮游性细菌:这类细菌有鞭毛,自由生活,有荧光假单胞菌、变形杆菌、纤维弧菌、螺旋菌及人和动物的肠道细菌。

(3) 附着性细菌:这类细菌附着在动物和植物体上,是异养菌。例如,发光细菌和有色杆菌附着在鱼体上,纤维素分解菌和固氮菌附着在浮游植物和藻体上。

(二) 淡水微生物群落

河流、湖泊、小溪和池塘等水体中微生物种类和土壤中的相近,分布规律却和海洋中的相似。湖泊和池塘水的流速慢,属静水系统。河、溪为流水系统,两者的微生物群落分布不同。影响微生物群落的分布、种类和数量的因素有:水体类型、受污(废)水污染程度、有机物的含量、溶解氧量、水温、pH 及水的深度等。尽管水体类型不同,但水平分布的共同特点是:沿岸水域有机物较多,微生物种类和数量也多。

湖泊有贫营养湖和富营养湖之分。湖泊形成初期,生物生产力低,水中有机物少,湖底沉积物少,细菌数量少,有机物分解微弱,耗氧量低,含大量溶解氧,这叫贫养湖。随着河流和土壤不断向湖泊输送养料和泥沙,生物种类和数量增多。湖底沉积的有机物丰富,细菌数量增加,分解有机物速率提高,无机物增加,表水层阳光充足,使浮游藻类大量繁殖,生物生产力提高,这叫富养湖。没有受严重污染的河溪,含有机物少。常见细菌有革兰氏阴性杆菌、柄细菌属、丝联菌属、嘉氏铁柄细菌、赫色纤发菌、浮游球衣菌、贝日阿托氏菌属、发硫菌属、假单胞菌属、蓝细菌及藻类。原生动物有钟虫及其他固着型纤毛虫,还有微型后生动物。

地下水、自流井、山泉及温泉等经过厚土层过滤,有机物和微生物都少。石油岩石地下水含分解烃的细菌,含铁泉水中有铁细菌,含硫温泉中有硫黄细菌,它们是耐热或嗜热的,能在 70~80 ℃的水中生长,有的甚至可在 90 ℃的水中生长。淡水因土壤腐殖质和有机酸等流入或酸雨影响,水体酸碱度大多呈弱酸性。淡水微生物要求 pH 为 6.5~7.5,所以,淡水水体适合它们生长。pH 小于 4 或大于 9,微生物生长都受抑制。淡水微生物是中温性的。

三、水体自净和污染水体的微生物生态

(一) 水体自净

1. 水体自净过程

天然淡水水体是人类生活和工业生产用水的水源,也是水生动物和植物生长繁殖的场所。在正常情况下,各种水体有各自的生态系统。以河流为例:土壤中动物和植物残体及生活污水、工业废水等排放入河流后,水中细菌由于有丰富的有机营养而大量生长繁殖。随着有机物含量逐渐降低,藻类的量逐渐增多,原生动物以细菌和藻类为食料而大量繁殖,成为轮虫和甲壳动物的食料。轮虫和甲壳动物大量繁殖为鱼类提供食料。鱼被人食用,人的排泄物及废物被异养细菌分解为简单有机物和无机物,同时构成自身机体。随后各种生物又按前述次序循环。这种河流中的生物循环构成了食物链。食物链如下:

```
            阳光
             ↓
          一级生产者        →原生动物→轮虫、浮游甲壳动物→鱼→其他动物
        (藻类、光合细菌、水生植物)  ↑                              ↓
                         异养细菌 ← 废物、排泄物 ← 人 ←
```

食物链中各种生物与它们的生存环境之间通过能量转移和物质循环,保持着相互依存的关系,这种关系在一定的空间范围和一定时间内呈现稳定状态,即保持生态平衡。

河流接纳了一定量的有机污染物后,在物理的、化学的和水生物(微生物、动物和植物)等因素的综合作用后得到净化,水质恢复到污染前的水平和状态,这叫水体自净。任何水体都有其自净容量。自净容量是指在水体正常生物循环中能够净化有机污染物的最大数量。

水体自净过程如图 7-5 所示。具体步骤如下：

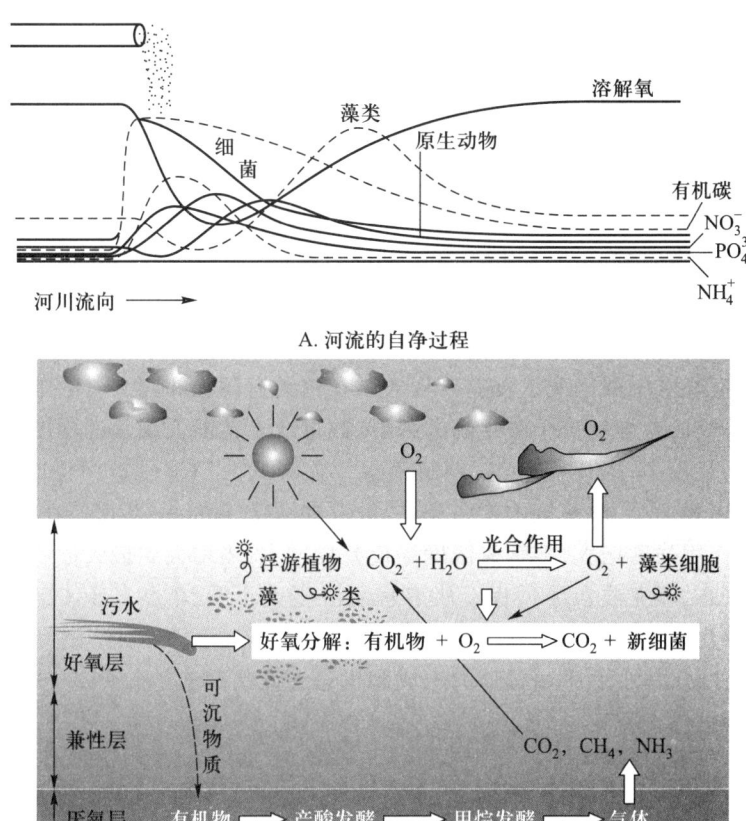

图 7-5　河流及湖泊的自净过程

① 有机污染物排入水体后被水体稀释,有机和无机固体物质沉降至河底。

② 水体中好氧细菌利用溶解氧把有机物分解为简单有机物和无机物,并用以组成自身有机体,水中溶解氧急速下降至零,此时鱼类绝迹,原生动物、轮虫、浮游甲壳动物死亡(图 7-6),厌氧细菌大量繁殖,对有机物进行厌氧分解。有机物经细菌完全无机化后,产物为 CO_2,H_2O,PO_4^{3-},NH_3 和 H_2S。NH_3 和 H_2S 继续在硝化细菌和硫化细菌作用下生成 NO_3^- 和 SO_4^{2-}。

③ 水体中溶解氧在异养菌分解有机物时被消耗,大气中的氧刚溶于水就被迅速用掉,尽管水中藻类在白天进行光合作用放出氧气,但复氧速率仍小于耗氧速率,氧垂曲线下降。在最缺氧点,有机物的耗氧速率等于河流的复氧速率。再往下游的有机物渐少,复氧速率大于耗氧速率,氧垂曲线上升。如果河流不再被有机物污染,河水中溶解氧恢复到原来水平,甚至达到饱和。

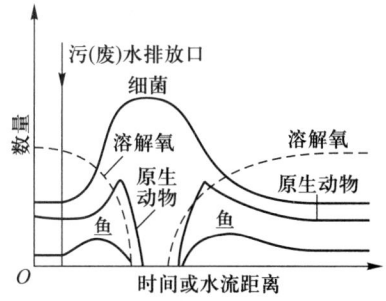

图 7-6　河流污染对水生生物的影响

④ 随着水体的自净,由于有机物缺乏和其他原因(如阳光照射、温度、pH 变化、毒物及生物的拮抗作用等)使细菌死亡。据测定,细菌死亡数大约为 80%～90%。

2. 衡量水体自净的指标

(1) P/H 指数:P 代表光能自养型微生物,H 代表异养型微生物,两者的比值即 P/H 指数。P/H 指数反映水体污染和自净程度。水体刚被污染,水中有机物浓度高,异养型微生物大量繁殖,P/H 指数低,自净的速率高。在自净过程中,有机物减少,异养型微生物数量减少,光能自养型微生物数量增多,故 P/H 指数升高,自净速率逐渐降低。在河流自净完成后,P/H 指数恢复到原有水平。

(2) 氧浓度昼夜变化幅度和氧垂曲线:水体中的溶解氧是由空气中的氧溶于水而得到补充,同时也靠光能自养型微生物光合作用放出氧得到补充。阳光的照射是关键因素,白天和夜晚水中溶解氧浓度差异较大。在白天有阳光和阴天时的溶解氧浓度差异也较大。昼夜的差异取决于微生物的种群、数量或水体断面及水的深度。如果光能自养型微生物数量多,P/H 指数高,溶解氧昼夜差异大。河流刚被污染时,P/H 指数下降,光合作用强度小,溶解氧浓度昼夜差异小,如图 7-7 的 $A\sim B$ 点。在 C 点 P/H 指数上升,光合作用强度增大,溶解氧浓度昼夜差异增大,当增大到最大值后又回到被污染前的原有状态,即完成自净过程。从溶解氧浓度大小看,B 点高于 C 点,但 C 点溶解氧的昼夜变化幅度大于 B 点,C 点的自净程度高于 B 点。可见,溶解氧昼夜变化幅度能较好地反映水体中微生物群落的组成和生态平衡状况。

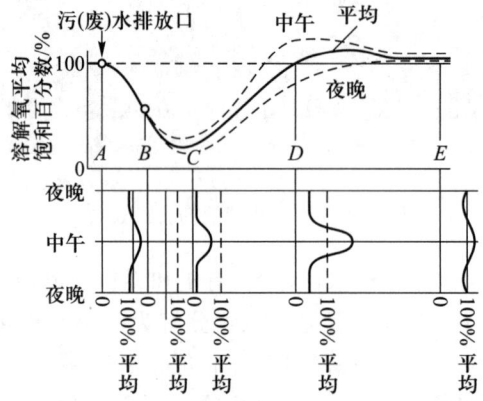

图 7-7 污染河流中氧浓度昼夜变化示意图

(二) 污染水体的微生物生态

1. 污化系统

当有机污染物排入河流后,在排污点的下游进行着正常的自净过程。沿着河流方向形成一系列连续的污化带,如多污带、α-中污带、β-中污带和寡污带,这是根据指示生物的种群、数量及水质划分的。污化指示生物包括细菌、真菌、藻类、原生动物、轮虫、浮游甲壳动物、底栖动物(有寡毛类的颤蚯蚓)、软体动物和水生昆虫。

(1) 多污带:多污带位于排污口之后的区段,水呈暗灰色,很浑浊,含大量有机物,BOD 高,溶解氧极低(或无),为厌氧状态。在有机物分解过程中,产生 H_2S,CO_2 和

CH_4 等气体。由于环境恶劣,水生生物的种类很少,以厌氧菌和兼性厌氧菌为主,种类多,数量大,每毫升水含有几亿个细菌。它们中间有分解复杂有机物的菌种,有硫酸盐还原菌、产甲烷菌等。水底沉积许多由有机和无机物形成的淤泥,有大量寡毛类(颤蚯蚓)动物。水面上有气泡。无显花植物,鱼类绝迹。

(2) α-中污带:α-中污带在多污带的下游,水为灰色,溶解氧少,为半厌氧状态,有机物量减少,BOD 下降,水面上有泡沫和浮泥,有氨、氨基酸及 H_2S,生物种类比多污带稍多。细菌数量较多,每毫升水约有几千万个。有蓝细菌、裸藻、绿藻,原生动物有天蓝喇叭虫、美观独缩虫、椎尾水轮虫、臂尾水轮虫及节虾等。底泥已部分无机化,滋生了很多颤蚯蚓。

(3) β-中污带:β-中污带在 α-中污带之后,有机物较少,BOD 和悬浮物含量低,溶解氧浓度升高,NH_3 和 H_2S 分别氧化为 NO_3^- 和 SO_4^{2-},两者含量均减少。细菌数量减少,每毫升水只有几万个。藻类大量繁殖,水生植物出现。原生动物有固着型纤毛虫(如独缩虫、聚缩虫等活跃)、轮虫、浮游甲壳动物及昆虫出现。

(4) 寡污带:寡污带在 β-中污带之后,它标志着河流自净作用已完成,有机物全部无机化,BOD 和悬浮物含量极低,H_2S 消失,细菌极少,水的浑浊度低,溶解氧恢复到正常含量。指示生物有:鱼腥蓝细菌、硅藻、黄藻、钟虫、变形虫、旋轮虫、浮游甲壳动物、水生植物及鱼。

2. 水体有机污染指标

(1) BIP 指数:BIP 指数的含义是无叶绿素的微生物占所有微生物(有叶绿素和无叶绿素微生物)的百分比。指数由下式计算:

$$\text{BIP} = \frac{B}{A+B} \times 100 \tag{7-3}$$

式中:A 为有叶绿素的微生物数;B 为无叶绿素的微生物数。

利用 BIP 可以判断水体的污染程度,见表 7-10。

表 7-10 利用 BIP 值判断水体的污染程度

污染程度	清洁水	轻度污染水	中等污染水	严重污染水
BIP	0~8	8~20	20~60	60~100

BIP 指数可用于定性地衡量、评价水体污化系统的有机污染程度。

(2) 细菌菌落总数:细菌菌落总数是用平皿计数法,在营养琼脂培养基中,有氧条件下 37 ℃培养 24 h(或 48 h)后,1 mL 水样所含细菌菌落的总数。它用于指示被检的水源水受有机物污染的程度;也为生活饮用水进行卫生学评价提供依据。我国规定 1 mL 生活饮用水中的细菌菌落总数在 100 CFU/mL 以下(表 7-11)。

在饮用水中所测得的细菌菌落总数,除说明水被生活废物污染程度外,还指示该饮用水能否饮用。但水源水中的细菌菌落总数不能说明污染物的来源。因此,结合大肠菌群数和耐热大肠菌群数以判断水的污染源和安全程度就更为全面。

表 7-11 几种水质的细菌卫生标准

水样来源	细菌(菌落)总数/(CFU·mL^{-1})	总大肠菌群/(个·(100 mL)$^{-1}$)	耐热(粪)大肠菌群/[CFU·(100 mL)$^{-1}$]	大肠埃希氏菌/[CFU·(100 mL)$^{-1}$]	标准来源
生活饮用水	≤100	不得检出	不得检出	不得检出	GB 5749—2006
人工游泳池水	≤1 000	≤18(个/L)	—	—	GB 9667—1996
农田灌溉蔬菜用水 a. 加工、烹饪及去皮蔬菜 b. 生食类蔬菜、瓜果及草本水果	—	—	≤2 000^a, ≤1 000^b(个/100 mL)	蛔虫卵 2^a, 1^b(个/L)	GB 5084—2005
城市杂用水	—	≤3(个/L)	—	—	GB 18920—2002

注:1. 因各行业用的微生物名称及单位不统一,本表尽量尊重原文。
2. 耐热大肠菌群即粪大肠菌群。
3. 农田灌溉蔬菜用水、城市杂用水、饮用天然矿泉水及包装饮用水(桶装/瓶装)的标准均不测细菌总数。

天然水体由于粪便污水的排入引起致病菌污染,它们是痢疾志贺氏菌(*Shigella dysenteriae*)、副痢疾志贺氏菌(*Shigella paradysenteriae*)、伤寒沙门氏菌(*Salmonella typhi*)、甲型、乙型和丙型的副伤寒沙门氏菌(*Salmonella paratyphi*)及霍乱弧菌(*Vibrio cholerae*),见图7-8。通常,由于致病菌数量少,检测不方便,选用和它相近的非致病菌作间接指标。目前,选用总大肠菌群作致病菌的指示菌。

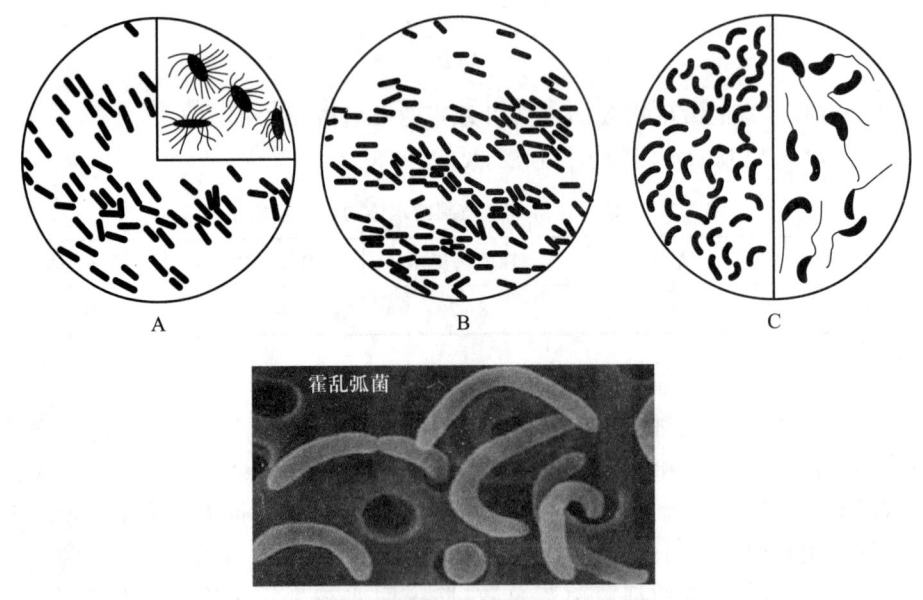

图 7-8 几种致病菌
A—伤寒杆菌;B—痢疾杆菌;C—霍乱弧菌

(3)总大肠菌群:总大肠菌群包括埃希氏菌属(*Escherichia*)、柠檬酸杆菌属(*Citrobacter*)、肠杆菌属(*Enterobacter*)和克雷伯氏菌属(*Klebsiella*)等十几种肠道杆菌。

它们是一群兼性厌氧的、无芽孢的革兰氏阴性杆菌。在 37 ℃ 时,埃希氏菌属、柠檬酸杆菌属、肠杆菌属和克雷伯氏菌属能不同程度地发酵乳糖产酸、产气,是指示水体被粪便污染的一个指标。更确切地说,它是致病菌污染水体的间接指标。为了说明水体刚被粪便污染,用耐热大肠菌群作指标,能更准确地反映水体受粪便污染的情况,因为它可以通过提高温度(44.5 ℃)将自然环境中的大肠菌群与粪便中的大肠菌群区分开,详见实验十一。

大肠菌群被选作致病菌的间接指示菌的理由是:大肠菌群是人体中正常的肠道菌,数量最大,对人较安全,在环境中的存活时间与致病菌相近,而且检验技术相对简便,故一直沿用至今。但事实上,其中的大肠埃希氏菌可引起幼儿腹泻,有些菌株如 O-157 是极毒菌株,在日本、美国曾多次由 O-157 引起爆发性传染病。再者,有时测总大肠菌群呈阴性,却不能确切证明无致病菌。所以,以总大肠菌群作指标有一定的缺陷。

四、水体富营养化

(一) 水体富营养化的概念与发生

湖泊从贫养湖变成富养湖是自然的、缓慢的发展过程。但由于某些因素,尤其是人类将富含氮、磷的城市生活污水和工业废水排放入湖泊、河流和海洋,使上述水体的氮、磷营养过剩,促使水体中藻类过量生长,就导致淡水水体发生水华,使海洋发生赤潮,造成水体富营养化。

目前,表示水体富营养化的指标是:水体中无机氮含量超过 0.2~0.3 mg/L,生化需氧量大于 10 mg/L,总磷含量大于 0.01~0.02 mg/L,pH 为 7~9 的淡水中细菌总数超过 $10×10^4$ 个/mL,表征藻类数量的叶绿素 a 含量大于 10 μg/L。

因为当无机氮 ≥ 0.3 mg/L 和总磷 ≥ 0.02 mg/L 时,最适合藻类生长繁殖。所以,一般认为:水体中无机氮 ≥ 300 mg/m³、总磷 ≥ 20 mg/m³ 时,水体会发生富营养化。可见,氮和磷是影响藻类生长的因素。

海洋富营养化促使裸甲藻、膝沟藻属等大量繁殖,从而发生赤潮。赤潮已成为一种世界性的公害,美国、日本、中国、加拿大、法国、瑞典、挪威、菲律宾、印度、印度尼西亚、马来西亚及韩国等 30 多个国家和地区赤潮发生都很频繁。由于甲藻细胞内含红色色素使海洋水面呈现一片血红色,赤潮可能由此而得名(图 7-9)。甲藻可分泌双鞭甲藻毒素(一种神经性贝毒素),现命名为短裸甲藻毒素(Brevetoxin,BTX)主要是由双鞭甲藻(*Karenia bravisbrevis*)产生,使鱼类中毒死亡。该毒素由贝类富集,通过食物链进入人体引起疾病。

我国南海、渤海及湖泊发生的赤潮和水华均与微囊蓝细菌有关。绿藻、硅藻和黄褐藻也能引起水华。在强烈富营养化的湖泊中,蓝细菌和藻类都能引发大规模水华现象(图 7-10),并且可能持续几年,直到湖泊中的营养物由于正常的水流动或营养物沉淀后,水华才消失。水中氮/磷的比例影响藻类种群的变化:如果氮不过量、磷过量时,蓝细菌占优势,发挥主导作用。因为它们中的念珠蓝细菌属(*Nostoc*)、鱼腥蓝细菌属(*Anabaena*)、筒孢蓝细菌属(*Cylindrospermum*)和颤蓝细菌属(*Oscillatoria*)能固氮,因而能优势生长。即使在氮、磷都丰富时蓝细菌也能与藻类竞争,因为藻类喜在中性和

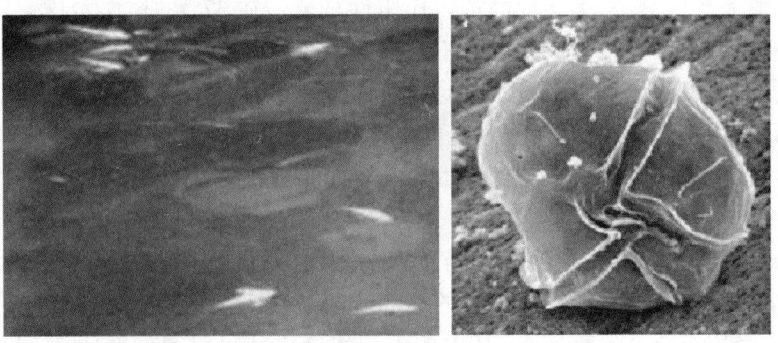

图 7-9　美国佛罗里达州发生短裸甲藻赤潮

20~25 ℃生长,蓝细菌却在较高 pH(8.5~9.6)和较高温度(30~35 ℃)时生理功能最有效,高效率地利用 CO_2,使水的 pH 升高而优势生长。又由于蓝细菌分泌毒素,抑制藻类生长,还可毒死水生动物,人饮用此种水或食用中了毒的鱼可能致死。

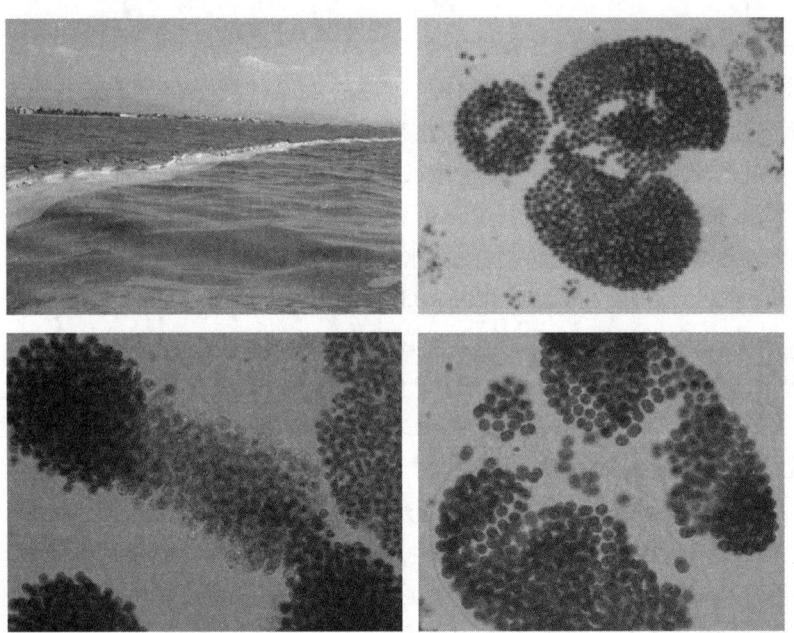

图 7-10　湖泊水华及其中的微囊蓝细菌

水体中由于蓝细菌、藻类和异养细菌的代谢活动,耗尽了水中的溶解氧,大量的藻类覆盖在水面,大气中的氧不易溶于水,造成缺氧,使浮游动物、鱼类无法生存,加上藻类分泌致臭、致毒物及其本身死亡、腐败,严重影响水质。富营养化的水体底部沉积着很丰富的有机物,在水体缺氧的情况下,加剧了水体底部的厌氧发酵(如沼气发酵),硫酸盐还原反应等,相应地引起微生物种群、群落的演替。

湖泊的富营养化除与水中的营养盐浓度有关外,还与水温和营养盐负荷有关。表 7-12 为湖泊的氮、磷负荷。表中的部分数据由下列公式算出:

$$L_\mathrm{p} = (25-50)\overline{Z}^{0.6} \tag{7-4}$$

式中：L_p 为磷的表面负荷，$g/(m^2 \cdot a)$；25 为容许负荷系数；50 为危险负荷系数；Z 为平均水深，m。

表 7-12　湖泊的氮、磷负荷（Vollenweider，1971）

平均水深 m	容许负荷/(kg·m⁻²·a⁻¹)		危险负荷/(kg·m⁻²·a⁻¹)	
	N	P	N	P
5	1.0	0.07	2.0	0.10
10	1.5	0.10	3.0	0.20
50	4.0	0.25	8.0	0.50
100	6.0	0.40	12.0	0.80
150	7.5	0.50	15.0	1.00
200	9.0	0.60	18.0	1.20

（二）评价水体富营养化的方法与潜在生产力

评价水体富营养化的方法有：① 观察蓝细菌和藻类等指示生物；② 测定生物的现存量；③ 测定原初生产力；④ 测定透明度；⑤ 测定氮和磷等导致富营养化的物质。将这 5 方面综合起来对水体的富营养化进行全面充分的评价。为了控制排入公共水体的污（废）水量和水质，以便采取防止污（废）水对水体产生负面影响的措施，必须测定该污（废）水中藻类的潜在生产力（AGP）。

AGP 即藻类生产的潜在能力。把特定的藻类接种在天然水体或污（废）水中，在一定的光照度和温度条件下培养，使藻类增长到稳定期为止，通过测干重或细胞数来测其增长量。此即藻类生产的潜在能力。藻类培养试验的方法如下：

藻种：羊角月牙藻、小毛枝藻、小球藻属、衣藻属、谷皮菱形藻、裸藻属、栅列藻属、纤维藻属、实球藻属、微囊蓝细菌及鱼腥蓝细菌属等。

方法：将培养液用滤膜（1.2 μm）过滤，除去 SS 和杂菌。取 500 mL 置于 1 000 mL 的 L 形培养管中，接入羊角月牙藻，将培养管放在往复振荡器上（30~40 r/min），在 20 ℃、光照度为 4 000~6 000 lx 条件下振荡培养 7~20 d（每天明培养 14 h，暗培养 10 h）后，取适量培养液用滤膜过滤，置 105 ℃烘至恒重，称干重，计算 1 L 藻类的干重即为该水样的 AGP。

日本天然水体贫营养湖的 AGP 为 1 mg/L，中营养湖 AGP 为 1~10 mg/L，富营养湖 AGP 为 5~50 mg/L。若加入生活污水处理水，AGP 明显增加。

（三）防止水体富营养化

为了防止天然水体富营养化，需要用三级处理方法处理污（废）水，脱氮除磷。使各种污（废）水中氮和磷的排放量控制在低水平。目前，我国规定生活污水处理厂一级的 A 级标准排放的总氮（以 N 计）控制在 15 mg/L 以下。总磷（TP，以 P 计）控制在 0.5 mg/L 以下。因此，要严格控制污染物质的排放量，并根据 GB 18918—2002《城镇污水处理厂污染物排放标准》进行排放（表 7-13）。具体的脱氮除磷方法见第十章。

表 7-13 基本控制项目最高允许排放浓度(日均值)　　　　　单位:mg/L

基本控制项目		一级标准 A 标准	一级标准 B 标准	二级标准	三级标准
化学需氧量(COD_{Cr})		50	60	100	120
生化需氧量(BOD_5)		10	20	30	60
总氮(以 N 计)		15	20	—	—
氨氮(以 N 计)		5(8)	8(15)	25(30)	—
总磷(以 P 计)	2005 年 12 月 31 日前	1	1.5	3	5
	2006 年 1 月 1 日后	0.5	1	3	5
粪大肠菌群数/(个·L^{-1})		10^3	10^4	10^4	—

思 考 题

1. 什么叫生态系统？生态系统有什么功能？什么叫生物圈？什么叫生态平衡？
2. 为什么说土壤是微生物最好的天然培养基？土壤中有哪些微生物？
3. 什么叫土壤自净？土壤被污染后其微生物群落有什么变化？
4. 土壤是如何被污染的？土壤污染有什么危害？
5. 什么叫土壤生物修复？为什么要进行土壤生物修复？
6. 土壤生物修复技术的关键有哪些方面？
7. 空气微生物有哪些来源？空气中有哪些微生物？
8. 空气中有哪些致病微生物？以什么微生物为空气污染指示菌？
9. 水体中微生物有几方面来源？微生物在水体中的分布有什么样的规律？
10. 什么叫水体自净？可根据哪些指标判断水体自净程度？
11. 水体污染指标有哪几种？污化系统分为哪几"带"？各"带"有什么特征？
12. 什么叫水体富营养化？评价水体富营养化的方法有几种？
13. 什么是 AGP？如何测定 AGP？

第八章 微生物在环境物质循环中的作用

自然环境中除了人烟稀少、无工业的地区还保留着纯净的天然性状(糖类、蛋白质、脂肪)外,一般都或多或少地受到废物或毒物的污染,已经很难找到不带有人为影响的完全的自然过程。所以,物质循环包括天然物质和污染物质的循环。物质循环有氧、碳、氮、硫、磷、铁、锰及有毒或无毒污染物的循环。促使上述物质循环的有物理作用、化学作用和生物作用,其中生物作用占主导,微生物在生物作用中占极重要的地位。

第一节 氧循环

大气中氧含量丰富,约占空气体积分数的21%。人和动物呼吸、微生物分解有机物都需要氧。所消耗的氧由陆地和水体中的植物及藻类进行光合作用释放,源源不断地补充到大气和水体中。氧在水体的垂直方向分布不均匀。表层水有溶解氧,深层和底层缺氧。当涨潮或湍流发生时,表层水和深层水充分混合,氧可能被传送到深水层。在夏季温暖地区的水体发生分层,温暖而密度小的表层水和寒冷而密度大的底层水分开,底层缺氧。秋末初冬时,表层水变冷,比底层水重,水发生"翻底"(图8-1)。温暖地区湖泊的氧一年四季有周期性变化。

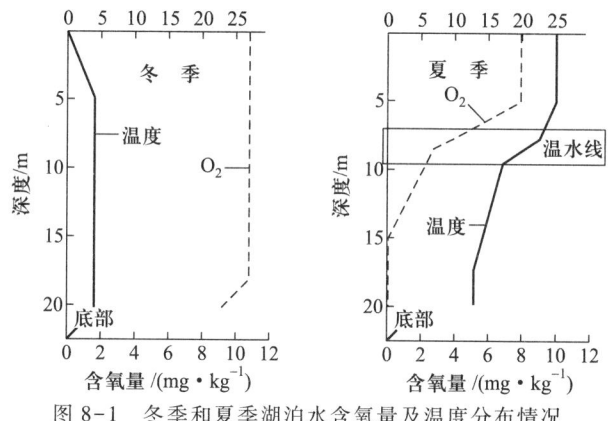

图8-1 冬季和夏季湖泊水含氧量及温度分布情况

第二节 碳循环

含碳物质有二氧化碳、一氧化碳、甲烷、糖类、脂肪和蛋白质等。碳循环以CO_2为中心,CO_2被植物、藻类利用进行光合作用,合成植物性碳;动物摄食植物就将植物性碳转化为动物性碳;动物和人呼吸放出 CO_2,有机碳化合物被厌氧微生物和好氧微生物分解所产生的 CO_2 均返回大气。而后, CO_2 再一次被植物利用进入循环(图 8-2)。

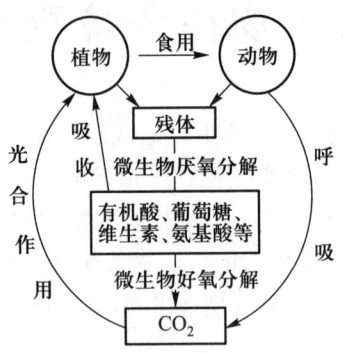

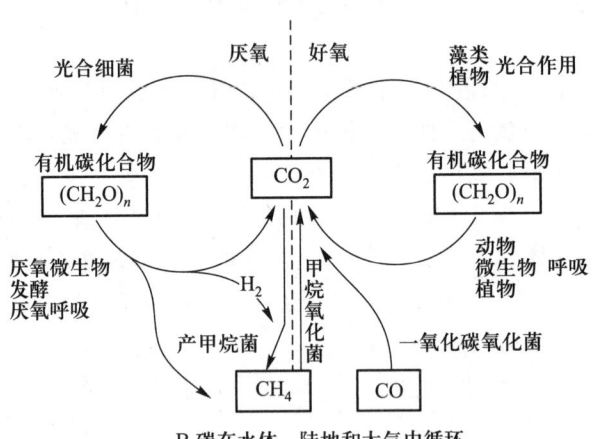

图 8-2　碳循环

CO_2 是植物、藻类和光合细菌的唯一碳源,若以大气中 CO_2 的含量为 0.032% 计算,其储藏量约有 $6\,000 \times 10^8$ t,全球(陆地、海洋、河流、湖泊)植物每年消耗大气中 CO_2 约 $600 \times 10^8 \sim 700 \times 10^8$ t,10 年就可将大气中 CO_2 用尽。由于人、动物呼吸及微生物分解有机物产生大量 CO_2,源源不断补充至大气。海洋、陆地、大气和生物圈之间碳长期自然交换的结果,使大气中的 CO_2 保持相对平衡、稳定。因此,在过去的 10 000 年里, CO_2 含量变化极小,持续维持在 280×10^{-6} 左右。自 18 世纪工业革命以来,由于石油和煤燃烧量日益增加,排放的 CO_2 等温室气体正在大幅度增加。因而使大气圈中 CO_2 含量逐年增加,见图 8-3 和图 8-4。

据报道,1750 年大气中的 CO_2 含量仅为 280×10^{-6},1996 年测定 CO_2 含量增加到 360×10^{-6};据 IPCC(政府间气候变化专门委员会)估计,2050 年,大气 CO_2 含量将上升到 560×10^{-6}。

以 CO_2 为代表的温室气体的大量排放,导致了全球性的"温室效应",并由此引发了一系列环境问题,直接影响了人们的生产和生活。由于 CO_2 含量的持续增高,20 世

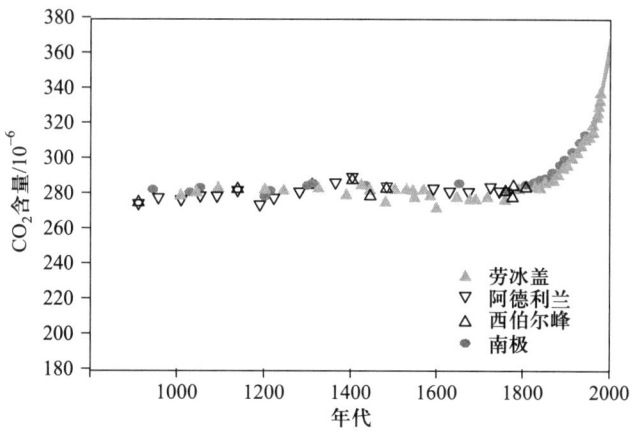

图 8-3　南极几个监测站大气中 CO_2 变化曲线

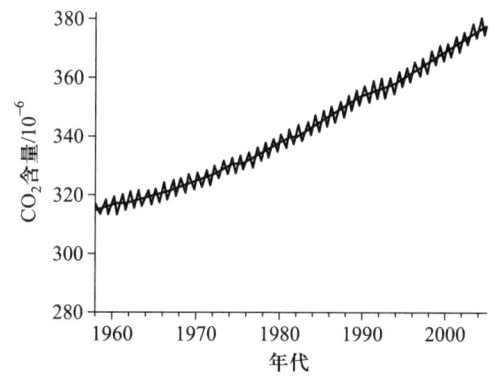

图 8-4　基林曲线（莫纳罗亚山观测站 CO_2 变化曲线）

纪地球表面温度上升了 0.3~0.6 ℃，海平面上升 10~25 cm。到 21 世纪中叶，全球温度将增加 1.5~4 ℃。

在整个生态系统中，有机物厌氧发酵产生 CH_4 和 CO_2，产甲烷菌将 CO_2 转化为 CH_4，甲烷氧化菌将 CH_4 氧化成 CO_2。大气中的 CH_4 含量以大约 1% 的速率逐年递增，在过去的 300 年中，从 0.7×10^{-6} 上升到 $1.6\times10^{-6} \sim 1.7\times10^{-6}$（体积分数）。$CH_4$ 来自水稻田、反刍动物、煤矿、污水处理厂、垃圾废物填埋场和沼泽地等。CO 来自于石油、煤的燃烧、汽车尾气等。

几种天然含碳化合物的转化如下：

一、纤维素的转化

纤维素是葡萄糖的高分子聚合物，每个纤维素分子含 1 400~10 000 个葡萄糖基，分子式为 $(C_6H_{10}O_5)_{(1\,400\sim10\,000)}$。树木、农作物秸秆和以这些为原料的工业产生的废水（如棉纺印染废水、造纸废水、人造纤维废水及有机垃圾等），均含有大量纤维素。

（一）纤维素的分解途径

纤维素在微生物酶的催化下沿下列途径分解：

```
纤维素 ──纤维素酶──→ 纤维二糖 ──纤维二糖酶──→ 葡萄糖 ──氧化酶,脱氢酶,脱羧酶──→
                                              细胞色素b, c₁, c; 细
                                              胞色素氧化酶a, a₃         ⎫
  ↓厌氧                                                                ⎬ 好氧发酵
   发酵                        三羧酸              → ATP                ⎭
                              循环(TCA)            → H₂O
  葡萄糖                                           → CO₂

        ┌─丙酮丁醇发酵──→ 丙酮 + 丁醇 + 乙酸 + CO₂ + H₂  ⎫
        │                                              ⎬ 厌氧发酵
        └─丁酸发酵────→ 丁酸 + 乙酸 + CO₂ + H₂          ⎭
```

（二）分解纤维素的微生物

这类微生物有细菌、放线菌和真菌。其中细菌研究得较多。好氧的纤维素分解菌中，黏细菌为多，占重要地位，有生孢食纤维菌、食纤维菌及堆囊黏菌。它们都是革兰氏阴性菌，生孢食纤维菌中的球形生孢食纤维菌和椭圆形生孢食纤维菌两个种较常见，前者产生黄色素，后者产生橙色素。黏细菌没有鞭毛，能进行"蠕"动，生活史复杂，能形成子实体（如图 8-5）。

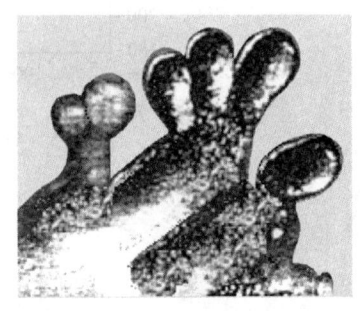

图 8-5 橙色标桩菌属
(*Stigmatella aurantiaca*) 的子实体

好氧纤维分解菌还有镰状纤维菌和纤维弧菌。黏细菌和弧菌均能同化无机氮（主要是 NO_3^-—N），而对氨基酸、蛋白质及其他无机氮利用能力较低，有的能还原硝酸盐为亚硝酸盐。其最适温度为 22~30 ℃，在 10~15 ℃便能分解纤维素，其最高温度为 40 ℃ 左右。其最适 pH 为 7~7.5，pH 为 4.5~5 时不能生长，其 pH 最高可达 8.5。厌氧纤维分解菌有产纤维二糖梭菌（*Clostridium cellobioparum*）、无芽孢厌氧分解菌及热解纤维梭菌（*Clostridium thermocellum*）。好热性厌氧分解菌最适温度为 55~65 ℃，最高温度为 80 ℃。其最适 pH 为 7.4~7.6，中温性菌最适 pH 为 7~7.4，在 pH 为 8.4~9.7 时还能生长。它们是专性厌氧菌。

分解纤维素的还有青霉菌、曲霉、镰刀霉、木霉及毛霉，还有好热真菌（*Thermomycess*）和放线菌中的链霉菌属（*Streptomyces*）。它们在 23~65 ℃ 生长，最适温度为 50 ℃。

（三）纤维素酶所在部位

细菌的纤维素酶结合在细胞质膜上，是一种表面酶。真菌和放线菌的纤维素酶是胞外酶，可分泌到培养基中，通过过滤和离心很容易分离得到。

厌氧纤维素分解菌在纯培养时，发酵纤维素不产 CH_4，在混合培养时产生 CH_4，是伴生菌作用的结果。

二、半纤维素的转化

半纤维素存在于植物细胞壁中。半纤维素的组成中含聚戊糖（木糖和阿拉伯糖）、聚己糖（半乳糖、甘露糖）及聚糖醛酸（葡萄糖醛酸和半乳糖醛酸）。造纸废水和人造纤维废水含半纤维素。土壤微生物分解半纤维素的速率比分解纤维素快。

（一）分解半纤维素的微生物

分解纤维素的微生物大多数能分解半纤维素。许多芽孢杆菌、假单胞菌、节细菌和放线菌，以及一些霉菌，包括根霉、曲霉、小克银汉霉、青霉及镰刀霉等能分解半纤维素。

（二）半纤维素的分解过程

半纤维素在微生物酶的催化下沿下列途径分解：

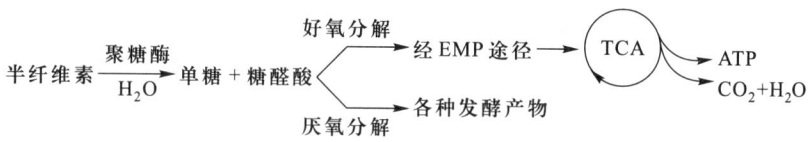

三、果胶质的转化

果胶质是由 D-半乳糖醛酸以 α-1,4 糖苷键构成的直链高分子化合物，其羧基与甲基酯化形成甲基酯。果胶质存在于植物的细胞壁和细胞间质中，造纸、制麻废水含有果胶质。天然的果胶质不溶于水，称原果胶。

（一）果胶质的水解过程

果胶质的水解过程如下式所示：

$$原果胶 + H_2O \xrightarrow{原果胶酶} 可溶性果胶 + 聚戊糖$$

$$可溶性果胶 + H_2O \xrightarrow{果胶甲脂酶} 果胶酸 + 甲醇$$

$$果胶酸 + H_2O \xrightarrow{聚半乳糖酶} 半乳糖醛酸$$

（二）水解产物的分解

果胶酸、聚戊糖、半乳糖醛酸和甲醇等在好氧条件下被分解为二氧化碳和水。在厌氧条件下进行丁酸发酵，产物有丁酸、乙酸、醇类、二氧化碳和氢气。

（三）分解果胶质的微生物

分解果胶质的好氧菌包括枯草芽孢杆菌、多黏芽孢杆菌、浸软芽孢杆菌及不生芽孢的软腐欧氏杆菌。厌氧菌有蚀果胶梭菌和费新尼亚浸麻梭菌。分解果胶质的真菌有青霉、曲霉、木霉、小克银汉霉、芽枝孢霉、根霉和毛霉。放线菌也可分解果胶质。

四、淀粉的转化

淀粉广泛存在于植物（稻、麦、玉米）的种子和果实等中。凡是以上述物质作原料的工业废水（如淀粉厂废水、酒厂废水、印染废水、抗生素发酵废水及生活污水等），均含有淀粉。

（一）淀粉的种类

淀粉分直链淀粉和支链淀粉两类：直链淀粉由葡萄糖分子脱水缩合，以 α-D-1,4 葡萄糖苷键（简称 α-1,4 结合）组成不分支的链状结构。支链淀粉由葡萄糖分子脱水缩合组成，它除以 α-1,4 结合外，还有 α-1,6 结合构成分支的链状结构。

直链淀粉中的 α-1,4 结合

支链淀粉中的 α-1,4 结合和 α-1,6 结合

（二）淀粉的降解途径

淀粉是多糖，分子式为$(C_6H_{10}O_5)_n$。在微生物作用下的分解过程如下：

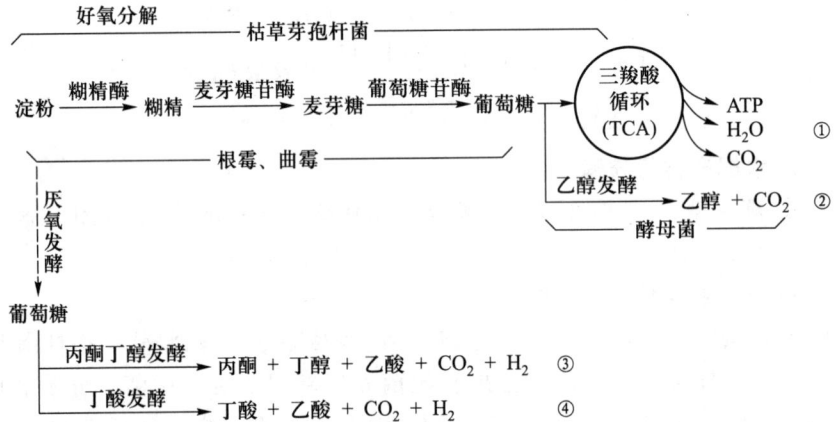

淀粉在好氧条件下，沿着①的途径水解成葡萄糖，进而酵解成丙酮酸，经三羧酸循环完全氧化为CO_2和H_2O；在兼性厌氧条件下，在酵母菌作用下沿着②的途径转化，产生乙醇和CO_2；在专性厌氧菌作用下，沿③和④途径进行。

（三）降解淀粉的微生物

在途径①中，好氧菌有枯草芽孢杆菌和根霉、曲霉。枯草芽孢杆菌可将淀粉一直分解为CO_2和H_2O。在途径②中，根霉和曲霉是糖化菌，它们将淀粉先转化为葡萄糖，接着由酵母菌将葡萄糖发酵为乙醇和CO_2。在途径③中，由丙酮丁醇梭状芽孢杆菌（*Clostridium acetobutylicum*）和丁酸梭状芽孢杆菌（*Clostridium butyricum*）参与发酵。在途径④中，由丁酸梭状芽孢杆菌（*Clostridium butyricum*）参与发酵。

参与催化淀粉降解的酶：在途径①中，有淀粉-1,4-糊精酶（即α-淀粉酶、液化型

淀粉酶);在途径②中,有淀粉-1,6-糊精酶(脱支酶);在途径③中,有淀粉-1,4-麦芽糖苷酶(β-淀粉酶);在途径④中,有淀粉-1,4-葡萄糖苷酶(葡萄糖淀粉酶,即 γ-淀粉酶)。

淀粉还可在磷酸化酶催化下分解,使淀粉中的葡萄糖分子一个一个分解下来。

五、脂肪的转化

脂肪是由甘油和高级脂肪酸所形成的酯,不溶于水,可溶于有机溶剂。由饱和脂肪酸和甘油组成的,在常温下呈固态的称为脂。由不饱和脂肪酸和甘油组成的,在常温下呈液态的称为油。

脂肪主要有三棕榈精 $C_3H_5(C_{15}H_{31}COO)_3$、三硬脂精 $C_3H_5(C_{17}H_{35}COO)_3$、三醋精 $C_3H_5(CH_3COO)_3$。饱和脂肪酸有硬脂酸 $C_{17}H_{35}COOH$、棕榈酸 $C_{15}H_{31}COOH$、丁酸 C_3H_7COOH、丙酸 C_2H_5COOH 和乙酸 CH_3COOH。不饱和脂肪酸有油酸 $C_{17}H_{33}COOH$、亚油酸 $C_{17}H_{31}COOH$、亚麻酸 $C_{17}H_{29}COOH$。它们的混合物存在于动物和植物体中,是人和动物的能量来源,是微生物的碳源和能源。毛纺厂废水、毛条厂废水、油脂厂废水、制革废水中含有大量油脂。

脂肪被微生物分解的反应式如下:

$$\text{脂肪} \xrightarrow[3H_2O]{\text{脂肪酶}} \text{甘油} + \text{高级脂肪酸}$$

(一) 甘油的转化

磷酸二羟丙酮可酵解成丙酮酸,再氧化脱羧成乙酰辅酶A,进入三羧酸循环完全氧化为 CO_2 和 H_2O。磷酸二羟丙酮也可沿酵解途径逆行生成1-磷酸葡萄糖,进而生成葡萄糖和淀粉。

$$\text{甘油} \xrightleftharpoons[\text{甘油激酶}]{ATP \quad ADP} \alpha\text{-磷脂甘油} \xrightleftharpoons[\text{磷酸甘油脱氢酶}]{NAD^+ \quad NADH+H^+} \text{磷酸二羟丙酮}$$

(二) 脂肪酸的 β-氧化

脂肪酸通常通过 β-氧化途径氧化。脂肪酸先是被脂酰硫激酶激活,然后在 α,β 碳原子上脱氢、加水、再脱氢、再加水,最后在 α,β 碳位之间的碳链断裂,生成1 mol乙酰辅酶A和碳链较原来少两个碳原子的脂肪酸。乙酰辅酶A进入三羧酸循环完全氧化成 CO_2 和 H_2O。剩下的碳链较原来少两个碳原子的脂肪酸可重复一次 β-氧化,以至完全形成乙酰辅酶A而告终。

以硬脂酸为例,1 mol 硬脂酸含18个碳原子,需要经过8次 β-氧化作用,全部降解为9 mol 乙酰辅酶A,其总反应式如下:

$$\underset{\text{硬脂酰辅酶A}}{CH_3(CH_2)_{16}CO{\sim}SCoA} + 8\,CoA-SH + 8\,FAD + 8\,NAD^+ + 8\,H_2O$$

$$\longrightarrow 8FADH_2 + 8NADH + 8H^+ + 9\,\underset{\text{乙酰辅酶A}}{CH_3CO{\sim}SCoA} \longrightarrow \text{TCA} \longrightarrow \begin{array}{l} ATP \\ CO_2 + H_2O \end{array}$$

C_{18} 硬脂酸完全氧化可产生大量能量。1 mol 硬脂酰辅酶A每经一次 β-氧化作用,产生 1 mol 乙酰辅酶 A、1 mol FADH$_2$ 及 1 mol NADH+H$^+$。

1 mol 乙酰辅酶 A 经三羧酸循环氧化产生	12 mol ATP
1 mol FADH$_2$ 经呼吸链氧化产生	2 mol ATP
1 mol NADH+H$^+$ 经呼吸链氧化产生	3 mol ATP
共产生	17 mol ATP
开始激活硬脂酸时消耗	−1 mol ATP
净得	16 mol ATP

C$_{18}$硬脂酸在开始被激活时消耗了 1 mol ATP,故第一次 β-氧化时获得 16 mol ATP,以后 7 次重复 β-氧化时不再消耗 ATP,每次可净得 17 mol ATP,故 1 mol 硬脂酸(C$_{17}$H$_{35}$COOH)被彻底氧化可得很高的能量水平,即

$$(16 + 17 \times 7 + 12) \text{ mol} = 147 \text{ mol ATP}。$$

奇数碳原子脂肪酸 β-氧化,产物除乙酰辅酶 A 外,还有丙酰辅酶 A。

六、木质素的转化

木质素是植物木质化组织的重要成分,稻草秆、麦秆、芦苇和木材是造纸工业的原料,木材也是人造纤维的原料。所以,造纸和人造纤维废水均含大量木质素。一般认为,木质素是以苯环为核心带有丙烷支链的一种或多种芳香族化合物(如苯丙烷、松柏醇等)经氧化缩合而成。木质素用碱液加热处理后可形成香草醛(vanillin)和香草酸(vanillic acid)、酚、邻位羟基苯甲酸(o-hydroxybenzoic acid)、阿魏酸(ferulic acid)、丁香酸(syringic acid)和丁香醛(syringaldehyde)。

分解木质素的微生物主要是担子菌纲中的干朽菌(*Merulius*)、多孔菌(*Polyporus*)、伞菌(*Agaricus*)等的一些种,有厚孢毛霉(*Mucor chlamydosporus*)和松栓菌(*Trametes pini*)。假单胞菌的个别种也能分解木质素。

木质素被微生物分解的速率缓慢,在好氧条件下分解木质素比在厌氧条件下快,真菌分解木质素比细菌快。

七、烃类物质的转化

石油中含有烷烃(30%)、环烷烃(46%)及芳香烃(28%)。

(一)烷烃的转化

烷烃通式 C$_n$H$_{2n+2}$,可被微生物氧化。甲烷的氧化如下式所示:

$$CH_4 + 2O_2 \longrightarrow CO_2 + 2H_2O + 887 \text{ kJ}$$

按理论计算,氧化 1 mol CH$_4$ 需要 2 mol O$_2$,形成 1 mol CO$_2$。但由于有一部分 CH$_4$ 要参与组成细胞物质,所以,实际数据与理论计算不一致。

氧化烷烃的微生物有甲烷假单胞菌(*Pseudomonas methanica*),分枝杆菌属(*Mycobacterium*)、头孢霉、青霉(能氧化甲烷、乙烷和丙烷)。

(二)芳香烃化合物的转化

芳香烃有酚、间甲酚、邻苯二酚、苯、二甲苯、异丙苯、异丙甲苯、萘、菲、蒽及 3,4-

苯并芘等,炼油厂、煤气厂、焦化厂和化肥厂等的废水均含有芳香烃。它们在不同程度上被微生物分解。

酚和苯的分解菌有荧光假单胞菌、铜绿假单胞菌及苯杆菌。甲苯杆菌能分解苯、甲苯、二甲苯和乙苯。分枝杆菌、芽孢杆菌及诺卡氏菌分解酚和间二酚。分解萘的细菌有铜绿假单胞菌、溶条假单胞菌、诺卡氏菌、球形小球菌、无色杆菌及分枝杆菌等。可以利用铜绿假单胞菌以萘为基质发酵谷氨酸。分解菲的细菌有菲杆菌、菲芽孢杆菌巴库变种、菲芽孢杆菌古里变种。荧光假单胞菌和铜绿假单胞菌、小球菌及大肠埃希氏菌能分解苯并[a]芘。苯、萘、菲、蒽的代谢途径如下:

1. 苯的代谢

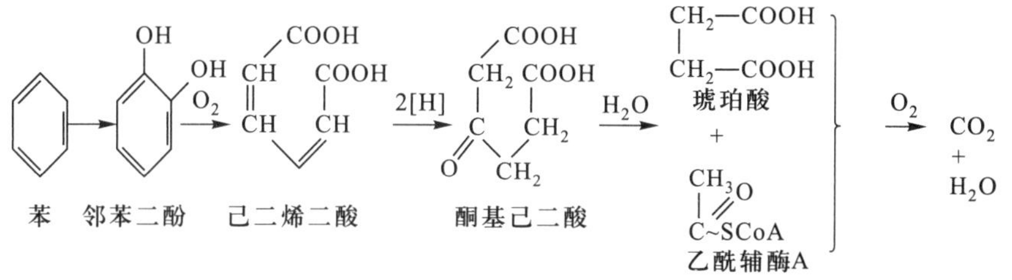

苯 → 邻苯二酚 → 己二烯二酸 → 酮基己二酸 → 琥珀酸 + 乙酰辅酶A → CO_2 + H_2O

2. 萘的代谢

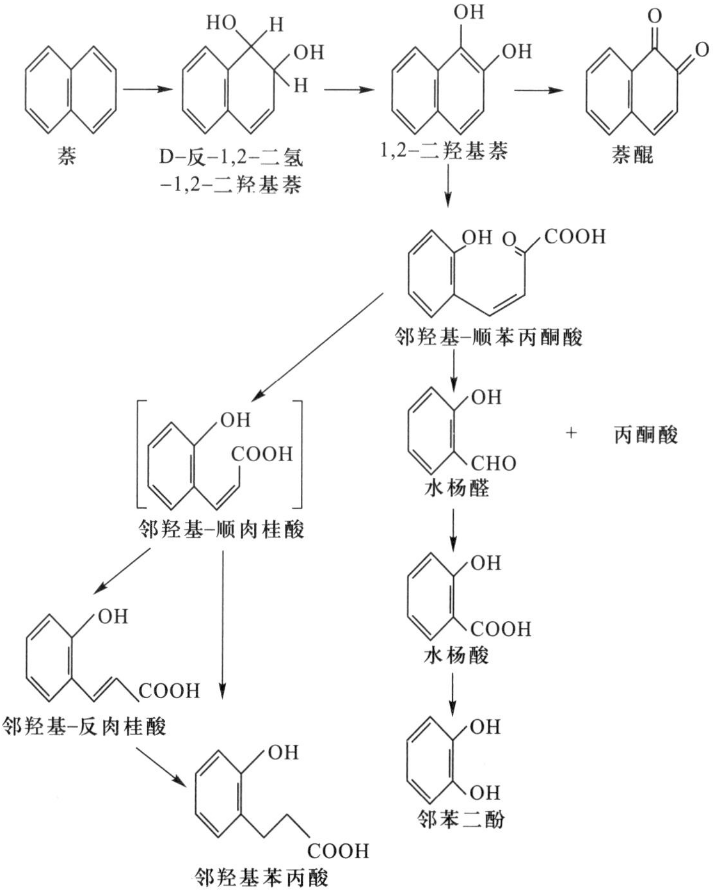

萘 → D-反-1,2-二氢-1,2-二羟基萘 → 1,2-二羟基萘 → 萘醌

→ 邻羟基-顺苯丙酮酸 → 水杨醛 + 丙酮酸 → 水杨酸 → 邻苯二酚

→ 邻羟基-顺肉桂酸 → 邻羟基-反肉桂酸 → 邻羟基苯丙酸

3. 菲的代谢

菲 → 3,4-二氢-3,4-二羟基菲 → 1-羟基-2-萘(甲)酸 →

1,2-二羟基萘 → 水杨酸 → 邻苯二酚

4. 蒽的代谢

蒽 → 1,2-二氢-1,2-二羟基蒽 → 3-羟基-2-萘(甲)酸 →

水杨酸 → 邻苯二酚

第三节 氮 循 环

自然界氮素蕴藏量丰富,以 3 种形态存在:分子氮(N_2),占大气体积分数的78%;有机氮化合物;无机氮化合物(氨氮、亚硝酸盐氮和硝酸盐氮)。尽管分子氮和有机氮数量多,但植物不能直接利用,只能利用无机氮化合物。在微生物、植物和动物的协同作用下将 3 种形态的氮互相转化,构成氮循环,其中微生物起着重要作用。大气中的分子氮被根瘤菌固定后可供给豆科植物利用,还可被固氮菌和固氮蓝细菌固定成氨,氨溶于水生成 NH_4^+,在硝化细菌作用下氧化成硝酸盐,被植物吸收,无机氮就转化成植物蛋白。植物被动物食用后转化为动物蛋白。动物和植物的尸体及人和动物的排泄物又被氨化细菌转化成氨,氨被硝化细菌氧化成硝酸盐,被植物吸收,无机氮和有机氮就是这样循环往复。氮循环包括氨化作用、硝化作用、反硝化作用及固氮作用,见图 8-6。

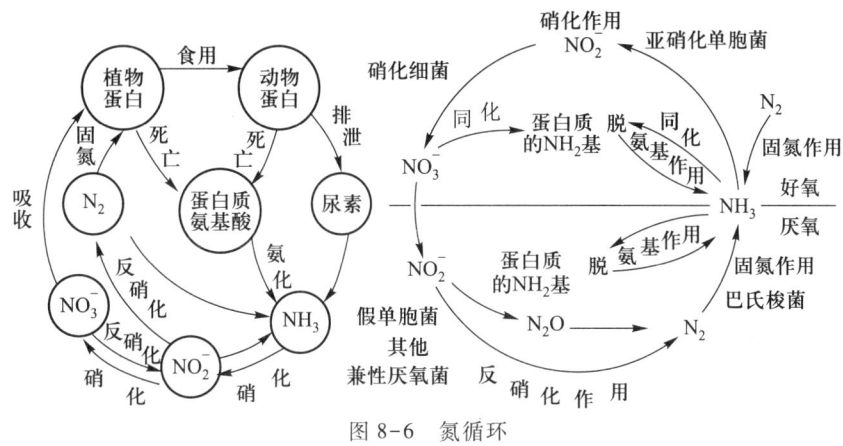

图 8-6　氮循环

随着科学研究的不断深入与发展,人们对微生物在氮循环中的作用有了新的认识和了解。在污水和垃圾渗滤液等生物处理的研究课题中发现,氮的总量损失为 10%～20%、NH_4^+ 和 HNO_2 同时消失的现象。进一步实验研究表明,此现象的发生是由于系统中有一类被称为厌氧氨氧化菌的存在所致,它们是以 CO_2 为唯一碳源的化能自养菌(因为其培养物往往呈红色,俗称"红菌")。它们能在海底沉积物中的厌氧条件下,直接将 NH_4^+ 转化为 N_2($NH_4^+ + NO_2^- \rightarrow N_2 + 2H_2O + $ 能量)。所产生的 N_2 产量占海洋 N_2 产量的 30%～50%,现已得知,厌氧氨氧化菌广泛存在于海洋、河流和湖泊的底泥,以及土壤等环境中,它们对全球氮循环,对海洋、河流和湖泊的底泥,以及土壤等环境的修复都具有重要意义,也是污水处理中重要的细菌。厌氧氨氧化菌以亚硝酸为电子受体、以氨为电子供体的生物化学反应,在高浓度氨氮废水处理方面具有巨大的潜力而备受关注,它们与固氮菌、硝化细菌和传统的反硝化细菌构成了水体氮循环的主体菌,见图 8-7。

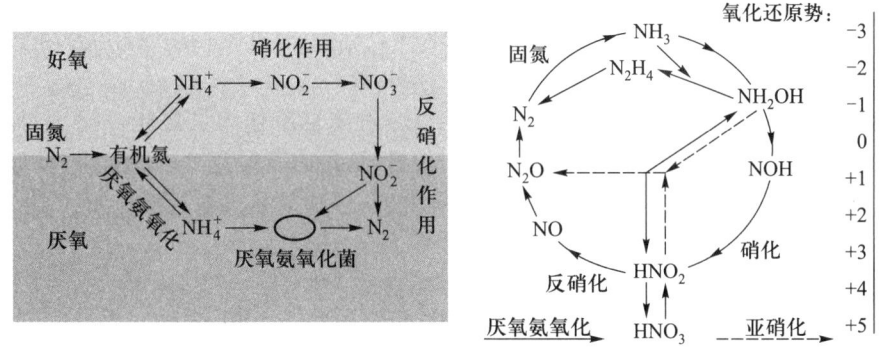

图 8-7　厌氧氨氧化菌参与的水体氮循环

一、蛋白质水解与氨基酸转化

(一) 蛋白质水解

由于动物和植物残体的腐败,土壤中含有蛋白质和氨基酸;生活污水、屠宰废水、罐头食品加工废水、乳品加工废水及制革废水等也含蛋白质和氨基酸。蛋白质相对分子质量大,不能直接进入微生物细胞,在细胞外被蛋白酶水解成小分子肽、氨基酸后才能透过细胞被微生物利用。

$$\text{蛋白质} \xrightarrow{\text{蛋白酶}} \text{胨} \longrightarrow \text{肽} \xrightarrow{\text{肽酶}} \text{氨基酸}$$

分解蛋白质的微生物种类很多,有好氧细菌如枯草芽孢杆菌、巨大芽孢杆菌、蕈状芽孢杆菌、蜡状芽孢杆菌及马铃薯芽孢杆菌;兼性厌氧菌有变形杆菌、假单胞菌;厌氧菌有腐败梭状芽孢杆菌、生孢梭状芽孢杆菌。此外,还有致病的链球菌和葡萄球菌,曲霉、毛霉和木霉等真菌及链霉菌(放线菌)。

(二) 氨基酸转化

1. 脱氨作用

有机氮化合物在氨化微生物的脱氨基作用下产生氨,称为脱氨作用。脱氨作用亦称氨化作用。脱氨的方式有氧化脱氨、还原脱氨、水解脱氨及减饱和脱氨。

(1) 氧化脱氨:在好氧微生物作用下进行。

$$\underset{\text{丙氨酸}}{\overset{CH_3}{\underset{COOH}{|}}\!\!\!\!\!\!\!\!\!\!\!\!\!\!\!\!\!\!\! CHNH_2}} + 0.5O_2 \longrightarrow \underset{COOH}{\overset{CH_3}{\underset{|}{|}}\!\!\!\!\!\!\!\!\!\!\!\!\!\! CO}} + NH_3 \xrightarrow{\text{三羧酸循环}} \xrightarrow{O_2} CO_2 + H_2O + ATP$$

(2) 还原脱氨:由专性厌氧菌和兼性厌氧菌在厌氧条件下进行。

$$\underset{\text{甘氨酸}}{\overset{CH_2NH_2}{\underset{COOH}{|}}} + 2[H] \longrightarrow \underset{\text{乙酸}}{\overset{CH_3}{\underset{COOH}{|}}} + NH_3$$

$$\underset{\text{丙氨酸}}{\overset{CH_3}{\underset{COOH}{\overset{|}{CHNH_2}}}} + 2[H] \longrightarrow \underset{\text{丙酸}}{\overset{CH_3}{\underset{COOH}{\overset{|}{CH_2}}}} + NH_3$$

生孢芽孢杆菌对糖的代谢能力差,只能以一种氨基酸作为供氢体,以另一种氨基酸作为受氢体进行氧化还原反应,从而得到能量,这称为斯提克兰(Stikland)反应。丙氨酸、缬氨酸、亮氨酸常作供氢体,甘氨酸、脯氨酸、羟脯氨酸作受氢体。如:

$$\underset{\text{丙氨酸}}{\overset{CH_3}{\underset{COOH}{\overset{|}{CHNH_2}}}} + 2\underset{\text{甘氨酸}}{\overset{CH_2NH_2}{\underset{COOH}{|}}} + 2H_2O \longrightarrow 3\underset{\text{乙酸}}{\overset{CH_3}{\underset{COOH}{|}}} + 3NH_3 + CO_2$$

(3) 水解脱氨:氨基酸水解脱氨后生成羟酸。如

$$\underset{\text{丙氨酸}}{\overset{CH_3}{\underset{COOH}{\overset{|}{CHNH_2}}}} + H_2O \longrightarrow \underset{\text{乳酸}}{\overset{CH_3}{\underset{COOH}{\overset{|}{CHOH}}}} + NH_3$$

(4) 减饱和脱氨：氨基酸在脱氨基时，在 α、β 位减饱和成为不饱和酸。如

$$\begin{array}{c} \text{COOH} \\ | \\ \text{CH}_2 \\ | \\ \text{CHNH}_2 \\ | \\ \text{COOH} \\ \text{天冬氨酸} \end{array} \longrightarrow \begin{array}{c} \text{COOH} \\ | \\ \text{CH} \\ \| \\ \text{CH} \\ | \\ \text{COOH} \\ \text{延胡索酸} \end{array} + \text{NH}_3$$

以上经脱氨基后形成的有机酸和脂肪酸,可在好氧或厌氧条件下,在不同的微生物作用下继续分解。

2. 脱羧作用

氨基酸脱羧作用多数由腐败细菌和霉菌引起,经脱羧后生成胺。二元胺对人有毒,所以肉类蛋白质腐败后不可食用,以免中毒。

$$\text{CH}_3\text{CHNH}_2\text{COOH} \longrightarrow \text{CH}_3\text{CH}_2\text{NH}_2 + \text{CO}_2$$
丙氨酸　　　　　　　　乙胺

$$\text{H}_2\text{N}(\text{CH}_2)_4\text{CH NH}_2\text{COOH} \longrightarrow \text{H}_2\text{N}(\text{CH}_2)_4\text{CH}_2\text{NH}_2 + \text{CO}_2$$
赖氨酸　　　　　　　　　　　　尸胺

二、尿素的氨化

人、畜尿中含有尿素,印染工业的印花浆用尿素作膨化剂和溶剂,故印染废水也含尿素。在废水生物处理过程中,当缺氮时可加尿素补充氮源。尿素含氮 47%,能被许多细菌水解产生氨：

$$\text{O=C} \begin{array}{c} \diagup \text{NH}_2 \\ \diagdown \text{NH}_2 \end{array} + 2\text{H}_2\text{O} \xrightarrow{\text{脲酶}} (\text{NH}_4)_2\text{CO}_3 \longrightarrow 2\text{NH}_3 + \text{CO}_2 + \text{H}_2\text{O}$$

用酚红可检验此反应,酚红变色范围在 pH 6.4~8.0,酸性时为黄色,碱性时为红色。当酚红呈红色时说明有氨产生。分解尿素的细菌有尿八叠球菌,它是球菌中唯一能形成芽孢的种。尿小球菌及尿素芽孢杆菌是好氧菌,在强碱性培养基中生长良好,在 pH<7 时不生长。尿素分解时不放出能量,因而不能作碳源,只能作氮源。尿素细菌利用单糖、双糖、淀粉及有机酸盐作碳源。

三、硝化作用

氨基酸脱下的氨,在有氧的条件下,经亚硝化细菌和硝化细菌的作用转化为硝酸,这称为硝化作用。由氨转化为硝酸分两步进行：

$$2\text{NH}_3 + 3\text{O}_2 \longrightarrow 2\text{HNO}_2 + 2\text{H}_2\text{O} + 619 \text{ kJ} \quad (8-1)$$

$$2\text{HNO}_2 + \text{O}_2 \longrightarrow 2\text{HNO}_3 + 201 \text{ kJ} \quad (8-2)$$

式(8-1)由亚硝化单胞菌属(*Nitrosomonas*)、亚硝化球菌属(*Nitrosococcus*)、亚硝化螺菌属(*Nitrosospira*)、亚硝化叶菌属(*Nitrosolobus*)及亚硝化弧菌属(*Nitrosovibrio*)等起作用。式(8-2)由硝化杆菌属(*Nitrobacter*)、硝化球菌属(*Nitrococcus*)起作用。亚硝化细菌和硝化细菌都是好氧菌,适宜在中性和偏碱性环境中生长,不需要有机营养。但

它们也能利用乙酸盐缓慢生长。亚硝化细菌为革兰氏阴性菌,在硅胶固体培养基上长成细小、稠密的褐色、黑色或淡褐色的菌落。硝化细菌在琼脂培养基和硅胶固体培养基上长成小的、由淡褐色变成黑色的菌落,且能在亚硝酸盐、硫酸镁和其他无机盐培养基中生长。其世代时间约 31 h。

有些工业废水(如味精废水和赖氨酸废水等)含有相当高浓度的 NH_3-N。而有些废水如印染废水和合成制药废水 NH_3-N 不高,有机氮(总氮)高,经过微生物降解作用 NH_3-N 的浓度提高。因此,在去除有机物的同时要去除 NH_3-N。先通过硝化作用将 NH_3-N 氧化为 NO_2^--N 和 NO_3^--N,再通过反硝化作用或厌氧氨氧化作用将 NO_2^--N 和 NO_3^--N 还原为 N_2 溢出水面得以去除。具体内容见第二篇第十章。

四、反硝化作用

在正常情况下,植物、藻类及其他微生物会利用土壤、水体、污水及工业废水中所含的硝酸盐,以硝酸盐作为氮源。在它们体内通过硝酸还原酶将硝酸还原成氨,由氨合成为氨基酸、蛋白质及其他含氮物质构成它们的机体。

在沼泽、湖泊和渍水土壤、农田及污水生物处理运行中,当发生缺氧或厌氧环境时,兼性厌氧的硝酸盐还原菌将硝酸盐还原为氮气(N_2),这叫反硝化作用。反硝化作用的强度主要取决于氧浓度和 pH。例如土壤中当氧浓度减至 5% 以下,污水生物处理溶解氧(DO)$\leqslant 0.2$ mg/L 时,反硝化作用明显增强,尤其是过湿的环境中或土壤的局部缺氧区(如根际)更是如此。反硝化作用的最适 pH 为 7.0~8.2。当 pH 低至 5.2~5.8 或高达 8.2~9.0 时,反硝化作用的强度都会显著减弱。

反硝化作用对农业是不利的,在土壤发生反硝化作用时,大量硝酸盐转化成 N_2,逸出土壤散发到大气,导致土壤氮或施入土壤中的氮肥大量损失,降低了土壤肥力,影响作物生长,不利于农业生产。因此,常需采取措施改善土壤通气状况(松土、翻土)和调节土壤酸碱度,防止和减缓反硝化作用的发生。例如,在污(废)水生物处理系统的二沉池发生反硝化作用,虽然出水氮含量是降低了,但产生的 N_2 由池底上升逸到水面时却把池底的沉淀污泥同时带上浮起,使出水含有大量的泥花①随出水流入水体,降低出水的质量,污染了环境。

反硝化作用对污(废)水生物脱氮有积极意义,在生物处理过程中,常出现出水 NH_3-N 高,为使 NH_3-N 达到排放标准,就用硝化作用将 NH_3-N 氧化为硝酸盐,NH_3-N 达标了。可是硝酸盐含量高,在排入水体后,若水体缺氧发生反硝化作用,产生致癌物质亚硝酸胺,造成二次污染,危害人体健康。为此,就要采用脱氮工艺②将污(废)水中的硝酸盐转化成 N_2 逸出到大气后才排入水体就安全。可见,此时反硝化作用在污(废)水生物处理中起到了积极作用。

反硝化作用有两种:即厌养反硝化和好氧反硝化。

(一)厌氧反硝化

厌氧反硝化是经过加[H]和脱 H_2O 的过程,最终将 HNO_3 还原为 N_2。

---

① 泥花是指大小不等、悬浮在水面的活性污泥微小颗粒。
② 脱氮工艺是指在推流的曝气池前段设缺氧段,使二沉池出水部分回流到缺氧段脱氮,以减少系统中硝酸盐含量。

1. 传统厌氧反硝化

厌氧反硝化细菌体内的硝酸还原酶、亚硝酸还原酶、一氧化氮还原酶和一氧化二氮还原酶,只有在缺氧或厌氧的条件下才有活性,才能进行反硝化作用,将硝酸盐还原为 N_2,其产物以 N_2 为主,伴有少量 N_2O 和 NO。

传统厌氧反硝化作用通常有3种结果:

① 大多数细菌、放线菌及真菌利用硝酸盐为氮素营养,通过硝酸还原酶类的作用将硝酸盐还原成 NH_3,进而合成氨基酸、蛋白质和其他含氮物质。此称为同化性反硝化作用。

$$HNO_3 \xrightarrow[H_2O]{+2[H]} HNO_2 \xrightarrow[H_2O]{+2[H]} HNO \xrightarrow{+H_2O} NH(OH)_2 \xrightarrow[H_2O]{+2[H]} NH_2OH \xrightarrow[H_2O]{+2[H]} NH_3$$

② 反硝化细菌(兼性厌氧菌)在厌氧条件下,以有机物为电子供体,将硝酸还原为 N_2O 和 N_2。

$$2HNO_3 \xrightarrow[2H_2O]{+4[H]} 2HNO_2 \xrightarrow[2H_2O]{+4[H]} 2HNO \xrightarrow{H_2O} N_2O \xrightarrow[H_2O]{+2[H]} N_2$$

大部分异养型、兼性厌氧的反硝化细菌,包括脱氮副球菌(*Paracoccus denitrifications*)、施氏假单胞菌(*Pseudomonas stutzeri*)、脱氮假单胞菌(*Ps. denitrificans*)、荧光假单胞菌(*Ps. fluorescens*)、色杆菌属中的紫色色杆菌(*Chromobacterium violaceum*)、脱氮色杆菌(*Chrom. denitrificans*)等,以有机物为碳源和能源,进行无氧呼吸,其生化过程可用下式表示:

$$C_6H_{12}O_6 + 12NO_3^- \longrightarrow 6H_2O + 6CO_2 + 12NO_2^- + ATP$$
$$5CH_3COOH + 8NO_3^- \longrightarrow 6H_2O + 10CO_2 + 4N_2 + 8OH^- + ATP$$

③ 专性化能自养的兼性厌氧菌,如脱氮硫杆菌(*Thiobacillus denitrificans*)利用无机碳源(如 CO_2, CO_3^{2-}, HCO_3^-)生长、代谢,进行反硝化作用。它们以硝酸盐为呼吸作用的最终电子受体,氧化硫或氢获得能量,其反应如下:

$$5S + 6KNO_3 + 2H_2O \longrightarrow K_2SO_4 + 4KHSO_4 + 3N_2$$

脱氮硫杆菌依靠细胞内两种关键酶:1,5-二磷酸核酮糖羧化酶和5-磷酸核酮糖激酶,通过卡尔文循环途径固定 CO_2(参见图4-24)。

脱氮硫杆菌可利用的氮源范围广,可以是铵盐、硝酸盐、亚硝酸盐及氨基酸等。在厌氧条件下,脱氮硫杆菌以反硝化反应的方式同时参与硫、氮循环,以硝酸盐中的氧来氧化硫化合物。它本身被作为电子受体而被还原。而在硫循环体系中,好氧条件下,脱氮硫杆菌以氧为电子受体氧化还原硫化合物而获得能量。

2. 厌氧氨氧化脱氮

以 NH_4^+ 为电子供体,以 NO_2^- 为电子受体,最终产生 N_2。

进行厌氧氨氧化脱氮的细菌称为厌氧氨氧化菌(anaerobic ammonium oxidation bacteria,AAOB)。厌氧氨氧化菌在厌氧条件下,以 NH_4^+ 为电子供体,以 NO_2^- 为电子受体,利用 NO_2^- 将 NH_4^+ 氧化为 N_2。它以 CO_2 为碳源。通过乙酰辅酶A途径固定 CO_2 合成细胞物质。

厌氧氨氧化菌是属于浮霉菌门(Planctomyceles)的一类水生细菌。据报道,截至目前,用测 16S rRNA 基因序列分析方法从运行活性污泥中鉴定出 5 属 10 个种:有 *Candidatus* 的 ① *Anammoxida propionicus*;② *Brocadia* 的 *B. anammoxidans*(厌氧氨氧化布罗卡德氏菌)、*B. fulgida* 和 *B. sinica*;③ *Jettenia asiatica*;④ *Kuenenia stuttgartiensis*;⑤ *Scanlindua* 的 "*S. sorokini*"、*S. arabica*、*S. brodae* 和 *S. wagneri*。其中 *Brocadia* 和 *Kuenenia* 是污水处理中的优势菌。至今因只获得厌氧氨氧化菌的"红色培养物"(图 8-8),未能成功分离到纯菌株。所以,它们尚未正式命名和分类,而是以发现者姓氏或地名暂定属名和种名,同列入 *Candidatus*(待定)。

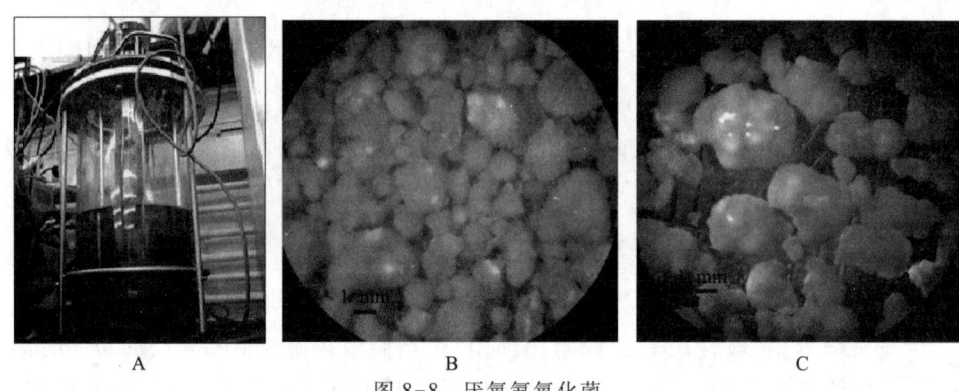

图 8-8　厌氧氨氧化菌
A—厌氧氨氧化反应器中的红色培养物;B—培养 30 天的厌氧
氨氧化菌颗粒;C—培养 180 天的厌氧氨氧化菌颗粒

这 5 属 10 个种仅仅是厌氧氨氧化菌中很少的一部分,仍有很多厌氧氨氧化菌未被认识而被忽视。据报道:16S rRNA 基因序列其同缘性和相似性达 87%~99% 的就有 2 000 多个,现被保存在 NCBI(美国国家生物技术信息中心的基因库),可见厌氧氨氧化菌的资源非常丰富。

"红色培养物"是若干种厌氧氨氧化菌的混合体,它们与其他异养菌同处在一个微生态系里,相互依存,互相制约。厌氧氨氧化菌是专性化能自养菌,它的碳源是 CO_2,要依赖于异养的反硝化菌和其他异养菌分解有机物释放 CO_2,才能获得碳源和能源;而大量的 NH_4^+ 和 NO_2^- 对异养菌有抑制作用,厌氧氨氧化菌利用 NO_2^- 氧化 NH_4^+ 为 N_2,解除了对异养菌的抑制作用。长期以来,由于没有获得纯菌种,无法深入研究,对每种菌的特征习性缺乏了解,导致尚未掌握富集培养厌氧氨氧化菌的技术,包括合适的培养基配方、培养温度、pH 及氧化还原电位等。此外,厌氧氨氧化菌专性厌氧,对光极敏感,生长缓慢,其世代时间为 11 d,甚至有报道 22 d 的。因此,要获得大量厌氧氨氧化菌菌体,富集培养时间需要 200~300 d。研究者试验的富集培养基组分各异,在此介绍较完全的富集培养基,见表 8-1。

表 8-1　富集培养厌氧氨氧化菌的合成废水组分

组成	浓度/(g·L^{-1})	组成	浓度/(g·L^{-1})
NH_4HCO_3	0.22	$NaHCO_3$	1.05
$NaNO_3$	0.24	$MgSO_4 \cdot 7H_2O$	0.2

续表

组成	浓度/(g·L⁻¹)	组成	浓度/(g·L⁻¹)
NaH$_2$PO$_4$H$_2$O	0.06	微量元素1	1 mL
CaCl$_2$·2H$_2$O	0.1	微量元素2	1 mL

注：1. 本表摘自 Qais Banihani 等，2012。
   2. 微量元素1组分如下：FeSO$_4$ 5.00 g/L，EDTA（乙二胺四乙酸）5.00 g/L。
   3. 微量元素2组分如下：EDTA15 g/L，ZnSO$_4$·7H$_2$O 0.43 g/L，CoCl·6H$_2$O 0.24 g/L，MnCl$_2$ 0.63 g/L，CuSO$_4$·5H$_2$O 0.25 g/L，Na$_2$MoO$_4$·2H$_2$O 0.22 g/L，NiCl$_2$·6H$_2$O 0.19 g/L，Na$_2$SeO$_4$·10H$_2$O 0.21 g/L，H$_3$BO$_3$ 0.01 g/L，Na$_2$WO$_4$·2H$_2$O 0.05 g/L。

在富集培养过程中控制温度为 30~35 ℃，pH 为 7.5~8.3，氧化还原电位控制在 -150~+40 mV 为宜。为了克服细菌间的静电斥力，可以投加电解质 NaCl 5~10 g/L，改善其絮凝性能，以强化培养物颗粒化。

厌氧氨氧化菌的形态有球形或卵形。直径为 0.8~1.1 μm，为革兰氏染色阴性菌，细胞结构特殊，具有复杂细胞内膜结构，从细胞外到内分别为：① 外室细胞质（paryphoplasm）；② 核糖细胞质（riboplasm）；③ 厌氧氨氧化体（anammoxosome）。其细胞壁中含有糖蛋白而不含胞壁质，青霉素和氯霉素对它影响极小。因此，可以用青霉素或氯霉素破坏其他细菌细胞壁来获得选择性富集培养物。其体内有囊状的厌氧氨氧化体（anammoxozome），含有亚硝酸还原酶（NIR）、联氨水解酶（HH）、羟胺氧化还原酶（HAO）、联氨氧化酶（NZO）、联氨脱氢酶（HD）和亚硝酸-硝酸氧还酶（NAR）。其中的联氨水解酶（HH）和联氨脱氢酶（HD）是厌氧氨氧化菌特有的。在厌氧氨氧化过程中，产生的中间体有羟胺和肼（亦称联氨，N$_2$H$_4$），肼分子小而且有毒。厌氧氨氧化体的膜脂具有特殊的梯形烷脂（ladderane）结构（图 8-9），可阻止肼外泄，从而充分利用化学能，并能避免肼毒害细胞。

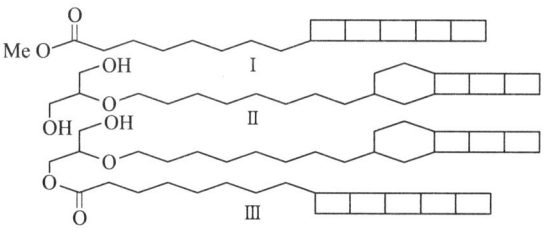

图 8-9 厌氧氨氧化菌 3 种典型的梯形烷酯结构

在厌氧（缺氧）环境中，厌氧氨氧化菌通过 NO_2^- 将 NH_4^+ 氧化为 N_2，产生能量 357 kJ/mol：

$$NH_4^+ + NO_2^- \rightarrow N_2 + 2H_2O \quad \Delta G^\ominus = -357 \text{ kJ/mol}$$

图 8-10 为厌氧氨氧化细菌的电子传递链示意图。该反应在细菌厌氧氨氧化体内部发生，并创建一个质子梯度穿越厌氧氨氧化体膜。反应的第一步依靠亚硝酸盐还原酶（NirS）将 NO_2^- 还原为 NO；然后，依靠联氨水解酶（HZS）将铵离子与 NO 结合，形成联氨。细胞色素 C 为以上两个反应步骤提供所需的电子；反应的最后一步，是依靠联氨/羟氨氧化还原酶（HDH）把联氨氧化为 N_2。联氨氧化释放的多个电子转移到另

一个 4 电子的细胞色素 C 上;后者再将这些电子传送给厌氧氨氧化体膜中的辅酶 Q (即,泛醌);辅酶 Q 再将这些电子转移到膜中的细胞色素 bc_1;细胞色素 bc_1 再将这些电子传送给最初提供硝酸盐还原酶(NirS)和联氨水解酶(HZS)的细胞色素 C;最后细胞色素 C 将电子储存起来,作为电子供体。细胞色素 bc_1 是一个质子泵,它为转移到厌氧氨氧化体内腔中的每 4 个的电子提供 6 个质子(H^+)。这造成厌氧氨氧化体内部的质子集结,被用于三磷酸腺苷 ATP 的合成。所产生的 ATP 供固定 CO_2 合成细胞物质用。

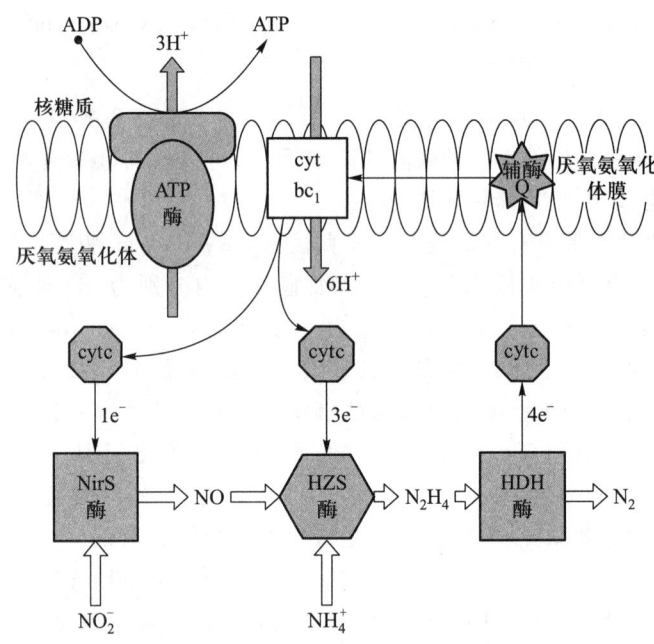

图 8-10 厌氧氨氧化细菌的电子传递链的示意图

摘自:van Niftrik 和 Jetten,2012 年。稍作修改。

⇨指示基质流;⇩指示电子流;⇩指示质子流。

Q—辅酶 Q;NirS—硝酸盐还原酶;HZS—联氨水解酶;HDH—联氨/羟氨氧化还原酶

CO_2 是厌氧氨氧化菌合成细胞所需的碳源,可能是通过乙酰辅酶 A 途径固定 CO_2。

虽然研究者对厌氧氨氧化菌对氨和亚硝酸这两种化合物的转化途径进行了大量的研究,并分离了几种参与代谢的酶,但该菌的氮代谢途径仍在不断完善过程中,目前已确认羟氨和 NO 是亚硝酸还原的中间产物,而 N_2 由联氨氧化产生。厌氧氨氧化脱氮的代谢途径见图 8-11。

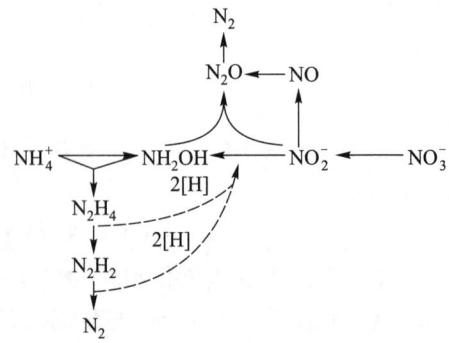

图 8-11 厌氧氨氧化脱氮的代谢途径

厌氧氨氧化的可能反应机制及酶系在细胞中的位置见图 8-12。

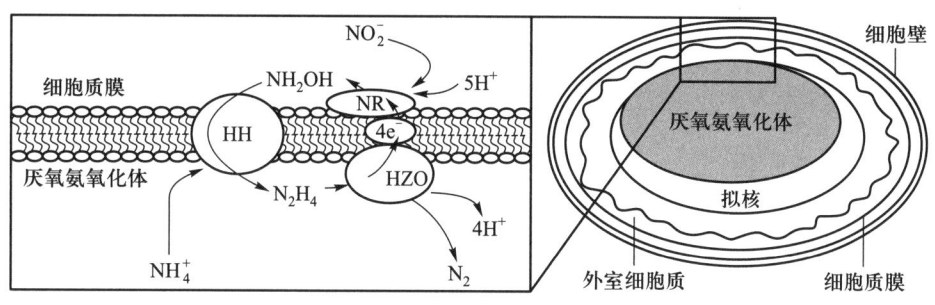

图 8-12 厌氧氨氧化的可能反应机制及酶系统在细胞中的位置
NR—硝酸还原酶；HH—联氨水解酶；HZO—联氨氧化酶

（二）好氧反硝化

好氧反硝化是 20 世纪 80 年代以后提出的一个新概念。Robertson 等人报道了好氧反硝化细菌和好氧反硝化酶系的存在，首先分离得到革兰氏阴性的脱氮副球菌 (*Paracoccus denitrifications*)，它是兼性好氧菌。在厌氧时可以将 HNO_3 还原为 N_2，在好氧时也可以将 HNO_3 还原为 N_2。在其生长过程中，有 O_2 和 NO_3^- 共同存在时，其生长速率比两者单独存在时都高，有较高的反硝化率。有实验证明，好氧反硝化菌在溶解氧 (DO) 为 5~6 mg/L 都能进行反硝化作用。

脱氮副球菌的酶系有：① 硝酸盐还原酶 (Nar) 位于细胞膜中，称为膜结合硝酸盐还原酶 (membrane-bound nitrate reductase, M-Nar)，对氧敏感，受氧抑制，它在厌氧环境优先表达。而且只在厌氧条件下才有活性。另有位于周质的硝酸盐还原酶 (P-Nar)，在有氧时优先表达，并且在好氧和厌氧条件下均有活性，都能发挥作用。有的好氧反硝化菌同时存在 M-Nar 和 P-Nar，当 M-Nar 受氧抑制时，P-Nar 继续发挥作用，仍具有硝酸还原作用。亚硝酸盐还原酶 (Nir) 位于周质中，称周质亚硝酸盐还原酶 (periplasmic nitrate reductase, P-Nir)，对氧有较强的耐受力。② 一氧化氮还原酶 (硝基氧化还原酶 Nor) 位于细胞膜中，是一种膜结合的细胞色素 bc 型酶 (M-Nor，其大亚基呈疏水性，具有跨膜结构能与 b 型血红素结合，小亚基与 c 型血红素结合)。③ 一氧化二氮还原酶 (亚硝酸氧化还原酶 Nos) 是含铜蛋白，位于膜外周质中，称为周质一氧化二氮还原酶 (P-Nos)。在氧气存在条件下脱氮副球菌的一氧化二氮还原酶具有活性，能将 NO，N_2O 两种气体同时还原为 N_2。当 DO<0.2 mg/L 时一氧化二氮还原酶受抑制，当 DO>4 mg/L 时，硝酸盐还原酶受抑制。Moir 等报道，脱氮副球菌在好氧和厌氧时都含有一个细胞色素 cd_1 型的亚硝酸盐还原酶，它是双功能酶，既能催化 NO_2^- 得到一个电子转化为 NO，又能使 O_2 得到 4 个电子产生 H_2O。

好氧反硝化作用的代谢途径虽然尚未完全清楚，由于众人对脱氮副球菌的关注，研究较多，较为深入，它在有氧条件时的电子传递链和厌氧电子传递链如图 8-13 和图 8-14 所示。

由图 8-13 看出，脱氮副球菌在有氧条件时的电子传递链在细胞色素 c 水平上甲醇作为电子供体，氧为电子受体，最终产物为 H_2O。由图 8-14 可见，脱氮副球菌在厌氧条件下，由 4 种不同还原酶共同作用下，将硝酸盐还原为 N_2。图 8-15 显示了好氧

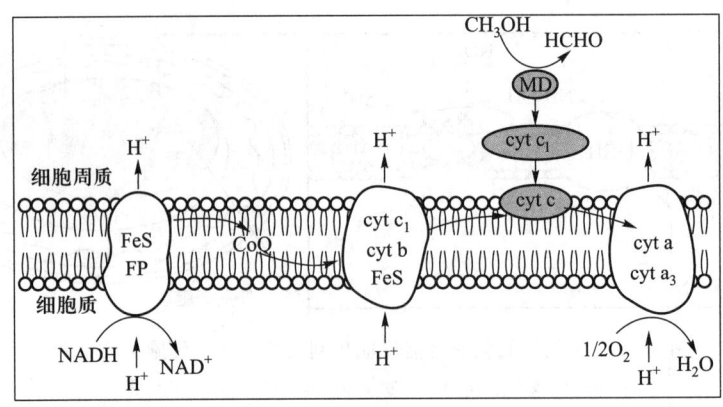

图 8-13　脱氮副球菌在有氧条件时的电子传递

FP—黄蛋白；MD—甲醇脱氢酶

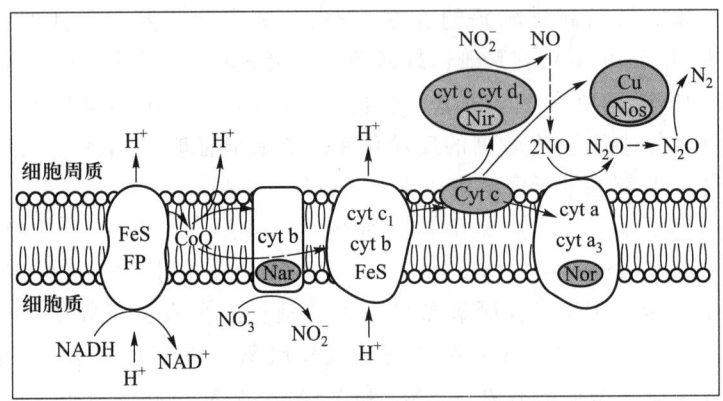

图 8-14　脱氮副球菌高度分支的厌氧电子传递

FP—黄蛋白；Nar—硝酸盐还原酶；Nir—亚硝酸盐还原酶；
Nor—硝基氧化还原酶；Nos—亚硝酸氧化还原酶

反硝化菌的反硝化作用过程，细胞色素 c 受到 O_2 的抑制，出现"瓶颈"，没有将有机物提供的电子传递给 O_2，而传递给 NO_3^- 进行反硝化，NO_3^- 被还原 N_2。由于它含有双功能的细胞色素 cd_1，使好氧反硝化菌的生长繁殖不受氧的影响，并能继续发挥作用。由此看来，氮副球菌是具有双功能酶—细胞色素 cd_1 典型的兼性菌。

好氧反硝化菌的反硝化作用过程及代谢途径，见图 8-15。

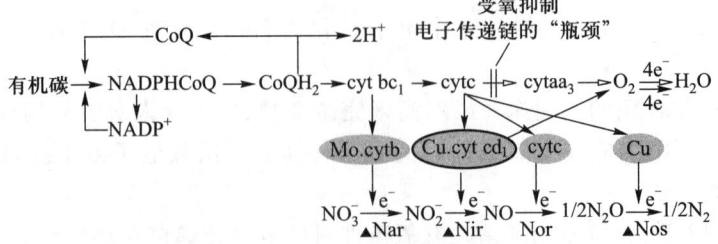

图 8-15　好氧反硝化菌的反硝化作用过程及代谢的综合示意图（呼吸瓶颈，氧抑制）

Cu 和 cyt cd_1 为双功能酶。

已分离到的好氧反硝化菌有假单胞菌属（*Pseudomonas*）、产碱杆菌属（*Alcaligenes*）、副球菌属（*Paracoccus*）和芽孢杆菌属（*Bacillus*）等，是一类好氧或兼性好氧，以有机碳作为能源的异养反硝化菌。而异型枸橼酸杆菌（*Citrobacter diversus*）则是以硝酸盐为电子受体，以各种类型的含硫化合物（如硫化物、聚硫化物、元素硫、硫代硫酸盐和亚硫酸盐）为电子供体的自养型反硝化菌。

其他的好氧反硝化菌有：① 严格化能自养型菌包括脱氮硫杆菌（*Thiobacillus denitrificans*）、排硫硫杆菌（*Thiobacillus thioparus*）和脱氮硫微螺菌（*Thiomicrospira denitrificans*）；② 兼性自养型菌如 *Thiobacillus delicatus*，*Thiobacillus thyasiris*。这类微生物除了还原硫之外，还能利用有机酸；③ 据报道，贝日阿托氏菌属（*Beggiatoa*）和辫硫菌属（*Thioplaca*）中的某些种存在于沉积物中时，可储存大量的硝酸盐，用于硫化物的自养氧化。

大量的研究证明，在土壤、水稻田、水产养殖、污（废）水处理系统中确实存在好氧反硝化菌，并进行好氧反硝化作用。

五、固氮作用

大气中的 N_2 蕴藏量大，约占空气体积分数的 78%。植物和大多数微生物不能直接利用，只有少数微生物能利用 N_2。

通过固氮微生物的固氮酶催化作用，把分子 N_2 转化为 NH_3，进而合成有机氮化合物，称为固氮作用。

各类固氮微生物进行固氮的基本反应式相同：

$$N_2 + 6e^- + 6H^+ + nATP \longrightarrow 2NH_3 + nADP + nPi$$

由氮气转化为氨是在固氮酶催化下进行的：

$$酶—N\equiv N \xrightarrow[2H^+]{2e^-} 酶—N=N \xrightarrow[2H^+]{2e^-} 酶—N—N \xrightarrow[2H^+]{2e^-} 2NH_3 + 酶$$

分子 N_2 具有高能量三键（$N\equiv N$），需要很大的能量才能打开它，固氮酶催化固氮反应所需要的能量和电子，以多种固氮微生物的平均值计：还原 1 mol N_2 为 2 mol 的 NH_3 需要 24 mol ATP，其中 9 mol ATP 提供 6 个电子用于还原作用；15 mol ATP 用于催化反应。ATP 只有与 Mg^{2+} 结合成 Mg^{2+}-ATP 复合物时才起作用。

固氮微生物有根瘤菌属、褐球固氮菌、黄色固氮菌、雀稗固氮菌、拜叶林克氏菌和万氏固氮菌（图 8-16）。它们都是好氧菌，可利用各种糖、醇、有机酸为碳源，分子 N_2 为氮源。当供给 NH_3、尿素和硝酸盐时固氮作用停止；在含糖培养基中形成荚膜和黏液层，菌落光滑、黏液状，细胞大，杆状或卵圆形，有鞭毛，革兰氏染色阴性反应；适于在中性和偏碱性环境中生长，pH<6 不生长；在较低氧分压下固氮效果好（如在氧分压为 0.04 时固定的氮为氧分压为 0.2 时的 3 倍）；每消耗 1g 糖可固定 10~20 mg N_2。厌氧的巴氏梭菌（*Clostridium pasteurianum*）为 G^+ 菌，它每消耗 1 g 糖固定 2~3 mg N_2。硫酸盐还原菌也有固氮作用。

光合细菌[如红螺菌（*Rhodospirillum*）、小着色菌（*Chromatium minus*）及绿菌属（*Chlorobium*）等]在光照下厌氧生活时也能固氮。固氮蓝细菌多见于有异形胞的固氮

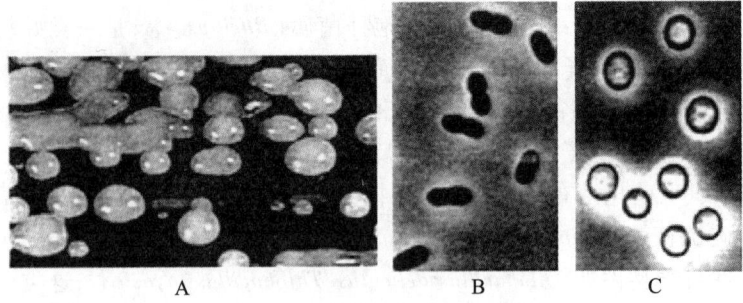

图 8-16 两种固氮菌
A—拜叶林克氏菌(*Beijerinckia*); B, C—万氏固氮菌(*Azotobacter vinelandii*)

丝状蓝细菌。例如,鱼腥蓝细菌属(*Anabuena*)、念珠蓝细菌属(*Nostoc*)、柱孢蓝细菌属(*Cylindrospernum*)、单歧蓝细菌属(*Tolypothrix*)、颤蓝细菌属(*Oscillatoria*)、拟鱼腥蓝细菌属(*Anabaenopsis*)和眉蓝细菌属(*Calothrix*),以及织线藻属(*Plectonema*)和席藻属(*Phormidium*)等。它们在异形胞中进行固氮。

厌氧固氮菌是通过发酵糖类生成丙酮酸,由丙酮酸磷酸化过程中合成 ATP 提供固氮所需。好氧固氮菌则是通过好氧呼吸由三羧酸循环产生 $FADH_2$、$NADH+H^+$ 等经电子传递链产生 ATP。

N_2 转化成 NH_3 需要供给 6 个电子,在电子传递链中,每一步只传递 2 个电子,要 3 次连续电子传递才能满足需要。

$$\text{电子供体} \longrightarrow \underset{Fd}{\text{铁氧还蛋白}} \xrightarrow{Fd \cdot 2e^-} \underset{(AzoFd)_2}{\text{铁蛋白}} \xrightarrow{(AzoFd)_2 \cdot 2e^-} \underset{MoFd}{\text{钼铁蛋白}} \xrightarrow{MoFd \cdot 2e^-} ATP \xrightarrow[N_2]{} \underset{ADP+Pi}{2NH_3}$$

固氮酶对 O_2 敏感,从好氧固氮菌体内分离的固氮酶,一遇氧就发生不可逆性失活。好氧固氮菌生长需要氧,固氮却不需氧。好氧固氮菌为了在生长过程中同时固氮,它们在长期的进化中形成了保护固氮酶的防氧机制,使固氮作用正常进行。

六、其他含氮物质的转化

其他含氮物质有氢氰酸、乙腈、丙腈、正丁腈、丙烯腈及硝基化合物等。它们来自化工腈纶废水、国防工业废水和电镀废水等。土壤和水体受到上述物质不同程度的污染,对人、畜都有毒害。然而,氢氰酸可被某些微生物(某些担子菌和紫色色杆菌)合成和利用。例如,紫色色杆菌以葡萄糖为碳源、氨水为氮源时,可生成氢氰酸。用紫色色杆菌休止细胞以甘氨酸、甲硫氨酸和琥珀酸一起保温生成 β-氰基丙氨酸,进一步生成天冬氨酸。由甘氨酸的氧化和脱水反应生成氰基甲酸,进而聚合成对三嗪三羧酸。氰基甲酸也可分解成氢氰酸和二氧化碳。氰基甲酸和氨反应生成草酰胺腈,进而分解为氰尿酸和氢氰酸。紫色色杆菌属将甘氨酸转化生成氢氰酸的途径为:

[化学反应图示：甘氨酸 →(O₂, -H₂O) → 氰基甲酸 →(-H₂O) → ... → 对三嗪三羧酸 → HCN+CO₂；氰基甲酸 +NH₃ → 草酰胺腈 CNCONH₂+H₂O → HCN + 氰尿酸]

担子菌能利用乙醛、氨水和氢氰酸在腈合成酶的作用下缩合成为 α-氨基丙腈，进而合成为丙氨酸。

$$CH_3CHO+HCN+NH_4^+ +OH^- \longrightarrow CH_3CHNH_2CN+2H_2O$$

$$2CH_3CHNH_2CN+4H_2O \longrightarrow 2CH_3CHNH_2COOH+2NH_3$$

在有氧条件下，氰化物氧化分解如下：

$$HCN+0.5O_2+2H_2O \longrightarrow CO_2+NH_4OH$$

诺卡氏菌属、赤霉菌（茄科病镰刀霉）、木霉等能分解氰化物和腈，诺卡氏菌对丙烯腈的分解能力最强。

假单胞菌分解氰化物的过程如下：

$$HCN \xrightarrow[H_2O]{\text{氰水解酶}} HCONH_2 \xrightarrow[\text{甲酸脱氢酶}]{\text{甲酰胺酶}} HCOOH \longrightarrow NH_3$$
$$\longrightarrow CO_2 + H_2$$

HCN 在假单胞菌的氰水解酶、甲酰胺酶、甲酸脱氢酶催化作用下，被分解为 CO_2，H_2 和 NH_3。

第四节 硫 循 环

在自然界中硫有三态：单质硫、无机硫化物及含硫有机化合物。这三者在化学和生物作用下相互转化，构成硫的循环（图 8-17）。在水生环境中，硫酸盐或通过化学作用产生，或来自污（废）水，或是硫细菌氧化硫或硫化氢产生。硫酸盐被植物、藻类吸收后转化为含硫有机化合物（如含—SH 基的蛋白质），在厌氧条件下进行腐败作用产生硫化氢，硫化氢被无色硫细菌氧化为硫，并进一步氧化为硫酸盐，硫酸盐在厌氧条件下，被硫酸盐还原菌（如脱硫弧菌）还原为硫化氢，硫化氢又能被光合细菌用作供氢体，氧化为硫或硫酸盐。自然界的硫就是这样往复循环着。

参与硫循环的好氧微生物有贝日阿托氏菌属、发硫菌和硫杆菌；厌氧微生物有绿菌属、脱硫弧菌属、脱硫单胞菌属、着色菌属、不产氧光合细菌，以及嗜热古菌和蓝细菌。

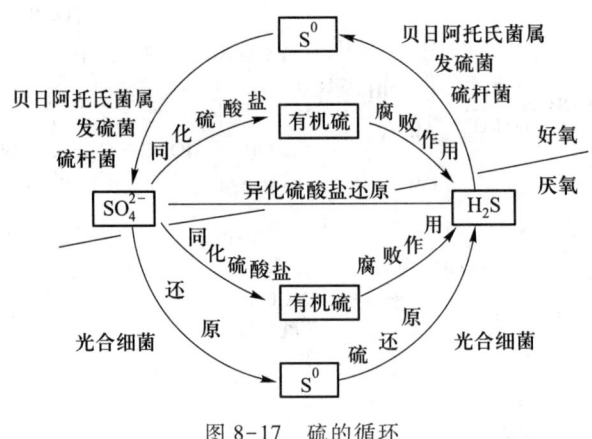

图 8-17 硫的循环

一、含硫有机物的转化

含硫有机物存在于动物、植物和微生物机体的蛋白质中,它们以—SH 形式组成含硫氨基酸,如蛋氨酸、半胱氨酸和胱氨酸,它们和其他氨基酸组成蛋白质。通过氨化脱硫微生物分解有机硫产生硫化氢和氨。例如,变形杆菌将半胱氨酸水解为氨和硫化氢:

$$\underset{\text{半胱氨酸}}{\begin{array}{c} \text{COOH} \\ | \\ \text{CHNH}_2 \\ | \\ \text{CH}_2\text{SH} \end{array}} + 2\text{H}_2\text{O} \xrightarrow{\text{变形杆菌}} \text{CH}_3\text{COOH} + \text{HCOOH} + \text{NH}_3 + \text{H}_2\text{S}$$

$$\text{H}_2\text{S} + \text{FeSO}_4 \longrightarrow \text{H}_2\text{SO}_4 + \text{FeS（黑色）}$$

$$\text{H}_2\text{S} + \text{Pb(CH}_3\text{COO)}_2 \longrightarrow 2\text{CH}_3\text{COOH} + \text{PbS（黑色）}$$

上述反应产生的甲酸、乙酸、NH_3 和 H_2S 可在好氧条件下进一步分解转化为 CO_2、H_2O、NO_3^-、NO_3^- 和 SO_4^{2-}。含硫有机物如果分解不彻底,会有硫醇 [如甲硫醇(CH_3SH)] 暂时积累,再转化为硫化氢。

二、无机硫的转化

（一）硫化作用

在有氧条件下,通过硫细菌的作用将硫化氢氧化为单质硫,进而氧化为硫酸,这个过程称为硫化作用。参与硫化作用的微生物有硫化细菌和硫黄细菌。

1. 硫化细菌

硫化细菌归属于硫杆菌属(*Thiobacillus*),为革兰氏阴性杆菌。它从氧化硫化氢、单质硫、硫代硫酸盐、亚硫酸盐及四连硫酸盐等获得能量,产生硫酸,同化二氧化碳合成有机物。硫化细菌多半在细胞外积累硫,有些菌株在细胞内积累硫。硫被氧化为硫酸,使环境 pH<2,同时产生能量。硫杆菌广泛分布于土壤、淡水、海水和矿山排水沟中,有氧化硫硫杆菌(*Thiobacillus thiooxidans*)、排硫硫杆菌(*Thiobacillus thioparus*)、氧

化亚铁硫杆菌（*Thiobacillus ferrooxidans*）、新型硫杆菌（*Thiobacillus novellus*）等，它们均为好氧菌；还有兼性厌氧的脱氮硫杆菌（*Thiobacillus denitrificans*）。硫化细菌生长的最适温度为 28～30 ℃；有些种能在强酸条件下生长。例如，氧化硫硫杆菌最适 pH 为 2.0～3.5，在 pH 为 1～1.5 时仍可生长，但在 pH≥6 不生长；氧化亚铁硫杆菌的最适 pH 为 2.5～5.8；排硫硫杆菌适宜在中性和偏碱性条件下生长。各种硫化细菌氧化硫化物的化学反应式如下：

（1）氧化硫硫杆菌：它氧化单质硫能力强、迅速，为专性自养菌。

$$2S+3O_2+2H_2O \longrightarrow 2H_2SO_4+能量$$

$$Na_2S_2O_3+2O_2+H_2O \longrightarrow Na_2SO_4+H_2SO_4+能量$$

$$2H_2S+O_2 \longrightarrow 2H_2O+2S+能量$$

（2）氧化亚铁硫杆菌：它从氧化硫酸亚铁、硫代硫酸盐中获得能量，还能将硫酸亚铁氧化成硫酸铁：

$$4FeSO_4+O_2+2H_2SO_4 \longrightarrow 2Fe_2(SO_4)_3+2H_2O$$

硫酸及硫酸铁溶液是有效的浸溶剂，可将铜、铁等金属矿物转化为硫酸铜和硫酸亚铁从矿物中流出：

$$FeS_2+7Fe_2(SO_4)_3+8H_2O \longrightarrow 15FeSO_4+8H_2SO_4$$

也可与辉铜矿（Cu_2S）作用生成 $CuSO_4$ 与 $FeSO_4$：

$$Cu_2S+2Fe_2(SO_4)_3 \longrightarrow 2CuSO_4+4FeSO_4+S$$

这种通过硫化细菌的生命活动产生硫酸高铁将矿物浸出的方法叫湿法冶金。生成的 $CuSO_4$ 与 $FeSO_4$ 溶液通过置换、萃取、电解或离子交换等方法回收金属。

2. 硫黄细菌

将硫化氢氧化为硫，并将硫粒积累在细胞内的细菌，统称为硫黄细菌。它们包括丝状硫细菌和光能自养硫细菌。

（1）丝状硫细菌：氧化硫化氢为单质硫的丝状细菌有贝日阿托氏菌属（*Beggiatoa*）、辫硫菌属（*Thioploca*）、发硫菌属（*Thiothrix*）、亮发菌属（*Leucothrix*）和透明颤菌属（*Vitreoscilla*）。除亮发菌属（*Leucothrix*）和透明颤菌属（*Vitreoscilla*）外，其他菌属均能将硫粒累积在细胞内。当环境中缺乏硫化氢时，它们就将积累的硫粒氧化为硫酸，从中取得能量。亮发菌为好氧菌，贝日阿托氏菌、发硫菌、辫硫菌、透明颤菌为微量好氧菌，为混合营养型。它们均为 G^- 菌。

① 贝日阿托氏菌属为无色不附着的丝状体[（1～30）μm×（4～20）μm]，无鞘，滑行运动，体内有聚 β-羟基丁酸（PHB）或异染颗粒，DNA 的 G+C 含量为 37%，其典型种为白色贝日阿托氏菌（*Beggiatoa alba*）。有些菌株已获得纯培养，为混合营养型，可营自养生活，在低浓度乙酸盐培养基中，加一定量过氧化氢酶生长良好，以杆状体进行繁殖。

② 发硫菌属能氧化硫化氢积累硫粒于细胞内，丝状体外有鞘，一端附着在固体物上，不运动；而在游离端能一节一节断裂出杆状体（或称微生子），能滑行，经一段游泳生活呈放射状地附着在固体物上。发硫菌属在污水处理构筑物、淡水和海水中均可找到，其微量好氧，是混合营养型，污水处理中低溶解氧时大量繁殖。它对有机营养物的

需求量比贝日阿托氏菌属要大。

③ 辫硫菌属是一束平行的或发辫样组成的柔软丝状体,由一个公共鞘包裹而成。氧化硫化氢积累硫粒于体内,鞘常破碎成片,单独的丝状体独立滑行运动,其尾部末端呈锥形,尚未得到纯培养。

④ 亮发菌属的特征基本与发硫菌属相同,不同的是氧化硫化氢后,硫粒不积累在体内。其为严格好氧,化能异养型。海洋菌种需要 NaCl,最适温度为 25 ℃,最高为 30~35 ℃,其 DNA 的 G+C 含量为 46%~51%。

⑤ 透明颤菌属为无色丝状体[(1.2~2)μm×(3~70)μm],由界限分明的圆柱状或筒状细胞组成,滑行运动,为混合营养型,不水解蛋白质,在质量浓度为 0.5~1 g/L 的蛋白胨培养基中很易分离培养。有的菌株在质量浓度为 5 g/L 的蛋白胨中生长,氧化硫化氢后,体内不积累硫粒,其 DNA 的 G+C 含量为 43.6%。典型种为类贝氏菌透明颤菌(*Vitreoscilla beggiatoides*)。

以上丝状硫细菌氧化硫化氢为硫酸的过程如下:

$$2H_2S + O_2 \longrightarrow 2S + 2H_2O + 能量$$

$$2S + 2H_2O + 3O_2 \longrightarrow 2SO_4^{2-} + 4H^+ + 能量$$

$$2FeS_2 + 7O_2 + H_2O \longrightarrow 2FeSO_4 + 2H_2SO_4 + 能量$$

丝状硫细菌在生活污水和含硫工业废水的生物处理过程中大量生长,与溶解氧水平和硫化物含量有关,当曝气池溶解氧≤1 mg/L 时,有机物氧化不彻底,积累大量 H_2S 和有机酸,促使贝日阿托氏菌和发硫菌旺盛生长,引起活性污泥丝状膨胀。当溶解氧过高,亮发菌也会大量生长引起活性污泥丝状膨胀。

(2) 光能自养硫细菌:这类细菌含细菌叶绿素,在光照下,将硫化氢氧化为单质硫,在体内积累硫粒或体外积累硫粒。其详细内容在第一篇第四章的光合作用部分中已详述。

(二) 反硫化作用

土壤淹水、河流、湖泊等水体处于缺氧状态时,硫酸盐、亚硫酸盐、硫代硫酸盐和次硫酸盐在微生物的还原作用下形成硫化氢,这种作用就叫反硫化作用,亦叫硫酸盐还原作用。例如,脱硫脱硫弧菌(*Desulfovibrio desulfuricans*)利用葡萄糖和乳酸还原硫酸盐的过程:

$$\underset{\text{葡萄糖}}{C_6H_{12}O_6} + 3H_2SO_4 \longrightarrow 6CO_2 + 6H_2O + 3H_2S + 能量$$

$$\underset{\text{乳酸}}{2CH_3CHOHCOOH} + H_2SO_4 \longrightarrow \underset{\text{乙酸}}{2CH_3COOH} + 2CO_2 + H_2S + 2H_2O$$

以上两反应式均产生硫化氢,脱硫脱硫弧菌氧化乳酸不彻底,有乙酸积累。脱硫脱硫弧菌为略弯曲的杆菌[(0.5~1)μm×(1~5)μm],一般呈单个,有时呈对或呈短链,外观呈螺旋状,为革兰氏阴性菌。用石炭酸复红(品红)极易着色,具有一根极端鞭毛而活泼运动,严格厌氧,最适温度 25~30 ℃,最高为 35~40 ℃,pH 适应范围为 5~9,最适 pH 为 6~7.5,老细胞因沉积硫化铁而呈黑色。除利用葡萄糖、乳酸为供氢体外,还能利用蛋白质、天门冬素、甘氨酸、丙氨酸、天门冬氨酸、乙醇、甘油、苹果酸及琥珀酸作供氢体。

在混凝土排水管和铸铁排水管中,如果有硫酸盐存在,管的底部则常因缺氧而被还原为硫化氢。硫化氢上升到污水表层(或逸出到空气层),与污水表面溶解氧相遇,被硫化细菌或硫黄细菌氧化为硫酸,再与管顶部的凝结水结合,使混凝土管和铸铁管受到腐蚀(图 8-18)。为了减少对管道的腐蚀,除要求管道有适当的坡度,使污水流动畅通外,还要加强管道的维护工作。

河流、海岸港口码头钢桩的腐蚀是硫酸盐和硫化氢腐蚀的结果。在建造码头前,要测表面水、中部水和底部泥层中每毫升水或每克土含硫酸盐还原菌的数量,判定硫酸盐污染的严重程度,从而制定防腐蚀措施。一般采用通电提高氧化还原电位,达到防腐蚀的效果。

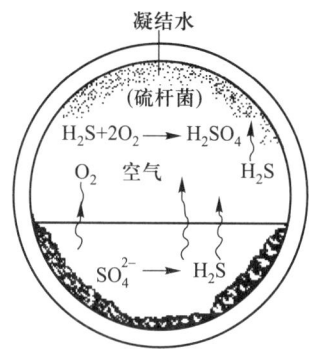

图 8-18 H_2S 对管道的腐蚀

第五节 磷 循 环

磷在土壤和水体中以含磷有机物(如核酸、植素及卵磷脂)、无机磷化合物(例如磷酸钙、磷酸钠、磷酸镁及磷灰石矿石)及还原态 PH_3 3 种状态存在。磷是一切生物的重要营养元素。然而,植物和微生物不能直接利用含磷有机物和不溶性的磷酸钙,必须经过微生物分解转化为溶解性的磷酸盐,才能被植物和微生物吸收利用。当溶解性磷酸盐被植物吸收后变为植物体内含磷有机物,动物食用后变成动物体内含磷有机物。动物和植物尸体在微生物作用下,分解转化为溶解性的偏磷酸盐(HPO_4^{2-})。HPO_4^{2-} 在厌氧条件下被还原为 PH_3,以此构成磷的循环,见图 8-19。

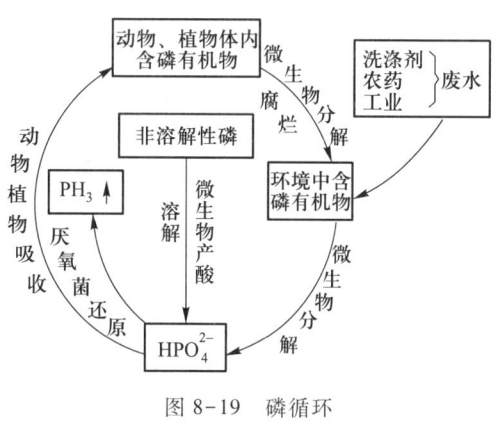

图 8-19 磷循环

一、含磷有机物的转化

动物、植物及微生物体内的含磷有机物,如核酸、磷脂、植素均可被微生物分解。

(一) 核酸

各种生物的细胞含有大量的核酸,它是核苷酸的多聚物。核苷酸由嘌呤碱或嘧啶碱、核糖和磷酸分子组成。核酸在微生物核酸酶的作用下,被水解成核苷酸,又在核苷酸酶作用下分解成核苷和磷酸,核苷再经核苷酶水解成嘧啶(或嘌呤)和核糖。生成的嘌呤继续分解,经脱氨基生成氨。例如,腺嘌呤经脱氨酶作用,产生氨和次黄嘌呤,次黄嘌呤再转化为尿酸,尿酸先氧化成尿囊素,再水解成尿素,尿素分解为氨和二氧化碳。

(二) 磷脂

卵磷脂是含胆碱的磷酸脂，它可被微生物卵磷脂酶水解为甘油、脂肪酸、磷酸和胆碱。胆碱再分解为氨、二氧化碳、有机酸和醇。能分解有机磷化物的微生物有蜡状芽孢杆菌(*Bacillus cereus*)、蜡状芽孢杆菌蕈状变种(*B. cereus var. mycoides*)、多黏芽孢杆菌(*B. polymyxa*)、解磷巨大芽孢杆菌(*B. megaterium var. phosphaticum*)和假单胞菌(*Pseudomonas sp.*)。

(三) 植素

植素是由植酸(肌醇六磷酸酯)和钙、镁结合而成的盐类。植素在土壤中分解很慢，经微生物的植酸酶分解为磷酸和二氧化碳。

二、无机磷化合物的转化

在土壤中存在的难溶性磷酸钙，可以与异养微生物生命活动产生的有机酸和碳酸、硝化细菌和硫细菌产生的硝酸和硫酸等作用，生成溶解性磷酸盐，例如：

$$Ca_3(PO_4)_2 + 2CH_3CHOHCOOH \longrightarrow 2CaHPO_4 + Ca(CH_3CHOHCOO)_2$$
$$Ca_3(PO_4)_2 + 2H_2SO_4 \longrightarrow Ca(H_2PO_4)_2 + 2CaSO_4$$

可溶性磷酸盐被植物、藻类及其他微生物吸收利用，生成卵磷脂、核酸及 ATP 等。无色杆菌属(*Achromobacter*)中有的种能溶解磷酸钙和磷矿粉。

磷酸盐在厌氧条件下，被梭状芽孢杆菌、大肠杆菌等通过还原作用形成 PH_3：

$$H_3PO_4 \xrightarrow[-H_2O]{2H^+} H_3PO_3 \xrightarrow[-H_2O]{2H^+} H_3PO_2 \xrightarrow[-H_2O]{2H^+} H_3PO \xrightarrow[-H_2O]{2H^+} PH_3$$

磷灰石、正长石、玻璃等能被硅酸盐细菌分解，产生水溶性的磷盐和钾盐。硅酸盐细菌又叫钾细菌，如胶质芽孢杆菌(*Bacillus mucilaginosus*)。

第六节 铁 循 环

自然界中铁以无机铁化合物和含铁有机物两种状态存在。无机铁化合物多为二价亚铁和三价铁。二价亚铁盐易被植物、微生物吸收利用，转变为含铁有机物，二价铁、三价铁和含铁有机物三者可互相转化，见图 8-20。

所有的生物都需要铁，而且要求其为溶解性的二价亚铁盐。二价和三价铁的化学转化受 pH 和氧化还原电位影响。pH 为中性和有氧存在时，二价铁氧化为三价铁的氢氧化物。无氧时，存在大量二价铁。二价铁还能被铁细菌氧化为三价铁。例如，锈色嘉利翁氏菌(*Gallionella ferruginea*)、氧化亚铁硫杆菌(*Thiobacillus ferrooxidans*)、多孢铁细菌即多孢泉发菌(*Crenothrix polyspora*)、纤发菌属(*Leptothrix*)和球衣菌属(*Sphaerotilus*)等。

锈色嘉利翁氏菌是一种重要的铁细菌(图 8-21A，B)。其为严格好氧和微好氧，仅以 Fe^{2+} 作电子供体，化能自养。通过卡尔文循环同化 CO_2。每氧化 150 g 亚铁可产 1 g 干细胞，不氧化锰。在寡营养的含铁水中，最适合的 E_h 为 +200~+300 mV，需要 O_2 的质量分数约为 1%，温度为 17 ℃ 或更低，在 pH 为 6 时 Fe^{2+} 稳定。最适合的 Fe^{2+} 含量为 5~25 mg/L，CO_2 大于 150 mg/L。锈色嘉利翁氏菌在水体和给水系统中形成大块氢

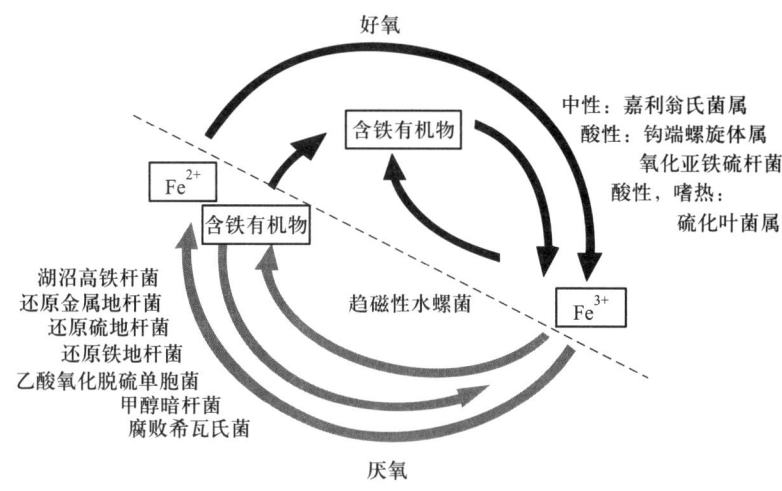

图 8-20 铁循环

氧化铁,其化学反应式如下:

$$2FeSO_4+3H_2O+2CaCO_3+0.5O_2 \longrightarrow 2Fe(OH)_3+2CaSO_4+2CO_2$$
$$4FeCO_3+6H_2O+O_2 \longrightarrow 4Fe(OH)_3+4CO_2+能量$$

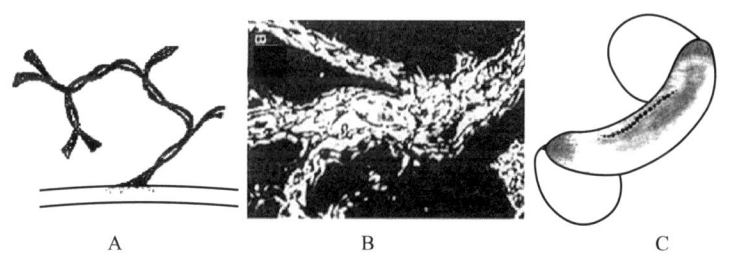

图 8-21 几种重要的铁细菌

A,B—锈色嘉利翁氏菌(*Gallionella ferruginea*);C—趋磁性水螺菌(*Aquaspirillum magnetotacticum*)

铁细菌生活在铸铁水管中时,水管内常因有酸性水被腐蚀,转化为溶解性的二价铁,铁细菌就利用二价铁转化为三价铁(锈铁),因此产生能量合成细胞物质。三价铁沉积于水管壁上,越积越多,以致阻塞水管,故经常要更换水管。在含有机物和铁盐的阴沟和水管中一般都有铁细菌存在,纤发菌和球衣菌更易发现。它们的典型菌种分别为赭色纤发菌(*Leptothrix ochracea*)和浮游球衣菌(*Sphaerotilus natans*),两者形态和生理特性都很相似,只是鞭毛着生部分和对锰的氧化不同,纤发菌有一束极端生鞭毛,能氧化锰。球衣菌有一束亚极端生鞭毛,不能氧化锰。它们常将一端固着于河岸边的固体物上旺盛生长成丛簇而悬垂于河水中。

趋磁性细菌如图 8-21C 所示。

趋磁性细菌由美国学者 R.P.Blakemore 于 1975 年在海洋底泥中发现。趋磁性细菌的游泳方向受磁场的影响,由鞭毛(单极生、双极生)进行趋磁性运动。它们是形态多种多样的原核生物。其形态有螺旋形、弧形、球形、杆状及多细胞聚合体,为革兰氏阴性。趋磁性细菌分类为两属:水螺菌属(*Aquaspirillum*)和嗜胆球菌属

(*Bilophococus*)。它们的代表菌分别为趋磁性水螺菌(*Aquaspirillum magnetotacticum*)和趋磁性嗜胆球菌(*Bilophococcus magnetotacticus*)。

趋磁性细菌的呼吸类型多样性：① 专性微好氧类型，形成含 Fe_3O_4 的磁体，如趋磁性水螺菌，简称 MS-1，它是所有趋磁性细菌中研究较清楚的；② 兼性微好氧类型，在微好氧和厌氧条件均能形成 Fe_3O_4 的磁体，如 MV-1；③ 严格厌氧类型，菌体细胞内形成含硫化铁的磁体，如 RS-1；④ 好氧类型，在好氧条件下形成含 Fe_3O_4 的磁体。趋磁性细菌的代谢类型也具有多样性。

趋磁性细菌永久性的磁性特征是由体内大小为 40~100 nm 的铁氧化物单晶体包裹的磁体(magnetosome)引起的。磁体是由 5~40 个形状均一的 Fe_3O_4 磁性颗粒，沿其轴线整齐排列而构成的磁链。磁性颗粒的数目随培养条件、铁和 O_2 的供给量的改变而改变。磁链类似于指南针。磁链的一半为北极杆，另一半为南极杆。指导趋磁性细菌的磁性行为，即北半球的趋磁性细菌往北向下运动，而南半球的趋磁性细菌往南向下运动。在赤道附近的趋磁性细菌两者兼而有之。趋磁性细菌的生态学作用尚未研究清楚。

趋磁性细菌的分布：趋磁性细菌最初是在海洋底泥中发现的，之后各国学者分别从南美洲、北美洲、大洋洲、欧洲和亚洲的海洋、湖泊淡水池塘底部的表层淤泥中分离到趋磁性细菌，可见分布之广。1994 年我国研究人员从武汉东湖、黄石磁湖，1996 年从吉林镜泊湖底淤泥中分别分离出趋磁性细菌。趋磁性细菌不仅存在于水体中，还存在于土壤中。

趋磁性细菌磁体的研究和应用：① 用于信息储存，因趋磁性细菌的磁体具有超微性、均匀性和无毒，可用于生产性能均匀、品位高的磁性材料；② 用于新型生物传感器上，日本将提纯的磁体作载体，固定葡萄糖氧化酶和尿酸酶，经比较发现：其酶量和酶活力比人工磁粒和 Zn-Fe 颗粒固定的酶量和酶活力分别高 100 倍和 40 倍，连续使用酶活力不变；③ 在医疗卫生方面，用作磁性生物导弹，直接攻击病灶，治疗疾病，不伤害人体。

在美国，不仅海底淤泥和淡水底部淤泥中有趋磁性细菌，而且在水处理厂[达勒姆(Durham)、新罕布什尔(New Hampshire)]的沉淀物中也分离到趋磁性细菌。它们在水处理厂的趋磁性行为和作用，对水处理设备有何影响，对水处理效果有何实际意义等问题均有待研究。

第七节 锰 循 环

锰循环如图 8-22。氧化锰的细菌中能氧化铁的有共生生金菌(*Metallogenium symbioticum*)和覆盖生金菌(*Metallogenium personatum*)(见图 8-23 和图 8-24)，还有土微菌属(*Pedomicrobium*)。它们能将氧化的锰铁产物积累、包裹在细胞表面或积累于细胞内。它们广泛分布于湖泥、淡水湖浮游生物体内和南半球土壤中。它们一般属于化能有机营养类型或寄生在真菌菌丝体上，为好氧菌。它们氧化来自各种含 Mn^{2+} 的锰矿沥滤的锰化合物，在不加氮或磷源、含乙酸锰 100 mg/L 或 $MnCO_3$ 100 mg/L 及琼脂 15 g/L 的固体培养基上，与真菌共生培养很容易生长。在液体中呈笔直的丝状体，在黏液培养基中呈不规则的弯曲。

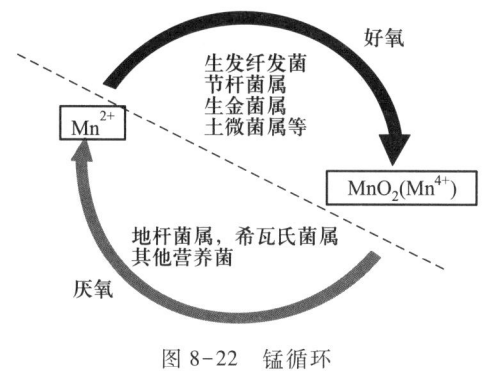

图 8-22 锰循环

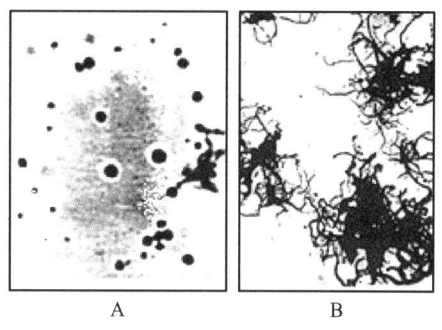

图 8-23 与真菌混合培养中的共生生金菌
(*Metallogenium symbioticum*)
A— 早期锰壳中的球形细胞；B—丝状生长的阶段

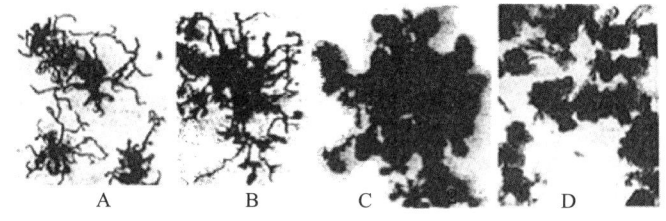

图 8-24 不同锰壳阶段中覆盖生金菌(*Metallogenium personatum*)的微菌落

能氧化锰的细菌还有鞘铁菌属(*Siderocapsa*)和瑙曼氏菌属(*Naumanniella*)。

第八节 汞 循 环

汞是地壳中相当稀少的一种元素，在自然界中以纯金属的状态存在的汞占极少数。多数以 HgS、氯硫汞矿、硫锑汞矿的矿物形式存在，这也是汞最常见的矿藏。

汞是一种银白色的液态金属(俗称水银)，主要用于电池、氯碱、温度计和压力计生产等工业。由于特殊的物理化学性质，易升华，汞的释放是以气体交换方式，因此，它是通过大气扩散，进行跨国界传输的全球性污染物。人为活动释汞的主要形态有在大气中滞留时间长的气态单质汞和相当数量的在大气中滞留时间很短的活性气态汞(RGM)和颗粒态汞。另外，还有自然释汞，包括地壳物质自然释放、土壤表面释放、自然水体散发、植物表面的蒸腾作用、地热活动等。自然释汞主要以气态单质汞为主。汞对人体极为有害，人吸入一定量汞后可使人体四肢变形及失明，丧失劳动力，甚至死亡。

自然界中的汞循环，如图 8-25 所示。由图可见，含汞工业废物随废水排放到水体中；大气中的汞由于雨水冲刷带到土壤和水体中，再由土壤细菌和水体底泥中的脱硫弧菌及其他细菌转化为甲基汞；甲基汞由于化学作用转化为单质汞，它由水体释放到大气后，被大气中的 H_2O_2 氧化为 Hg^{2+}；Hg^{2+} 再随雨水到水体，在化学作用条件下转化为 CH_3Hg^+；CH_3Hg^+ 通过微生物转化为 $(CH_3)_2Hg$；$(CH_3)_2Hg$ 被鱼食用，再转移到水鸟的体内，甚至转移到人体内。

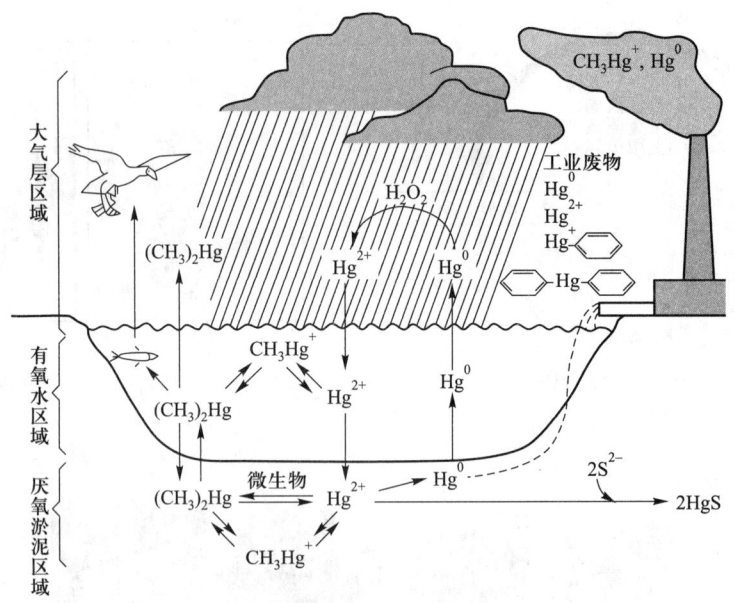

图 8-25　汞循环

思 考 题

1. 自然界中碳素如何循环?
2. 详述纤维素的好氧和厌氧分解过程。有哪些微生物和酶参与其中?
3. 详述淀粉的好氧分解和厌氧分解过程。有哪些微生物和酶参与其中?
4. 脂肪酸是如何进行 β-氧化的? 其能量如何平衡?
5. 自然界中氮素如何循环?
6. 何谓氨化作用、硝化作用、反硝化作用和固氮作用? 各有哪些微生物在起作用?
7. 何谓传统反硝化,有几种结果?
8. 何谓厌氧氨氧化脱氮? 厌氧氨氧化菌是一类什么样的细菌? 它有哪些细胞结构? 有哪些酶?
9. 什么叫好氧反硝化? 脱氮副球菌是什么样的细菌? 它为什么能在好氧条件下进行反硝化?
10. 氨基酸脱氨有几种方式? 各写出一个化学反应式。
11. 叙述硫的循环。
12. 何谓硫化作用? 有哪些硫化细菌?
13. 什么叫硫酸盐还原作用? 它对环境有什么危害?
14. 叙述磷的循环。有机磷如何分解?
15. 下水道的混凝土管和铸铁管为什么会被腐蚀?
16. 铁的三态是如何转化的? 有哪些微生物引起管道腐蚀?
17. 趋磁性细菌是一类什么样的微生物?
18. 氧化铁和锰的细菌有哪些?
19. 叙述汞的循环。

第九章
水环境污染控制与治理的生态工程及微生物学原理

第一节 污(废)水生物处理中的生态系统

城市污水和工业废水生物处理的方法很多,根据微生物与氧的关系分为好氧处理和厌氧处理两大类;根据微生物在构筑物中处于悬浮状态或固着状态,分为活性污泥法和生物膜法。

城市生活污水和工业废水的各种生物处理构筑物为活性污泥或生物膜提供一个环境(有氧环境和无氧环境),构筑物中充满活性污泥或生物膜,或活性污泥和生物膜的混合体。有氧环境或无氧环境与其中的活性污泥和生物膜就构成一个生态系。活性污泥和生物膜是净化污(废)水的工作主体。

一、好氧活性污泥法

(一) 好氧活性污泥中的微生物群落

1. 好氧活性污泥的组成和性质

(1) 好氧活性污泥的组成:好氧活性污泥是由多种多样的好氧微生物和兼性厌氧微生物(兼有少量的厌氧微生物)与污(废)水中有机和无机固体物质混凝交织在一起,形成的絮状体或称绒粒(floc)。

(2) 好氧活性污泥的性质:各种活性污泥有各自的颜色,含水率在99%左右;其相对密度为 1.002~1.006,混合液和回流污泥略有差异,前者为 1.002~1.003,后者为 1.004~1.006;具有沉降性能;有生物活性,有吸附、氧化有机物的能力;胞外酶在水溶液中,将污(废)水中的大分子物质水解为小分子,进而吸收到体内而被氧化分解;有自我繁殖的能力;绒粒大小为 0.02~0.2 mm,比表面积为 20~100 cm^2/mL;呈弱酸性(pH 约 6.7),当进水改变时,对进水 pH 的变化有一定的缓冲、承受能力。

2. 好氧活性污泥的存在状态

好氧活性污泥在完全混合式的曝气池内,因曝气搅动始终与污(废)水完全混合,总以悬浮状态存在,均匀分布在曝气池内并处于激烈运动之中。从曝气池的任何一点取出的活性污泥其微生物群落基本相同。在推流式的曝气池内,各区段之间的微生物种群和数量有差异,随推流方向微生物种类依次增多,而在每一区段中的任何一点,其活性污泥微生物群落基本相同。

3. 好氧活性污泥中的微生物群落

好氧活性污泥(绒粒)的结构和功能的中心是能起絮凝作用的细菌形成的细菌团

块,称菌胶团。在其上生长着其他微生物,如酵母菌、霉菌、放线菌、藻类、原生动物和某些微型后生动物(轮虫及线虫等)。因此,曝气池内的活性污泥是在不同的营养、供氧、温度及 pH 等条件下,形成由最适宜增殖的絮凝细菌为中心,与多种多样的其他微生物集居所组成的一个小生态系统。

活性污泥(绒粒)的主体细菌(优势菌)来源于土壤、河水、下水道污水和空气中的微生物。它们多数是革兰氏阴性菌,如动胶菌属(*Zoogloea*)和丛毛单胞菌属(*Comamonas*),可占 70%,还有其他的革兰氏阴性菌和革兰氏阳性菌。好氧活性污泥的细菌能迅速稳定污(废)水中的有机污染物,有良好的自我凝聚能力和沉降性能。巴特菲尔德(Butterfield)从活性污泥中分离出形成绒粒的动胶菌属(*Zoogloea*)的细菌。麦金尼(Mckinney)除分离到动胶菌属(*Zoogloea*)外,还分离到大肠杆菌和假单胞菌属等数种能形成绒粒的细菌,并发现许多细菌都具有凝聚、绒粒化的性能。迪亚斯(Dias)等确认活性污泥的微生物种群如表 9-1 所示。

表 9-1　构成正常活性污泥的主要细菌和其他微生物

名　　称		名　　称	
动胶菌属(*Zoogloea*)	(优势菌)	短杆菌属(*Brevibacterium*)	
丛毛单胞菌属(*Comamonas*)	(优势菌)	固氮菌属(*Azotobacter*)	
产碱杆菌属(*Alcaligenes*)	(较多)	浮游球衣菌属(*Sphaerotilus natans*)	(少量)
微球菌属(*Micrococcus*)	(较多)	微丝菌属(*Microthrix*)	(少量)
棒状杆菌属(*Corynebacterium*)		大肠埃希氏杆菌(*Escherichia coli*)	
黄杆菌属(*Flavobacterium*)		产气肠杆菌(*Enterobacter aerogenes*)	
无色杆菌属(*Achromobacter*)		诺卡氏菌属(*Nocardia*)	
芽孢杆菌属(*Bacillus*)		节杆菌属(*Arthrobacter*)	
假单胞菌属(*Pseudomonas*)	(较多)	螺菌属(*Spirillum*)	
亚硝化单胞菌属(*Nitrosomonas*)		酵母菌(*yeast*)	

活性污泥的微生物种群相对稳定,但当营养条件[污(废)水种类、化学组成、浓度]、温度、供氧、pH 等环境条件改变,会导致主要细菌种群(优势菌)改变。处理生活污水和医院污水的活性污泥中还会有致病细菌、致病真菌、致病性阿米巴(变形虫)、病毒、立克次氏体、支原体、衣原体、螺旋体等病原微生物。

4. 好氧活性污泥中微生物的浓度和数量

好氧活性污泥中微生物的浓度常用 1 L 活性污泥混合液中含有多少毫克恒重的干固体即 MLSS(混合液悬浮固体,包括无机的和有机的固体)表示,或用 1 L 活性污泥混合液中含有多少毫克恒重、干的挥发性固体即 MLVSS(混合液挥发性悬浮固体,代表有机固体——微生物)表示。在一般的城市污水处理中,MLVSS 与 MLSS 的比值以 0.7~0.8 为宜,MLSS 保持在 2 000~3 000 mg/L。工业废水生物处理中,MLSS 保持在 3 000 mg/L 左右。高浓度工业废水生物处理的 MLSS 保持在 3 000~5 000 mg/L。1 mL 好氧活性污泥中的细菌有 10^7~10^8 个。

(二) 好氧活性污泥净化污(废)水的作用机理

好氧活性污泥的净化作用类似于水处理工程中混凝剂的作用,它能絮凝有机和无机固体污染物,有"生物絮凝剂"之称。它能同时吸收和分解水中溶解性污染物。因为它是由有生命的微生物组成,能自我繁殖,有生物"活性",可以连续反复使用,而化学混凝剂只能一次使用,故活性污泥比化学混凝剂优越。

好氧活性污泥的净化作用机理,见图9-1。好氧活性污泥吸附和生物降解有机物的过程,见图9-2。

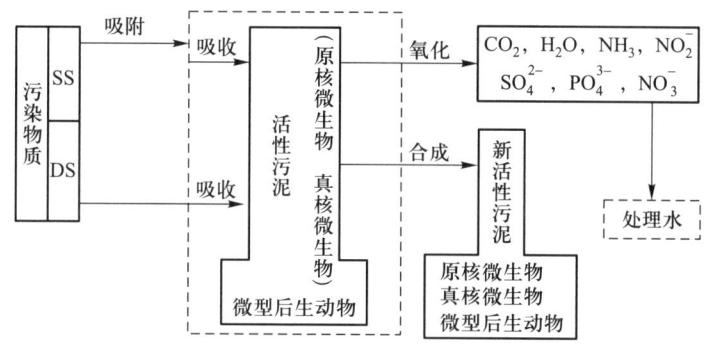

图9-1 好氧活性污泥的净化作用机理示意图

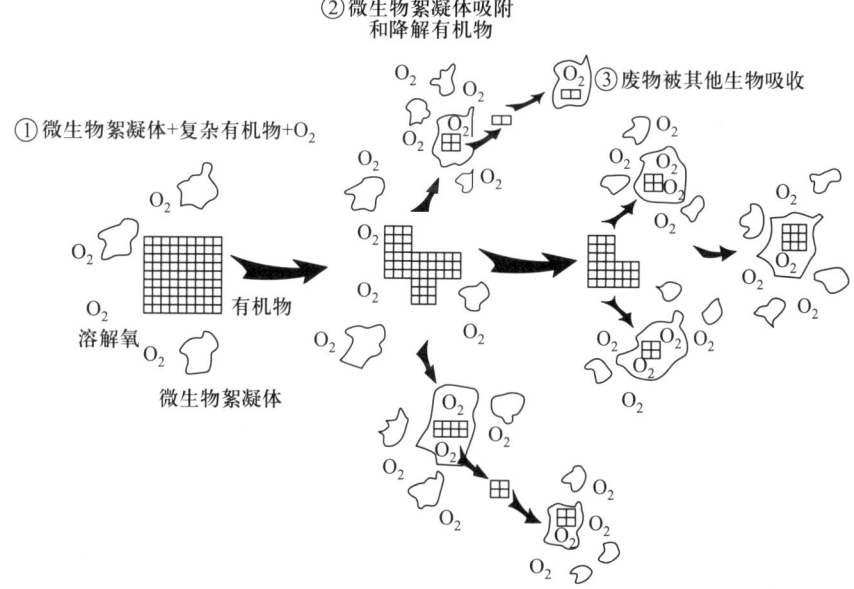

图9-2 好氧活性污泥吸附和生物降解有机物的过程

由图9-1和图9-2可知,活性污泥绒粒中微生物之间的关系是食物链的关系。好氧活性污泥绒粒吸附和生物降解有机物的过程像"接力赛",其过程分3步。第一步在有氧的条件下,活性污泥绒粒中的絮凝性微生物吸附污(废)水中的有机物。第二步是活性污泥绒粒中的水解性细菌水解大分子有机物为小分子有机物,同时,微生物合成自身细胞。污(废)水中的溶解性有机物直接被细菌吸收,在细菌体内氧化分解,其中间代谢产物被另一群细菌吸收,进而无机化。第三步是原生动物和微型后生动物吸收或吞食未分解彻底的有机物及游离细菌。

（三）好氧活性污泥法的几种处理工艺流程

好氧活性污泥法的处理工艺很多，常见的有推流式活性污泥法、完全混合式活性污泥法、接触氧化稳定法、分段布水推流式活性污泥法、氧化沟式活性污泥法等，详见图 9-3A，B，C，D，E。

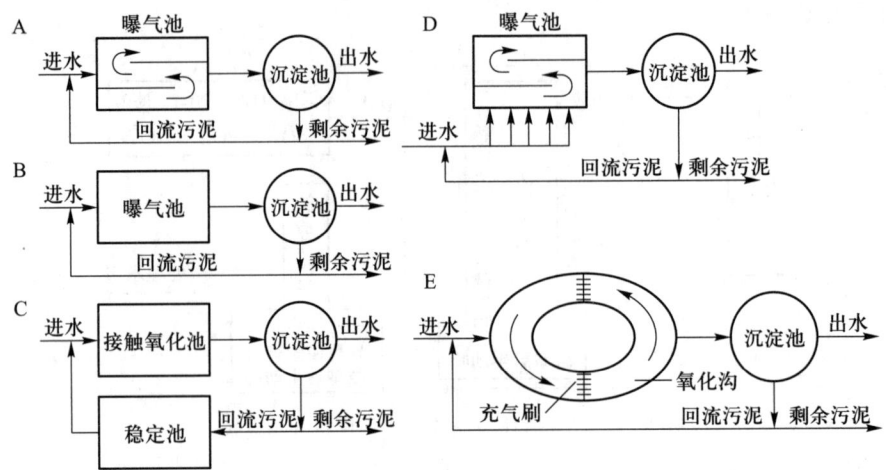

图 9-3　好氧活性污泥法的几种工艺流程
A—推流式活性污泥法；B—完全混合式活性污泥法；C—接触氧化稳定法；
D—分段布水推流式活性污泥法；E—氧化沟式活性污泥法

（四）氧化塘（或氧化沟）中的微生物群落及其处理污（废）水机制

1. 氧化塘（或氧化沟）的微生物群落

氧化塘（或氧化沟）的工艺是特殊的活性污泥法。氧化塘是人工的、接近自然的生态系统。在氧化塘（或氧化沟）内，藻类和细菌共存于同一环境中，保持互生关系，见图 9-4。其中还有霉菌、放线菌、原生动物、轮虫、线虫、浮游甲壳动物、寡毛类、软体动物及水生植物等组成的一个生态系统，其食物链与自然水体基本相同。

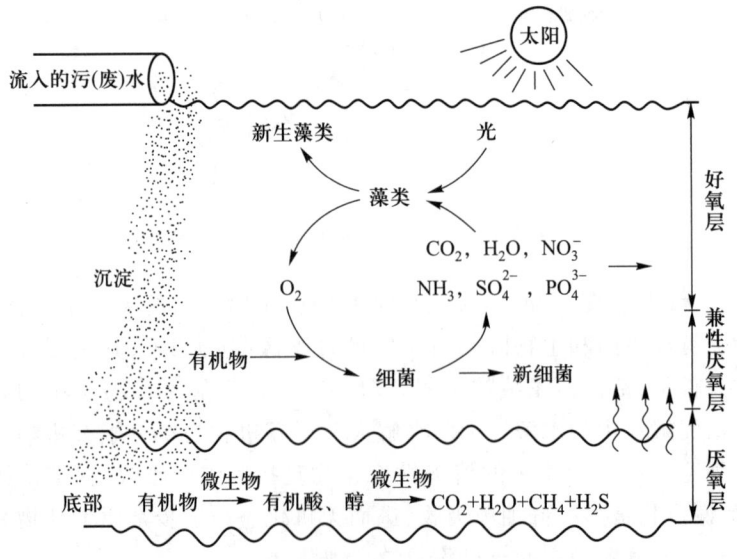

图 9-4　氧化塘（或氧化沟）处理污（废）水的作用机理及其中藻类和细菌的互生关系

2. 氧化塘（或氧化沟）处理污（废）水的机理

氧化塘（或氧化沟）一般用于三级深度处理，用以处理生活污水和富含氮、磷的工业废水。

有机污（废）水流入氧化塘，其中的细菌吸收水中的溶解氧，将有机物氧化分解为 H_2O，CO_2，NH_3，NO_3^-，PO_4^{3-}，SO_4^{2-}。细菌利用自身分解含氮有机物产生的 NH_3，与环境中的营养物合成细胞物质。在光照条件下，藻类利用 H_2O 和 CO_2 进行光合作用合成糖类，再吸收 NH_3 和 SO_4^{2-} 合成蛋白质，吸收 PO_4^{3-} 合成核酸，并繁殖新藻体。

（五）菌胶团的作用

在微生物学领域里，习惯将动胶菌属（*Zoogloea*）形成的细菌团块称为菌胶团。在水处理工程领域内，则将所有具有荚膜或黏液或明胶质的絮凝性细菌互相絮凝聚集成的细菌团块也称为菌胶团，这是广义的菌胶团。如上所述，菌胶团是活性污泥（绒粒）的结构和功能的中心，表现在数量上占绝对优势（丝状膨胀的活性污泥除外），是活性污泥的基本组分。它的作用表现在：

① 有很强的生物絮凝、吸附能力和氧化分解有机物的能力。一旦菌胶团受到各种因素的影响和破坏，则对有机物的去除率明显下降，甚至无去除能力。

② 菌胶团对有机物的吸附和分解，为原生动物和微型后生动物提供了良好的生存环境。例如，去除毒物，减少了氧的消耗量，使水中溶解氧含量升高，还提供食料。

③ 为原生动物、微型后生动物提供附着栖息场所。

④ 具有指示作用。通过菌胶团的颜色、透明度、数量、颗粒大小及结构的松紧程度可衡量好氧活性污泥的性能。例如，新生菌胶团颜色浅、无色透明、结构紧密，菌胶团生命力旺盛，吸附和氧化能力强，即再生能力强；老化的菌胶团，颜色深，结构松散，活性不强，吸附和氧化能力差。

（六）原生动物及微型后生动物的作用

原生动物和微型后生动物在污（废）水生物处理和水体污染及自净中起到3个积极作用。

1. 指示作用

生物是由低等向高等演化的，低等生物对环境适应性强，对环境因素的改变不甚敏感。较高等的生物则相反，如钟虫和轮虫对溶解氧和毒物特别敏感。所以，水体中的排污口、污（废）水生物处理的初期或推流系统的进水处，生长大量的细菌，其他微生物很少或不出现。随着污（废）水净化和水体自净程度的增高，相应出现许多较高级的微生物（图9-5）。原生动物及微型后生动物出现的先后次序是：细菌→植物性鞭毛虫→肉足类（变形虫）→动物性鞭毛虫→游泳型纤毛虫、吸管虫→固着型纤毛虫→轮虫。

原生动物及微型后生动物的指示作用表现为以下3方面：

① 可根据上述原生动物和微型后生动物的演替和活动规律判断水质和污（废）水处理程度，还可判断活性污泥培养的成熟程度。原生动物和微型后生动物在活性污泥培养过程中的指示关系，如表9-2所示。

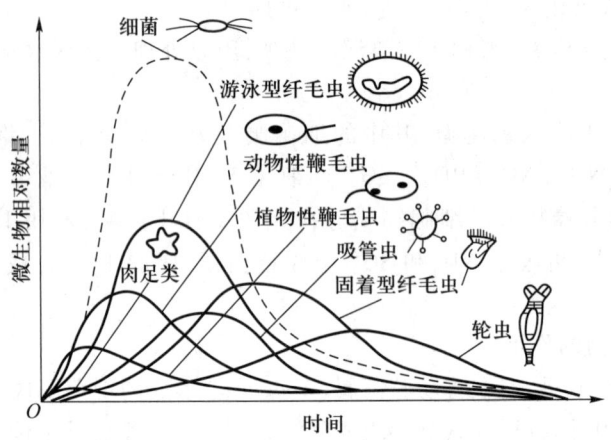

图 9-5 水体自净和有机污(废)水净化过程中微生物演变的过程

表 9-2 原生动物和微型后生动物在活性污泥培养过程中的指示关系

活性污泥培养初期	活性污泥培养中期	活性污泥培养成熟期
鞭毛虫、变形虫	游泳型纤毛虫、鞭毛虫	钟虫等固着型纤毛虫、楯纤虫、轮虫

② 根据原生动物种类判断活性污泥和处理水质的好与坏。例如,固着型纤毛虫中的钟虫属、累枝虫属、盖纤虫属、聚缩虫属、独缩虫属、楯纤虫属、吸管虫属、漫游虫属、内管虫属及轮虫等出现,说明活性污泥正常,出水水质好;当豆形虫属、草履虫属、四膜虫属、屋滴虫属和眼虫属等出现,说明活性污泥结构松散,出水水质差;线虫出现说明缺氧。

③ 还可根据原生动物遇恶劣环境改变个体形态及其变化过程判断进水水质变化和运行中出现的问题。以钟虫为例,当溶解氧不足或其他环境条件恶劣时,则出现钟虫由正常虫体向胞囊演变的一系列形态(见图 3-6,①~⑦)变化。钟虫的尾柄先脱落,随后虫体后端长出次生纤毛环呈游泳生活状态(通常叫游泳钟虫),或虫体变形,甚至呈长圆柱形,前端闭锁,纤毛环缩到体内,依靠次生纤毛环向着相反方向游动。如果污(废)水水质不加以改善,虫体将会越变越长,最后缩成圆形胞囊,如果污(废)水水质改善,虫体可恢复原状,恢复活性。

在污(废)水生物处理运行过程中,常常由于进水流量、有机物浓度、溶解氧、温度、pH 和毒物等的突然变化影响了正常的处理效果,使出水水质达不到排放标准。但有机物浓度和有毒物质等的测定时间较长,故不易做到经常性测定。此时,可镜检,根据原生动物消长的规律性初步判断污(废)水净化程度,或根据原生动物的个体形态、生长状况的变化预报进水水质和运行条件正常与否。一旦发现原生动物形态、生长状况异常,要分析是哪方面的问题,及时予以解决。

2. 净化作用

1 mL 正常好氧活性污泥的混合液中有 5 000~20 000 个原生动物,70%~80% 是纤毛虫,尤其是小口钟虫、沟钟虫、有肋楯纤虫、漫游虫出现频率高,起重要作用,轮虫则有 100~200 个。有的污(废)水中轮虫优势生长繁殖,1 mL 混合液中达到 500~1 000

个。轮虫有旋轮虫属、轮虫属、椎轮虫属等。原生动物的营养类型多样,腐生性营养的鞭毛虫通过渗透作用吸收污(废)水中的溶解性有机物。大多数原生动物是动物性营养,它们吞食有机颗粒和游离细菌及其他微小的生物。原生动物的数量、代谢能力和净化作用次于菌胶团。原生动物和微型后生动物吞食食物是无选择的,它们除吞食有机颗粒外,也吞食菌胶团,由于它们的吞食量不影响整体的净化效果,所以,没有危及净化作用。相反,由于原生动物的吞食和黏附作用,提高了净化效果,尤其是纤毛虫对出水水质有明显改善,见表9-3。

表9-3 纤毛虫在污(废)水生物处理中的净化作用

项目	未加纤毛虫	加入纤毛虫
出水平均 $BOD_5/(mg \cdot L^{-1})$	54~70	7~24
过滤后 $BOD_5/(mg \cdot L^{-1})$	30~35	3~9
平均有机氮/$(mg \cdot L^{-1})$	31~50	14~25
悬浮物/$(mg \cdot L^{-1})$	50~73	17~58
沉降30 min后的悬浮物/$(mg \cdot L^{-1})$	37~56	10~36
100 μm时的光密度	0.340~0.517	0.051~0.219
活细菌数/$(10^6$个$\cdot L^{-1})$	292~422	91~121

3. 促进絮凝作用和沉淀作用

污(废)水生物处理中主要靠细菌起净化作用和絮凝作用。然而有的细菌需要一定量的原生动物存在,由原生动物分泌一定的黏液物质协同和促使细菌发生絮凝作用。例如,在弯豆形虫的量较低时,细菌不起絮凝作用;当弯豆形虫的量增加到4 mg/L(含 2.5×10^3 个/L)时,细菌产生絮凝作用;弯豆形虫的量增加到10 mg/L(含 6×10^3 个/L)时,就形成很大的细菌絮体(500 μm左右)。另外,钟虫等固着型原生动物的尾柄周围也分泌有黏性物质,许多尾柄交织黏集在一起和细菌凝聚成大的絮体。由此看出,原生动物能促使细菌发生絮凝作用。

固着型纤毛虫本身有沉降性能,加上其与细菌形成絮体,更有利于二沉池的泥水分离。

(七) 好氧活性污泥的培养

好氧活性污泥的培养方式有间歇式曝气培养和连续曝气培养。

1. 间歇式曝气培养

(1) 菌种来源:取自污水处理厂的活性污泥;取自不同水质污水处理厂的活性污泥;取自相同水质污水处理厂的活性污泥;取本厂集水池或沉淀池的下脚污泥;或本厂污水长期流经的河流淤泥,经扩大培养后备用。

(2) 驯化:凡是采用与本厂不同水质污水处理厂的活性污泥作菌种都要先经驯化后才能使用,用间歇式曝气培养法驯化。先进低浓度污水培养,曝气23 h,沉淀1 h,倾去上清液,再进同浓度的新鲜污水,继续曝气培养。每一浓度运行3~7 d,通过镜检观察到活性污泥生长量增加。可调高一个浓度,同前一个浓度的操作方法运行。以后逐级提高污水浓度,一直提高到原污水浓度为止。驯化初期,活性污泥结构松散,游离细菌较多,出现鞭毛虫和游泳型纤毛虫,此时的活性污泥有一定的沉降效果。在驯化过程中,通过镜检可看到原生动物由低级向高级演替。驯化后期以游泳型纤毛虫为主,出现少量、有一定耐污能力的纤毛虫(如累枝虫),活性污泥沉降性能较好,上清液与沉降污泥可看出界限,且较清,驯化结束。

(3)培养:将驯化好的活性污泥改用连续曝气培养法继续培养。此时,可通过镜检和化学测定的指标分析、衡量活性污泥培养的进度和成熟程度。当看到活性污泥全面形成大颗粒絮团,其沉降性能良好,曝气池混合液在 1 L 量筒中 30 min 的体积沉降比(SV_{30})达 50%以上,污泥体积指数(sludge volume index,SVI,是衡量活性污泥沉降性能的指标)在 100 mL/g 左右;镜检看到菌胶团结构紧密,游离细菌少;原生动物大量出现,以钟虫等固着型纤毛虫为主,相继出现楯纤虫、漫游虫、轮虫等;曝气池内活性污泥的 MLSS 达到 2 000 mg/L 左右,进水达到了设计流量时,经化学指标测定,出水 COD_{Cr} 和 BOD_5 有明显地减少,此时活性污泥培养进入成熟期,可以转入正式运行阶段。若是处理工业废水,其进水 BOD_5 在 200~300 mg/L 时,MLSS 维持在 3 000 mg/L 左右,溶解氧维持在 2~3 mg/L 为宜。

2. 连续曝气培养

除间歇式培养外,还可用连续培养。在处理生活污水和工业废水时,凡取现成的与本厂相同水质处理厂的活性污泥作菌种时,都可直接用连续曝气培养法培养活性污泥。活性污泥的接种量按曝气池有效体积的 5%~10%投入,启动的最初几天可先闷曝,溶解氧维持在 1 mg/L 左右,然后以小流量进水,每调整一个流量梯度要维持约一周的运行时间。随着进水流量逐渐增大,溶解氧的浓度逐渐提高。当进水流量达到设计流量时,若工业废水的进水 BOD_5 在 200~300 mg/L,MLSS 维持在 3 000 mg/L 左右,溶解氧要维持在 2~3 mg/L;若生活污水的进水 BOD_5 在 150~250 mg/L,曝气池内的 MLSS 维持在 2 000 mg/L 左右,溶解氧可维持在 1~2 mg/L。

通过镜检和化学测定分析指标,可判断活性污泥培养成熟程度。镜检是看培养初期和向成熟阶段过渡的进程中,活性污泥的生长状况,菌胶团的结构是否由松散向紧密演变,原生动物是否由低级向高级演替。当进水流量达到设计值时,若菌胶团结构紧密,形成大的絮状颗粒,并且原生动物中钟虫等固着型纤毛虫大量出现,相继出现楯纤虫、漫游虫、轮虫等,即进入成熟期。

二、好氧生物膜法

好氧生物膜法构筑物有普通滤池、高负荷生物滤池、塔式生物滤池,还有生物转盘、流化床等生物接触氧化法,见图 9-6。

(一)好氧生物膜中的微生物群落

1. 好氧生物膜介绍

好氧生物膜是由多种多样的好氧微生物和兼性厌氧微生物黏附在生物滤池滤料上或黏附在生物转盘盘片上的一层黏性、薄膜状的微生物混合群体。它是生物膜法净化污(废)水的工作主体。普

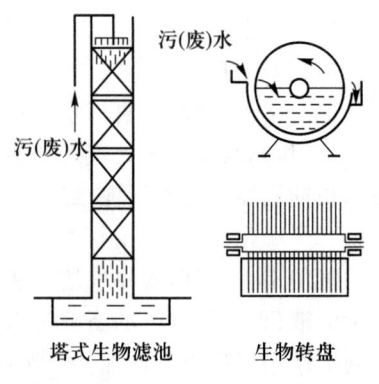

图 9-6 生物滤池和生物转盘

通滤池的生物膜厚度 2~3 mm，在 BOD 负荷大、水力负荷小时生物膜增厚。此时，生物膜的里层供氧不足，呈厌氧状态。当进水流速增大时，一部分生物膜脱落，在春、秋两季发生生物相的变化。微生物量通常以每平方米滤料上的生物膜干重表示，或每立方米滤料上的生物膜干重表示。

2. 好氧生物膜中的微生物种群及其功能

普通滤池内生物膜的微生物群落有：生物膜生物、生物膜面生物及滤池扫除生物。生物膜生物是以菌胶团为主要组分，辅以浮游球衣菌、藻类等。它们起净化和稳定污（废）水水质的功能。生物膜面生物是固着型纤毛虫（如钟虫、累枝虫、独缩虫等），游泳型纤毛虫（如楯纤虫、斜管虫、尖毛虫、豆形虫等）及微型后生动物，它们起促进滤池净化速度、提高滤池整体处理效率的功能。滤池扫除生物有轮虫、线虫、寡毛类的沙蚕和颗体虫等，它们起去除滤池内的污泥、防止污泥积聚和堵塞的功能。

3. 好氧生物膜的结构

好氧生物膜（图 9-7）在滤池内的分布不同于活性污泥，生物膜附着在滤料上不动，污（废）水自上而下淋洒在生物膜上。就一滴水为例，水滴从上到下与生物膜接触，几分钟内污（废）水中的有机和无机杂质逐级被生物膜吸附和吸收。滤池内不同高度（不同层次）的生物膜所得到的营养（有机物的组分和浓度）不同，致使不同高度的微生物种群和数量不同，微生物相是分层的。若把生物滤池分上、中、下 3 层，则上层营养物浓度高，生长的多为细菌，有少数鞭毛虫。中层微生物得到的除污（废）水中的营养物外，还有上层微生物的代谢产物，微生物的种类比上层稍多，有菌胶团、浮游球衣菌、鞭毛虫、变形虫、豆形虫、肾形虫等。下层有机物浓度低，低分子有机物占多数，微生物种类更多，除菌胶团、浮游球衣菌等丝状细菌外，还有以钟虫为主的固着型纤毛虫和少数游泳型纤毛虫，如楯纤虫和漫游虫，还有轮虫等。

若处理含低浓度有机物、高 NH_3 的微污染源水时，生物膜薄，上层除生长菌胶团外，还生长较多的藻类（因上层阳光充足），有较多的钟虫、盖纤虫、独缩虫和聚缩虫等；中、下层菌胶团长势逐级下降。

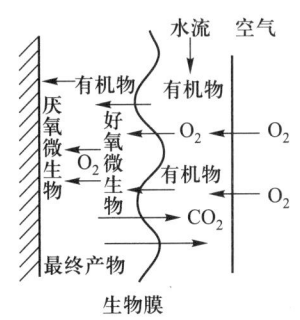

图 9-7 好氧生物膜的结构图

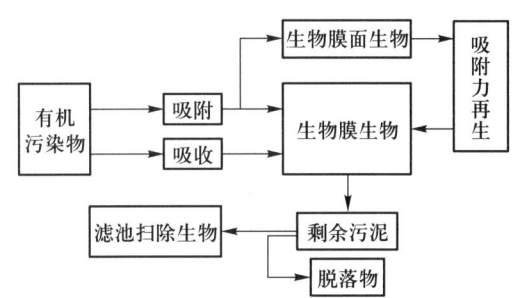

图 9-8 好氧生物膜净化作用模式图

4. 好氧生物膜的净化作用机理

好氧生物膜的净化作用，见图 9-8。生物膜在滤池中是分层的，上层生物膜中的生物膜生物（絮凝性细菌及其他微生物）和生物膜面生物（固着型纤毛虫、游泳型纤毛虫）及微型后生动物吸附污（废）水中的大分子有机物，将其水解为小分子有机物。同时生物膜生物吸收溶解性有机物和经水解的小分子有机物进入体内,并进行氧化分解,利用吸收的营养构建自身细胞。上一层生物膜的代谢产物流向下层,被下一层生物膜生物吸收,进一步被氧化分解为 CO_2 和 H_2O。老化的生物膜和游离细菌被滤池扫除生物(轮虫、线虫、颗体虫等)吞食。通过以上微生物化学和吞食作用,污(废)水得到净化。

生物转盘的生物膜与生物滤池的基本相同,不同之处是生物转盘是推流式,污(废)水从始端流向末端,生物膜随盘片转动,盘片上的生物膜有 40%～50% 浸没在污(废)水中,其余部分与空气接触而获得氧,两半盘片上的生物膜与污(废)水、空气交替接触。微生物的分布从始端向末端依次分级,微生物的种类随污(废)水水流方向逐级增多。

(二) 好氧生物膜的培养

好氧生物膜的培养有自然挂膜法、活性污泥挂膜法和优势菌挂膜法。

1. 自然挂膜法

用泵将含有自然菌种的污(废)水慢速通入空的塔式生物滤池(或其他生物滤池)内,不断循环,周期为 3～7 d,之后改为慢速连续进水。在此过程中,污(废)水中的自然菌种和空气微生物附着在滤料上,以污(废)水中的有机物为营养,生长繁殖。滤料上的微生物量由少变多,逐渐形成一层带黏性的微生物薄膜,即生物膜。当进水流量或水力表面负荷达到设计值时,滤池自上而下形成正常的分层微生物相。当滤池出水的化学指标接近排放标准,即完成生物膜的培养工作,进入正式运行阶段。

2. 活性污泥挂膜法

取处理生活污水或处理工业废水的活性污泥作菌种,与污(废)水混合,用泵将混合液慢速打入滤池内,循环周期为 3～7 d,之后改为慢速连续进水。在此过程中活性污泥微生物附着在滤料上,以污(废)水中的有机物为营养,生长繁殖。滤料上的微生物量由少变多,逐渐形成一层带黏性的微生物薄膜,即生物膜。当进水流量或水力表面负荷达到设计值[标准为 1～4 $m^3/(m^2 \cdot d)$,高负荷生物滤池的表面负荷为 20 $m^3/(m^2 \cdot d)$],BOD_5 负荷为 0.1～0.4 $kg/(m^3 \cdot d)$,高负荷生物滤池的 BOD_5 负荷为 0.5～2.5 $kg/(m^3 \cdot d)$ 时,滤池自上而下形成正常的分层微生物相。滤池出水的化学指标接近排放标准,即完成生物膜的培养工作,进入正式运行阶段。

3. 优势菌种挂膜法

优势菌种是从自然环境或废水处理中筛选和分离而获得的,对某种工业废水有强降解能力的菌株。优势菌种也可通过遗传育种获得优良菌种,甚至通过基因工程构建超级菌作菌种。

因优势菌对所要处理的废水有强的降解能力,所以,用废水和优势菌充分混合,用泵慢速将菌液打进生物滤池内,循环周期为 3～7 d,使优势菌黏附于滤料上,然后以慢流速连续进水。优势菌种挂膜法的运行指标和运行方法与活性污泥挂膜法基本相同。当滤池内自上而下形成正常的分层微生物相,使进水流量达到设计值,滤池出水的化学指标接近排放标准时,即完成生物膜的培养工作,进入正式运行阶段。

处理某些特种工业废水的生物滤池挂膜最适合用优势菌种挂膜法。

第二节　活性污泥丝状膨胀的成因及控制对策

用活性污泥法的各种工艺处理污(废)水,在运行正常的条件下,曝气池中的活性污泥是由许多占优势的、具有絮凝作用的絮凝性细菌(菌胶团细菌),辅以少量丝状细菌作为骨架而组成结构紧密的大絮体,其上长有大量原生动物(如钟虫、累枝虫、盖纤虫、旋轮虫)及其他微生物等。这种活性污泥的絮凝性好,沉降性能强。曝气池中的混合液悬浮固体(MLSS)的 SV_{30}[①] 为 70%~80%,SVI[②] 一般在 50~150 mL/g,以 100 mL/g 左右为最好。若 SVI>200 mL/g 就标志着活性污泥发生膨胀。在运行不正常的情况下,则会形成由丝状细菌引起的丝状膨胀污泥和由非丝状细菌引起的菌胶团膨胀污泥。这两种原因引起的膨胀污泥的 SV_{30} 均在 95% 以上,甚至达到 100%,完全沉不下来。其 SVI 均在 200 mL/g 以上。在实际运行中,一旦发生活性污泥的丝状膨胀,二沉池中泥水分离困难,池面出水漂泥严重,在二沉池的表面漂浮着许多污泥,其厚度可达 20 cm,并溢出池外,见图 9-9。此时出水水质极差,严重污染环境。

图 9-9　氧化沟中活性污泥丝状膨胀产生大量褐色泡沫浮泥上浮至池面

活性污泥丝状膨胀是较普遍的现象,广泛受到人们关注。因此,各国将研究的重点放在活性污泥丝状膨胀上,研究其膨胀的原因和控制活性污泥丝状膨胀的对策。

自发明活性污泥法以来,就伴随着活性污泥丝状膨胀的现象。20 世纪 20 年代,国外一些国家开始研究活性污泥丝状膨胀;70 年代初,投入较多的力量研究;我国对活性污泥丝状膨胀的研究起步于 20 世纪 70 年代末期。

一、活性污泥丝状膨胀的成因

(一) 活性污泥丝状膨胀的致因微生物

由于丝状细菌极度生长引起的活性污泥膨胀称活性污泥丝状膨胀。活性污泥丝状膨胀的致因微生物种类很多。Eikelboom,Richard,Wagner 和 Blackbeard 等分别从各国不同地域污水处理厂中收集了几千个样品,分离培养出 30 多种微生物纯培养物。其中经常出现的有诺卡氏菌属(*Nocardia*)、浮游球衣菌(*Sphaerotilus natans*)、微丝菌属(*Microthrix*)、发硫菌属(*Thiothrix*)和贝日阿托氏菌属(*Beggiatoa*)等(图 9-10),表 9-4 和表 9-5 为不同地域丝状膨胀活性污泥中致因微生物的比较及特征。表 9-6 为菌胶团和几种丝状细菌的特征。

[①] SV_{30} 为 1 L 活性污泥混合液沉降 30 min 后,污泥所占的体积百分比。

[②] SVI 为 30 min 内,1 L 活性污泥混合液所沉淀的污泥体积与该污泥干重之比。

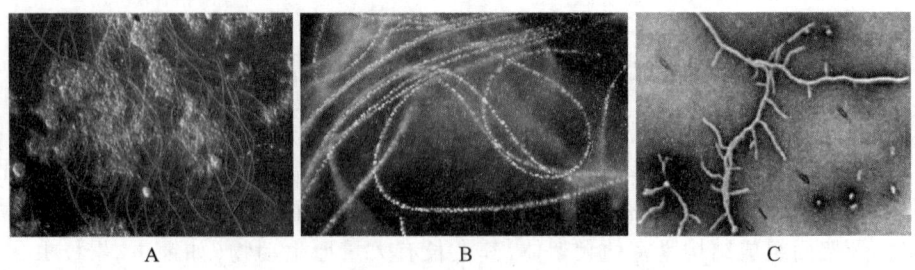

图 9-10 丝状膨胀污泥中的丝状细菌
A—浮游球衣菌；B—贝日阿托氏菌；C—诺卡氏菌

表 9-4 几个地域的膨胀和起泡沫活性污泥中主要丝状微生物的比较

优势种	以优势种划分次序				
丝状微生物	美国[①]	荷兰[②,④]	德国[③,④]	南非[⑤]	科罗拉多,美国[⑥]
诺卡氏菌属（*Nocardia* spp.）	1	—	—	7	2
type 1701	2	5	8	—	1
type 021N	3	2	1	—	10
type 0041	4	6	3	6	7
发硫菌属（*Thiothrix* spp.）	5	19	—	—	5
浮游球衣菌（*Sphaerotilus natans*）	6	7	4	—	8
微丝菌（*Microthrix parvicella*）	7	1	2	3	2
type 0092	8	4	—	1	8
Haliscomenobacter hydrossis	9	3	6	—	—
type 0675	10	—	—	5	5
type 0803	11	9	10	8	—
Nostocoida limicola	12	11	7	—	—
type 1851	13	12	—	4	4
type 0961	14	10	9	—	—
type 0581	15	8	—	—	—
贝日阿托氏菌属（*Beggiatoa* spp.）	16	18	—	—	—
真菌（fungi）	17	15	—	—	—
type 0914	18	—	—	2	—

注：表中数字代表优势种划分次序。

① Richard, et al., 1982; Strom, Jenkins, 1984 年从 270 个污水处理厂 525 个样品中分离的结果。

② Eikelboom, 1977 年从 200 个污水处理厂 1 100 个样品中分离的结果。

③ Wagner, 1982 年：从 315 个污水处理厂 3 500 个样品中分离的结果。

④ 对 *Nocardia* spp., 调查中不包括过去划分的起泡沫微生物。这些调查只限于膨胀微生物。

⑤ Blackbeard, Ekama, 1984; Blackbeard, et al., 1986 年：从 3 个处理厂的膨胀污泥和非膨胀污泥中分离的结果。

⑥ Richard, 1989 年取自 24 个主要污水处理厂至少一年一季度检查的结果。

表9-5 丝状膨胀活性污泥中部分致因微生物的一般特征[①]

丝状微生物	革兰氏染色[②]	硫粒[③]	其他颗粒[③]	毛发体[④]直径/μm	毛发体长度/μm	备注
浮游球衣菌(Sphaerotilus natans)	−	−	PHB	PHB	>500	假分枝
type 1701	−	−	PHB	0.6~0.8	20~80	细胞隔膜硬而可见
type 0041	+,变化	−	−	1.4~1.6	100~500	发生奈赛氏阳性反应
type 0675	+,变化	−	−	0.8~1.0	50~150	发生奈赛氏阳性反应
type 021N	−	−	PHB	1.0~2.0	500~1000	玫瑰花形物,微生子
发硫菌属(Thiothrix spp.)	−	+,−	PHB	0.8~1.4	50~200	玫瑰花形物,微生子
type 0914	−,+	+,+	PHB	1.0	50~200	硫粒,正方形
贝日阿托氏菌属(Beggiatoa spp.)	−,+	+,−	PHB	1.2~1.3	100~500	能动的,弯曲滑行的
type 1851	+,微弱	−	−	0.8	100~300	毛发体包裹
type 0961	−	−	−	0.8~1.2	40~80	透明的
Microthrixpar vicella	+	−	PHB	0.8	50~20	大的碎片
诺卡氏菌属(Nocardia spp.)	+	−	PHB	1.0	5~30	真分枝
N.limicola Ⅰ	+	−	—	0.8	100	
N.limicola Ⅱ	−,+	−	PHB	1.2~1.4	100~200	偶然有分枝
N.limicola Ⅲ	+	−	PHB	2.0	200~300	
Haliscomenobacter hydrossis	−	−	−	0.5	10~100	坚硬挺直
type 1863	−	−	−	0.8	20~50	细胞链
type 0411	−	−	−	0.8	50~150	细胞链

注:① 摘自 David J, et al. Manual on the Causes and Control of Activated Sludge Bulking and Foaming. 2th ed,1993。
② 革兰氏染色项的"+"表示革兰氏染色阳性反应;"−"表示革兰氏染色阴性反应。
③ 硫粒和其他颗粒中的"+"表示"有";"−"表示"无"。
④ 毛发体即丝状体。

表9-6 菌胶团和几种丝状细菌的特征

微生物	呼吸类型	营养类型	运动	PHB	异染粒	硫粒	革兰氏染色
动胶菌属(Zoogloea)	好氧	有机	幼龄细胞+	+	−	−	−
浮游球衣菌(S.natans)	好氧,微氧生长好	有机	游离细胞+	+	+	−	−
贝日阿托氏菌属(Beggiatoa)	好氧,微好氧	混合	丝状体滑动	+	+	+	−
发硫菌属(Thiothrix)	微好氧	自养或混合	微生子滑动	−	−	−	−
亮发菌属(Leucothrix)	好氧	有机	微生子滑动	−	−	−	−
透明颤菌属(Vitreos cilla)	好氧	有机	滑动	−	−	−	−

作者于20世纪70年代末开始研究活性污泥丝状膨胀的原因和控制对策,以及活性污泥中的菌胶团和丝状细菌的相互关系。作者在研究中发现,上海地区污水处理厂活性污泥丝状膨胀的致因微生物中,出现频率较多的是浮游球衣菌(Sphaerotilus natans)、发硫菌属(Thiothrix)、贝日阿托氏菌属(Beggiatoa)、亮发菌属(Leucothrix)、纤发菌属(Leptothrix)和微丝菌属(Microthrix)等。

(二) 活性污泥丝状膨胀的成因

活性污泥丝状膨胀的成因有环境因素和微生物因素。主导因素是丝状微生物过度生长。促进丝状微生物过度生长的环境因素有以下几种。

1. 温度

构成活性污泥的各种细菌最适生长温度在 30 ℃ 左右。菌胶团细菌如动胶菌属（*Zoogloea*）的最适生长温度为 28~30 ℃，10 ℃ 下生长缓慢，45 ℃ 不长。浮游球衣菌（*Sphaerotilus natans*）最适温度为 25~30 ℃，生长温度为 15~37 ℃。在上海，活性污泥丝状膨胀通常发生在春、夏之交和秋季，水的温度为 25~28 ℃。从菌胶团和丝状细菌的最适温度看，虽然差别不大，但菌胶团细菌为严格好氧菌，浮游球衣菌是好氧和微量好氧菌，由于温度影响氧的溶解度，因此，在低溶解氧的条件下，浮游球衣菌竞争氧的能力远强于菌胶团细菌而优势生长。

2. 溶解氧（DO）

菌胶团细菌和浮游球衣菌等丝状细菌对溶解氧的需要量差别大。浮游球衣菌是好氧和微量好氧菌，对环境的适应性强，在微量好氧条件下，仍正常生长。例如，贝日阿托氏菌、发硫菌微量好氧，DO 为 0.5 mg/L 时，生长最好。温度在 25~30 ℃ 的条件下，在有机废水中溶解氧匮乏，丝状细菌呈优势生长，故很容易引起活性污泥丝状膨胀。

3. 可溶性有机物及其种类

几乎所有的丝状细菌都能吸收可溶性有机物，尤其是低分子的糖类和有机酸。在运行过程中，有机物因缺氧不能降解彻底，积累了大量的有机酸，这为丝状细菌提供充分的营养条件，使丝状细菌优势生长。甚至自养的发硫菌也能利用低浓度的乙酸盐。

4. 有机物浓度（或有机负荷）

浮游球衣菌在含葡萄糖和蛋白胨各 5 g/L 的培养基中不长衣鞘，不形成丝状体而呈大的单个细胞存在，菌落接近圆形，边缘光滑。在含葡萄糖和蛋白胨各 1 g/L 的低浓度培养基中，浮游球衣菌形成小细胞而呈丝状体，外披衣鞘，甚至呈假分枝茂盛生长，菌落为粗糙型，细胞向菌落外伸展呈现毛发状生长。在生活污水和食品工业等有机废水中，BOD_5 为 100~200 mg/L，往往会使浮游球衣菌和菌胶团细菌的数量比例增大，浮游球衣菌的数量超过 60% 以上，占优势而导致活性污泥丝状膨胀。动胶菌属（*Zoogloea*）在试验培养基中，当碳氮比大于 10 时，呈絮状生长；若碳氮比小于 10，不凝聚；碳氮比低至 5 时，分散生长。有时生活污水和工业废水的碳氮比很低，活性污泥中呈絮状的动胶菌属不多见，而是分散性的动胶菌属和其他菌胶团细菌一起形成大颗粒的絮凝体。工业废水生物处理过程中也会发生活性污泥丝状膨胀，如含硫化染料的印染废水和屠宰废水等。

此外，pH 变化也会引起活性污泥丝状膨胀。

(三) 活性污泥丝状膨胀的机理

目前，人们普遍接受的是用表面积与体积比假说解释活性污泥丝状膨胀的机理。在单位体积中，呈丝状扩展生长的丝状细菌的表面积与体积比（比表面积）大于絮凝性菌胶团细菌，因而，对有限制性的营养和环境条件的争夺占优势；絮凝性菌胶团细菌则处于劣势,结果丝状细菌大量生长繁殖成优势菌,从而引起活性污泥丝状膨胀。丝状细菌和絮凝性菌胶团细菌的优势竞争表现在如下几方面:

1. 对溶解氧的竞争

充氧效率与好氧微生物的生长量成正相关性。溶解氧的供给量要根据好氧微生物的数量、生理特性、基质性质及浓度综合考虑。例如,污水好氧生物处理的进水 BOD_5 为 200~300 mg/L,曝气池 MLSS 为 2 000~3 000 mg/L 时,溶解氧要维持在 2 mg/L 以上,菌胶团细菌获得充足溶解氧而优势生长,生物吸附、好氧代谢水中的有机物,絮凝性能良好,其沉降性能好。如果曝气池溶解氧长期维持在较低的水平,则有利于丝状细菌优势生长,活性污泥丝状膨胀就极易发生。

2. 对可溶性有机物的竞争

运行经验和实验室试验证明:低分子糖类和有机酸有利于丝状细菌生长,容易发生活性污泥丝状膨胀。

3. 对氮、磷的竞争

索耶(Sawyer)根据活性污泥的分子式求出 BOD_5、N 和 P 之间的理想比例为 BOD_5 : N : P = 100 : 5 : 1。在处理生活污水和废水时,一般按此值设计和运行。如果氮、磷比例小于索耶的计算值,在低氮和低磷的情况下,丝状细菌具有大的比表面积,又有利于它与菌胶团细菌争夺氮和磷而优势生长。

4. 有机物冲击负荷影响

有机物冲击负荷影响是指流入生产装置的污(废)水中有机物浓度、组成及流量发生急剧变化。以有机物浓度为例,曝气池中有机物浓度突然增加,供氧量不变,由于微生物的呼吸迅速消耗溶解氧。溶解氧量降低,甚至处于缺氧状态,则有利于丝状细菌优势生长,而引起活性污泥丝状膨胀。

二、控制活性污泥丝状膨胀的对策

早期,控制丝状细菌性的污泥膨胀,主要手段是利用丝状细菌具有较大的比表面积,采用药剂杀死丝状细菌。但这种方法不能彻底解决污泥丝状膨胀问题,相反,会导致出水水质恶化的不良后果。其原因是杀菌剂不具有专一性,杀死丝状细菌的同时,也杀死菌胶团细菌及其他的微生物。在实践中人们发现,正常的环境条件下,丝状细菌在活性污泥中与菌胶团细菌共同形成一个互生和谐的微生物生态体系。在这种互生关系中,菌胶团细菌偏重降解大分子有机物,丝状细菌吸收低分子有机物,它们相互协同,高效稳定净化污(废)水。所以,丝状细菌是有益的。因此,只有有效地调整丝状细菌和菌胶团细菌的比例,使菌胶团细菌的数量大于丝状细菌,才能取得好的处理效果。投加无机或有机混凝剂或助凝剂,以增加污泥絮体的密度,增强其沉淀性能,可以改善或克服污泥丝状膨胀。

解决活性污泥丝状膨胀问题的根本,是要控制引起丝状细菌过度生长的具体环境因子。如温度、溶解氧、可溶性有机物及其种类、有机物浓度或有机负荷等。但实际运行过程中,进水的温度和进水中可溶性有机物一般是不可控制的;而溶解氧和有机负荷可控制,故改革工艺、改进曝气器的性能是控制污泥丝状膨胀的有效办法。

1. 控制溶解氧

曝气池内的溶解氧浓度由供氧和耗氧之间的平衡所决定,相关系数为氧的总转移系数 K_{La}。如前所述,溶解氧浓度必须控制在 2 mg/L 以上。根据水温的变化改变 MLSS 浓度和曝气池的 K_{La},可以求出在保持溶解氧浓度为 2 mg/L 的条件下,不同温度时曝气池的供氧量和活性污泥的耗氧速率。再由以上两者求出溶解氧 2 mg/L 条件下,曝气池的 MLSS。将求得的 MLSS 作为生产装置的管理目标。

2. 控制有机负荷

活性污泥要保持正常状态,BOD_5 污泥负荷在 0.2~0.3 kg/(kgMLSS·d)为宜。有资料报道,BOD_5 污泥负荷高 >0.38 kg/(kgMLSS·d)时,就容易发生活性污泥丝状膨胀。

3. 改革工艺

浮游球衣菌(*Sphaerotilus natans*)等丝状细菌去除有机物的能力比较强,对去除有机物是有积极意义的。只是在二沉池中使泥水分离有困难,影响出水水质。因此,只要丝状细菌的量不占优势就不会影响处理效果。为解决丝状膨胀问题,将活性污泥法改为生物膜法,如在曝气池中加填料将其改为生物接触氧化法。还可将二沉池的沉淀法改为气浮法。其他的工艺,如 AB 法、A/O(缺氧/好氧)系统、A^2/O(厌氧/缺氧/好氧)系统、A^2/O^2(缺氧/好氧/缺氧/好氧)系统及 SBR(即序批式间歇曝气反应器)法及生物滤池等工艺,不但可以提高有机物的处理效果,脱氮除磷,还能有效地克服活性污泥丝状膨胀。

目前,活性污泥丝状膨胀仍会不时地发生。从现在的研究成果来看,控制活性污泥丝状膨胀的最佳办法仍然是根据活性污泥丝状膨胀致因微生物的生理特性,用合理的优化工艺遏制活性污泥丝状膨胀致因微生物的极度生长,达到有效控制活性污泥丝状膨胀的目的。这是一种基本不产生副作用的好方法。

第三节 厌氧环境中活性污泥和生物膜的微生物群落

高浓度有机废水或剩余活性污泥多用厌氧消化法处理。高浓度有机废水还可用有机光合细菌处理。

一、厌氧消化——甲烷发酵

将粪便污水用厌氧消化法处理,既净化污水,又能获得能源,还能杀死致病菌和致病虫卵。例如,蛔虫在 12 ℃消化池内停留 3 个月死亡。产甲烷菌有很强的抗菌作用,能使痢疾杆菌、伤寒杆菌、霍乱弧菌等致病菌无法生存。消化期间几乎所有病原菌和蛔虫卵被杀死。因此,经消化的污泥是符合卫生标准的。

厌氧消化过程中,胶体物质、碎纸、破布等均能被分解,经彻底消化的污泥是很好的肥料,既不会引起土壤板结,也不会散发臭气。

人工沼气发酵研究有近 200 年的历史,从 19 世纪末到 20 世纪初,许多国家的微生物学者发现,在厌氧条件下,纤维素和其他有机物发酵产生沼气(主要成分是甲烷),是微生物在其中起作用的结果。前苏联微生物学者奥梅梁斯基发现奥氏甲烷杆菌,提出沼气发酵理论,并为开辟沼气应用的途径奠定了基础。人们将城市的垃圾、粪便、污水、工业废水及生物处理的剩余污泥等,放在发酵罐(消化池)内进行厌氧发酵,从中取得可燃性气体甲烷(CH_4),应用于发电或直接用于居民生活,既清洁了城市,又获得能源。

高浓度有机废水厌氧甲烷发酵的消化池有多种:有单级低效消化池、单级高效消化池、两级(相)消化池。按反应器的工艺不同又分为 UASB(上流式厌氧污泥床)、UBF(上流式污泥床过滤器)和 ABR(厌氧折流板反应器)等。

甲烷发酵也有活性污泥法和生物膜法。但微生物群落与有氧环境中的不同,它们是由水解蛋白质、脂肪、淀粉、纤维素等的专性厌氧菌和兼性厌氧菌及专性厌氧的产甲烷菌等组成。在出流处附近,有少数厌氧或兼性厌氧的游泳型纤毛虫,如扭头虫、草履虫等。

一般厌氧的活性污泥不处在激烈运动中,所以,它的微生物群落分布与生物膜相似,有分层现象,但没有好氧生物膜明显。

(一) 甲烷发酵理论与机制

对于甲烷发酵理论,先后有二阶段、三阶段和四阶段发酵理论,布赖恩特(Bryant)于 1979 年提出三阶段发酵理论,后来又发展成四阶段发酵理论。这 4 个理论一个比一个完善。在实际生产中通常应用二阶段理论。现将四阶段发酵理论介绍如下:

第一阶段:水解和发酵性细菌群将复杂有机物(如纤维素、淀粉等)水解为单糖后,再醇解为丙酮酸;将蛋白质水解为氨基酸,脱氨基成有机酸和氨;脂质水解为各种低级脂肪酸和醇,如乙酸、丙酸、丁酸、长链脂肪酸、乙醇、二氧化碳、氢气、氨和硫化氢等。

第一阶段的微生物群落是水解、发酵性细菌群,有专性厌氧的梭菌属(*Clostridium*)、拟杆菌属(*Bacteroides*)、丁酸弧菌属(*Butyrivibrio*)、真细菌属(*Eubacterium*)、双歧杆菌属(*Bifidobacterium*)、革兰氏阴性杆菌,兼性厌氧的有链球菌和肠道菌。据研究,每毫升下水污泥中含有水解、发酵性细菌 $10^8 \sim 10^9$ 个,每克挥发性固体含细菌 $10^{10} \sim 10^{11}$ 个,其中蛋白质水解菌有 10^7 个,纤维素水解菌有 10^5 个。

第二阶段:产氢和产乙酸细菌群把第一阶段的产物进一步分解为乙酸和氢气。

第二阶段的微生物群落为产氢、产乙酸细菌,这群细菌只有少数被分离出来,1967 年布赖恩特从奥氏甲烷杆菌中分离出 S 菌株和 M.O.H 菌株(*Methanogenic organism utilizes* H_2)。将 M.O.H 菌株命名为布氏甲烷杆菌(*Methano bacterium bryantii*)。S 菌株是厌氧的革兰氏阴性杆菌,它发酵乙醇产生乙酸和氢气,为产甲烷的布氏甲烷杆菌提供乙酸和氢气,促进产甲烷菌生长。布氏甲烷杆菌将乙酸裂解为 CH_4 和 CO_2;将 H_2 和 CO_2 合成 CH_4。可见,奥氏甲烷杆菌实际是 S 菌株和布氏甲烷杆菌的共生体。

此外,此阶段还有将第一阶段发酵的三碳以上的有机酸、长链脂肪酸、芳香族酸及醇等分解为乙酸和氢气的细菌和硫酸盐还原菌。硫酸盐还原菌(如脱硫脱硫弧菌)在缺乏硫酸盐,并有产甲烷菌存在时,能将乙醇和乳酸转化为乙酸、氢气和二氧化碳,与产甲烷菌之间存在协同联合作用。

第三阶段：第三阶段的微生物是两组生理性质不同的专性厌氧产甲烷菌群。一组是将氢气和二氧化碳合成甲烷，或一氧化碳和氢气合成甲烷；另一组是将乙酸脱羧生成甲烷和二氧化碳，或利用甲酸、甲醇及甲基胺裂解为甲烷。从图 9-11 可看出，有 28% 的甲烷来自氢气的氧化和二氧化碳的还原，72% 的甲烷来自乙酸盐的裂解。由于大部分甲烷和二氧化碳逸出，氨（NH_3）转化为亚硝酸铵（NH_4NO_2）、碳酸氢铵（NH_4HCO_3）而留在污泥中，它们可中和第一阶段产生的酸，为产甲烷菌创造生存所需的弱碱性环境。氨还可被产甲烷菌用作氮源。

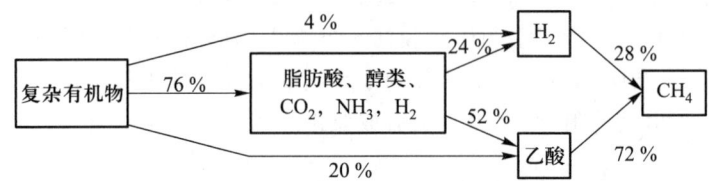

第一阶段：水解与发酵；第二阶段：生成乙酸和氢；第三阶段：生成甲烷

图 9-11　甲烷发酵的 3 个阶段

图中数字为利用化学需氧量（COD）表示通过各阶段转换成甲烷的有机物含量。

第四阶段：为同型产乙酸阶段，是同型产乙酸细菌将 H_2 和 CO_2 转化为乙酸的过程。

1979 年贝尔奇提出，将产甲烷菌分为 3 目、4 科、7 属、13 种。代表菌有布氏甲烷杆菌（*Methanobacterium bryantii*）、嗜树甲烷短杆菌（*Methanobrevibacter arboriphilicus*）、万氏甲烷球菌（*Methanococcus vannielii*）、运动甲烷微菌（*Methanomicrobium mobile*）、亨氏甲烷螺菌（*Methanospirillum hungatii*）、卡里亚萨产甲烷菌（*Methanogenium cariaci*）（为海洋细菌）、巴氏甲烷八叠球菌（*Methanosarcina barkeri*）、索氏甲烷杆菌（*Methanobacterium söehngenii*）及嗜热自养甲烷杆菌（*Methanobacterium thermoautotrophicum*）等。其中亨氏甲烷螺菌、索氏甲烷杆菌及嗜热自养甲烷杆菌通常长成很长的丝状体，它们是在甲烷发酵中形成团粒化颗粒污泥的优势菌。

产甲烷菌只能利用氢气、二氧化碳、一氧化碳、甲酸、乙酸、甲醇及甲基胺等简单物质产生甲烷和组成自身细胞物质。

产甲烷菌产生甲烷的机制如下：

① 由酸和醇的甲基形成甲烷：

$$^{14}CH_3COOH \longrightarrow {}^{14}CH_4 + CO_2$$

$$4\ ^{14}CH_3OH \longrightarrow 3\ ^{14}CH_4 + {}^{14}CO_2 + 2H_2O$$

斯塔德特曼（Stadtman）和巴克尔（Barker）及庇涅（Pine）和维施尼（Vishhnise）分别于 1951 年和 1957 年用 ^{14}C 示踪原子标记乙酸和甲醇的甲基碳原子，结果甲烷的碳原子都标上了同位素 ^{14}C，证明甲烷是由甲基直接形成的。

② 由醇的氧化使二氧化碳还原形成甲烷及有机酸：

$$2CH_3CH_2OH + {}^{14}CO_2 \longrightarrow {}^{14}CH_4 + 2CH_3COOH$$

$$2C_3H_7CH_2OH + {}^{14}CO_2 \longrightarrow {}^{14}CH_4 + 2C_3H_7COOH$$

这是 Stadtman 和 Barker 于 1949 年用同位素 $^{14}CO_2$ 使乙醇和丁醇氧化，产生带同位素 ^{14}C 的甲烷，证明甲烷可由 CO_2 还原形成。

③ 脂肪酸有时用水作还原剂或供氢体产生甲烷：

$$2C_3H_7COOH+CO_2+2H_2O \longrightarrow CH_4+4CH_3COOH$$

④ 利用氢使二氧化碳还原形成甲烷：

$$4H_2+CO_2 \longrightarrow CH_4+2H_2O$$

此反应是由索根（Söehnge，1906）及费舍尔（Fischer）发现的。

⑤ 在氢和水存在时，巴氏甲烷八叠球菌与甲酸甲烷杆菌能将一氧化碳还原形成甲烷：

$$3H_2+CO \longrightarrow CH_4+H_2O$$

$$2H_2O+4CO \longrightarrow CH_4+3CO_2$$

沼气发酵后的产气量如表 9-7 所示。

表 9-7　几种物质经沼气发酵后的产气量　　单位：mL/g

物质	乙醇	纤维素（代表糖类）	脂肪	蛋白质
沼气/mL	974	830	1 250	704
CH_4/%	75	50	68	71
CO_2/%	25	50	32	29

从糖类、脂肪、蛋白质的产沼气量及气体中甲烷的含量看，脂肪的产沼气量最大，甲烷含量也较高。蛋白质的产沼气量低于糖类，但甲烷含量高于糖类。糖类的产沼气量虽居于第三位，但甲烷含量最低。从分解效率和分解速率看，糖类的分解效率和分解速率最高，脂肪次之，蛋白质最低。

以上的产气量均为理论值，由于产甲烷菌需用少量的有机物合成细胞物质，所以，实际测定的数值要比理论值低。

（二）厌氧活性污泥的培养

因专性厌氧的产甲烷菌生长速率慢，世代时间长。所以，厌氧活性污泥的驯化、培养时间较长。

1. 厌氧活性污泥的菌种来源

① 牛、羊、猪、鸡等禽畜粪便含有丰富的水解性细菌和产甲烷菌。

② 城市生活污水处理厂的浓缩污泥。

③ 同类水质处理厂的厌氧活性污泥。

2. 厌氧活性污泥驯化与培养

来自不同水质的厌氧活性污泥要先经驯化后培养，尤其是处理工业废水更是如此。进水量由小到大，每提高一个浓度梯度，要稳定一段时间后才换下一个浓度。当处理效果接近期望效果，并形成颗粒化的活性污泥时，即为成熟厌氧活性污泥。此时，可按设计流量进水，进入正式运行阶段。

来自同类污（废）水的厌氧活性污泥要复壮和培养。培养的方法和顺序除去驯化阶段外，与上述方法相同。

3. 厌氧活性污泥的组成和性质

厌氧活性污泥是由兼性厌氧菌和专性厌氧菌与污(废)水中的有机杂质交织在一起,形成的颗粒污泥(图9-12)。

厌氧活性颗粒污泥　　　　　甲烷八叠球菌

图 9-12　电镜下的厌氧活性颗粒污泥和甲烷八叠球菌

厌氧活性污泥中的微生物组成有 5 类:① 将大分子水解为小分子的水解细菌;② 将小分子的单糖、氨基酸等发酵为氢和乙酸的发酵细菌;③ 氢营养型和乙酸营养型的古菌;④ 利用 H_2 和 CO_2 合成 CH_4 的古菌;⑤ 厌氧的原生动物。

厌氧活性污泥呈灰色至黑色,有生物吸附作用、生物降解作用和絮凝作用,有一定的沉降性能。颗粒厌氧活性污泥的直径>0.5 mm,最良好的颗粒厌氧活性污泥是以丝状厌氧菌为骨架和具有絮凝能力的厌氧菌团粒化形成圆形或椭圆形的颗粒污泥,直径为 2~4 mm(荷兰生产),大小一致、均匀,结构松紧适度。颗粒表面为灰黑色,其内部呈深黑色。

污(废)水厌氧消化处理的效果好坏,取决于厌氧活性污泥中微生物的种类、组成、结构及污泥的颗粒大小;还要有能保证微生物生长条件的、结构良好的厌氧消化池;而最根本、最重要的是微生物的种类和组成。

4. 团粒化的颗粒厌氧活性污泥与其形成机制探讨

(1) 单相厌氧消化法的厌氧活性污泥:良好的颗粒厌氧活性污泥是以丝状的产甲烷丝菌为骨架,与其他微生物一起团粒化而形成圆形或椭圆形的颗粒污泥。颗粒的结构和微生物的分布与处理的污(废)水水质、消化罐的构型、进水方式、罐内的水力条件与状况等有关。水质不同,分布在颗粒污泥内、外层的微生物不同。

以 UASB 为例,处理禽畜粪便水的颗粒污泥所处的水力条件很好,产气量大。消化罐内的水像"烧开锅"似的翻腾,极易形成团粒化的颗粒污泥。表层的微生物主要是水解、发酵型的细菌,产氢、产乙酸细菌和氢营养型的古菌,如甲烷短杆菌属(*Methanobrevibacter*)、甲烷杆菌属(*Methanobacterium*)、甲烷球菌属(*Methanococcus*)和甲烷螺菌属(*Methanospirillum*)等,它们之间呈区位化分布。颗粒污泥内部存在大量乙酸营养型、呈丝状的甲烷丝菌属(*Methanothrix*)和甲烷八叠球菌属(*Methanosarcina*)(图9-12),它们在内部还与产氢、产乙酸细菌紧密结合互营共生。而用 UBF 处理高浓味精废水的情况有所不同。因罐内有填料,味精废水又是较难处理的废水,产气量没有禽、畜粪便水的产气量大,罐内水不翻腾,其颗粒污泥团粒化不典型,大小不均一,甚至有些松散。然而,颗粒污泥的骨架仍然是丝状的产甲烷菌,其表层有相当多的甲烷八叠球菌。

（2）两相厌氧消化法的厌氧活性污泥:情况与(1)不同。在第一相中的厌氧活性污泥可处在缺氧或厌氧条件下,其组成基本是兼性厌氧和专性厌氧的水解发酵性细菌和少量的专性厌氧的产甲烷菌。在第二相中则是:在绝对厌氧条件下,有少量产氢产乙酸的细菌,绝大多数是专性厌氧的产甲烷菌。

二、光合细菌处理高浓度有机废水

BOD_5 在 10 000 mg/L 以上的高浓度有机废水(浓粪便水、豆制品废水、食品加工废水、屠宰废水等),可用有机光合细菌(photosyntetic bacteria,PSB)处理。因有机光合细菌只能利用脂肪酸等低分子化合物,所以,在有机光合细菌处理废水之前,要用水解性细菌将糖类、脂肪和蛋白质水解为脂肪酸、氨基酸、氨等物质。这样可得到较好的处理效果,BOD_5 去除率可达 95%,甚至达 98%。其处理工艺,见图 9-13。

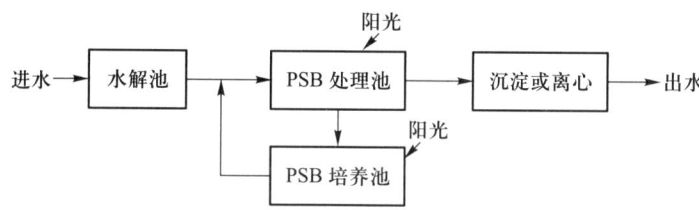

图 9-13 PSB 处理高浓度有机废水的一般流程

营光能异养的光合细菌有红螺菌科(Rhodospirillaceae)中的红螺菌属、红假单胞菌属和红微菌属。它们含有细菌叶绿素 a 或 b 和类胡萝卜素而呈红色,在无氧条件下利用简单有机物进行光合作用;在黑暗中微量好氧或好氧的条件下进行氧化代谢。可利用 H_2 作为电子供体。可利用的有机物有乙酸盐、丙酸盐、丁酸盐、丙酮酸及三羧酸循环中的中间代谢产物、乙醇等。它们呈橙棕到棕红或淡红到紫红色。有的光合细菌在厌氧条件下呈现暗黄绿色,在好氧时呈现棕红到紫红色。体内的贮藏物质有:多糖类、聚 β-羟基丁酸盐和异染粒(多聚磷酸盐)。生长温度为 25~30 ℃,pH 在 7 左右(嗜酸红假单胞菌例外,最适 pH 为 5.8)。纯化的光合细菌菌体可加工制成保健品及制成禽、畜饲料添加剂等。

问题探讨:利用光合细菌处理高浓度有机废水必须依赖水解性细菌的协同作用,更重要的是需要足够的光照强度照射,光合细菌获得光能才能起到应有的作用。因此,在实际运行中,如何保证光线均匀分布并透射入 PSB 处理池中,保证光合细菌获取足够光能,是尚需解决的技术问题。

当出水水质没有达到排放标准时,需要增加后续处理工艺进一步处理。

三、含硫酸盐废水的厌氧微生物处理

在发酵工业的废水[如味精(主要成分为谷氨酸钠)废水和赖氨酸废水]中,含有

200~30 000 mg/L 的硫酸根(SO_4^{2-})，高浓度味精废水的水质，如表 9-8 所示。低浓度的 SO_4^{2-} 可作好氧微生物的无机营养，但高浓度的 SO_4^{2-} 对微生物有毒害作用。一般情况下，高浓度有机废水进行厌氧消化处理的目的是要产甲烷。然而，在有 SO_4^{2-} 存在，又有硫酸盐还原菌和产甲烷菌同时存在的条件下，两者会同时争夺氢作供氢体，此时往往硫酸盐还原菌优先获得 H_2。产甲烷菌得不到 H_2，就无法还原 CO_2 为 CH_4。故，在进行甲烷发酵之前，应设法去除 SO_4^{2-} 或降低 SO_4^{2-} 浓度至产甲烷菌能忍受的浓度后，再进行甲烷发酵处理。可用化学法降低 SO_4^{2-}，如添加 CaO 和 $Ca(OH)_2$ 生成 $CaSO_4$ 沉淀可去除 SO_4^{2-}，若同时加少量的 $FeCl_3$，效果更佳。

表 9-8　高浓度味精废水的水质　　　　　　　　　　单位：mg/L

pH	COD_{cr}	NH_3-N	Cl^-①	VFA	SO_4^{2-}②	SS
2.8~3.2	60 000~80 000	5 000~7 000	17 000~25 000	481~870	30 000	20 000~32 000

注：① 用盐酸调节等电点的废水中含有。
　　② 用硫酸调节等电点的废水中含有。

含高浓度 SO_4^{2-} 的废水可以用 SRB 法处理。该法是在氧化还原电位极低（-250 mV 以下）的厌氧条件下，用硫酸盐还原菌（sulfur reducing bacteria, SRB）进行硫酸盐还原作用（反硫化作用），以 SO_4^{2-} 为最终电子受体，利用有机物作供氢体，将 SO_4^{2-} 还原为 H_2S，从水中溢出。用盛有 NaOH 的吸收塔吸收 H_2S 为 Na_2S，可作工业原料用。废水中的有机物经过 SRB 法处理可部分无机化。随后，再用缺氧和好氧的方法进一步处理，以使出水水质达到排放标准。

在《伯杰细菌鉴定手册》（第九版）中，将硫酸盐还原菌归在第 7 类群中，有 4 组 15 属。硫酸盐还原菌各属如下：脱硫肠状菌属（*Desulfotomaculum*）、脱硫叶菌属（*Desulfobulbus*）、脱硫微杆菌属（*Desulfomicrobium*）、脱硫假单胞菌属（*Desulfopseudomonas*）、脱硫弧菌属（*Desulfovibrio*）、热脱硫杆菌属（*Thermodesulfobacterium*）、脱硫菌属（*Desulfobacter*）、脱硫杆菌属（*Desulfobacterium*）、脱硫球菌属（*Desulfococcus*）、硫还原球菌属（*Desulfurococcus*）、脱硫念珠菌属（*Desulfomonile*）、脱硫线菌属（*Desulfonema*）、脱硫八叠球菌属（*Desulfosarcina*）、硫还原菌属（*Desulfurella*）及脱硫单胞菌属（*Desulfuromonas*）。其中脱硫弧菌属（*Desulfovibrio*）的脱硫脱硫弧菌（*Desulfovibrio desulfuricans*）用碱性品红染色较易辨别，呈弯月状。它们的一般特征是细胞卵形、杆状、螺旋形或弧形，直径 0.3~4.0 mm，大多数属革兰氏阴性菌；丝状或形成芽孢类型的为革兰氏阳性菌；少数种含气泡；有依靠鞭毛运动的和非运动的，丝状体型的靠滑行运动；严格厌氧，能还原 SO_4^{2-} 为 H_2S，少数能还原 S 为 H_2S；许多种利用 H_2、乳酸盐、脂肪酸、乙醇、二羧酸作电子供体。有机化合物氧化不完全，最终产物为乙酸和 CO_2；自养型的种在 H_2、CO_2 和硫酸盐的环境中生长；通常利用 NH_3 作氮源；所有的种能固氮（N_2）；它们栖息在厌氧的淡水和海洋底部的沉淀物和水中；嗜热的种在温泉中生活，还有嗜热的硫酸盐还原古菌。

思考题

1. 什么叫活性污泥？它有哪些组成和性质？
2. 好氧活性污泥中有哪些微生物？
3. 叙述好氧活性污泥净化污(废)水的机理。
4. 叙述氧化塘和氧化沟处理污(废)水的机制。
5. 菌胶团、原生动物和微型后生动物在水处理过程中有哪些作用？
6. 在污(废)水生物处理过程中，如何利用原生动物的演替和个体变化判断处理效果？
7. 如何培养活性污泥和进行微生物膜的挂膜？
8. 叙述生物膜法净化污(废)水的作用机理。
9. 什么叫活性污泥丝状膨胀？引起活性污泥丝状膨胀的微生物有哪些？
10. 促使活性污泥丝状膨胀的环境因素有哪些？
11. 为什么丝状细菌在污(废)水生物处理中能优势生长？
12. 如何控制活性污泥丝状膨胀？
13. 叙述高浓度有机废水厌氧沼气(甲烷)发酵的理论及其微生物群落。
14. 含硫高浓度有机废水一般有几种处理方法？

第十章
污(废)水深度处理和微污染源水预处理中的微生物学原理

第一节 污(废)水深度处理——脱氮、除磷与微生物学原理

一、污(废)水脱氮、除磷的目的和意义

污(废)水一级处理只是除去水中的沙砾及大的悬浮固体。去除 COD 约 30%。二级生物处理则是去除水中的可溶性有机物。在好氧生物处理中,生活污水经生物降解,大部分的可溶性含碳有机物被去除。COD 去除 70%～90%,BOD_5 去除 90% 以上。同时产生 NH_3-N,NO_3^--N 和 PO_4^{3-},SO_4^{2-}。其中有 25% 的氮和 19% 左右的磷被微生物吸收合成细胞,通过排泥得到去除。但出水中的氮和磷含量仍有未达到排放标准的。有的工业废水如味精(主要成分谷氨酸钠)废水和赖氨酸废水含氨氮(NH_3-N)非常高,高浓度味精废水含氨氮(NH_3-N)6 000 mg/L 左右。COD 达 60 000～80 000 mg/L,BOD_5 约为 COD 的 50%。

氮和磷是生物的重要营养源。但水体中氮、磷量过多,危害极大。最大的危害是引起水体富营养化。在富营养化水体中,蓝细菌、绿藻等大量繁殖,有的蓝细菌产生毒素,毒死鱼、虾等水生生物和危害人体健康。由于它们的死亡、腐败,引起水体缺氧,使水源水质进一步恶化。不但影响人类生活,还严重影响工、农业生产。鉴于以上原因,脱氮除磷非常重要。若水体中磷含量低于 0.02 mg/L,可限制藻类过度生长。为了防止水体富营养化的发生,地表水环境质量标准(GB 3838—2002),规定:Ⅰ类地表水中氨氮(NH_3-N)≤0.15 mg/L,总氮≤0.2 mg/L,湖泊总磷≤0.02 mg/L,水库总磷≤0.01 mg/L;Ⅱ类地表水中氨氮(NH_3-N)≤0.5 mg/L,总氮≤0.5 mg/L,湖泊总磷≤0.1 mg/L,水库总磷≤0.025 mg/L;Ⅲ类地表水中氨氮(NH_3-N)≤0.1 mg/L,总氮≤1.0 mg/L,湖泊总磷≤0.2 mg/L,水库总磷≤0.05 mg/L。

二、天然水体中氮、磷的来源

天然水体中的氮、磷主要来自:① 城市生活污水;② 农肥(氮)和喷洒农药(磷)等;③ 工业废水,如化肥、石油炼厂、焦化、制药、农药、印染、腈纶及洗涤剂等生产废水,食品加工废水及被服洗涤服务行业的洗涤剂废水;④ 禽、畜粪便水。美国城市生活污水含氮量,见表 10-1。

表 10-1　美国城市生活污水中的含氮量　　　　　　　　　单位:mg/L

氮形态	含氮量		
	高	中等	低
有机氮	50	25	12
氨氮	35	15	8
总氮	85	40	20

三、微生物脱氮原理、脱氮微生物及脱氮工艺

（一）脱氮原理

脱氮是先利用好氧段经硝化作用,由亚硝化细菌和硝化细菌的协同作用,将 NH_3 转化为 NO_2^- 和 NO_3^-。再利用缺氧段经反硝化细菌将 NO_2^-（经反亚硝化）和 NO_3^-（经反硝化）还原为氮气（N_2）,溢出水面释放到大气,参与自然界氮的循环。水中含氮物质大量减少,降低出水的潜在危险性。

1. 硝化

（1）短程硝化：
$$NH_3+1.5O_2 \longrightarrow HNO_2+H_2O$$

（2）全程硝化(亚硝化+硝化)：
$$NH_3+1.5O_2 \longrightarrow HNO_2+H_2O$$
$$0.5O_2+HNO_2 \longrightarrow HNO_3$$

2. 反硝化

（1）厌氧（缺氧）反硝化脱氮（电子供体有机物）：
$$2HNO_3+CH_3CH_2OH \longrightarrow N_2+ 2CO_2+2[H]+3H_2O$$

（2）厌氧氨氧化脱氮（电子受体为 NO_2^-）：
$$NH_3+HNO_2 \longrightarrow N_2+2H_2O$$

（3）厌氧氨氧化脱氮（电子受体为 NO_3^-）：
$$2NH_3+HNO_3 \longrightarrow 1.5N_2+3H_2O+[H]$$

（4）厌氧氨反硫化脱氮（电子受体为 SO_4^{2-}）：
$$2NH_3+H_2SO_4 \longrightarrow N_2+S+ 4H_2O$$

（5）好氧反硝化脱氮

脱氮副球菌（*Paracoccus denitrifications*）为代表菌。详见第八章第三节。

（二）硝化、脱氮微生物

1. 硝化作用段及微生物

亚硝化细菌和硝化细菌的资源丰富,广泛分布在土壤、淡水、海水、味道不好的水和污水处理系统中。在自然界中,硝化细菌是好氧菌,但在氧分压极低的情况下,污水处理系统和海洋沉淀物中也可分离出硝化细菌。在 pH＝4 的土壤、温度＜－5 ℃,在 5 ℃ 的深海、温度达到 60 ℃ 或更高的温泉及沙漠中都可分离到硝化细菌。

亚硝化细菌和硝化细菌是 G^- 菌,绝大多数营无机化能营养（自养）,有的可在含有酵母浸膏、蛋白胨、丙酮酸或乙酸的混合培养基中生长,通常不营异养；个别的可营有机化能营养；其生长速率均受基质浓度（NH_3 和 HNO_2）、温度、pH 和氧浓度控制。在污水处理系统和自然环境中,硝化细菌有附着在物体表面和在细胞束内生长的倾向,形成胞囊结构和菌胶团。

(1) 氧化氨的细菌：可分为好氧的和厌氧的两种。

① 好氧氨氧化细菌。好氧氨氧化细菌即好氧的亚硝化细菌，以 NH_3 为供氢体，O_2 作为最终电子受体，产生 HNO_2。其中，亚硝化叶菌属在低氧压下能生长，化能无机营养，氧化 NH_3 为 HNO_2，从中获得能量供合成细胞和固定 CO_2。好氧氨氧化细菌生长温度范围为 2～30 ℃，最适温度为 25～30 ℃，pH 范围为 5.8～8.5，最适 pH 为 7.5～8.0；有的菌株能在混合培养基中生长，不营化能有机营养。其中，亚硝化单胞菌和亚硝化螺菌能利用尿素作基质；高的光强度和高氧浓度都会抑制生长；在最适条件下，亚硝化球菌属的代时为 8～12 h，亚硝化螺菌属的代时为 24 h；菌体内含淡黄至淡红的细胞色素。

② 厌氧氨氧化细菌。厌氧氨氧化细菌是厌氧菌，以 NH_3 为供氢体、以 NO_2^- 或 NO_3^- 为最终电子受体，它氧化氨为 N_2。

③ 厌氧氨反硫化细菌。厌氧氨反硫化细菌是以 NH_3 为供氢体，以 SO_4^{2-} 作最终电子受体的一类将氨氧化为 N_2 的细菌。

(2) 氧化亚硝酸的细菌：即硝化细菌，多数硝化细菌在 pH 为 7.5～8.0，最适温度 25～30 ℃，亚硝酸浓度为 2～30 mmol/L 时化能无机营养生长最好。其代时随环境可变，由 8 h 到几天。硝化杆菌属（*Nitrobacter*）既进行化能无机营养又可进行化能有机营养，以酵母浸膏和蛋白胨为氮源，以丙酮酸或乙酸为碳源。硝化杆菌属在营化能无机营养生长中，氧化 NO_2^- 产生的能量仅有 2%～11% 用于细胞生长，氧化 85～100 mol NO_2^- 用于固定 1mol CO_2；在分批培养中，最大产量是 $4×10^7$ 个（细胞）/mL；在进行化能无机营养时的生长速率比进行化能有机营养时快。硝化螺菌属（*Nitrospira*）则相反，在营化能无机营养时的生长速率比混合营养时的慢，前者的代时为 90 h，后者的代时为 23 h。硝化杆菌属细胞内的储存物有羧酶体或叫羧化体（carboxysome）、糖原、聚 β-羟基丁酸（PHB）、多聚磷酸盐，含淡黄至淡红的细胞色素。其他硝化细菌也含有类似储存物，详见表 10-2。

表 10-2 亚硝化细菌和硝化细菌的一些特征

氧化氨和亚硝酸的细菌	菌体大小/μm	G+C/%	世代时间/h	Ch.A[①]/H[②]	储存物	细胞色素、色素	pH 范围	温度范围/℃
亚硝化单胞菌属（*Nitrosomonas*）	(0.7~1.5)×(1.0~2.4)	47.4~51.0		Ch.A	多聚磷酸盐	+,淡黄至淡红	5.8~8.5	5~30（最适25~30）
亚硝化球菌属（*Nitrosococcus*）	(1.5~1.8)×(1.7~2.5)	50.5~51	8~12	Ch.A	糖原，多聚磷酸盐	+,淡黄至淡红	6.0~8.0	2~30
亚硝化螺菌属（*Nitrosospira*）	(0.3~0.8)×(1.0~8.0)	54.1	24	Ch.A	—	+,淡黄至淡红	6.5~8.5	15~30（最适20~35）
亚硝化叶菌属（*Nitrosolobus*）	(1.0~1.5)×(1.0~2.5)	53.6~55.1		Ch.A	糖原，多聚磷酸盐	+,淡黄至淡红	6.0~8.2	15~30
亚硝化弧菌属（*Nitrosovibrio*）	(0.3~0.4)×(1.1~3.0)	54		Ch.A			7.5~7.8	25~30（最低-5）
硝化杆菌属（*Nitrobacter*）	(0.6~0.8)×(1.0~2.0)	60.1~61.7	8 h 至几天	Ch.A/H	羧酶体，糖原，多聚磷酸盐和 PHB	+,淡黄	6.5~8.5	5~10
硝化刺菌属（*Nitrospina*）	(0.3~0.4)×(2.7~6.5)	57.5		Ch.A	糖原	+,-	7.5~8.0	25~30
硝化球菌属（*Nitrococcus*）	1.5~1.8	61.2		Ch.A	糖原和 PHB	+,浅黄至浅红	6.8~8.0	15~30
硝化螺菌属（*Nitrospira*）	0.3~0.4	50		Ch.A			7.5~8.0	25~30

注：① Ch.A 代表化能无机营养。
② H 代表化能有机营养。

(3) 硝化过程的运行操作:硝化细菌的代时普遍比异养菌的代时长,为了使硝化作用彻底,保证有足够数量活性强的硝化细菌[10^7个(细胞)/mL 以上],在运行操作上要掌握好以下几个关键指标。

① 泥龄(即悬浮固体停留时间 SRT,用 θ 表示)。泥龄是重要的控制指标,可通过排泥控制泥龄,一般控制在 5 d 以上。泥龄要大于硝化细菌的比生长速率,否则,硝化细菌会流失,硝化速率低。用生物接触氧化法有利于硝化作用。根据下式,得到 SRT 的设计值:

$$\theta = \frac{1}{\mu_N} + K_{Nd} \tag{10-1}$$

式中:θ 为悬浮固体停留时间,即泥龄,d;μ_N 为硝化细菌的比生长速率,1/d;K_{Nd} 为硝化细菌的衰减速率,g NVSS/(g NVSS·d)。

根据硝化细菌异化、同化合成细胞的反应式:

$$NH_4^+ + 1.86O_2 + 0.99CaCO_3 \longrightarrow 0.98NO_3^- + 0.02C_5H_7NO_2 + 0.89CO_2 + 1.93H_2O + 0.99Ca^{2+}$$
(细胞)

可计算出:每氧化 1 g NH_4^+-N 为 NO_3^--N,要消耗 4.25 gO_2、7.07 g 碱度(以 $CaCO_3$ 计)和 0.85 g 无机碳,合成 0.16 g 新细胞。

② 要供给足够氧。处理生活污水时,溶解氧(DO)一般控制在 1.2~2.0 mg/L 为宜。工业废水则要看废水的有机物浓度(COD_{cr}和BOD_5)和 NH_4^+ 的高、低,适当提高溶解氧。如味精废水 COD_{cr} 和 NH_4^+ 都高,则溶解氧(DO)需维持在 4.5 mg/L 左右,才能满足去除 COD_{cr} 和氧化 NH_4^+ 的需要。溶解氧(DO)小于 0.5 mg/L 时硝化作用停止。氧需要量可按下式计算:

$$\rho_{O_2} = 4.25 \times \rho_{N,被氧化} \tag{10-2}$$

式中:ρ_{O_2} 为 O_2 的质量浓度,mg/L;$\rho_{N,被氧化}$ 为被氧化的 N 的质量浓度,mg/L。

③ 控制适度的曝气时间(水力停留时间)。普通活性污泥法的曝气时间为 4~6 h,甚至 8 h(如 SBR 法)。对于味精废水 8 h 尚不够,因为味精废水经厌氧或缺氧处理后,COD_{cr} 和 NH_4^+ 仍很高,COD_{cr} 为 2 950 mg/L 左右,NH_4^+-N 为 1 500 mg/L 左右。例如,对于进水 NH_4^+-N 为 1 650 mg/L、出水达到 621 mg/L、NH_4^+-N 去除率达 62.4% 的味精废水,采用一次硝化需要 30 h。

④ 碱度。在硝化过程中,消耗了碱性物质 NH_4^+,生成 HNO_3,水中 pH 下降成酸性,对硝化细菌生长不利。如水中碱度不够,需适当投加 $NaHCO_3$ 维持碱度,中和 HNO_3,缓冲酸碱度,使 pH 维持在偏碱性(pH 为 7.5~8.0)条件下,满足硝化细菌对 pH 的需求。氧化 1 mg/L NH_4^+-N 所产生的酸度,需要 10 mg/L 碱度中和。投加 $NaHCO_3$ 还可供给硝化细菌以碳源。碱度需要量可按下式计算:

$$碱度 = 7.07 \times \rho_{N,被氧化} \tag{10-3}$$

⑤ 温度。大多数硝化细菌生长的最适温度为 25~30 ℃,但由于硝化细菌种类多,适合各种温度生长的硝化细菌都有,低至 -5 ℃,高至 60 ℃,故可以将它们应用于各种污水和废水的生物处理中。

2. 反硝化作用段及其细菌

(1) 反硝化细菌:反硝化细菌是所有能以 NO_3^- 为最终电子受体,利用低分子有机物作供氢体,将 NO_3^- 还原为 N_2 的细菌总称。反硝化细菌种类很多,有好氧类型和兼性厌氧类型。见表 10-3。其中的假单胞菌属内能进行反硝化的种最多,如铜绿假单胞菌(*Pseudomonas aeruginosa*)、荧光假单胞菌(*Pseudomonas fluorescens*)、施氏假单胞菌(*Pseudomonas stutzeri*)、门多萨假单胞菌(*Pseudomonas mendocina*)、绿针假单胞菌(*Pseudomonas chlororaphis*)和致金色假单胞菌(*Pseudomonas aureofaciens*)。

表 10-3 反硝化细菌的种类和若干特性

反硝化细菌	温度/℃	pH	革兰氏染色[③]	与 O_2 关系	备注
假单胞菌属(*Pseudomonas*)的 6 个种	30	7.0~8.5	-	好氧	兼性营养
海洋假单胞菌(*Pseudomonas nautical*)	30	7.0~8.0	-		兼性营养
脱氮副球菌(*Paracoccus denitrificans*)[①] 泛养硫球菌(*Thiosphaera pantotropha*)[②]	30		-	好氧或兼性	化能异养或兼性化能自养
胶德克斯氏菌(*Derxia gummosa*)	25~35	5.5~9.0		兼性	能固氮
粪产碱杆菌(*Alicaligenes faecalis*)	30	7.0		兼性	兼性营养
色杆菌属(*Chromobacterium*)	25	7~8	-	好氧或兼性	兼性营养
脱氮硫杆菌(*Thiobacillus denitrificans*)	28~30	7		兼性	自养
脱氮芽孢杆菌属(*Denitrobacillus*)	55~65	5.5~8.5	+	兼性	兼性营养
生丝微菌 *Hyphomicrobium* X	15~30	中性、偏碱	没记载	好氧或兼性	有机化能营养,以 NH_4^+,NO_2^-,NO_3^- 为 N 源

注:① 为现用名;
② 为①的旧名。
③ 革兰氏染色项中"+"表示革兰氏染色正反应;"-"表示革兰氏染色负反应。

以往,一直认为反硝化作用必须在厌氧条件下进行。自发现好氧反硝化细菌以后就打破了这种概念。据报道,已分离获得的好氧反硝化细菌大约有 15 属,32 种。现将部分好氧反硝化细菌的来源及其生存环境列入表 10-4。

表 10-4 部分好氧反硝化细菌的来源及其生存环境

属	种	来源	氧的浓度	C/N
副球菌属 *Paracoccus*	脱氮副球菌 *Paracoccus denitrificans*	脱硫反硝化系统	30%~80% b	—
假单胞菌属 *Pseudomonas*	施氏假单胞菌 *Pseudomonas stutzeri* SU2	猪场废水处理系统	92% b	—
	恶臭假单胞菌 *Pseudomonas putida*	活性污泥	2.2~6.1 a	9~18
	产碱假单胞菌 *Pseudomonas alcaligenes* AS-1	猪场废水处理系统	92% b	—
产碱杆菌属 *Alcaligenes*	反硝化产碱菌 *Alcaligenes denitrificans* T25	稻田沉积物	2~4 a	—
	粪产碱杆菌 *Alcaligenes faecalis* No. 4,	活性污泥		8~10

续表

属	种	来源	氧的浓度	C/N
芽孢杆菌属 Bacillus	枯草芽孢杆菌 Bacillus subtil is	粪便处理系统	30% b	8
Microvirgula	Microvirgula aerodenitrificans	活性污泥	0~7.5 a	—
柠檬酸菌属 Citrobacter	异型枸橼酸杆菌 Citrobacter diversus	猪场废水处理系统	2~6 a	4~5
硫杆菌属 Thiobacillus	硫杆菌 Thiobacillus sp.	环境样品	0~7.5 a	—
苍白杆菌属 Ochr obactrum	人苍白杆菌 Ochrobactrum anthropi T23	稻田沉积物	2~4 a	—
单胞菌属 Sphingomonas	Sphingomonas sp.	环境样品	0~7.5 a	—
Diaphorobacter	Diaphorobacter sp.	染料废水处理系统	—	8
代尔夫特菌属 Delftia	Delftia tsuruhatensis	活性污泥	2.2~6.1 a	9~18

注：a. 溶解氧浓度；b. 氧气饱和程度；—. 不详。

（2）反硝化段运行操作：反硝化段运行操作关键指标有碳源（即电子供体或叫供氢体）、pH（由碱度控制）、最终电子受体 NO_3^- 和 NO_2^-、温度和溶解氧等。

葡萄糖、乳酸、丙酮酸、甲醇和乙醇等可作为反硝化细菌的电子供体（供氢体）和碳源。H_2S 和 H_2 也可作反硝化细菌的电子供体，其碳源为 CO_2，能源从氧化有机物获得；它们的最终电子受体是 NO_3^- 和 NO_2^-，最适 pH 为 7~8，温度为 10~35℃，水体、淤泥反硝化速率随温度增高而提高，其 Q_{10}（温度系数）为 1.5~3.0，在 60~75℃ 的反硝化速率达到最大值。在海洋和淡水中溶解氧<0.2 mg/L 有利于反硝化。一般情况下，一个有极低溶解氧（好氧反硝化例外）、有 NO_3^- 和有机物存在的环境，只要 pH 和温度合适就能产生反硝化。

反硝化类型：

① 传统的厌氧反硝化生物化学反应过程如下：

$$NO_3^- \xrightarrow[i]{+2e^-} NO_2^- \xrightarrow[ii]{+e^-} NO \xrightarrow[iii]{+e^-} N_2O \xrightarrow[iv]{+e^-} N_2$$

式中：i 为硝酸盐还原酶；ii 为亚硝酸盐还原酶；iii 为一氧化氮还原酶；iv 为一氧化二氮还原酶。

这 4 种还原酶存在细胞质膜内，为膜结合还原酶。

传统的厌氧反硝化生物反应包括外源反硝化和内源反硝化。

外源反硝化：利用外来碳源，以 NO_3^- 为最终电子受体，氧化有机物合成细胞物质：

$$2CH_3OH + HNO_3 + Ca(OH)_2 \longrightarrow 0.2\underset{(细胞)}{C_5H_7NO_2} + 0.4N_2 + 6[H] + CaCO_3 + 3.6[OH]$$

在外源反硝化过程中，每利用 1 g NO_3^- 进行反硝化，消耗 1.03 g 甲醇，产生 0.37 g 新细胞和 1.61 g 碱度。

内源反硝化（即硝化细菌内源呼吸）：以机体内的有机物为碳源，以 NO_2^- 或 NO_3^- 为最终电子受体。

$$\underset{(细胞)}{C_5H_7NO_2} + 4.6NO_3^- \longrightarrow 2.8N_2 + 1.2H_2O + 5CO_2 + 4.6OH^-$$

从以上化学反应式看出，反硝化的结果消耗 NO_3^-，产生碱性物质 OH^-，使出水 pH 上升，呈碱性。

② 厌氧氨氧化脱氮由厌氧氨氧化菌完成。

$$NH_3 + HNO_2 \longrightarrow N_2 + 2H_2O$$

Strous 等根据化学计量和物料平衡推算出厌氧氨氧化反应可能的总反应方程式：

$$NH_4^+ + 1.32NO_2^- + 0.066HCO_3^- + 0.13H^+ \longrightarrow 1.02N_2 + 0.26NO_3^- + \underset{(细胞)}{0.066CH_2O_{0.5}N_{0.15}} + 2.03H_2O$$

有很多细菌只将 HNO_3 还原到 HNO_2 而积累，不生成 N_2。污水处理中最担心发生的情况之一是含高浓度 NH_3 和 HNO_2 的水排放到水体，毒死水生动物。厌氧氨氧化菌能够将 NH_3 和 HNO_2 直接转化为 N_2 是非常理想的。如能有效发挥厌氧氨氧化菌的作用，就可解决这个问题。

③ 好氧反硝化。有一类细菌在好氧条件下，可以将硝酸盐、亚硝酸盐还原为 N_2。这叫好氧反硝化，这类菌叫好氧反硝化细菌。脱氮副球菌为其典型代表。好氧反硝化参与化学反应的酶与厌氧反硝化不同，其化学反应式为：

$$NO_3^- \longrightarrow NO_2^- \longrightarrow NO \longrightarrow N_2O \longrightarrow N_2$$

其反硝化过程参阅第八章第三节。

（三）微生物脱氮工艺的选择

微生物脱氮工艺基于有厌氧反硝化细菌和好氧反硝化细菌，因此，运行要根据污水的水质和处理目的，合理选用反硝化细菌和脱氮工艺。采用 A/O，A^2/O，A^2/O^2，SBR（序批式间歇反应器）和 MSBR（改良序批式间歇反应器）等工艺脱氮，均可得到较好的脱氮效果。经厌氧-好氧或缺氧-好氧等的合理组合处理，既可去除 COD_{Cr} 和 BOD_5，又可去除 NH_3，NO_2^--N 和 NO_3^--N；甚至还可达到除磷的目的。

反硝化有单级反硝化和多级反硝化。根据不同水质，通常有以下 3 种组合工艺，即碳氧化、硝化和反硝化的不同组合方式，见图 10-1，具体工艺流程如图 10-2。其中，A 工艺称倒置反硝化，碳源由进水提供，不需外加碳源，处理效果好。此外，还有滤池反硝化系统、氧化沟反硝化系统等。SBR 工艺，见图 10-3。

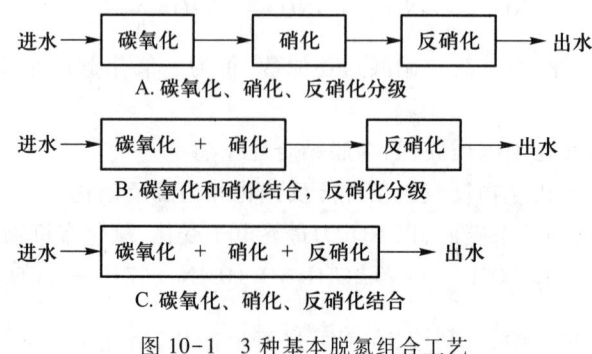

图 10-1　3 种基本脱氮组合工艺

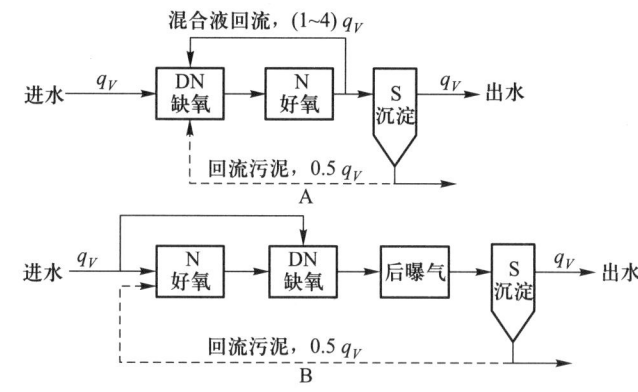

图 10-2 两种排列方式的 A/O 系统示意图
N—硝化；DN—反硝化；S—沉淀池

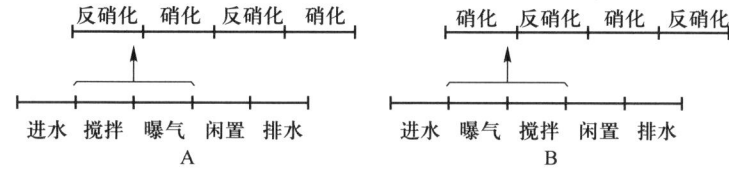

图 10-3 SBR 脱氮系统及 A 和 B 两种空间时段分配

处理含 NH_3-N 污（废）水时，除了掌握好运行操作的几个关键指标外，硝化和反硝化的合理组合方式和顺序对提高 NH_3-N 的去除率也有很大关系。如何选择工艺，一级硝化—反硝化好还是多级硝化—反硝化好，要依据水质而定，主要看 COD_{Cr} 负荷和 NH_3-N 负荷（或说 COD_{Cr} 和 NH_3-N 浓度）高低。负荷高，级数多效果好；负荷低，级数少效果好，而且运行费用经济。原因是硝化过程产生的酸，需要加碱中和。在硝化过程中，当 pH 下降至 6.5 左右，及时转入反硝化过程，依靠反硝化提高碱度，满足其自身 pH 要求。同理，反硝化过程也要及时转入硝化过程。合理调整硝化和反硝化，可以节省碱的用量，甚至不加碱，也可以得到好的处理效果，大大节省运行开支。污（废）水中的 BOD_5∶TN（即 C∶N）大于 2.86 时反硝化正常；低于此比值，反硝化出现碳源不足，要投加外碳源，有的工程要投加甲醇补足碳源。这不仅增加开支，甲醇对人还不安全，可改用乙醇作碳源。还可考虑用内碳源（细胞死亡溶解析出的有机物）进行反硝化，不足之处是它的反硝化速率较低。

传统的污（废）水生物脱氮工艺存在流程长，碳源和能源消耗大的缺点。为此，科研人员一直在探索、开发新型低成本的生物脱氮工艺。典型的新工艺有：①SHARON（短程硝化-反硝化）工艺；② ANAMMOX（厌氧氨氧化）工艺；③ OLAND（限氧自养硝化-厌氧反硝化）工艺；④ SHARON-ANAMMOX（短程硝化-厌氧氨氧化）工艺；⑤ 单相 CANON（SHARON-ANAMMOX）工艺；⑥ SND（同步硝化-反硝化）工艺等。6 种新工艺简介如下：

(1) SHARON(single reactor for high activity ammonia removal over nitrite)工艺：1975 年 Voets 等提出 SHARON 工艺，即短程硝化-反硝化工艺，亦称"捷径反硝化"，通

过控制温度在 30~35 ℃，限制充氧量(0.5~1.0 mg/L)和缩短曝气时间等条件，抑制硝化细菌生长，促使亚硝化细菌优势生长，迅速将氨氧化为 HNO_2 后，随即利用有机物将 HNO_2 还原为 N_2 的过程。其反应式为：

硝化： $0.5NH_4^+ + 0.75O_2 \longrightarrow 0.5NO_2^- + H^+ + 0.5H_2O$

反硝化： $CH_3CH_2OH + 3NO_2^- \longrightarrow 1.5 N_2 + 2CO_2 + 3H_2O$

由于缩短曝气时间，只有 50% 的 NH_4^+ 被氧化至 NO_2^-，不仅减少能耗，还节省了从 NO_3^- 还原到 NO_2^- 所需要的碳源。从总体上节省运行费用。

(2) ANAMMOX(anaerobic ammonium oxidation)工艺：厌氧氨氧化菌在厌氧环境下，由 NO_2^- 将铵离子 NH_4^+ 氧化为 N_2：

$$NH_4^+ \ NO_2 \longrightarrow N_2 + 2H_2O \quad \Delta G^\ominus = -357 \text{ kJ/mol}$$

虽然厌氧氨氧化(ANAMMOX)反应对环境条件(pH、温度、溶解氧等)要求比较苛刻，但因其不需要氧气和有机物的参与，故该工艺的开发具有可持续发展的意义。目前，在处理高氨氮焦化废水、垃圾渗滤液和消化污泥脱水液等废水方面已有成功的实例。

(3) OLAND(oxygen limited autotrophic nitrification denitrification)工艺：OLAND 工艺是限氧自养硝化-厌氧反硝化的结合，是用限制性的短程硝化与厌氧氨氧化相耦联的生物脱氮工艺。该工艺用 SBR 反应器运行，先在硝化阶段严格控制 DO 在 0.1~0.3 mg/L，使部分(约 50%) NH_4^+ 被氧化为 NO_2^-，然后，转入厌氧条件下，由厌氧氨氧化菌利用 NO_2^- 将余下的 NH_4^+（作为电子供体）进行反硝化，将 NH_4^+ 转化为 N_2。该工艺因实施了短程硝化，具有耗时短，能耗低，脱氮效率高，系统占地面积小等优点，适合处理低 COD，高 NH_4^+-N 的废水。

(4) SHARON-ANAMMOX 工艺：1995 年荷兰 Delft University 将短程硝化和厌氧氨氧化相结合，研发成功 SHARON-ANAMMOX 工艺（即短程硝化-厌氧氨氧化工艺），并于 2002 年首次应用于荷兰鹿特丹的 Dokhaven 污水处理厂。该工艺与传统硝化反硝化相比，优点极其明显，见表 10-5。

表 10-5 SHARON-ANAMMOX 工艺和传统硝化反硝化工艺的比较

参数	SHARON-ANAMMOX 工艺	传统硝化反硝化工艺
耗氧量/kg(O_2)·[kg(NH_3-N)]$^{-1}$	1.9	3.4~5 *
反硝化 BOD 消耗量/kg(BOD)·[kg(NH_3-N)]$^{-1}$	0	>1.7 *
污泥产量/kg(VSS)·[kg(NH_3-N)]$^{-1}$	0.08	1 *
CO_2 产量减少/%	90	
动力消耗减少/%	60	
构筑物空间减少%	50	
碱用量减少%	50	

注：* 3 项参数摘自 L.Klemedtsson，1999。

由表 10-5 看出，L.Klemedtsson 提供 SHARON-ANAMMOX 工艺不消耗 BOD，而传统硝化反硝化工艺需消耗 BOD，其消耗量大于 1.7 kg(BOD)/kg(NH_3-N)，因此，必须

投加碳源。氧的消耗量也减少,只需 1.9 kg(O_2)/kg(NH_3-N),而传统硝化反硝化工艺需消耗氧 3.4~5 kg(O_2)/kg(NH_3-N)。另有报道,处理含高浓度 NH_3 的废水时,SHARON-ANAMMOX 工艺可有效去除氨氮,与传统硝化-反硝化工艺相比可节省 62.5% 的供氧量,节省 25% 的能耗;节省 40% 的碳源和 50% 的碱量;缩短反应历程;加速反硝化速率,提高 NH_3-N 的去除效果。表 10-6 为厌氧氨氧化工艺运行参考条件。

表 10-6 厌氧氨氧化工艺运行参考条件

电子供体	电子受体	温度		pH		O_2	避光	研究者
		范围	最适	范围	最适			
NH_4^+	NO_2^-	20~43	40	6.7~8.3	8.0	受抑制	对光敏感	Jetten

在这些条件中,控制 pH 较为关键,因为 pH=8 是亚硝化细菌最适合生长的条件,有利于抑制硝化细菌(其最适 pH=7)生长,促进亚硝化细菌生长,积累 NO_2^- 使反应有足够的电子受体,NH_4^+ 才能顺利被氧化为 N_2。

(5) 单相 CANON(completely autotrophic ammonium removal over nitrite)工艺:CANON 工艺由荷兰 Delft 工业大学于 2002 年研发的。CANON 工艺在单一反应器中进行短程硝化-厌氧氨氧化,完成废水脱氮的全过程。该工艺适合处理高氨氮,低 C/N 比的废水如垃圾渗滤液,污泥消化液等。可用序批式间歇反应器(SBR),生物转盘(BRC),膜生物反应器(MBR)等运行。

(6) 同步硝化反硝化(SND)工艺:同步硝化反硝化(simultaneous nitrification and denitrification,简称 SND)工艺是在成功分离培养好氧反硝化细菌以后提出的新工艺。目前得知:生态系统中有好氧的自养硝化细菌和异养硝化细菌;有好氧反硝化细菌、厌氧的自养反硝化细菌和厌氧异养反硝化细菌。由于有类型多样的菌种,为 SND 提供了可能性和奠定了基础。SND 是在有一定溶解氧条件下,将硝化和反硝化两个过程置于同一个构筑物内的微生态系统中同步进行。该过程存在错综复杂的关系,包括各种类型微生物的生长和繁殖,活性污泥颗粒或生物膜的形成,其中的溶解氧(DO)由表及里的扩散梯度所形成的好氧区、缺氧区和厌氧区。根据伍赫尔曼(Wuhrman)的研究,曝气池中 DO 的质量浓度为 2 mg/L 时,500 μm 粒径絮凝体中心处的 DO 只有 0.1 mg/L(如图 10-4)。这就造成了活性污泥或生物膜表面形成好氧区,然后 DO 浓度由外向里逐渐递减形成缺氧区和厌氧区。这三个区为上述的硝化细菌和反硝化细菌提供了生存条件,好氧的硝化细菌和好氧的反硝化细菌生长在好氧区,兼性好氧菌生长在缺氧区,厌氧的反硝化细菌生长在厌氧区。它们同时各自吸附和吸收各区的有机物和无机物;发生有物质和无机物的传递、转移及进行一系列的生物化学反应。

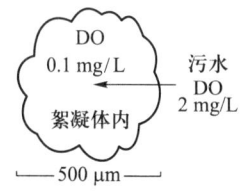

图 10-4 活性污泥颗粒内氧传递的梯度变化

实现 SND 的关键是控制好活性污泥浓度和活性污泥颗粒粒径的大小,或生物膜的浓度和厚度,与有机负荷和溶解氧三者的关系,适当控制 pH、氧化还原电位和温度等。同时调控好氧硝化细菌、好氧反硝化细菌和厌氧反硝化细菌三者协同作用。例如,在活性污泥颗粒的好氧区,NH_3 由硝化细菌转化为 NO_2^-,NO_3^- 后,随即由好氧反硝化细菌利用有机物还原 NO_2^-,NO_3^- 为 N_2;此时尽量控制好曝气量和曝气时间,以使亚硝化细菌优势生长,防止 NO_3^- 产生。与此同时厌氧反硝化细菌在厌氧区利用有机物还原 NO_2^-,NO_3^- 为 N_2。溶解氧(DO)是实现 SND 更关键的因素,因硝化反应速率与 DO 质量浓度成正相关性,随 DO 质量浓度升、降而升、降;反硝化反应速率则相反,随着 DO 质量浓度的降低而上升。经硝化及反硝化的动力学分析得知,当 DO 质量浓度为 0.14 mg/L 左右时,会出现硝化速率和反硝化速率相等的同步硝化、反硝化现象。此时,它们的反应速率为 4.7 mg/(L·h),硝化反应速率常数 K_N = 0.37 mg/L;反硝化反应速率常数 K_D = 0.48 mg/L。在实际中,要靠合理的构筑物设计,严密的运行管理,才能取得理想的处理效果。

有机碳源是提供微生物生长和繁殖所需能量的主要来源,也是实现 SND 的关键因素之一。有机碳源浓度要适宜,若过高,异养菌活动旺盛,会抑制硝化反应,硝化不完全,进而会影响反硝化;由于 SND 体系中,硝化与反硝化同时发生,相互制约,因此,要求 COD/NH_4^+-N(C/N)调整到最适范围,使得既有利于硝化细菌的同化作用又有利于氨氮的去除。用不同的反应器实施 SND,其 COD 与 NH_4^+-N 之比不相同。例如,Shinya Matsumoto 等用膜生物反应器研究了 C/N 对 SND 的影响,在温度为 23 ℃ 时,将 C/N 由 3.0 提高到 5.2,总氮(TN)去除率大于 70%;Y.C.Chiu 等用 SBR 反应器运行 SND,当初始 COD/NH_4^+-N 为 11.1 时,SBR 工艺实现了同步硝化反硝化,并且,COD 和 NH_4^+-N 的去除率均达到 100%。众多研究表明:在 C/N 合适的范围内,提高 C/N,有助于提高 SND 的处理效果。

表 10-7 为实现同步硝化反硝化(SND)工艺汇总参数。因 SND 运行还不是很成熟,参数尚需进一步优化。

表 10-7 实现同步硝化反硝化(SND)工艺汇总参数

DO mg·L^{-1}	ORP mV	pH	有机负荷 kg(COD)·[kg(MLSS)·d]$^{-1}$	SRT d	活性污泥粒径 μm	实现 SND %	污泥浓度 g·L^{-1}	C/N	温度 ℃
0.5~1	150~200	7.5	0.3	30~50	50~110*	—	—	10*	25~35
					382*	98.5*	5*	2~24*	

注:* 取自 Pochana 的数据,用动态微生物絮体测定。

综上所述,SND 工艺由于硝化和反硝化在同一空间、同一时间进行,其构筑物单一,可以节省基建费,运行省时、省能耗,省资源(碳源和碱度缓冲剂),最终达到既去除有机物,又去除 NH_3,NO_2^- 和 NO_3^- 的目的。目前,该工艺正处在探索、研究和试验阶段,但很有前景。

虽然好氧反硝化细菌的研究获得很大进展,但离实际应用还有距离,其根本原因是在运行中好氧反硝化细菌增长不快,数量少。如果能掌握好氧硝化细菌与好氧反硝化细菌的习性及它们之间的相互关系,把握它们与活性污泥中其他微生物的关系,在运行中解决好氧反硝化细菌的富集与培养的技术,好氧的 SND 就能得以实现。

以上 6 种新型脱氮工艺,均明显优于传统硝化反硝化工艺,汇总于表 10-8。

表 10-8 微生物脱氮工艺汇总

序号	1	2	3	4	5	6	7
脱氮工艺	SHARON 短程硝化—反硝化	ANAMMOX 厌氧氨氧化	SHARON-ANAMMOX 短程硝化—厌氧氨氧化	OLAND 限氧自养硝化—厌氧氨氧化	CANON 单相短程硝化—厌氧氨氧化	SND 同步硝化—反硝化	Nitrification-denitrification 传统硝化反硝化
微生物	亚硝化细菌,反硝化细菌	厌氧氨氧化菌	亚硝化细菌厌氧氨氧化菌	亚硝化细菌厌氧氨氧化菌	亚硝化细菌,厌氧氨氧化菌	好氧异养菌,厌氧异养菌,好氧硝化细菌,好氧反硝化细菌,厌氧反硝化细菌	好氧异养菌,厌氧异养菌,氨化细菌,亚硝化细菌,硝化细菌
与氧关系	好氧/厌氧	厌氧	好氧/厌氧	微氧/厌氧	好氧/厌氧	好氧/微氧/厌氧	好氧/厌氧
好氧段 DO mg/L	0.5~1.0	0	0.5~1.0	0.1~0.3	0.8~1.2	1.5~2	1~2,2~3
电子供体	有机物,NH_4^+	NH_4^+	有机物,NH_4^+	有机物,NH_4^+	有机物,NH_4^+	有机物	有机物
电子受体	O_2/NO_2^-	NO_2^-	O_2/NO_2^-	O_2/NO_2^-	O_2/NO_2^-	O_2/NO_2^-	$O_2/NO_2^-/NO_3^-$
碳源	有机物	有机物→CO_2	有机物→CO_2	有机物→CO_2	有机物→CO_2	有机碳	有机碳
NH_4^+/NO_2^- 比	1:1.2	1:1.5	1:1	1:1.2	1:1.2		
废水特点 C/N 比	低,<1	低,<1	低,<1	低,<1	<0.81	COD/NH_4^+-N 3~6	BOD_5/TKN ≤3
反应器	SBR	SBR,BRC,MBR	SBR	SBR,MBR	SBR,RBC	SBR,MBR	A/O, A^2/O, A^2/O^2, SBR

注:1. 为了对微生物脱氮新工艺有简明、清晰的了解,而制作本表。
2. 本表内的数据是根据报道的资料综合而成,非指某具体研究的数据。
3. 各工艺处理的废水成分多样、复杂,微生物种类也多样,本表内微生物项的细菌只是其中的优势菌。

由表 10-8 可看出,工艺①、③、④、⑤的前半段是好氧硝化,其中的细菌都是化能自养的亚硝化细菌,都需供氧,耗能。工艺③是限氧(DO:0.1~0.3 mg/L)自养硝化,耗能相对少些。工艺③、④、⑤的后半段与工艺①不同,均为厌氧氨氧化菌,以 NH_4^+ 作电子供体,以 NO_2^- 电子受体,直接同化由其他微生物异化作用产生的 CO_2,工艺①后半段的细菌则为兼性的厌氧反硝化细菌,碳源源于它自身用有机物还原亚硝酸过程,同时得到能量。工艺②是完全在厌氧条件下,厌氧氨氧化菌以 NH_4^+ 作电子供体,以 NO_2^- 电子受体,将 NH_4^+ 氧化为 N_2,完成脱氨作用。并以 CO_2 为碳源合成自身细胞。工艺④是工艺①和②的组合,兼有两者的优点,在整个脱氮过程中,尤其在反硝化时不消耗BOD(表 10-5),废水中的有机碳源仅供给合成细胞用。所以,SHARON-ANAMMOX,OLAND 和单相 CANON 等组合工艺都是处理高氨氮,低有机碳污水最为简捷、最经济有效的处理工艺。

四、微生物除磷原理、除磷微生物及其工艺

用传统生物处理工艺处理污(废)水时,微生物生长需要吸收磷元素用以合成细胞物质核酸和合成ATP等,但含磷量高的污(废)水通常只被去除19%左右的磷,残留在出水中的磷还相当高。故需用除磷工艺处理,使出水磷的含量达到排放标准。

(一) 微生物除磷原理

某些微生物在好氧时不仅能大量吸收磷酸盐(PO_4^{3-})合成自身核酸和ATP,而且能逆浓度梯度过量吸磷合成储能的多聚磷酸盐颗粒(即异染颗粒)于体内,供其内源呼吸用,这些细菌称为聚磷菌。聚磷菌在厌氧时又能释放磷酸盐(PO_4^{3-})于体外,故可创造厌氧、缺氧和好氧环境,让聚磷菌先在含磷污(废)水中厌氧放磷,然后在好氧条件下充分地过量吸磷,最后通过排泥从污(废)水中除去部分磷,以达到减少污(废)水中磷含量的目的。

(二) 聚磷细菌

如前所述,所谓聚磷菌是指能吸收磷酸盐,并将磷酸盐聚集成多聚磷酸盐(polyphosphate,PHA)储存在细胞内的一群微生物的统称。通常,聚磷菌又能形成聚β-羟基丁酸(PHB)储存在体内。就目前所知,具有聚磷能力的微生物,绝大多数是细菌。聚磷的活性污泥是由许多好氧异养菌、厌氧异养菌和兼性厌氧菌组成,实质是产酸菌(统称)和聚磷菌的混合群体。从活性污泥中分离出来的聚磷细菌种类有60多种,其中聚磷能力强,数量占优势的聚磷菌是不动杆菌——莫拉氏菌群、假单胞菌属、气单胞菌属、黄杆菌属和费氏柠檬酸杆菌等。有聚磷能力的还有硝化细菌中的亚硝化杆菌属、亚硝化球菌属、亚硝化叶菌属、硝化杆菌属和硝化球菌属等。从《伯杰细菌鉴定手册》(第九版)查到能形成多聚磷酸盐(异染颗粒)和聚β-羟基丁酸(PHB)的细菌还有很多,见表10-9。

表 10-9 能形成多聚磷酸盐和 PHB 的细菌

微生物名称	多聚磷酸盐	PHB	多糖类	与 O_2 关系
深红红螺菌(Rhodospirillum rubrum)	+	+	+	光厌氧,暗好氧
沼泽红假单胞菌(Rhodopseudomonas palustris)	−	+	+	光厌氧,暗好氧
绿色红假单胞菌(Rhodopseudomonas viridis)	−	+	−	光厌氧,暗好氧
嗜酸红假单胞菌(Rhodopseudomonas acidophila)	−	+	−	光厌氧,暗好氧
荚膜红假单胞菌(Rhodopseudomonas capsulata)	−	+	+	光厌氧,暗好氧
着色菌属(Chromatium)	+	+	+	厌氧
囊硫菌属(Thiocystis)	+	+	+	厌氧
乙基绿假单胞菌(Chloropseudomonas ethylica)	+	−	+	厌氧
格形暗网菌(Pelodictyon clathratiforme)	+	−	−	厌氧
贝日阿托氏菌属(Beggiatoa)	+	+	−	好氧,微好氧
浮游球衣菌(Sphaerotilus natans)	−	+	−	好氧
泡囊短波单胞菌(Pseudomonas vesicularis)	−	+	−	好氧
勒氏假单胞菌(Pseudomonas lemoignei)	−	+	−	好氧
石竹假单胞菌(Pseudomonas caryophylli)	−	+	−	好氧,兼性好氧
蜡状芽孢杆菌(Bacillus cereus)	+	+	−	好氧,兼性好氧
巨大芽孢杆菌(Bacillus megaterium)	−	+	−	好氧,兼性好氧

(三) 除磷的生物化学机制

1. 厌氧释放磷的过程

产酸菌在厌氧或缺氧条件下将蛋白质、脂肪和糖类等大分子有机物，分解为3类可快速降解的基质（S_{bs}）：① 甲酸、乙酸和丙酸等低级脂肪酸；② 葡萄糖、甲醇和乙醇等；③ 丁酸、乳酸和琥珀酸等。聚磷菌则在厌氧条件下，分解体内的多聚磷酸盐（异染粒）产生 ATP，利用 ATP 以主动运输方式吸收产酸菌提供的3类基质进入细胞内合成 PHB，与此同时释放出 PO_4^{3-} 于环境中。

Comeau 提出乙酸吸收理论：质膜外的 CH_3COO^- 和 H^+ 结合成中性分子，进入细胞再水解成离子 CH_3COO^- 和 H^+，产生的 ATP 驱动 H^+ 排到体外，重建质子驱动力，使 CH_3COO^- 不断被输入细胞。体内的乙酸（CH_3COOH）被合成为 PHB。反应式如下：

$$CH_3COOH + ATP + HSCoA \longrightarrow \underset{\text{乙酰辅酶A}}{CH_3COSCoA} + ADP + Pi + H_2O$$

$$2CH_3COSCoA + 2ADP + 2Pi + H_2O \longrightarrow \underset{\text{乙酰乙酸}}{CH_3COCH_2COOH} + 2ATP + 2HSCoA$$

$$CH_3COCH_2COOH + NADH + H^+ \longrightarrow PHB + NAD^+$$

式中的 ATP 由多聚磷酸盐分解产生，$NADH+H^+$ 由三羧酸循环（TCA）提供，所合成的 PHB 储存在细胞内。聚磷菌厌氧释放磷的生化反应模式，见图 10-5。

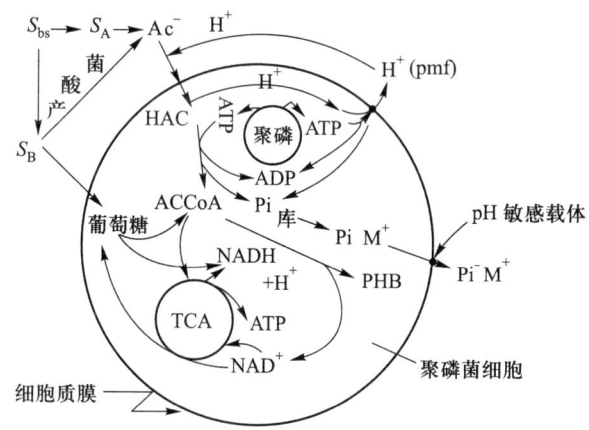

图 10-5 聚磷菌厌氧释放磷的生化反应模式图
S_A，S_B—中间代谢产物；pmf—质子驱动力

2. 好氧吸磷过程

聚磷菌在好氧条件下，分解机体内的 PHB 和外源基质，产生质子驱动力（pmf）将体外的 PO_4^{3-} 输送到体内合成 ATP 和核酸，将过剩的 PO_4^{3-} 聚合成细胞储存物：多聚磷酸盐（异染颗粒）。聚磷菌好氧吸收磷的生化反应模式，见图 10-6。

20 世纪 90 年代，荷兰学者 Kuba 首先发现在 A/A（厌氧/缺氧）系统中有一类既能反硝化又能除磷的兼性厌氧细菌，被称为反硝化聚（除）磷菌（denitrifying phosphorus removing bacteria，简称 DPB）。它们能利用 O_2 或 NO_3^- 作为电子受体，其氧化细胞内 PHB 和其他碳源的代谢与 A/O 法中的聚磷菌相似。所不同的是 A/O 法中的聚磷菌要在厌氧时释放磷，在好氧时大量吸磷。而反硝化聚磷菌在反硝化的同时吸收大量的

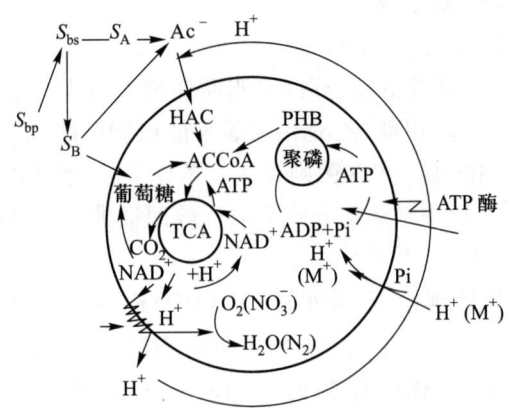

图 10-6 聚磷菌好氧吸收磷的生化反应模式图

磷,并且它的吸磷速率大于放磷速率,从而达到除磷效果。目前,在运行中分离得到的菌种不多,已知有刘辉等分离的不动杆菌属,可以利用 NO_2^- 也可以利用 NO_3^- 作为电子受体,对磷、氮的最高去除率分别可达 82.94% 和 82.99%。安健等分离的蜡状芽孢杆菌对 NO_2^--N 和 PO_4^{3-}-P 的去除率均可达 99%。

Barak 等研究了有氧条件下脱氮假单胞菌(*Pseudomonas denitrificans*)细胞内聚磷酸盐(polyphosphate)的生成情况,发现它具有以 O_2 和 NO_3^- 作为电子受体,合成聚磷酸盐进行脱氮,具有同时去除磷酸盐和硝酸盐的能力。

(四) 除磷工艺流程

除磷工艺有如下几种:Bardenpho 生物除磷工艺,Phoredox 工艺,A/O 及 A^2/O,UCT(University of Cape Town process)工艺,VIP(Verginia Polytechnic Institute and State Univesity 的 Randall 等提出)工艺,旁流除磷-Phostrip 工艺、SBR 法及 MSBR 等。以下简略介绍几种,见图 10-7~图 10-11。

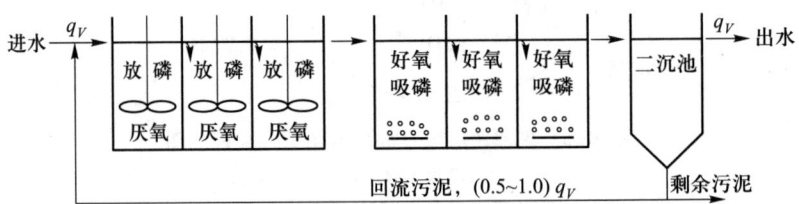

图 10-7 A/O 工艺流程示意图(除磷)

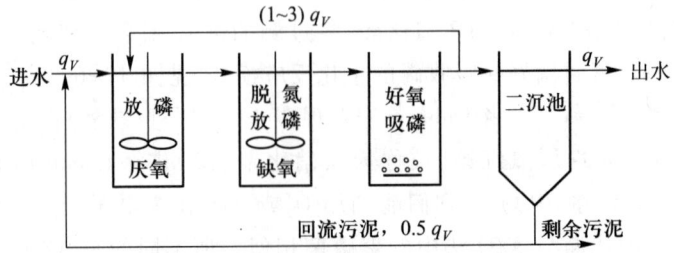

图 10-8 A^2/O 工艺流程示意图

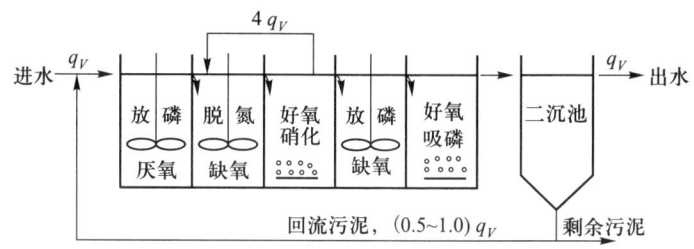

图 10-9 Phoredox 工艺流程示意图

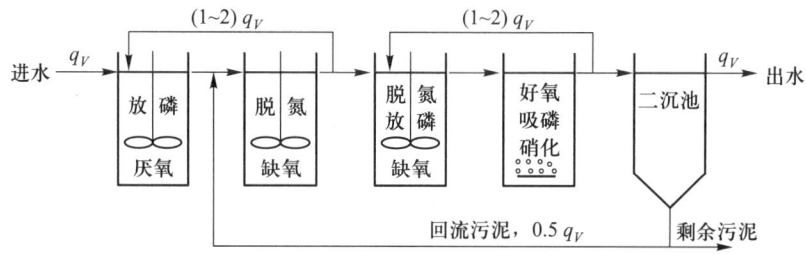

图 10-10 改良型 UCT 工艺流程示意图

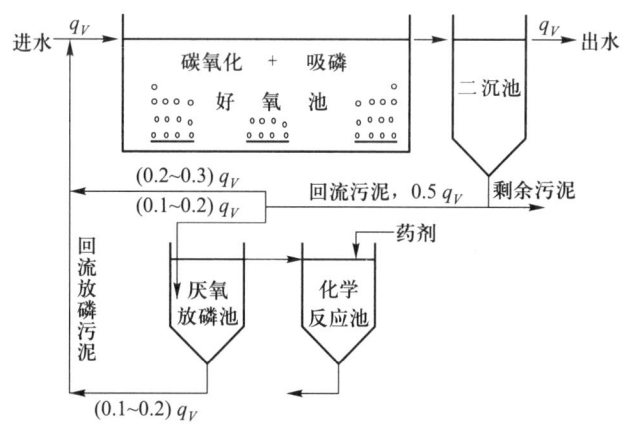

图 10-11 旁流除磷-Phostrip 工艺流程示意图

（五）运行条件

以上各种工艺流程各有优、缺点，可根据水质选用。它们既能除磷又能脱氮，都是用厌氧、缺氧和好氧的方法加以排列组合。但它们的工作主体——除磷细菌、硝化细菌及反硝化细菌的生理特性不同，除磷细菌和反硝化细菌两者为争夺碳源而存在竞争。因此，要分别创造一个适合它们各自生理需要的生态环境。故设计了以上多种工艺流程。即使同样是 A/O 和 A^2/O 工艺，其排列组合和运行条件也有所不同。

为达到良好的除磷效果，要求 NO_3^- 和 NO_2^- 极低，DO 在 0.2 mg/L 以下，氧化还原电位低于 150 mV，温度为 30 ℃ 左右，pH 为 7~8。

除磷菌每去除 1 mg BOD_5，要消耗 0.04~0.08 mg 磷，故污（废）水的 TKN：COD_{Cr} 控制在 0.08 mg(N)/mg(COD_{Cr}) 以下，BOD_5：TP 的比值大于 20，或溶解 BOD_5 和溶解磷的比值大于 12：1~15：1，除磷效果较好，可使出水总磷（TP）小于 1 mg/L。

在一种污（废）水中同时除磷和脱氮，就要合理调整泥龄和水力停留时间，兼顾除磷菌、硝化细菌和反硝化细菌的生理要求，使它们和谐地生长繁殖，达到同时除磷、脱氮的目的。

反硝化除磷工艺是用厌氧/缺氧交替环境来代替厌氧/好氧环境。缺氧比好氧节约能耗，所以，相对而言，反硝化除磷工艺节能。若只需除磷不需脱氮则只用化学法加药剂除磷即可。

第二节　微污染水源水预处理中的微生物学原理

一、微污染水源水预处理的目的和意义

微污染水源水是受到有机物、氨氮、磷及有毒污染物较低程度污染的水源水。尽管污染物浓度低，但经自来水厂原有的混凝、沉淀、过滤和消毒等传统工艺处理后，未能有效、彻底去除污染物，只能去除 20%~30% COD_{Cr}。尤其是致癌物的前体物（如烷烃类）残留在水中，经加氯处理后产生卤代烃三氯甲烷和二氯乙酸等"三致"物。氨氮含量较高，导致供水管道中亚硝化细菌增生，促使 NO_2^- 浓度增高。残留有机物还能引起管道中异养菌滋生，导致饮用水中细菌卫生指标不达标，这种水被人饮用会危害人体健康。为此，人们不仅致力于水厂的水处理工艺改革，探索更有效的处理工艺和技术；同时重视水源水的预处理，确保饮用水的卫生与安全。

二、水源水污染源和污染物

水源水污染源是未经处理的工业废水、生活污水、农业灌溉和养殖业排放水，还有未达到排放标准的处理水。

污染物：有机物、氨氮、藻类分泌物、挥发酚、氰化物、重金属、农药和洗涤剂等。

三、微污染水源水微生物预处理及微生物群落

（一）微生物预处理工艺

用以处理微污染水源水的工艺均采用膜法生物处理，具体包括生物滤池、生物转盘、生物接触氧化法和生物流化床等。水源水预处理选用的工艺要根据水质和处理目的而定；选用何种材料作填料，要考虑填料对微生物的附着力和耐腐蚀性。颗粒活性炭-砂滤挂生物膜的速度快于无烟煤-砂滤。填料的种类和性能与膜法处理效率紧密相连，颗粒活性炭能截留、吸附颗粒状有机物和胶体物质、残余毒物、"三致"前体物和余氯等。颗粒活性炭-砂滤能除去甲醛和丙酮。

欧美一些国家早期水源水预处理的目的是去除水源水中的有机物和氨氮，随着污（废）水处理的水平提高，水源水中的氨氮含量减少，现在欧、美国家处理水源水

的主要目的是去除有机物。但我国目前水源水预处理的主要目标仍是有机物、氨氮和磷。

目前,水源水预处理在德国、英国和法国等国都有较大规模的生物流化床处理装置。我国也有多处建了水源水预处理装置,同济大学设计的深圳水库水源水生物接触氧化处理渠工程规模为日产 $400×10^4$ m³/d,其规模目前处于世界领先水平。

(二) 水源水预处理的运行条件

1. 微生物

微污染水源水是一个贫营养的生态环境,在其中生长的微生物群落与在污(废)水生物处理中的微生物群落不同。需要一个由适应贫营养的异养除碳菌、硝化细菌和反硝化细菌、藻类、原生动物和微型后生动物组成的生态系统。与活性污泥法相比,生物膜法能截留微生物和有机物,保证处理系统中有足够的高效降解有机物和去除氨氮能力的微生物群落,所以预处理基本都用生物膜法。

在东江-深圳微污染水源水预处理系统中,微生物有贫营养异养菌[10^6~10^8个/g(填料)]、亚硝化细菌[10^6~10^7个/g(填料)]、硝化细菌[10^6~10^7个/g(填料)]、反硝化细菌、蓝细菌、绿藻、硅藻和霉菌等。原生动物有钟虫、累枝虫、盖纤虫、独缩虫、聚缩虫、喇叭虫、漫游虫、变形虫、太阳虫、鞭毛虫、草履虫和吸管虫等。微型后生动物有旋轮虫,有管虫室的轮虫如金鱼藻沼轮虫、海神藻沼轮虫,有长尾的群栖巨冠轮虫和长柄巨冠轮虫;有寡毛类的红斑颗体虫、未知名寡毛虫、甲壳动物、苔藓虫、拟水螅、水螅及椎实螺等。

2. 供氢体

能用作饮用水水源的水体应该是清洁的或微污染的,不能用污染严重的水体。正因为如此,若既要去除有机物又要去除氨氮,就面临缺少供氢体的问题。若要外加最简单的有机物——甲醇作供氢体,不但增加运行费用,还对操作人员身体不利,可用低浓度的乙醇和糖代替。外加碳源在实际生产上是很难做到的。近些年来,有学者研究用电极生物膜反应器微电解水放出氢(H_2)来作为反硝化所需的供氢体;以及开发短程硝化-厌氧氨氧化(SHARON-ANAMMOX)工艺,用 NH_4^+ 做供氢体,NO_2^-、NO_3^- 作电子受体,氧化 NH_4^+ 为 N_2 溢出水体,达到脱氮目的。

3. 溶解氧

在大型生产中,水流量大,水力停留时间(HRT)在 1 h 左右,汽水比为 1 时,溶解氧一般在 4 mg/L 以上,就能满足氧化有机物和硝化作用的需要。大型生产的处理系统中除非生物膜长得很厚,造成局部厌氧或缺氧;否则,溶解氧降低不到 0.2 mg/L 以下,反硝化难以维持。在 O_2,NO_2^- 和 NO_3^- 并存的情况下,可以探索用同步好氧硝化反硝化工艺处理,利用好氧反硝化菌的双功能酶的作用优势,利用 O_2 和 NO_2^-、NO_3^- 为电子受体,直接将 NH_4^+ 氧化为 N_2。

4. 水温和 pH

COD_{Cr} 和氨氮的去除率随水温升高而提高,20 ℃ 以上处理效果好。

5. 系统处理效率

以深圳水库为例,系统处理效率为:COD_{Cr} 去除 10%~30%,氨氮去除 75% 以上。

第三节 人工湿地中微生物与水生植物净化污（废）水的作用

一、人工湿地生态系统

在人工建造的类似于沼泽的湿地内，放置一定高度的填料，并种植特定的水生植物（如水菖蒲、富贵竹和芦苇等），水生植物根系的周围又生长着丰富的、多样的微生物群体。因此，基质、水生植物和微生物一起与污（废）水构成一个类似于天然沼泽地的特殊的生态系统。

人工湿地有表面流人工湿地、水平潜流人工湿地和垂直潜流人工湿地（适宜用于处理氨氮含量较高的污水）3种。此外，也有与天然湿地组合的系统。可根据污水或废水的性质、水质和水量选用其中任何一种、两种或三种设计其工艺流程。起初，人工湿地用于深度处理氮、磷未达标的各种处理水，后来发展到生活污水和某些工业废水也用人工湿地处理。其作用是除氮、除磷和去除有机物污染物。

人工湿地生态系统净化污（废）水的类型与流程，见图10-12。

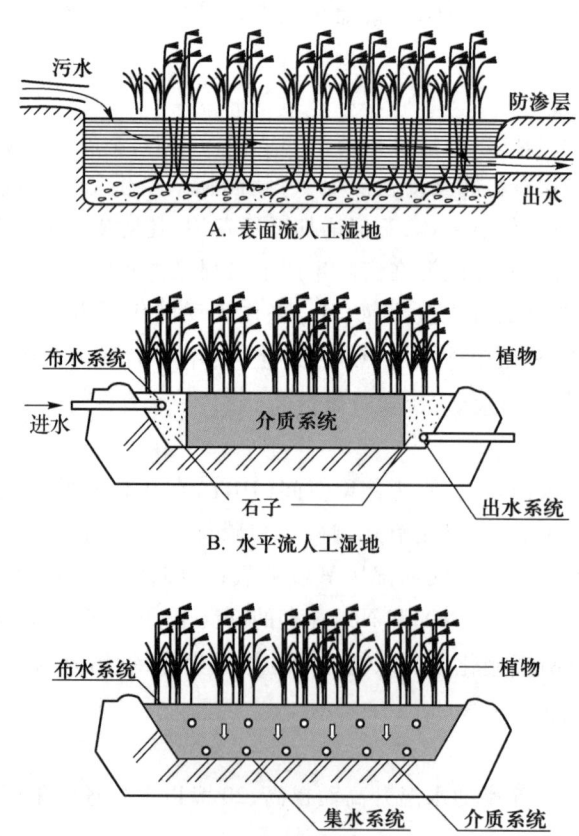

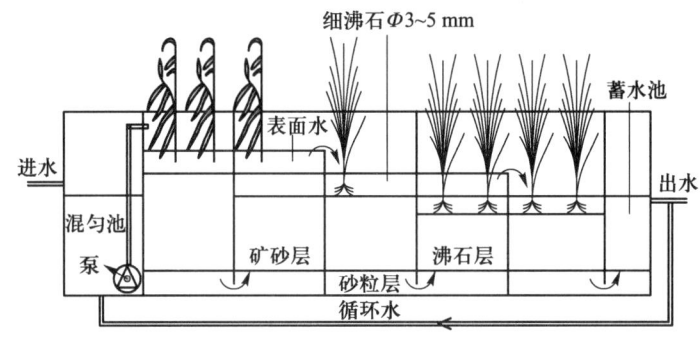

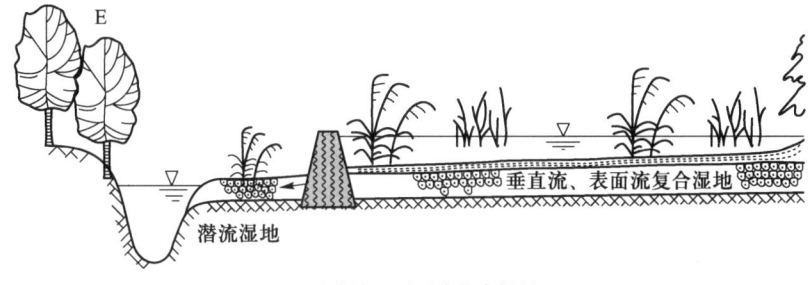

图 10-12 人工湿地生态系统净化污(废)水流程示意图

二、人工湿地净化污(废)水的基本原理

投放到人工湿地的污(废)水被着生在基质中的水生植物根系吸收,由于根际和根面发生着丰富的、多种多样的生物化学作用,将污(废)水中的有机污染物降解、无机化,释放出来的 CO_2 被植物吸收进行光合作用,由 H_2O 作供氢体,还原 CO_2 合成有机物,构成自身细胞;放出的氧气供其自身根系的呼吸和根际中的好氧微生物分解有机物所需;有机物被好氧微生物分解、矿化成的无机物(其中的氮和磷是植物首要的营养元素)由植物根系吸收;再经过土壤、沙石的过滤作用,最终使水质得到净化,详见表 10-10。

表 10-10 人工湿地处理污(废)水的物理、化学与生物的作用机理

作用机理		对污染物质的去除与降解
物理	沉淀	颗粒状污染物自然沉降;胶体污染物絮凝沉降,致使部分难降解的有机物、细菌和病毒得到去除。
	过滤	通过植物根的阻截作用,沙石颗粒间的相互作用和引力截留固体物。
化学	沉淀	磷在特定植物根系介质中,由于化学反应生成难溶解的化合物发生沉淀而被去除。
	吸附	难溶解磷和难降解有机物被植物根系表面和介质吸附而得到去除。
	分解	由于太阳光中的紫外辐射、氧化还原反应促使难分解有机物分解,或变成稳定性较差的化合物。

续表

作用机理		对污染物质的去除与降解
微生物	吸收与代谢	絮凝性固体和溶解性有机物被植物根际和根面微生物的吸附、吸收和代谢,进行好氧分解或兼性厌氧分解成无机物。 NH_3被硝化细菌转化为硝酸盐,若在缺氧条件下,则进行反硝化,释放出N_2。 磷被微生物吸收构成细胞中的核酸,其他无机物可被微生物吸收,构成细胞物质。
植物 水生植物的 Redfild 比例 C∶N∶P= 106∶16∶1	吸收与代谢 根系分泌物 分泌抗生物质	氮、磷和有机物被植物吸收、代谢而被去除。 为根际和根面微生物提供营养和能源。 植物根系分泌抗生物质对大肠菌群和病毒等病原体有灭活作用。
病原体	自然死亡	细菌和病毒等病原体由于较长时间处于不适宜环境而自然死亡。

因此,人工湿地实际是利用基质-微生物-植物的复合生态系统,经物理、化学和生物的三重协调作用,通过过滤、吸附、沉淀、离子交换、植物吸收和微生物吸附、吸收和分解等机制共同使污(废)水高效净化。

三、人工湿地各组成的功能

基质、湿地植物和微生物是人工湿地的重要元素,三者之间的合理搭配共同营造了一种生态环境,其协同完成降解污染物质的作用,缺一不可。而降解、去除污染物的关键因素是根际和根面微生物的活性和它们的数量。

(一) 基质

湿地中的基质多为当地的土壤,或土壤上铺沙、砾石、煤渣、矿渣等。基质的作用是为微生物的生长提供稳定的附着基质,为湿地植物提供载体、扎根的温床和营养物质。

基质应具备的条件:要求其机械强度大、比表面积大、性能稳定,即具有一定的生物、化学及热力学稳定性;孔隙率及表面粗糙率适中等因素,潜流人工湿地基质系统的孔隙率宜控制在 30%~45%;基质对污染物应具有吸附和过滤作用;对着生的微生物无害、无抑制作用,不影响微生物的生物活性;若具有可再用性更佳。

根据不同基质的亲水性、疏水性及表面电性,合理选择基质,可采用单一的基质层或几种基质搭配组合。可采用沙、石混合作为底层,在其上层铺以适宜植物生长、松软的黏质壤土,所谓黏质壤土是指土壤颗粒组成中黏粒、粉粒、砂粒含量适中的土壤,黏粒成分占 60%左右的称为黏质壤土,其质地介于黏土和砂土之间,兼有黏土和砂土的优点,通气透水、保水保温性能都较好,是较理想的农业土壤。种植土壤厚度为 20~40 cm,渗透系数为 0.025~0.35 cm/h。可就近采用当地的表层种植土,如当地原土不适宜人工湿地植物生长时,则需更换、优化适宜水生植物生长的基质。

(二) 人工湿地水生植物

人工湿地植物要选择适应当地气候的、耐污性强、生长能力旺盛、根系发达的当地品种,且兼顾经济与美学价值等因素。在栽种时要注意季节性、植物的多样性,提高对污水的处理能力,确保一年四季都有植物正常生长。因此,可选择一种或几种植物作为优势种搭配栽种,并根据环境条件和植物群落的特征,按一定比例在空间分布和时间分布方面进行安排,使人工湿地生态系统高效、稳定、可持续运行。

人工湿地种植植物的最佳时间是春季或初夏,夏末或初秋种植也可。若要在种植的第一年启动人工湿地,可在生长季节结束前或霜冻期来临前3~4个月进行种植。湿地植物的种植密度不得小于3株/m^2,潜流人工湿地植物的种植密度宜为9~25株/m^2。

人工湿地可选择的浮水植物有凤眼莲、浮萍、睡莲、大藻、荇菜、水鳖和田字萍等;挺水植物有芦苇、茭白、水葱、水菖蒲、黄菖蒲、香蒲、灯心草、水美人蕉、荷花、千屈菜和旱伞草等。浮水植物和挺水植物主要吸收氨氮,适合在人工湿地生长,并有去除污染物作用的水生植物多为挺水植物。沉水植物有伊乐藻、茨藻、金鱼藻、黑藻、眼子菜、苦草和菹草等,沉水植物主要吸收磷。

所有人工湿地中的植物都有一个共同特点:具有发达的根系,它直接吸收污(废)水中有机物和无机物作营养。水生植物除富集污染物外,它们的根系维持湿地水力运输,还可将其进行光合作用产生的氧气运输到根的周围,供根际、根面微生物的生长、繁殖和降解污染物的需要。其根系分泌的许多物质如多糖、有机酸、氨基酸、醇类、乙烯、维生素、核苷酸和酶等,为根际和根面微生物提供大量的营养和能源。分泌物的组成和数量直接影响根际和根面微生物的种群、数量和分布。

(三) 人工湿地根际和根面微生物

如上所述,湿地根际和根面微生物的种类和数量由以下因素决定:① 湿地植物根系分泌物的种类和数量(表10-11);② 污水和废水的种类;③ 水中溶解氧的含量。微生物通过代谢活动降解污染物,为植物提供养分。它们之间相互依赖,相互扶持。污(废)水里的有机氮被细菌水解,再由氨化细菌脱氨转化成无机氮被植物吸收。使污染物转变成植物的营养,变废为宝。

表10-11 人工湿地的根际和根面微生物数量

湿地样品		测定项目				
		细菌/10^7	放线菌/10^5	真菌/10^3	硝化细菌/10^3	反硝化细菌/10^3
菰(茭白)	根面	385	60	180	14 560	3 120
	根际	120	51	123	14 000	14 000
石菖蒲	根面	83.3	33.3	7.17	14 000	14 000
	根际	90	36	24	14 000	14 000

湿地根际微生物的种类有:细菌(如好氧细菌、厌氧细菌、兼性厌氧细菌、硝化细菌、好氧/厌氧反硝化细菌、硫化细菌、反硫化细菌、磷细菌、纤维分解菌和固氮菌等)、真菌、放线菌、原生动物和藻类等。根际微生物和植物共栖在湿地中,根际微生物能分泌生长素、赤霉素、糖脂和细胞分裂素等化学信号物质与植物进行交流,激素可刺激和

促进植物根毛的生长发育,提高根吸收营养物质的能力。

由表 10-12 和表 10-13 可见,不同植物的根际和根面所含异养微生物的数量不同,菰的根际和根面的细菌、放线菌和真菌均多于石菖蒲。硝化细菌和反硝化细菌两者数量差不多。基质酶的活性各有优势,菰的基质中脲酶高于石菖蒲。而石菖蒲的基质中磷酸酶则高于菰。所以,为了提高氮和磷的处理效果,将菰和石菖蒲混种比种植单一品种好。

表 10-12 湿地中不同水生植物基质中酶活性比较

水生植物	测定项目	
	磷酸酶/[μg(酚)·g^{-1}·h^{-1}]	脲酶/[μg(NH$_3$-N)·g^{-1}·h^{-1}]
菰(茭白)	66.7	275.8
石菖蒲	100	14.6

表 10-13 湿地系统冬季和夏季去除率比较

项目	BOD$_5$	SS	TN	NH$_3$-N	大肠杆菌
夏季(4—11月)去除率/%	85.9	93.7	65.8	66.6	99.9
冬季(12—来年3月)去除率/%	84.4	94	60.5	43	99.9

四、人工湿地生态系统处理污(废)水的效果

人工湿地生态系统可以独立处理污(废)水,也可以和各种处理设备合理搭配组合,进行各种污(废)水的深度处理。

人工湿地生态系统处理污(废)水的效果与有机负荷和水力停留时间有关。冬季和夏季去除污染物的效果,除极寒冷地区外,一般差别不太大(表 10-13)。

以风车草和香根草湿地处理养猪场废水为例,夏季进水 COD$_{Cr}$ 1 000~1 400 mg/L 时,出水 COD$_{Cr}$ <100~150 mg/L,去除率接近 90%;进水 COD$_{Cr}$ 400 mg/L 时,出水 COD$_{Cr}$ <100 mg/L;进水 COD$_{Cr}$ 250 mg/L 时,出水 COD$_{Cr}$ <50 mg/L。冬季进水 COD$_{Cr}$ 1 003 mg/L 时,出水 COD$_{Cr}$ <300 mg/L;进水 COD$_{Cr}$ 345.68 mg/L 时,出水 COD$_{Cr}$ <100 mg/L。芦苇湿地处理毛纺废水和生活污水的水力负荷在 6 cm/d,有机负荷在 80 kg/(hm^2·d) 以下,水力停留时间最佳为 4~6d,处理效果较好。

应用人工湿地处理的污(废)水有生活污水、污泥渗出液、油田采用水、农业废水、矿山酸性废水、禽畜养殖废水、食品加工废水、酿酒废水和毛纺织废水等。

第四节 饮用水的消毒及其微生物学效应

一、水消毒的重要性

水是人类生命和工农业生产所必需的,水又是传播疾病的媒体。为了防止病原微生物随生活污水和医院污水等进入环境,随饮用水、游泳池水等进入人体,使人患肠道传染病及其他疾病,故必须对饮用水进行严格消毒。

二、水的消毒方法

水的消毒方法有煮沸法、加氯消毒、臭氧消毒、过氧化氢消毒、紫外辐射消毒和微电解消毒等。

(一) 煮沸法

煮沸法是最原始的方法,也是最简便有效的方法之一。煮沸直接快速破坏病原体的蛋白质,使其凝固发生不可逆变性。

(二) 加氯消毒

长期以来,国内外一直将液氯、漂白粉、氯胺用于生活用水和污(废)水的消毒。消毒效果与消毒剂的剂量、消毒时间、水的 pH、水温和水质等因素有关。重要的是要考虑微生物的种类和生理特性以调整消毒剂的剂量,才能达到理想的消毒效果。漂白粉和氯杀藻的剂量是 0.5~1 mg/L;0.05 mg/L 余氯可以抑制管网内细菌滋生;杀死病毒所需的氯量为细菌的 2~20 倍;杀死赤痢阿米巴所需的氯量是 3~10 mg/L。

在卤素中除氟以外,氯的氧化能力最强。至 20 世纪 70 年代,人们发现水体中有"三致"物的前体物——烷烃、芳香烃等,经加氯后产生三氯甲烷等"三致"物。欧美一些国家有用二氧化氯或用臭氧消毒的试验。经检验,二氧化氯不易产生"三致"物,但价格贵。由于液氯价廉,杀菌力强,所以,我国水厂仍用氯消毒。综合医院含肠道致病菌污水采用含氯消毒的工艺控制要求:消毒接触池的接触时间≥1 h,接触池出口一级标准的总余氯量为 3~10 mg/L。二级标准的总余氯量为 2~8 mg/L。含结核杆菌污水与氯接触时间≥1.5 h,接触池出口总余氯量为 6.5~10 mg/L。《医疗机构水污染物排放标准》(GB 18466—2005)规定,肠道致病菌、肠道病毒和结核杆菌为不得检出,粪大肠菌群数(MPN/L)为 100。

氯的杀菌机制:氯、氯胺及漂白粉[含 $Ca(OCl)_2$、$CaCl_2$、$Ca(OH)_2$ 的混合物,$Ca(OCl)_2$ 为主要成分]广泛应用于饮用水及游泳池用水的消毒。消毒剂的用量依水源有机物污染程度而定,饮用水通常以消毒剂与水接触 30 min 后游离余氯量不低于 0.3 mg/L,管网末梢的游离余氯量不低于 0.05 mg/L 为标准(GB 5749—2006)。

氯是一个活泼的元素,能与很多化合物反应。在净水中,氯同水分子的反应如下式:

$$Cl_2 + H_2O \longrightarrow HOCl + H^+ + Cl^-$$

$$HOCl \longrightarrow H^+ + OCl^-$$

氯的水溶液中有 Cl_2,$HOCl$,OCl^-,Cl^- 和 H^+;次氯酸的解离常数在 20 ℃ 时为 2.7×10^{-8},在 25 ℃ 时为 3.7×10^{-8}。显然,这些分子和离子的浓度决定于水的 pH,有时还受水中杂质的影响。水温为 20 ℃,水的 pH 为 6 时,以 HOCl 和 Cl^- 为主,OCl^- 仅约为 HOCl 的 2.7%;水的 pH 为 9 时,以 OCl^- 为主,HOCl 与 OCl^- 的比值约为 0.27;水的 pH 为 7.67 时,HOCl 和 OCl^- 浓度相等。

当 Cl^- 质量浓度 <1 000 mg/L,有以下几种情况:

① 水温为 25 ℃,pH≥3,水中 Cl_2 基本生成 HOCl,HOCl 占 97%,OCl^- 只占 3%。中性的 HOCl 能进入细胞内杀死细菌。

② 水温为 25 ℃,pH 为 7 时,HOCl 占 73%,OCl^- 占 27%。饮用水的 pH 控制在 7

左右,中性的 HOCl 能进入细胞内杀死细菌。

③ 水温为 25 ℃,pH>10,所形成的几乎是 OCl$^-$。尽管 OCl$^-$ 是强氧化剂,但由于细菌体表面带负电荷,带负电荷的 OCl$^-$ 无法进入菌体内,达不到杀菌目的。见图 10-13。

实验表明,水的 pH 较低时加氯消毒的效果较好,HOCl 可破坏细菌细胞质膜,进入菌体内的 HOCl 与菌体蛋白及酶蛋白中氨基(—NH—)和巯基(—SH)反应而达到杀菌作用,HOCl 还与细菌、病毒的核酸结合达到杀灭效果。

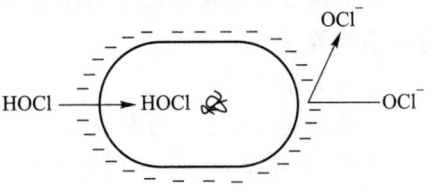

图 10-13 氯的杀菌机制

检验水的消毒效果仍以水的卫生参数大肠菌群为指标。通常采用的参数是用化学分析法测定的剩余氯(或称余氯),其数值的确定应以大肠菌群指标为准。剩余氯含量要适当,偏高时杀菌效果虽好,但形成很浓的刺激臭味,对人体有害。

污染水体中基本都有氨。氯和氨很容易反应,随着加氯量的增加,反应产物从一氯胺逐步转化为二氯胺、三氯胺和氮气,甚至氧化氮。在测定剩余氯时,所得结果包括 HOCl, OCl$^-$, Cl$_2$, NH$_2$Cl。NH$_2$Cl 有杀菌能力,但比 HOCl 等弱得多。由于加氯消毒会导致产生"三致"物,故使用臭氧消毒比较安全。

(三) 臭氧消毒

水的 O$_3$ 消毒是利用 O$_3$ 发生器内的紫外灯通电将 O$_2$ 转化为 O$_3$,用于饮用水和处理水的消毒。O$_3$ 发生器一般的 O$_3$ 发生量为 25 mg/L 左右。性能好的 O$_3$ 发生器,其发生量可达到 4 g/L。因 O$_3$ 容易自行分解,在不同的水质和水温下,所测得的 O$_3$ 半衰期不一样,分为 15 min,30 min 和 165 min。故 O$_3$ 不能像液氯那样工业化生产,要在现场安装 O$_3$ 发生器。因此,费用常高于加氯消毒。臭氧的杀菌能力,在投加量超过某一数量后才显现。O$_3$ 先消耗于氧化还原有机物,然后消耗于杀菌。O$_3$ 杀菌、杀病毒的速率高于氯气。与加氯消毒相比,水用 O$_3$ 消毒还有几个优点:不会造成异臭、异味,提高溶解氧量,尚未发现有害人体健康的产物。但也有缺点:没有余量,也就没有后续的杀菌能力。鉴于加氯消毒可能产生"三致"物,用臭氧氧化替代水厂中的滤前加氯和污水厂中的加氯消毒是可取的。有些不可降解的有机物,经 O$_3$ 氧化之后转化为可降解有机物,便于用生物法处理。有些水厂已采用这一方法去除澄清水中的微量有机物。

(四) 过氧化氢消毒

H$_2$O$_2$ 是活泼的氧化剂,常用 3% 的 H$_2$O$_2$ 消毒,但 H$_2$O$_2$ 不是对所有的微生物都起作用,有很多好氧菌和兼性厌氧菌都具有过氧化氢酶,能将 H$_2$O$_2$ 分解为 O$_2$ 和 H$_2$O 因而失效。H$_2$O$_2$ 可用于净化程度高的饮用水消毒,尤其是桶装饮用水因为细菌数量极少,H$_2$O$_2$ 可起到抑菌和保质作用。

(五) 紫外辐射消毒

紫外辐射适用于小规模水厂饮用水消毒和游泳池循环水的消毒。紫外辐射是一种物理方法,经过消毒的水化学性质不变,不会产生臭味和有害健康的产物。但悬浮物和有机物干扰杀菌效果,费用较高,所以目前只适用于优质水及纯水的消毒。

紫外辐射由紫外灯发出 254 nm 波长的辐射,紫外辐射穿透水层的深度决定于紫外灯输出的功率,一般认为它的穿透力较差。

紫外辐射杀菌的机制为:① 破坏蛋白质结构而变性;② 破坏核酸分子的结构,如引起胸腺嘧啶形成胸腺嘧啶二聚体和 DNA 发生水合反应导致细菌死亡。

（六）微电解消毒

在物理场作用条件下,微电解 H_2O 产生活性物质有:$O_2^-\cdot$,$\cdot OH$,$\cdot H$ 和 H_2O_2。$O_2^-\cdot$ 和 $\cdot OH$ 具有强氧化能力,活性氧($O_2^-\cdot$)还可与水中氯离子(Cl^-)作用生成 HOCl,更增强了杀菌能力。以上活性物质渗透入细菌和藻类体内破坏它们的细胞物质,从而杀死细菌及藻类。微电解消毒法已应用于优质饮用水的消毒,空调冷却塔循环水的杀菌杀藻,以及高层楼顶上水箱水的消毒和清除管道微生物垢等。

思考题

1. 污(废)水为什么要脱氮除磷? 它具体有什么现实意义?
2. 微生物脱氮工艺有哪些?
3. 叙述污(废)水脱氮原理。
4. 参与脱氮的微生物有哪些? 它们有什么生理特征?
5. 什么叫捷径反硝化? 何谓短程硝化-反硝化? 在生产中它有何意义?
6. 简单分述 SHARON,ANAMMOX,OLAND 和 CANON 工艺的原理。
7. 何谓 SHARON-ANAMMOX 工艺? 与传统脱氮工艺比,它有什么优点?
8. 同步硝化反硝化(SND)工艺设计原理是什么? 其中有哪些细菌,它们之间关系如何?
9. 脱氮运行管理中要掌握哪几个关键才能获得高的脱氮效果?
10. 综合所有的脱氮工艺进行比较后,结合所查询的资料,你认为哪种工艺好?
11. 何谓聚磷菌? 有哪些聚磷菌? 叙述它的放磷和吸磷的生化机制。
12. 有哪些除磷工艺? 在运行操作中与脱氮有何不同?
13. 为获得好的除磷效果要掌握哪些运行操作条件?
14. 为什么要对微污染水源水进行预处理? 有哪些预处理工艺?
15. 在微污染水源水中有哪些污染物? 来自何处?
16. 在微污染水源水预处理系统中有哪些微生物群落?
17. 何谓人工湿地? 有几种类型? 叙述它处理污(废)水的原理。
18. 人工湿地有哪几部分组成? 各有什么功能?
19. 人工湿地微生物的种群与活性污泥和生物膜相同吗? 请具体说明。
20. 水生植物有几大类? 它们在废水处理中各起什么作用?
21. 哪些水需要消毒? 有哪些消毒方法?
22. 加氯消毒如何产生"三致"物?

第十一章
有机固体废物与废气的微生物处理及其微生物群落

第一节　有机固体废物的微生物处理及其微生物群落

当前各国城市的固体废物采用的处置和处理方法主要有焚烧法、填埋法和堆肥法。

焚烧法是物理方法,它多用来处理不可随意排放、有危险的特种废物,也处理城市污水处理厂的剩余污泥和生活垃圾。

堆肥法和填埋法是利用微生物化学的原理处理可生物降解有机固体废物的有效方法。目前,国内有垃圾处理量为 500~1 000 t/d 的大型堆肥厂,也有几十吨,甚至更小的堆肥厂。此外,还开发了用于社区的日产几百 kg 到 2 t 的小型垃圾微生物处理装置,就地处理小区的生活垃圾。通过以上多种措施,使有机固体废物能得到较好地解决。

适合用微生物处理的固体废物有城市生活有机垃圾,如厨余(食物废料和残余)、副食品加工废料和菜市场的菜下脚料、烂瓜果等;园林的杂草和整枝剪下的树枝条;以及污(废)水处理厂的剩余活性污泥等。

一、堆肥法

(一) 堆肥法、堆肥化和堆肥的概念

堆肥法是一种古老的微生物处理有机固体废物的方法,俗称"堆肥"。农村将秸秆、落叶、禽畜粪便及尿等一起用土坑堆积,依靠其本身滋生的微生物和土壤微生物发酵,腐熟后施用于农田。其产品即称堆肥。后来堆肥法被用来处理城市的生活垃圾,延至处理城市的各种有机固体废物。

堆肥化是依靠自然界广泛分布的细菌、放线菌和真菌等微生物,有控制地促进可生物降解的有机物向稳定的腐殖质转化的生物化学过程。

堆肥是堆肥化的产品。堆肥是优质的土壤改良剂和农肥,还可作园林绿化和花卉的优质栽培土。

最早的堆肥工艺多采用厌氧发酵堆肥法,其发酵周期长,一般为 4~6 个月,占地面积大。为了缩短发酵周期,节省用地,科研人员改进发酵方法,用泵将发酵的渗出液打循环,通入空气进行好氧发酵,结果缩短了腐熟时间,使发酵周期缩短至 20 d。1933 年,丹麦的达诺(Dano)开发"达诺"堆肥工艺,用旋转窑发酵筒进行好氧发酵,发酵周期进一步缩短至 3~4 d。此法广为欧洲国家、日本等采用。此外,还有厌氧发酵和好氧发酵结合的处理方法。20 世纪 70 年代后,随着现代化工业的发展,采用机械粉碎

有机垃圾、搅拌和通空气等方法,进行高温快速好氧发酵也取得了较好的效果。

目前,我国各大城市都十分注重生态、卫生文明建设,建成了一批具备一定处理能力和机械化程度的垃圾堆肥处理场。为清洁环境,改善环境质量起了很大作用。

(二) 好氧堆肥

目前,好氧堆肥处理的物料主要有:① 垃圾;② 垃圾和粪水;③ 垃圾和脱水污泥;④ 脱水污泥。

垃圾的化学组分主要是纤维素、半纤维素、糖类、脂肪和蛋白质等。它的理化性质列于表 11-1,随季节改变,其组分会变化。

表 11-1 垃圾的理化性质

项目	pH	水分/%	总固体/%	挥发物/%	碳/%	氮/%	速效氮/%	体积质量/$(t \cdot m^{-3})$	孔隙率/%
数值	8	27.84	72.2	19.54	13.4	0.45	0.03	0.45	30

粪水和脱水污泥的理化性质见表 11-2 和表 11-3。

表 11-2 粪水的理化性质

项目	相对密度	pH	水分/%	总固体/%	挥发物/%	碳/%	氮/%	速效氮/%
数值	1.1	8.8	98.5	1.5	82.3	0.45	0.23	0.2

表 11-3 污水处理厂脱水污泥组成与特征

批号	含水率/%	有机物/%	灰分/%	混凝剂/$(mg \cdot L^{-1})$	聚丙烯酰胺/%	气味	外观
1	70	50	50	$Al_2(SO_4)_3$	5~7	极臭刺鼻	墨黑色
2	76.2	48.0	52.0	铁铝盐	5~7		黏稠,蚊蝇滋生

污水处理厂每天排放的剩余活性污泥量极大,其脱水污泥含水率仍有 70%~80%,黑臭,蚊蝇滋生,需要及时快速处理。

1. 好氧堆肥机理

好氧堆肥是在通入空气的条件下,好氧微生物分解大分子有机固体废物为小分子有机物,部分有机物被矿化成无机物;并放出大量的热量,使温度升高至 50~65 ℃,如果不通风,温度会升高到 80~90 ℃。这期间发酵微生物不断地分解有机物,吸收、利用中间代谢产物合成自身细胞物质,生长繁殖;以其更大数量的微生物群体分解有机物,最终有机固体废物完全腐熟成稳定的腐殖质。有机堆肥好氧分解过程,见图 11-1。

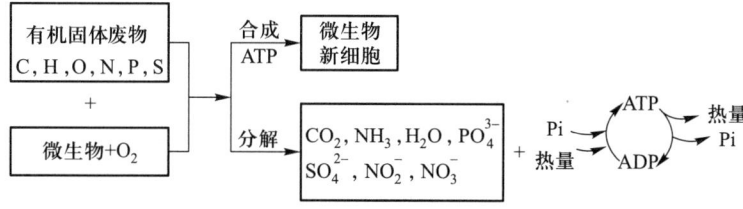

图 11-1 有机堆肥好氧分解过程

所发生的反应如下：

有机物质+好氧菌+氧气+水──→二氧化碳+水（蒸汽）+硝酸盐+硫酸盐+氧化物+能量+新细胞

2. 好氧堆肥发酵的微生物

好氧堆肥发酵的微生物有中温好氧的细菌和真菌，好热性的细菌、放线菌和真菌，嗜热高温细菌和放线菌。

微生物在堆肥中的作用与演替：通常，参与好氧堆肥的微生物是附着在垃圾上的本底微生物。堆肥发酵是分批进行的，每一批垃圾上附着的微生物数量有限，而且每一批的种类和数量都不一样，冬季垃圾本底微生物更少。所以，堆肥中的微生态系是临时组成的。堆肥初期，微生物处在迟滞期，由中温好氧的细菌和真菌通过分解易降解的糖类、蛋白质和脂肪等获得营养，逐渐生长繁殖，产生大量热量，使堆温升高至50 ℃，接着由好热性的细菌、放线菌和真菌分解纤维素和半纤维素，微生物数量不断增加，温度不断上升至 60 ℃，真菌停止活动。根据堆肥卫生标准规定：堆温要维持 55～60 ℃持续 5～7 d，以使致病菌和虫卵被杀死。之后，继续由好热的细菌和放线菌分解纤维素和半纤维素，温度升至 70 ℃。此时，若温度继续升高，一般的嗜热细菌和放线菌也停止活动，堆肥腐熟稳定。

根据好氧堆肥试验经验，在建堆时喷洒 HEM 菌（高温高效有益菌），堆温升得很快，发酵 1 d 后堆温就升至 70 ℃以上，堆温升至 80 ℃以上仅需 3 d，其中的总大肠菌群的死亡率达 100%。而堆肥发酵细菌仍正常生长，在发酵结束时细菌总数仍有 10^{11} CFU/mL。添加 HEM 菌可以保证每一批堆肥微生物的数量，提高发酵速率和效果，增加堆肥腐熟度，缩短发酵周期，提高处理场地周转率。

3. 有机堆肥好氧分解要求的条件

（1）碳氮比：碳氮比为（25～30）∶1 时发酵最好，有机物含量若不够，可掺杂粪肥。

（2）堆肥湿度要适当：通常情况下，含水率维持在60%为宜，堆肥发酵良好。有报道称，30 ℃时，含水量应控制在 45%；45 ℃时，含水率应控制在 50%左右。

（3）供氧：氧要供应充足，通气量在 0.05～0.2 m^3/(min·m^3)。

（4）氮和碳含量：有一定数量的氮和磷，可加快堆肥速率，增加成品的肥力。

（5）温度：嗜温菌发酵最适温度 30～40 ℃，嗜热菌发酵最适温度 55～60 ℃，5～7 d 能达到卫生无害化。投加高温菌助发酵的发酵温度在 75 ℃左右为宜，杀灭致病菌效率高。

（6）pH：pH 为 5.5～8.5。微生物在整个发酵过程中能自身调节堆肥的 pH，好氧发酵的前几天由于产生有机酸，pH 4.5～5，随温度升高氨基酸分解产生氨，pH 上升至 8.0～8.5，一次发酵完毕。经二次发酵氧化氨产生硝酸盐，pH 下降至 7.5 为中性或偏碱性肥料。所以，好氧堆肥不需外加任何中和剂。

（7）时间：一次发酵的发酵周期为 7 d 左右。

4. 好氧堆肥的优点

好氧堆肥分解有机物速率快，产热量大，堆肥升温迅速并能保持高温时间长，可有效杀死致病微生物和虫卵。腐熟速率快，腐熟程度高，异臭物质如氨、硫化氢和硫醇在好氧条件下转化为无臭味的氧化物 NO_3^- 和 SO_4^{2-}，故堆肥成品无臭味，肥效好，达到城镇垃圾农用控制标准值，见表 11-4。发酵周期短，一次和二次发酵时间共 20 d 左右，堆肥基本稳定。

表 11-4　垃圾堆肥成品肥效测定结果（2003 年中试结果）

	有机质/%	总氮/%	总磷/%	总钾/%	腐殖酸总量/%	水分/%	pH
垃圾好氧堆肥①	31.00	1.82	2.30	1.63	18.30	32.40	8.14～8.78
城镇垃圾农用控制标准值	≥10	≥0.5	≥0.3	≥1.0	—	25～35	6.5～8.5

注：① 投加发酵菌剂。

5. 堆肥工艺

堆肥工艺有静态堆肥工艺、高温动态二次堆肥工艺、立仓式堆肥工艺和滚筒式堆肥工艺等。

（1）静态堆肥工艺：条状堆肥是静态堆肥工艺的一种，见图 11-2。其工艺简单，设备少，处理成本低，发酵周期为 50 d，操作条件差。用人工翻动，第 2 d，7 d，12 d 各翻动一次；在以后 35 d 的腐熟阶段每周翻动一次。翻动的同时可喷洒适量水以补充蒸发掉的水分。

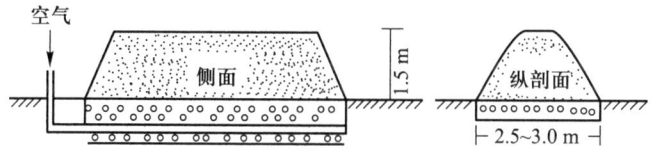

图 11-2　条状堆肥示意图

（2）高温动态二次堆肥工艺：高温动态二次堆肥（见图 11-3），分两个阶段，前 5～7 d 为动态发酵，机械搅拌，通入充足空气，好氧菌活性强，温度高，快速分解有机物。发酵 7 d 绝大部分致病菌死亡。7 d 后用皮带将发酵半成品输送到另一车间进行静态二次发酵，垃圾进一步降解稳定，20～25 d 完全腐熟。

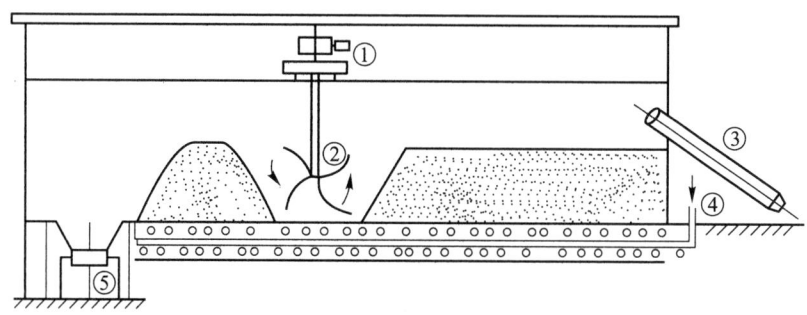

图 11-3　高温动态二次堆肥工艺简图
① 吊车；② 抛料翻堆机；③ 进料皮带运输机；④ 供气管；⑤ 出料皮带运输机

（3）立仓式堆肥工艺：立式发酵仓高 10～15 m，分隔 6 格，见图 11-4。经分选、破碎后的垃圾由皮带输送至仓顶一格，受自重力和栅板的控制，逐日下降至下一格。一周全下降至底部,出料运送到二次发酵车间继续发酵使之腐熟稳定。从顶部至以下5格均通入空气,从顶部补充适量水,温度高,发酵极迅速,24 h 温度上升到 50 ℃以上,70 ℃可维持3 d,之后温度逐渐下降。

该工艺占地少,升温快,垃圾分解彻底,运行费用低。缺点为水分分布不均匀。

(4) 滚筒式堆肥工艺:滚筒式堆肥工艺又称"达诺"生物稳定法,见图 11-5。滚筒直径 2~4 m,长度 15~30 m,滚筒转速 0.4~2.0 r/min。滚筒横卧稍倾斜。经分选、粉碎的垃圾送入滚筒,旋转滚筒,垃圾随着翻动并向滚筒尾部移动。在旋转过程中完成有机物生物降解、升温和杀菌等过程,5~7 d 后出料。

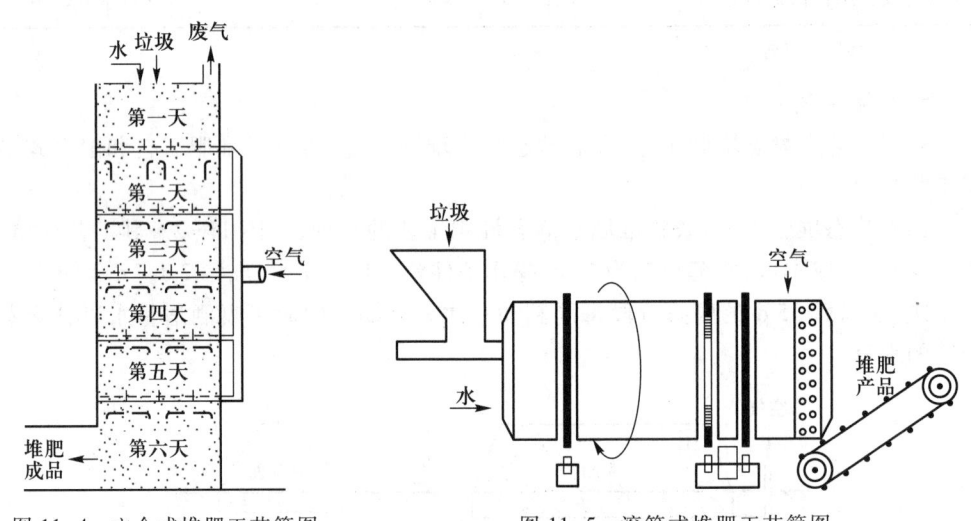

图 11-4 立仓式堆肥工艺简图　　　　图 11-5 滚筒式堆肥工艺简图

以上的处理方法处理量大,如果管理不善,其渗滤液可能污染土壤和地下水。

(三) 社区小型化有机垃圾微生物处理装置

小型化有机垃圾微生物处理装置是新型的生活垃圾处理方法。日本对此研究和应用较早,生产了供社区使用和家庭使用的生活垃圾处理装置和特效的微生物菌种。近 10 年来,我国也在开展此方面的研究,在上海除引进日本的处理装置外,还研制了日处理量 0.1 t,0.2 t,0.5 t,1 t 和 2 t 等规格的有机垃圾微生物处理机。筛选、培养出具有高效分解性能的微生物菌种,为全自动处理装置。

在社区使用小型有机垃圾微生物处理装置可及时使居民的生活垃圾在源头就被彻底分解,无害化,有利于环境保护,并制造有机肥料。这是一种有前途的装置,环境效益大,但投资成本高。

小型有机垃圾微生物处理装置是好氧装置,一般有两部分:前一部分由好氧微生物和兼性好氧微生物降解各种有机物,并部分无机化;第二部分是高温燃烧除臭装置。整个工艺历时 24 h 完成垃圾发酵和稳定化的过程。高性能的微生物处理装置是将两部分功能集合在一个装置中,利用多种具有分解功能的微生物和除臭微生物合理组合,自动调节,24 h 完成垃圾腐熟稳定化。对投入的垃圾在 12~24 h 内可减量 95%。有机垃圾微生物处理装置所用的菌种都是经人工筛选、培育的多种高效生理功能的微生物。有分解糖类、蛋白质、脂肪、骨骼、蟹壳和蛋壳等功能的混合微生物群体。有氨化微生物、氧化氨的亚硝化细菌和氧化亚硝酸的硝化细菌,有将 H_2S 氧化为 SO_4^{2-} 的氧化硫细菌。亚硝化细菌、硝化细菌和氧化硫细菌属除臭细菌,由嗜温菌和嗜热菌组合。菌种一次投入可使用 3~6 个月,半年清料一次,留少量腐熟物,再添加少量菌种继续发酵。半年后清料,重新投加新菌种。

(四) 厌氧堆肥

厌氧堆肥的原理和污(废)水厌氧消化原理基本相似。不同的是:污(废)水厌氧消化是液体发酵;厌氧堆肥是固体发酵,其发酵过程如下所示:

有机物质+厌氧菌+二氧化碳+水——→甲烷+氨+脂肪酸+乙醛+硫醇+硫化氢

有机固体废物经分选和粉碎以后,进入厌氧处理装置,在兼性厌氧微生物和厌氧微生物的水解酶作用下,将大分子有机物降解为小分子的有机酸、腐殖质和 CH_4、CO_2、NH_3、H_2S 等。就产甲烷过程而言,与污(废)水中的甲烷发酵一致,也分 3 个阶段。

厌氧分解后的产物中含许多嗜热细菌和对环境造成严重污染的物质,其中含有脂肪酸、氨、乙醛、硫醇(酒味)、硫化氢等有害物质。因此,还需要有除臭装置和除臭细菌将有害物质去除。

参与厌氧堆肥的微生物有兼性厌氧的水解产酸菌、厌氧的产甲烷菌,厌氧脱氨菌和脱硫菌等。由于有机物分解不彻底,其产热量比好氧发酵的低。因此,堆肥的温度最高在 50~60 ℃。

二、垃圾和脱水污泥的卫生填埋及其渗滤液处置

卫生填埋法是在堆肥法的基础上发展而来的,其处理原理与厌氧堆肥原理相同,在其中起发酵作用的微生物以兼性厌氧微生物和厌氧微生物为主,其表层有好氧微生物。

按规范要求,填埋场选址通常在市郊,底部要铺水泥层,以防止渗滤液渗漏到地下水。有机固体废物一层一层地倒入填埋场,压实,按一定路径铺设排气管以收集甲烷气体。卫生填埋的处理量大,废物的成分复杂,有机物及无机物均有,其填埋的废物分解速率较慢,一般经 5 年发酵产气,被填埋的有机固体废物要经 5~10 年才能完全腐殖化和稳定化。当有地面水流入和雨水冲刷时,会将经微生物厌氧发酵产生的可溶性有机物溶出,形成大量的渗滤液,故底部应铺设渗滤液收集管,将其排出另行处理。

渗滤液的化学组分复杂,含有大量有机酸,其 COD_{Cr} 和氨氮含量高,还含有重金属,处理难度大。如果采用厌氧/缺氧/好氧生物处理,再用化学混凝剂混凝、沉淀等综合方法处理垃圾渗滤液,可获得净化程度较高的出水水质。

第二节 废气的生物处理

大气中的废气来源很多,有各类化工厂、化纤厂、发电厂和垃圾焚烧厂等的废气,汽车尾气;污水处理厂和垃圾处理厂产生的臭气;在塑料、橡胶加工、油漆生产、汽车喷漆和涂料生产等诸多工业领域中,产品的生产和加工过程中会产生大量含有挥发性有

机化合物(volatile organic compounds, VOCs)的废气。这些废气如不经处理排入大气,会影响大气质量,影响动物和植物生长和人类的健康。某些有毒 VOCs 废气有致残、致畸、致癌作用,对长期暴露其中的人体造成严重伤害。为此,各国颁布了相应的法令,限制该类气体的排放。我国于 1996 年颁布并实施的《大气污染综合排放标准》,限定 33 种污染物的排放限值,其中包括苯、甲苯、二甲苯等挥发性有机物,还有恶臭、强刺激、强腐蚀及易燃、易爆的组分。上述物质均导致空气污染。

一、废气的处理方法

废气的处理方法有物理和化学方法(如吸附、吸收、氧化及等离子体转化法),还有生物净化法。如同污(废)水处理一样,生物净化法是经济有效的方法之一。生物净化法有植物净化法和微生物净化法。绿化就是利用植物吸收和转化大气中的污染物,包括日益增多的 CO_2。植物吸收 CO_2 和 H_2O 进行光合作用,放出大量 O_2,清洁空气。

微生物净化法可就地及时处理各种恶臭污染源的废气,早年有关人员对氨气、H_2S 等臭气,包括甲硫醇(MM)、二甲基硫醚(DMS)、二甲基二硫醚(DMDS)、二甲基亚砜(DMSO)、二硫化碳(CS_2)和二氧化硫(SO_2)等研究较多。现在挥发性有机物(VOCs)也成为研究的热点。由于上述物质呈气态,必须先将这些物质溶于水后才能用微生物法处理。废气的组分较单一,不能满足微生物全部的营养要求,故需添加营养。

微生物净化气态污染物的装置有生物吸收池(图 11-6)、生物洗涤池、生物滴滤池(图 11-7)和生物过滤池。生物过滤池应用较多,技术较成熟。德国和荷兰建有几百座生物过滤池,多数处理食品和屠宰业的废气,处理效果很好。

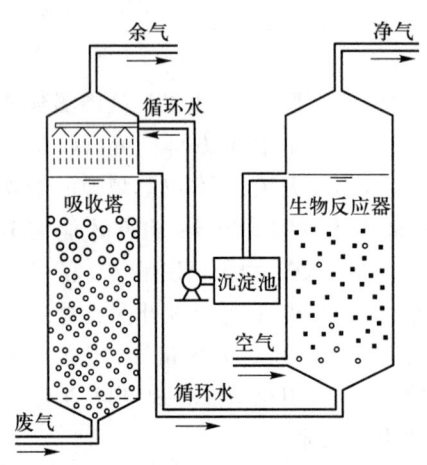
图 11-6 生物吸收法工艺流程示意图

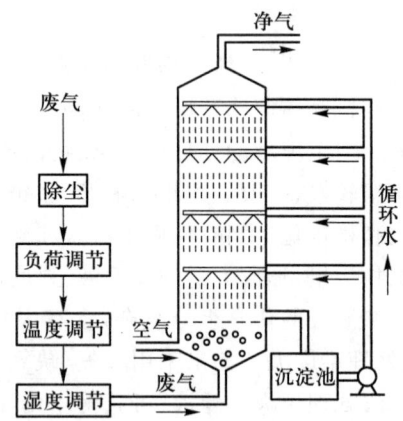
图 11-7 生物滴滤池法工艺流程示意图

废气生物处理主要适用于去除异味气体和含 VOCs 浓度较低的废气,其中总有机碳(TOC)<1 000 mg/m³;气体流量≤50 000 m³/h,气流均匀且连续;废气的温度一般≤40 ℃,生物滤池工艺同时要求进气湿度>95%;废气组分易溶于水,易生物降解。生物过滤池工艺对异味气体和易溶性有机气体去除效率较高,而生物洗涤池能够用于生物降解性较差的 VOCs 废气处理。

二、几种典型废气的微生物处理方法

(一) 含硫恶臭污染物的净化

1. 氧化硫的细菌代谢途径

含硫恶臭污染物有 H_2S、甲硫醇(MM)、二甲基硫醚(DMS)、二甲基二硫醚(DMDS)和二甲基亚砜(DMSO)。其中二甲基亚砜(DMSO)、二甲基二硫醚(DMDS)和二甲基硫醚(DMS)的微生物代谢途径,见图 11-8、图 11-9 和图 11-10。

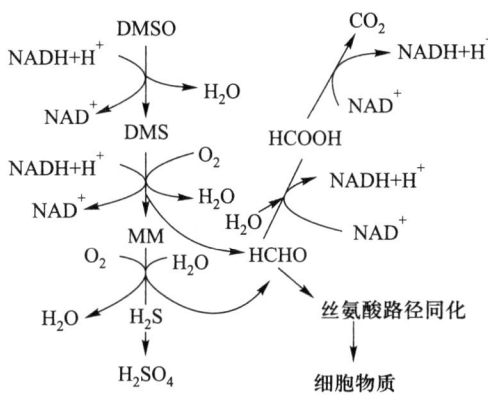

图 11-8 生丝微菌属(*Hyphomicrobium*)S 对 DMSO 的代谢途径

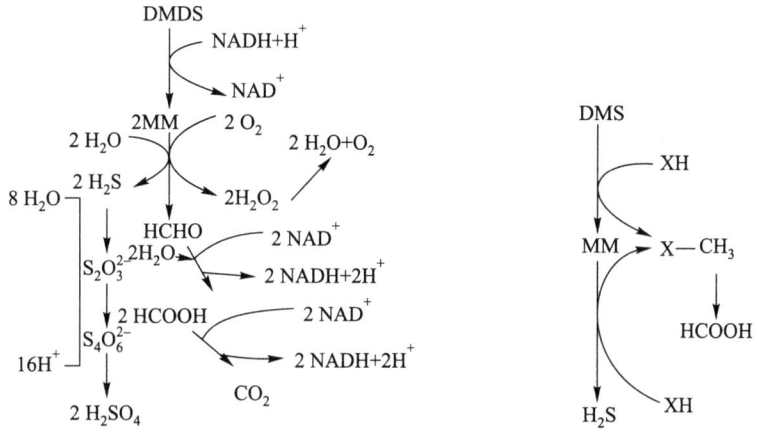

图 11-9 排硫硫杆菌(*Thiobacillus thioparus*) E6 对 DMDS 的代谢

图 11-10 硫杆菌属(*Thiobacillus*) ASN-1 对 DMS 的代谢

(1) 生丝微菌属:生丝微菌属对 DMSO 代谢的结果是产生 H_2SO_4 和 CO_2,而其中间代谢产物 HCHO 经丝氨酸途径同化,合成细胞物质。

自养性的硫杆菌属(*Thiobacillus*)和甲基型的生丝微菌属(*Hyphomicrobium*)与一般硫化细菌的代谢一致。

(2) 黄胞菌属:黄单胞菌属(*Xanthomonas*)DY44 对硫的代谢性能独特,它氧化 H_2S 和甲硫醇(MM)不形成 S^0 或 SO_4^{2-},而是形成类似于元素硫的聚合物。

(3) 食酸假单胞菌:食酸假单胞菌(*Pseudomonas acidovorans*)只氧化 DMS 为 DMSO,就不再继续氧化。

(4) 硫杆菌属:硫杆菌属(*Thiobacillus*)既能氧化上述恶臭硫化物,也能氧化 S^0、$S_2O_3^{2-}$ 和 $S_4O_6^{2-}$;硫杆菌属(*Thiobacillus*) ASN-1 菌株则氧化 DMS,利用 NO_2^- 和 NO_3^- 作最终电子受体,依靠钴胺酰胺(X)(甲基携带剂)引发的甲基转移反应而被氧化为 HCOOH 和 H_2S。

(5) 排硫硫杆菌:排硫硫杆菌(*Thiobacillus thioparus*) E6 菌株氧化 DMDS 为 H_2SO_4 和 CO_2;排硫硫杆菌(*Thiobacillus thioparus*) TK-m 菌株则氧化 CS_2,经 COS 和 H_2S,进而氧化为 H_2SO_4 和 CO_2。

(6) 氧化硫硫杆菌:氧化硫硫杆菌(*Thiobacillus thiooxidans*)氧化 H_2S、S^0、$S_2O_3^{2-}$ 和 $S_4O_6^{2-}$ 为 H_2SO_4。

几种恶臭硫化物生物氧化活性的顺序是:H_2S>MM>DMDS>DMS。

生物处理恶臭硫化物的细菌列于表 11-5 中。

表 11-5 生物处理恶臭硫化物的细菌及其生理特性

微生物名称	营养类型	代谢硫化物活性					最适 pH	最适温度/℃
		H_2S	MM	DMS	DMDS	CS_2		
生丝微菌属								
Hyphomicrobium sp.S	甲基营养	+	+	+	−	−	7	25~30
Hyphomicrobium sp.EG	甲基营养	+	+	+	−	−	7	25~30
Hyphomicrobium sp.155	甲基营养	+	+	+	−	−	7	25~30
排硫硫杆菌								
Thiobacillus thioparus DW44	化能自养	+	+	+	+	−	6.6~7.2	28
Thiobacillus sp.HA43	化能自养	+	+	+	+	−	4~5	30
Thiobacillus thioparus TK-m	化能自养	+	+	+	−	+	6.6~7.2	30
Thiobacillus thioparus E6	化能自养	+	+	+	+	+	6.6~7.2	30
Thiobacillus thioparus T5	化能自养	+	+	−	+	−	6.6~7.2	30
Thiobacillus sp.ASN-1	化能自养	+	+	+	−	−	6.6~7.2	30
黄单胞菌属								
Xanthomonas sp.DY44	化能异养	+	+	−	−	−		25~27
食酸假单胞菌								
Pseudomonas acidovoran DMR-11	化能异养	−	−	+	−	−		30

2. 运行操作条件

运行操作条件为 pH 为 6.5~7.5,温度为 25~35 ℃,平均温度为 30 ℃。相对湿度 95% 以上,空气流速<500 m³/h。

(二) 废气中 CO_2、CH_4 和 NH_3 净化

CO_2 大量排入大气,对人体虽没有直接毒害作用,但会引起"温室效应",使整个地球的气候异常,温度普遍升高。气温变化无常,对农业威胁最大,灾害增多。据报道,

大量 CH_4 和 NH_3 排放入大气也会引起"温室效应"。因此，解决废气中的 CO_2，CH_4 和 NH_3 非常必要。

单纯含 NH_3 或单纯含 CO_2 的废气可合在一起处理，调节两者的比例，然后用硝化细菌处理。首先将 NH_3 溶于水成 NH_4^+，通入生物滴滤池；同时按亚硝化细菌和硝化细菌要求的碳氮比通入 CO_2 和无机营养盐，再通入空气，即可运行处理。亚硝化细菌和硝化细菌将 NH_4^+ 氧化成 NO_2^- 和 NO_3^-，同化 CO_2 合成细胞物质。CH_4 可和 NH_3 溶于水，用氧化甲烷菌、亚硝化细菌和硝化细菌协同处理。

净化 CO_2 除需大力加强绿化、保护森林外，还可筛选对人类无害的、有经济价值的藻类同化 CO_2。日本利用能合成谷氨酸的海藻在光照下进行光合作用，吸收海水中的无机元素，对水光解产生 H_2，用以还原 CO_2 合成谷氨酸。其培养液经过滤除藻体，滤液中含谷氨酸钠，经蒸发获得谷氨酸钠结晶，即得调味品——味精。藻类种类很多，可开发其他藻类资源，合成更多有经济价值的产品。

藻类处理 CO_2 最主要的因素是阳光。必须保证一定的光强度和光照均匀度。日本有人利用光纤作提高光强度和均匀度的材料，在每条光纤的表面挖几千个凹槽，使光从侧面发出，顶部设一面反光镜，将底部发出的光反射回底部，这样整个设备光照很均匀。

（三）废气中挥发性有机污染物的生物处理

废气中挥发性有机污染物包括苯及其衍生物、酚及其衍生物、醇类、醛类、酮类和脂肪酸等。挥发性有机污染物中有许多是"三致"物，净化此类污染物，已成为目前研究的热点。

挥发性有机污染物的处理设备中，使用较多的是生物滴滤池。以下对其进行简单介绍。

（1）工艺流程：如图 11-7 所示。废气先经除尘、负荷调节、温度调节和湿度调节后，再进生物滴滤池处理。

（2）微生物菌种：据报道，降解挥发性有机污染物的微生物有细菌、放线菌和真菌。处理苯系有机污染物的细菌是黄杆菌属（*Flavobacterium*）、假单胞菌属（*Pseudomonas*）和芽孢杆菌属（*Bacillus*）。

（3）微生物对各种挥发性气体的降解能力：在处理各种化工废气时，要根据各种废气组成和特性，选择合适的处理工艺和设备，才能取得相应的良好效果。表 11-6 可作参考。

表 11-6 微生物对不同废气成分的降解能力

工艺	生物滤床			生物洗涤反应器
	处理效率>80%	处理效率 50%~80%	处理效率<50%	处理效率>50%
废气成分	甲苯、混合二甲苯、甲醇、丁醇、丁酸、三甲基胺、糠醛、氨气	丙酮、苯乙烯、吡啶、乙酸乙酯、苯酚、氯化苯酚、二甲基硫醚、硫氰化物、硫酚、甲硫醇、H_2S	甲烷、戊烷、环己烷、乙醚、二氯甲烷、三氯甲烷、四氯甲烷、硝基化合物、二氧杂环乙烷	甲醇、乙醇、异丙醇、乙二醇、苯酚、乙二醇醚、乙酸甲酯、丙酮、甲醛、有毒和难降解的有机物

（4）运行条件：温度为 25~35 ℃，pH 为 7~8，湿度为 40%~60%，有的控制在 95% 以上。营养物的 C∶N∶P=200∶10∶1，有的按 C∶N∶P=100∶5∶1 供给营养，气体流速 500 m³/h 以下。据报道，当处理负荷为 70 m³（苯乙烯废气）/[m³（填料）·h]，停留时间为 30 s 时，苯乙烯的去除效果为 96%。

思考题

1. 何谓堆肥法、堆肥化和堆肥？
2. 叙述好氧堆肥的机理。参与堆肥发酵的微生物有哪些？
3. 好氧堆肥的运行条件有哪些？
4. 好氧堆肥法有几种工艺？简述各个工艺过程。
5. 厌氧堆肥和卫生填埋的机理是什么？
6. 为什么废气要处理？其处理工艺有哪些？
7. 恶臭污染物有哪些？分别由哪些微生物进行处理？叙述其代谢途径。
8. 有一个工厂的废气含甲苯，另一个工厂的废气含 CO_2 和 NH_3，你如何处理这两个厂的废气？试设计一个工艺流程。

第十二章 微生物学新技术在环境工程中的应用

微生物学新技术包括遗传诱变育种、基因工程、酶工程、微生物制剂和生物表面活性剂等技术。本章简单介绍适宜在环境工程领域应用的几种技术。遗传诱变育种和基因工程菌在环境工程中的应用在第一篇第六章中已述及,此处不再重复。

第一节 固定化酶和固定化微生物在环境工程中的应用

酶在微生物体内的一切生物化学反应中起着极其重要的催化作用,将它提取出来在体外也能发挥其作用。故能将酶制成酶制剂,在食品加工、印染棉布退浆、生丝脱胶、制革、制茶、化妆品、发酵工业、医疗、洗涤剂、污(废)水生物处理和废气生物净化等方面均可应用。根据各行业的需要可使用不同剂型的酶制剂。

一、酶制剂剂型

(一) 干燥粗酶制剂

将用麸曲或深层发酵的培养液除菌(或不除菌)后,与淀粉等惰性填料混合、干燥制成粗酶。

(二) 稀液体酶制剂

将培养液过滤除去菌体等杂质后,直接加稳定剂(甘油、乙醇和氯化钠等的复合物)和防腐剂作为商品出售。国内许多白酒厂用此种液态糖化酶制剂糖化淀粉。

(三) 浓液体酶制剂

将培养液过滤除去菌体等杂质,浓缩后再加稳定剂和防腐剂制成商品。

(四) 干燥粉状酶制剂

我国生产的酶制剂多属于此种类型。其制备工艺为:

① 培养液去菌体→浓缩→喷雾干燥→研磨→加稳定剂、惰性填料→制成商品;

② 培养液去菌体→硫酸铵盐析或乙醇沉淀→干燥研磨→加稳定剂、惰性填料→制成商品。

(五) 结晶酶

结晶酶是经过高度纯化而结晶的固体酶制剂。在酶溶液中缓慢加入硫酸铵或氯化钠而使溶液呈轻微浑浊,即接近过饱和状态时,静置于低温($0 \sim 4 ℃$)下就可析出结晶酶,不同种类酶的结晶时间不同,快的只需几小时,慢的需几周。酶结晶的条件:酶蛋白浓度为 $3 \sim 50$ mg/mL,酶的纯度大于 50%。不同的酶的 pH 稳定范围不同。

（六）固定化酶

将酶和酶菌体固定在载体上，制成不溶于水的固态酶，可较长时间使用。

二、酶的提取

（一）预处理

在提取酶之前要进行预处理。不同的酶有不同的预处理方法。

1. 胞外酶的预处理和制备

胞外酶存在于培养液中，只需将菌体过滤或离心去除，所得的清液即为粗酶液。如果是固态发酵麸曲，用水或缓冲液浸泡，再离心或过滤去除菌体及杂物后所得清液即为粗酶液。粗酶液再经提纯即得酶精制品。

2. 胞内酶的预处理

胞内酶需要破碎细胞壁和质膜，然后制成无细胞提取液，再提纯。

破碎细胞的方法有干燥法（空气干燥、真空冷冻干燥、溶剂脱水干燥）、机械法（研磨法、机械捣碎）、超声波破碎、反复冷冻法、自溶法和溶菌酶法。

（二）酶的提取

酶是比较脆弱的物质，处理不当容易变性，提取前要对目的酶的等电点、pH、温度的稳定性和氧化还原剂对酶的影响有所了解。

1. 水溶液提取法

用稀的盐溶液、缓冲液或水提取。稀盐、缓冲溶液和水溶液对蛋白质稳定性好、溶解度大，是提取酶常用的溶剂，提取液的用量是培养液体积的 1~5 倍。在提取时要搅拌均匀，以利于蛋白质的溶解。同时，根据不同酶的性质控制好提取温度。多数蛋白质的溶解度随着温度的升高而增大。因此，可适当提高温度，但时间不宜过长，需尽量缩短提取时间。因温度过高会导致酶蛋白质变性失活，基于这一点，一般在 5 ℃ 以下操作。为了避免提取过程中酶被蛋白质水解酶降解，可加入二异丙基氟磷酸和碘乙酸等抑制蛋白质水解酶活性。而且要特别注意提取液的 pH 和盐的浓度。

（1）pH：酶是两性电解质，提取液的 pH 应选择在偏离等电点两侧的范围内。用稀酸或稀碱提取时，应防止过酸或过碱而引起酶蛋白可解离基团发生变化，从而导致酶蛋白构象的不可逆变化。一般碱性酶用偏酸性的提取液提取，而酸性酶用偏碱性的提取液提取。

（2）盐浓度：稀浓度盐溶液可促进酶蛋白的溶解度，称为盐溶作用。同时稀盐溶液因盐离子与蛋白质部分结合，具有保护酶蛋白不易变性的优点。因此，在提取液中加入少量 NaCl（0.15 mol/L）或其他中性盐。缓冲液常采用 0.02~0.05 mol/L 磷酸盐和碳酸盐等渗盐溶液。

2. 表面活性剂提取法

表面活性剂有天然的胆酸盐、磷脂；人工合成的有离子型的十二烷基硫（磺）酸钠（SDS、阴离子型）、二乙氨基十六烷基溴（阳离子型），非离子型的吐温（Tween）及三通-X（Triton-X）。

3. 有机溶剂（丁醇）提取法

对那些不溶于水、稀盐溶液、稀酸或稀碱，与脂质结合比较牢固或分子中非极性侧链较多的酶,可用乙醇、丙酮和丁醇等有机溶剂提取,因为它们具有一定的亲水性和较强的亲脂性,是理想的脂蛋白的提取液,以丁醇为最佳。因为丁醇亲脂性强,特别是溶解磷脂的能力强;丁醇兼具亲水性;另外,pH 及温度选择范围较广,在溶解度范围内不会引起酶变性失活。丁醇在 0 ℃时其溶解度为 10%,40 ℃时其溶解度为 6.6%,所以必须在低温下操作。

丁醇提取法也适用于动物、植物及微生物材料的提取。

工业化生产酶的提取步骤很多,下面以胞外酶之一的蛋白酶提取过程为例进行说明,其操作步骤如图 12-1 所示。

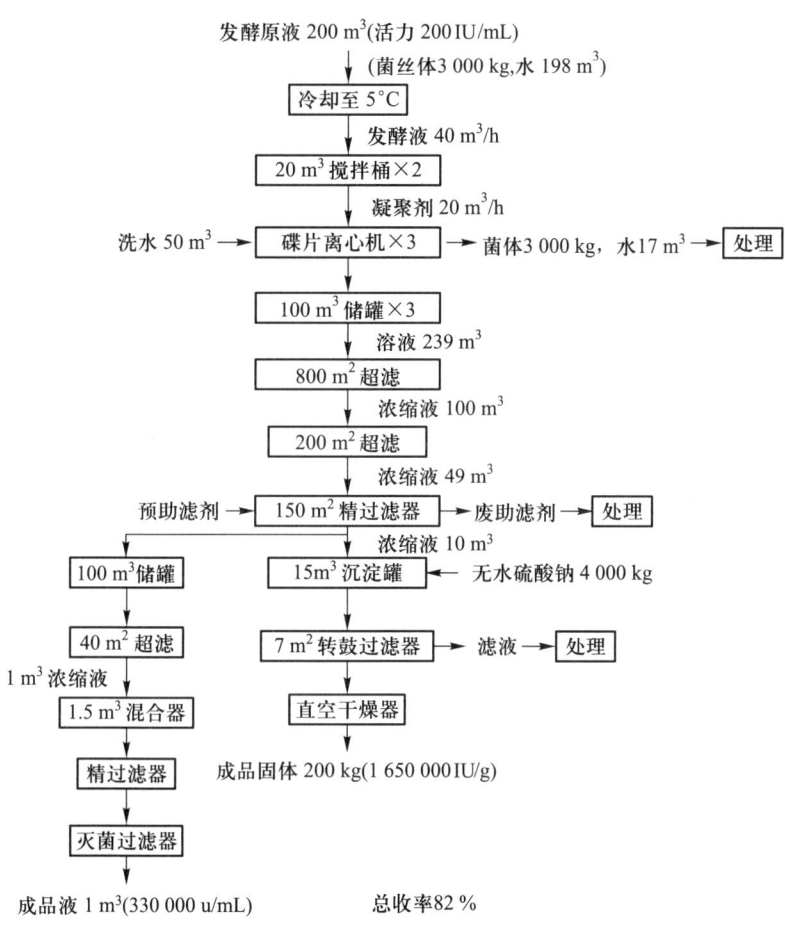

图 12-1　蛋白酶(胞外酶)工业提取流程图

由图 12-1 看出,200 m³ 酶活力为 200 IU/mL 的发酵原液,经过一系列提取步骤后制成了 200 kg 酶活力为 165 000 IU/g 的成品固体酶,或制成 1 m³ 酶活力为 330 000 IU/mL 的成品酶液,其总收率为 82%。

三、酶的纯化步骤

提取的酶要先浓缩、去杂质后,再纯化。

（一）浓缩

浓缩的方法有葡聚糖凝胶-分子筛浓缩法、聚乙二醇（PEG）浓缩法、超滤膜浓缩法、冰冻法、盐析或乙醇沉淀后分离法。

（二）去杂质

去杂质的方法有 pH 沉淀法、利用蛋白质热变性的温度差异法和蛋白沉淀剂法。

（三）纯化

1. 盐析法

盐析法是用中性的 $(NH_4)_2SO_4$，$MgSO_4$，$NaCl$，Na_2HPO_4 来纯化酶，绝大多数情况采用 $(NH_4)_2SO_4$。

2. 有机溶剂沉淀法

在酶溶液中缓慢加入相当于酶溶液浓度 2 倍的有机溶剂（乙醇或丙酮），以降低酶溶液的电解常数，增加酶蛋白分子电荷间的引力，导致酶蛋白的溶解度下降而沉淀。

3. 层析法

层析法有吸附层析法、离子交换层析法、分子筛过滤层析（凝胶过滤层析）法及等电点沉淀法。

（四）结晶

当酶达到一定的纯度后，在适当的温度、pH 条件下，逐渐加入 $(NH_4)_2SO_4$ 溶液中，酶可慢慢析出结晶，也可加入某些有机溶剂析出结晶。

此外，还有电泳、超速离心和超滤法等。

四、固定化酶和固定化微生物的固定化方法

（一）固定化酶和固定化微生物

1. 固定化酶

从筛选、培育获得的优良菌种体中提取活性极高的酶，再用包埋法（或交联法、载体结合法、逆胶束酶反应系统）等方法将酶固定在载体上，制成不溶于水的固态酶，即固定化酶。

固定化酶的研究始于 1910 年，正式研究于 20 世纪 60 年代，70 年代全世界普遍开展。至目前已取得很多成果，但多限于简单的胞外酶——水解酶类、少数胞内酶。固定化水解酶类对大分子降解能力强，对小分子无分解能力。胞内的氧化还原酶类利用很少，在发现的 2 100 种酶中，有 1/5 的脱氢酶需要酰胺类（NAD^+ 和 $NADP^+$）辅酶同时存在才能充分发挥酶的作用。而 NAD^+ 和 $NADP^+$ 辅酶的再生和固定化方法尚未解决。所以，多酶体系的固定化尚有待于研究开发。

2. 固定化微生物

用与固定化酶相同的固定方法将酶活力强的微生物体固定在载体上，即成固定化微生物。

微生物体本身是多酶体系的固定化载体，将整个细胞固定化更有利于保持其原有活性，甚至可提高活性。有死细胞固定化和生长细胞固定化两种。

3. 固定化酶和固定化微生物的特性

固定化酶和固定化微生物普遍比未固定化的微生物性能好，具有稳定、降解有机

物性能强、耐毒、抗杂菌、耐冲击负荷等优点。制成酶布和酶柱后用于连续流运行,酶不会流失。

(二) 固定化酶和固定化微生物的固定方法

固定化方法较多,在此介绍载体结合法、交联法、包埋法和逆胶束酶反应系统。

1. 载体结合法

载体结合法是以共价结合、离子结合和物理吸附等方法将酶固定在非水溶性载体上的方法。载体有葡聚糖、活性炭、胶原、琼脂糖、多孔玻璃珠、高岭土、硅胶、氧化铝和羧甲基纤维素等。

2. 交联法

交联法是指酶与两个或两个以上官能团的试剂反应,形成共价键的固定方法。

交联剂有戊二醛、双重氮联苯胺和六甲撑二异氰酸酯。

3. 包埋法

包埋法是将酶包埋在凝胶微小格子(格子型)中,或将酶包裹在半透性的聚合物膜(微胶囊型)内的固定方法。格子型的包埋材料有聚丙烯酰胺(PAM)凝胶、聚乙烯醇(PVA)、琼脂、硅胶和角叉菜胶(红藻提取物——凝胶)等。微胶囊型的包埋材料有尼龙、乙基纤维素和硝酸纤维素。

4. 逆胶束酶反应系统

表面活性剂的两性分子在有机溶剂中自发形成聚集体,其亲水性一端连接成逆胶束的极性核,水分子插入核中,其疏水性的一端进入主体有机溶剂中,酶分子溶于逆胶束中,组成逆胶束酶系统。

以上4种固定化方法,见图12-2。除上述4种单独的固定化方法外,还可将两种方法结合使用,能防止酶泄漏。

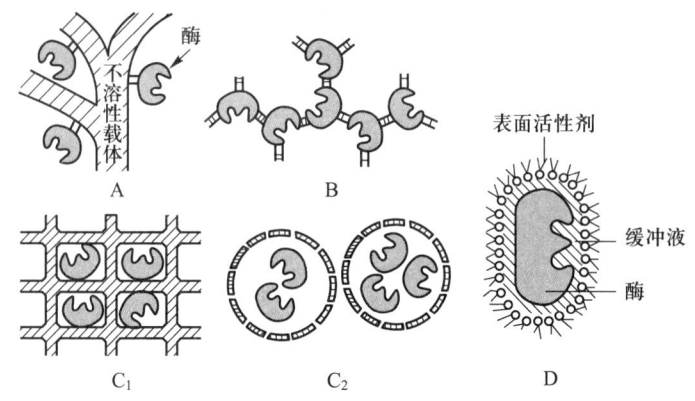

图 12-2 酶固定化的模式图

A—载体结合法;B—交联法;C_1—包埋法(格子型);C_2—包埋法(微胶囊型);D—逆胶束酶反应系统

对微生物细胞的固定化最适合用凝胶包埋法。

关于固定化酶的酶型,起初制成颗粒状的固定化微生物细胞。在连续流工艺中固定化微生物细胞会流失,后来制成酶布和酶柱,解决了酶流失问题。

酶和微生物的载体有多糖、纤维蛋白、水凝胶、空心纤维和多孔酚醛树脂。无机载体有多孔玻璃、氧化铝、羟基磷灰石、硅氧化铝、多孔陶瓷、不锈钢和沙等。

五、固定化酶和固定化微生物在环境工程中的应用及前景

(一) 固定化酶和固定化微生物在废水生物处理中的研究现状

鉴于固定化酶技术只限于水解酶类和少数胞内酶的研制和应用,多酶体系的固定化技术尚未解决;又由于废水的组分很复杂,而且经常变化,因此,要用多种单一的固定化酶,包括胞外酶和胞内酶组合处理,才能完成某一物质的多步骤反应,使有机物完全无机化和稳定化。固定化酶可以制成酶膜、酶布、酶管(柱)、酶粒和酶片等。处理动态废水用酶管为好。废水中若含有多种毒物,可按分解毒物成分的次序,沿着废水流动方向,依次按顺序将与各种毒物相对应的酶固定在塑料管内壁的不同位置上,制成塑料酶管,如图 12-3 所示。

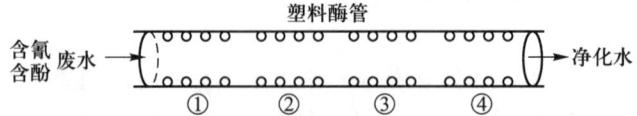

图 12-3 4 种固定化酶在酶管中排列顺序的示意图
① 氰水解酶;② 甲酰胺酶;③ 甲酸脱氢酶;④ 酚氧化酶

废水中的氰化物在氰水解酶、甲酰胺酶、甲酸脱氢酶的催化作用下,分解为 CO_2、H_2 和 NH_3。其中的酚被酚氧化酶催化氧化为 CO_2 和 H_2O,结果氰和酚这两种毒物能同时被清除,废水得到净化。

又如,德国将 9 种降解对硫磷农药的酶共价结合固定在多孔玻璃珠、硅胶珠上,制成酶柱处理对硫磷废水,获得 95% 以上的去除效果。连续工作 70 d,酶的活性没有变化。这说明多种酶的作用大于单一酶的作用。日本用固定化 α-淀粉酶处理淀粉废水和造纸白水。美国用酚氧化酶处理含酚废水,固定化酶活性达到游离细胞的 90%。从这个意义上讲,用游离细胞处理废水的效果比用单一固定化酶要好。

就目前的水平,如果用固定化酶处理废水成本昂贵,有的固定化酶的活性半衰期 20 d,它的使用寿命为 1~2 年,而且它的机械强度较一般的硬质载体差,在酶布或酶柱上容易长杂菌,有杂菌污染等问题,这些都是亟待解决的问题。

一个微生物体本身就是多酶体系的载体。在废水生物处理中,单一微生物并不能将某一种废水净化彻底,需要多种微生物混合生长组成微生态系统,依靠食物链净化废水。同理,制备多种混生的固定化微生物,并将其固定化,就等于固定了多种酶系。对提高污(废水)处理效果是有益的。

由于以上原因,从 20 世纪 80 年代起,我国就开始在废水生物处理方面进行固定化微生物处理废水的研究,从好氧活性污泥和厌氧活性污泥中分离、筛选对某一种废水成分分解能力强的微生物,将其制成固定化微生物用于废水处理试验,如含氰废水、含酚废水、印染废水的脱色、洗涤剂(含直链烷基苯硫酸钠,LAS)废水、淀粉废水及造纸废水等的固定化酶处理的小型试验研究。

如果想用上述方法制备的固定化酶或固定化微生物用于处理城市生活污水和工业废水,因其水量均较大,具有一定难度,但应用于小水量的特种工业废水处理则有可

能实现。

为了在污(废)水生物处理运行中应用固定化微生物,并达到经济有效,有关人员在固定化方法和固定载体的材料方面进行了许多探讨和实践,研发了一些切实有用的固定载体(填料)。至今,活性污泥法和生物膜法都有用固定化微生物,其固定化材料(图 12-4),有悬浮载体(填料)(图 12-4A,B,C,D)和固定载体(图 12-4E,F)。

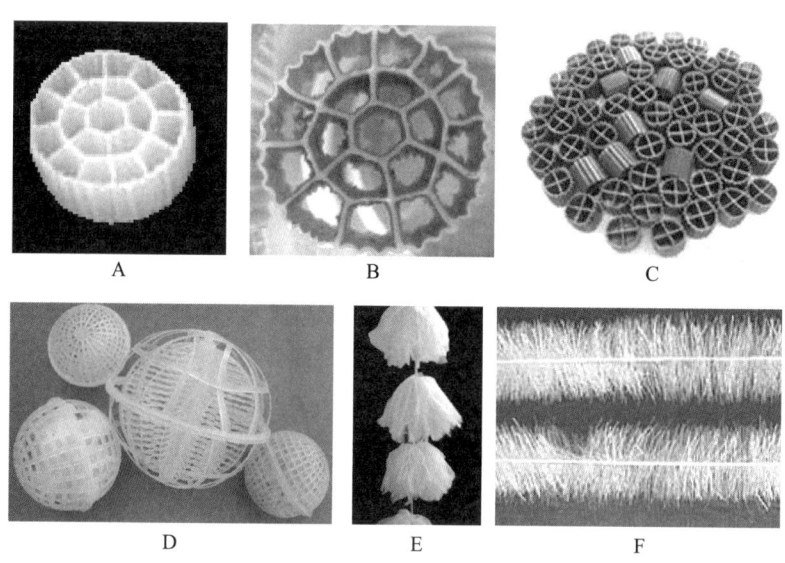

图 12-4　微生物载体(填料)类型
注:A—未挂膜;B—已挂膜状态;C,D,E,F—载体的 4 种类型

污、废水生物处理中的生物膜,实质是在各种材质的载体上被固定化了的混生的活性微生物群体,是在运行初期培养驯化微生物的过程中,通过载体的吸附等作用逐渐形成的一层有一定厚度的生物膜。这种固定化不是被包埋在载体内部,而是固定在载体的表面,类似于图 12-2A 所示的载体结合法。因固定在载体表面,其直接与废水接触,相对上述的固定化酶和固定化微生物,在耐毒和耐冲击负荷方面可能要差些。但相对于活性污泥,其抗性则要强许多。

最早用作生物膜载体的材料有鹅卵石、煤渣、陶粒、活性炭(颗粒状、粉状、碳纤维)、纸质蜂窝和塑料波纹板。后来改进用塑料空心球、软性的和各种构型的半软性塑料载体等。生物膜载体的材质是固定化牢固程度的关键。生产中用的主要是塑料制品,均带负电,对微生物的附着性差,不容易挂上膜,挂膜时间较长。故要用带正电或中性的材料作载体为好。近些年研发了 BF(BIOFORM)纳米载体填料(聚氨酯材料与纳米粒子的复合),其性能及状态参考表 12-1 和图 12-5,其挂膜效果尚有待考察。

表 12-1　BF 纳米载体填料指标参数

指标	比表面积	孔隙度	润湿性	吸水性	电荷
参数	$10\,000 \sim 30\,000 \text{ m}^2/\text{m}^3$	75%~90%	时间短	200%最大	正或负

固定化方法有自然挂膜、优势菌种挂膜、生物工程菌挂膜和遗传工程菌挂膜。在大量生产中，目前仍然主要采用自然挂膜和优势菌种挂膜。

生物膜法是废水生物处理和废气生物处理的重要方法之一。与活性污泥法相比，在耐毒和耐冲击负荷方面优于活性污泥法，没有活性污泥丝状膨胀问题；与经纯化而制成的固定化酶和固定化微生物相比，其培养、固定化（挂膜）的方法简单，成本低，实用性强。

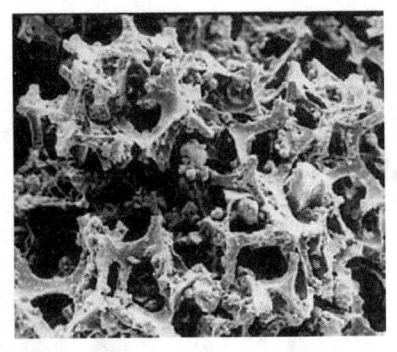

图 12-5　BF 纳米载体填料+优势菌+酶

（二）固定化微生物在废气生物处理中的应用前景

因废气的组分比废水的简单，而且将废气由气相转化为液相所产生的废水量不大，与量大的废水比，其处理难度相对较小。如恶臭含硫污染物和挥发性有机污染物均有固定化酶和固定化微生物处理的可行性试验，可望在生产中应用。

第二节　微生物细胞外多聚物的开发与应用

微生物的胞外多聚物（extracellular polymers, ECP）是微生物在一定的环境条件下，在其代谢过程中分泌的、包围在微生物细胞壁外的多聚化合物，包括荚膜、黏液层及其他表面物质。经分析得知，这些多聚物的成分为脂、脂肽、多糖脂和中性类脂衍生物等。

微生物细胞外多聚物可应用于多种工业，如用于石油开采工业、农业、环境保护和环境工程等方面。其主要用作表面活性剂、絮凝剂或助凝剂和沉淀剂。微生物细胞外多聚物在废水生物处理方面的应用已有报道，并有望用于石油炼厂废水和油脂废水的生物处理。微生物的胞外多聚物还可应用于破乳、润湿、发泡和抗静电等。

一、生物表面活性剂和生物乳化剂的开发与应用

生物表面活性剂（biosurfactant）和生物乳化剂（bioemulsifier）是 20 世纪 70 年代后期发展起来的，它们是具有亲水基和疏水基结构于一体的两亲化合物，但两者有区别。

生物表面活性剂与一般的表面活性剂结构类似，具有表面活性，它的相对分子质量小，分子中具有脂肪烃链构成的非极性疏水基和有极性的亲水基，如磷酸根或多羟基基团。它可改变两相界面的物理性质，如降低空气-水、油-水或固体-水的表（界）面张力，故称为生物表面活性剂。研究和应用较多的是石油开采工业，因为生物表面活性剂有益于改善稠油油品，使之易于开采。

生物乳化剂不能显著降低两相表（界）面张力，但对油-水界面有很强的亲和力，能够吸附在分散的油滴表面，防止油滴凝聚，从而使乳状液得以稳定。

生物表面活性剂和生物乳化剂一般都能被生物降解，可将其分为 6 类，见表 12-2。

表 12-2　生物表面活性剂和生物乳化剂的分类

分类	产物类型	生产菌
1. 糖脂	海藻糖脂	节杆菌属(*Arthrobacter*),分枝菌属(*Mycobacteria*),诺卡氏菌属(*Nocardia*)
	鼠李糖	棒杆菌属(*Corynebacteria*),红球菌属(*Rhodococcus*)
	槐糖脂	假单胞菌属(*Pseudomonas*)
2. 中性脂/脂肪酸	甘油酸,脂肪酸,脂肪醇,蜡	球拟酵母属(*Torulopsis*) 不动杆菌属(*Acinetpbacter*),梭菌属(*Clostridium*)
3. 含氨基酸类脂	脂蛋白,脂肽,脂氨基酸(Surfactin, Polymixin B)	芽孢杆菌属(*Bacillus*),诺卡氏菌属(*Nocardia*),棒杆菌属(*Corynebacterium*),链霉菌属(*Streptomyces*),分枝杆菌属(*Mycobacterium*),假单胞菌属(*Pseudomonas*),农杆菌属(*Agrobacteria*),葡萄糖杆菌属(*Gluconobacter*)
4. 磷脂	磷脂酰乙醇胺	红球菌属(*Rodococccus*),硫杆菌属(*Thiobacillus*)
5. 聚合物	脂杂多糖(Emusan),脂多糖复合物,蛋白质-多糖复合物	不动杆菌属(*Acinetobacter*),地霉属(*Candida*)
6. 细胞表面本身	生物破乳剂,脂肽	诺卡氏菌属(*Nocardia*),红球菌属(*Rodococcus*) 不动杆菌属(*Acinetobacter*)

二、微生物自身絮凝和沉淀作用

根据单一菌种微生物(纯种)细胞表面的解离层(胞外多聚物)性质不同可将其划分两种类型,即疏水性的 R 型(菌落为粗糙型)和亲水性的 S 型(菌落为光滑型)。凡具有 R 型解离层的微生物表现疏水性而自身发生絮凝、聚集而沉降,故可将 R 型细菌应用于废水处理。R. kurane 等人从沉降性能良好的活性污泥中筛选出红平红球菌(*Rodococcus erythropols*),将它用于处理酞酸酯废水,该菌的处理效率高,沉淀性能良好,处理水透明;用于糖蜜废水、纸浆黑液、颜料等废水悬浮液的絮凝、沉淀与脱色,效果也好;还可用于改善膨胀污泥的沉淀效果。具有 S 型解离层的微生物表现为亲水性,均匀分散于水中,不易絮凝,不易沉降。

由于活性污泥中的微生物是混合菌种,活性污泥可能全由 R 型细菌组成,也可能由 R 型细菌和 S 型细菌共同组成,这种活性污泥是亲水性还是疏水性,取决于两者的比例及它们的表面电荷。由此也使活性污泥的吸附能力、活性污泥与水之间的表(界)面张力各异,加上活性污泥表面吸附各种废水成分后所表现出来的总体带电性不同,通常为 $-10\ mV \sim -20\ mV$,会引起活性污泥与水之间的表面张力及它们的表面电荷改变,影响它们对废水中成分的吸附力。因此,其沉淀性能有良好或不好的结果。另外,还可能全由 S 型细菌组成。它们的比例及它们的表面电荷,与废水成分都有密切关系。若要搞清它们之间的关系,需要用化学方法测定,但很不容易。

三、微生物絮凝剂和沉淀剂的开发与应用

在污(废)水生物处理中,二次沉淀池的泥水分离的效果,取决于活性污泥的絮凝性能和沉降性能。有些活性污泥尽管去除有机物能力强,但它本身的絮凝性能差,需

要投加絮凝剂,强化絮凝效果,改善出水水质。

絮凝剂有 3 类:第一类为有机高分子絮凝剂或是助凝剂,如聚丙烯酰胺,其投加用量为 400 mg/L,还有甲壳素等。第二类为无机絮凝剂,如硫酸铝、硫酸亚铁、三氯化铁和碱式氯化铝等。投加三氯化铁效果不错,但用量大,达 3 000 mg/L。第三类为微生物絮凝剂。

微生物絮凝剂是从微生物体内提取的细胞分泌物,它是具有良好的絮凝作用和沉淀效果的水处理絮凝剂;它的成分是多糖、纤维素和蛋白质等;它易被生物降解,不会引起二次污染,使用安全,其用量较少,只需 200 mg/L。但目前生产成本较高,随着生物技术的发展,可望降低成本,以利于在生产中推广使用。

细菌中有许多具有絮凝作用的种类。放线菌、霉菌及酵母菌,乃至原生动物的一些种也具有絮凝作用。这是因为这些微生物细胞表面的胞外多聚物有絮凝作用所致。可以将有絮凝作用的微生物经扩大培养而制成的微生物细胞制剂直接用作絮凝剂,或从具有絮凝作用的菌株提取其表面的有效絮凝成分做成制剂用作絮凝剂。1976 年 Nakamura 等人从 214 株菌中筛选出 19 种具有絮凝作用的微生物,其中酱油曲霉(*Aspergillus sojae*) A.J7002 菌株生产的絮凝剂效果很好。1985 年 Takagi 等人培养拟青霉属(*Paecilomyces* sp.1-1),用乙醇沉淀和凝胶色谱法精制成 PF101 絮凝剂,它的相对分子质量为 3×10^5,其主要成分为半乳糖胺。PF101 对枯草杆菌、大肠杆菌、啤酒酵母、活性污泥、纤维素粉、羧甲基纤维素、活性炭、硅藻土及氧化铝均有良好的絮凝作用。

此外,诺卡氏菌属(*Nocardia*)、棒状杆菌属(*Corynebacterium*)、分枝杆菌属(*Mycobacterium*)、假单胞菌属(*Pseudomonas*)及芽孢杆菌属(*Bacillus*)等也有起絮凝作用的菌株。

提取微生物细胞外多聚物的方法有:物理方法,包括高速离心、超声波和均化处理;化学方法,包括酸水解、热碱法和有机溶剂析出。提取分 5 个步骤:① 微生物(活性污泥)浓缩和洗涤;② 剥取胞外多聚物(ECP);③ 用有机溶剂析出;④ 富集;⑤ 纯化。

四、微生物絮凝剂和沉淀剂的作用原理

ECP(胞外多聚物)和活性污泥絮凝的机制尚无定论,一般认为,ECP 的酸性多糖通过离子键与活性污泥发生絮凝,ECP 的中性多糖通过氢键与活性污泥发生絮凝,ECP 起了桥梁作用。ECP 具有阴离子基团,可与二价阳离子结合构成三维空间结构,维持絮体完整性。

ECP 是生物表面活性剂,可以降低活性污泥和水之间的表面张力,降低两者的亲和性,增加微生物之间及微生物絮团之间的亲和性。增加微生物絮团和活性污泥的疏水性,再加上微生物絮凝剂自身絮凝成大颗粒就变得更易沉淀,达到泥水分离的目的。从这个意义上讲,ECP 又成了沉淀剂。

第三节 优势菌种与微生物制剂的开发与应用

在污(废)水、有机固体废物和废气等的生物处理过程中,以及自然界的江、河、湖、海及土壤中,存在许多降解天然物质和有机污染物性能良好的菌种。微生物工作者为了开发微生物资源,从各种运行性能良好的活性污泥、生物膜、堆肥、废气处理装置及自然界中筛选出优良微生物菌种,制成微生物制剂,备各种用途使用。

一、优势菌种

目前已筛选的菌种有:① 降解有毒、有害有机污染物的微生物,如食酚菌,分解氰化物、苯系化合物、萘、菲、蒽、沥青等的微生物;② 适应极端环境的微生物,如嗜热菌、嗜冷菌、嗜酸菌、嗜碱菌、嗜盐菌和耐压菌;③ 降解农药(如2,4-D、对硫磷、乐果等)的微生物;④ 分解难降解污染物(如废塑料、尼龙)的微生物;⑤ 降解染料的脱色菌;⑥ 除臭菌。

二、优势菌种的筛选步骤与菌剂制备

1. 采集样品

从土壤、水体或污(废)水、堆肥中取样,在实验室用目的废水曝气驯化培养微生物。

2. 分离培养

从驯化培养物中取少量培养物,用稀释平板分离法分离出单个菌落,将长在平板上的单个不同菌落分别挑取接种在斜面保存。

3. 纯化

将培养出的各种微生物进行多次平板画线分离、纯化,再将纯化的各菌种接种在斜面保存。

4. 进行菌种性能测定

用各种污(废)水对各种微生物进行性能测定。

5. 保存菌种

取性能良好的菌种转接斜面,于4℃冰箱保存;或真空冷冻干燥保存。

6. 制成成品制剂

最后按污(废)水、废物和废气的化学组分与需要量,将多种菌种合理搭配。经扩大培养后用板框压滤或离心、干燥,制成干活菌制剂,或浆状活菌制剂,或液体活菌制剂。

三、微生物制剂的应用

微生物制剂可应用于以下方面:

① 用作生物膜挂膜和培养活性污泥的菌种。

② 在污(废)水活性污泥法处理过程中用作添加剂,初沉池、曝气池均可投加,可提高废水处理效率。

③ 用作有机固体废弃物堆肥的菌种和添加剂,可加速堆肥的腐熟速度。

④ 用作家庭便池、公厕的除臭剂。

⑤ 用作禽畜粪便处理的菌种。

⑥ 对污染严重的河道进行生物修复,疏浚河道底泥。

⑦ 用于降解和清除海面浮油和炼油厂的废弃物。

⑧ 用作土地生物修复的菌种。

四、微生物制剂的用法

① 液体活菌制剂直接使用。

② 浆状菌剂稀释成一定浓度($10^7 \sim 10^{10}$个/mL)的菌液后使用。

③ 干的活菌制剂需用 30 ℃左右的温水浸泡若干小时使其软化成浆状,加水调成含菌量为 $10^7 \sim 10^{10}$个/mL 的菌液再进行投加。

第四节 微生物产生的能源

自然界中存在许多储存能量的生物物质,如水稻、小麦和玉米等农作物的秸秆、果实,以及由它们衍生出的工业产品(纤维素、半纤维素、淀粉、葡萄糖等)。此外,生产上述产品所产生的工业废水中还含有许多残留的产能物质,如酒精废水、味精废水、淀粉废水中残留的葡萄糖、蔗糖、糖蜜和淀粉。上述物质都可作为微生物的发酵基质,可被微生物分解,转化产生各种能源,如甲烷、乙醇和氢气等。环境工程的目的是处理废水,净化环境,同时还应考虑,充分利用微生物代谢过程中产生的各种能源物质,将其收集、转化为可用的能源,应用于生产和生活,达到变废为宝的目的。这在能源危机的今天,具有相当重要的意义。

一、微生物产生的能源种类

1. 甲烷能源

利用产酸菌和产甲烷菌的协同作用将高浓度有机废水发酵,产生 CH_4 气体作能源。详见第二篇第九章。

2. 乙醇能源

利用酵母菌对葡萄糖发酵产生乙醇。详见第一篇第四章。

3. 氢气能源

产生 H_2 能源的方法有多种,利用微生物产生 H_2 是重要的方法之一。即利用微生物的脱氢酶,将糖、乙醇和乙酸脱氢产生 H_2;利用产氢微生物的固氮酶和氢化酶的协同作用,既固 N_2 又产 H_2。

二、产生氢气的微生物

产生 H_2 的微生物有:不产氧光合细菌、蓝细菌和绿藻、专性厌氧细菌、兼性厌氧细菌和古菌等类群。

(一) 不产氧光合细菌

不产氧光合细菌在光照条件下,利用低分子有机物作供氢体,还原 CO_2 构成自身细胞,产生分子更小的有机物和 H_2O。然而,有的光合细菌(如紫色非硫细菌)却能放出 H_2。例如,具有固氮作用的荚膜红假单胞菌(*Rhodops eudomonas capsulatus*)能持续产 H_2 10 d 以上,产氢率达 45 mL/(L·h);深红红螺菌(*Rhodospirillum rubrum*)的一种突变株在 NH_3 存在条件下固 N_2 和产 H_2。

1. 不产氧光合细菌产 H_2 的机制

不产氧光合细菌利用有机废水产生 H_2，实际上是不产氧光合细菌与水解产酸菌混合生长，依靠水解产酸菌对大分子有机物的水解作用，在降解为小分子的有机酸后，再由光合细菌对有机酸的光解作用而产生 H_2。如果是工业化生产，可直接用有机酸作基质，不产氧光合细菌就可以直接光解有机酸产 H_2，不需要与其他细菌混生。

2. 不产氧光合细菌产氢的条件

不产氧光合细菌需要低分子有机化合物，如三羧酸循环的中间代谢产物和甲酸盐、乙酸盐、丙酸盐、丁酸、己酸、辛酸等。需要一定光照强度，温度 30 ℃ 左右，pH 为 5.5~7，严格厌氧。

3. 利用不产氧光合细菌产氢的优点

不产氧光合细菌的产氢速率高于其他类型的微生物，其可获得最大产氢率为 51 mL/(g·h)。有的不产氧光合细菌的产氢率甚至高达 260 mL/(g·h)。由于不产氧光合细菌进行光合作用不放 O_2，故气体中 H_2 的纯度高。在我国，已有利用豆腐制品废水为原料，通过不产氧光合细菌的固定化细胞产氢的实例，在运行 93 h 时，平均产气率为 120.7~140 mL/(L·d)，气体中含氢量在 75% 以上；在连续运行 260 h 时，平均产气率为 146.8~351.4 mL/(L·d)，气体中含氢量在 60% 以上。目前利用有机废水产氢的产量不够高，有待进一步研究，提高其产氢率和产量。

目前，已有国家建立"光合细菌工厂"，每天可生产 10 t 液态氢，作为飞机燃料，试飞已取得成功。

（二）蓝细菌和绿藻

在通常情况下，蓝细菌和绿藻在光照条件下，利用 H_2O 作供氢体，光解 H_2O 为 $2H^+$ 和 O_2。H^+ 将 CO_2 还原为有机物构成自身细胞，放出 O_2。Benemann 于 1974 年观察到柱孢鱼腥蓝细菌（*Anabaena cylindrica*）在光解 H_2O 产生 O_2 的同时，还能固 N_2 放 H_2。Gaffron 也报道了珊藻（*Scenedesmus*）可光解 H_2O 产 H_2。此外，聚球蓝细菌（*Synechococcus*）、颤蓝细菌（*Oscillatoria*）、莱因哈德衣藻（*Chlamydomonas reinhardtii*）等均具有产氢能力，其产氢量可达到理论值的 15%，它们均可实行大规模生产获得氢能源。在德国和美国建立了"藻类农场"，为未来开发无污染的清洁氢能源开辟了一条重要途径。

（三）其他产氢细菌

常见的产氢细菌有兼性厌氧的大肠杆菌（*Escherichia coli*）、产气肠杆菌（*Enterobacter aerogenes*）、中间柠檬酸杆菌（*Citrobacter intermedius*），还有严格厌氧的丁酸梭菌（*Clostridium butylicum*）、巴氏梭菌（*Clostridium pasteurianum*）、克氏梭菌（*Clostridium kluyveri*）、拜氏梭菌（*Clostridium beijerinckii*）、丙酮丁醇梭菌（*Clostridium acetobutylicum*）、热纤维梭菌（*Clostridium thermocellum*）、溶纤维丁酸弧菌（*Butyrivibrio fibrisolvens*）、浸麻芽孢杆菌（*Bacillus macerans*）及最大八叠球菌（*Sarcina maxima*）等。

1. 产氢细菌的产氢条件

不同的细菌要求的产氢条件是不同的。产氢细菌的产氢率与产氢细菌的种类和数量有关，取决于菌种的优良性，还与基质的种类和浓度等有关。产氢细菌的基质原料是糖类，它的相对分子质量大小影响产氢量。例如，产氢细菌发酵 1 mol 的葡萄糖产生的 H_2 量比 1 mol 的淀粉所产生的 H_2 量少。产氢率则相反，直接由葡萄糖产生 H_2

的速率比淀粉(淀粉不能直接产H_2,需先经水解后再产生H_2)产H_2的快。pH是影响产H_2量的重要因素,一般要求的pH为4~5,温度为30~35℃,严格厌氧或兼性厌氧。

2. 举例

(1) 活性污泥细菌:以蔗糖为基本基质的培养基成分,蔗糖90 g/L,玉米浆8 mL/L,$FeSO_4 \cdot 7H_2O$ 20 mg/L,$MgCl_2 \cdot 6H_2O$ 10 mg/L,K_2HPO_4 1.0 g/L;在温度为36℃,初始pH为5.0的条件下进行厌氧发酵,经过优化,其平均产氢率达到565 mL/(L·h)。

(2) 产气肠杆菌(*Enterobacter aerogenes*)、丁酸梭菌(*Clostridium butylicum*)和麦芽糖假丝酵母(*Candida maltose*):于36℃混合发酵有机废物48 h,产氢率最高达到22.2 mL/(L·h),平均产氢率为15.45 mL/(L·h)。在以上3种菌的组合中,产气肠杆菌起主导作用,另两种菌协同作用,使代谢产物不易积累,彼此之间创造生存环境,充分发挥3种菌的代谢活性,从而提高产氢能力,增加产氢量。

(3) 丁酸梭菌:以糖蜜为原料的酒精废水含有葡萄糖和蔗糖,将产生H_2的丁酸梭菌用琼脂凝胶包埋固定后,装入固定床反应器内,通入酒精废水就能连续产生H_2达3个月以上。H_2的转化率为30%,产氢率为20 mL/[min·kg(湿重凝胶)]。

此外,2004年在哈尔滨建成国际上首例有机废水发酵法生物制氢技术生产性示范基地。哈尔滨工业大学环境工程科研人员利用厌氧活性污泥(混合菌)为产氢菌菌种,以有机废水发酵法连续流制氢技术生产氢气。该基地年产氢气能力达$40 \times 10^4 \ m^3$。他们分离获得一株高效产氢能力的乙醇杆菌属,其生长的碳源为葡萄糖,最适浓度15 g/L,培养的初始pH为4.5,温度38℃,氧化还原电位为-320 mV。

三、微生物产氢燃料电池

许多糖类均能被微生物分解转化产H_2,将产生的H_2收集和储存在电池中就成为生物燃料电池。

微生物氢燃料电池的工作原理:氢产生菌的氢化酶催化葡萄糖脱氢,在阳极上发生氧化反应,接受H_2的电子,使$H_2 \rightarrow 2H^+ + 2e^-$,$H^+$进入电解液中并移向阴极,阴极接受电解液中的$H^+$,同时通过导线接受从阳极流入的电子($e^-$),则:$H^+ + e^- \rightarrow [H]$,$2[H] + \frac{1}{2}O_2 \rightarrow H_2O$,详见图12-6。

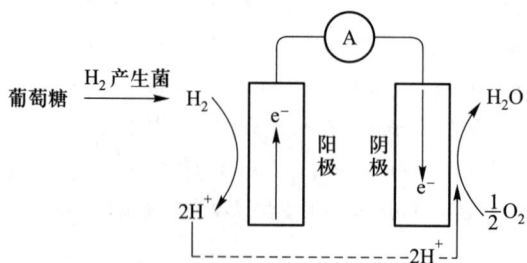

图12-6 固定化氢产生菌的燃料电池工作原理

这样组成的燃料电池可产生0.7~1.2 A电流(端压为2.2 V),可连续工作10 d以上。

思 考 题

1. 酶制剂剂型有几种？
2. 何谓固定化酶和固定化微生物？
3. 酶和酶菌体的固定化方法有几种？各用什么载体？
4. 固定化酶和固定化微生物有什么优点？存在什么问题？
5. 生物膜是固定化微生物吗？为什么？
6. 何谓表面活性剂？生物表面活性剂有哪几类？
7. 絮凝剂有几类？微生物絮凝剂在污(废)水生物处理中起什么作用？
8. 叙述污(废)水处理中微生物絮凝剂的作用原理。
9. 微生物制剂有哪些用途？
10. 有哪几种产氢微生物？它们是如何产氢的？
11. 请叙述微生物产氢电池的工作原理。

第三篇 环境工程微生物学实验

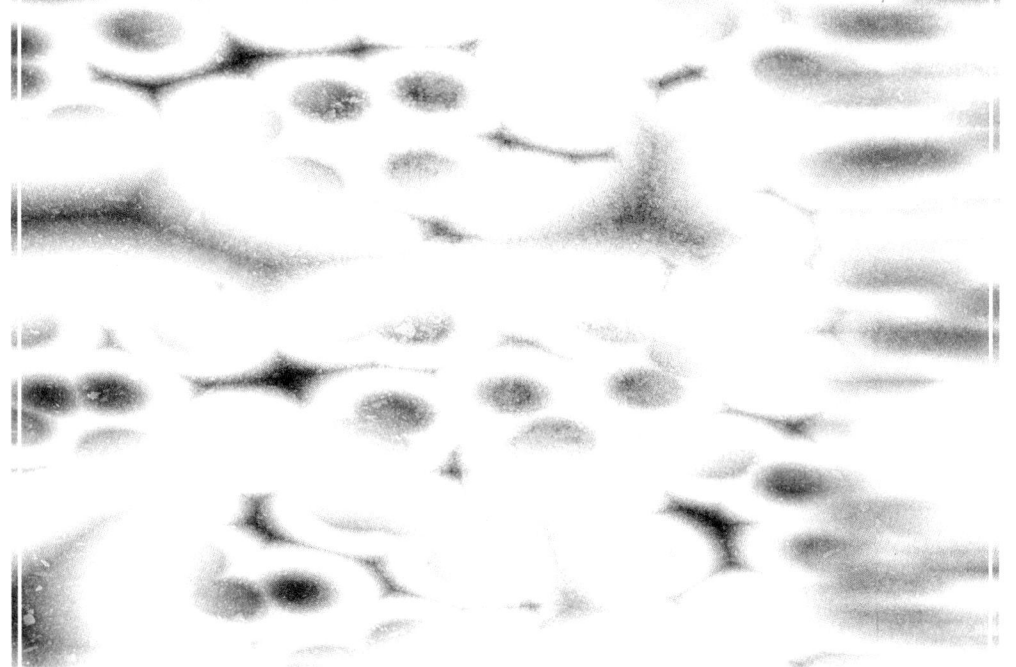

第十三章 环境工程微生物学实验

实验注意事项

一、实验须知

教学实验是教学实践的重要组成部分,是不断提高学生动手能力及操作技能的主要教学形式。环境工程微生物学实验是一门操作技能较强的课程,通过实验,掌握微生物学实验的一套基本技术,树立严谨、求实的科学态度,提高观察、分析问题和解决问题的能力。为了更好地进行实验,保证实验教学质量和实验室的安全,必须注意以下事项:

1. 预习

做到认真阅读有关的实验教材,对实验的主要内容、目的和方法等有所了解,并初步熟悉实验的主要环节,做好各项准备工作。

2. 记录

实验课开始,教师对实验内容的安排及注意问题进行讲解,学生必须认真听讲,并作必要的记录;实验中,更要及时、准确地做好现场记录,作为完成实验报告的重要依据。

3. 示教

实验中有示教内容,尤其是形态学实验,可帮助学生了解实验的难点,加深印象,以便能在有限的时间内获得更多感性知识的机会。

4. 操作与观察

实验应按要求独立操作与观察,包括显微镜的使用技术、微生物的染色和纯培养等技术,都必须做到规范操作。还有微生物学实验中最重要的环节之一就是无菌操作,必须严格要求,反复练习,以达到一定的熟练程度。实验中,要认真注意观察实验现象和实验结果,结合微生物学理论知识,去比较、分析、说明问题。

5. 实验报告

实验结束后,整理现场记录的有关内容,对实验结果作实事求是地总结和综合,完成实验报告。

二、实验规则

规范实验,遵守学生实验守则及实验室安全工作的各项规定,确保实验正常进行。

实验一 细菌、放线菌和蓝细菌个体形态的观察及富营养化水体中微生物的观察与分析

一、实验目的

① 了解普通光学显微镜的构造和原理,掌握使用、保养显微镜的方法。
② 观察和识别几类原核微生物的个体形态并绘制形态图;学会用压滴法制作标本片。
③ 通过观察"富营养化"水样,了解几种原核微生物与水体富营养化之间的关系(对水样水质作简单分析),加深对水体富营养化的形成、发展及其危害性的认识,增强环境意识。

二、显微镜的结构、光学原理及其操作方法

(一) 显微镜的结构和光学原理

显微镜是观察微观世界的重要工具。随着现代科学技术的发展,显微镜的种类越来越多,用途也越来越广泛。微生物学实验中最常用的是普通光学显微镜,其结构分机械装置和光学系统两部分。显微镜的结构如图 13-1 所示。

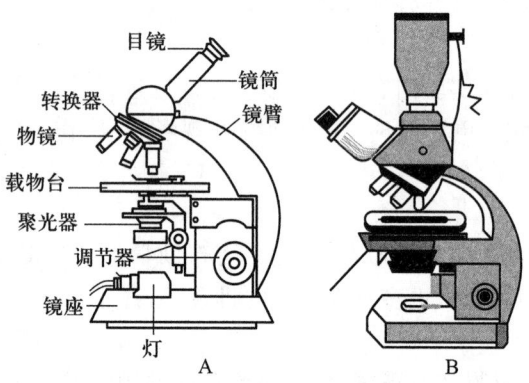

图 13-1 显微镜的结构
A—结构;B—外观

1. 机械装置

(1) 镜筒:镜筒上端装目镜,下端接转换器。镜筒有单筒和双筒两种。单筒有直立式(长度为 160 mm)和后倾斜式(倾斜 45°)。双筒全是倾斜式的,其中一个筒有屈光度调节装置,以备两眼视力不同者调节使用,两筒之间可调距离,以适应两眼瞳孔距不同者调节使用。

(2) 转换器:转换器装在镜筒的下方,其上有 3~5 个孔,不同规格的物镜分别安装在各孔下方,螺旋拧紧。

(3) 载物台:载物台为方形(多数)和圆形的平台,中央有一通光孔,孔的两侧装

有标本夹。载物台上还有移动器(其上有刻度标尺),标本片可纵向(Y轴)和横向(X轴)移动,可分别用移动手轮调节,使观察者能观察到标本片不同位置的目的物。

(4) 镜臂(主体):镜臂支撑镜筒、载物台、聚光器和调节器。镜臂有固定式和活动式(可改变倾斜度)两种。

(5) 镜座:镜座为马蹄形,支撑整台显微镜,其上装有灯源(有的用反光镜,也在此处)。

(6) 调节器:为焦距的调节器(手轮),有粗调节器和微调节器各一个(组合安装)。可调节物镜和所需观察的标本片之间的距离。调节器有装在镜臂上方或下方的两种,装在镜臂上方的是通过升降镜臂来调焦距,装在镜臂下方的是通过升降载物台来调焦距,新型的显微镜多半装在镜臂的下方。

2. 光学系统及其光学原理

(1) 目镜:一般的光学显微镜均备有 2~3 个(对)不同规格的目镜。例如,5 倍(5×)、10 倍(10×)和 15 倍(15×)。高级显微镜除了上述 3 种外,还有 20 倍(20×)的。

(2) 物镜:物镜装在转换器的孔上,物镜一般包括低倍镜(4×、10×、20×)、高倍镜(40×)和油镜(100×)。物镜的性能由数值孔径(numerical aperture,N.A.)决定,数值孔径(N.A.)= $n \times \sin \dfrac{\alpha}{2}$,其意为玻片和物镜之间的折射率($n$)乘以光线投射到物镜上的最大夹角($\alpha$)的一半的正弦。光线投射到物镜的角度越大,显微镜的效能越大,该角度的大小决定于物镜的直径和焦距。n 为物镜与标本间的折射率,是影响数值孔径的因素之一,空气的折射率(n)= 1,水的折射率(n)= 1.33,香柏油的折射率(n)= 1.52,用油镜时光线入射角$\left(\dfrac{\alpha}{2}\right)$为 60°,则 $\sin 60° = 0.87$。油镜的作用如图 13-2 所示。

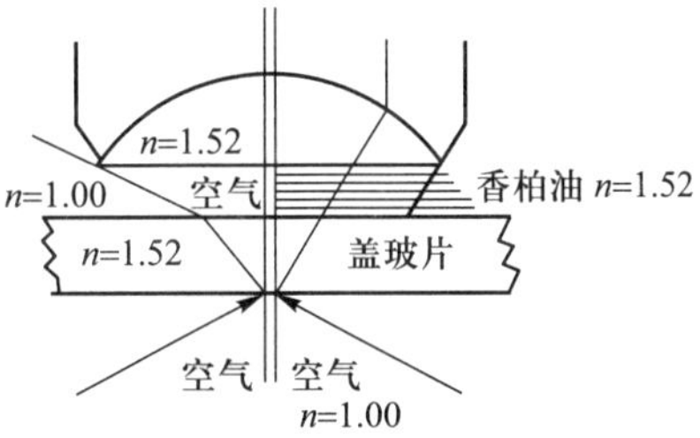

图 13-2 油镜的作用

以空气为介质时:N.A. = 1×0.87 = 0.87

以水为介质时:N.A. = 1.33×0.87 = 1.16

以香柏油为介质时:N.A. = 1.52×0.87 = 1.32

显微镜的性能主要取决于分辨力(resolving power)的大小,也叫分辨率,是指显微镜能分辨出物体两点间的最小距离,可用下式表示:

$$\delta = 0.61 \times \lambda / \text{N.A.}$$

分辨力的大小与光的波长、数值孔径等有关。因为普通光学显微镜所用的照明光源不可能超过可见光的波长范围(约 400~770 nm),所以试图通过缩短光的波长去提高物镜的分辨力是不可能的。影响分辨力的另一因素是数值孔径,数值孔径又与镜口角(α)和折射率有关,当 $\sin \dfrac{\alpha}{2}$ 最大时,$\dfrac{\alpha}{2} = 90°$,就是说进入透镜的光线与光轴成 90°角,这显然是不可能的,所以 $\sin \dfrac{\alpha}{2}$ 的最大值总是小于 1。而各种介质的折射率是不同的,所以,可利用不同介质的折射率去相应地提高显微镜的分辨力。

物镜上标有各种字样,如"1.25"、"100×"、"oil"、"160/0.17"、"0.16"等,其中"1.25"为数值孔径,"100×"为放大倍数,"160/0.17"中160表示镜筒长,0.17表示要求盖玻片的厚度。"oil"表示油镜,(即oil immersion),0.16为工作距离。

显微镜的总放大倍数为物镜放大倍数和目镜放大倍数的乘积。

(3) 聚光器:聚光器安装在载物台的下面,反光镜反射来的光线通过聚光器被聚集成光锥照射到标本上,可增强照明度,提高物镜的分辨率。聚光器可上、下调节,它中间装有光圈可调节光亮度,当转换物镜时需调节聚光器,合理调节聚光器的高度和光圈的大小,可得到适当的光照和清晰的图像。

(4) 滤光片:自然光由各种颜色的光组成。如只需某一波长的光线,可选用合适的滤光片,以提高分辨率,增加反差和清晰度。滤光片有紫、青、蓝、绿、黄、橙、红等颜色。根据标本颜色,在聚光器下加相应的滤光片。

(二) 显微镜的操作方法

1. 低倍镜的操作

① 置显微镜于固定的桌上;窗外不宜有障碍视线之物。

② 旋动转换器,将低倍镜移到镜筒正下方的工作位置。

③ 转动反光镜(有内源灯的可直接使用)向着光源处采集光源,同时用眼对准目镜(选用适当放大倍数的目镜)仔细观察,使视野亮度均匀。

④ 将标本片放在载物台上,使观察的目的物置于圆孔的正中央。

⑤ 将粗调节器向下旋转(或载物台向上旋转),眼睛注视物镜,以防物镜和载玻片相碰。当物镜的尖端距载玻片约0.5cm处时停止旋转。一般先用低倍镜调节,此时的物镜和载玻片不会相碰。

⑥ 左眼对着目镜观察,将粗调节器向上旋转,如果见到目的物,但不十分清楚,可用细调节器调节,至目的物清晰为止。

⑦ 如果粗调节器旋得太快,使超过焦点,必须从第(5)步重调,不应在正视目镜情况下调粗调节器,以防没把握地旋转使物镜与载玻片相碰,易损坏镜头。在此过程中,必须同时利用载物台上的移片器,可使观察范围更广。

⑧ 观察时两眼同时睁开(双眼不感疲劳)。使用单筒显微镜时应习惯用左眼观察,以便于绘图。

2. 高倍镜的操作

① 先用低倍镜找到目的物并移至中央。

② 旋动转换器,换至高倍镜。

③ 观察目的物,同时微微上下转动细调节钮,直至视野内见到清晰的目的物为止。显微镜在设计过程中都是共焦点的,即低倍镜对焦后,换至高倍镜时,一般都能对准焦点,能看到物象。若有点模糊,用细调节器调节就清晰可见。

3. 油镜的操作

① 先按低倍镜到高倍镜的操作步骤找到目的物,并将目的物移至视野正中。

② 在载玻片上滴1滴香柏油(或液状石蜡),将油镜移至正中使镜面浸没在油中,刚好贴近载玻片。在一般情况下,转过油镜即可看到目的物,如不够清晰,可来回调节细调节钮,就可看清目的物。

③ 油镜观察完毕，用擦镜纸将镜头上的油揩净，另用擦镜纸蘸少许二甲苯（或无水酒精）揩拭镜头，再用擦镜纸揩干。如使用过程中高倍镜也碰到了油，必须用同样的方法揩拭高倍镜。所以有时用油镜时，可直接从低倍镜转换到油镜观察。

三、显微镜的保养

显微镜的保养参见附录五。

四、细菌、放线菌及蓝细菌的个体形态观察

（一）仪器和材料

① 显微镜、擦镜纸、香柏油或液状石蜡、二甲苯、无水酒精。
② 示范片。细菌三型（球状、杆状、螺旋状）、弧状（硫酸盐还原菌）、丝状（浮游球衣菌等）、细菌鞭毛及细菌荚膜。放线菌、颤蓝细菌、微囊蓝细菌和念珠蓝细菌等。
③ 微囊蓝细菌培养液、水体富营养化水样。

（二）实验内容和操作方法

① 严格按光学显微镜的操作方法，依低倍、高倍及油镜的次序逐个观察杆状、球状、弧状及丝状的细菌示范片，用铅笔分别绘出各种细菌的形态图。
② 同法逐个观察放线菌的示范片，绘出其形态图。
③ 同法逐个观察颤蓝细菌、微囊蓝细菌和念珠蓝细菌等示范片，绘出其形态图。
④ 用压滴法制作微囊蓝细菌培养液、富营养化水体的水样标本片，制作方法如图13-3所示。取一片干净的载玻片放在实验台上，用滴管吸取试管中的培养液（或水样）于载玻片的中央，用干净的盖玻片覆盖在液滴上（注意不要有气泡）即成标本片，用低倍镜和高倍镜观察，绘制形态图。

图13-3 用压滴法制作标本示意图

思考题

1. 使用油镜时，为什么要先用低倍镜开始？
2. 要使视野明亮，除光源外，还可采取哪些措施？

实验二　酵母菌、霉菌、藻类的个体形态观察及活性污泥中生物相的观察与分析

一、实验目的

① 进一步熟悉和掌握显微镜的操作方法。
② 观察和识别几种真核微生物的个体形态，掌握生物图的绘制方法。

③ 用压滴法制作活性污泥标本片,注意观察活性污泥中的微生物组成,尤其是对原生动物和微型后生动物的观察和识别,结合教材内容和现场教学,学会判断、分析和描述活性污泥的性能。

二、实验器材

(1) 器皿:显微镜、载玻片、盖玻片、滴管等。
(2) 材料:酵母菌、霉菌、藻类标本片、藻类培养液及活性污泥混合液等。

三、实验内容和操作方法

(一) 主要内容

真核微生物(eukaryotes)包括酵母菌(yeast)、霉菌(mold)、原生动物(protozoa)、微型后生动物(metazoa)和藻类(algae)等5大类。

酵母菌是一个通俗名称,一般泛指能发酵糖类的各种单细胞真菌。其细胞宽度(直径)为 2~6 μm,长度为 5~30 μm,有的更长。个体形态有球状、卵圆、椭圆、柱状和香肠状等。

霉菌是丝状真菌的一个俗称。霉菌由有隔的(多细胞)和无隔的(单细胞)菌丝体组成,霉菌菌丝可分为基质菌丝、气生菌丝,并有进一步分化形成的繁殖菌丝(可产生孢子)。霉菌菌丝直径一般为 3~10 μm,比细菌、放线菌的直径宽几倍到十几倍。

原生动物是最低等的单细胞动物,列为真核微生物。原生动物的种类、形态多种多样,有鞭毛虫、变形虫、吸管虫和纤毛虫,其中有游泳型的和固着型的两种,游泳型的如漫游虫、楯纤虫等;固着型的如小口钟虫、大口钟虫和等枝虫等。

微型后生动物是比较原始的、多细胞的微型动物。常见的有轮虫、线虫和颗体虫等。

藻类是单细胞或多细胞的、能进行光合作用的真核原生生物,细胞中含一个或多个叶绿体。藻类分布很广,大多是水生,少数陆生。常见的有绿藻、硅藻等。

(二) 方法和步骤

① 用低倍镜观察根霉,注意其假根与孢子囊部分。
② 用低倍镜或高倍镜观察酵母菌、其他霉菌和藻类等标本片。

用压滴法制作藻类培养液、活性污泥混合液的标本片,制作方法如图13-3(实验一)所示。用滴管吸取试管中藻类培养液(或活性污泥混合液)于载玻片的中央,用干净的盖玻片覆盖在液滴上(注意不要有气泡)即成标本片,用低倍镜和高倍镜观察,样品中的微生物种类丰富,利用显微镜的移片夹移动标本片,充分寻找标本片中的各种微生物,注意观察菌胶团、丝状细菌、原生动物和微型后生动物等微生物的形态特征和运动方式。

思考题

1. 试区别活性污泥中的几种固着型纤毛虫。
2. 用压滴法制作标本片时要注意什么问题?

实验三 微生物细胞的计数和测量

一、实验目的

① 了解血球计数板的结构,掌握利用血球计数板计微生物细胞数的原理和方法。
② 学习测微技术,测量细胞(酵母菌)的大小。

二、实验器材

显微镜、血球计数板、目镜测微尺、镜台测微尺、移液管和酵母菌液(或其他微生物材料)等。

三、微生物细胞的直接计数

(一) 血球计数板的结构

血球计数板(图 13-4)是一块比普通载玻片厚的特制玻片。玻片中央刻有 4 条槽,中央两条槽之间的平面比其他平面略低,中央有一小槽,槽的两边的平面上各刻有 9 个大方格,中间的一个大方格为计数室,它的长和宽均为 1 mm,深度为 0.1 mm,其体积为 0.1 mm³。计数室有两种规格:一种是把大方格分成 16 中格,每一中格分成 25 小格,共 400 小格(图 13-4C);另一种规格是把一大方格分成 25 中格(图 13-4D),每一中格分成 16 小格,总共也是 400 小格。

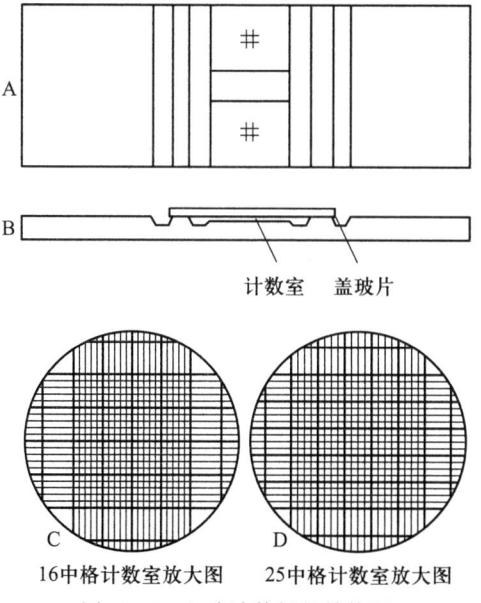

图 13-4 血球计数板的结构图
A—正面图;B—侧面图;C—16 中格计数室放大图;D—25 中格计数室放大图

(二) 血球计数板计细胞数及计算方法

1. 细胞计数

(1) 稀释:将样品稀释至合适的浓度(本实验用酵母菌),一般将样品稀释至每一中格约有 15~20 个细胞数为宜。

(2) 加被测样品(菌液)至血球计数板:取已洗净的血球计数板,将盖波片盖住中央的计数室,用细口滴管吸取少量已经充分摇匀的菌液于血盖片的边缘,菌液则自行渗入计数室,静止 5~10 min,待菌体自然沉降并稳定后即可计数。

(3) 计数:先用低倍镜寻找大方格网的位置(视野可调暗一些),找到计数室后将其移至视野的中央,再换高倍镜观察和计数。需不断地上、下旋动细调节轮,以便看到计数室内不同深度的菌体。为了减少误差,所选的中格位置应布点均匀,如规格为 25 个中格的计数室,通常取 4 个角上的 4 个中格及中央的 1 个中格共 5 个中格进行计数,此时,对位于中格线上的酵母菌只计中格的上方及左方线上的酵母菌,或只计下方及右方线上的酵母菌。为了提高精确度,每个样品必须重复计数 2~3 次。当样品中的细胞数较少时,一般应将所有的中格计数,同样,对位于大格线上的酵母菌只计大格的上方及左方线上的酵母菌,或只计下方及右方线上的酵母菌。

2. 计算方法

先求得每中格菌数的平均值,乘以中格数(16 或 25),即为一大格(0.1 mm^3)中的总菌数,再乘以 10^4,则为每毫升稀释液的总菌数,如要换算成原液的总菌数,乘以稀释倍数即可,两种不同规格的血球计数板,计算方法如下:

(1) 16×25 的计数板计算公式

细胞数/mL = (100 小格内的细胞数/100)×400×10 000 ×稀释倍数

(2) 25×16 的计数板计算公式

细胞数/mL = (80 小格内的细胞数/80)×400×10 000×稀释倍数

此方法适用于细胞数较多的样品测定(10^5~10^6 个/mL 以上),当样品中的细胞浓度较低时,需选择其他方法测定,否则因误差太大影响实验结果。

四、微生物细胞大小的测量

(一) 目镜测微尺、镜台测微尺及其使用方法

1. 目镜测微尺

目镜测微尺(图 13-5A)是一圆形玻片,其中央刻有 5 mm 长的、等分为 50 格(或 100 格)的标尺(也有呈网格状的),每格的长度随使用目镜和物镜的放大倍数及镜筒长度而定。使用前用物测微尺标定,用时放在目镜内。

2. 镜台测微尺

镜台测微尺(图 13-5B)的外形似载玻片,中央有一片圆形盖片封固着一具有精细刻度的标尺,标尺全长为 1 mm,分为 100 等分的小格(图 13-5C),每小格的长度为 10 μm (1/100 mm),用以标定目镜测微尺在不同放大倍数下每格的实际长度。标尺的外围有一小黑环,便于找到标尺的位置。

3. 目镜测微尺的标定

将目镜测微尺装入目镜的隔板上,使刻度朝下;把镜台测微尺放在载物台上使刻

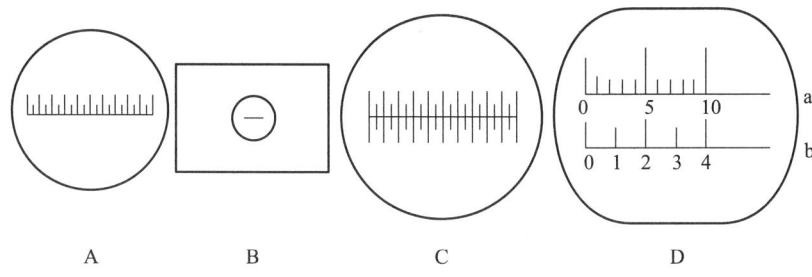

图 13-5 目镜测微尺和镜台测微尺
A—目镜测微尺;B—镜台测微尺;C—镜台测微尺的中心部放大;
D—镜台测微尺标定目镜测微尺时两者重叠情景(a—目镜测微尺;b—镜台测微尺)

度朝上。用低倍镜找到镜台测微尺的刻度,移动镜台测微尺和目镜测微尺使两者的第一条线重叠,顺着刻度找出另一条重叠线,图 13-5D 就是目镜测微尺和镜台测微尺重叠时的情况:D 中 a(目镜测微尺)上 5 格对准 b(镜台测微尺)上的 2 格(低倍镜),b 的 1 格为 10 μm,2 格的长度为 20 μm,所以目镜测微尺上 1 小格的长度为 4 μm,再分别求出高倍镜和油镜下目镜测微尺每格的长度。用下式计算目镜测微尺一分格所表示的实际长度:

$$目镜测微尺一分格所表示的实际长度(\mu m) = \frac{镜台测微尺的格数 \times 10 \ \mu m}{目镜测微尺的格数}$$

(二) 菌体大小的测量

将镜台测微尺取下,换上标本片(压滴法制作酵母菌液),选择适当的物镜测量目的物的大小,分别找出菌体的长和宽占目镜测微尺的格数,再按目镜测微尺标定的长度,计算出菌体的长度和宽度或直径等。在这过程中,如物镜的放大倍数有变化,需重新校核目镜测微尺一分格所表示的实际长度。

每一种被测样品需重复测量数次或数十次,取平均值。

> **思考题**
> 1. 当用两种不同规格的计数板测同一样品时,其结果是否相同?
> 2. 为什么说用血球计数板对细胞数时的样品浓度一般要求在每毫升 $10^5 \sim 10^6$ 以上?
> 3. 试分析影响本实验结果的误差来源并提出改进措施。

实验四 细菌的简单染色和革兰氏染色

微生物(尤其是细菌)细胞小而透明,在普通光学显微镜下与背景的反差小而不易识别,为了增加色差,必须进行染色,以便对各种形态及细胞结构进行识别。细菌的染色方法很多,按其功能差异可分为简单染色法和鉴别染色法。前者仅用一种染料染色,此法比较简便,但一般只能显示其形态,不能辨别构造。后者常需要两种以上的染料或试剂进行多次染色处理,以使不同菌体和构造显示不同颜色而达到鉴别的目的。鉴别染色法包括革兰氏染色法、抗酸性染色法和芽孢染色法等,以革兰氏染色法最为重要。有关革兰氏染色法的机制和此法的重要意义在细菌的理化性质章节已加以阐明。

一、实验目的

① 了解细菌的涂片及染色在微生物学实验中的重要性。
② 学会细菌染色的基本操作技术,从而掌握微生物的一般染色法和革兰氏染色法。

二、染色原理

微生物细胞是由蛋白质、核酸等两性电解质及其他化合物组成。所以,微生物细胞表现出两性电解质的性质。两性电解质兼有碱性基和酸性基,在酸性溶液中离解出碱性基,呈碱性,带正电;在碱性溶液中离解出酸性基,呈酸性,带负电。经测定,细菌等电点(pI)为 2~5,即细菌在 pH 为 2~5(不同种类的差异)时,大多以两性离子存在,而当细菌在中性(pH=7)、碱性(pH>7)或偏酸性(pH 为 6~7)的溶液中,细菌带负电荷,所以容易与带正电荷的碱性染料结合,故用碱性染料染色的为多。碱性染料有亚甲蓝、甲基紫、结晶紫、碱性品红、中性红、孔雀绿和番红等。

微生物体内各结构与染料结合力不同,故可用各种染料分别染微生物的各结构以便观察。

三、实验器材

(1) 器皿:显微镜、接种环、载玻片和煤气灯(或酒精灯)。
(2) 试剂:草酸铵结晶紫染液、革兰氏碘液、体积分数为95%的乙醇和质量浓度为 5 g/L 的沙黄染色液(番红)等。
(3) 材料:枯草杆菌和大肠杆菌。

四、实验内容和操作步骤

(一) 细菌的简单染色

1. 涂片

取干净的载玻片于实验台上,在正面边角作记号,并滴 1 滴无菌蒸馏水于载玻片的中央,灼烧接种环,待冷却后从斜面挑取少量菌种(大肠杆菌或枯草杆菌)与玻片上的水滴混匀后,在载玻片上涂布成一均匀的薄层,涂布面不宜过大。涂片过程如图 13-6 所示。

2. 干燥(固定)

干燥过程最好在空气中自然晾干,为了加速干燥,也可在微小火焰上方烘干。烘干后再在火焰上方快速通过 3~4 次,使菌体完全固定在载玻片上。但不宜在高温下长时间烤干,否则急速失水会使菌体变形。

3. 染色

滴加草酸铵结晶紫染色液染色 1~2 min(或石炭酸复红等其他染料),染色液量以盖满菌膜为宜。

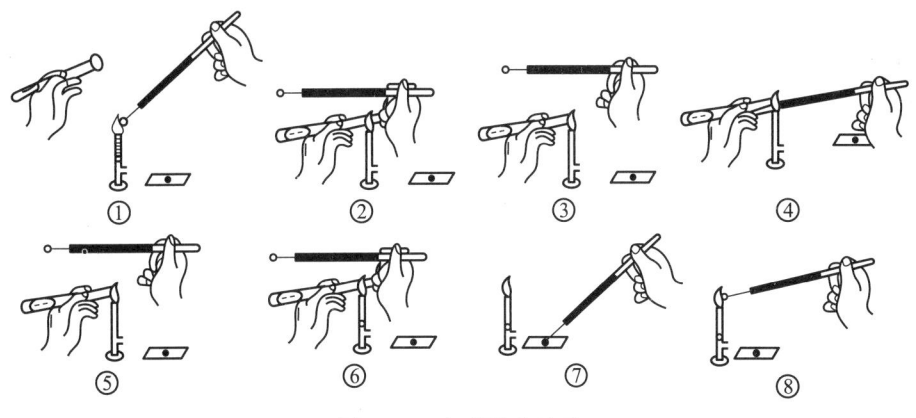

图 13-6 细菌涂片过程

4. 水洗

倾去染液,斜置载玻片,用水冲去多余染液,直至流出的水呈无色为止。

5. 干燥

用微热烘干或自然晾干。

6. 镜检

按显微镜的操作步骤观察菌体形态,及时记录,并进行形态图的绘制。

(二) 细菌的革兰氏染色

各种细菌经革兰氏染色法染色后,能区分成两大类,一类最终染成紫色,称革兰氏阳性细菌(Gram positive bacteria,G^+);另一类被染成红色,称革兰氏阴性细菌(Gram negative bacteria,G^-)。其过程如下(图 13-7):

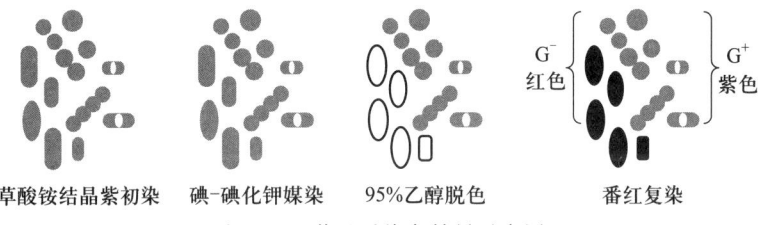

图 13-7 革兰氏染色结果示意图

1. 涂片、固定

同简单染色法。

2. 初染

滴加草酸铵结晶紫染色液染色 1~2 min,水洗。

3. 媒染

滴加革兰氏碘液,染色 1~2 min,水洗。

4. 脱色

滴加体积分数为 95% 的乙醇,约 45 s 后即水洗;或滴加体积分数为 95% 的乙醇后,将玻片摇晃几下即倾去乙醇,如此重复 2~3 次后即水洗。

5. 复染

滴加沙黄液(番红),染色 2~3 min,水洗并使之干燥。

6. 镜检

同简单染色法,并根据呈现的颜色判断该菌属 G^+ 细菌还是 G^- 细菌,也可与已知菌对照。观察时先用低倍镜观察,发现目的物后用油镜观察。

(三) 注意事项

① 涂片用的载玻片要洁净无油污迹,否则影响涂片。

② 挑菌量应少些,涂片宜薄,过厚重叠的菌体则不易观察清楚。

③ 染色过程中勿使染色液干涸。用水冲洗后,应甩去玻片上的残水,以免染色液被稀释而影响染色效果。

④ 革兰氏染色成败的关键是脱色时间是否合适,如脱色过度,革兰氏阳性细菌也可被脱色,而被误认为是革兰氏阴性细菌。而脱色时间过短,革兰氏阴性细菌则会被误认为是革兰氏阳性细菌。脱色时间的长短还受涂片的厚薄、脱色时玻片晃动的程度等因素的影响。

思考题

1. 涂片为什么要固定?固定时应注意什么问题?
2. 革兰氏染色法中若只做 1~4 步,而不用番红染色液复染,能否分辨出革兰氏染色结果?为什么?
3. 通过学习革兰氏染色,你认为它在微生物学中有何实践意义?

实验五 细菌淀粉酶和过氧化氢酶的定性测定

一、实验目的

通过对淀粉酶和过氧化氢酶的定性测定,加深对酶和酶促反应的感性认识。

二、实验原理

酶是生物细胞所产生的,具有催化能力的生物催化剂。生物体内一切化学反应,几乎都是在酶的催化下进行的。微生物的酶按它所在细胞的部位分为胞外酶、胞内酶及表面酶。本实验对淀粉酶和过氧化氢酶(亦叫接触酶)进行定性测定。

细菌淀粉酶能将遇碘呈蓝色的淀粉水解为遇碘不显色的糊精,并进一步转化为糖。淀粉水解后,遇碘不再显蓝色。

过氧化氢酶能将过氧化氢分解为水和氧。

三、实验器材

(一) 器皿

试管(18 mm×180 mm)、试管架、培养皿(ϕ90 mm)和接种环。

(二) 材料

肉膏胨淀粉琼脂培养基①、质量浓度为 2 g/L 淀粉溶液、革兰氏碘液、体积分数为

---

① 肉膏胨淀粉琼脂培养基配方见附录三第九项。

3%~10%的过氧化氢溶液、处理生活污水的活性污泥混合液①(或枯草杆菌培养液)、枯草杆菌和大肠杆菌斜面菌种各1支。

四、实验内容和操作方法

(一) 处理生活污水的活性污泥混合液中淀粉酶的测定

① 取4支干净的试管,按1,2,3,4(对照)编号,放在试管架上备用。
② 按表13-1的顺序在试管中加入各种物质。

表13-1 生活污水-活性污泥混合液中的淀粉酶活性的测定

试管编号	1	2	3	4(对照)
活性污泥/mL	5	10	15	0
蒸馏水/mL	10	5	0	15
淀粉溶液/滴	4	4	4	4
革兰氏碘液/滴	4	4	4	4

将上述试管中的各种溶液混合均匀,记录起始时间(加入碘液算起),当加入碘液后,4支试管中的液体全呈蓝色,此过程中应使试管中的混合液处于均匀的混合状态,否则会影响实验结果。并注意观察、记录蓝色褪去的时间(即淀粉酶和淀粉反应完全的时间)即为终点,计算各试管褪色所需要的时间,分析说明问题。

(二) 细菌淀粉酶在固体培养基中的扩散实验

① 将肉膏胨淀粉琼脂培养基加热融化,待冷至50℃左右分别倒入3只无菌培养皿内(每皿约10 mL),静置待冷凝即成平板。
② 在无菌操作条件下,用接种环分别挑取枯草杆菌、大肠杆菌和活性污泥各一环分别在3个平板上点种5个点,倒置于37℃恒温箱内培养24~48 h。
③ 取出平板,分别在3个平板内的菌落周围滴加碘液,观察菌落周围颜色的变化。若在菌落周围有一个无色的透明圈,说明该细菌产生淀粉酶并扩散到基质中,已将培养基中的淀粉水解成了遇碘不显色的物质;若菌落周围为蓝色(无透明圈出现),说明该细菌不产生淀粉酶,培养基中的淀粉遇碘呈蓝色。

(三) 过氧化氢酶的定性测定

① 取一干净的载玻片,在上面滴加1滴体积分数为3%~10%的过氧化氢溶液,挑取一环培养18~24 h的菌苔,在过氧化氢溶液中涂抹,若有气泡(O_2)产生的为接触酶阳性(有过氧化氢酶),无气泡产生的为接触酶阴性(无过氧化氢酶)。此外,也可将过氧化氢直接滴加在已接种的斜面上,观察气泡的产生与否。
② 把所观察到的现象记录下来,进行分析。

> **思考题**
> 1. 枯草杆菌、大肠杆菌和活性污泥菌落周围呈什么颜色?说明什么问题?
> 2. 在活性污泥混合液的淀粉酶活性的测定中,如果1号管中(5 mL活性污泥)的蓝色一直不能褪去,请分析其原因。
> 3. 观察点种培养的结果并进行分析。

---

① 若无活性污泥可用枯草杆菌培养液代替。

实验六 培养基的配制和灭菌

培养基的种类很多,根据营养物质的来源不同,可分为天然培养基、合成培养基和半合成培养基等。多数培养基的配制是采用一部分天然有机物作碳源、氮源和生长因子的来源,再适当加入一些化学药品,属于半合成培养基,其特点是使用含有丰富营养的天然物质,再补充适量的无机盐,配制十分方便,能充分满足微生物的营养需要,大多数微生物都能在此培养基上生长。本实验配制的培养基就属此类。

一、实验目的

本次实验为实验七微生物纯种分离培养作准备。实验内容主要包括玻璃器皿的洗涤、包装、培养基的配制及灭菌技术等。

① 熟悉玻璃器皿的洗涤和灭菌前的准备工作。

② 了解配制微生物培养基的基本原理,掌握配制、分装培养基的方法。本实验通过常用的细菌培养基的配制,使学生了解常规的配制培养基的方法。

③ 学会各类物品的包装、配制(稀释水等)和灭菌技术。

二、实验原理

培养基是微生物生长的基质,是按照微生物营养、生长繁殖的需要,由碳、氢、氧、氮、磷、硫、钾、钠、钙、镁、铁及微量元素和水,按一定的体积分数配制而成。调整合适的 pH,经高温灭菌后以备培养微生物之用。

由于微生物种类及代谢类型的多样性,因而培养基种类也较多,它们的配方及配制方法也各有差异,但一般的配制过程大致相同。

三、实验器材

1. 器皿

高压蒸汽灭菌器、干燥箱、煤气灯、培养皿、试管、刻度移液管、锥形瓶、烧杯、量筒、药物天平、玻棒、玻璃珠、石棉网、角匙、铁架、表面皿、pH 试纸和棉花等。

2. 材料

牛肉膏、蛋白胨、NaCl、NaOH 和琼脂等。

四、实验内容及操作步骤

(一) 玻璃器皿的准备

1. 洗涤

玻璃器皿在使用前必须洗涤干净。培养皿、试管、锥形瓶等可用洗衣粉加去污粉洗刷并用自来水冲净。移液管先用洗液浸泡,再用水冲洗干净。洗刷干净的玻璃器皿自然晾干或放入干燥箱中烘干、备用。

2. 包装

（1）移液管的包装：移液管的吸端用细铁丝（或牙签）将少许棉花塞入构成 1~1.5 cm 长的棉塞，起过滤作用。棉塞要塞得松紧适宜，吸时既能通气，又不致使棉花滑入管内。然后将塞好棉花的移液管的尖端，放在 4~5 cm 宽的长纸条的一端，移液管与纸条约成 30°夹角，折叠包装纸包住移液管的尖端（图 13-8A），用左手将移液管压紧，在桌面上向前搓转，纸条螺旋式地包在移液管外面，余下的纸折叠打结。按实验需要，可单支包装或多支包装，待灭菌（湿热灭菌：121 ℃，20 min）。还有一种筒装灭菌法（一般为不锈钢或铜制的移液管筒），可将移液管吸端塞入棉花后尖端朝下装入移液管筒内（图 13-8B），筒底可垫几层纱布，然后盖上筒盖，待灭菌（湿热灭菌：121 ℃，20 min）。

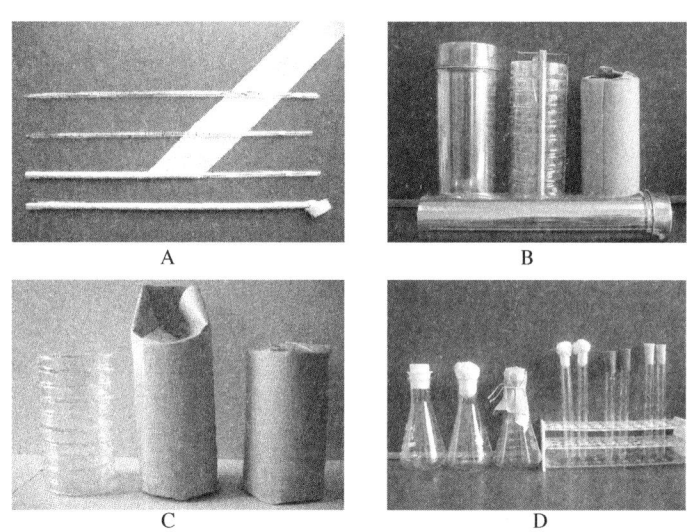

图 13-8　器皿包扎过程

A—移液管单支纸包；B—移液管和培养皿筒装；C—培养皿纸包装；D—试管和锥形瓶包扎

（2）培养皿的包装：培养皿由一底一盖组成一套，用牛皮纸或报纸将 10 套培养皿（皿底朝内侧，皿盖朝外侧，5 套、5 套相对而放）包好，见图 13-8C，待灭菌（湿热灭菌：121 ℃，20 min）。培养皿也有筒装灭菌法，一般将 10 套培养皿顺放（底在下面，盖在上面）入培养皿筒内，盖上筒盖后灭菌，筒装的培养皿多用干热灭菌法（160 ℃，2 h）。

（3）棉塞的制作：按试管口或锥形瓶口大小估计用棉量，将棉花铺成中间厚、周围逐渐变薄的近正方形，折一个角后（成五边形）卷成圆柱形，一手握粗端，一手将细端边缘的棉花绕缚至棉塞圆柱上，塞入试管或锥形瓶的口内，棉塞不宜过松或过紧，用手提棉塞，以管、瓶不掉下为宜。棉塞四周应紧贴管壁和瓶壁，不能有皱折，以防空气微生物沿棉塞皱折侵入。棉塞的直径和长度视试管口和锥形瓶口的大小而定，一般约 3/5 塞入管内。必须做到松紧合适、紧贴管壁，拔出时不松散、不变形。对于管口比较大的棉塞，如锥形瓶的棉塞，待卷成形后再包上一层纱布：先将一块正方形的纱布铺展在锥形瓶口端，再将已成形的棉塞对着纱布中心位置塞入瓶口，然后将纱布对角打结，这样可延长棉塞的使用次数，也比较美观。现在有一些市售的棉塞的替代品，如硅胶塞、塑料（耐高温）或不锈钢的试管帽等，均可使用。

试管、锥形瓶配上棉塞后,将牛皮纸(或报纸)覆盖试管棉塞,用棉绳成捆包扎,棉绳打活结;锥形瓶棉塞用牛皮纸覆盖后用棉绳打一个活抽绳结(图13-8D),放在铜制篓内待灭菌。

(二) 培养基的配制

培养基是微生物的繁殖基地。通常根据微生物生长繁殖所需要的各种营养物配制而成。其中包括水分、含碳化合物、含氮化合物和无机盐等,这些营养物可提供微生物碳源、能源、氮源等,组成细胞及调节代谢活动。

根据研究目的的不同,可配制成固体、半固体和液体培养基。固体培养基的成分与液体相同,仅在液体培养基中加入凝固剂使呈固态。通常加入质量浓度为 15 g/L~20 g/L 的琼脂为固体培养基;加入质量浓度为 3 g/L~5 g/L 的琼脂为半固体培养基。有的细菌还需用明胶或硅胶。本实验配制固体培养基,培养基的制备过程如下:

1. 配制溶液

取一定容量的烧杯盛入定量蒸馏水(有时也可用自来水),按培养基配方逐一称取各种成分,依次加入水中溶解。蛋白胨、肉膏等可加热促进溶解,待全部溶解后,加水补足因加热蒸发的水量。在制备固体培养基加热融化琼脂时要注意搅拌,避免琼脂糊底烧焦。

2. 调节 pH

一般刚配好的培养基是偏酸性的,故要用质量浓度为 100 g/L NaOH 调 pH 至 7.2~7.4。应缓慢加入 NaOH,边加边搅拌,并不时地用 pH 试纸测试,调整至所需的 pH。

3. 过滤

用纱布、滤纸或棉花过滤均可。如果培养基杂质很少或实验要求不高,也可不过滤。

4. 分装

(1) 分装锥形瓶:培养基装量一般不超过锥形瓶总容量的 3/5 为宜,若装量过多,灭菌时培养基易沾污棉花而导致染菌。

(2) 分装试管:将培养基趁热加至漏斗中(图13-9)。分装时左手并排地拿数根试管,右手控制弹簧夹,将培养基依次加入各试管。用于制作斜面培养基时,一般装量不超过试管高度(15 mm×150 mm)的 1/5。分装时谨防培养基沾在管口上,否则会使棉塞沾上培养基而造成染菌。也可用加液器分装培养基。

牛肉膏蛋白胨培养基的配方:牛肉膏(粉) 0.5 g,蛋白胨 1.0 g,NaCl 0.5 g,琼脂 2.0 g,水 100 mL,pH 7.2~7.4。

灭菌条件:121℃(相对蒸汽压力 0.103 MPa),15~20 min。

以上分装完成后,加棉塞、包装灭菌。

5. 斜面的制作

灭菌后如需制成斜面培养基,应在培养基冷却至 50~60 ℃时,将试管搁置成一定的斜度,斜面高度不超过试管总高度的 1/2~1/3(图13-10)。

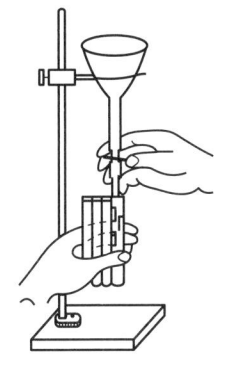
图 13-9　培养基的分装

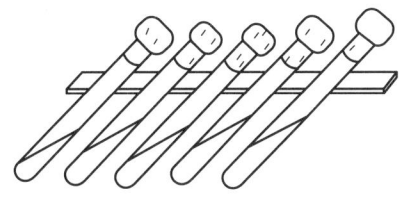
图 13-10　制作斜面时的试管

（三）稀释水的制备

1. 锥形瓶稀释水的制备

取一个 250 mL 的锥形瓶装 90 mL（或 99 mL）蒸馏水或生理盐水（质量浓度为 8.5 g/L NaCl 溶液），放约 30 颗玻璃珠（用于打碎活性污泥、菌块或土壤颗粒）于锥形瓶内，塞上棉塞、包扎后灭菌。

2. 试管稀释水的制备

另取 5 支 18 mm×180 mm 的试管，分别装 9 mL 蒸馏水（或生理盐水），塞上棉塞、包扎后灭菌。

（四）灭菌

因微生物学实验一般都要求对所研究的实验材料进行无自然杂菌的纯培养，所以，实验中所用的材料、器皿、培养基等都要经包装灭菌后才可使用。

灭菌是用物理、化学等因素杀死全部微生物的营养细胞和它们的芽孢（或孢子）的过程；消毒和灭菌有些不同，它是用物理、化学因素杀死致病微生物或杀死全部微生物的营养细胞及一部分芽孢。

灭菌方法有很多，可根据灭菌对象和实验目的的不同采用不同的灭菌方法，包括干热灭菌、加压（高压）蒸汽灭菌（湿热灭菌）、间歇灭菌、气体灭菌和过滤除菌等。加压蒸汽灭菌是最常用的方法（附录四），与干热灭菌相比，蒸汽灭菌的穿透力和热传导都要更强，且在湿热时微生物吸收高温水分，菌体蛋白很易凝固、变性，灭菌效果好。湿热灭菌的温度一般是在 121 ℃恒温 15～30 min，所达到的灭菌效果，需要干热灭菌在 160 ℃灭菌 2 h 才能达到。干热灭菌和加压蒸汽灭菌均属加热灭菌法，现介绍如下：

1. 干热灭菌法

培养皿、移液管及其他玻璃器皿可用干热灭菌。先将已包装好的上述物品放入电热干燥箱中，将温度调至 160 ℃后维持 2 h，结束时把干燥箱的调节旋钮调回零处，待温度降到 50 ℃左右，将物品取出。此过程中应注意温度的变化，不得超过 170 ℃，避免包装纸烧焦和其他不安全情况。灭菌好的器皿应保存完好，否则易染菌。

灼烧灭菌法也属干热灭菌法，即利用火焰直接把微生物烧死，灭菌迅速彻底，但使用范围有限。

2. 加压蒸汽灭菌法

加压蒸汽灭菌法又称高压蒸汽灭菌法，但因其压力范围甚低，一般在 0.15 MPa 以内，在压力容器分类中，将压力范围在 0.1 MPa~1.6 MPa 之间的划为低压容器（低于 0.1 MPa 的容器称为常压容器），故在这里称加压蒸汽灭菌法更合适。

加压蒸汽灭菌器是能耐一定压力的密闭金属锅，有卧式（图 13-11）和立式（图 13-12，立式中有小型的手提式）两种。微生物学实验所需的一切器皿、器具、培养基（不耐高温者除外）等都可用此法灭菌。加压灭菌的原理在于提高灭菌器内的蒸汽温度来达到灭菌的目的，灭菌器的加热源有电、煤气等。现在大多使用电热全自动灭菌器，其特点是性能稳定、使用方便、安全。

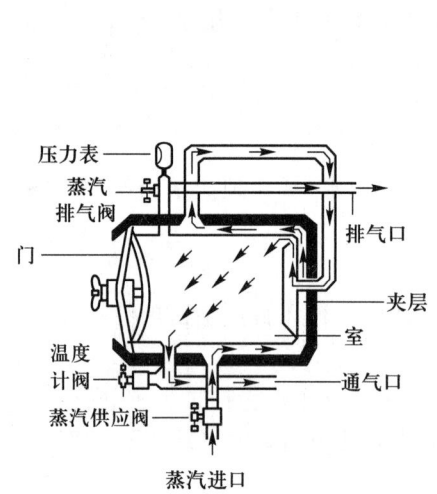

图 13-11 卧式高压蒸汽灭菌器内部结构图

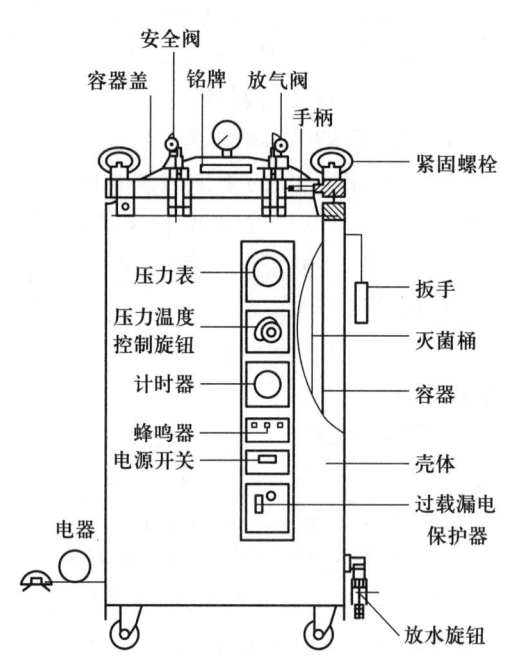

图 13-12 立式加压蒸汽灭菌器示意图

操作步骤如下：

（1）向灭菌器内加入清洁软水（蒸馏水更好）：水位应不超过水位线标志，以免水进入灭菌桶内，浸湿被灭菌物品。

（2）堆放物品并注意留有空隙：将需要灭菌的物品包好后，顺序放在灭菌桶内的筛板上。

（3）盖上盖子：对称地紧固螺栓，注意不宜旋得太紧，以免损坏橡胶密封垫圈。

（4）打开电源预置灭菌温度：通过压力-温度控制器旋钮预置，温度预置范围为 109~126 ℃，顺时针方向旋转旋钮，灭菌温度预置值减小；反之，预置值增大。可根据需要确定预置灭菌温度。

（5）设置灭菌时间：按照不同的需要，将计时器旋钮按顺时针方向旋至所需的时间刻度上，当达到预置的灭菌温度时，计时指示灯亮，计时器自动计时。

（6）排放空气：加热至水沸后，以蒸汽驱赶灭菌器内的空气从排气阀中逸出，空气排除程度与实际温度有直接关系(附录四)。

(7) 加热、升压:关掉排气阀,继续加热、升压至所设置得数值。

(8) 保压、恒温:15~30 min。

(9) 结束(关电源):降压,此时切忌立即放气,一定要降压至指针接近"零"位时,再打开放气阀,取出物品,排掉锅内剩余水。

灭过菌的培养基冷却后置于 37 ℃ 恒温箱内培养 24 h,若无菌生长则放入冰箱或阴凉处保存备用。

适用于加压蒸汽灭菌的物品有培养基、生理盐水、各种缓冲液、玻璃器皿和工作服等。灭菌所需时间和温度常取决于被灭菌的培养基中营养物的耐热性、容器体积的大小和装物量等因素。除含糖培养基用 0.072 MPa(115 ℃,15~20 min)外,一般多用 0.103 MPa(121 ℃,15~20 min)。另外对某些不耐高温的培养基(如血清、牛乳等)则可用巴斯德消毒法、间歇灭菌或过滤除菌等方法。

> **思考题**
> 1. 培养基是根据什么原理配制成的?肉膏、蛋白胨、琼脂培养基中的不同成分各起什么作用?
> 2. 配制培养基的基本步骤有哪些?应注意什么问题?
> 3. 简述加压蒸汽灭菌的原理和方法。

实验七 细菌的纯种分离、培养和接种技术

一、实验目的

① 从环境(土壤、水体、活性污泥、垃圾和堆肥等)中分离、培养微生物,掌握一些常用的分离和纯化微生物的方法。

② 学会几种接种技术。

二、实验器材

① 实验六中准备的无菌物品,包括各种玻璃器皿、培养基、稀释水等。
② 活性污泥、土壤或湖水 1 瓶。
③ 接种环、煤气灯或酒精灯和恒温培养箱等。

三、细菌纯种分离的操作方法

在自然界和污(废)水生物处理中,细菌和其他微生物杂居在一起。为了获得纯种进行研究或用于生产,就必须从混杂的微生物群体中分离出来。微生物纯种分离的方法很多,归纳起来可分为两类:一类是单细胞(或单孢子)分离;另一类是单菌落分离。后者因方法简便,所以是微生物学实验中常用的方法。通过形成单菌落获得纯种的方法很多,对于好氧菌和兼性好氧菌可采用平板画线法、平板表面涂布或浇注平板

法等。其中,最简便的是平板画线法。

分离专性厌氧菌的方法也很多,如深层琼脂柱法、滚管法等,现有一种厌氧工作台,操作、使用均较方便。厌氧分离培养微生物的关键是创造一个无氧环境,以利厌氧菌的生长。

平板画线法是用灭过菌的接种环挑取一环混杂在一起的不同属、种的微生物或同一属、种的不同细胞,在平板培养基表面作多次画线的稀释法,能得到较多的独立分布的单个细胞,经培养后即成单菌落,通常把这种菌落当作待分离微生物的纯种。有时这种单菌落并非都由单个细胞繁殖而来的,故必须反复分离多次,才可得到单一细胞纯菌落的克隆纯种。

平板表面涂布或浇注平板法一般都用样品(活性污泥)稀释液,前者通过三角刮刀将菌液分散在培养基表面,经培养后获得单菌落;后者是将菌液和培养基混合后培养出单菌落。本实验主要采用平板画线法和浇注平板法。浇注平板法也常用于细菌菌落总数的测定。

(一) 浇注平板法

1. 取样

用无菌瓶到现场取一定量的活性污泥、土壤或湖水,迅速带回实验室。

2. 融化培养基

加热融化培养基,待用。

3. 稀释水样

将 1 瓶 90 mL 和 5 管(根据预备实验数据变化)9 mL 的无菌水排列好,按 10^{-1}, 10^{-2},10^{-3},10^{-4},10^{-5} 及 10^{-6} 依次编号。在无菌操作条件下,用 10 mL 的无菌移液管吸取 10 mL 活性污泥(或其他样品 10 g)置于 90 mL 无菌水(或生理盐水,内含玻璃珠)中,将移液管吹洗 3 次,用手摇 5~10 min(或用混合器)将颗粒状样品打散,即为 10^{-1} 浓度的混合液;用 1 mL 无菌移液管吸取 1 mL 10^{-1} 浓度的菌液于 9 mL 无菌水中,将移液管吹洗 3 次,摇匀,即为 10^{-2} 浓度菌液。同法依次稀释到 10^{-6},稀释过程如图 13-13。

4. 平板的制作

(1) 将培养皿(10 套)编号:10^{-4},10^{-5},10^{-6} 各 3 套,1 套为空气对照。

(2) 将已稀释的水样加入到培养皿:取 1 支 1 mL 无菌移液管,从浓度小的 10^{-6} 菌液开始,以 10^{-6},10^{-5},10^{-4} 为序,分别吸取 1 mL 菌液(或 0.5 mL)于相应编号的培养皿内(注:每次吸取前,使菌液充分混匀)。

(3) 倒平板:将已融化并冷却至 50 ℃ 左右的培养基倒入培养皿(约 10~15 mL/皿),右手拿装有培养基的锥形瓶,左手拿培养皿(图 13-14A),以中指、无名指和小指托住皿底,拇指和食指将皿盖掀开,倒入培养基后将培养皿平放在实验桌上,顺时针和逆时针来回转动培养皿,使培养基和菌液充分混匀,冷凝后即成平板,倒置于 37 ℃ 恒温培养箱内培养 24~48 h,然后观察结果。将试管内培养基倒入平皿制平板可按图 13-14B 操作。

(4) 对照(空气)样品:倒平板待凝固后,打开皿盖 10 min 后盖上皿盖,倒置于 37 ℃ 恒温培养箱内,培养 24~48 h 后,观察结果。

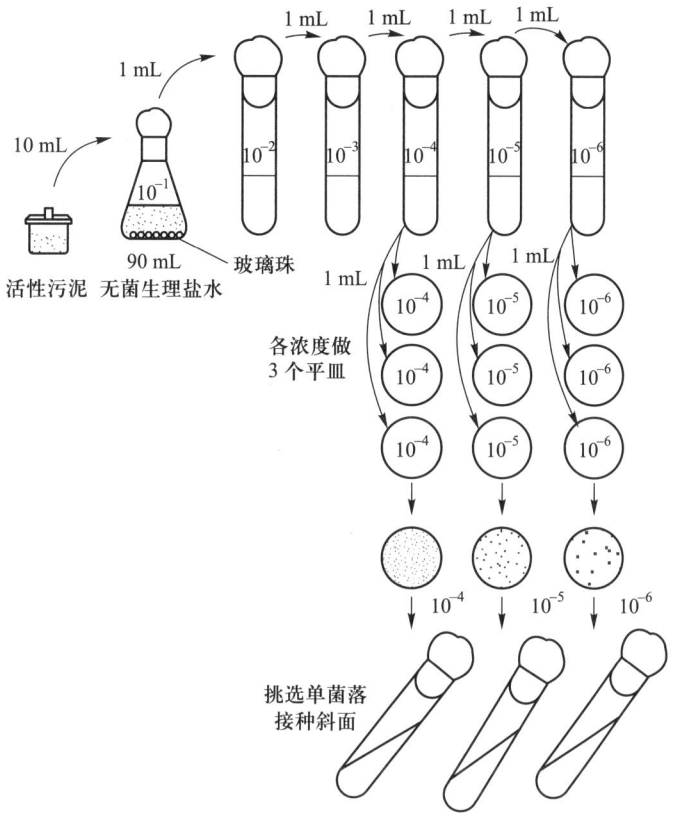

图 13-13　样品稀释、接种过程

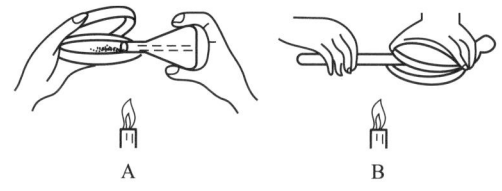

图 13-14　倒平板
A—从锥形瓶倒入平皿；B—从试管倒入平皿

（二）平板画线法

画线的形式有多种（图 13-15），但其要求基本相同，既不能划破培养基，同时又能充分分散细胞以获得单菌落，主要步骤如下：

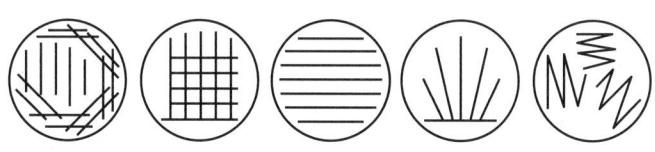

图 13-15　平板画线分离方法

1. 平板的制作

将融化并冷却至约50℃的培养基倒入培养皿内,使其凝固成平板。

2. 画线

用接种环挑取一环活性污泥(或土壤悬液等其他样品),左手拿培养皿,中指、无名指和小指托住皿底,拇指和食指夹住皿盖,将培养皿稍倾斜,左手拇指和食指将皿盖掀半开,右手将接种环伸入培养皿内,在平板上轻轻画线(切勿划破培养基),画线的方式可取图13-15中任何一种。画线完毕盖好皿盖,倒置于37℃恒温培养箱内,培养24~48 h后观察结果。

也可先将皿底分区,左手拿皿底,有培养基的一面朝向煤气灯,右手用接种环挑取活性污泥(或土壤悬液等其他样品),先在培养皿的一区划2~3条平行线,转动培养皿约70°角,并将接种环上残菌烧掉,冷却后使接种环通过第一次画线部分做第二次平行画线,同法接着做第三、第四次画线。

(三) 平板表面涂布法

平板涂布法与浇注平板法、平板画线法的作用一样,都是把聚集在一起的群体分散成能在培养基上长成单个菌落的分离方法。此法加样量不宜太多,只能在0.5 mL(一般为0.2 mL)以下。培养时起初不能倒置,先正置一段时间等水分蒸发后倒置。主要步骤如下:

(1) 稀释样品:方法与稀释平板法中的稀释方法和步骤一样。

(2) 倒平板:将融化并冷却至50℃左右的培养基倒入无菌培养皿中,冷凝后即成平板。

(3) 涂布:用无菌移液管吸取一定量的、经适当稀释的样品液于平板上,用三角刮刀在平板上旋转涂布均匀(图13-16)。

(4) 培养:送恒温箱培养(正置),如果培养时间较长,次日把培养皿倒置继续培养。

(5) 结果观察:待长出菌落,观察、分析实验结果。

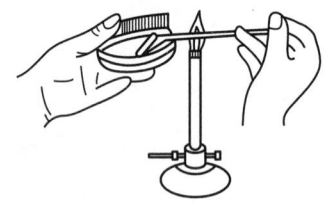

图13-16 平板表面涂布操作法

四、几种接种技术

由于实验的目的,所研究的微生物种类、所用的培养基及容器的不同,因此,接种技术也有多种。现简介如下:

(一) 接种用具

常用的接种用具有接种针、接种环、接种铲、移液管、滴管、三角刮刀、刮刀和定量移液器等(图13-17)。接种针和接种环等总长约25 cm,环、针的长为4.5 cm,可用铂丝、电炉丝或镍铬丝制成。上述材料以铂丝最为理想,其优点是在火焰上灼烧热得快,离火焰后冷得快,不易氧化且无毒;缺点是价格昂贵。故一般使用电炉丝和镍铬丝。接种环的柄为金属材质,其后端套上绝热材料套。柄也可用玻璃棒制作。前3种用具一般用于从固体培养基到固体培养基,或固体培养基到液体培养基的接种,如斜面接种;后几种用具多用于从液体培养基到液体培养基,或液体培养基到固体培养基的接种。

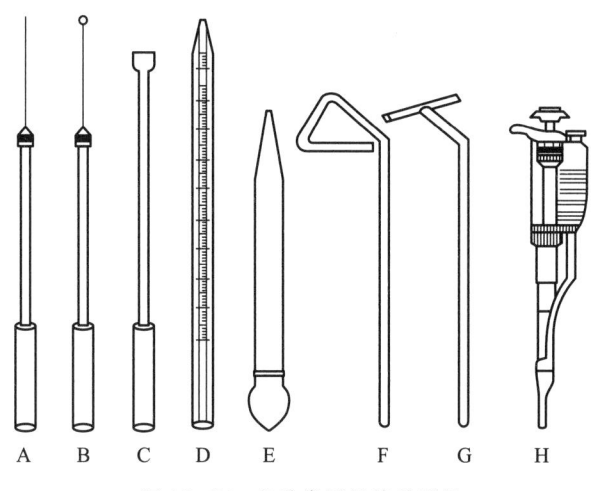

图 13-17 几种常用的接种用具

A—接种针；B—接种环；C—接种铲；D—移液管；E—滴管；F—三角刮刀；G—刮刀；H—定量移液器

（二）接种环境

微生物的分离培养、接种等操作需在经紫外线灯消毒的无菌操作室、无菌操作箱或生物超净台等环境下进行。教学实验由于人数多，无菌室小，无法一次容纳所有实验者。所以，在一般实验室内进行，这时要特别注意无菌操作。

（三）几种接种技术

接种技术是微生物学实验中常用的基本操作技术。接种就是将一定量的微生物在无菌操作条件下，转移到另一无菌的、适合该菌生长繁殖所需的培养基中的过程。根据不同的实验目的和培养方式，可以采取不同的接种用具和接种方法。

1. 斜面接种

这是将长在斜面培养基（或平板培养基）上的微生物接到一支斜面培养基上的方法（图 13-18）：

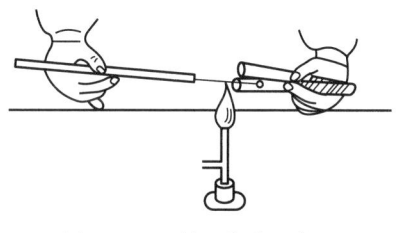

图 13-18 斜面接种示意图

（1）准备：接种前将操作台擦净，将所需的物品整齐有序地放在实验桌上。

（2）编号：将试管贴上标签，注明菌号、接种日期、接种人、组别等。

（3）点燃灯：点燃煤气灯（或酒精灯）。

（4）手持试管：将一支斜面菌种（或培养皿菌落）和一支待接的斜面培养基放在左手上，拇指压住两支试管，中指位于两支试管之间，斜面向上，管口齐平。

（5）灼烧接种环：右手先将棉塞拧松动，以便接种时易拔出。右手拿接种环，在火焰上将环烧红以达到灭菌的目的（环以上凡是可能进入试管的部分都应灼烧）。

（6）接种：在火焰旁，用右手小指、无名指和手掌夹住棉塞将它拔出。试管口在火焰上微烧一周，将管口上可能沾染的少量菌或带菌尘埃烧掉。将烧过的接种环伸入菌种管内，使环端轻触内管壁，冷却后取种，立即转移至待接种试管斜面上，自斜面底部开始向上作"Z"型致密画线直至斜面顶端。抽出接种环，试管过火后塞上棉塞，将试管放回试管架。灼烧接种环,杀灭环上细菌。将接种试管送至培养箱(37℃)培养,待看结果。

2. 液体接种

(1) 从斜面培养基到液体培养基的接种方法:与斜面接种的(1)~(3)步骤相同,取种后将沾有菌种的接种环送入液体培养基,使环上的菌种全部洗入培养基中,抽出接种环并灼烧(杀灭环上残留细菌),试管过火后塞上棉塞,将培养液轻轻摇动,使菌体在液体培养基中分布均匀,送培养箱(37℃)培养,待看结果。

(2) 从液体培养基到液体培养基的接种方法:操作步骤与斜面接种类似,只是用移液管、滴管等替代接种环作为接种工具,移液管和滴管在使用时不能像接种环那样灼烧,故必须在使用之前灭菌。另外还有一种用定量移液器取种转移法,此接种法在分子生物学实验中广泛应用,具有快速、微量、简便等特点而备受青睐。

3. 穿刺接种

穿刺接种用的培养基是半固体培养基。穿刺接种法就是用接种针挑取少量菌苔,直接刺入半固体的直立柱培养基中央的一种接种法(图13-19),它只适用于细菌和酵母菌的接种培养。与斜面接种所不同的是,接种工具是接种针;取种后在培养基柱中作穿刺(直至接近管底)。然后沿穿刺线缓慢地抽出接种针灼烧灭菌,试管过火后塞上棉塞,则接种完毕。

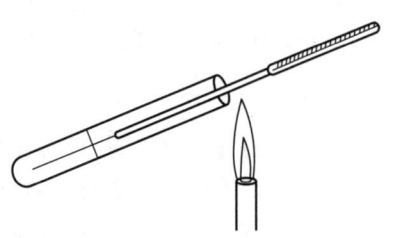

图13-19 穿刺接种示意图

另外,有时也将平板画线法和平板表面涂布等作为接种的方法。

思考题

1. 分离活性污泥为什么要稀释?
2. 用一根无菌移液管接种几种浓度的水样时,应从哪个浓度开始?为什么?
3. 你掌握了哪几种接种技术?

实验八 纯培养菌种的菌体、菌落形态的观察

一、实验目的

① 观察实验七分离出来的几种细菌的个体形态及与其相应的菌落形态特征。
② 通过革兰氏染色进一步巩固染色技术。
③ 通过观察和比较细菌、放线菌、酵母菌及霉菌的菌落特征,达到初步鉴别上述微生物的能力。

二、实验器材

(一) 主要仪器、器皿

恒温培养箱、显微镜、煤气灯(或酒精灯)、载玻片和接种环等。

(二) 实验材料

(1) 革兰氏染色液一套:草酸铵结晶紫、革兰氏碘液、体积分数为95%的乙醇、番红染液等。

(2) 4大类菌落(培养皿):实验七培养出来的各种细菌,另外实验室配给放线菌、酵母菌及霉菌等各类菌落,主要特征见表13-2。

表13-2 4大类微生物的菌落形态特征

主要特征	细菌	酵母菌	放线菌	霉菌
菌落主要特征	湿润或较湿润,少数干燥,小而突起或大而平坦	较湿润,大而突起,菌苔较厚	干燥或较干燥,小而紧密	干燥,大而疏松或大而紧密
菌落透明度	透明、半透明或不透明	稍透明	不透明	不透明
菌落与培养基结合程度	结合不紧	结合不紧	牢固结合	较牢固结合
菌落颜色	颜色多样	颜色单调,多为乳白色,少数红色	颜色多样	颜色多样,且鲜艳
菌落正反面颜色的差别	基本相同	基本相同	一般不同	一般不同

三、实验内容与方法

(一) 菌落形态和个体形态观察

1. 菌落形态的观察

由于微生物个体表面结构、分裂方式、运动能力、生理特性及产生色素的能力等各不相同,因而个体及它们的群体在固体培养基上生长状况各不一样。按照微生物在固体培养基上形成的菌落特征,可初步辨别是何种类型的微生物。应注意观察菌落的形状、大小、表面结构、边缘结构、菌丛高度、颜色、透明度、气味、黏滞性、质地软硬情况、表面光滑与粗糙情况等综合情况,加以判别。

微生物个体形态和菌落形态的观察是菌种鉴定的第一步,非常重要。

(1) 观察步骤:① 将自己培养的细菌菌落逐个辨认并编号,按号码顺序将各细菌的菌落特征描述、记录;② 绘菌落形态图。

(2) 细菌、放线菌、酵母菌及霉菌菌落特征的比较:对实验七培养出来的细菌和实验配给的放线菌、酵母菌及霉菌的菌落特征仔细观察,并将上述4种微生物菌落进行比较,做详细记录。

2. 个体形态特征的观察

通过涂片染色观察微生物形态。用接种环按号码顺序选择几种细菌(单菌落)做涂片,进行革兰氏染色,并作镜检,确定其革兰氏染色反应,并绘其形态图。由于只做了一次分离实验,得到的单菌落可能还不太纯,镜检时会出现多种形态。

(二) 斜面接种

在无菌操作条件下,用接种环分别挑取平板上长出的各种单菌落,分别接种于各管斜面培养基上,塞好棉塞,放在试管架上置于37 ℃恒温箱中,培养24~48 h后观察。尽量选择独立的单菌落进行斜面接种,经培养后即得纯斜面菌种。因为只经一次画线,有可能有的菌落不纯,则应进行第二次或数次画线后才能得到纯菌种。若要观察微生物在斜面培养基上的生长特征,只需在斜面上由下而上划一直线,经合适温度培养后即可观察到斜面上菌苔的特征,这些生长特征不仅在菌种鉴定上具有参考价值,而且也可用于检查菌株的纯度。

思考题

1. 请描述分离培养出的菌落形态和个体形态。
2. 通过本次实验,能根据菌落形态特征辨认不同的微生物吗?
3. 要使斜面的线条致密、清晰,接种时应注意哪几点?
4. 本实验中哪些步骤属无菌操作?为什么?

实验九 总大肠菌群的检验

在给水净化工程中,水源水先经处理后才能供给用户。饮用水要求清澈、无色、无臭和无病原菌。因此,自来水在出厂前要做水质的物理化学分析和细菌卫生学检验。本实验结合给水净化工程中的细菌学检验,做总大肠菌群的检验。

总大肠菌群是指一群在37 ℃培养24 h能发酵乳糖、产酸产气、需氧和兼性厌氧的革兰氏阴性无芽孢杆菌。总大肠菌群数是指每升(或每100 mL)水中含有的总大肠菌群的近似值。通常可根据水中总大肠菌群的数量来判断水源是否被粪便所污染,并可间接推测水源受肠道病原菌污染的可能性。

一、实验目的

① 了解总大肠菌群的数量指标在环境领域的重要性,学会总大肠菌群的检验方法。
② 通过检验过程,了解大肠菌群的生化特性。

二、实验原理和方法

人的肠道中主要存在3大类细菌:① 大肠菌群(G^-菌);② 肠球菌(G^+菌);③ 产气荚膜杆菌(G^+菌)。由于大肠菌群的数量大,在体外存活时间与肠道致病菌相近,且检验方法比较简便,故被定为检验肠道致病菌的指示菌。

总大肠菌群包括肠杆菌科中的埃希氏菌属(*Escherichia*,模式种:大肠埃希氏菌)、柠檬酸细菌属(*Citrobacter*)、克雷伯氏菌属(*Klebsiella*)及肠杆菌属(*Enterobacter*)。以上属菌都是需氧和兼性厌氧、无芽孢的革兰氏阴性杆菌(G^-菌),它们的生化反应特点已在微生物的生理章节中介绍。

我国《生活饮用水卫生标准》(GB 5749—2006)中微生物指标由 2 项增至 6 项,增加了大肠埃希氏菌和耐热大肠菌群等指标。修订了总大肠菌群的指标:饮用水中总大肠菌群[MPN/(100 mL)或 CFU/(100 mL)]不得检出;大肠埃希氏菌[MPN/(100 mL)或 CFU/(100 mL)]不得检出;耐热大肠菌群[MPN/(100 mL)或 CFU/(100 mL)]不得检出。当水样检出总大肠菌群时,应进一步检验大肠埃希氏菌或耐热大肠菌群;水样未检出总大肠菌群时,不必检验大肠埃希氏菌或耐热大肠菌群。

再生水回用于景观水体的水质标准规定:人体非直接接触的再生水总大肠菌群 1 000 个/L;人体非全身性接触的再生水总大肠菌群 500 个/L。城市杂用水水质标准:用于冲厕、道路清扫、消防、城市绿化、车辆冲洗、建筑施工,总大肠菌群 ≤ 3 个/L。对于那些只经过加氯消毒,即供作生活饮用水的水源水,其总大肠菌群平均每升不得超过 1 000 个;经过净化处理及加氯消毒后,供作生活饮用水的水源水的总大肠菌群平均每升不得超过 10 000 个。

总大肠菌群的检测方法主要有多管发酵法和滤膜法。前者被称为水的标准分析法,即将一定量的样品接种到乳糖发酵管,根据发酵反应的结果,确证大肠菌群的阳性管数后,在检索表中查出大肠菌群的近似值。后者是一种快速的替代方法,能测定大体积的水样,但只局限于饮用水或较洁净的水。目前,在一些大城市的水厂常采用此法。

三、实验器材

(一) 器皿

显微镜、锥形瓶(500 mL) 1 个、试管(18 mm×180 mm) 6 或 7 支、移液管 1 mL 2 支及 10 mL 1 支、培养皿(ϕ90 mm) 10 套、接种环、试管架 1 个。

(二) 试剂、材料

(1) 革兰氏染色液一套:草酸铵结晶紫、革兰氏碘液、体积分数为 95% 的乙醇、蕃红染液。

(2) 自来水(或受粪便污染的河、湖水):400 mL。

(3) 化学药品:蛋白胨、乳糖、磷酸氢二钾、琼脂、无水亚硫酸钠、牛肉膏、氯化钠、质量浓度为 16 g/L 的溴甲酚紫乙醇溶液、质量浓度为 50 g/L 碱性品红乙醇溶液、质量浓度为 20 g/L 的伊红水溶液及质量浓度为 5 g/L 的亚甲蓝水溶液。

(4) 其他:质量浓度为 100 g/L 的 NaOH、体积分数为 10% 的 HCl(原液为 36%)及精密 pH 试纸(6.4~8.4)等。

四、实验前准备工作

(一) 配培养基

1. 乳糖蛋白胨培养基(供多管发酵法的初发酵、复发酵用)

(1) 配方:蛋白胨 10 g、牛肉膏 3 g、乳糖 5 g、氯化钠 5 g、质量浓度为 16 g/L 的溴甲酚紫乙醇溶液 1 mL、蒸馏水 1 000 mL、pH 为 7.2~7.4。

在使用过程中,往往在上述培养基配方的基础上,加入胆盐(3 g/L),可以抑制革兰氏阳性菌的生长,有利于革兰氏阴性菌的生长。

(2) 制备:按配方分别称取蛋白胨、胆盐、牛肉膏、乳糖及氯化钠加热溶解于 1 000 mL 蒸馏水,调整 pH 为 7.2~7.4。加入质量浓度为 16 g/L 的溴甲酚紫乙醇溶液 1 mL,充分混匀后分装于试管内,每管 10 mL,另取一小倒管倒放入试管内。塞好棉塞、包装后灭菌,115 ℃(相对蒸汽压力 0.072 MPa)灭菌 20 min,取出后置于阴冷处备用。

2. 3 倍浓缩乳糖蛋白胨培养液(供多管法的初发酵用)

按上述乳糖蛋白胨培养液浓缩 3 倍配制,分装于试管中每管 5 mL(初发酵时加入 10 mL 水样);也可配制双料乳糖蛋白胨培养液,分装于试管中每管 10 mL(初发酵时加入 10 mL 水样)。然后在每管内倒放一个小倒管。塞好棉塞、包装后灭菌,灭菌条件同上。

现市场上有售配制好的乳糖发酵培养基(脱水培养基),使用非常方便。

3. 伊红-美蓝(亚甲蓝)培养基(供多管发酵法的平板画线用)

(1) 配方:蛋白胨 10 g、乳糖 10 g、磷酸氢二钾 2 g、琼脂 20~30 g、蒸馏水 1 000 mL、质量浓度为 20 g/L 的伊红水溶液 20 mL 及质量浓度为 5 g/L 的亚甲蓝水溶液 13 mL。

(2) 制备:将蛋白胨、磷酸盐和琼脂溶解于蒸馏水中调整 pH 为 7.2,加入乳糖,混匀后分装,灭菌后待用。使用前加热融化培养基,待冷却至 50 ℃~55 ℃ 时,加入伊红和亚甲蓝水溶液,混匀后到平板。

灭菌条件:0.072 MPa(115 ℃,15~20 min)

与乳糖蛋白胨培养液一样,市场上也有配制好的伊红亚甲蓝(美蓝)培养基(脱水培养基),使用十分方便。

(二) 水样的采集和保藏

采集水样的器具必须事前灭菌。

1. 自来水水样的采集

(1) 取样:先将水龙头用火焰烧灼 3 min 灭菌,然后再放水 5~10 min 后用无菌瓶取样,在酒精灯旁打开水样瓶盖(或棉花塞),取所需的水量后盖上瓶盖(或棉塞),速送实验室检测。

(2) 余氯的处理:若经氯处理的水中含余氯,会减少水中细菌的数目,采样瓶在灭菌前需加入硫代硫酸钠,以便取样时消除氯的作用。硫代硫酸钠的用量视采样瓶的大小而定。若是 500 mL 的采样瓶,加入质量浓度为 15 g/L 的硫代硫酸钠溶液 1.5 mL(可消除余氯量质量浓度为 2 mg/L 的 450 mL 水样中全部氯量)。

2. 河、湖、井水、海水的采集

河、湖、井水、海水的采集要使用特制的采样器(采样器种类很多,图 13-20 是其中一种),该采样器是一金属框,内装玻璃瓶,其底部装有重沉坠,可按需要坠入一定深度。瓶盖上系有绳索,拉起绳索,即可打开瓶盖,松开绳索瓶盖即自行塞好瓶口。水样采集后,将水样瓶取出,若是测定好氧微

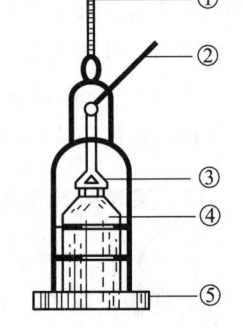

图 13-20 采样器
① 采水器绳索;② 瓶启闭绳索;
③ 瓶盖;④ 玻璃瓶;⑤ 沉坠

生物,应立即改换无菌棉花塞。

（三）水样的处置

水样采取后,迅速送回实验室立即检验。若来不及检验,放在 4 ℃冰箱内保存。若缺乏低温保存条件,应在报告中注明水样采集与检验相隔的时间,较清洁的水可在 12 h 以内检验,污水要在 6 h 内结束检验。

五、测定方法与步骤

（一）多管发酵法

多管发酵法(MPN 法)适用于饮用水、水源水,特别是浑浊度高的水中总大肠菌群的测定。

1. 生活饮用水的测定步骤

（1）初发酵试验:对已经处理过的出厂自来水,需经常检验或每天检验一次的,可做 5 份 10 mL 的水样,即按无菌操作法在 5 支装有 5 mL 3 倍乳糖蛋白胨培养液的发酵管（或 10 mL 双料乳糖蛋白胨培养液）中各加入 10 mL 水样,混匀后置于 37 ℃恒温箱中培养 24 h,观察其产酸产气的情况,见图 13-21。

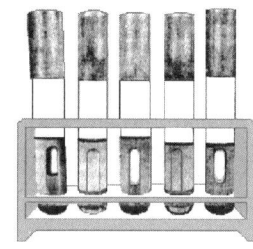

图 13-21 MPN 法测定大肠菌群初发酵的结果

情况分析：

① 若培养基紫色没变为黄色,即不产酸;小倒管没有气体,即不产气,为阴性反应,表明无大肠菌群存在。

② 若培养基由紫色变为黄色,小倒管有气体产生,即产酸又产气,为阳性反应,表明有大肠菌群存在。

③ 若培养基由紫色变为黄色说明产酸,但不产气,仍为阳性反应,表明有大肠菌群存在。

④ 若小倒管有气体,培养基紫色不变,也不浑浊,是操作技术上有问题,应重做检验。

以上结果为阳性者,说明水可能被粪便污染,需进一步检验。

（2）确定性试验:用平板画线分离,将经培养 24 h 后产酸（培养基呈黄色）、产气或只产酸不产气的发酵管取出,以无菌操作,用接种环挑取一环发酵液于伊红亚甲蓝培养基平板上画线分离,共 3 个平板。置于 37 ℃恒温箱内培养 18~24 h,观察菌落特征。如果平板上长有如下特征的菌落,并经涂片和进行革兰氏染色,结果为革兰氏阴性的无芽孢杆菌,则表明有大肠菌群存在。

大肠菌群在伊红-亚甲蓝（美蓝）培养基平板上的菌落特征:① 深紫黑色,具有金属光泽的菌落;② 紫黑（绿）色,湿润光亮,不带或略带金属光泽的菌落;③ 淡紫红色,中心色较深的菌落;④ 紫红色的菌落。

（3）复发酵试验:无菌操作,用接种环挑取具有上述菌落特征、革兰氏染色阴性的菌落于装有 10 mL 普通浓度的发酵培养基内,每管可挑取同一平板上（即同一初发酵管）的 1~3 个典型菌落的细菌,于 37 ℃恒温箱内培养 24 h,有产酸、产气者证实有大肠菌群存在,该发酵管被判为阳性管。根据阳性管数及实验所用的水样量,即可运用数理统计原理计算出每 100 mL(或每升)水样中大肠杆菌的最大可能数目(most probable number, MPN),可用下式计算:

$$MPN = \frac{1\,000 \times 阳性管数}{\sqrt{阴性管数水样体积(mL) \times 全部水样体积(mL)}}$$

MPN 的数据并非水中实际大肠菌群的绝对浓度,而是浓度的值。为了使用方便,现已制成检索表。所以,根据证实有大肠菌群存在的阳性管(瓶)数可直接查阅检索表(见附录六表 6-5),即得结果。

2. 水源水中大肠菌群的测定步骤(一)

(1) 稀释水样:根据水源水的清洁程度确定水样的稀释倍数,除严重污染外,一般稀释度可定为 10^{-1} 和 10^{-2},稀释方法如实验七中所述的 10 倍稀释法(均需无菌操作)。

(2) 初发酵试验:无菌操作,用无菌移液管吸取 1 mL 10^{-2},10^{-1} 的稀释水样及 1 mL 原水样,分别注入装有 10 mL 普通浓度乳糖蛋白胨培养基的发酵管中,另取 10 mL 原水样注入装有 5 mL 3 倍浓缩乳糖蛋白胨培养基的发酵管中(注:如果为较清洁的水样,可再取 100 mL 水样注入装有 50 mL 3 倍浓缩的乳糖蛋白胨培养基发酵瓶中)。置 37 ℃恒温箱中培养 24 h 后观察结果。以后的测定步骤与生活饮用水的测定方法相同。

根据证实有大肠菌群存在的阳性管数或瓶数查阅检索表(见附录六表 6-3),报告每升水样中的总大肠菌群数。

3. 水源水中大肠菌群的测定步骤(二)

(1) 稀释水样:将水样以 10 倍稀释法稀释。

(2) 初发酵试验:于各装有 5mL 3 倍浓缩乳糖蛋白胨培养液的 5 个试管中,各加 10 mL 水样;装有 10 mL 乳糖蛋白胨培养液的 5 个试管中,各加 1 mL 水样;另外装有 10 mL 乳糖蛋白胨培养液的 5 个试管中,各加 1 mL 10^{-1} 浓度的水样。3 个梯度,共计 15 管。将各管充分混匀,置于 37 ℃恒温箱中培养 24 h。

接下去的平板分离和复发酵试验的检验步骤,与生活饮用水的测定方法相同。根据证实总大肠菌群存在的阳性管数查阅检索表(见附录六表 6-4),即可求得每100 mL 水样中存在的大肠菌群数,乘以 10 即为 1 L 水中的大肠菌群数。

(二) 滤膜法

滤膜法适用于测定饮用水和低浊度的水源水,此结果是从所用的滤膜培养基上直接数出的菌落数。

1. 实验原理

滤膜是一种微孔薄膜,直径一般为 35 mm,厚度为 0.1 mm,孔径为 0.45~0.65 μm,能滤过大量水样,并将水中含有的细菌截留在滤膜上,然后将滤膜贴在添加乳糖的鉴别性培养基上,经 37 ℃恒温箱中培养 24 h 后,直接计数能在滤膜上生长的典型大肠菌群菌落,计算出每 100 mL 水样中含有的总大肠菌群数。

2. 仪器与材料

除了需要多管发酵法的器材外,还需要过滤器、抽滤设备、无菌镊子、培养皿(ϕ60 mm)和滤膜(直径 3.5 cm 或 4.7 cm)等。

3. 培养基

(1) 品红亚硫酸钠培养基：即远滕氏培养基，该培养基供滤膜法用。

a. 配方：蛋白胨 10 g、酵母浸膏 5 g、牛肉膏 5 g、乳糖 10 克、磷酸氢二钾 3.5 g、琼脂 20 g、蒸馏水 1 000 mL、无水亚硫酸钠 5g 左右、质量浓度为 50 g/L 的碱性品红乙醇溶液 20 mL。

b. 储备培养基的制备：先将琼脂加入 900 mL 蒸馏水中加热溶解，然后加入磷酸氢二钾及蛋白胨、酵母浸膏、牛肉膏，混匀使之溶解，加蒸馏水补足至 1 000 mL，调整 pH 为 7.2~7.4，趁热用脱脂棉或绒布过滤（若无杂质可不用过滤），再加入乳糖，混匀后定量分装于锥形瓶内，包装后灭菌，灭菌条件：0.072 MPa(115 ℃, 15~20 min)。置于冷暗处备用。

c. 平皿培养基的配制：使用前将储备培养基融化，用无菌移液管吸取一定量的质量浓度为 50 g/L 的碱性品红乙醇溶液置于无菌空试管中，再按比例称取所需的无水亚硫酸钠置于另一无菌空试管中，加无菌水少许，使其溶解后置沸水浴中煮沸 10 min 以灭菌。用无菌移液管吸取无水亚硫酸钠溶液，滴加于碱性品红乙醇溶液至深红色褪成淡粉色为止，将此亚硫酸钠与碱性品红的混合液全部加到已融化的储备培养基内，并充分混匀后倒平板，备用（如放冰箱保存不宜超过两周）。如培养基已由淡粉色变成深红色，则不能再用。

本培养基也可不加琼脂，制成液体培养基，使用时加 2 mL~3 mL 于灭菌吸收垫上，再将滤膜置于培养垫上培养。

(2) 乳糖蛋白胨培养液：与总大肠菌群多管发酵法相同。

(3) 乳糖蛋白胨半固体培养基：蛋白胨 10 g，牛肉膏 5 g，酵母浸膏 5 g，乳糖 10 g，琼脂 5 g，蒸馏水 1 000 mL，pH 为 7.2~7.4。

灭菌条件：0.072 MPa(115 ℃, 15~20 min)

4. 操作步骤

(1) 准备工作：准备工作主要是滤膜和滤器的灭菌。滤膜灭菌时，将滤膜放入烧杯中，加入蒸馏水，置于沸水浴中煮沸灭菌（间歇灭菌）3 次，每次 15 min，前两次煮沸后需更换蒸馏水洗涤 2~3 次，以除去残留溶剂。

滤器灭菌使用高压灭菌器 121 ℃ 灭菌，相对蒸汽压力 0.103 MPa, 20 min。

(2) 过滤水样：过滤水样时，用无菌镊子夹住滤膜边缘部分，将粗糙面向上，贴在滤器上，稳妥地固定好滤器，将 100 mL 水样（如果水样中含菌量多，可减少过滤水样）注入滤器中，加盖，打开滤器阀门，在 -5.07×10^4 Pa(-0.5 atm) 下抽滤。

(3) 培养：水样滤毕，再抽气 5 s，关上滤器阀门，取下滤器，用镊子夹住滤膜边缘移放在品红亚硫酸钠培养基平板上，滤膜截留细菌面向上，滤膜应与培养基完全贴紧，两者间不得留有气泡，然后将平皿倒置，放入 37 ℃ 恒温箱内培养 22~24 h。

(4) 结果观察与报告：挑取符合下列特征的菌落进行涂片、革兰氏染色、镜检。

① 紫红色，具有金属光泽的菌落；② 深红色，不带或略带金属光泽的菌落；③ 淡红色，中心色较深的菌落。

将具有上述菌落特征、革兰氏染色阴性、无芽孢杆菌接种到乳糖蛋白胨培养液或乳糖蛋白胨半固体培养基。经 37 ℃ 培养，前者于 24 h 产酸产气者；或后者经 6~8 h 培养后产气者，则判定为大肠菌群。根据滤膜上生长的大肠菌群菌落数和过滤的水样体积,即可计算出每 100 mL 水样中的大肠菌群数,得出实验结果。

$$总大肠菌群数[CFU \cdot (100\ mL)^{-1}] = \frac{平皿上数出的总大肠菌菌落数 \times 100}{过滤的水样体积(mL)}$$

对于不同来源和不同水质特征的水样,采用滤膜法测定大肠菌群应考虑过滤不同体积的水样,以便得到较好的实验数据。

> **思考题**
> 1. 测定水中大肠菌群数有什么实际意义?为什么选用大肠菌群作为水的卫生指标?
> 2. 如果自行改变测试条件,进行水中大肠菌群数的测定,该测试结果能作为正式报告采用吗?为什么?

实验十 细菌菌落总数的测定

细菌菌落总数(colony form unit,菌落形成单位,简写为 CFU)是指 1 mL 水样在营养琼脂培养基中,于 37 ℃培养 24~48 h 后所生长的腐生性细菌菌落总数。它是有机物污染程度的一个重要指标,也是卫生指标。在饮用水中所测得的细菌菌落总数,除说明水被生活废物污染的程度外,还指示该饮用水能否饮用。但水源水中的细菌菌落总数不能说明污染的来源。因此,结合大肠菌群数以判断水的污染源和安全程度就更全面。

我国现行生活饮用水卫生标准(GB 5749—2006)规定,细菌菌落总数在 1 mL 自来水中不得超过 100 个。

一、实验目的

① 学会细菌菌落总数的测定。
② 了解水质与细菌菌落数之间的相关性。

二、实验原理

细菌种类很多,有各自的生理特性,必须用适合它们生长的培养基才能将它们培养出来。然而,在实际工作中不易做到,所以通常用一种适合大多数细菌生长的培养基培养腐生性细菌,以它的菌落总数表明有机物污染程度。水中细菌总数与水体受有机污染的程度成正相关,因此细菌菌落总数常作为评价水体污染程度的一个重要指标。细菌菌落总数越大,说明水体被污染得越严重。

三、实验器材

同实验七。

四、实验内容与操作步骤

(一) 生活饮用水

以无菌操作方法。用无菌移液管吸取 1 mL 充分混匀的水样,注入无菌培养皿中,注入约 10~15 mL 已融化,并冷却至 50 ℃左右的营养琼脂培养基,平放于桌上迅速旋摇培养皿,使水样与培养基充分混匀,冷凝后成平板。每个水样做 2~3 个平板。另取一个无菌培养皿倒入培养基作空白对照。将以上所有平板倒置 37 ℃恒温箱内培养 24~48 h,计菌落数。计算出 3 个平板(或 2 个平板)上生长的菌落总数的平均值,即为 1 mL 水样中的细菌菌落总数。

(二) 水源水

1. 稀释水样

在无菌操作条件下,以 10 倍稀释法稀释水样,视水体污染程度确定稀释倍数,具体操作如实验七的三、(一)。

2. 取水样至培养皿

用无菌移液管吸取 3 个适宜浓度的稀释液 1 mL(或 0.5 mL)加入无菌培养皿内,再倒培养基,冷凝后倒置 37 ℃恒温箱中培养。

3. 计菌落数

将培养 24~48 h 的平板取出计菌落数。取在平板上有 30~300 个菌落的稀释倍数计数。

五、菌落计数及报告方法

进行平皿菌落计数时,可用肉眼观察,也可用放大镜和菌落计数器计数。记下同一浓度的 3 个平板(或 2 个)的菌落总数,计算平均值,再乘以稀释倍数即为 1 mL 水样中的细菌菌落总数(表 13-3)。

表 13-3 稀释度选择及菌落总数报告方式

例次	不同稀释度的平均菌落数			两个稀释度菌落数之比	菌落总数 /(CFU·mL^{-1})	报告方式 /(CFU·mL^{-1})
	10^{-1}	10^{-2}	10^{-3}			
1	1 365	164	20	—	16 400	16 000 或 1.6×10^4
2	2 760	295	46	1.6	37 750	38 000 或 3.8×10^4
3	2 890	271	60	2.2	27 100	27 000 或 2.7×10^4
4	无法计算	4 650	513	—	513 000	510 000 或 5.1×10^5
5	27	11	5	—	270	270 或 2.7×10^2
6	无法计算	305	12	—	30 500	31 000 或 3.1×10^4

(一) 平板菌落数的选择

计数时应选取菌落数在 30~300/皿的稀释倍数进行计数。若其中一个平板上有较大片状菌落生长时,则不宜采用,而应以无片状菌落生长的平板作为该稀释度的平均菌落数;若片状菌落约为平板的一半,而另一半平板上菌落数分布很均匀,则可按半个平板上的菌落计数,然后乘以 2 作为整个平板的菌落数。

(二) 稀释度的选择

(1) 当只有一个稀释度的平均菌落数符合 30~300/皿时:则以该平均菌落数乘以稀释倍数报告(表 13-3 例次 1)。

(2) 当有两个稀释度的平均菌落数均在 30~300 时:则应视两者菌落数之比值来决定,若比值小于 2,应报告两者之平均数;若大于 2 则报告其中稀释度较小的菌落数(表 13-3 例次 2 及例次 3)。

(3) 当所有稀释度的平均菌落数均大于 300 时:则应按稀释度最高的平均菌落数乘以稀释倍数报告之(表 13-3 例次 4)。

(4) 当所有稀释度的平均菌落数均小于 30 时:则应按稀释度最低的平均菌落数乘以稀释倍数报告之(表 13-3 例次 5)。

(5) 当所有稀释度的平均菌落数均不在 30~300 时:则以最接近 300 或 30 的平均菌落数乘以稀释倍数报告之(表 13-3 例次 6)。

(三) 菌落数的报告

菌落数在 100 以内时按实有数据报告,大于 100 时,采用两位有效数字,在两位有效数字后面的位数,以四舍五入方法计算。为了缩短数字后面的零数,可用 10 的指数来表示(表 13-3 报告方式栏)。在报告菌落数为"无法计数"时,应注明水样的稀释倍数。

> **思考题**
> 1. 测定水中细菌菌落总数有什么实际意义?
> 2. 根据我国饮用水水质标准,讨论你这次检验结果。

实验十一 耐热大肠菌群的测定

耐热大肠菌群有时也称粪大肠菌群,是总大肠菌群的一部分,主要来自粪便。由于总大肠菌群既包括了来源于人类和温血动物粪便的耐热大肠菌群,还包括了其他非粪便的杆菌,故不能直接反映水体近期是否受到粪便污染。而耐热大肠菌群能更准确地反映水体受粪便污染的情况,是目前国际上通行的监测水质是否受粪便污染的指示菌,在卫生学上有更重要的意义。

一、实验目的

在测定总大肠菌群的基础上,学会耐热大肠菌群的测定方法。

二、实验原理

耐热大肠菌群在 44.5 ℃培养 24 h,仍能生长并发酵乳糖产酸产气,是一类粪源性大肠菌群,包括埃希氏菌属和克雷伯氏菌属。实验中通过提高培养温度的方法,造成不利于来自自然环境的大肠菌群生长的条件,将自然环境中的大肠菌群与粪便中的大肠菌群区分开,在 44.5 ℃仍能生长的大肠菌群,称为耐热大肠菌群。

三、测试方法

测定耐热大肠菌群的方法与总大肠菌群的方法大致相同,也分多管发酵法和滤膜法两种,区别仅在于培养温度的不同。耐热大肠菌群的检测,多在总大肠菌群的检测基础上进行。

(一) 多管发酵法

1. 器材和培养基

(1) 器材:所用的器材除与测定总大肠菌群(发酵法)所用的仪器设备相同外,还要有精确的恒温培养箱,一般用隔水式恒温培养箱或恒温水浴,能确保温度维持在 44.5 ℃±0.2 ℃。

(2) 培养基:本实验的培养基准备有乳糖蛋白胨培养液、EC 培养液及伊红-亚甲蓝培养基。

a. 乳糖蛋白胨培养液:制法和成分与总大肠菌群多管发酵法相同。

b. EC 培养液:胰蛋白胨 20.0 g,乳糖 5.0 g,3 号胆盐 1.5 g,K_2HPO_4 4.0 g,KH_2PO_4 1.5 g,NaCl 5.0 g 及蒸馏水 1 000 mL。灭菌后 pH 为 6.9±0.2。

分装于有小倒管的试管中,包装后灭菌,115 ℃(相对蒸汽压力 0.072 MPa)灭菌 20 min,取出后置于阴冷处备用。

c. 伊红-亚甲蓝培养基:同实验九。

2. 方法与步骤

(1) 稀释:根据水样污染程度,确定稀释度。

(2) 接种:按总大肠菌群多管法接种水样。

(3) 培养:在 37 ℃培养 24 h(±2 h),用接种环从产酸、产气或只产酸的发酵管中取一环分别接种于 EC 培养液中,置于 44.5 ℃±0.2 ℃温度下培养(如水浴培养,水面应超过试管内液面)。

(4) 结果观察:在 EC 培养液中若所有管都不产气,则可报告为阴性;若有产气者,则转种于伊红-亚甲蓝琼脂平板上,置 44.5 ℃培养 18~24 h,凡平板上有典型菌落者,则证实为耐热大肠菌群阳性。按总大肠菌群多管发酵法结果计算方法,换算成每 100 mL 的耐热大肠菌群数。

如检测未经加氯消毒的水,且只想检测耐热大肠菌群时,或调查水源水的耐热大肠菌群污染时,可用直接多管耐热大肠菌群方法,即在第一步乳糖发酵试验时按总大肠菌群多管法(乳糖蛋白胨培养液)加入水样,在 44.5 ℃±0.2 ℃水浴中培养,以下步骤同 2.(3)。

3. 结果报告

根据证实为耐热大肠菌群的阳性管数,查最可能数(MPN)检索表,报告每 100 mL 水样中耐热大肠菌群的最可能数(MPN)值。

(二) 滤膜法

检测耐热大肠菌群的滤膜法有多种,其水样过滤等步骤与总大肠菌群滤膜法相同,仅是培养基、培养时间和培养温度有所不同。

1. 器材与培养基

(1) 器材:所用的器材除与测定总大肠菌群(滤膜法)相同外,还要有精确的恒温培养箱,一般用隔水式恒温培养箱或恒温水浴。

(2) 培养基:MFC 培养基和 EC 培养基。

a. MFC 培养基配方：胰胨 10.0 g,多胨 5.0 g,酵母浸膏 3.0 g,NaCl 5.0 g,乳糖 12.5 g,3 号胆盐或混合胆盐 1.5 g,琼脂 15.0 g,苯胺蓝 0.2 g,蒸馏水 1 000 mL。

b. MFC 培养基制备：在 1 000 mL 蒸馏水中先加入玫红酸 10 mL(用 0.2 mol/L 氢氧化钠溶液配制,10 g/L),混匀后取 500 mL 加入琼脂煮沸溶解,于另 500 mL 蒸馏水中,加入除苯胺蓝以外的其他试剂,加热溶解倒入已溶解的琼脂混匀,调 pH 为 7.4,加入苯胺蓝煮沸并迅速离开热源,待冷却至 60 ℃ 左右,制成平板,不可用高压灭菌。此培养基应存放于 2~10 ℃,不超过 96 h。

本培养基也可不加琼脂,制成液体培养基,使用时加 2~3 mL 于灭菌吸收垫上,再将滤膜置于培养垫上培养。

EC 培养基同耐热大肠菌群多管发酵法。

2. 方法与步骤

(1) 准备工作与过滤水样：同总大肠菌群滤膜法。

(2) 培养：水样滤毕,再抽气 5 s,关上滤器阀门,取下滤器,用无菌镊子夹住滤膜边缘移放在 MFC 培养基平板上,滤膜截留细菌面向上,滤膜应与培养基完全贴紧,两者间不得留有气泡,然后将平皿倒置,放入 44.5 ℃ 隔水式恒温箱内培养 24 h±2 h。耐热大肠菌群在此培养基上菌落为蓝色,非耐热大肠菌群的菌落为灰色至奶油色。对可疑菌落转种 EC 培养基,44.5 ℃ 隔水式恒温箱内培养 24 h±2 h,如产气则证实为耐热大肠菌群。

3. 结果报告

计数被证实的耐热大肠菌群数,水中耐热大肠菌群数系以 100 mL 水样中耐热大肠菌群形成单位(CFU)表示：

$$耐热大肠菌群数(CFU/100\ mL) = \frac{所计得的耐热大肠菌菌落数 \times 100}{过滤的水样体积(mL)}$$

滤膜法测定耐热大肠菌群的培养基还有 M-TEC 培养基,现表述如下：

培养基配方 蛋白胨 5.0 g,酵母浸膏 3.0 g,乳糖 10.0 g,K_2HPO_4 3.3 g,KH_2PO_4 1.0 g,NaCl 7.5 g,十二烷基磺酸钠 0.2 g,脱氧胆酸钠 0.1 g,质量浓度为 16 g/L,溴甲酚紫 80 mL,溴酚红 80 mL,琼脂 15 g,蒸馏水 1 000 mL,pH=7.3。包装后灭菌,115 ℃(相对蒸汽压力 0.072 MPa)灭菌 20 min,取出后置于阴冷处备用。

方法与步骤 滤膜过滤一定体积的水量后,平置于平板的表面,截菌面向上。先在 37 ℃ 预培养 2 h,再移至 44.5±0.2 ℃ 下培养 23~24 h,耐热大肠菌群菌落呈黄色。必要时将可疑菌落接种于乳糖蛋白胨培养液中培养,观察是否产气,计算出 100 mL 水样中存在的耐热大肠菌群数。

思考题

1. 耐热大肠菌群数和总大肠菌群数的测定有何异同？
2. 为什么说 44.5±0.2 ℃ 温度下培养出来的耐热大肠菌群,更能代表水质受粪便污染的情况？

实验十二　水体（生活污水）中的生物检测与水体水质评述

一、实验目的

1. 加强综合能力培养

以校园河水（或其他水体）作为实验材料，确定实验内容和方案。由简单实验过渡到综合性训练。此项目同样适用于景观水、各种水体水质的研究。在实验室感受发现问题→解决问题的过程，有利于形成创新思维的良好习惯，有助于提高实验技能和创新能力。

2. 注重理论—实验—实践—科研之间的联系

通过实验很好地将基础知识与环境治理联系起来，将实验的内容与水体的水质评价联系在一起，将环境微生物学的某些测试指标和环境监测的结果应用于实际。促进加深对已掌握的基础知识的理解，全面提高动手能力。

二、方案与步骤

（一）方案的确定

本实验为综合性实验，实验内容多，时间跨度长。学生必须提前预习，以小组为单位，拟写实验提纲，通过查阅资料初步提出实验方案，并在老师的指导下确定实验方案。包括时间的安排以及实验的组合等事项。

（二）实验器材

实验器材有采样瓶或采样器，常用的玻璃器皿及培养细菌菌落总数和总大肠杆菌等所需的培养基。

（三）实验步骤

1. 水样的采集

（1）河水、湖水等水样：用特制的采样瓶或采样器，一般在距水面 10～15 cm 的水层打开瓶塞取样，盖上盖子后再从水中取出，速送实验室检测。本实验水样为河水。

（2）水样的处置：采集的水样，一般较清洁的水可在 12 h 内测定，污水必须在 6 h 内测定完毕。若无法在规定时间内完成，应将水样放在约 4 ℃冰箱存放，若无低温保藏条件，应在报告中注明水样采集与测定的间隔时间。

2. 水样的镜检

用压滴法制作标本片，在显微镜下识别水体中的微生物类群，记录种群的变化情况，根据微生物的指示作用作简单描述。

水样的镜检看似简单，但要完成这项内容，必须具备环境微生物学的基础知识，尤其是熟悉和掌握环境微生物形态学方面的有关信息，才能比较准确地观察和识别不同类群的微生物种类，然后作出判析、得出结论。

3. 细菌菌落总数的测定

（1）水样的准备：视水体清洁程度，决定水样稀释与否和稀释度等过程。

(2) 接种:用无菌移液管吸取 3 个适宜浓度的稀释液 1 mL(或 0.5 mL),分别加入 3 个无菌培养皿内,再分别倒入培养基,待冷凝后成平板倒置在 37 ℃恒温箱中培养 24~48 h。

(3) 计菌落数:将培养 24~48 h 的平板(图 13-22)取出,计菌落数(CFU/mL)。

4. 总大肠菌群数的测定

(1) 无菌物品的准备:① 培养皿、移液管、18 mm×180 mm 试管、250 mL 锥形瓶、稀释水等;② 培养基。

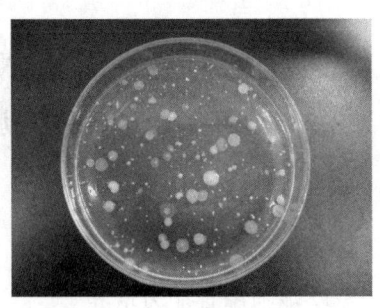

图 13-22 细菌菌落

本实验用市售的半成品(脱水)培养基配制:

a. 乳糖胆盐发酵培养基(国药集团化学试剂有限公司,以下同):称取 35 g 加热溶解至 1 000 mL 蒸馏水中。本实验配 50 mL(3 倍浓缩),应为 5.2 g,溶解后分装 2 支试管(18 mm×180 mm,以下同),5 mL/试管,其余培养基加水稀释 3 倍即为原配方培养基,分装于试管,10 mL/支,共 12 支试管。每支试管内放入一个小倒管。

b. 伊红美蓝琼脂培养基:称取 37.5 g 加热溶解至 1 000 mL 水中。本实验配 60 mL,应称取 2.1 g,溶解后转入锥形瓶。

以上培养基均于 115 ℃(相对蒸汽压力 0.072 MPa)灭菌 20 min,灭菌后待用。

(2) 初发酵实验:按以下步骤进行。

① 将采集的河水水样分为 4 个梯度(原水 10 mL、原水 1 mL、10^{-1} 和 10^{-2} 浓度)。

② 将试管编号。

③ 用无菌操作法在 1 支装有 5 mL 3 倍浓缩的乳糖胆盐发酵培养基的试管中,加入 10 mL 水样;其余分别加 1 mL 水样(不同浓度),混匀后送 37 ℃培养箱培养 24 h,观察其产酸产气情况,若 24 h 未产酸产气,可继续培养至 48 h。

④ 初发酵结果(用文字或图片记录,如图 13-23):情况分析同实验九中的"五"。

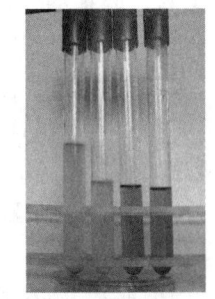

图 13-23 总大肠菌群数的测定的初发酵结果

(3) 确定性试验:将 24 h 或 48 h 培养后产酸产气,或仅产酸的试管中的菌液,分别画线接种于伊红美蓝琼脂培养基上(画线法),于 37 ℃培养 24 h,将具有大肠菌群典型特征的菌落作革兰氏染色和镜检。

① 深紫黑色,具有金属光泽的菌落;② 紫黑(绿)色,湿润光亮,不带或略带金属光泽的菌落;③ 淡紫红色,中心色较深的菌落;④ 紫红色的菌落。

分析、观察伊红美蓝琼脂平板上的菌落生长情况并作记录(文字图片均可,如图 13-24):

(4) 复发酵实验:选择具有上述特征的菌落,经涂片、染色和镜检后,若为革兰氏阴性无芽孢杆菌,则用接种环挑取此菌落的一部分转接至乳糖胆盐发酵培养基的试管中,于 37 ℃培养 24 h 后,观察实验结果并记录。

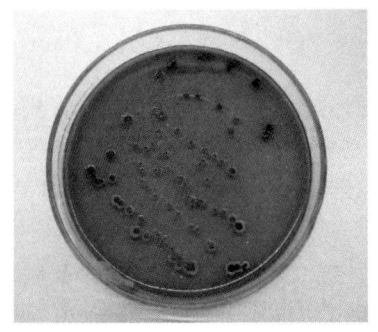
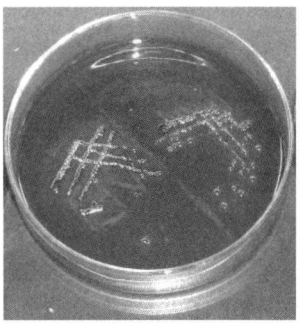

图 13-24 确定性试验菌落特征

（5）查表记录结果：查阅附录六表 3，报告水样中的总大肠菌群最可能数（MPN）值。其他内容可参考实验十。

三、综合分析和评述

在进行以上一系列实验后，根据实验过程和数据、结果等，评述水质情况，并提出自己的见解、解决问题的方法和建议等。

实验十三 应用 API 20E 细菌鉴定系统鉴定肠杆菌科和其他革兰氏阴性杆菌

传统的菌种鉴定步骤包括：① 获得纯培养物（一般指经 2~3 次分离的单菌落）；② 测定一系列必要的鉴定指标（主要为生化指标）；③ 查找权威性的菌种鉴定手册。其中第②项内容常被微生物学工作者视为菌种鉴定的畏途，因为除了浩大的工作量外，对技术熟练度的要求很高，初学者较难以达到。近年来，国内外推出了多种类型的成套鉴定系统及编码鉴定方法。例如，法国生物-梅里埃集团的 API/ATB、瑞士公司的 Enterotubeh（肠管系统）和美国的 Biolog 全自动和手动细菌鉴定系统等。从而使细菌鉴定逐步实现简易化、微量化和快速化。

API（API System）20E（20 指孔数或管数，E 指肠道细菌）细菌数值鉴定系统是 API/ATB 中最早和最重要的产品，也是国际上应用最多的系统。该系统的试验条（塑料条）有 20 个分隔室（含干燥底物的小管），20 个分隔室的作用相当于 20 个不同的生化实验，这样就可省去大量的时间，完成由于教学时数的限制而不能安排的教学实验。适用于 API 20E 细菌鉴定系统的细菌有 700 多种，可根据需要鉴定的对象去选购相应的系列产品（试验条）。这项在环境科学、环境工程等专业中非常重要的实验技术的应用，可为科研、生产实践提供更好的服务。

一、实验目的

① 了解 API 20E 细菌鉴定系统鉴定细菌的原理。
② 用 API 20E 细菌鉴定系统进行肠杆菌科和其他革兰氏阴性杆菌的鉴定。

二、实验原理

API 20E 试验条是由 20 个含干燥底物的小管所组成,这些小管用细菌悬浮液接种,培养一定时间后,通过代谢作用,管内培养物产生颜色的变化,或是加入试剂后变色观察其结果。根据说明表判读反应,并参照分析图索引或 API LAB PLUS 软件得到鉴定结果。

API 20E 细菌数值鉴定系统可同时测定 20 项生化指标,这样就解决了第②项内容中涉及的难题。20 个(也有超过 20 个的)塑料小管,即相当于 20 项生化指标的测试,个别小管可进行两种反应,主要用来鉴定肠杆菌科的细菌。管内加有适量糖类等生化反应底物的干粉(有标签表明)和反应产物的显色剂。每份产品都有薄膜覆盖,外有培养盒,保证无杂菌污染。如图 13-25 所示,实验时加入待鉴定的菌液,在 37 ℃ 恒温培养 18~24 h,观察试验条上各项反应,按生化试验项目及反应结果(某些反应需加入相应试剂后再观察结果)来判定试验结果。然后用此结果编码,查阅根据数码分类鉴定的原理编制成的编码本,或用电脑检索(其软件也是根据数码分类鉴定的原理而编制),判断被鉴定细菌的结果。

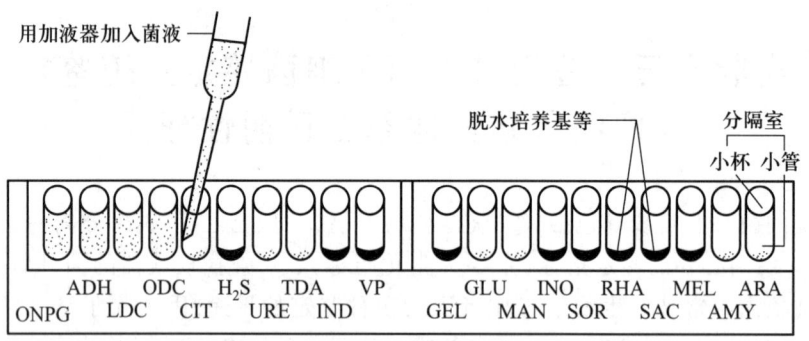

图 13-25　API 20E 试验条

三、实验器材

(一) 菌种

待鉴定的肠杆菌科或革兰氏阴性的细菌菌株(必须是纯种)。

(二) 培养基、溶液和试剂

牛肉膏蛋白胨斜面培养基、无菌水、液状石蜡;部分反应需添加的试剂:TDA 试剂、IND 试剂、VP1、VP2 试剂和氧化酶试剂等。

(三) 其他

API 20E 细菌数值鉴定系统的试验条、比浊管、精密移液器、试剂盒、微型混合器、生化培养箱、灭菌器等。

四、操作步骤

API 20E 细菌数值鉴定系统主要操作步骤(图 13-26)包括菌悬液的制备、接种、培养、观察和记录生化反应结果,编码和检索等。

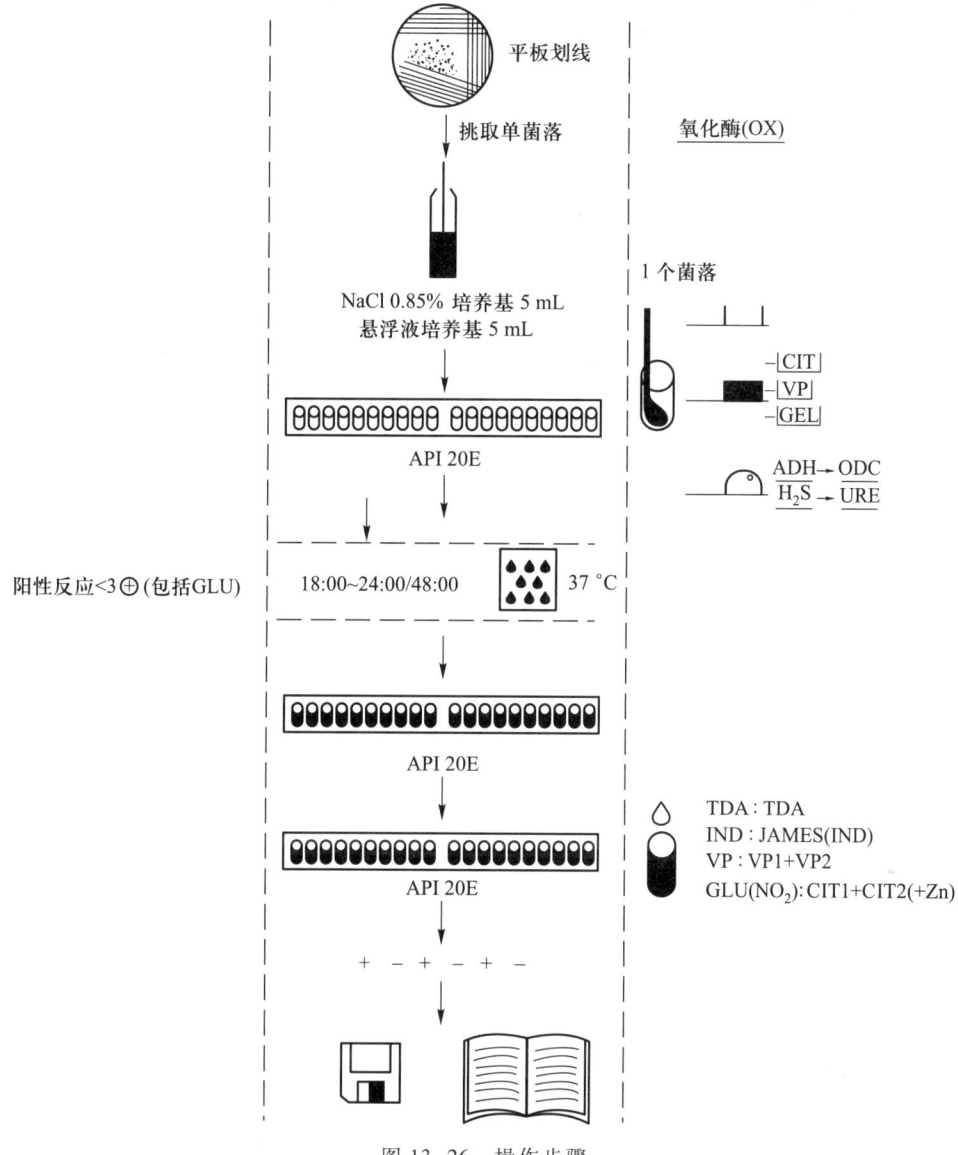

图 13-26 操作步骤

（一） 菌悬液的制备

将待测菌种接种到牛肉膏蛋白胨斜面，37 ℃恒温培养 18~24 h 后，挑取菌苔至 5 mL 无菌水中，使配置成浓度为 $\geqslant 1.5\times 10^8$/mL 的菌悬液，在微型混合器上混合均匀，并用比浊管进行比较。

（二） 将试验条作标记

用记号笔编号，包括菌株号和组号等。

（三） 接种

用移液器吸取上述菌悬液，沿分隔室的内壁稍倾斜、依次缓缓地加入小管中（半满或全满），对不同底物有不同的要求：

① 用移液器将细菌菌悬液充满标有 *（表 13-4 中管号 5,10,11）管，即全满；其

他管仅充满管部,即半满。

② 测定项目中有下画线者(表 13-4 中管号 2,3,4,6,7),加菌液后用矿物油(液状石蜡)覆盖。

(四) 培养

在培养盒中先加入约 5 mL 无菌水,然后将试验条放入培养盒中,盖上盖子于 37 ℃ 培养箱培养 18~24 h。

(五) 氧化酶测定

在一载玻片上放一块已用水湿润的滤纸片,再用一玻棒挑取菌苔至滤纸片上,然后在其上加 1 滴氧化酶试剂,若在 1~2 min 内呈现深紫色者为阳性反应(也可按常规的细胞色素氧化酶测定方法检测)。

(六) 观察、记录生化反应结果

经接种的试验条培养 18~24 h 后,在标有 IND,TDA 和 VP 的小孔中分别加入 IND,TDA,VP1,VP2 试剂,观察各项反应的变化情况,根据 API 20E 细菌数值鉴定系统生化试验项目及反应结果表(表 13-4)或供货商提供的结果阅读及分析表,确定各项反应的结果,并作记录。

表 13-4 API 20E 细菌数值鉴定系统生化试验项目及反应结果

管号	实验条上的生化试验项目		结果		被鉴定菌反应
	简称	中文	阴性	阳性	
1	ONPG	β-半乳糖苷酶	无色	(淡)黄色	
2	ADH	精氨酸双水解酶	黄色	红/橙色①	
3	LDC	赖氨酸脱羧酶	黄色	橙色	
4	ODC	鸟氨酸脱羧酶	黄色	红/橙色②	
5	CIT*	柠檬酸盐利用	淡绿/黄	蓝绿/蓝	
6	H_2S	产 H_2S	无色/微灰	黑色沉淀/细线	
7	URE	脲酶	黄色	红/橙色	
8	TDA	色氨酸脱氨酶	黄色	红紫色	
9	IND	吲哚形成	淡绿/黄	红色	
10	VP*	V.P 试验	无色	红色	
11	GEL*	明胶酶	黑色素不溶	黑色素溶解	
12	GLU	葡萄糖产酸	蓝/蓝绿	黄色	
13	MAN	甘露醇产酸	蓝/蓝绿	黄色	
14	INO	肌醇产酸	蓝/蓝绿	黄色	
15	SOR	山梨醇产酸	蓝/蓝绿	黄色	
16	RHA	鼠李糖产酸	蓝/蓝绿	黄色	
17	SAC	蔗糖产酸	蓝/蓝绿	黄色	
18	MEL	蜜二糖产酸	蓝/蓝绿	黄色	
19	AMY	苦杏仁苷产酸	蓝/蓝绿	黄色	
20	ARA	阿拉伯糖产酸	蓝/蓝绿	黄色	
21	OX③	细胞色素氧化酶	无色	紫色	

注:①,② 如培养 24h 后,橙色应记作阴性。
③ 试验条无此反应,可用步骤(五)的方法进行测试。

（七）编码和检索

1. 编码

根据试验条上反应项目的顺序，以 3 个反应项目为一组，共编为 7 组，每组中每个反应项目定为一个数字，依次为 1,2,4。将反应结果为阳性的记作"+"，并记下其所定数值；将反应结果为阴性的记作"-"，均记 0。然后将每组的数字相加，便是该组的编码数，这样就形成了由 7 位数字组成的编码。现以大肠杆菌 ED1009 菌株为例，进行编码（表 13-5），表中的 7 位数字（编码数值）为 5044552。

表 13-5　大肠杆菌 ED1009 菌株的编码

管号	试验项目	所定数值	试验结果	得数	编码数值	检索结果
1	ONPG	1	+	1	5	
2	ADH	2	-	0		
3	LDC	4	+	4		
4	ODC	1	-	0	0	
5	CIT	2	-	0		
6	H$_2$S	4	-	0		
7	URE	1	-	0	4	
8	TDA	2	-	0		
9	IND	4	+	4		5044552
10	VP	1	-	0	4	大肠杆菌
11	GEL	2	-	0		(*Escherichia coli*)
12	GLU	4	+	4		
13	MAN	1	+	1	5	
14	INO	2	-	0		
15	SOR	4	+	4		
16	RHA	1	+	1	5	
17	SAC	2	-	0		
18	MEL	4	+	4		
19	AMY	1	-	0	2	
20	ARA	2	+	2		
21	OX	4	-	0		

2. 检索

根据上述编码结果，查阅编码本或输入电脑检索，最终将被鉴定菌株鉴定到适当的种。

五、实验结果

实验结果如图 13-27 所示：

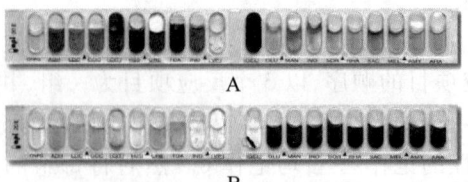

图 13-27　反应结果
A—阳性反应；B—阴性反应

将实验结果、数据记录于表 13-6 中。

表 13-6　API 20E 细菌数值鉴定系统被鉴定菌株结果

管号	试验项目	所定数值	试验结果	得数	编码数值	检索结果
1	ONPG	1				
2	ADH	2				
3	LDC	4				
4	ODC	1				
5	CIT	2				
6	H$_2$S	4				
7	URE	1				
8	TDA	2				
9	IND	4				
10	VP	1				
11	GEL	2				
12	GLU	4				
13	MAN	1				
14	INO	2				
15	SOR	4				
16	RHA	1				
17	SAC	2				
18	MEL	4				
19	AMY	1				
20	ARA	2				
21	OX	4				

六、注意事项

① 整个试验过程中一定要做到规范的无菌操作。

② 当采用7位数编码的结果不能被鉴定到种时,即某一编码下可能有几个菌名,这时可进行一些补充试验,如葡萄糖氧化发酵等,就可获得更多位数的编码,再查阅编码本,有时还需要选择有关菌种的其他特征予以区别,直到能鉴定到适当的种。

> **思考题**
> 1. 根据实验过程及结果,说明该实验的优缺点。
> 2. 如果在编码本上查不到被鉴定细菌的菌名,试分析其原因。

实验十四 噬菌体的分离与纯化

由于病毒是专性寄生生物,病毒的培养与测定只能主要依靠特异宿主的实验性感染。例如,培育噬菌体需选用特异性细菌或放线菌感染;培养动物病毒常用鸡胚培养、组织培养和细胞培养等。病毒的侵染,常给人类健康和工农业生产带来极大危害,但病毒尤其是噬菌体又常作为基因工程外源基因的载体。因此,病毒的分离和培养技术引起人们的极大关注,这里主要介绍噬菌体的分离与纯化。

一、实验目的

① 学习并掌握分离纯化噬菌体的基本原理和方法。
② 了解噬菌体的特性,观察噬菌斑的形态和大小。

二、实验原理

噬菌体在自然界中分布很广,有其宿主存在的地方都可以发现它们。例如,在人粪和阴沟污水中可分离到寄生于人体肠道细菌的噬菌体;在被噬菌体污染的发酵液中,可分离到裂解发酵菌株的噬菌体;在土壤中可以分离到许多土壤微生物的噬菌体。其分离的基本原理是根据:① 噬菌体对宿主的高度专一性,利用此敏感菌株——宿主去培养和发现它们;② 根据噬菌体感染宿主并使它裂解(烈性噬菌体),可在敏感菌株(即宿主)的琼脂平板上出现肉眼可见的噬菌斑(图13-28),一个噬菌体可形成一个噬菌斑,因此可计数。并可从中挑出噬菌斑继续纯化。

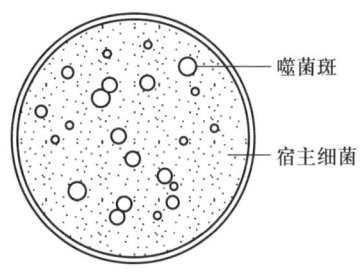

图13-28 琼脂平板上的噬菌斑

本实验以从阴沟污水中分离大肠杆菌噬菌体为例。

三、实验器材

(一) 菌种

大肠杆菌斜面菌种(37 ℃培养18~24 h)。

(二) 培养基

(1) 上层肉膏蛋白胨琼脂培养基:含琼脂质量浓度为6 g/L(软琼脂),用试管分装,每管 4 mL。

(2) 底层肉膏蛋白胨琼脂培养基:含琼脂质量浓度为 15~20 g/L。

(3) 3 倍浓缩的肉膏蛋白胨液体培养基。

(三) 仪器

台式离心机、分光光度计、显微镜、恒温培养箱、真空泵、恒温水浴箱、摇床等。

(四) 其他

移液管、培养皿、抽滤瓶、三角刮刀、锥形瓶、蔡氏细菌滤器、阴沟污水等。

四、操作步骤

(一) 分离

1. 制备菌悬液

取大肠杆菌斜面一支,加 4 mL 无菌水洗下菌苔,制成菌悬液。

2. 增殖噬菌体

取污水 200 mL,置于锥形瓶内,加入 3 倍浓缩的肉膏蛋白胨液体培养基 100 mL 及大肠杆菌菌悬液 2 mL,于 37 ℃ 震荡培养 12~24 h。

3. 制备噬菌体裂解液

将上述培养液离心(4 000 r/min) 15 min,所得上清液用蔡氏细菌滤器过滤除菌,并将所得滤液倒入另一无菌锥形瓶中,置 37 ℃ 培养过夜,以作无菌检查。

4. 分离噬菌体

上述滤液若无菌生长,可进行有、无噬菌体存在的试验,其方法有试管法和琼脂平板法两种,本实验采用琼脂平板法。

(1) 于肉膏琼脂平板上滴加大肠杆菌菌液 1 滴,用无菌三角刮刀涂成薄层。

(2) 待平板面菌液干后,滴加上述滤液 1 小滴或数小滴于平板面上,再将此平板置于 37 ℃ 培养过夜。如滤液内有大肠杆菌噬菌体存在,则加滤液处呈蚕食状的空斑。

(3) 如已证明有噬菌体存在,可再将滤液接种于原已同时接种有大肠杆菌的肉汤内,如此重复移种数次,即可使噬菌体增多。

(二) 纯化

最初分离出来的噬菌体通常不纯,表现为噬菌斑的形态、大小不一致。所以,还需进行噬菌体的纯化。

1. 滤液稀释

将含大肠杆菌噬菌体的滤液,用肉膏培养液按 10 倍稀释法进行稀释,使成 10^{-1},10^{-2},10^{-3},10^{-4} 和 10^{-5} 等 5 个稀释度。

2. 倒底层平板

用 9 cm 直径的平皿 5 个,每个平皿约倒 10 mL 底层琼脂培养基,依次标明 10^{-1},10^{-2},10^{-3},10^{-4},10^{-5}。

3. 倒上层平板

取 5 支各装有 4 mL 上层琼脂培养基的试管,依次标明 10^{-1},10^{-2},10^{-3},10^{-4},10^{-5}。融化后放于 50 ℃ 左右的恒温水浴箱内保温,然后分别向每支试管加 0.1 mL 大肠杆菌菌液,再对号加入 0.1 mL 各稀释度的滤液,摇匀,然后对号倒入底层琼脂平板上,摇匀铺平。

4. 培养

待上层琼脂凝固后,置 37 ℃恒温培养箱培养 18~24 h。

5. 分离提纯

在上述出现单个噬菌斑的平板上,用接种针在选定的噬菌斑上刺几下,接种于含有大肠杆菌的肉膏培养液中,37 ℃培养 18~24 h,再依上述方法(大约 3~5 次)进行稀释,倒平板进行分纯,直至平板上出现的噬菌斑形态、大小一致,则表明已获得纯的大肠杆菌噬菌体。

> **思考题**
> 1. 你看到的噬菌斑与细菌菌落有什么不同?
> 2. 能否只用培养基培养噬菌体?
> 3. 试比较分离纯化噬菌体与分离纯化细菌、放线菌、霉菌等微生物有什么异同?

实验十五　噬菌体效价的测定

一、实验目的

了解噬菌体效价测定的基本方法。

二、实验原理

噬菌体的效价测定是测定噬菌体的浓度,1 mL 培养液中含有噬菌体的数量叫噬菌体的效价(噬菌体粒子数)。根据噬菌体对其宿主细胞的裂解,在含有敏感菌株的平板上出现肉眼可见的噬菌斑,说明有噬菌体存在。一般一个噬菌体形成一个噬菌斑,故可根据一定体积的噬菌体培养液所出现的噬菌斑数,计算出噬菌体的效价。

噬菌体效价测定的方法有试管法和琼脂平板法两种,琼脂平板法又分为双层法和单层法,因双层法比较准确,故广为采用。

本实验主要采用双层法,兼以试管法,其基本原理与实验十四同。

三、实验器材

大肠杆菌菌悬液、大肠杆菌噬菌体储存液(浓缩液),其他与实验十四同。

四、操作步骤

(一) 双层法

双层法测定噬菌体效价过程,参见图 13-29。

1. 倒底层培养基

每皿约倾注 10 mL 肉膏蛋白胨琼脂培养基作为底层,待冷凝后在培养皿底部注明噬菌体稀释度。

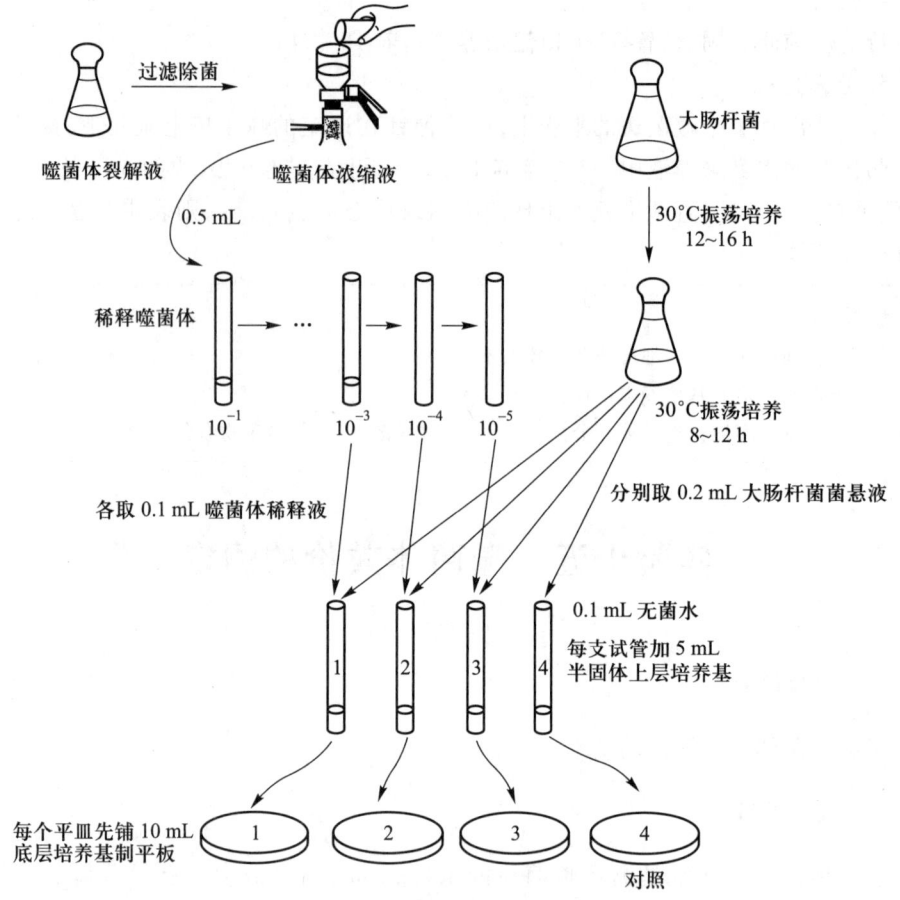

图 13-29 噬菌体效价测定示意图

2. 稀释噬菌体

将大肠杆菌噬菌体原液用肉膏培养液按 10 倍稀释法进行稀释,使成 10^{-1},10^{-2},10^{-3},10^{-4},10^{-5} 5 个稀释度。

3. 准备肉膏(软)琼脂培养基(上层)

取 9 支已融化好的上层肉膏琼脂培养基,分别编号 10^{-3},10^{-4},10^{-5},每个浓度 3 支,置 50 ℃ 左右水浴中保温。

4. 混合噬菌体稀释液与菌悬液

分别向每支试管加 0.2 mL 大肠杆菌菌悬液,再按对号加入 0.1 mL 各稀释度的大肠杆菌噬菌体稀释液,混匀,静置 3~5 min 后,分别对号将其倒入已制备好的底层琼脂平板上。摇匀铺平,待凝。

另取 1 支已融化并保温于 50 ℃ 水浴中的上层肉膏琼脂培养基,加入 0.2 mL 大肠杆菌菌液混匀后倒平板。注明为对照。

5. 培养

将上述平板置恒温培养箱 37 ℃ 培养 18~24 h 后,统计每个平板上噬菌斑的数目。

(二) 试管法

1. 噬菌体原液的稀释

此过程与双层法同。

2. 混合噬菌体和菌悬液

分别向 10^{-1},10^{-2},10^{-3},10^{-4},10^{-5} 5 个稀释度的噬菌体液中加 1 滴大肠杆菌菌悬液。

3. 对照管

另取一管肉汤培养基,加入 1 滴大肠杆菌菌悬液,注明为对照。

4. 培养

将上述试管置恒温培养箱 37 ℃ 培养 18~24 h 后,记录每管的溶菌观象(透明与否),判断结果。

五、实验结果

(一) 结果记录

将观察到的结果记录在表 13-7 中,以每皿出现 30~100 噬菌斑的平板较为适宜。

表 13-7 噬菌体测定结果

噬菌体稀释度	10^{-1}	10^{-2}	10^{-3}	10^{-4}	10^{-5}
试管内溶菌现象					
平板上噬菌斑数目 (3 个平板的平均数)					

(二) 噬菌体效价计算

1. 双层法

取噬菌斑平均数在 30~100 个的稀释度进行计数。

按下式计算:

$$n = \frac{Y}{VX}$$

式中:n 为效价;Y 为噬菌斑数目;V 为噬菌体稀释液体积;X 为噬菌体稀释度。

例如,当稀释度为 10^{-5} 时,在 0.1 mL 噬菌体样品中有 120 个噬菌斑,则:

$$噬菌体储存液的效价 = \frac{120}{0.1 \times 10^{-5}} 个(噬菌体)/mL$$

$$= 1.2 \times 10^8 个(噬菌体)/mL$$

2. 试管法

以能引起溶菌现象的最高稀释度作为该噬菌体储存液的效价。例如,在 10^{-1}~10^{-4} 稀释度的试管中均溶菌,自 10^{-5} 以后不溶菌,则每毫升样品中含有 10^4 个噬菌体。

> 思考题
> 1. 试管法与平板法所得的效价为什么有差别?哪一个比较准确?为什么?
> 2. 测定噬菌体效价需严格控制哪些关键步骤?

实验十六　空气中微生物的测定

一、实验目的

（1）通过实验了解不同环境条件下，空气中微生物的分布状况。
（2）学习并掌握检测和计数空气微生物的基本方法。

二、实验器材

1. 采样器
盛有 200 mL 无菌水的塑料瓶（500 mL）5 个；盛有 10 L 水的塑料桶（15 L）5 个。
2. 培养基
肉膏蛋白胨琼脂培养基、查氏培养基、高氏 1 号培养基，配方见附录三。
3. 其他
恒温培养箱、培养皿、吸管等。

三、操作步骤

（一）过滤法

1. 准备过滤装置
按图 13-30 安装空气采样器，用过滤法检查一定体积的空气中所含细菌（或其他微生物）的数量。
2. 放置空气采样器
按图 13-31 所示，将 5 套空气采样器分放在 5 个点上。

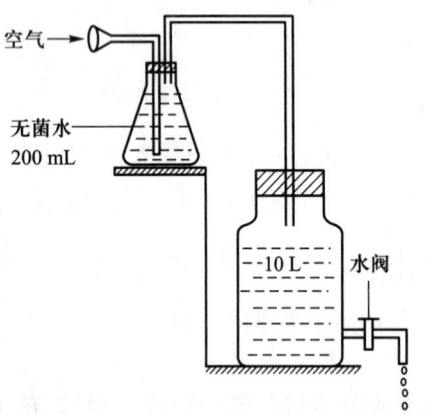

图 13-30　过滤法测定空气微生物

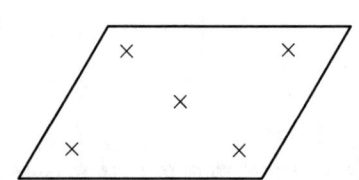

图 13-31　测定空气微生物的五点采样法

3. 采样
打开塑料桶的水阀，使水缓慢流出，这时外界的空气被吸入，经喇叭口进入盛有 200 mL 无菌水的锥形瓶（采样器）中，至 10 L 水流完后，则 10 L 体积空气中的微生物被截留在 200 mL 水中。

4. 测过滤液细菌数

将 5 个塑料瓶的过滤液充分摇匀,分别从中各吸 1 mL 过滤液于无菌培养皿中(平行做 3 个皿),然后加入已融化而冷至约 50 ℃ 的肉膏蛋白胨琼脂培养基,摇匀,凝固后置 37 ℃ 恒温培养箱培养。

5. 计数

培养 24 h 后,按平板上长出的菌落数,计算出每升空气中细菌(或其他微生物)的数目。

先按下式分别求出每套采样器的细菌数,再求 5 套采样器细菌数的平均值。

$$每升空气中的菌落数 = \frac{1 \text{ mL 水中培养所得菌落数} \times 200}{10}$$

(二) 落菌法

1. 倒平板

将肉膏蛋白胨琼脂培养基、查氏琼脂培养基、高氏 1 号琼脂培养基融化后,各倒 15 个平板,冷凝。

2. 采样

在一定面积的房间内,按图 13-31 的 5 点所示,每种培养基每个点放 3 个平板,打开盖子,放置 30 min 或 60 min 后盖上盖子。

3. 培养

培养细菌(肉膏蛋白胨琼脂培养基)的培养皿,置 37 ℃ 恒温培养箱培养 24~48 h;培养霉菌(查氏琼脂培养基)和放线菌(高氏 1 号琼脂培养基)的培养皿,置于 28 ℃ 恒温培养箱培养 3~7 d。

4. 观察结果与计算

培养结束,观察各种微生物的菌落形态、颜色,计它们的菌落数。将空气中微生物种类和数量记录在表 13-8 中。

表 13-8 空气中微生物的测定结果

环境		菌落数		
		细菌	霉菌	放线菌
室内	30 min			
	60 min			

根据结果,计算每升空气中微生物数目。

> **思考题**
> 1. 空气中微生物的测定,应从哪几方面确定采样点?
> 2. 试分析落菌法的优缺点。

实验十七　富营养化湖泊中藻量的测定（叶绿素 a 法）

一、实验目的

湖泊富营养化是由于水体受氮、磷的污染，导致藻类旺盛生长的结果。此类水体的藻类叶绿素 a 浓度常大于 10 μg/L。本实验通过测定不同水体中藻类的叶绿素 a 的浓度，可以得知其富营养化的程度。

二、实验原理

"叶绿素 a 法"是生物监测浮游藻类的一种方法。根据叶绿素的光学特征，叶绿素可分为 a, b, c, d, e 5 类，其中叶绿素 a 存在于所有的浮游藻类中，叶绿素 a 是最重要的一类。叶绿素 a 的含量，在浮游藻类中大约占有机质干重的 1%～2%，是估算藻类生物量的一个良好指标。

三、实验器材

（一）仪器

分光光度计（波长选择大于 750 nm，精度为 0.5～2 nm）、台式离心机、冰箱、真空泵（最大压力不超过 300 kPa）、匀浆器（或小研钵）及蔡氏滤器等。

（二）其他材料和试剂

（1）滤膜：0.45 μm，直径 47 mm。
（2）$MgCO_3$ 悬液：1 g $MgCO_3$ 细粉悬浮于 100 mL 蒸馏水中。
（3）体积分数为 90% 的丙酮溶液：90 份丙酮 + 10 份蒸馏水。
（4）水样：两种不同污染程度的湖水（A、B）各 2 L。

四、方法和步骤

（一）清洗玻璃仪器

整个实验中所使用的玻璃仪器应全部用洗涤剂清洗干净，避免酸性条件引起叶绿素 a 的分解。

（二）过滤水样

在蔡氏滤器上装好滤膜，取两种湖水各 50～500 mL 减压过滤。待水样剩余若干毫升之前加入 0.2 mL $MgCO_3$ 悬浊液，摇匀直至抽干水样。加入 $MgCO_3$ 可增进藻细胞滞留在滤膜上，同时还可防止提取过程中叶绿素 a 被分解。如果过滤后的载藻滤膜不能马上进行提取处理，则应将其置于干燥器内，放暗处 4 ℃ 保存，放置时间最多不能超过 48 h。

（三）提取

将滤膜放于匀浆器或小研钵内，加 2～3 mL 体积百分数为 90% 的丙酮溶液，匀浆，以破碎藻细胞。然后用移液管将匀浆液移入刻度离心管中，用 5 mL 体积分数为 90% 丙酮冲洗 2 次，最后补加体积分数为 90% 的丙酮于离心管中，使管内总体积为 10 mL。

塞紧塞子并在管子外部罩上遮光物,充分振荡,放入冰箱内避光提取 18~24 h。

(四) 离心

提取完毕后离心(3 500 r/min)10 min,取出离心管,用移液管将上清液移入刻度离心管中,塞上塞子,再离心 10 min。准确记录提取液的体积。

(五) 测定光密度

藻类叶绿素 a 具有其独特的吸收光谱(663 nm),可用分光光度法测其含量。

用移液管将提取液移入 1 cm 比色杯中,以体积分数为 90% 的丙酮溶液作为空白,分别在 750 nm,663 nm,645 nm 及 630 nm 波长下测提取液的光密度(OD)。此过程中,必须控制样品提取液的 OD_{663} 为 0.2~1.0,如不在此范围内,应调换比色杯,或改变过滤水样量。OD_{663} 小于 0.2 时,应改用较宽的比色杯或增加水样量;OD_{663} 大于 1.0 时,可稀释提取液或减少水样滤过量,使用 1 cm 比色杯比色。

(六) 叶绿素 a 浓度计算

将样品提取液在 663 nm,645 nm 及 630 nm 波长下的光密度(OD_{663},OD_{645},OD_{630})分别减去在 750 nm 下的光密度(OD_{750}),此值为非选择性本底物光吸收校正值。叶绿素 a 浓度(ρ_a,单位 μg/L)计算公式如下:

1. 样品提取液中的叶绿素 a 浓度

$$\rho_{a提取液} = 11.64(OD_{663}-OD_{750}) - 2.16(OD_{645}-OD_{750}) + 0.1(OD_{630}-OD_{750})$$

2. 水样中叶绿素 a 浓度

$$\rho_{a水样} = \frac{\rho_{a提取液} \times V_{丙酮}}{V_{水样}}$$

式中:$\rho_{a提取液}$ 为样品提取液中叶绿素 a 浓度,μg/L;$V_{丙酮}$ 为体积分数为 90% 的丙酮体积,mL;$V_{水样}$ 为过滤水样体积,mL。

五、实验结果

将测定结果记录于实验表 13-9 中。

表 13-9　藻类叶绿素 a 测定结果

水样	OD_{750}	OD_{663}	OD_{645}	OD_{630}	叶绿素 a/(μg·L^{-1})
A 湖水					
B 湖水					

根据测定结果,参照表 13-10 中指标评价被测水样的富营养化程度。

表 13-10　湖泊富营养化的叶绿素 a 评价标准

指标	贫营养型	中营养型	富营养化型
叶绿素 a/(μg·L^{-1})	<4	4~10	10~100

思考题

1. 比较两种水样中的叶绿素 a 浓度,并判断它们的污染程度。
2. 如何保证水样叶绿素 a 浓度测定结果的准确性? 主要应注意哪几个方面的问题?

附　　录

附录一　教学用染色液的配制

一、普通染色法常用染液

（一）吕氏（Loeffler）美蓝液

溶液 A：亚甲蓝（methylene blue，含染料 90%）　　　　　0.3 g
　　　　体积分数为 95% 的乙醇　　　　　　　　　　　　　30 mL

溶液 B：KOH　0.01 g　　　　　　　　蒸馏水 100 mL

（二）齐氏（Zehl）石炭酸品红染液

溶液 A：碱性品红（basic fuchsin）　　　　　　　　　　　0.3 g
　　　　体积分数为 95% 的乙醇　　　　　　　　　　　　　10 mL

溶液 B：石碳酸　5.0 g　　　　　　　　蒸馏水 95 mL

将碱性品红在研钵中研磨后，逐渐加入体积分数为 95% 的乙醇，继续研磨使之溶解，配成溶液 A。将石炭酸溶解于水中配成溶液 B。溶液 A 和溶液 B 混合即成石炭酸品红染色液。使用时将混合液稀释 5~10 倍，稀释液易变质失效，一次不宜多配。

二、革兰氏（Gram）染液

（一）草酸铵结晶紫液

溶液 A：结晶紫（crystal）　　　　　　　　　　　　　　2 g
　　　　体积分数为 95% 的乙醇　　　　　　　　　　　　20 mL

溶液 B：草酸铵（ammonium oxalate）　　　　　　　　　0.8 g
　　　　蒸馏水　　　　　　　　　　　　　　　　　　　80 mL

溶液 A 和溶液 B 混合后，静止 24 h 过滤使用。

（二）革兰氏碘液

碘　　　　　　　　　　　　　　　　　　　　　　　　　1 g
碘化钾　　　　　　　　　　　　　　　　　　　　　　　2 g
蒸馏水　　　　　　　　　　　　　　　　　　　　　　300 mL

配制时，先将碘化钾溶于少量蒸馏水中，再将碘溶解在碘化钾溶液中，然后加入其余的水即成。

（三）番红溶液

番红（safranine O，番红花红 O，藏红 O）　　　　　　　2.5 g
体积分数为 95% 的乙醇　　　　　　　　　　　　　　　100 mL

取 20 mL 番红乙醇溶液与 80 mL 蒸馏水混匀成番红稀释液。

三、芽孢染色液

（一）孔雀绿染色液

孔雀绿（malachachite green）	7.6 g
蒸馏水	100 mL

此为孔雀绿饱和水溶液，配制时尽量溶解，过滤后使用。

（二）番红水溶液

番红	0.5 g
蒸馏水	100 mL

四、荚膜染色液

（一）石炭酸品红

配法同普通染色液。

（二）黑色素水溶液

黑色素	5 g
蒸馏水	100 mL
福尔马林（体积分数为 40% 的甲醛）	0.5 mL

将黑色素在蒸馏水中煮沸 5 min，然后加入福尔马林作防腐剂。

五、鞭毛染色液（方法之一）

溶液 A：钾明矾（potassium alum）饱和水溶液	20 mL
质量浓度为 20 g/L 的丹宁酸（tannic acid）	10 mL
体积分数为 95% 的乙醇	15 mL
碱性乙醇饱和液	3 mL
蒸馏水	100 mL

（将上述各液混合，静置 1 日后使用，可保存 1 周。）

溶液 B：亚甲蓝	0.1 g
硼砂钠	1 g
蒸馏水	100 mL

染色液配制后必须用滤纸过滤。

六、鞭毛染色液（方法之二）

溶液 A：丹宁酸（即鞣酸）	5 g
甲醛（体积分数为 15%）	2 mL
$FeCl_3$	1.5 g
NaOH（质量浓度为 100 g/L）	1 mL
蒸馏水	100 mL

（配好后当日使用，次日效果差，第三日不可使用。）

溶液 B：AgNO₃　　　　　　　　　　　　　　　　　　　2 g
　　　　蒸馏水　　　　　　　　　　　　　　　　　　　100 mL

待 AgNO₃ 溶解后，取出 10 mL 备用，向其余的 90 mL AgNO₃ 溶液中滴入浓 NH₄OH 形成很浓厚的悬浮液，继续滴加 NH₄OH，直到新形成的沉淀又重新刚刚溶解为止。再将备用的 10 mL AgNO₃ 慢慢滴入，则出现薄雾，轻轻摇动后薄雾状沉淀又消失，再滴入 AgNO₃ 直到摇动后仍呈现轻微而稳定的薄雾状沉淀为止。如果雾不重，此染剂可使用 1 周。如果雾重则银盐沉淀出，不宜使用。

七、乳酸石炭酸棉蓝染色液（观察霉菌形态用）

石炭酸　　　　　　　　　　　　　　　　　　　　　　10 g
蒸馏水　　　　　　　　　　　　　　　　　　　　　　10 mL
乳酸（密度为 1.21）　　　　　　　　　　　　　　　　10 mL
甘油　　　　　　　　　　　　　　　　　　　　　　　20 mL
棉蓝（cotton blue）　　　　　　　　　　　　　　　　0.02 g

将石炭酸加在蒸馏水中加热，直到溶解后加入乳酸和甘油，最后加入棉蓝使之溶解即成。

八、聚 β-羟基丁酸染色液

（一）质量浓度为 3 g/L 的苏丹黑

苏丹黑 B（Sudan black B）　　　　　　　　　　　　0.3 g
体积分数为 70% 的乙醇　　　　　　　　　　　　　　100 mL

混合后用力振荡，放置过夜备用，用前最好过滤。

（二）退色剂

二甲苯。

（三）复染液

质量浓度为 5 g/L 的蕃红水溶液。

九、异染颗粒染色液

甲液：
　　体积分数为 95% 的乙醇　　　　　　　　　　　　2 mL
　　甲苯胺蓝（toluidine blue）　　　　　　　　　　0.15 g
　　冰醋酸　　　　　　　　　　　　　　　　　　　1 mL
　　孔雀绿　　　　　　　　　　　　　　　　　　　0.2 g
　　蒸馏水　　　　　　　　　　　　　　　　　　　100 mL
乙液：
　　碘　　　　　　　　　　　　　　　　　　　　　2 g
　　碘化钾　　　　　　　　　　　　　　　　　　　3 g
　　蒸馏水　　　　　　　　　　　　　　　　　　　300 mL

先将染料溶于乙醇中，向染料液中加入事先混合的冰醋酸和水，放置 24 h 后过滤备用。

附录二 几种常用染色方法

一、简单染色法

(见实验四)

二、革兰氏染色法

(见实验四)

三、芽孢染色法

(1) 制法:取有芽孢的杆菌(如枯草芽孢杆菌)制成涂片、干燥、固定。

(2) 染色:在涂片上滴加质量浓度为 76 g/L 的孔雀绿水溶液,然后把片子放在火焰上方加热,在加热过程中,勿使染料干掉,需不断地向涂片上添加孔雀绿溶液。使载玻片上出现蒸汽约 10 min,取下载玻片使冷却,水洗。

(3) 复染:用番红染液复染 1 min,水洗。

(4) 镜检:吸干后,镜检。芽孢呈绿色,细胞呈红色。

四、荚膜染色法(墨汁背景染色法)

荚膜对染料的亲和力低,常用背景染色(衬托)法。用有色的背景来衬托出无色的荚膜。染色时不能用加热固定,不能用水冲洗,方法如下:

(1) 涂片:取少许有荚膜的细菌与一滴石炭酸品红在玻片上混合均匀,制成涂片。

(2) 干燥:在空气中干燥、固定。

(3) 染色(背景):滴 1 滴墨汁于载玻片的一端,取另一块边缘光滑的载玻片将墨汁从一端刮至另一端,使整个涂片涂上一薄层墨汁,在室内自然晾干。

(4) 镜检:镜检结果菌体呈红色,背景为黑色。

五、鞭毛染色法

(一) 菌种

在染色前将菌种连续移植 2~3 次,每 16~24 h 移植一次,培养 16~24 h。

(二) 染色步骤

(1) 滴加菌液:在一片光滑无伤痕的、无油脂的载玻片的一端滴 1 滴蒸馏水,用接种环在斜面上挑取少许菌在载玻片上的水滴中轻沾几下,将玻片稍倾斜,菌液随水滴缓慢流到另一端,然后平放在空气中自然晾干。

(2) 涂片干燥后染色:滴加甲液(染色液用附录一第六项的溶液 A)染 3~5 min,用蒸馏水冲洗,将残水沥干或用乙液(染色液用附录一第六项的溶液 B)冲去残水后,加乙液染色 30~60 s,并在火焰上方稍加热,使其稍冒蒸汽而染液不干,然后用蒸馏水冲洗。镜检时应多找几个视野,因有时只在部分涂片上染出鞭毛,菌体为深褐色,鞭毛为褐色。

六、聚 β-羟基丁酸(类脂粒、脂肪球)染色

(1) 制片:按常规制成涂片。

(2) 染色:用苏丹黑染色 10 min。

(3) 冲洗:用水冲去染液,用滤纸将残水吸干;再用二甲苯冲洗涂片至无色素洗脱。

(4) 复染:用质量浓度为 5 g/L 的番红复染 1~2 min。

(5) 镜检:水洗、吸干、镜检。聚 β-羟基丁酸颗粒呈蓝黑色,菌体呈红色。

七、异染颗粒染色

(1) 制片:按常规制涂片。

(2) 染色:用异染颗粒染液(附录一第九项)的甲液染色 5 min。

(3) 洗脱及复染:倾去甲液,用乙液冲去甲液,并染色 1 min。

(4) 镜检:水洗、吸干、镜检。异染颗粒呈黑色,其他部分呈暗绿或浅绿色。

附录三 教学用培养基

一、肉膏蛋白胨琼脂培养基

牛肉膏 3 g(或 5 g),蛋白胨 10 g,蒸馏水 1 000 mL,NaCl 5 g,pH 7.0~7.2。灭菌条件:0.103 MPa(121 ℃,15~20 min)。

如配制半固体培养基,需加质量浓度为 3~5 g/L 的琼脂。如配制液体培养基,则不需添加琼脂。

二、LB 培养基

胰蛋白胨 10 g,NaCl 5 g,酵母膏 10 g,蒸馏水 1 000 mL,pH 7.2。灭菌条件:0.103 MPa (121 ℃,15~20 min)。

三、查氏(蔗糖琼脂)培养基

$NaNO_3$ 2 g,$MgSO_4$ 0.5 g,琼脂 15~20 g,K_2HPO_4 1 g,$FeSO_4$ 0.01 g,蒸馏水 1 000 mL,KCl 0.5 g,蔗糖 30 g,pH 自然条件。

灭菌:0.072 MPa(115 ℃,20~30 min)。

四、马铃薯培养基

马铃薯 200 g,蔗糖(葡萄糖) 20 g,琼脂 15~20 g,蒸馏水 1 000 mL,pH 自然条件。

灭菌条件:0.072 MPa(115 ℃,20~30 min)。

马铃薯去皮,切块煮沸半小时,然后用纱布过滤,再加糖及琼脂,融化后补充水至 1 000 mL。

五、高氏1号培养基(淀粉琼脂培养基)

可溶性淀粉 20 g,$FeSO_4$ 0.5 g,KNO_3 1 g,琼脂 20 g,NaCl 0.5 g,K_2HPO_4 0.5 g,$MgSO_4$ 0.5 g,蒸馏水 1 000 mL,pH 7.0~7.2。

灭菌条件:0.103 MPa(121 ℃,15~20 min)。

配制时先用少量冷水将淀粉调成糊状,在火上加热,然后加水及其他药品,加热溶化并补足水分至 1 000 mL。

六、麦芽汁培养基

① 取一定量大麦或小麦,用水洗净,浸水 6~12 h,置 15 ℃阴暗处发芽,盖上纱布一块,每日早、中、晚淋水 1 次,麦根伸长至麦粒的两倍时,即停止发芽,摊开晒干或烘干,储存备用。

② 将干麦芽磨碎,1 份麦芽加 4 份水,在 65 ℃水浴锅中糖化 3~4 h(糖化程度可用碘进行滴定)。

③ 将糖化液用 4~6 层纱布过滤,滤液如混浊不清,可用鸡蛋清法处理:用一个鸡蛋的蛋白加 20 mL 水,调匀至生泡沫,倒入糖化液中搅拌煮沸后再过滤。

④ 将滤液稀释到相对密度为 1.036~1.043,pH 为 6.4,再加入质量浓度 20 g/L 的琼脂即成。

灭菌条件:0.103 MPa(121 ℃,15~20 min)。

七、明胶培养基

蛋白胨肉膏液 100 mL,明胶 12~18 g,pH 7.2~7.4。

灭菌条件:0.103 MPa(121 ℃,15~20 min)。

在水浴锅中将上述成分溶化,不断搅拌,调 pH 为 7.2~7.4,如果不清可用鸡蛋澄清法澄清,过滤。一个蛋白可澄清 1 000 mL 明胶液。

八、蛋白胨培养基

蛋白胨 10 g,NaCl 5 g,蒸馏水 1 000 mL,pH 7.6。

灭菌条件:0.103 MPa(121 ℃,15~20 min)。

九、肉膏胨淀粉琼脂培养基

牛肉膏 3 g,NaCl 5 g,蛋白胨 10 g,琼脂 15~20 g,淀粉 2 g,蒸馏水 1 000 mL,pH 7.4~7.8。

灭菌条件:0.103 MPa(121 ℃,15~20 min)。

十、亚硝化细菌培养基

$(NH_4)_2SO_4$ 2 g,$MgSO_4 \cdot 7H_2O$ 0.03 g,NaH_2PO_4 0.25 g,$CaCO_3$ 5 g,K_2HPO_4

0.75 g，$MnSO_4 \cdot 4H_2O$　0.01 g，蒸馏水　1 000 mL，pH　7.2。

灭菌条件：0.103 MPa（121 ℃，15～20 min）。

培养亚硝化细菌 2 周后，取培养液于白瓷板上，滴加格里斯氏（Griess）试剂*A 液和 B 液各 1 滴，呈红色证明有亚硝酸存在，发生亚硝化作用。

备注：*格里斯氏（Griess）试剂配方：
　　A 液：对氨基苯磺酸 0.5 g，稀醋酸（10% 左右）150 mL
　　B 液：α-萘胺 0.1 g，蒸馏水 20 mL，稀醋酸（10% 左右）150 mL

十一、硝化细菌培养基

$NaNO_2$　1 g，$MgSO_4 \cdot 7H_2O$　0.03 g，K_2HPO_4　0.75 g，$MnSO_4 \cdot 4H_2O$　0.01 g，NaH_2PO_4　0.25 g，$NaCO_3$　1 g，蒸馏水　1 000 mL，pH　8.0。

灭菌条件：0.103 MPa（121 ℃，15～20 min）。

培养硝化细菌 2 周后，先用格里斯氏试剂（见附录三，十）测定，不呈红色时再用二苯胺试剂测试，若呈蓝色表明有硝化作用。

十二、反硝化（硝酸盐还原）细菌培养基

反硝化细菌培养基有两种配方：
① 蛋白胨　10 g，KNO_3　1 g，蒸馏水　1 000 mL，pH　7.6。
② 柠檬酸钠（或葡萄糖）　5 g，KH_2PO_4　1 g，KNO_3　2 g，K_2HPO_4　1 g，$MgSO_4 \cdot 7H_2O$　0.2 g，蒸馏水 1 000 mL，pH　7.2～7.5。

灭菌条件：0.103 MPa（121 ℃，15～20 min）。

用奈氏试剂①及格里斯氏试剂②测定有无 NH_3 和 NO_2^- 存在。若其中之一或二者均呈正反应，均表示有反硝化作用。若加格利斯试剂为负反应，再用二苯胺测试，亦为负反应时，表示有较强的反硝化作用。

备注：① 奈氏试剂配制：将 HgI_2 115 g，KI 80 g 溶于 500 mL 水中，然后加入 6 mol/L 的 NaOH 500 mL 配制而成。试剂储存于棕色瓶中避光保存。
　　② 见附录三，十。

十三、反硫化（硫酸盐还原）细菌培养基

乳酸钠（可改用酒石酸钾钠）　5 g，$MgSO_4 \cdot 7H_2O$　2 g，K_2HPO_4　1 g，天门冬素 2 g，$FeSO_4 \cdot 7H_2O$　0.01 g，蒸馏水　1 000 mL。

灭菌条件：0.072 MPa（115 ℃，15～20 min）。

培养 2 周后，加质量浓度为 50 g/L 的柠檬酸铁 1～2 滴，观察是否有黑色沉淀，如有沉淀，证明有反硫化作用。或在试管中吊一条浸过醋酸铅的滤纸条，若有 H_2S 生成则与醋酸铅反应生成 PbS 沉淀（黑色），使滤纸变黑。

十四、浮游球衣菌培养基

① 胰蛋白胨　1 g，琼脂　20 g（注：液体培养基不加琼脂），蒸馏水　1 000 mL，pH　7.0。

灭菌条件：0.103 MPa（121 ℃，15～20 min）。

② 蛋白胨 0.05 g,葡萄糖 0.1 g,琼脂 20 g(注:液体培养基不加琼脂),蒸馏水 1 000 mL,pH 7.0±0.1。

灭菌条件:0.072 MPa(115 ℃,20~30 min)。

③ 蛋白胨 0.5 g,酵母膏 0.1 g,乳糖 0.2 g,K_2PO_4 0.05 g,琼脂 20 g,蒸馏水 1 000 mL,pH 7.0±0.1。

灭菌条件:0.072 MPa(115 ℃,20~30 min)。

十五、培养红串红球菌 NOC-1 的适宜培养基

果糖(或果糖+葡萄糖) 10 g,KH_2PO_4 5 g,$MgSO_4 \cdot 7H_2O$ 0.2 g,NaCl 0.1 g,尿素 0.5 g,酵母浸膏 0.5 g,蒸馏水 1 000 mL,pH 8.5。

灭菌条件:0.072 MPa(115 ℃,20~30 min)。

培养温度 30 ℃,以搅拌速度 100~200 r/min,通气培养 6~10 d。

用豆饼代替酵母浸膏,成本可降低 2/3 以上。用水产加工废水培养可提高红串红球菌 NOC-1 絮凝活性 1~2 倍,培养时间只需 1~3 d。

十六、红螺菌科细菌分离培养基

NH_4Cl 0.1 g,$MgCl_2$ 0.02 g,酵母浸膏 0.01 g,K_2HPO_4 0.05 g,NaCl 0.2 g,琼脂 2 g,蒸馏水 90 mL。

灭菌条件:0.103 MPa (121 ℃,15~20 min)。

灭菌后,无菌操作加入经过滤除菌的质量浓度为 100 g/L 的 $NaHCO_3$ 1 g,再无菌操作加入经过滤除菌的 0.1 g 或 0.1 mL $Na_2S \cdot 9H_2O$(降低培养基的氧化还原值),最后再加 5 mL 经过滤除菌的乙醇、戊醇或体积分数为 4% 的丙氨酸。用过滤除菌的质量浓度为 10 g/L 的 H_3PO_4 调 pH 至 7.0。

十七、无氮培养基(培养自身固氮细菌用)

蔗糖 10 g,KH_2PO_4 2 g,$MgSO_4 \cdot 7H_2O$ 0.6 g,NaCl 0.1 g,$CaCO_3$ 1 g,蒸馏水 1 000 mL,pH 7.0~7.2。

灭菌条件:0.103 MPa (121 ℃,15~20 min)。

十八、油脂培养基

蛋白胨 1 g,牛肉膏 0.5 g,NaCl 0.5 g,香油或花生油 1 g,中性红(体积分数为 1.6% 的水溶液) 1.5~2.0 mL,琼脂 2 g,蒸馏水 100 mL,pH 7.2。

灭菌条件:0.103 MPa (121 ℃,15~20 min)。

配制时注意事项:① 不能使用变质油;② 油和琼脂加水后先加热;③ 调 pH 后,再加入中性红使培养基成红色为止;④ 分装培养基时需不断搅拌,使油脂均匀分布于培养基中。

十九、CMC 培养基(培养纤维分解菌用)

KH_2PO_4 1 g,$FeCl_2 \cdot 7H_2O$ 0.01 g,$CaCl_2$(无水) 0.1 g,$NaNO_3$ 2.5 g,$MgSO_4 \cdot$

7H$_2$O 0.3 g,NaCl 0.1 g,甲基纤维素钠 10 g,蒸馏水 1 000 mL,pH 7.2。

灭菌条件:0.103 MPa(121 ℃,15~20 min)。

二十、分离、扩增噬菌体试验用培养基

蛋白胨 10 g,牛肉膏 5 g,酵母浸膏 3 g,葡萄糖 1 g,蒸馏水 1 000 mL,pH 7.2。

灭菌条件:0.072 MPa(115 ℃,20~30 min)。

二十一、发光细菌培养基

胰蛋白胨 5 g,酵母膏 5 g,甘油 3 g,KH$_2$PO$_4$ 1 g,Na$_2$HPO$_4$ 5 g,NaCl 3 g,琼脂 20 g,蒸馏水 1 000 mL,pH 6.5。

灭菌条件:0.072 MPa(115 ℃,20~30 min)。

近年来,有一种被称为"脱水培养基"(dehydrated culture medium)的商品受到欢迎。脱水培养基是指含有除水以外的其他应有的成分的培养基,有粉末状的、片剂、结晶等多种不同的规格,使用时只要加入适量水分并灭菌即可。例如,营养琼脂(细菌培养基)、孟加拉红琼脂(真菌培养基)等脱水培养基被广泛使用。另外,用作细菌鉴定的试剂盒(试验条)绝大多数也是脱水培养基,使用十分方便。

附录四　关于加压蒸汽灭菌法的注意事项

一、常用灭菌压力、温度与时间

在国际单位中,压力的单位采用 N/m^2,其定义为将 1 N 的力均匀垂直地作用在 1 m^2 的面上所产生的压力,称为帕斯卡(Pa),简称帕。

1 Pa = 1 N/m^2,由于"帕"这个单位太小,因而常用"兆帕"(MPa)作为压力的基本单位。即 1 MPa = 10^6 Pa。

过去的书中用到的压力单位还有巴(bar)、毫米汞柱(mmHg)、毫米水柱(mmH$_2$O)等。现在全要统一换算为 Pa 或 MPa。它们的换算关系为:

$$1 \text{ MPa} = 10.2 \text{ kgf/cm}^2$$

$$1 \text{ kgf/cm}^2 = 0.098 \text{ MPa}$$

$$1 \text{ lbf/in}^2 = 0.006\ 9 \text{ MPa}$$

常用灭菌压力、温度与时间见附录四表-1:

附录四表-1　常用灭菌压力、温度与时间

蒸汽压力/			蒸汽温度/℃	灭菌时间/min
MPa	kgf·cm^{-2}	lbf·in^{-2}		
0.056	0.57	8.00	112.6	30
0.072	0.73	10.0	115.2	20
0.103	1.05	15.0	121.0	15~20

二、空气排除程度与温度的关系

蒸汽灭菌过程中,必须在压力上升之前将灭菌器内冷空气排尽,这是灭菌技术的关键。灭菌器是靠蒸汽的温度而不是单纯靠压力来达到灭菌效果的,混有空气的蒸汽与纯蒸汽相比,其压力与温度的关系很不相同(附录四表-2)。若灭菌器内冷空气未排尽,此时的压力表所指示的数据就有较大的误差。例如,压力表显示为 0.103 MPa,此时灭菌器内温度应为 121 ℃,但由于冷空气未排尽,灭菌器内温度实际不足 121 ℃,结果就会造成灭菌不彻底。

附录四表-2 空气排除程度与温度的关系

压力表读数/MPa	灭菌器内温度/℃				
	未排除冷空气	排除1/3空气	排除1/2空气	排除2/3空气	完全排除空气
0.036	72	90	94	100	109
0.072	90	100	105	109	115
0.103	100	109	112	115	121
0.143	109	115	118	121	126
0.172	115	121	124	126	130
0.216	121	126	128	130	135

三、灭菌温度和时间的设置

加压蒸汽灭菌法适合于一切微生物学实验室、医疗保健机构或发酵车间中对培养基及多种器材或物料的灭菌。为达到良好的灭菌效果,一般要求温度为 121 ℃(0.103 MPa,1.05 kgf/cm^2 或 15 lbf/in^2),恒温 15~20 min。有时为防止培养基内某些成分的破坏,也可采用在较低温度(115 ℃,0.072 MPa 或 0.73 kgf/cm^2 或 15 lbf/in^2)下恒温 30 min 的方法,达到同样的灭菌效果,也可将不同的培养基成分分开灭菌,然后再合并。

不同的灭菌对象往往需设置相应的灭菌温度和时间(附录四表-3)。

附录四表-3 几类物品灭菌温度和时间的设置

灭菌物品	时间/min	温度/℃	压力/MPa
一般培养基	15~20	121	0.103
含糖培养基	20~30	112~115	0.056~0.072
玻璃器皿	15~20	121	0.103
橡胶类	15	121	0.103
敷料类	30~45	121~126	0.103~0.138
器械类	10	121~126	0.103~0.138
一般溶液类	15~20	121	
不耐热类	用其方法灭菌(过滤等)		

附录五　显微镜的保养

显微镜的光学系统是显微镜的主要部分,尤其是物镜和目镜。一架显微镜的机械装置虽好,但光学系统不好,这架显微镜的作用就不会好。因此,对显微镜要妥善保管。

(1) 避免直接在阳光下曝晒:因为透镜与透镜之间,透镜与金属之间都是用树脂或亚麻仁油黏合起来的。金属与透镜膨胀系数不同,受高热因膨胀不均,透镜可能脱落或破裂,树脂受高热融化,透镜也会脱落。

(2) 避免与挥发性药品或腐蚀性酸类一起存放:碘片、酒精、醋酸、盐酸和硫酸等对显微镜金属质机械装置和光学系统都是有害的。

(3) 透镜要用擦镜纸擦拭:若仅用擦镜纸擦不净,可用擦镜纸蘸无水酒精(或二甲苯)擦拭,但用量不宜过多,擦拭时间也不宜过长,以免黏合透镜的树脂融化,而使透镜脱落。

(4) 不能随意拆卸显微镜:尤其是物镜、目镜、镜筒不能随意拆卸,因拆卸后空气中的灰尘落入里面会引起生霉。机械装置经常加润滑油,以减少因摩擦而受损的几率。

(5) 避免用手指沾抹镜面:否则会影响观察,沾有有机物的镜片,时间长了会生霉。因此,每使用一次,所有的目镜和物镜都得用擦镜纸擦净。

(6) 显微镜放在干燥处:镜箱内要放硅胶吸收潮气。目镜、物镜放在盒内并存于干燥器中,以免受潮生霉。

附录六　大肠菌群检索表(MPN法)

附录六表-1　大肠菌群检索表　　　　　单位:个/L

10 mL 水量的阳性管数	100 mL 水量中的阳性管数			10 mL 水量的阳性管数	100 mL 水量中的阳性管数		
	0	1	2		0	1	2
0	<3	4	11	6	22	36	92
1	3	8	18	7	27	43	120
2	7	13	27	8	31	51	161
3	11	18	38	9	36	60	230
4	14	24	52	10	40	69	>230
5	18	30	70				

注:水样总量 300 mL(2 份 100 mL,10 份 10 mL)。

附录六表-2　大肠菌群检索表　　　　　　　　　单位:个/L

100 mL	10 mL	1 mL	0.1 mL	每升水中大肠菌群数	100 mL	10 mL	1 mL	0.1 mL	每升水中大肠菌群数
-	-	-	-	<9	-	-	+	+	28
-	-	-	+	9	-	+	-	-	92
-	-	+	-	9	-	+	-	+	94
-	+	-	-	9.5	-	+	+	+	180
-	-	+	+	18	+	+	-	-	230
-	-	+	+	19	+	+	-	+	960
-	+	+	-	22	+	+	+	-	2 380
+	-	-	-	23	+	+	+	+	> 2 380

注:1. 水样总量 111.1 mL(100 mL,10 mL,1 mL,0.1 mL)。
2. +:表示有大肠群菌;-:表示无大肠群菌。

附录六表-3　大肠菌群检索表　　　　　　　　　单位:个/L

10 mL	1 mL	0.1 mL	0.01 mL	每升水中大肠菌群数	10 mL	1 mL	0.1 mL	0.01 mL	每升水中大肠菌群数
-	-	-	-	<90	-	+	+	+	280
-	-	-	+	90	+	-	-	+	920
-	-	+	-	90	+	-	-	-	940
-	+	-	-	95	+	-	+	+	1800
-	-	+	+	180	+	+	-	-	2 300
-	+	-	+	190	+	+	-	+	9 600
-	+	+	-	220	+	+	+	-	23 800
+	-	-	-	230	+	+	+	+	> 23 800

注:1. 水样总量 11.11 mL(10 mL,1.0 mL,0.1 mL,0.01 mL)。
2. +:表示有大肠菌群;-:表示无大肠菌群。

附录六表-4　　大肠菌群的最大可能数(MPN)　单位:个/(100 mL)

出现阳性份数			每100 mL水样中大肠菌群	95%可信限值		出现阳性份数			每100 mL水样中大肠菌群	95%可信限值	
10 mL管	1 mL管	0.1 mL管		下限	上限	10 mL管	1 mL管	0.1 mL管		下限	上限
0	0	0	<2			1	1	0	4	<0.5	11
0	0	1	2	<0.5	7	1	1	1	6	<0.5	15
0	1	0	2	<0.5	7	1	2	0	6	<0.5	15
0	2	0	4	<0.5	11	2	0	0	5	<0.5	13
1	0	0	2	<0.5	7	2	0	1	7	1	17
1	0	1	4	<0.5	11	2	1	0	7	1	17

续表

出现阳性份数			每100 mL水样中大肠菌群	95%可信限值		出现阳性份数			每100 mL水样中大肠菌群	95%可信限值	
10 mL管	1 mL管	0.1 mL管		下限	上限	10 mL管	1 mL管	0.1 mL管		下限	上限
2	1	1	9	2	21	5	0	2	43	15	110
2	2	0	9	2	21	5	1	0	33	11	93
2	3	0	12	3	28	5	1	1	46	16	120
3	0	0	8	1	19	5	1	2	63	21	150
3	0	1	11	2	25	5	2	0	49	17	130
3	1	0	11	2	25	5	2	1	70	23	170
3	1	1	14	4	34	5	2	2	94	28	220
3	2	0	14	4	34	5	3	0	79	25	190
3	2	1	17	5	46	5	3	1	110	31	250
3	3	0	17	5	46	5	3	2	140	37	310
4	0	0	13	3	31	5	3	3	180	44	500
4	0	1	17	5	46	5	4	0	130	35	300
4	1	0	17	5	46	5	4	1	170	43	190
4	1	1	21	7	63	5	4	2	220	57	700
4	1	2	26	9	78	5	4	3	280	90	850
4	2	0	22	7	67	5	4	4	350	120	1 000
4	2	1	26	9	78	5	5	0	240	68	750
4	3	0	27	9	80	5	5	1	350	120	1 000
4	3	1	33	11	93	5	5	2	540	180	1 400
4	4	0	34	12	93	5	5	3	920	300	3 200
5	0	0	23	7	70	5	5	4	1 600	640	5 800
5	1	1	34	11	89	5	5	5	≥2 400		

注：水样总量55.5 mL（测定5管10 mL水样，5管1 mL水样，5管0.1 mL 1:10稀释水样时，在不同阳性和阴性情况下，100 mL水样中细菌数的最大可能数和95%可信限值）。

附录六表-5 大肠菌群检索表　　　　　单位：个/(100 mL)

5个10 mL管中阳性管数	MPN
0	<2.2
1	2.2
2	5.1
3	9.2
4	16.0
5	>16

注：用5份10 mL水样时，各种阳性和阴性结果组合时的MPN。

主要参考书目

[1] 周群英,王士芬.环境工程微生物学.3 版.北京:高等教育出版社,2008.

[2] Lannsing M,Prescott J P,Harley D A,等.微生物学.5 版.沈萍,彭珍荣,等,译.北京:高等教育出版社,2003.

[3] 沈萍,陈向东等.微生物学.北京:高等教育出版社,2009.

[4] 布坎南 R E,吉本斯 N E,等.伯杰细菌鉴定手册.8 版.中国科学院微生物研究所《伯杰细菌鉴定手册》翻译组,译.北京:科学出版社,1984.

[5] 张纪忠.微生物分类学.上海:复旦大学出版社,1990.

[6] 比顿 G.环境病毒学导论.王小平,乔佩文,张润,译.北京:中国环境科学出版社,1986.

[7] 杰弗里,佐贝.生物化学.上册.曹凯鸣,李玉民,顾其敏,译.上海:复旦大学出版社,1989.

[8] 杰弗里,佐贝.生物化学.下册.曹凯鸣,李玉民,顾其敏,译.上海:复旦大学出版社,1989.

[9] 卫扬保.微生物生理学.北京:高等教育出版社,1989.

[10] 于自然,黄熙泰.现代生物化学.北京:化学工业出版社,2001.

[11] 王镜岩,朱圣庚,徐长法.生物化学.上册.3 版.北京:高等教育出版社,2002.

[12] 大岛泰郎.好热性细菌.陈中孚,潘星时,译.北京:科学出版社,1983.

[13] 范国昌,钱凯先.趋磁细菌及其磁小体的研究与应用.生物技术通报,1998(2):24-28.

[14] 拉奇 P J.甲基营养和甲烷形成.许宝孝,译.北京:科学出版社,1987.

[15] 王家玲.环境微生物学.北京:高等教育出版社,2004.

[16] 赵利淦,等.反义 RNA 和 DNA.武汉:武汉大学出版社,1993.

[17] 沈萍.微生物遗传学.武汉:武汉大学出版社,1995.

[18] 闵航,陈美慈,赵宇华,等.厌氧微生物学.杭州:浙江大学出版社,1993.

[19] 郁庆福.现代卫生微生物学.北京:人民卫生出版社,1995.

[20] 山根恒夫.生物反应工程.苏尔馥,胡章助,译.上海:上海科学技术出版社,1989.

[21] 程树培,等.环境生物技术.南京:南京大学出版社,1994.

[22] 许钟麟.空气洁净技术原理.上海:同济大学出版社,1998.

[23] 须藤隆一.水环境净化及废水处理微生物学.俞辉群,全浩,编译.北京:中国建筑工业出版社,1988.

[24] 周群英,高廷耀.环境工程微生物学.2 版.北京:高等教育出版社,2000.

[25] 胡家骏,周群英.环境工程微生物学.1 版.北京:高等教育出版社,1988.

[26] 顾夏声,胡洪营,文湘华,等.水处理微生物学.5版.北京:中国建筑工业出版社,2011.

[27] 高庭耀,顾国维,周琪,等.水污染控制工程.下册.4版.北京:高等教育出版社,2014.

[28] 田口广.活性污泥膨胀与控制对策.孙玉修,蔡汉弟,译.北京:中国建筑工业出版社,1982.

[29] 张坤民.可持续发展论.北京:中国环境科学出版社,1997.

[30] 马文漪,杨柳燕.环境微生物工程.南京:南京大学出版社,1998.

[31] 郑平,冯孝善.废物生物处理理论和技术.杭州:浙江教育出版社,1997.

[32] 徐亚同.废水中氮磷的处理.上海:华东师范大学出版社,1996.

[33] 周德庆,徐德强.微生物学实验教程.第3版.北京:高等教育出版社,2013.

[34] 肖琳,杨柳燕,尹大强,等.环境微生物实验技术.北京:中国环境科学出版社,2004.

[35] 钱存柔,黄仪秀.微生物学实验教程.北京:北京大学出版社,1999.

[36] 谢淑敏,齐祖同,周群英,等.膨胀活性污泥丝状菌类的研究.生态学杂志,1982(2):19-21.

[37] 周群英,王士芬,赵云花,等.活性污泥丝状膨胀成因的研究——上海市几个污水处理厂的调查.环境污染与防治,1980(4):17-20.

[38] 周群英,谢淑敏,王士芬.活性污泥中球衣菌生态特征的研究.生态学杂志,1984(2):17-20.

[39] 周群英,邝丽华.活性污泥中贝日阿托氏菌的分离培养的研究.北京:科学出版社,1984.

[40] 周群英,周增炎,高廷耀.活性污泥膨胀成因的研究——基质和生态因子对活性污泥膨胀的影响.同济大学学报(自然科学版),1985(2):78-85.

[41] 周群英,高廷耀.活性污泥丝状膨胀的防治和克服方法.同济大学学报(自然科学版),1998,26(4):410-413.

[42] 周群英,施鼎方,朱锦福.味精浓废水生物处理优化工艺.城市环境与城市生态,1992,5(4):1.

[43] 周群英,吕维群,朱锦福.厌氧消化反应器运行条件的选择.上海环境科学,1995,14(4):7.

[44] 周群英,杨琦,朱锦福.味精浓废水稀释液厌氧消化——SBR工艺.上海环境科学,1995,14(7):13-15.

[45] 周群英,王士芬.含酚废水高温生物处理效果的研究.城市环境与城市生态,1998,11(2):6-9.

[46] 韩柏平,周群英,张德胜,等.游泳池水静电杀菌的效果分析.净水技术,1995(4):31.

[47] 周群英,王士芬,吴星五.微电解杀藻的研究.上海环境科学,1998,17(1):28.

[48] 周群英,张德胜,高廷耀.流态条件下微电解杀菌的研究.上海环境科学,1998,17(12):36-37.

［49］周群英,高廷耀,王士芬.微电解水杀菌的研究.环境与健康杂志,1998,6(2):44.

［50］孙勇,王解萍,周群英.洗涤废水化学法除磷试验研究.城市环境与城市生态,1997,10(4):16.

［51］马肖卫,李国建,等.生物法净化 H_2S 气体的研究.环境工程,1994,12(2):18-21.

［52］孙勇,周群英.生物法处理洗涤废水.给水排水,1998,24(1):70.

［53］孙佩石,杨显万,黄若华,等.生物降解工业废气中甲苯的研究.环境科学动态,1996(3):13-16.

［54］王中民.城市垃圾处理与处置.北京:中国建筑工业出版社,1991.

［55］陈世和,张所明.城市垃圾堆肥原理与工艺.上海:复旦大学出版社,1990.

［56］John G H,Noel R K,et al.Determinative bacteriology.9th ed.Baltimore:Williams & Wilkins,1994.

［57］Blake R P,et al.Bergey's manual of systematic bacteriology Volume 3.Baltimore:Williams & Wilkins,1989.

［58］Eikelboom D H.Filamentous organisms observed in activated sludge.Water Research,1975,9(6):365-388.

［59］David J,Michael G R,Glen T.Daigger,manual on the causes and control of activated sludge bulking and foaming.2nd ed.Boca Raton:Lewis,1993.

［60］Mellor R B.Reduction of nitrate and nitrite in water by immobilized enzymes,Nature,1992,355:717-719.

［61］Findlay G E,Nirmalakhandan N.Biological treatment of air streams contaminated with VOCs:Overview.Water Science & Technology.1996,34(3-4):565-571.

［62］郑平,张雷.厌氧氨氧化菌的特性与分类.浙江大学学报:农业与生命科学版,2009,35(5):473-481.

［63］洪义国,李猛,顾继东.海洋氮循环中细菌的厌氧氨氧化.微生物学报,2009,(3).

［64］Damste J.S.S.,Strous,M.,Rijpstra,W.I.C.,et al."Linearly concatenated cyclobutane lipids form a dense bacterial membrane." Nature,2002,DOI:10.1038/nature01128.

［65］Jetten M S M,Van Niftrik L,Strous M,et al.Biochemistry and molecular biology of anammox bacteria. Critical Reviews in Biochemistry and Molecular Biology,2009,DOI:10.1080/10409230902722783.

［66］Kartal B,Keltjens J T,Jetten M S M.Metabolism and Genomics of Anammox Bacteria. Nitrification. Washington DC:ASM Press,2011.

［67］Kartal B,Maalcke W J,Strous M,et al.Molecular mechanism of anaerobic ammonium oxidation.Nature,2011,DOI:10.1038/nature.10453.

［68］Klemedtsson L,et al.Autotrophic ammonium-Oxidizing bacteria in Swedish mor humus.Soil Biology and Biochemistry,1999,31:839-847.

［69］Schalk J,Oustad H,Kuenen J G,et al.The anaerobic oxidation of hydrazine:a novel reaction in microbial nitrogen metabolism. FEMS Microbiology Letters,1998,158: 61-67.

[70] Strous M, Jetten M S M. Anaerobic Oxidation of Methane and Ammonium. Annu Rev Microbiol,2004,DOI: 10.1146/annurev.micro.58.030603.12360.

[71] Strous M, Kuenen J G, Jetten M S M. Key Physiology of Anaerobic Ammonium Oxidation. Applied Environmental Microbiology,1999,65(7): 3248.

[72] Van Niftrik L, Jetten M S M. Anaerobic Ammonium Oxidizing Bacteria: Unique Microorganisms with Exceptional Properties. Microbiology and Molecular Biology Reviews, 2012,DOI: 10.1128/MMBR.05025-11.

[73] Van Niftrik L, Geerts W J C, Jetten M S M, et al. Linking Ultrastructure and Function in Four Genera of Anaerobic Ammonium-Oxidizing Bacteria: Cell Plan, Glycogen Storage, and Localization of Cytochrome c Proteins. Journal of Bacteriology,2008,DOI: 10.1128/JB.01449-07.

[74] Robertson L A. Kuenen J G. Aerobic denitrification: a controversy revived. Archives of Microbiology,1984,139(4):351-354.

[75] 丁炜,等.好养反硝化菌及其在生物处理与修复中的应用研究进展.应用与环境生物学报,2011,17(6):923-929.

[76] SuJJ, Liu B Y, Liu C Y. Comparison of aerobic denitrification under high oxygen atmosphere by Thiosphaera pantotropha ATCC 35512 and Pseudomonas stutzeriSU2 newly isolated from the activated sludge of a piggery waste watertreatment system. Journal of Applied Microbiology,2001,90(3):457-462.

[77] 黄志华,曹海鹏,杨先乐,等.一株可溶性有机磷去除菌的分离及其生物学特性.微生物学通报,2010,37(7):969-974.

[78] Keren-Jespersen J P, Henze M. Biological phospho-rus uptake under anoxic and aerobic conditions. Water Research,1993,27(4):617-624.

[79] Li Zhang, Jiachun Yang, Kenji Furukawa. Stable and high-rate nitrogen removal from reject water by partial nitrification and subsequent Anammox, Journal of Bioscience and Bioengineering.2010,110(4):441-448.

[80] Yanning Gao, Zhijun Liu, Fengxia Liu, et al. Mechanical shear contributes to granule formation resulting in quick start-up and stability of a hybrid anammox reacto, Biodegradation.2012,23:363-372.DOI 10.1007/s10532-011-9515-8.

郑重声明

  高等教育出版社依法对本书享有专有出版权。任何未经许可的复制、销售行为均违反《中华人民共和国著作权法》，其行为人将承担相应的民事责任和行政责任；构成犯罪的，将被依法追究刑事责任。为了维护市场秩序，保护读者的合法权益，避免读者误用盗版书造成不良后果，我社将配合行政执法部门和司法机关对违法犯罪的单位和个人进行严厉打击。社会各界人士如发现上述侵权行为，希望及时举报，本社将奖励举报有功人员。

反盗版举报电话　（010）58581897　58582371　58581879
反盗版举报传真　（010）82086060
反盗版举报邮箱　dd@hep.com.cn
通信地址　北京市西城区德外大街4号　高等教育出版社法务部
邮政编码　100120